EARTH 1st Edition

지구시스템 과학 II

THOMPSON · TURK 지음
윤일희 · 박경애 · 김철희 · 김성수 · 안덕근 · 안경진 옮김

CENGAGE Learning
북스힐
Australia · Brazil · Japan · Korea · Mexico · Singapore · Spain · United Kingdom · United States

Earth 2

1th Edition

Graham R. Thompson
Jonathan Turk

ISBN: 9780538740999

ISBN-13: 978-89-5526-814-0

Cengage Learning Korea Ltd.
Suite 1801 Seokyo Tower Building
353-1, 22 Seokyo-Dong, Mapo-Ku
Seoul 121-837, Korea
Tel: (82) 2 322 4926
Fax: (82) 2 322 4927

Cengage Learning is a leading provider of customized learning solutions with office locations around the globe, including Singapore, the United Kingdom, Australia, Mexico, Brazil, and Japan. Locate your local office at: **www.cengage.com/global**

Cengage Learning products are represented in Canada by Nelson Education, Ltd.

For product information, visit **www.cengageasia.com**

Printed in Korea
1 2 3 4 15 14 13 12

[옮긴이 머리말]

1968년 12월 21일 발사된 미국 유인 우주선 아폴로 8호의 우주 비행사들이 우주에서 바라본 최초의 지구 모습은 숨이 막히도록 아름답고, 깜짝 놀랄 만큼 고독한 곳이었다. 우주에서 지구를 자세히 들여다볼수록, 지구는 바위와 흙으로만 된 것이 아님을 볼 수 있었다. 가장 뚜렷하게 보이는 것은 육지가 아닌, 넓은 바다 위에 떠 있는 소용돌이 모양의 구름들이었다. 더 가까이 들여다보면, 왜 일반적으로 지구를 3부분으로 구분하는지를 이해할 수 있게 된다. 여기서 3부분이란 암석으로 덮인 부분, 물로 덮인 부분, 기체로 싸인 부분이다. 덧붙여, 지구에는 다양한 종류의 생물군이 살 수 있는데 이 생명체가 지구의 4번째 부분이다. 또한 지구는 태양을 중심으로 공전하고 자전하는 태양계의 행성으로서 우주의 한 부분을 차지하고 있다.

인간의 관점으로 보면, 지구는 큰 행성이다. 지구의 겉넓이는 500,000,000 km^2이다. 이 넓은 지구는 4가지 독립적인 부분으로 나눌 수 있다. 각 부분들을 권으로 부른다. 따라서 4부분을 육지로 구성되는 지권, 대기로 구성되는 대기권, 해양으로 구성되는 수권, 생명체로 구성되는 생물권으로 부른다. 또한 지구 외의 부분을 외기권이라고 한다. 이 권들은 서로 상호작용하며, 하나의 시스템으로 작용한다. 지구시스템이라 부르는 이유가 여기에 있다.

지구시스템 과학 II는 지구시스템 중에서 주로 수권, 대기권, 외기권에 해당하는 현상들을 다루고 있다. 여기에는 모두 11장으로 구성되어 있다. 즉, 1장은 지구시스템, 2장은 해양분지, 3장은 해양과 해안선, 4장은 대기권, 5장은 대기권 내의 에너지 평형, 6장은 수분, 구름, 날씨, 7장은 기후, 8장은 기후 변화, 9장은 하늘의 움직임, 10장은 행성과 위성, 마지막 11장은 별, 은하, 우주를 다루고 있다. 각 단원의 뒷부분은 요약과 핵심용어, 연습문제로 구성되어 있다.

이 책을 번역하는 데 많은 도움을 준 대학원생들과 특히 이화여대의 김규한 교수님께 감사를 드린다. 마지막으로 이 책이 나오기까지 수고해 주신 북스힐 조승식 사장님을 비롯한 여러 직원들에게 고마움을 전하고자 한다.

2012년 3월
옮긴이 일동

차 례

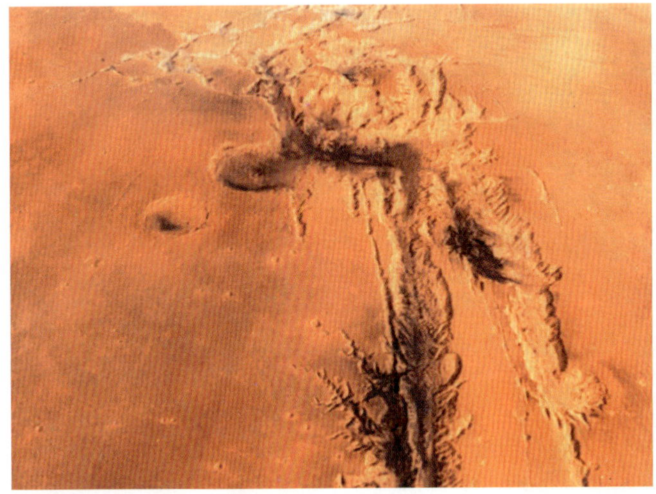
NASA/JPL

ANGLO-AUSTRALIAN TELESCOPE BOARD

I 권

COPYRIGHT AND PHOTOGRAPH BY DR. PARVINDER S. SETHI

COPYRIGHT AND PHOTOGRAPH BY DR. PARVINDER S. SETHI/
SMITHSONIAN MUSEUM OF NATURAL HISTORY

4장

5장

6장

7장

COPYRIGHT AND PHOTOGRAPH BY DR. PARVINDER S. SETHI

USGS

COURTESY OF GRAHAM R. THOMPSON/JONATHAN TURK

© CARLOS AMEGLIO/SHUTTERSTOCK

© ANTON FOLTIN/SHUTTERSTOCK

1장

지구시스템

대기권

수권

지권

생물권

지권(geosphere) 핵의 중심으로부터 바깥 지각까지 전체 행성을 구성하고 있는 고체 지구

수권(hydrosphere) 해양, 대륙, 빙하, 대기권 사이를 순환하는 지구 전체의 물

대기권(atmosphere) 주로 질소와 산소, 적은 양의 아르곤, 이산화탄소, 기타 기체들로 이루어진 지표면 위의 기체상 층. 대기권은 중력에 의해서 지구에 묶여 있고 높이에 따라서 급격하게 엷어진다.

생물권(biosphere) 바다, 육지, 공기 내에 존재하는 모든 형태의 생명체로 구성되어 있는 지구의 영역

> "자연 내에 존재하는 한 가지 사물을 끄집어낼 때,
> 그것이 지구의 나머지 부분과 관련이 있다는 것을 알게 될 것이다."
>
> 존 뮤어(John Muir, 1838~1914)[1]

푸른 바다가 지구 표면을 2/3 이상 덮고 있기 때문에, 지구를 때로는 물의 행성 또는 푸른 행성으로 부르기도 한다. 지구는 물이 있는 태양계 내의 유일한 행성이다. 물은 강수, 하천, 빙하, 해양 내에 저장되어 있다. 또한 지구는 생명체를 유지하는 유일한 천체로 알려져 있다.

1.1 지구의 4가지 권

폭풍이 휘몰아치는 바닷가에서 암석해안[2]을 따라 걷고 있다고 상상해 보자. 바람은 바다를 채찍질하여 흰 파도를 만들고, 갈매기들은 머리 위에서 맴돌고, 파도는 해안을 향하여 몰려와 부서진다. 도망갈 시간도 없이, 흩날리는 물보라에 옷을 적시게 된다. 자동차를 세워 둔 곳으로 가기 위해 바위 위를 오르려는 순간, 폭우가 내리기 시작한다. 이런 과정에서, 지구의 4가지 주요 권들을 관찰할 수 있다. 발아래에 있는 암석과 토양은 **지권(geosphere)** 또는 고체 지구의 표면이다. 비와 바다는 지구의 물로 덮인 부분인 **수권(hydrosphere)**의 일부분이다. 지구 표면 위 기체로 구성된 층은 **대기권(atmosphere)**이다. 마지막으로 여러분, 갈매기, 해초, 바닷속, 육지 위와 공기 내에 있는 모든 생명체는 **생물권(biosphere)**의 부분이다.

대기권의 운동은 하늘을 가로질러 흘러가는 구름과 뺨을 스치는 바람으로 쉽게 관찰할 수 있다. 생물권 내에서는 동물과 식물의 이동이 나타난다. 흐르는 강물, 부서지는 파도, 떨어지는 비는 모두 수권 내에서 일어나는 운동의 친숙한 예다. 수권보다 뚜렷하지는 않지만, 지권도 역시 역동적으로 움직인다. 지하 암석의 거대한 덩어리들이 지구의 내권 내에서 유동하고, 대륙이 이동하고, 산맥들이 융기하고 그런 다음 풍화되어 퇴적된다. 이 책을 통하여, 어

그림 1.1 지구 순환과 권들 모두는 서로 밀접하게 연결된다.

1) 역자 주: 스코틀랜드 태생 미국 박물학자 겸 작가로서 미국 내의 황무지 보호를 주창한 초기 인물이다.
2) 역자 주: 산지나 구릉 또는 대지가 바다까지 직접 다가선 형태를 이루며 암석이 노출되어 있는 해안을 말한다.

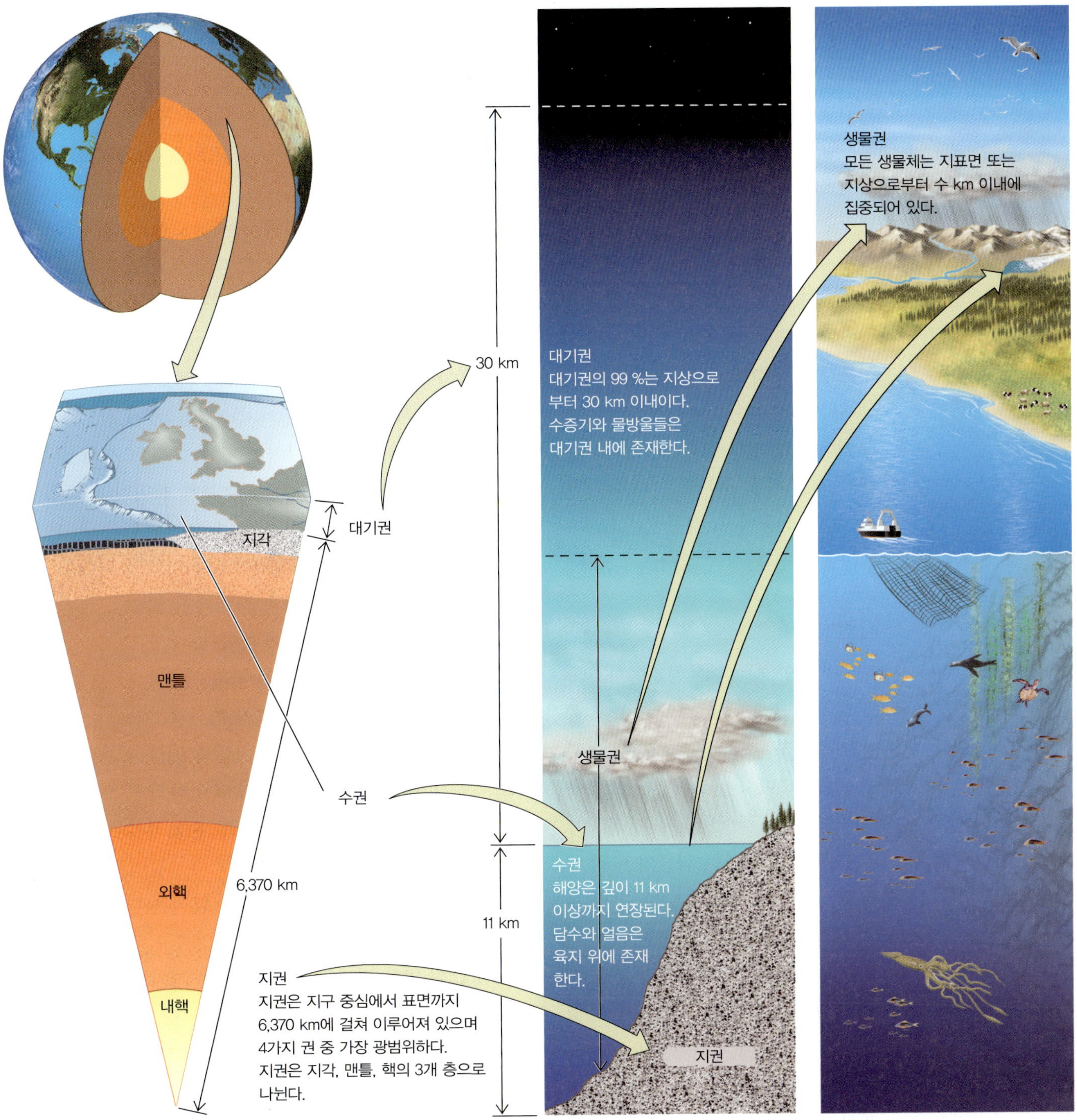

그림 1.2 지권은 지구시스템 중에서 가장 큰 성분이다. 지권은 수권, 생물권, 대기권으로 둘러싸여 있다.

떠한 에너지원들이 지구를 움직이게 하고, 그러한 움직임이 우리가 살고 있는 지구에 어떤 영향을 미치는지를 밝히고 이들 현상들에 대해서 공부하고자 한다. 그림 1.1은 권들 사이에서 일어날 수 있는 상호작용들을 체계적으로 나타낸 것이다.

그림 1.2는 4가지 권 중에서 가장 방대한 지권을 보여주

핵(core) 밀도가 큰 금속으로 지권의 가장 안쪽에 위치하며 주로 철과 니켈로 구성되어 있다. 외핵은 용융 상태이지만 내핵은 고체이다.

맨틀(mantle) 지각 바로 아래와 핵 위에 위치하는 지권의 부분으로 암석으로 되어 있는 대부분 고체 층. 맨틀은 지각의 밑 부분에서부터 약 2,900 km 깊이까지 연장된다.

지각(crust) 지권의 가장 상부 층으로 두께는 약 7~70 km이고 비교적 밀도가 적은 규산 암으로 구성되어 있다.

암석권(lithosphere) 지구의 가장 바깥쪽에 위치하고 있는 두께가 약 100 km인 차갑고 단단한 부분. 지각과 상부 맨틀을 포함한다.

고 있다. 지구의 반지름은 약 6,400 km로 뉴욕과 로스앤젤레스 사이 거리의 1.5배 이상에 해당한다. 이런 큰 크기임에도 불구하고, 여러분이 지구와 직접 접촉하는 거의 모든 부분들은 표면 또는 표면 근처로 한정된다. 뚫고 들어갈 수 있는 최대 거리는 단지 12 km 정도로서, 이것은 지구 중심까지 거리의 0.05 % 미만에 해당한다. 수권의 대부분을 구성하고 있는 해양도 가장 깊은 곳은 11 km에 이르지만 중앙 해양저의 평균 깊이는 약 5 km에 불과하다. 지구 대기권은 대부분 30 km 이내 상공이고, 생물권은 15 km 두께를 가진 껍질과 같다.

지권

우리 태양계는 우주 공간에서 천천히 회전하고 있던 먼지와 가스로 구성된 온도가 매우 낮은 거대한 우주 구름들이 모여서 탄생하였다. 소용돌이의 중심 쪽으로 중력이 물질들을 끌어당김으로 인하여, 태양이 형성되었다. 이와 동시에, 회전하는 힘들이 바깥 구름 내에 있던 물질들을 얇은 원판 속으로 들어오도록 만들었다. 초기 결합으로 인한 난류가 잦아짐에 따라서, 작은 알갱이들이 서로 충돌하여 주먹 크기의 질량을 가진 행성 씨들이 만들어졌다. 그런 다음 이들 행성 씨들이 결합되어 암석 덩어리들을 만들고 이들이 성장하여 지름이 100~1,000 km 정도인 미행성체(planetesimals)라는 더 큰 물체를 형성하였다. 마지막으로, 미행성체들이 모여 행성들을 형성하였다. 이 과정은 약 46억 년 전에 완성되었다.

지구가 형성됨에 따라, 암석 덩어리와 미행성체들이 중력에 의해서 가속화되면서, 그들은 초고속으로 서로 충돌하게 되었다. 암석 덩어리와 미행성체들이 충돌할 때, 입자들은 가열되어 초기 지구는 형성될 당시 따뜻하였다. 그 후, 유성, 혜성 그리고 더 많은 미행성체들이 표면을 깨고 들어와 열을 추가하였다. 이와 동시에, 방사능 붕괴가 일어나 지구 내부를 가열하였다. 이들 3가지 과정이 일어나면서 결과적으로 지구는 너무 뜨거워져 형성되자마자 대부분이 녹아 버렸다.

용융 상태인 지구 내부에서는 밀도가 큰 물질들은 중심 쪽으로 끌리게 되고, 반면 밀도가 작은 물질들은 표면 쪽으로 떠오르게 되어, 층상 구조를 형성되었다. 오늘날, 지권은 3가지 주요 층으로 구성되어 있다. 즉, 밀도가 큰 금속으로 된 **핵(core)**, 밀도가 작은 암석으로 된 **맨틀(mantle)**, 밀도가 가장 작은 지표면인 **지각(crust)**이다(그림 1.2).

현재 지구의 온도는 깊이에 따라서 더 뜨거워진다. 지구 중심에서 온도는 6,000 ℃로 태양의 표면만큼 뜨겁다. 핵은 주로 철과 니켈로 구성되어 있으며, 외핵은 금속이 용융된 것이다. 그러나 내핵은 외핵보다 더 고온임에도 불구하고 고체로 존재한다. 왜냐하면 거대한 압력이 금속을 압축시켜 고체 상태로 만들기 때문이다.

맨틀은 핵을 둘러싸고 있고 지각 아래에 위치한다. 맨틀의 물리적인 특성들은 깊이에 따라 변한다. 지표면 근처에서부터 깊이 약 100 km까지 가장 바깥쪽 맨틀은 차갑고, 견고하고, 단단하다. 대조적으로 100 km 이하의 층은 너무 뜨겁기 때문에 암석이 약하고, 부드럽고, 유동적이어서 마치 차가운 꿀처럼 천천히 흐른다. 깊이가 더 깊어지더라도, 압력이 온도를 능가하기 때문에, 맨틀 암석은 다시 단단해진다.

지각은 가장 바깥쪽 층으로서 토양층 아래와 해수 바로 밑에 있으며 얇은 판자와 같다. 지각은 거의 전부가 고체 암석으로 구성되어 있다. 언뜻 보더라도, 지각의 암석들은 서로 다른 모습이다. 일부는 연약하고 다른 것들은 단단하다. 지각의 암석은 그림 1.3에서와 같이 다양한 색깔을 띠고 있다.

상부 맨틀은 비교적 차갑고 압력도 낮다. 온도와 압력 두 가지 요인들이 결합하여 지각을 구성하는 암석과 유사한 단단하고, 딱딱한 암석을 만든다. 상부 맨틀과 지각을 포함하는 지구의 바깥 부분은 **암석권(lithosphere)**을 구성한다. 암석권의 평균 두께는 약 100 km이다.

1960년대 완성된 이론에 따르면, 암석권은 **지구조 판**

지구조 판(tectonic plate) 암석권과 위에 놓여 있는 지각으로 구성되어 있는 가장 바깥쪽에 위치하는 차갑고 단단한 껍질인 7개의 조각. 지구조 판들은 연약하고, 유연한 맨틀 위로 떠다닌다.

그림 1.3 지각은 여러 가지 암석으로 구성된다. (a) 그랜드캐니언의 사우스 림(South Rim)에서 본 사암, 실트암, 석회암, 셰일들의 경관. 퇴적암은 비교적 연약하고, 푸석푸석하고 뚜렷한 수평 층이 있다. (b) 캐나다 북극에 있는 배핀 섬의 화강암은 회색으로 단단하고 견고하다.

(tectonic plate)이라 불리는 7개의 주요 조각으로 나누어진다. 이들 지구조 판들은 지각 바로 아래에 존재하는 연약하고 유연한 맨틀 위로 떠다니고, 지구 내부를 가로질러 미끄러지듯 움직인다(그림 1.4). 예를 들면 북아메리카는 현재 손톱이 자라는 속도로 중국을 향하여 이동하고 있다. 인간의 시간으로 보면 너무 오랜 기간이지만 지구 역사로 보면 짧은 시간인 수억 년 내에, 아시아와 북아메리카는 충돌하게 되어 대륙들의 가장자리는 구겨져 거대한 산맥들을 만

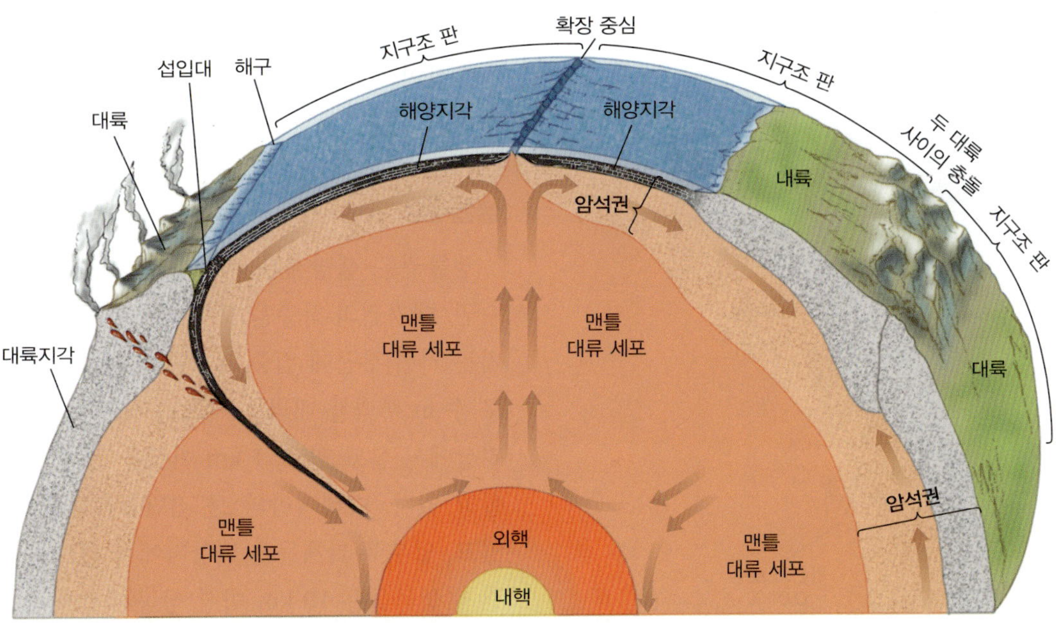

그림 1.4 암석권은 지각과 상부 맨틀로 구성된다. 암석권은 아래에 놓인 유동성을 가진 맨틀 위로 떠다니는 100 km 두께의 층이다. 암석권은 지구조 판으로 불리는 7개의 주요 조각으로 구성되고, 이들은 1년에 수 cm의 비율로 유동하는 맨틀 위로 미끄러지듯이 움직인다. 그림에서 맨틀과 암석권은 상세하게 보여주기 위해서 과장되게 그려져 있다.

지하수(ground water) 토양과 지권의 상층 수 km에 함유되어 있는 아지표수로서 수권 내 전체 물의 약 0.63 %를 차지한다.

들게 될 것이다. 뒤의 단원에서, 판구조 이론이 지진, 화산 분출, 산맥의 생성, 현재 지구와 환경을 생성한 다른 과정과 사건들을 어떻게 설명할 수 있는지에 대해서 배우게 될 것이다.

수권

수권은 해양, 대륙, 빙하, 대기권 사이를 순환하고 있는 지구 상의 모든 물을 포함하고 있다. 그림 1.5는 이들 각 영역에서 물의 비율을 보여주고 있다. 지구의 71 %를 덮고 있는 해양은 전체 물의 97.5 %를 차지하고 있다. 해류는 광대한 거리를 가로질러 열을 운반하면서 지구 기후를 변화시키기도 한다.

약 1.8 %의 물은 빙하 내에 얼어 있다. 오늘날 빙하는 지구 육지면의 약 10 %를 덮고 있지만, 18,000년 전에는 오늘날보다 더 넓은 부분을 덮고 있었다.

지구 상에서 전체 물 양의 단지 0.64 % 정도만이 액체 상태로 대륙에 존재한다. 이는 매우 적은 양이지만, 담수는 지구 상의 생물체에게 꼭 필요하다. 흔히 볼 수 있는 호수, 강, 깨끗하고 맑은 하천들은 대륙의 물 저장소이지만, 지구 전체 물의 0.01 %만을 차지할 뿐이다. 반면, 지권의 상층 수 km의 암석과 토양을 포화시키는 **지하수**(ground water)는 매우 풍부하며 지구 전체 물의 0.63 %를 차지한다. 0.001 %로 아주 적은 양이 대기권에 존재하지만, 대기권 내의 물은 매우 유동적이기 때문에 지구의 날씨와 기후 모두에 크게 영향을 미친다.

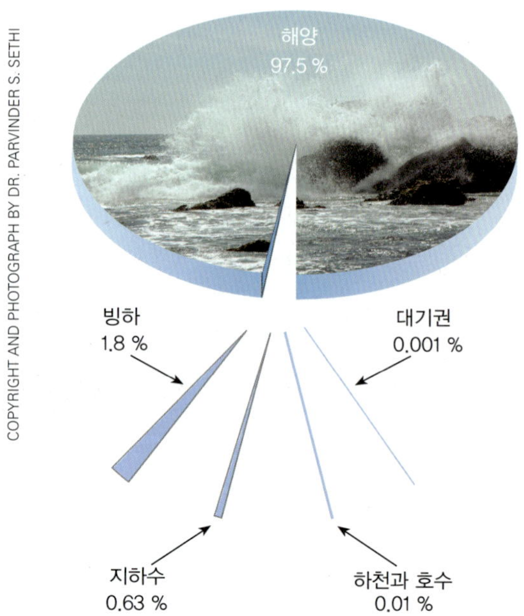

그림 1.5 해양은 지구 지표수의 대부분을 차지한다. 담수는 주로 빙하 내에 얼어 있지만 유용한 담수는 대부분 지하수로 저장되어 있다.

대기권

대기권은 대부분이 질소와 산소로 이루어져 있으며, 적은 양의 아르곤, 이산화탄소, 기타 미량 기체들이 섞여 있는 혼합물이다. 대기권은 중력에 의해서 지구에 묶여 있고 높이에 따라서 급격하게 엷어진다. 99 %가 지상으로부터 30 km 이내에 집중되어 있지만, 일부 미량 기체들은 지상 10,000 km까지 분포한다.

동물들은 산소를 필요로 하고, 식물들은 이산화탄소와 산소를 필요로 하기 때문에 대기권은 생명체를 부양한다. 이와 더불어 대기권은 기후를 통제함으로써 간접적으로 생명체를 유지한다. 공기는 담요와 필터의 역할을 모두 담당하여, 밤에는 열을 가두고 낮에는 직접적인 태양복사를 막는 역할을 한다. 바람은 적도에서부터 극 쪽으로 열을 수송하여 적도 지역은 식혀주고 중위도와 한대 지역은 따뜻하게 한다.

생물권

생물권은 생명체가 서식하는 지역으로 지권의 최상층, 수권, 대기권의 하층을 포함한다. 바다 생명체는 햇빛이 비치는 지면 부근에 집중 분포한다. 또한 식물들은 토양 속으로 수 m 뿌리를 내리는 지표면 상에서 성장한다. 동물들은 지상에서 살고 있고, 1 km 이상을 날거나, 지하 수 m 내에 살고 있다. 박테리아의 큰 집단들은 4 km 깊이까지 살고 있고, 일부 유기체들은 해양저에서 있으며, 일부 바람에 날린 미생물들은 10 km 이상 상공까지 이동한다. 그러나 이들 극단적인 경우를 제외하면, 생물권은 지표면의 매우 얇은 층에 존재한다.

식물과 동물들은 분명 지구 환경의 영향을 받는다. 유기체는 호흡하고, 물을 필요로 하고, 비교적 변화가 적은 온도 지대에서 생존한다. 지상 유기체들은 전적으로 지권의 일부분인 토양에 의존한다. 명확하지는 않지만, 식물과 동물 역시 그들이 생존하고 있는 환경을 변화시켜 다른 환경을 만든다. 예를 들면 생존하고 있는 유기체들은 현대 대기권의 진화에 영향을 미쳤다.

1.2 지구시스템

시스템(system)은 복잡한 전체를 구성하며 상호작용하는 성분들의 어떠한 종합적인 상태 또는 결합을 말한다. 예를 들면 인체는 뼈, 신경, 근육, 위, 많은 다른 기관들로 구성된 하나의 시스템이다. 각각의 기관은 독립적이지만, 모든 기관들은 인간을 생존시키기 위해서 상호작용한다. 혈액은 위에 영양분을 주고, 위는 혈액을 유지시키기 위해서 에너지를 공급하는 데 도움을 준다.

시스템들은 물질 및 에너지의 흐름에 의해서 유도된다. 따라서 사람들은 물질과 화학 에너지를 포함하고 있는 음식을 섭취하고 산소를 들이마신다. 노폐물은 오줌, 배설물, 땀, 호흡으로 내보내게 된다. 일부 에너지는 호흡과 활동을 위해서 사용되고 나머지는 열로 방출된다.

단일 박테리아도 사람과 마찬가지로 하나의 시스템이다. 인체는 소화 효소와 같이 물질대사 과정에 관여하는 수백만 개의 박테리아를 내포하고 있다. 그래서 이 거대한 시스템(인체)은 박테리아를 포함하는 많은 작은 개체들로 구성되어 있다.

이와 더불어, 인간들은 주변 환경과 상호작용한다. 석기시대 수렵자와 채집자들이 작은 계곡에 살고 있다고 상상해 보자. 이 계곡 내에 살고 있는 모든 식물들과 동물들은 **생태계**(ecosystem)의 구성 요소들이다. 생태계는 유기체와 그들의 환경으로 구성되는 복잡한 집단으로 정의되고 자연 내의 생태학적 단위로서 기능하고 있다. 그러므로 인간시스템을 이해하기 위해서, 인체 내에 존재하는 더 작은 시스템(예, 박테리아)들을 공부해야만 하고, 또한 어떻게 인간들이 더 큰 생태계와 상호작용하는지에 대해서도 평가해야만 한다.

그러나 아직도 끝난 것은 아니다. 개별 생태계들은 기후시스템, 해류, 다른 지구시스템과 상호작용한다. 따라서 다음 사항들을 고려해야 한다.

- 시스템들의 크기는 극적으로 변동한다.
- 큰 시스템들은 수많은 더 작은 시스템들을 포함한다.
- 시스템들은 복잡한 방법으로 다른 시스템과 상호작용한다.

시스템(system) 복잡한 전체를 구성하며 상호작용하는 성분들의 어떠한 결합

생태계(ecosystem) 유기체와 그들의 물리적인 환경으로 구성되는 복잡한 집단으로 정의되고 자연 내의 생태학적 단위로서 기능

앞서 살펴본 바와 같이, 지구는 4개의 주요 시스템인 지권, 수권, 대기권, 생물권으로 구성되어 있다. 이들 큰 시스템 각각은 상호작용하는 많은 더욱 작은 시스템으로 나누어진다. 예를 들면 단일 화산 폭발은 시스템의 한 부분이다. 지구 내부 깊은 곳으로부터의 에너지는 암석을 녹이고, 마그마를 상승시키고, 기체들은 깊은 지구 층으로부터 탈출하여 지표면 물질들과 화학적으로 작용한다. 그러나 화산 폭발은 맨틀 대류와 또한 하나의 시스템인 지구 내부의 성분으로서 지구조 판들의 이동에 의해서 유도된다. 이와 동시에, 재는 화산 폭발로부터 하늘 쪽으로 맹렬하게 쏟아져 나와 지구를 냉각시키고 기후시스템의 한 성분이 된다. 다른 관점으로 화산 폭발을 바라본다면, 화산은 배수 유형과 침식율을 변경시키고, 수문시스템의 부분이 된다. 이 책에서는 모든 크기의 시스템들을 공부할 것이고, 그들 사이의 많은 복잡한 상호작용들을 설명할 것이다.

대기권, 수권, 생물권과 같은 지표면시스템들은 전적으로 태양으로부터 힘을 얻는다. 바람은 대기권의 부등 가열에 의해서 동력을 받고, 해파는 바람에 의해서 유도되고, 해류는 바람 또는 온도 차이에 반응하여 움직인다. 다행스럽게도, 지구는 태양 에너지를 지속적으로 공급받고 있으며, 이 에너지는 향후 50억 년 이상 동안 계속해서 받게 될 것이다.

반면에, 지구 내부는 방사능 원소들의 붕괴와 행성의 원시 충돌로부터 얻게 된 잉여 열에 의해서 동력을 받게 된다. 다음 단원들에서 이 에너지원들에 대해서 논의할 것이다.

여러 에너지와 물질 순환들에 대한 연구는 지구시스템을 이해하는 데 바탕이 된다. 이에는 암석 순환, 수문 순환 또는 물 순환, 탄소 순환, 질소 순환이 포함된다. 이들이 순환하는 동안, 물질은 항상 보존되지만, 일반적으로 물질의 형태는 계속 변화한다.

예를 들면 얼음은 녹아 물이 되고, 만약 더 많은 열이 가해진다면 물은 기화하여 기체가 된다. 역으로 열이 제거된다면, 이 과정은 반대로 발생한다. 따라서 물의 순환에서 물은 해양으로부터 증발하여 대기권으로 들어오게 되고 비 또는 눈으로 지구 상에 떨어지며 최종적으로 이들은 해양으로 흘러가게 된다. 또한 화학적인 반응은 물질의 물리적 비율을 변화시킨다. 일반적인 식용 소금은 고체 결정이다. 만약 물속에 한 개의 소금 결정을 떨어뜨린다면, 이것은 용해되어 소금과 물 모두의 성질을 변화시킬 것이다.

물질들은 화학적, 물리적으로 다양한 형태로 존재하고, 대부분 물질들은 지구의 4가지 주요 권들인 지권, 수권, 대기권, 생물권 내에서 발생한다. 예를 들면 물은 지각의 성분과 같은 점토와 여러 광물질이 화학적으로 결합되어 있다. 물은 수권의 주된 성분으로 수증기와 구름의 형태로 대기권 내에 존재한다. 그리고 물은 모든 생존하고 있는 유기체의 필수 성분이다. 또 다른 예에 따르면, 두꺼운 소금 층은 화학 퇴적암으로 나타난다. 해양에는 많은 양의 소금이 용해되어 있고, 대기권 내에는 소금 에어로졸들이 떠다니고 있다. 그리고 소금은 생명체를 유지하는 필수 성분이다. 따라서 모든 권들은 물질과 에너지를 계속하여 교환한다. 지구시스템의 연구에 따르면, 4가지 개별 권들과 수많은 물질 순환들이 독립적으로 분류되지만, 지구 상의 물질들과 모든 과정들은 하나의 통합된 시스템의 부분으로 간주한다(그림 1.1).

1.3 지구과학의 변화 시간과 변화율

제임스 허턴(James Hutton, 1726~1797)은 1700년대 후반 스코틀랜드에서 살았던 겸손한 농부이다. 내과의사 수련을 마쳤지만 진료를 시작한 것이 아니라 지질학에 관심을 두었다. 허턴은 사암이라 불리는 어떤 암석이 모래 알갱이들로 서로 결합되어 있다는 것을 관찰하였다.

또한 그는 스코틀랜드 고지 지방에 있는 암석들이 천천

히 모래로 분해되고 하천이 모래들을 저지대로 운반한다는 것을 알게 되었다. 그는 사암이 오래된 절벽과 산의 침식에 의해서 이루어진 모래 알갱이들로 구성되었다고 추측하였다.

허턴은 사암이 두꺼운 지층으로 형성되기까지 얼마나 많은 시간이 걸리는지에 대해서 추론하고자 노력하였다. 그는 모래 알갱이가 암석 노두로부터 서서히 깨어지는 것을 연구하였다. 또한 그는 하천바닥에서 모래가 튀는 것도 보았다. 마지막으로 그는 모래가 모이는 해변과 삼각주를 여행하였다. 허턴은 모래가 해변에 축적되어 두꺼운 모래층을 만드는 데 필요한 시간을 추정함으로써, 사암이 인간의 역사보다 훨씬 더 오래되었다고 결론지었다.

허턴은 지질시대의 크기를 측정할 방법을 알지 못하였다. 그러나 현대 지질학자들은 암석 속에 존재하는 어떤 방사성 물질들은 시간의 경과를 기록하는 시계처럼 작동한다는 것을 알고 있다. 이 방사성 물질과 지각, 달, 태양계로부터 떨어진 운석들 속에 기록되어 있는 여러 실마리들을 이용하여, 지질학자들은 지구가 46억 년 전에 형성되었다고 추정하였다.

원시 지구는 현대 세계와는 매우 달랐다. 오늘날 여러분이 잘 알고 있는 지각도 없었고, 해양도 없었고, 널리 퍼진 대기권은 현대 대기권과는 상당히 달랐다. 생명을 가진 유기체들도 존재하지 않았다.

어느 누구도 최초의 생명을 가진 유기체들이 언제 어떻게 진화되었는지에 대해서 정확히 알지 못하지만, 최소 38억 년 이전에 생명체가 존재하였고, 8억 년 전 이후 식물이 등장한 것은 알고 있다. 33억 년 전 이후부터 생명체는 서서히 진화하였고, 비록 일부 다세포 유기체들이 발달하였지만, 생물권의 대부분은 단일 세포로 된 유기체들로 구성되었다. 유기체들은 빠른 속도로 더욱더 복잡하고 풍부해졌으며, 약 5억 4,300만 년 전에 크게 변동하였다. 공룡은 2억 2,500~6,500만 년 전 사이에 번성하였다.

인류의 직접적인 조상인 호모 사피엔스(*Homo sapiens*)는 지구 역사의 단지 0.1 % 정도에 해당하는 700~500만 년 전에 지구 상에 등장하였다. 존 맥피(John McPhee, 1931~)의 저서 《분지와 산맥(*Basin and Range*)》에서 지질시대에 대한 은유가 있다.[3] 만약 지구의 역사가 고대 잉글랜드 사람에 의해서 표시되었다면, 1 yd(야드)[4]로 측정되었을 것이다. 그렇다면 인간 역사 모두는 중지 손톱 크기 정도로 표시될 것이다. 그림 1.6은 그래프 형태로 지구 역사를 요약한 것이다. 지질학자들은 습관적으로 수백만 년 또는 수백만 년 이상으로 발생한 사건들에 대해서 주로 이야기 한다. 만약 북아메리카 동해안에 살고 있다면, 연안 평원에서부터 50만 년 전에 융기하기 시작한 애팔래치아 산맥과 친숙해질 것이다. 만약 미국 워싱턴 주 시애틀에 살고 있다면, 여러분이 서있는 육지는 공룡이 지구 상을 걷고 있었던 1억~8,000만 년 전 사이에는 태평양 상의 한 섬이었다.

지질시대의 방대한 범주 안에는 2개의 중요한 결과들이 존재한다.

1. 서서히 발생하는 사건들이 중요해진다. 만약 한 대륙이 1년에 수 cm 이동한다고 할 때, 이 움직임이 수십 년 또는 수 세기 동안 지구시스템에 뚜렷한 변화를 만들지는 못할 것이다. 그러나 수억 년 동안 이동이 이루어진다면, 이 결과들은 중요해질 것이다.
2. 불가능한 사건들이 규칙적으로 발생한다. 거대한 운석이 내일 또는 내년, 다음 세기 동안 지구와 충돌하지 않을 확률은 높다. 그러나 과거 5억 년 동안, 재앙적인 충돌이 여러 번 발생하였고, 이것은 아마도 머지않아 발생하게 될 것이다.

제임스 허턴은 암석이 서서히 모래로 분해되고, 모래가 저지대로 운반되면서 알갱이들이 서로 결합하여 사암이 생성되었다고 추론하였다. 이 과정은 많은 세월 동안 단계적으로 발생한다. 허턴의 결론은 현재 **점진주의**(gradualism)와 **동일과정설**(uniformitarianism)로 알려진 원리들을 조직화하였다. 점진주의의 원리는 지질 변화는 거의 감지할 수 없는 사건들이 하나의 순서에 의해서 오랜 시간 동안 발생

---

3) John McPhee, *Basin and Range* (New York: Farrar, Straus & Giroux, 1982).

4) 역자 주: 1 yard(야드)는 당시 잉글랜드 왕의 코에서부터 뻗은 손까지의 거리로 정의하였고 약 0.9 m에 해당한다.

점진주의(gradualism) 최종적으로 거대한 대륙을 생성시키기 위해서 삼각주에서 모래의 퇴적작용과 같은 느린 결과 또는 작은 사건들의 점진적인 축적으로 지질 변화가 발생한다는 것을 설명하는 이론. 최근에 생물학적 진화를 연구하는 과학자들은 종들이 작은 증분의 영향으로 점진적으로 변화한다는 것을 제안하는 진화 이론을 설명하기 위해서 이 용어를 사용한다.

동일과정설(uniformitarianism) 오늘날 발생하는 지질학적 과정들은 과거에도 같은 방법으로 발생하였다고 설명하는 원리

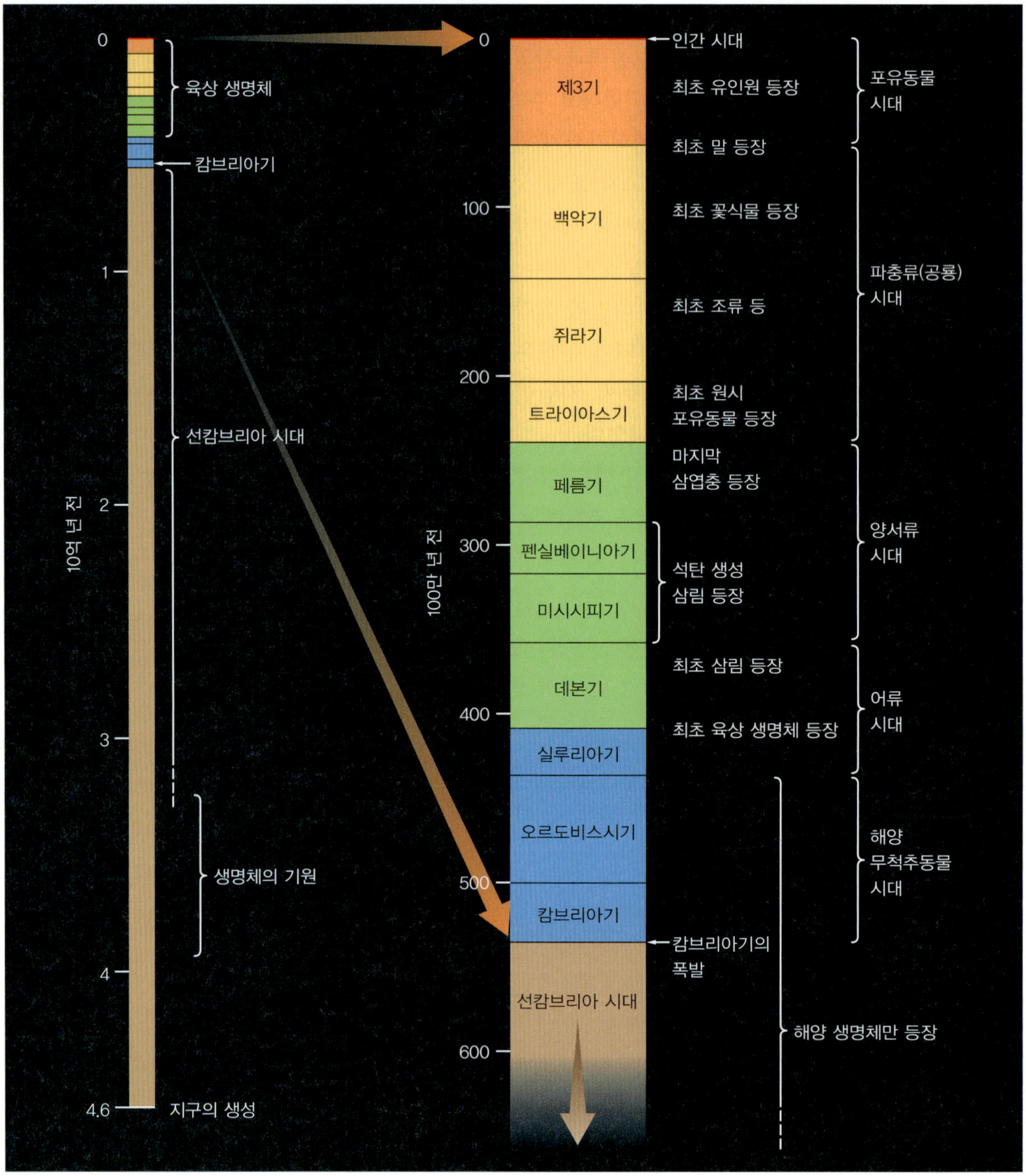

그림 1.6 지질 연대표. 다세포 유기체들이 풍부했던 약 5억 4,300만 년 이전 시간의 길이가 길다는 것에 주목하라.

한다는 것으로 설명된다. 동일과정설은 오늘날 작동하고 있는 지질 과정들은 또한 과거에도 작동하였다는 것을 규정한다. 따라서 과학자들은 현재 발생하고 있는 느린 변화들을 관측함으로써 과거에 발생하였던 사건들을 설명할 수 있다. 때때로 이 생각은 다음과 같은 말로 요약된다. 즉, "현재는 과거를 푸는 열쇠다."

그러나 모든 지질학적 변화가 점진적으로 이루어지지 않는다. 19세기 잉글랜드 지질학자인 윌리엄 휴얼(William Whewell, 1794~1866)은 지질학적 변화가 때로는 급변하였다고 주장하였다. 그는 지질학적 과거는 비교적 평온한

시대들 사이에서도 급진적이고 급변적인 활동이 삽입되어 있다고 썼다.[5] 지진과 화산은 급변적인 사건들의 예다. 휴얼은 이따금 거대한 급변적인 사건들이 지구 역사의 진행을 변경하였다는 **격변설(catastrophism)**의 원리를 주장하였다. 그러나 그는 그러한 사건들의 예를 제시하지는 못하였다. 왜냐하면 그들은 너무 희귀하여 인간 역사 내에서는 발생한 적이 거의 없기 때문이다.

오늘날 지질학자들은 허턴의 점진주의와 휴얼의 격변설 모두가 옳다는 것을 알고 있다. 오랜 지질시대 동안 느리고 균일한 과정들이 지구를 변화시킨다. 이와 더불어 희박한 급변적인 사건들이 느린 변화의 경로를 빠르게 변형시킨다.

지구 역사의 점진적인 변화

지구조 판들은 지표면을 가로질러 천천히 나아간다. 200여 년 전, 최초의 증기 기관이 만들어진 이후, 북아메리카는 서쪽으로 8 m 이동하였다. 이것은 단거리 육상 선수가 1초에 달리는 거리다. 이렇게 지구조 판들의 이동은 너무 느리기 때문에 정밀한 계측기가 아니고서는 측정할 수 없다. 그러나 지질시대 동안 이루어진 이 이동은 해양분지의 모양을 변형시키고, 산맥과 고원을 치솟게 하고, 지진을 발생시키고 화산을 폭발시키는 등 여러 방법으로 지구에 영향을 준다.

지구 역사의 급변적인 변화

도시를 관통하여 흐르는 강이 홍수를 일으키는 것을 볼 기회는 적지만, 만약 여러분이 100세까지 산다면, 아마도 급변적인 홍수를 볼 수 있을지도 모른다. 사실 파괴적인 홍수는 매년 지구 상 여러 곳에서 발생한다. 최근 발생한 3번의 격변적인 지질학적 사건들−동남아시아의 쓰나미, 허리케인 카트리나, 파키스탄과 카스미르 지진−로 인해 막대한 인명 손실을 입었다. 그러나 이들 격변적인 사건들은 과거에 발생하였던 사건들과 비교해 볼 때 너무 적게 발생하였다.

46억 년의 지구 역사에서 지질학자들은 인간 생존 기간 또는 심지어 인간 역사에서 매우 희박할 것 같은 급변적인 사건들을 수없이 발견한다. 예를 들어 암석과 퇴적물 속에 들어 있는 실마리들을 살펴보면, 거대한 운석들이 지각과 충돌하여 지각의 일부가 기화되고, 짙은 먼지들이 상공으로 퍼져나가면서 그림 1.7과 같이 큰 운석 충돌 크레이터가 남게 되었다는 것을 보여주고 있다. 지질학자들은 일부 운석들이 그림 1.7에서 보여주는 것보다 더 큰 운석 충돌 크레이터를 만들어 지구 상에 존재하던 100만 종이 거의 동시에 전멸되었다고 제안하고 있다. 다른 예에서 볼 수 있는 바와 같이, 마지막 빙하기의 끝 무렵 대륙 빙하들이 퇴각할 때, 역사시대에서 발생한 어떠한 홍수보다 더 거대한 홍수가 발생하였다. 이와 더불어, 지구 역사 동안에 발생한 주기적인 화산 폭발들이 전 세계에 걸쳐 생명체들이 살아가는 환경 조건들을 변화시켰다.

격변설(catastrophism) 희박한 급변적인 지질학적 사건들이 지구 역사의 경로를 변경시키고 느린 지질시대의 경로를 변형시킨다는 것을 설명하는 원리

1.4 문턱 효과와 되먹임 메커니즘

지구시스템은 보통 예측하기 어려운 방법으로 변화한다. 지금부터 오늘날 지구과학이 당면하고 하고 있는 도전과 복잡성들에 공헌하는 2가지 메커니즘에 대해 논의할 것이다.

문턱 효과

어떤 과정이 점진적으로 대기권을 온난화시켰다고 가정해 보자. 더 나아가 여름에 그린란드 연안의 빙하 온도가 −1.0 ℃이었다고 가정해 보자. 만약 점진적인 변화가 대기권을 0.2 ℃로 온난하게 만들었다면, 빙하들은 가시적인 영향은 받지 않을 것이다. 왜냐하면, 얼음은 0 ℃에서 녹고 여름 기온이 여전히 결빙점 아래인 −0.8 ℃이기 때문이다. 그러나 이때 점진적인 온난화가 여름 기온을 0.2 ℃로 만들었다고 생각해 보자. 이 시점에서 시스템은 문턱 값에 있게 된다. 온난화의 어떠한 작은 증분이 얼음의 용융점을 올리

5) Charles Lyell, *Principles of Geology*, vol. 2 (London: Murray, 1832), Quarterly Reviews 47, 103−123.

문턱 효과(threshold effect) 작은 섭동에 반응하여 환경이 초기에 서서히 변화하는 것으로 반응하지만, 문턱 값을 넘어선 후에는 작은 섭동이 급격한 변화를 일으키는 것을 말한다.

게 될 것이다. 얼음이 녹기 시작하자마자, 큰 변화가 급격하게 발생한다. 즉, 빙하들이 퇴각하고 전 세계 해수면이 증가한다. **문턱 효과**(threshold effect)는 환경이 작은 섭동에 반응하여 초기에 천천히 변화할 때 발생한다. 그러나 문턱 값을 넘어선 후, 부수적인 작은 섭동은 급격하고 극적인 변화를 일으킨다.

만약 여러분이 시스템을 철저하게 이해하지 못하고 있다면, 자기 중심적으로 해석한 잘못된 생각으로 시스템을 인식하기 쉽다. 바로 앞에 설명된 예에서 여러분이 얼음의 녹는점을 모른다고 가정해 보자. 만약 여러분이 여러 해 동안 조금 조금씩 진행된 온난화는 시스템에 영향을 미치지 않는 것으로 관측했다면, 점진적인 온난화는 어떠한 효과도 나타내지 못할 것으로 결론을 내릴 것이다. 그러나 실제로 문턱 값을 넘어선 다음 일어난 작은 증분은 얼음을 녹이게 된다.

식물, 동물, 인간의 개체 수 또한 문턱 값에 반응한다. 1912년 과학자들은 수컷 순록 4마리와 암컷 순록 21마리를 베링 해의 세인트 폴 섬에 풀어 놓았다. 섬에는 육식동물이 존재하지 않았고 사냥에 대한 압박도 낮았기 때문에 순록의 개체 수는 폭발적으로 증가하였다. 1938년에 이르러 약 2,000마리의 순록들이 세인트 폴 섬의 툰드라 식생에서 평화롭게 풀을 뜯어 먹고 있었다. 비전문가적인 관점에서 보면, 순록의 도입은 성공적으로 보였다. 왜냐하면 순록은 건강하고 번식도 좋았기 때문이다. 그러나 순록 떼들은 풀이 성장하는 것 보다 더 많은 풀을 먹어 치워 유용한 목초지를 과도하게 뜯어 먹게 되어 문턱 값 쪽으로 도달하

그림 1.7 미국 애리조나 주에 있는 운석 충돌 크레이터

METEOR CRATER NATIONAL MONUMENT

게 되었다. 새로운 식량원을 찾아 바다를 횡단하여 섬으로 들어온 것까지는 좋았으나, 섬 전체에 순록이 과도하게 방목이 되면서 갑자기 먹을 것이 아무것도 없게 되어 순록은 굶게 되었다. 1938~1950년 사이 거의 전체 순록 무리들이 굶어 죽게 되었고 결국에는 단 8마리의 쇠약한 동물들만이 남게 되었다.

되먹임 메커니즘

되먹임 메커니즘(feedback mechanism)은 지구시스템 내 하나의 성분 내에서 작은 섭동이 다른 성분에 영향을 미칠 때 발생한다. 이것은 원래 효과를 증폭시키고 심지어는 지구시스템을 섭동시켜 더 큰 효과들을 유발하게 된다. 금성 기후의 진화가 되먹임 메커니즘에 대한 최적의 예다. 태양 에너지는 지표의 물을 증발시켰다. 증발된 수증기는 대기권 내에 더 많은 열을 가두었다. 온도는 상승하였고 더 많은 물이 증발되었다. 물이 증발 될 때, 녹아 있던 이산화탄소가 대기권으로 달아나게 되었고 이 기체 상태의 이산화탄소가 더 많은 열을 가두었다. 그래서 온도는 더욱더 상승하였다.

과학자들은 현대 지구과학 분야에서 많은 되먹임 메커니즘의 예들을 관측하였다. 예를 들어 산업 공정에 따른 배출로 인해 대기권 내 이산화탄소의 농도가 증가하여 전 세계 평균 기온이 상승하였다. 2005년 9월에, 특정한 영향에 대해 두 가지 상반되게 기술된 연구 결과가 출판되었다. (1) 잉글랜드에서 더 높아진 기온은 토양 박테리아를 풍성하게 만든 원인이었다. 박테리아는 더 많은 먹이를 소비하였고 호흡이 증가하여 더 많은 이산화탄소가 대기 중으로 방출되었다. (2) 2003년 여름 동안 프랑스의 극심한 폭염이 식물 광합성을 감소시켜 결과적으로 식물의 이산화탄소 흡수를 감소시켰다. 그래서 대기권 내의 이산화탄소 수준이 증가하였다.

2가지 연구 결과, 산업 공정에 따른 이산화탄소 배출이 온난화를 유발하지만, 이 온난화는 자연시스템에 더 많은 이산화탄소를 방출하여 지속적인 기온 상승을 일으키는 원인이 되었다.

1.5 인간과 지구시스템

되먹임 메커니즘(feedback mechanism) 하나의 성분 내에서 작은 초기 섭동이 지구시스템의 다른 성분에 영향을 미치는 반응으로 원래 효과를 증폭시키고 심지어는 시스템을 섭동시켜 더 큰 효과들을 유발하는 것이다.

1만 년 전, 인구는 적었고 기술은 제한적이었다. 드문드문 흩어진 무리들은 식량을 얻기 위해서 사냥하고 채집하고, 단순한 거처를 짓고, 작은 불을 지펴 따뜻하게 하였다. 인간의 영향력은 지구 상의 많은 다른 종들과 별로 다르지 않았다. 그러나 농업 혁명과 도시가 성장함에 따라 문제점들이 일부 문명에서 야기되었다. 미국 생리학자 겸 작가인 재레드 다이아몬드(Jared Mason Diamond, 1937~)는 저서 《붕괴(*Collapse*)》에서 사람들이 한 지역에 정착하여 사회를 건설함에 따라 자연적으로 대체되는 것 이상으로 더 빠르게 자원을 소비하게 된 여러 사례들에 대해 언급하였다.[6] 그런 다음 세인트 폴 섬의 순록과 같이 인구는 붕괴되었다. 예를 들면 3~9세기까지 마야 문명의 최고 전성기에, 중앙 도시에는 제곱마일당 1,800~2,600명이 살았다. 이에 비해 2000년 로스앤젤레스 카운티인 경우, 평균 인구밀도는 제곱마일당 2,345명이었다. 인간과 환경적인 요인들로 인해 도시들은 황폐해졌고, 인구는 붕괴되어 마야인의 90~95 %가 사망한 것으로 추정된다. 이와 유사한 방법으로, 남서 아메리카에 번성하였던 아나사지 문명은 13세기에 사라졌고, 바이킹 식민지인들은 그린란드에서 굶어 죽었다. 이러한 비극적인 3가지 사건은 모두 기후 변화와 전쟁과 같은 인간 대 인간 상호작용에 의해서 더 악화되었다. 그럼에도 불구하고, 다이아몬드는 "문턱 값에 도달한 후에도, 인구는 바로 감소되어 지탱할 수 있는 수준까지 되돌아가지 않을 것이다"라고 지적하였다. 더 나아가, 그들 문명들은 급격히 붕괴되었다.

2009년 중반, 지구 상에는 67억 명이 살고 있다(그림 1.8). 농장, 목초 지대, 도시들이 지구 육지의 40 %를 차지하고 있다. 대륙 상의 모든 담수의 절반을 유용하고 있고, 전체 지상 생물 순 생산성의 50 %를 제어하고 있다. 육지

6) Jared Diamond, *Collapse: How Societies Choose to Fail or Succeed* (New York: Penguin Group, 2005).

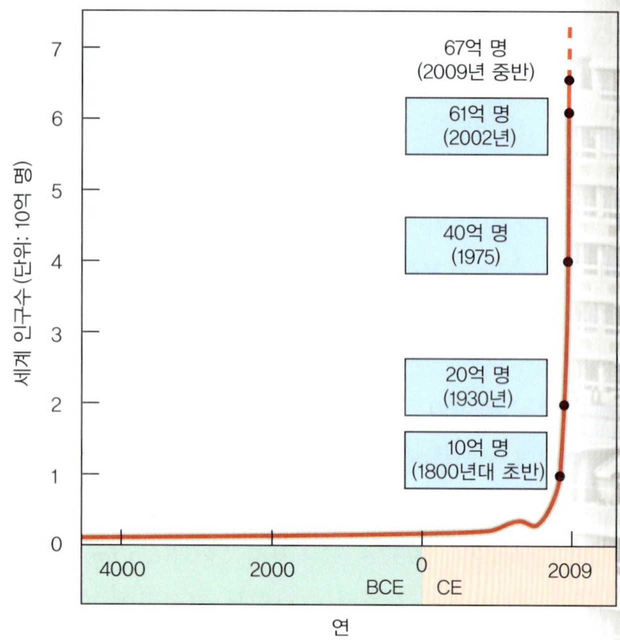

그림 1.8 세계 인구는 1700년대 이후 급격하게 증가하고 있다. 인간 역사의 대부분 동안, 지구 상의 인구는 50만 명 미만으로 존재하였다. 2009년 중반 이후, 67억 명이 지구 상에 살고 있다.

를 재배하고 육지의 물을 조절할 수 있게 됨에 따라서, 다른 동물과 식물 종들이 사라지게 되었다. 오늘날 종의 멸종율은 산업혁명 이전보다 1,000배 빠르게 이루어지고 있다. 사실 6,500만 년 전, 거대한 운석이 지표면과 충돌하여 공룡과 많은 다른 종들의 소멸을 이룬 이후 종의 멸종은 급격하게 나타나지 않았다.

불꽃, 공장, 발전소, 수송기계들로부터의 배출된 이산화탄소는 42만 년 전 대기권 내에 존재하던 이산화탄소 최고치까지 상승시켰다. 산업혁명 이후, 지구 연평균 기온은 0.8 °C 상승하였다.

세계 인구의 대략 20 %가 부유한 서방 국가에서 살고 있다. 여기는 식량, 주택, 청정 음용수, 효과적인 하수 처리, 선진 의료 시설 등을 쉽게 이용할 수 있는 곳이다. 이와 동시에, 세계의 가난한 지역에서 살고 있는 15억 명은 하루에 1 $ 미만으로 생존하고 있다. 지구 상 인구의 1/8~1/2는 영양 부족 상태이고, 매년 1,400만 명에 이르는 유아나 어린이들이 굶어 죽어가고 있다. 만약 여러분이 인디아 북부 지방 히말라야 산맥에 거주하는 가족의 일원이라면, 여러분은 매일 부족한 연료용 소똥이나 땔감을 모으는 데 많은 시간을 보내게 될 것이다. 여기에서의 끼니는 보리죽과 완두 정도이며, 겨울을 나는 동안 집안에서 염소와 함께 잠을 자는 것은 물론 따뜻하게 지내기 위해서는 모든 것들을 난로에 쑤셔 넣어야만 한다. 지구와 지구시스템과 함께 하는 이러한 일들은 아마도 지금 여러분이 경험하는 것과는 아주 다를 것이다.

여러분이 어느 곳에서 살고 있는지에 관계없이, 여러분이 부자이든 가난하든 간에, 여러분의 생존은 지구시스템 사이의 에너지와 물질의 흐름과 관련을 맺게 된다. 여러분은 지구에 영향을 미치고, 이와 동시에 지구도 여러분에게 영향을 준다. 그것은 가장 친밀하며 영원한 결혼이다.

미래에 대한 예측은 여러 가지 상황 때문에 불확실하다. 200년 이전인 1798년, 잉글랜드 경제학자인 토머스 맬서스(Thomas Robert Malthus, 1766~1834)는 인구는 지수함수적으로 증가하는 반면 식량 생산은 매우 느리게 증가한다고 주장하였다. 그 결과 인류는 기아 상태에 직면하게 되어 '궁핍과 죄악'을 동반하게 된다.[7] 그러나 기술의 진보는 식량 생산을 지수함수적으로 증대시켰고, 오늘날 식량은 많은 지역에서 풍부하다. 그러나 이와 동시에 다른 지역에서는 심각한 식량 부족에 시달리고 있는데 특히 아프리카 지역에서 심하다.

많은 과학자들은 미래에 대한 관심이 크다. 미국 하버드대학교 존 에프 케네디 정책대학원 교수인 존 홀드런(John P. Holdren, 1944~)은 다음과 같이 주장하였다.

> [문제점은] 에너지, 식량 또는 물을 고갈시키는 것이 아니라 환경을 고갈시키는 것이다. 즉, 인간의 행복을 위해 에너지를 마구잡이로 추출, 운반, 변형하여 사용한다면, 공기, 물, 흙, 생물군의 능력을 고갈시키는 결과를 초래하게 될 것이다.[8]

현재 인류가 직면하고 있는 3가지 광범위한 경향들은 다음과 같다.

1. 비록 증가율은 느리다 하더라도, 인구는 많고 계속 증가하고 있다. 한 예측에 따르면, 인구는 2020년에 이르면 70억 명으로 안정화될 것이다. 그러나 다른 인구통계학자는 2100년에 140억 명이 지구 상을 걷고 있을 것으로 예측하고 있다.
2. 이와 동시에, 극심한 빈곤은 감소하고 있다. 세계 인구의 1/3을 차지하고 있는 인도와 중국에서, 경제적인 생산량과 생활 수준이 급격하게 향상되고 있다. 사람들은 돈이 생기면, 더 많은 자원을 소비한다.
3. 인구와 1인당 소비 모두가 증가함에 따라 오염과 지구 상의 자원에 대한 압박은 계속 늘어난다.

앞서 언급된 다이아몬드 교수는 인간과 환경이 '경마'를 하고 있다고 주장하였다.[9] 인간의 소비 증대와 이에 따른 환경 파괴와 자원 고갈을 대표하는 한 마리 말은 격변적인 붕괴를 초래하는 지속가능하지 않은 사회 쪽으로 힘껏 달려가고 있다. 개선된 기술, 향상된 인식, 인구 성장율의 감소에 의해서 힘을 받은 다른 말은 행복하고, 건강하고, 지속가능한 사회 쪽으로 여러분들을 유도하고 있다. 어떤 말이 이길 것인가?

이 책에 해답이 존재하지 않기 때문에, 지구 과정들을 이해하기 위한 기본 정보를 제공하여 여러분이 지구의 대한 책무와 그와 관련된 이슈들을 평가하고 인정할 수 있도록 가르칠 것이다. 첨부된 표는 우리가 환경을 위해 해야 할 일을 목록으로 제시한 것이다.

환경을 위해 우리가 해야 할 일

1. 인구의 증가를 더디게 할 것
2. 온실 기체를 줄이고 오존층의 파괴를 막을 것
3. 1인당 자원 소비를 느리게 할 것
4. 화석연료와 화목 자원들을 보존할 것
5. 물을 보존하고 물 부족의 원인들에 대처할 것
6. 환경에 유해한 독성 화합물 생성을 막을 것
7. 토양침식에 대비하여 보존할 것
8. 삼림, 습지, 평원, 산호초와 같은 자연 서식지들의 파괴를 막을 것
9. 전 세계 광합성 능력을 전부 사용하지 말고 일부를 자연 삼림을 지원하도록 남겨 둘 것
10. 해양 어류들의 손실을 막을 것
11. 위기 종들을 보호하여 생물의 다양성을 보존할 것
12. 고유종들을 보호하고 생태계를 파괴하는 침입 종들을 막을 것

---

7) Thomas Malthus, *An Essay on the Principle of Population*, 1st ed. (Penguin Classics, 1798).

8) John Holdren, "Energy: Asking the Wrong Questions," *Scientific American* 286 (January 2002), 65–67.

9) Jared Diamond, *Collapse: How Societies Choose to Fail or Succeed* (New York: Penguin Group, 2005).

요약

1.1 지구의 4가지 권

지구는 4가지 권으로 구성되어 있다. 지권은 밀도가 크고 뜨거운 중앙 핵, 지구 부피의 대부분을 차지하는 거대한 맨틀, 얇고 단단한 지각으로 구성된다. 지각과 맨틀은 암석으로 되어 있는 반면, 핵은 철과 니켈과 구성되어 있다. 수권은 대부분 해수다. 지구 담수의 대부분은 빙하 속에 갇혀 있다. 액체 담수들의 대부분은 지하수 저장고 내에 존재한다. 하천, 호수, 강들은 지구 전체 물의 0.01 %만을 설명한다. 대기권은 주로 질소와 산소로 이루어진 기체의 혼합물이다. 지구 대기권은 생명체를 부양하고 기후를 규제한다. 생물권은 생명체가 서식하고 있는 얇은 지대다.

그림 1.1 지구 순환과 권들 모두는 서로 밀접하게 연결된다.

1.2 지구시스템

시스템은 복잡한 전체를 구성하며 상호작용하는 성분들의 어떠한 종합적인 상태 또는 결합을 말한다. 지구의 4가지 주요 시스템, 즉 4가지 권들은 상호작용하는 많은 더 작은 시스템으로 나누어진다. 모든 권들은 계속해서 물질과 에너지를 교환한다.

1.3 지구과학의 변화 시간과 변화율

지구는 약 46억 년 전에 탄생하였다. 생명체는 적어도 38억 년 전에 형성되었다. 풍부한 다세포 생명체는 5억 4,400만 년 전에 진화되었고 인류는 500~700만 년 전에 지구 상에 등장하였다. 점진주의 원리는 거의 감지할 수 없는 사건들의 순서에 따라 지질 변화가 오랜 시간 동안 발생하는 것을 설명한다. 반면 격변설의 원리는 지질 변화들이 주로 희박한 급변적인 지질 사건들이 일어나는 동안 주로 발생한다고 가정한다.

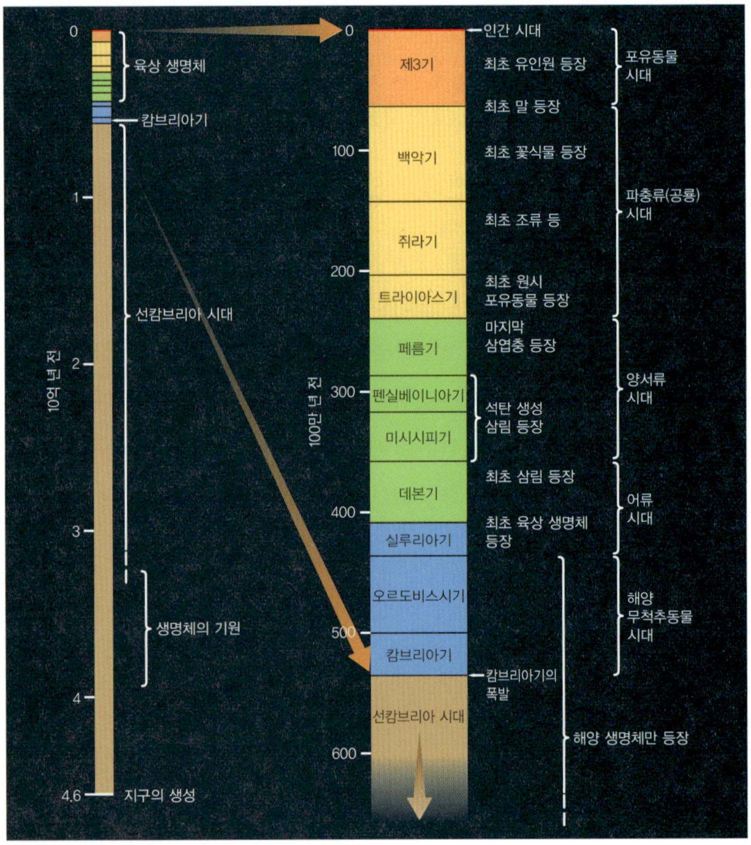

그림 1.6 지질 연대표. 다세포 유기체들이 풍부했던 약 5억 4,300만 년 이전 시간의 길이가 길다는 것에 주목하라.

1.4 문턱 효과와 되먹임 메커니즘

문턱 효과는 환경이 작은 섭동에 반응하여 초기에 천천히 변화할 때 발생한다. 그러나 문턱 값을 넘어선 후, 부수적인 작은 섭동은 급격하고 극적인 변화를 일으킨다. 되먹임 메커니즘은 지구시스템 내 하나의 성분 내에서 작은 섭동이 다른 성분에 영향을 미칠 때 발생한다. 이것은 원래 효과를 증폭시키고 심지어는 지구시스템을 섭동시켜 더 큰 효과들을 유발하게 된다.

1.5 인간과 지구시스템

인구수가 증가하고 기술이 발전함에 따라 인류는 지구시스템의 변화에 주요한 엔진이 되고 있다.

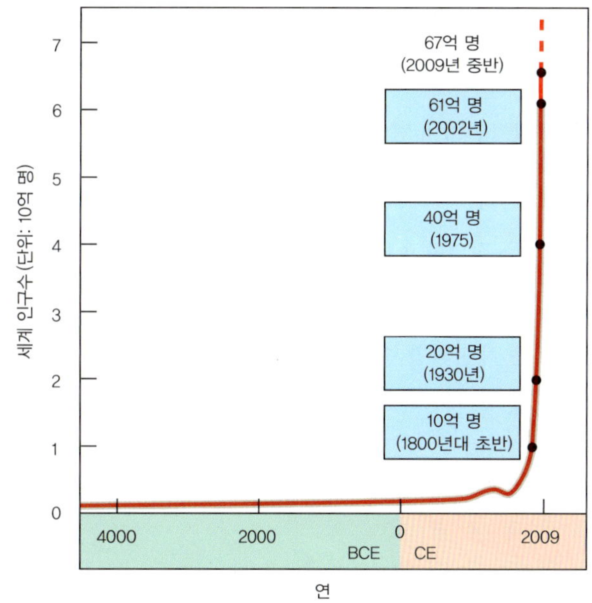

그림 1.8 세계 인구는 1700년대 이후 급격하게 증가하고 있다. 인간 역사의 대부분 동안, 지구 상의 인구는 50만 명 미만으로 존재하였다. 2009년 중반 이후, 67억 명이 지구 상에 살고 있다.

핵심용어

격변설catastrophism (1.3)
대기권atmosphere (1.1)
동일과정설uniformitarianism (1.3)
되먹임 메커니즘feedback mechanism (1.4)
맨틀mantle (1.1)
문턱 효과threshold effect (1.4)
생물권biosphere (1.1)
생태계ecosystem (1.2)
수권hydrosphere (1.1)
시스템system (1.2)
암석권lithosphere (1.1)
점진주의gradualism (1.3)
지각crust (1.1)
지구조 판tectonic plate (1.1)
지권geosphere (1.1)
지하수ground water (1.1)
핵core (1.1)

연습문제

1. 수증기와 이산화탄소가 어떻게 금성, 지구, 화성의 기후와 대기권의 진화에 영향을 미치는지에 대해서 설명하시오.
2. 지구의 4가지 권들을 열거하고 간략하게 설명하시오.
3. 지구 내부의 3가지 주요 층들을 열거하시오. 어느 층(들)이 암석으로 되어 있고, 층(들)이 금속으로 되어 있는가? 어느 층이 가장 크고, 어느 층이 가장 얇은가?
4. 지구 전체 물의 대부분을 수집하여 저장하고 있는 6개의 저장소의 형태를 열거하시오.

5. 지하수는 무엇인가? 수권은 어느 곳에 위치하고 있는가?

6. 지구 대기권을 구성하는 2가지 기체는 무엇인가?

7. 지구 대기권의 두께는 얼마인가?

8. 생물권의 크기와 범위에 대해서 간략하게 설명하시오.

9. 시스템을 정의하고 왜 시스템적인 접근 방법이 지구과학에서 유용한지에 대해서 설명하시오.

10. "물질은 재순환할 수 있지만 에너지는 재순환할 수 없다"라는 말을 간략하게 설명하시오.

11. 지구의 나이는 얼마인가? 최초의 생명체는 언제 진화하였는가? 인류의 조상들은 언제 지구 상에 나타나 얼마나 오랫동안 인류가 존속하고 있는가?

12. 점진주의와 격변설을 비교하고 대조하시오. 지리 변화의 개별 형태에 대한 예를 드시오.

13. 문턱 효과와 되먹임 효과들을 간략하게 설명하시오.

14. 지구에 대한 인간 영향의 정도를 간단하게 제시하시오.

2장 해양분지

이 영상은 인공위성 고도계를 이용하여 만든 지구의 해양분지를 보여준다. 중력에 의한 해수면의 변형을 이용하면 10 km보다 큰 해저 형상들을 탐색할 수 있다.

NOAA/NATIONAL GEOPHYSICAL DATA CENTER

"바다와 육지는 그 위에 있는 대기와 상호작용함으로써 인류에게 가장 중요하고 의지할 만한 것이 된다."

해리스 스튜어트(Harris B. Stewart, 1922~2000)[1)]

2.1 해양의 기원

미행성체의 충돌과 방사성 동위원소의 분열로 인해 가열된 원시 지구는 액체 상태이거나 거의 액체에 가까운 상태였다. 대기가 없는 하늘은 깜깜했고 지구에는 바다도 없었고 생명체도 존재하지 않았다. 오늘날 우리는 지구를 지권, 수권, 대기권, 생물권의 4가지 권으로 분류한다. 암석이 흐르는 강이나 한 모금의 공기, 나비와는 다른 것처럼 각 권은 서로 독립적이다.

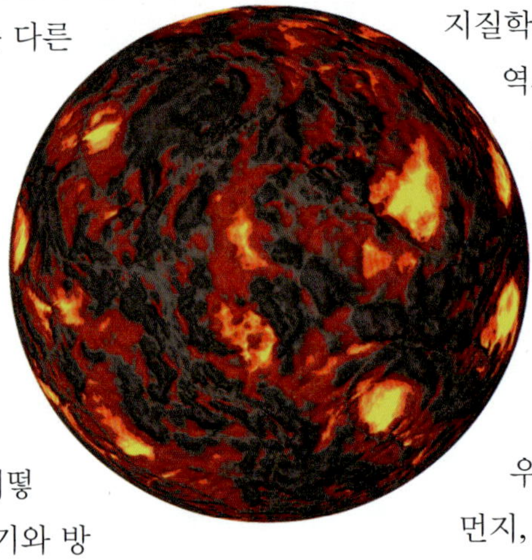

© A. MARCYNUK/SHUTTERSTOCK

여러분은 잠시 지구를 4가지 권으로 구분하는 것을 접어두고 두 종류의 지구 구성 물질만을 생각해 보자. 그들은 휘발성 물질[2)]과 비휘발성 물질이다. 대부분의 과학자들은 원시 지구의 표면은 휘발성 물질을 거의 함유하지 않았다는데 동의한다. 그렇다면 어떻게 충분한 화합물들이 모여서 두꺼운 대기와 방대한 해양, 그리고 살아 있는 유기체를 가진 전 지구의 생물권을 형성할 수 있었을까?

수년 동안 지질학자들은 물과 이산화탄소를 포함한 풍부한 휘발성 물질들이 지구 생성 초기에 지구 내부에 갇혔다는 가설을 세웠다. 이 추론은 세 가지의 관측 사실과 추론을 근거로 한다. 첫째, 우리의 태양계 생성 모델은 휘발성 물질들이 먼지 구름, 기체 그리고 행성을 형성하기 위해 병합된 미행성의 형태로 균등하게 퍼져 있다는 것을 보여준다. 그들 중 일부는 지구가 생성될 때 지구 내에 갇힌 것처럼 보인다. 둘째, 과학자들은 최근의 혜성, 유성체, 소행성에서 휘발성 물질들을 발견하였다. 만약 휘발성 물질들이 우주에서 지구의 주변을 지나는 작은 물체 내에 포획되었다면, 그것들이 지구 내부에 축적될 수도 있다고 추론하는 것은 논리적으로 타당한 것으로 보인다. 셋째, 최근에 폭발한 화산들은 기체와 수증기를 공기 중에 방출시키고 있다. 지질학자들은 이 기체들이 맨틀에서 유래하였고, 지구 생성 기간에 포획된 휘발성 물질의 찌꺼기라고 추측하였다. 지질학자들은 이들 휘발성 물질 중 일부가 지구 역사의 초창기에 화산 폭발 동안 탈출하였고, 그것들이 대기, 해양, 생명체를 형성하였다고 결론지었다.

오늘날, 많은 과학자들은 이 결론에 의문을 가진다. 그들의 의문점을 이해하기 위해 행성들을 만들기 위해 병합된 먼지 구름과 기체들로 되돌아가 보기로 하자. 우주에서 지금 지구가 위치한 공간 영역이 먼지, 기체 그리고 행성이 되기 위해 충돌하는 미행성체들로 인해 가열되었다고 상상해 보라. 동시에 태양 내부에서 수소융합이 일어나고 태양 에너지는 방출되어 내부 태양계를 가열시켰다. 새로 탄생한 태양은 태양풍(solar wind)이라 불리는 일련의 이온과 전자들을 방출하였는데, 그들의 휘발성 화합물들은 내부 행성들을 가로질러 태양계의 바깥 영역으로 날아가 버렸다. 그 결과 지구의 휘발성 화합물들은 대부분 증발하여 사라졌고 태양계의 차가운 외부 영역으로 날아가게 되었다(그림 2.1(a)).

최근 유력한 가설에 따르면, 지구가 형성되고 휘발성 물질을 잃어버린 지 얼마 지나지 않아 화성만한 크기의 물체

1) 역자 주: 미국 해양학자로서 미국해양대기청(NOAA) 산하에 대서양해양대기연구소(AOML)를 창설하여 초대 소장을 지냈다.

2) 휘발성 물질은 빠르게 증발하여 쉽게 대기로 빠져나가는 화합물이다.

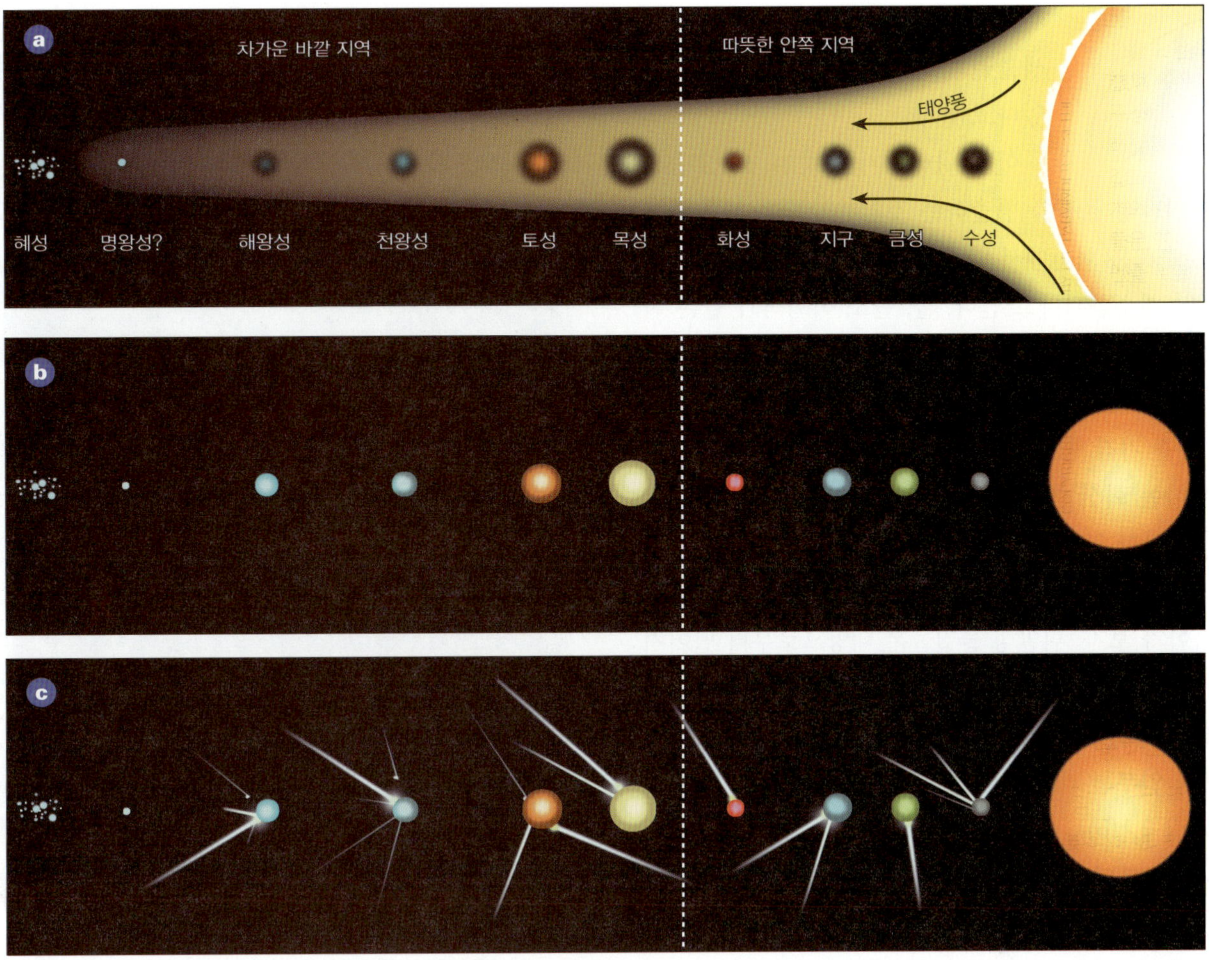

그림 2.1 (a) 태양계가 형성될 때, 내행성의 휘발성 물질들은 끓어서 증발하였다. 그 후 태양풍이 휘발성 물질들을 화성 바깥의 차가운 지역으로 운반하였다. (b) 외행성은 휘발성 물질의 일부를 포획하였으며 다른 일부는 응축하여 해왕성 바깥의 매우 차가운 지역에서 혜성을 형성하였다. 그 결과, 4개의 내행성에는 대기나 해양이 존재하지 않았으며, 외행성은 성장하여 거대해졌다. (명왕성은 비정상적인 행성으로 11장에서 명왕성의 기원을 논의할 것임) (c) 혜성과 유성체가 지구와 다른 행성들에 충돌하면서 행성의 지표면에 다시 일부 휘발성 물질들을 되돌려주었다. 휘발성 물질들은 모여서 대기와 해양을 생성하였으며 지구 상에 존재하는 생명체의 기원이 되었다. (그림 내 크기와 거리는 축척에 맞춰 그리지 않았다.)

가 지구를 강타하였다. 이 격변적인 충돌은 지각과 맨틀의 깊은 곳을 관통하면서 거대한 양의 바위를 분쇄하여 궤도상에 방출하였다. 결국 그 조각들은 합쳐져서 달이 되었다. 또한 이 충격으로 인해 지구에 남아 있는 대부분의 휘발성 물질들은 지구의 중력을 이기고 우주로 사라지기 충분할 정도의 속력을 가지게 되어 지구 밖으로 방출되었다. 이 가설에 따르면 그때

지구 표면은 지표나 맨틀 심부에 휘발성 물질이 거의 고갈되어 메마르고 바위가 많아지게 되었다. 따라서 지구는 물도 대기도 가지고 있지 않았다. 뜨거운 맨틀은 마구 뒤섞여졌으며 화산 폭발로 인해 지표면은 용암으로 뒤덮였지만, 이러한 사건들도 지구 표면에 휘발성 물질들을 거의 추가하지 않았다. 한 추정치에 따르면 깊은 맨틀에서 기체

폭발 유성(bolide) 행성에 떨어지는 소행성과 같은 큰 우주 파편 조각

가 빠지는 것은 지구의 수권, 대기권, 생물권의 단지 10 %만을 설명할 수 있다고 한다.[3)]

이 시나리오가 옳다면, 왜 요즘의 화산들은 휘발성 물질을 방출하는 것일까? 한 가설에 따르면 최근 분출하는 화산에서 방출되는 대부분의 기체는 지표면으로부터 재순환된다고 한다. 물, 탄소(석회석과 같은 탄산염암 형태로), 그리고 다른 가벼운 화합물들은 판의 섭입에 의해 맨틀의 얕은 부분으로 운반된다. 이 휘발성 물질들은 화산 분출 기간 동안 지표면으로 되돌아간다. 그러므로 최근 발생하는 화산 폭발은 원시의 화산 폭발처럼 맨틀 심부로부터 상당한 양의 휘발성 물질들을 방출하지는 않는다.

이제 뜨거운 태양계 내부로부터 뿜어져 나가는 휘발성 물질들로 돌아가 보자. 휘발성 물질들은 태양으로부터 떨어져 나가면서 화성 너머의 더 차가운 지역으로 들어갔다. 대부분의 휘발성 물질은 외행성인 목성, 토성, 천왕성, 해왕성에 붙잡혔으나 일부는 계속해서 태양계의 바깥 주변부로 퍼져 나갔다(그림 2.1(b)). 여기서 알려진 행성 궤도 너머에서는 태양계 내부로부터 나온 휘발성 물질들이 잉여의 먼지와 기체들과 결합하여 혜성을 생성하였다(그림 2.2). 혜성의 핵은 주로 얼음과 바위로 구성되어 있기 때문에 더러운 눈덩이에 비유되어 왔다. 하지만 혜성에는 눈덩이에서 잘 발견되지 않는 다른 화합물들이 존재하기도 한다. 이러한 화합물은 냉각된 이산화탄소, 암모니아, 단순한 유기 분자들을 포함한다. 또한 휘발성 물질들은 화성과 목성 사이에 존재하는 어떠한 형태의 유성체나 소행성에 풍부하게 포함되어 있다.

천문학자들은 초기 태양계가 혜성 유성체 그리고 행성 형성 과정에서 남겨진 우주 쓰레기인 소행성들로 가득하다고 계산하였다. 큰 조각의 우주 잔해물이 붕괴하여 행성 속으로 들어갈 때 이를 폭발 유성이라고 부른다. 수많은 **폭발 유성(bolide)**이 지구 그리고 달 속으로 부딪쳐 들어갔다(그림 2.1(c)). 우주 쓰레기는 지구의 총질량에 비해서 단지

3) Paul J. Thomas, Christopher F. Chyba, and Christopher P. McKay, *Comets and the Origin and Evolution of Life*(New York: Springer-Verlag, 1997).

그림 2.2 헤일 밥 혜성(comet Hale–Bopp). 태양계 생성 초기에는 혜성, 유성체, 소행성들이 많이 존재하였다. 이것들은 암석, 얼음, 드라이아이스 같은 휘발성 물질들로 구성되었다.

0.001 %만 추가하였지만 이것은 현재 남아 있는 휘발성 물질의 90 %에 해당한다.

우주 쓰레기들이 지구에 유입되어 충돌하면서 폭발 유성 내부에 얼어 있던 휘발성 물질이 증발하여 수증기, 이산화탄소, 암모니아, 단순한 유기 분자, 이들 외의 다른 휘발성 물질들을 방출하였다. 행성이 냉각되고 대기압이 증가하면서 수증기는 응축하여 액체 상태가 되어 처음으로 바다가 형성되었다. 폭발 유성에서 지구로 수송된 가벼운 분자들 역시 대기와 생명을 위한 원시 물질들을 만드는 기체들을 제공하였다. 대기의 형성과 진화는 4장에서 논의될 것이다.

따라서 지구의 수권, 대기권, 생물권을 만드는 데 필요한

이러한 화합물들의 최소한 일부 또는 대부분은 아마도 태양계 외부로부터 지구로 이동한 것이다. 지구의 해양을 채우고 있는 물은 행성 간 공간에서 유입되었다.

우주 공간으로부터 받은 충돌은 암석을 폭파하였고 하늘로 먼지를 날렸다. 이 때문에 지구에 서식하던 대부분의 생물들은 멸종하였다. 따라서 지구 외부로부터 받은 충돌은 지구, 대기, 생명체를 위한 원시 물질을 제공할 수 있었으며 말기에 와서는 대량 멸종을 야기하였다.

2.2 지구의 해양

여러분이 대부분의 사람들에게 대륙과 해양의 차이점에 대해 질문한다면 그들은 "대륙은 명백히 땅이고 바다는 물입니다!"라고 거의 확실하게 대답할 것이다. 이러한 관찰은 당연히 사실이지만, 지질학자들에게는 다른 차이점이 더 중요하다. 지질학자들은 바다 밑에 있는 암석은 대륙의 암석과 다르다고 설명할 것이다. 전 세계 해양에 있는 해수의 축적은 이러한 차이의 결과다.

현재 해양지각은 밀도가 큰 현무암으로 두께는 4~7 km까지 다양하다. 대륙지각은 밀도가 더 낮은 화강암으로 구성되어 있으며 두께는 평균 20~40 km 정도다. 전체 대륙의 암석권은 해양 암석권보다 두께는 더 두껍지만 밀도는 더 낮다. 이러한 차이로 인해 밀도가 더 낮은 두꺼운 대륙의 암석권이 높은 고도에서 지각평형에 의해 떠 있고, 반면에 해양 암석권은 낮은 고도로 가라앉는다. 지구 상의 대부분의 물은 경사면을 따라 흘러내려 해양 암석권이 형성한 저지대에 모인다. 지표면에 물이 존재하지 않았지만 해양지각은 깊은 분지를 형성하고 대륙지각은 높은 고도로 상승하였다.

해양은 지표면의 약 71 %를 덮고 있다. 해저의 수심은 중앙해령에서는 2~3 km이고, 마리아나 해구에서는 11 km로 가파르지만, 해양분지의 중앙부에서는 약 5 km 정도를 보인다(그림 2.3).

해양분지는 해수면 위로 노출된 대륙지각의 부피보다 18배가 큰 14억 km^3의 물을 가지고 있다. 이처럼 지표면에는 매우 많은 물이 존재하는데, 지구가 완전히 평평하다면 전 지구는 2,000 m 깊이의 해양으로 뒤덮일 것이다.

지구의 해양분지의 크기와 모양은 지질학적 시간의 흐름에 따라 변한다. 현재 대서양 중앙해령에서 해저가 서로 반대 방향으로 멀어져 가고, 미국이 유럽과 아프리카로부터 멀어지면서 대서양의 넓이는 1년에 수 cm의 비율로 넓어지고 있다. 이와 동시에 태평양은 해양지각이 가장자리의 섭입대로 침강하면서 비슷한 비율로 좁아지고 있다. 요약하면 지금 대서양 분지는 태평양의 희생으로 넓어지고 있다.

전 지구적으로 바다(수권)는 전 지구의 기후(대기권)와 생물권에 다양한 형태로 영향을 준다. 바다는 암석과 토양보다 태양열을 더 효율적으로 흡수하고 저장한다. 그 결과 바다는 인접한 육지보다 겨울에 더 따뜻하고 여름에 더 시원하다. 비나 눈으로 떨어지는 대부분의 물은 바다에서 증발한 것이다. 게다가 해류는 적도에서 극지방으로 열을 이동시켜 적도 기후를 서늘하게 하고 극지방 환경을 따뜻하게 한다. 판구조활동은 해양분지의 크기와 모양을 변화시키기 때문에 해류도 변화시키며 지질학적 시간의 흐름에 따라 국지적인 기후에도 충분히 영향을 준다. 이렇게 여러 가지 방식으로 해양은 지구시스템 상호작용에서 큰 역할을 한다.

2.3 해양저 연구

75년 전, 과학자들은 해양저보다 달의 지형을 더 잘 알고 있었다. 달은 밤하늘에서 명확히 보이며 망원경을 이용하여 이를 관측할 수 있다. 그러나 해저는 깊고 어두워서 사람이 활동하기 힘들다. 따라서 현재 해양학자들은 해양저를 연구하기 위해 시료 채취와 원격 탐사와 같은 다양한 기술을 사용한다.

채집

몇몇 장비들은 대양저로부터 퇴적물과 암석을 직접 수집한다. **암석 준설기(rock dredge)**는 연구조사선 후미에서 해저와 맞닿은 채로 끌려오는 크게 벌어진 모양의 강철 그물

암석 준설기(rock dredge) 해저 노두에서 암석 시료를 수집할 목적으로 연구조사선 후미에서 해저와 맞닿은 채로 끌려오는 크게 벌어진 모양의 강철 그물

해저 시추(sea-floor drilling) 연안이나 탐사선에 설치된 굴착 장치로 해저의 퇴적암과 암석으로부터 원기둥 모양으로 코어를 채취하는 과정으로 코어는 연구를 위해 해수면으로 가져온다.

음향 측심기(echo sounder) 음파를 발생시켜 해저에서 반사되어 돌아오는 음파를 기록하는 기구. 얻어진 자료는 해저 지형을 기록하는 데 사용된다.

탄성파 탐사기(seismic profiler) 해저 아래 퇴적층과 암석층에 침투하고 반사하는 고에너지의 신호를 발생시키는 기구. 얻어진 자료는 해저 지형의 윤곽을 구성하기 위해 사용된다.

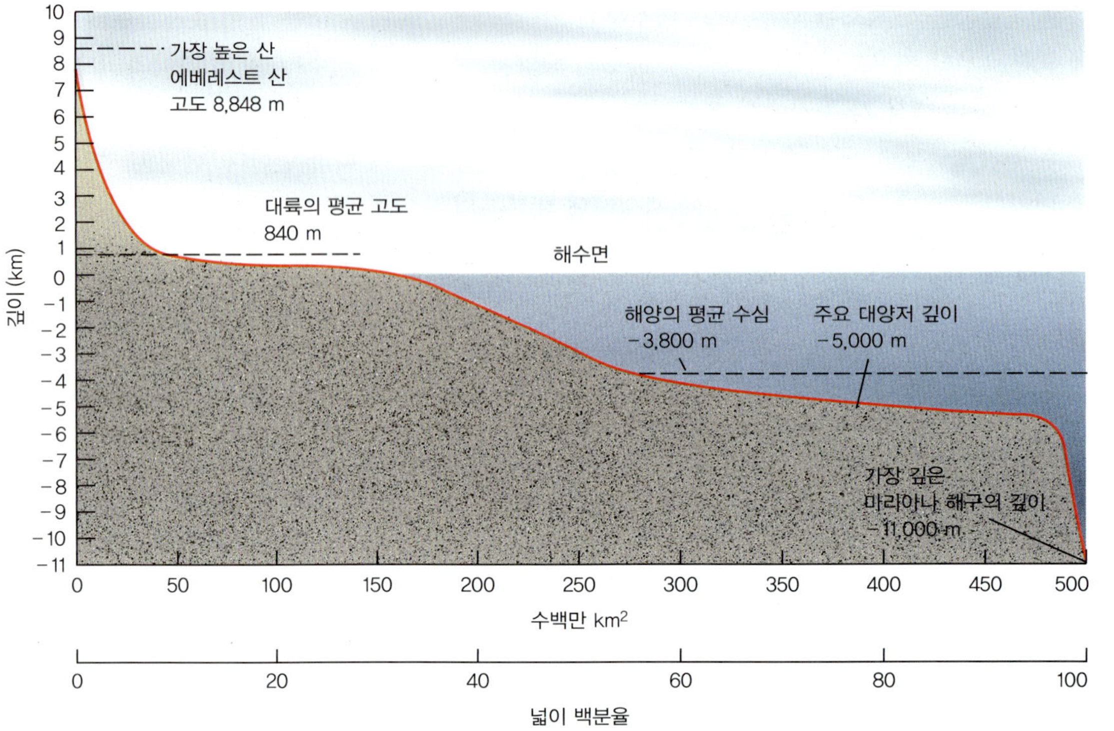

그림 2.3 대륙과 해양분지의 구조 단면도. 세로축은 해수면에 대한 상대적인 고도이며, 가로축은 지형의 종류에 따라 분류한 상대적인 넓이이다. 즉, 지표면의 30 %(1억 5,000만 km^2)의 넓이가 해수면 위에 노출되어 있다.

이다. 이것은 해양저 노두에 존재하는 암석을 부수고 해수면으로 끌어올린다. 해양학자들은 조사선에서 무게가 나가는 빈 강철관을 해저로 내려서 진흙을 수집한다. 강철관은 무게로 인해 부드러운 퇴적물 속으로 들어가게 되고 퇴적물이 강철관 속으로 들어오게 된다. 퇴적물 채취 코어는 윈치를 이용하여 관을 해수면까지 들어 올린 후에 관으로부터 회수한다. 코어가 관으로부터 조심스럽게 제거되면, 훨씬 더 정교한 퇴적물 층도 보존할 수 있다.

석유 탐사를 위해 개발된 **해저 시추**(sea-floor drilling) 방법 또한 해저지각으로부터 채취 시료들을 수집할 수 있다. 거대한 시추 장비는 외해 구조물과 해양조사선에 탑재된다. 드릴은 퇴적물과 암석에 시추되어 원기둥형으로 코어를 잘라내고, 채취된 코어는 연구를 위해 해수면으로 가지고 온다. 이런 종류의 채집은 비용이 많이 들지만 해양지각 수 km의 깊이까지의 코어들도 얻을 수 있다.

원격 탐사

원격 탐사 방법은 해양저와 직접적인 물리적 접촉 없이 해저 탐사가 가능하며, 몇몇 연구에서 이러한 접근 방법은 효과적이고 경제적임이 밝혀졌다(그림 2.4). **음향 측심기**(echo sounder)는 해저 지형도를 작성하기 위해 흔히 사용되는 기구다. 이 기기는 연구조사선에서 음파를 방출하고, 이 파가 해저에서 반사되어 조사선으로 되돌아오는 신호를 기록한다. 수심은 음향 신호의 왕복 시간으로부터 계산된다. 해저 지형도는 조사선이 항해 경로를 세심하게 조종하면서 음향 측심기를 연속적으로 작동하여 만들어진다. 소나(SONAR)라 불리는 최근의 음향 측심기는 한 번에 1,000개의 신호를 전송하여 보다 완벽하고 정확한 지형도를 만든다.

탄성파 탐사기(seismic profiler)는 음향 측심기와 같은 방법으로 작동되지만, 퇴적층과 암석층을 침투하고 반사하는

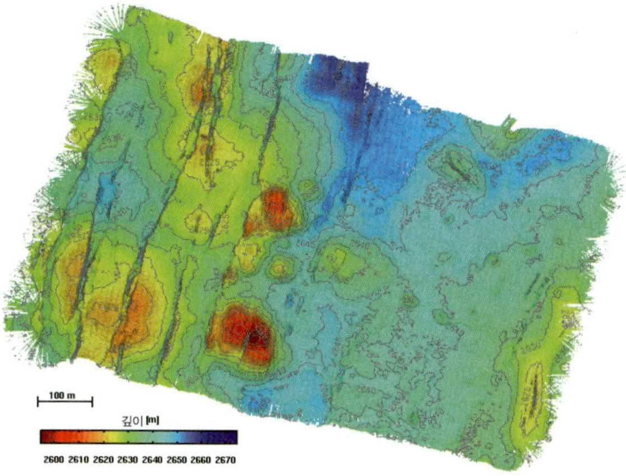

그림 2.4 심해 원격 탐사 센서인 ABE(Autonomous Benthic Explorer)는 몇 가지 방법을 이용하여 다양한 크기의 해저 지형을 영상으로 나타낼 수 있다. 이 영상은 남태평양 피지 근처에 위치한 1 km × 0.6 km 공간 영역을 차지하고 있는 라우분지(Lau Basin)의 지형도로서 작은 언덕, 균열, 열수분출공의 뾰족한 봉우리를 잘 보여준다.

데 고에너지 신호를 이용한다. 또한 탄성파 탐사기로 해저 지형뿐만 아니라 해양지각의 층상 구조의 모습도 알 수 있다(그림 2.5).

자력계(magnetometer)는 자기장을 측정하는 기기다. 연구조사선 위에서 자력계를 끌면서 해저 암석의 자성을 측정한다. 선상 자력계로 측정한 자료로써 이제는 유명하게 된 해저의 대칭적인 자력선을 발견할 수 있었다. 이 발견은 곧 바로 해저확장설과 판구조론의 발전을 야기하였다.

위성에 탑재된 **극초단파 레이더**(microwave radar) 기기들은 극초단

자력계(magnetometer) 자기장을 측정하는 기구

극초단파 레이더(microwave radar) 인공위성에 탑재된 기구로 해수면에서 반사되어 되돌아오는 극초단파를 측정하여 해수면의 상승, 하강을 감지한다. 이것은 해저 지형과 관련이 있으므로 해저 지형도를 그리는 데 이용될 수 있다.

최근 과학자들은 심해 탐사용 로봇과 레이저 측정기를 사용하여 해저의 시료를 채취하고 사진을 촬영한다. 심해 탐사용 로봇은 잠수정보다 비용이 더 적게 들고 더 안전하다. 또한 레이저 측정기는 심해용 카메라보다 8배 이상 더 깊게 침투한다.

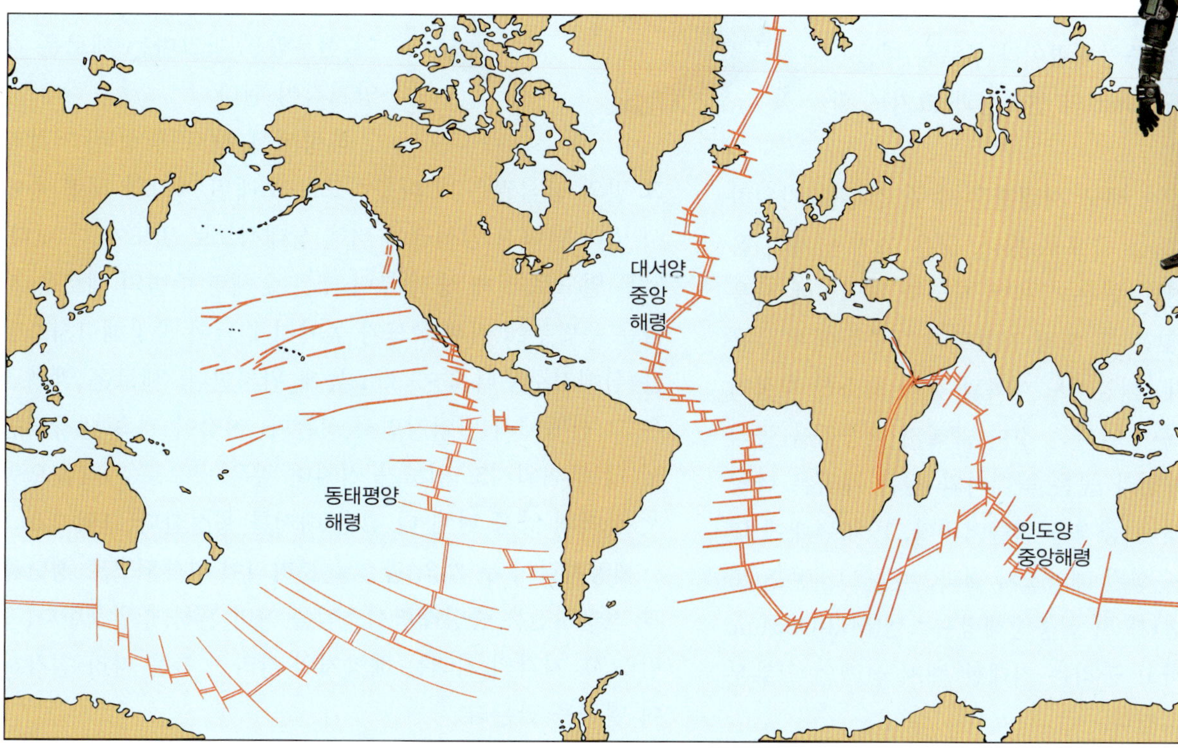

그림 2.5 이 지도는 발산하는 판의 경계 또는 발산하는 중심이 전 세계 대양의 중앙해령과 정확히 일치함을 보여준다. 발산하는 중심부는 붉은 실선 두 줄로 표시하였고, 변환단층은 붉은 실선 한 줄로 표시하였다.

파가 되돌아오는 신호를 이용하여 해수면에서 감지하기 힘든 너울과 해수면의 하강을 탐색한다. 이러한 형상들로 해저 지형을 나타낸다. 예를 들어 4,000 m 높이 해산의 질량은 인력을 충분히 만들어서 위에 있는 해수면에 6 m 높이의 완만한 너울을 생성할 수 있다. 이 자료는 해저 지형도를 만드는 데 사용된다.

열곡(rift valley) 판의 발산 경계를 따라 길게 발달한 함몰 지역. 대륙에서 발달하는 열곡과 중앙해령의 중심을 따라 발달하는 열곡이 있다.

변환단층(transform fault) 중앙해령에서 어긋난 두 단면 사이의 주향이동단층

2.4 해양저의 특징

중앙해령시스템

1차 세계대전(1914~1918년) 후, 해양학자들은 수심을 측정하기 위해 초기 단계의 음향 측심기를 사용하기 시작했다. 조사 결과 해저가 이전에 생각했던 것보다 훨씬 더 기복이 심하다는 것이 밝혀졌으며, 지금 대서양 중앙해령이라 부르는 미들 그라운드(Middle Ground)의 연속성과 크기도 확인할 수 있었다.

© FENG YU/SHUTTERSTOCK

2차 세계대전 동안 해군 사령관은 수중 전투를 지원하기 위해 해저 지형도를 필요로 했다. 군은 초기 단계의 음파 탐색기를 이용해서 만든 상세한 지도를 비밀리에 사용하였다. 평화를 되찾은 후 해저 지형도가 대중들에게 유용하게 사용되었을 때, 해양저도 대륙과 같이 최소한 지형적으로 다양하고 기복이 있다는 것이 밝혀져 대중들을 놀라게 하였다. 넓은 평원과 높은 꼭대기와 깊은 계곡은 다양하고 흥미로운 바닷속 풍경을 만들어낸다. 1950년대에 몇몇 국가들에 의해 수행된 해양조사 결과, 미들 그라운드(또는 대서양 중앙해령)가 지금 중앙해령시스템(Mid-Oceanic Ridge System)이라고 불리는 거대한 해저 산맥의 일부분이라는 사실이 밝혀졌다.

중앙해령시스템은 지구를 둘러싸는 연속적인 해저 산맥이다. 총길이는 80,000 km를 넘으며 장소에 따라서는 너비가 1,500 km보다 넓다. 해령은 해령을 둘러싼 깊은 해저보다 평균 2~3 km 정도 높다. 중앙해령은 오로지 바다 아래에만 존재하지만 그것은 모든 대륙을 합한 것의 2/3 정도이며 지구 표면의 20 %보다 더 큰 지역을 망라하는 지구의 가장 큰 산맥이다. 지구에서 가장 거대한 대륙 산맥인 히말라야조차도 이 영역에 비해서는 단지 작은 부분에 불과하다.

열곡(rift valley)은 발산하는 판의 경계에서 발달하는 긴 저지대다. 중앙해령시스템에서 깊이 1~2 km에 너비 수 km인 열곡에서는 해령 꼭대기(ridge crest)에서 많은 조각으로 쪼개져 분포한다. 자그마한 연구 잠수정 안 해양학자들은 열곡 속으로 잠수할 수 있고, 거기서 계곡 바닥에서 3 m 정도 벌어진 수직으로 갈라진 틈을 볼 수 있다. 중앙해령시스템은 두 암석 판이 서로 멀어지면서 확장하는 중앙부임을 기억하라. 그 틈은 부서지기 쉬운 해양지각이 해령 축에서 분리되면서 형성된다. 그 후 현무암질 마그마는 틈을 따라 상승하고 열곡의 바닥을 따라 흐른다. 두 암석 판이 해령의 축으로부터 바깥으로 확장하면서 이 현무암질 마그마는 새로운 해양지각이 된다.

해령에서 새로 형성된 지각과 그 밑의 암석권은 더 따뜻하므로 오래된 지각과 해령 축에서 멀리 떨어진 암석권에 비해 상대적으로 밀도가 더 낮다. 낮은 밀도로 인해 생긴 부력 때문에 해령 주변의 새로운 지각은 주변부에 비해 고도가 높아지게 되어 중앙해령시스템은 심해저로부터 2~3 km 높게 위치한다. 새로운 암석권은 그 산맥에서 멀어지면서 식는다. 이것이 계속 냉각되면서 더 두꺼워지고 밀도가 커지며 깊은 곳으로 가라앉으면서 산맥의 양쪽 편에 더 깊은 해저를 형성한다(그림 2.6).

해양지각이 두 개의 판으로 분리되어 파쇄되므로 정단층과 천발지진은 중앙해령시스템을 따라 흔하게 발생한다(그림 2.7). 지각의 지괴는 해양저의 갈라진 틈을 따라 침강하여 열곡을 만든다.

변환단층(transform fault)이라 불리는 수백 개의 파쇄대는 열곡과 해령을 가로질러 자르는 형태를 띠고 있다(그림

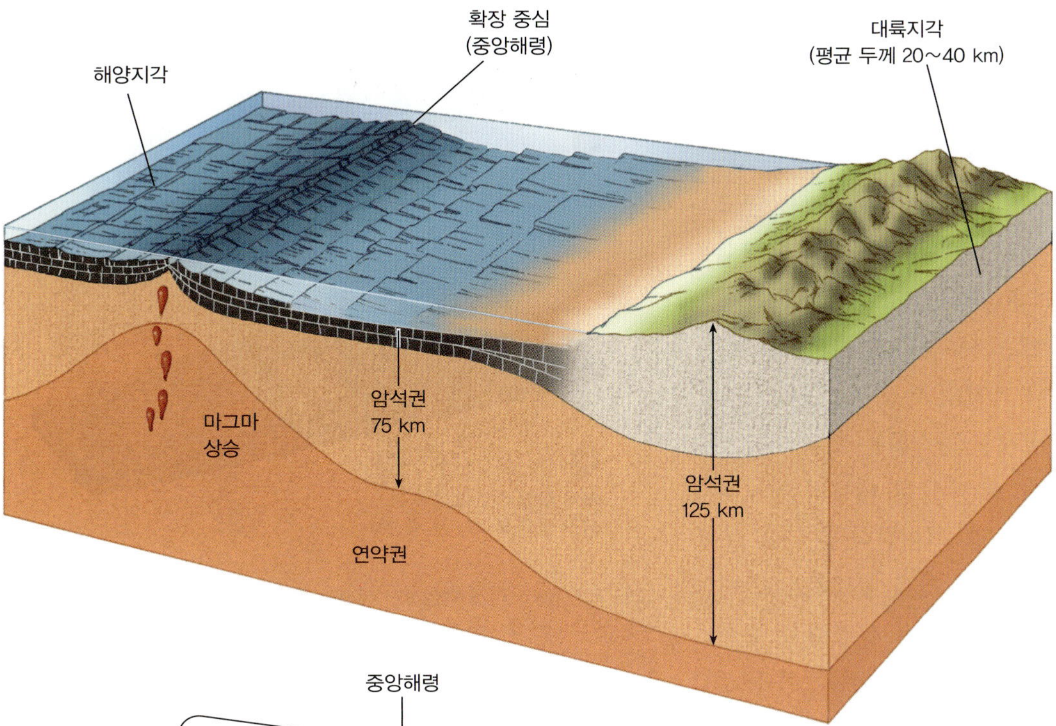

그림 2.6 해양저는 나이가 듦에 따라 침강한다. 중앙해령에서 새로 형성된 암석권은 뜨겁고 밀도가 낮기 때문에 부력이 있다. 암석권은 해령에서 멀리 움직일수록 나이가 많고 냉각되고 두꺼워지고 밀도가 커지고 결과적으로 가라앉게 된다. 해양저의 중앙 부분은 깊이가 약 5 km다.

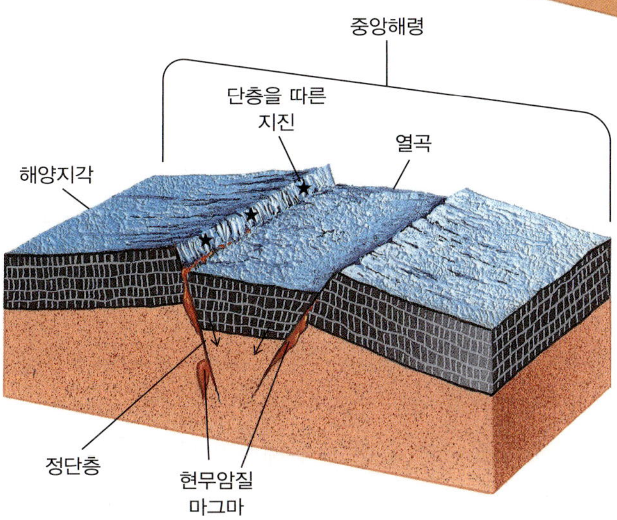

그림 2.7 중앙해령의 중심 열곡의 횡 단면도. 판이 서로 멀어지면서 암석 덩이들이 균열을 따라 아래로 떨어지면서 열곡을 형성한다. 이렇게 움직이는 암석들이 지진을 발생시킨다.

2.8). 이 파쇄대는 암석권의 전체 두께에 걸쳐 뻗어 있다. 그것들은 발달하여 중앙해령시스템이 많고 짧은 조각들을 구성한다. 각 조각들은 변환단층에 의해 인접한 조각으로부터 약간 어긋나 있다. 변환단층은 중앙해령시스템의 근본적인 특징이다. 변환단층은 암석권이 확장하기 시작할 때 형성되어 지구의 모양을 구형으로 만들었다.

일부 변환단층은 중앙해령을 1 km보다 적게 이동시키지만 다른 단층은 중앙해령을 수백 km 어긋나게 한다. 어떤

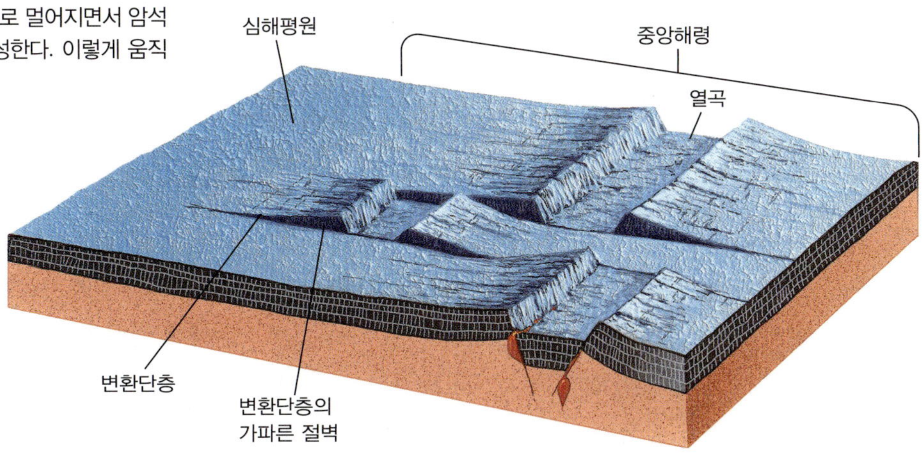

그림 2.8 변환단층이 중앙해령을 잘라 어긋나게 한다. 해령에 인접한 조각들은 높이 3 km인 가파른 절벽에 의해 분리된다. 평평한 심해평원은 해령에서 멀리 떨어져 있다는 점에 주목하라.

경우에는 변환단층이 크게 성장하여 변형 판 경계를 형성한다. 캘리포니아의 산안드레아스 단층은 변형 판 경계다.

전 지구 해수면 변화와 중앙해령시스템

해양 퇴적암의 얇은 층은 지구 대륙의 넓은 면적을 덮고 있다. 이 암석들은 그 장소가 퇴적물이 축적되기 전에 해수면 아래에 있었다는 것을 알려준다.

지각활동은 대륙을 가라앉게 하여 해수가 넓은 지역을 범람하도록 할 수 있다. 그러나 과거의 특정 시간, 특히 캄브리아기, 석탄기, 백악기 동안 해양 퇴적물은 모든 대륙의 저지대에 동시에 축적되었으며, 이는 모든 대륙의 저지대들이 동시에 전 지구로 범람한 것을 의미한다. 판구조 모델이 각각의 대륙, 혹은 대륙 일부 침강을 설명하는 반면에, 모든 대륙이 왜 동시에 침강하는지는 설명하지 못한다. 따라서 여러분은 해수면이 어떻게 모든 대륙들이 동시에 범람하도록 전 지구적으로 수백 m까지 상승하는지 설명할 필요가 있다.

대륙 빙하는 지구의 역사 동안 생성되고 녹기를 여러 번 반복해 왔다. 대륙 빙하가 성장하는 동안, 해수는 증발하고 지면에 떨어져 얼음으로 언다. 그 결과, 해수면은 낮아진다. 빙하가 녹을 때, 물이 다시 해양에 합류하면서 해수면은 높아진다. 플라이스토세 동안 빙하의 성장과 녹음이 반복되면서 해수면은 200 m 정도까지 변동하였다. 그러나 대륙 위에 있는 대부분의 해양 퇴적암들의 나이는 빙하가 녹았던 시기와 같지 않다. 따라서 여러분은 대륙의 범람을 설명하기 위해 다른 원인을 찾아야만 한다.

확장하는 중앙해령시스템의 중심에는 새롭고 뜨거운 암석권이 부력을 가지고 있어서 중앙해령시스템이 해저 주변 위까지 상승할 수 있다는 사실을 상기해 보자. 이 해저 산맥은 해수의 거대한 부피를 대신한다. 만약 중앙해령시스템이 더 작아진다면, 이는 더 적은 양의 해수를 대신할 것이고, 해수면 높이는 낮아질 것이다. 더 커진다면, 해수면은 높아질 것이다.

중앙해령은 새로운 암석권 암석들이 가장 뜨겁고 가장 낮은 밀도를 가지는 확장 중심에서 가장 높게 상승한다. 암석

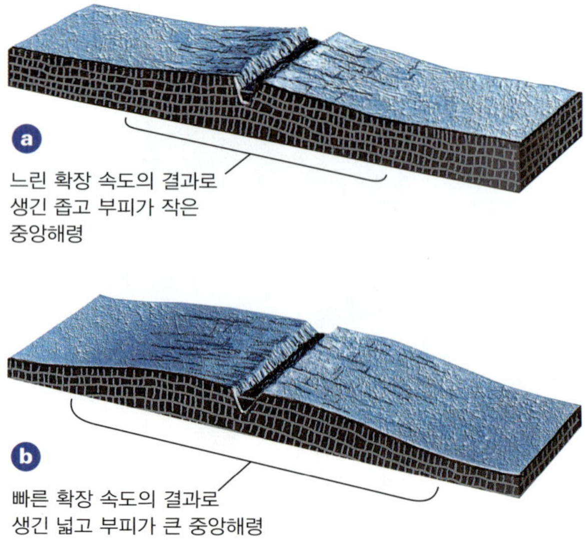

그림 2.9 (a) 느리게 확장하는 해저는 좁고 부피가 작은 중앙해령을 만들어 적은 양의 해수를 대신하고 해수면을 낮게 한다. (b) 빠르게 확장하는 해저는 넓고 부피가 큰 중앙해령을 만들어 많은 해수를 대신하고 해수면을 높게 한다.

권이 바깥으로 이동하면서 냉각되고 수축되기 때문에, 해령의 고도는 확장 중심 양쪽 편에서 모두 감소한다.

이제 확장이 매우 천천히 아마도 1~2 cm/yr로 일어나는 확장 중심을 고려해 보자. 이와 같이 느린 속도에서는, 새로 형성된 암석권은 확장 중심으로부터 멀리 이동하기 전에 식는다. 그 결과, 중앙해령은 그림 2.9(a)에 보이는 것처럼 좁고 부피가 작아진다. 반면에, 10~20 cm/yr의 빠른 해저 확장으로 부피가 큰 중앙해령이 만들어지는데, 이는 새로 형성된 뜨거운 암석권이 식고 수축하기 전에 확장 중심으로부터 상당히 먼 거리까지 이동할 수 있기 때문이다(그림 2.9(b)). 이러한 큰 부피의 중앙해령은 작은 부피의 중앙해령에 비해서 많은 해수를 상당량 대신할 것이고, 큰 부피의 중앙해령은 전 지구 해수면 높이 상승을 야기할 것이다. 현대의 중앙해령시스템이 완전히 사라진다면, 해수면 높이는 약 400 m 정도로 낮아질 것이다.

해저 연령 자료는 해저 확장 비율이 약 2억만 년 전인 중생대 쥐라기 이래로 약 2~16 cm/yr 정도로 매우 다양하게 변해 왔음을 알려준다. 1억 1천만~8천5백만 년 전인 백악기 후기에는 해저 확장 속도가 비정상적으로 빨랐다. 이렇

게 빠른 해저 확장은 매우 부피가 큰 중앙해령을 만들었고, 저지대 대륙의 범람을 일으켰다. 지리학자들은 거의 모든 대륙에서 백악기 후기 연령을 가진 해양 퇴적암을 발견하였고, 이는 백악기 후기가 전 지구 해수면이 이례적으로 높았던 때라는 사실을 밝혔다. 그리하여 지권 깊은 곳의 열전달에 의해 시작된 과정들이 수권의 해수면 높이와 생물권 전체의 수명에도 매우 큰 영향을 끼쳤다. 그런데 유감스럽게도 2억 년 이상 된 해양지각이 존재하지 않기 때문에 가설은 확장하는 해양 퇴적암이 대륙 위에 축적되었을 초기에 대해서는 검증해 볼 수 없다.

중앙해령시스템의 생물

오랫동안 해양학자들은 깊은 해저에는 광합성에 필요한 햇빛이 도달하지 못하기 때문에 생명체들이 거의 존재하지 않을 것이라고 생각해 왔다. 그러나 과학자들은 현대 잠수 및 채집 기술들을 사용하여 심해저의 고립된 지역에서 무성한 생물군집과 고유한 먹이사슬을 발견하였다.

화산활동이 활발한 중앙해령시스템에서는 뜨거운 암석들이 대양지각의 갈라진 틈을 통해 순환하면서 해수를 가열한다. 뜨거운 해수는 암석으로부터 금속과 황을 녹인다. 결국 뜨겁고, 금속과 황이 많은 해수는 해양저 표면으로 다시 상승하는데, 블랙스모커(black smoker)라고 불리는 검은 물이 갈라진 틈으로부터 뿜어져 나온다. 검정색은 그 용액이 해수와 접촉하여 냉각되면서 고운 입지의 금속 황화물의 침전에 의한 것이다(그림 2.10).

이 황화물은 400 ℃ 정도로 뜨거우며 육지의 생물에게는 독성이 될 것이다. 그러나 블랙스모커 주변 심해저에는 생물들로 가득하다. 박테리아는 열수공에서 **화학합성(chemosynthesis)** 과정을 통하여 황화수소로부터 에너지를 만들어낸다. 따라서 박테리아는 화학물질로부터 에너지를 방출하여, 광합성에 의존하지 않는다. 화학합성 박테리아는 심해저 먹이사슬의 기초다. 더 큰 열수공 유기체들이 그들을 먹거나 더 큰 유기체들이 박테리아와 공생한다. 예를 들면 붉은서관충(그림 2.11)은 소화관 대신에 화학합성 박테리아와 공생하는 특별한 기관을 가지고 있다. 이는 박테리아에게 집을 제공하고, 그에 대한 대가로 박테리아의 분비물로부터 영양분을 얻는다. 이 고유한 먹이사슬을 구성하는 열수공 유기물들에는 큰 조개, 홍합, 장님새우, 게, 물고기 등이 있다.

화학합성(chemosynthesis) 박테리아가 황화수소로부터 에너지를 생산하는 과정으로 광합성에 의존하지 않는다.

해구와 호상열도

태평양의 많은 지역들과 또 다른 해양분지 등에서 두 개의 해양판이 수렴한다. 하나가 다른 하나의 아래로 삽입되면서 섭입대를 만든다. 침강하는 판은 해저를 아래쪽으로

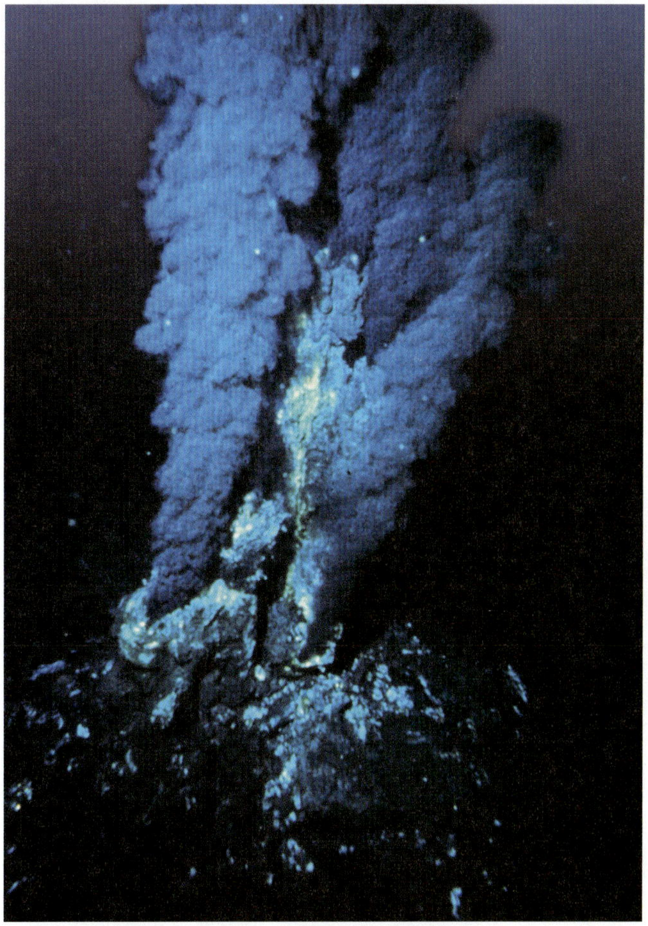

OAR/NATIONAL UNDERSEA RESEARCH PROGRAM (NURP); NOAA

그림 2.10 동태평양 대륙대로부터 블랙스모커가 뿜어져 나오고 있다. 해수는 뜨거운 해저 암석 사이를 순환하는 동안 가열되어서 암석으로부터 금속과 황을 녹인다. 뜨거운 용액이 차가운 해수로 뿜어져 나올 때, 이온들은 작은 광물 입자로 이루어진 '연기'로 침전된다.

해구(oceanic trench) 해양판이 해저를 아래쪽으로 끌면서 맨틀 아래로 삽입되는 곳에서 생기는 길고, 좁고, 절벽을 가진 해양저의 침강 지역

부가 암체(accreted terrane) 호상열도나 대륙형 소암반에서 기인하여 나중에 대륙에 부가된 육지

끌어당겨 **해구(oceanic trench)**라고 하는 길고, 좁은 침강 지역을 만든다. 지구에서 가장 깊은 곳은 마리아나 해구로, 남서태평양의 뉴기니 섬의 북쪽에 있으며, 해저 바닥이 해수면 아래 거의 11 km까지 가라앉아 있다. 다른 해구에서는 8~10 km의 깊이가 일반적이다.

섭입대에서는 많은 양의 마그마가 만들어진다. 마그마는 상승하여 바다

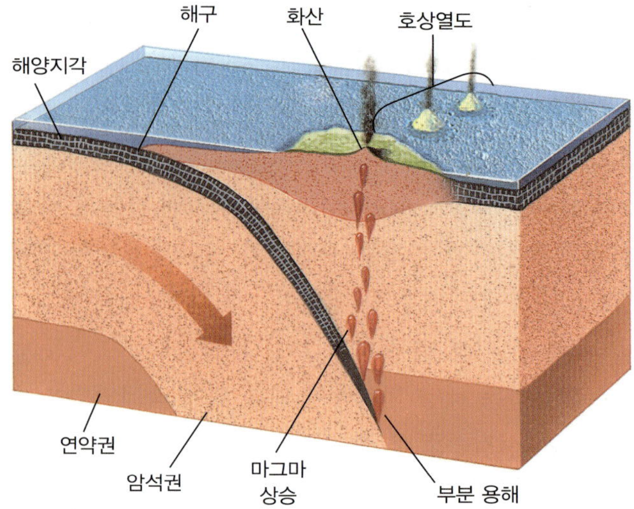

그림 2.12 해구는 두 해양판 사이 수렴 경계에서 형성된다. 하나의 판이 가라앉으면서 마그마가 상승하여 호상열도라 불리는 일련의 화산섬들을 형성한다.

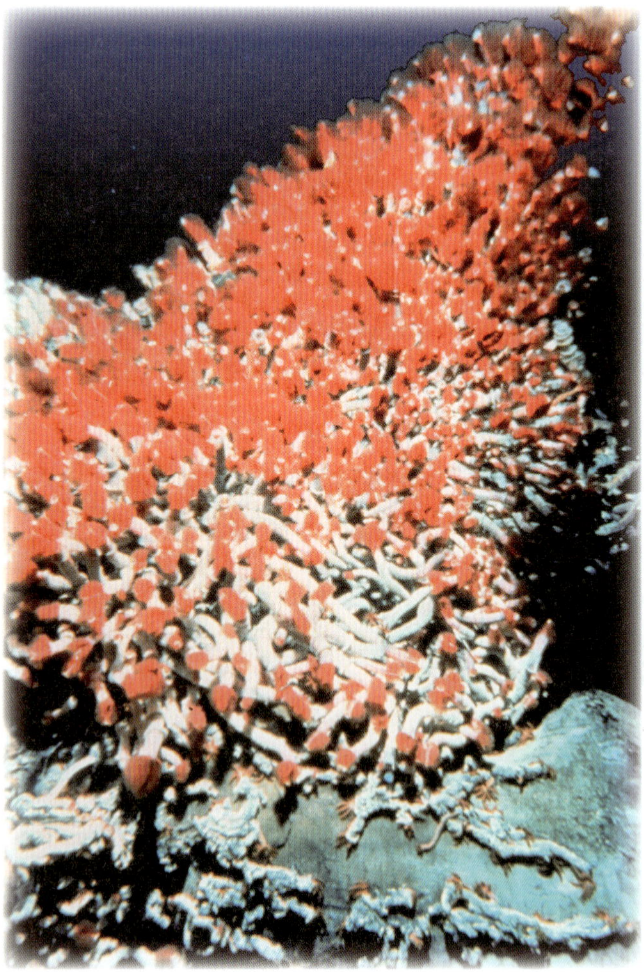

OAR/NATIONAL UNDERSEA RESEARCH PROGRAM (NURP)

그림 2.11 붉은서관충은 미국 캘리포니아 만 내 과이마스 분지(Guaymas Basin)에서 분출되는 블랙스모커 가까이에 살고 있는 무성한 식물과 동물군집의 일부다.

위로 분출하게 되고 해구 옆에 해저화산을 만든다. 화산섬들은 활 모양으로 늘어서 호상열도(island arc)를 이룬다(그림 2.12). 서알류샨 열도는 호상열도의 한 예다. 서태평양의 수많은 판의 수렴 경계들에서도 다른 많은 호상열도들이 발생한다(그림 2.13).

호상열도 생성 후에 섭입이 멈추면 화산활동도 멈춘다. 그 후 호상열도는 대륙 경계에서 다른 섭입대에 이를 때까지 지구조 판에 얹혀서 이동하게 된다. 그러나 호상열도 암석의 밀도가 상대적으로 작고 부력이 너무 커서 맨틀로 가라앉을 수 없다(그림 2.14(a)와 2.14(b)). 대신에 호상열도는 대륙과 충돌한다. 이런 일이 일어나면, 섭입하는 판은 새로운 섭입대를 형성하기 위해 호상열도의 바다 쪽 면에서 균열이 일어난다. 이런 방식으로 호상열도는 해양판으로부터 깨어져 나가며 대륙의 일부분이 된다(그림 2.14(c)). 서캘리포니아, 오리건, 워싱턴, 서브리티시컬럼비아의 많은 부분들이 이런 방식으로 1억 8천 년에서 5천 년 전까지 북아메리카에 더해졌다. 우리 대륙에 이렇게 늦게 추가된 것들을 **부가 암체(accreted terrane)**라고 하며 그림 2.15에 나타내었다.

다음 점들에 주목하자.

1. 호상열도는 마그마가 해양 섭입대에서 맨틀로부터 상

JEFF SCHMALTZ, MODIS RAPID RESPONSE TEAM, NASA/GFSC

그림 2.13 소순다열도(The Lesser Sunda Islands)는 인도네시아 호상열도의 일부다.

해산(seamount) 보통 화산으로부터 기인하며, 주변 해저보다 1 km 혹은 그 이상 올라온 해저의 산

해양의 섬(oceanic island) 해수면 위로 올라온 해저의 산(해산)

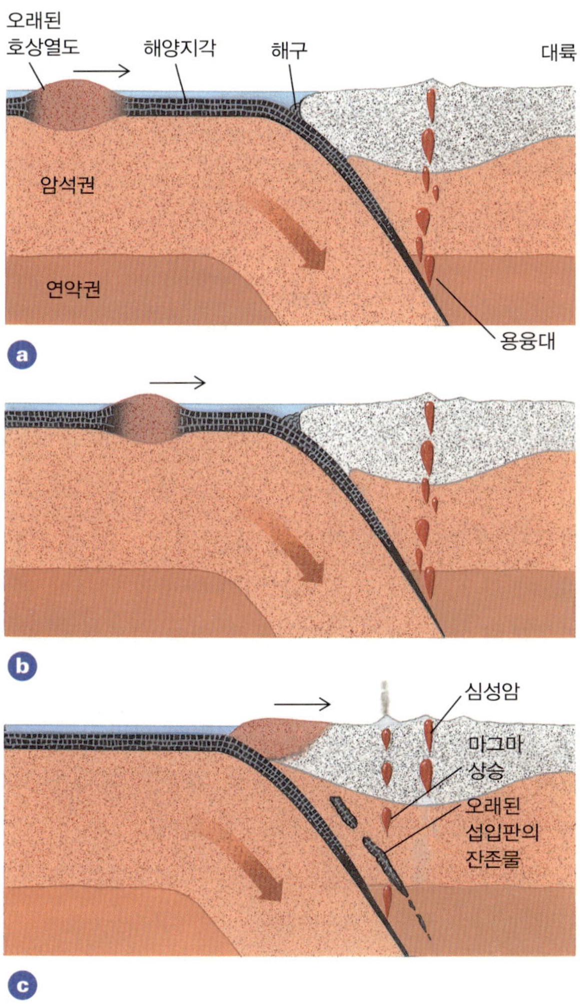

그림 2.14 (a) 호상열도는 대륙 아래 섭입대 속으로 가라앉는 암석 판의 일부다. (b) 호상열도가 섭입대에 도달하지만 밀도가 낮아 맨틀 안으로 가라앉을 수 없다. (c) 호상열도가 대륙 경계에서 병합하여 대륙의 일부가 된다. 섭입대와 해구는 호상열도의 바다 쪽 면으로 후퇴한다.

승할 때 형성된다.

2. 호상열도는 결국 대륙의 가장자리로 이동하여 그 일부가 된다.
3. 호상열도가 더해진 대륙은 부력 때문에 섭입대에서 맨틀 아래로 가라앉지 않는다.
4. 따라서 맨틀에서 대륙으로 물질들이 이동한다. 이러한 측면을 가진 판구조 모델은 대륙지각의 양이 지질학적 시간을 거치는 동안 증가해 왔다는 것을 제안한다. 그러나 어떤 지질학자들은 섭입대에서 적은 양의 대륙지각이 맨틀로 되돌아갈 수도 있고, 대륙지각의 전체 양은 지난 25억 년 동안 대략 일성했다고 생각하고 있다.

해산, 해양의 섬, 환초

해산(seamount)은 해저 주변에서 1 km 혹은 그 이상 올라온 해저의 산이다. 해양의 섬(oceanic island)은 해수면 위로

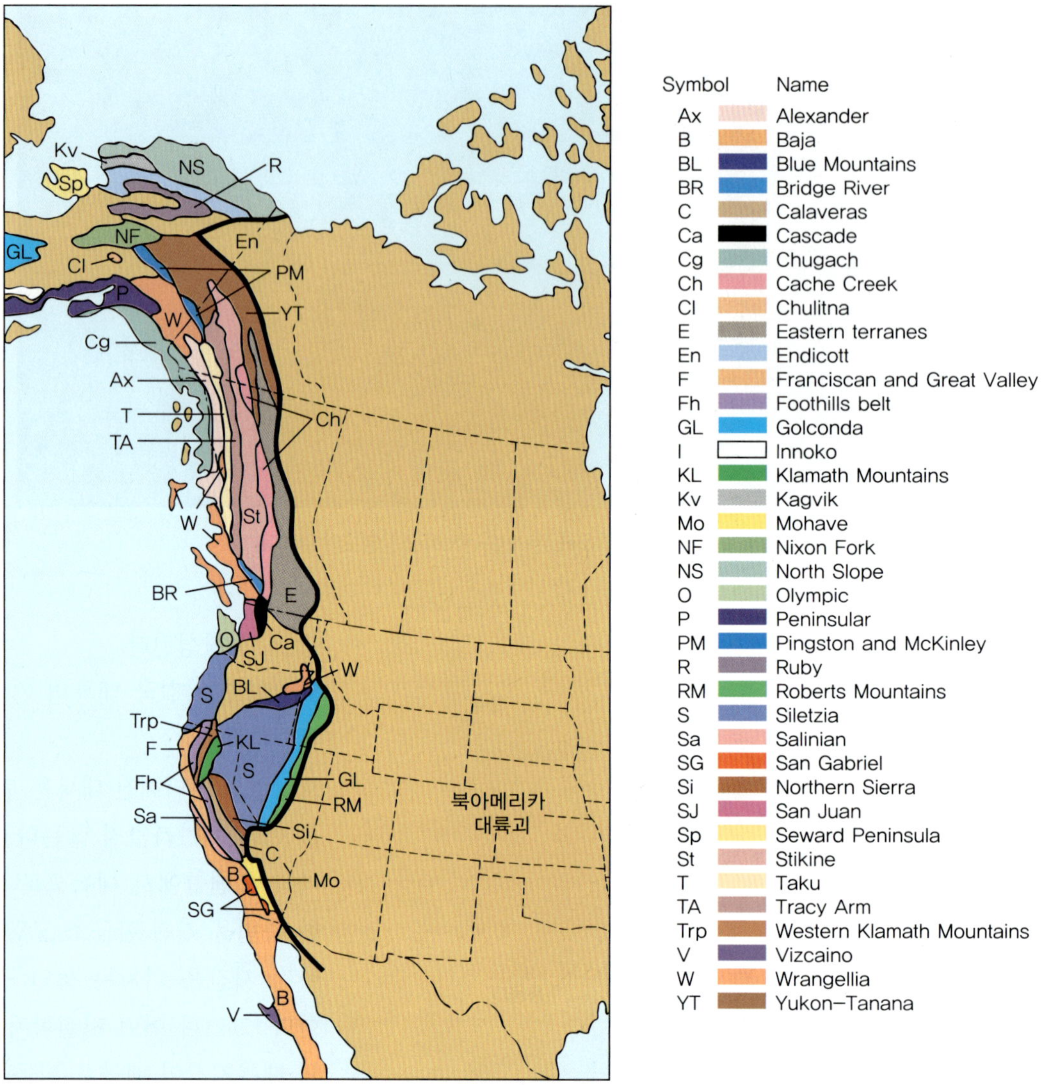

그림 2.15 북아메리카 서부의 부가 암체는 태평양으로부터 대륙에 더해진 소 대륙과 호상열도다.

올라온 해산이다. 둘 다 모든 해양분지에서 흔하지만, 남서태평양에 특히 많다. 해산과 해양의 섬들은 때때로 고립된 봉우리로 나타나지만, 더 일반적으로는 일렬의 띠 모양으로 나타난다. 채니기로 채집된 퇴적물에서 해산, 섬 그리고 해양저 자체가 모두 현무암으로 이루어졌다는 것을 알 수 있다.

대부분의 해산과 섬들은 맨틀 플룸 위의 열점에서 형성된 화산이고, 대부분은 판 경계보다는 지구조 판 내에서 형성된다. 고립된 해산 또는 짧은 띠 모양의 작은 해산들은 아마도 짧은 시간 동안만 지속된 플룸 위에서 형성되었을 것이다. 하와이 섬–엠퍼러 해산 띠와 같이 긴 띠 모양의 큰 섬들은 오랜 시간 동안 지속된 플룸 위에서 형성되었을 것이다. 이 경우, 암석 판은 마그마가 암석권 아래에 있는 근원지로부터 계속 상승하면서 플룸 위로 이동하게 된다. 각각의 화산은 플룸 위에서 직접적으로 형성되며, 이후 이동하는 판이 플룸으로부터 이를 옮기면서 사라진다. 그 결과 해산과 섬들은 오늘날 화산활동이 활발한 띠의 끝으로 갈수록 점진적으로 더 젊어진다(그림 2.16).

화산섬이 생성된 후, 섬은 가라앉기 시작한다. 다음은 침강이 일어나는 3가지 요인이다.

1. 맨틀 플룸이 상승하는 것을 멈추면 마그마의 생성이

기요(guyot) 가라앉는 섬의 꼭대기가 해파에 의해서 침식될 때 형성되는 꼭대기가 평평한 해산

환초(atoll) 중앙 석호 주위로 고리 모양의 섬을 형성하고 바깥쪽이 외양의 심해와 경계를 이루는 원형의 산호초

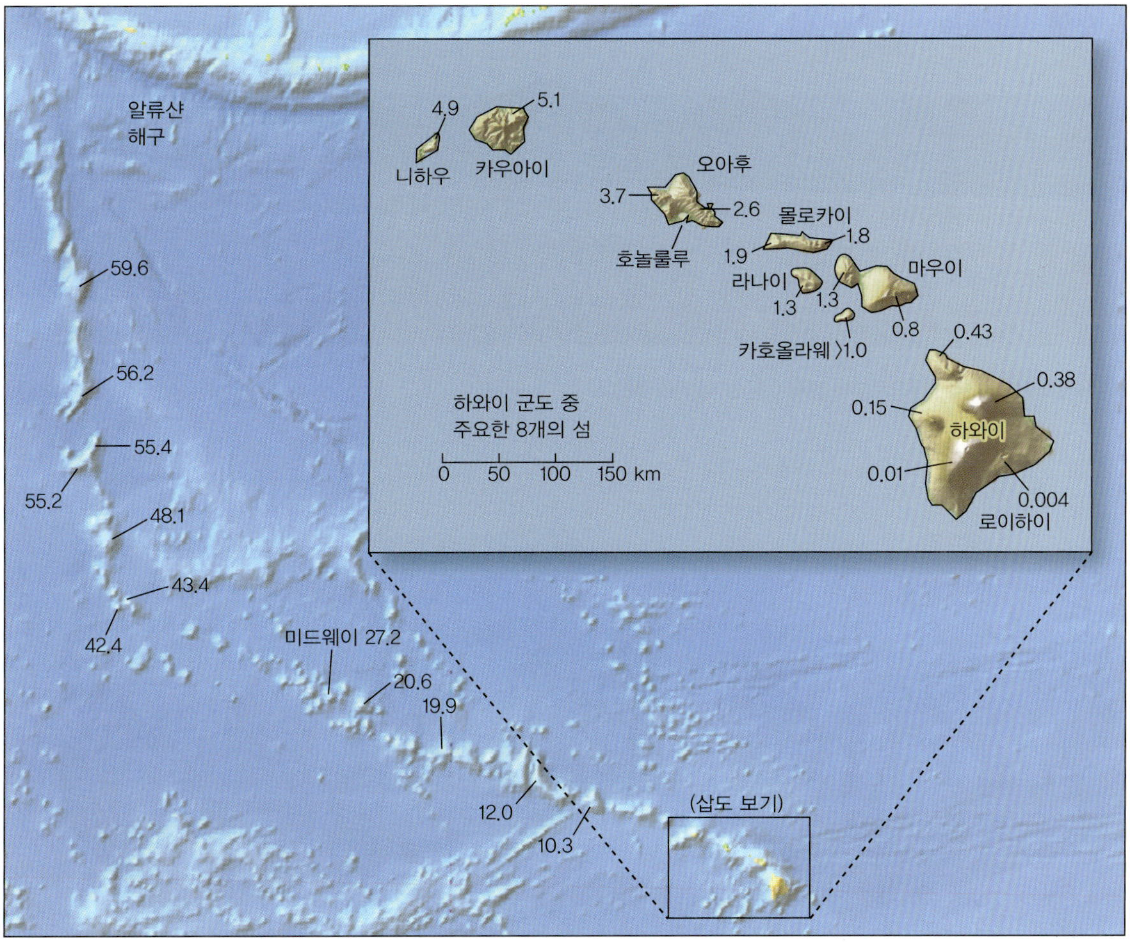

그림 2.16 하와이 섬–엠퍼러 해산 띠는 하와이 섬에서 멀어질수록 나이가 많다. 숫자들은 각각의 섬이나 해산에 있는 가장 오래된 화산암들의 나이를 백만 년 단위로 나타낸 것이다.

중단된다. 이후 섬 아래 암석권은 냉각되고 밀도가 커지며, 섬이 가라앉게 된다. 그 대신에, 움직이는 판이 섬을 열점으로부터 멀리 이동시킬 수 있다. 이는 또한 섬의 냉각, 수축, 침강을 만들어 낸다.

2. 새로 형성된 화산의 무게는 지각평형에 따른 침강을 야기한다.
3. 침식은 화산 꼭대기를 낮아지게 한다.

이 3가지 요인들은 화산섬을 해산으로 점진적으로 변환시킨다(그림 2.17). 태평양 판이 현재의 비율로 계속 이동한다면, 하와이 섬은 1천~1천5백만 년 내에 바다 아래로 가라앉을지도 모른다. 해파는 가라앉은 섬의 꼭대기를 깎아서 그림 2.18에 나타난 것 같이 **기요(guyot)**라고 불리는 꼭대기가 평평한 해산을 형성할 수 있다. 이것은 스위스 태생 미국 지질학자인 아놀드 기요(Arnold Henri Guyot, 1807~1884)의 이름을 딴 것이다.

남태평양과 인도양의 일부에는 환초라 불리는 수많은 다른 섬들이 점점이 늘어서 있다. **환초(atoll)**는 중앙 석호 주변에 고리 모양으로 섬을 이룬 원형 산호초다(그림 2.19). 환초는 지름이 1~130 km까지로 다양하며, 외해의 심해수로 둘러싸여 있다. 만일 산호가 오직 얕은 물에만 살았다면, 환초가 어떻게 심해에 형성될 수 있었을까? 찰스 다윈(Charles Robert Darwin, 1809~1882)은 1831~1836년까지 이루어진 그의 유명한 비글 호 탐험 동안 이 의문에

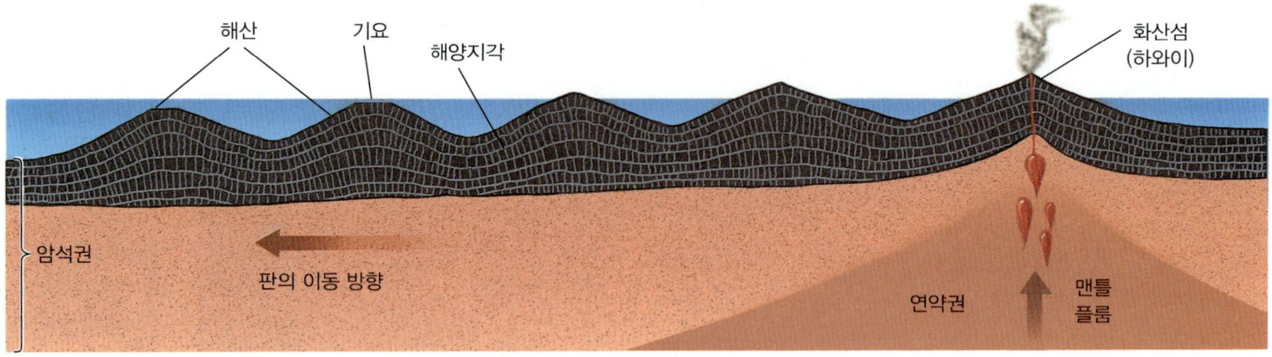

그림 2.17 하와이 섬과 엠퍼러 해산은 맨틀 플룸으로부터 멀리 이동할 때 가라앉는다.

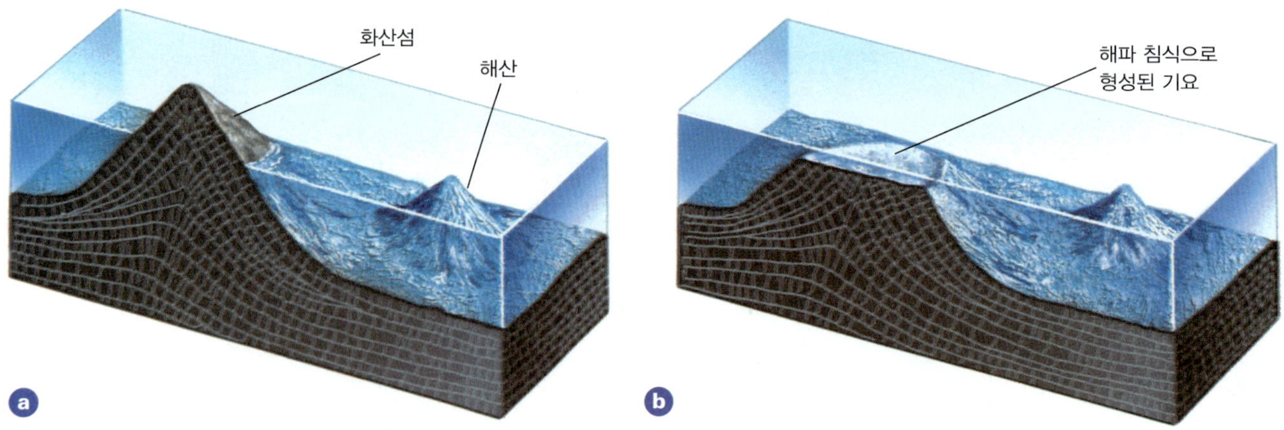

그림 2.18 (a) 화산섬이 해수면 위로 상승한다. (b) 파도가 가라앉는 섬의 평평한 꼭대기를 침식하여 기요를 형성한다.

대해서 연구했다. 그는 산호가 화산섬 측면의 얕은 물에서 형성되었을지도 모른다고 추측하였다. 결국 섬이 가라앉았지만, 산호는 계속 위로 자라서 그중 일부는 얕은 물에서 항상 살아남았던 것이다(그림 2.20). 과학자들은 화산섬이 어떻게 가라앉게 되었는지 설명할 수 없었기 때문에 이 제안은 처음에는 받아들여지지 않았다. 그러나 과학자들이 제2차 세계대전 이후 태평양 환초들 속으로 시추한 결과 산호초 아래 수백 m에서 화산암을 발견하면서 다윈의 가설이 되살아났다. 왜 화산섬이 가라앉는지를 설명할 수 있는 우리의 능력에 비추어 볼 때 이는 오늘날 정설로 받아들여지고 있다.

2.5 해양저의 퇴적물과 암석

초기 해양학자들은 해양이 40억 년이 되었을 거라고 믿었으므로, 고대 해양저의 진흙은 쌓인 시간이 긴 만큼 매우 두껍다고 생각했다. 그러나 1947년에 미국의 연구조사선 아틀란티스(*Atlantis*) 호에 승선한 과학자들은 대서양 바닥에 있는 진흙층이 예상보다 훨씬 얇다는 것을 발견하였다. 해양저에 왜 그렇게 적은 양의 진흙이 있을까? 이 질문에 대한 대답은 판구조론의 발전에 있어서 결정적인 증거가 될 것이다.

지구는 46억 년이 되었으며, 대륙에서 39억 6천만 년 된 암석이 발견되었다. 대부분의 대륙지각은 한 번 생성되면

그림 2.19 프랑스령 폴리네시아 내 테티아로아 환초(Tetiaroa Atoll)는 그림 2.20에서 설명한 과정에 의해서 형성되었다. 오랜 시간에 걸쳐서 폭풍파가 암초 꼭대기에 있는 산호모래를 휩쓸었고, 모래 위에 식물들이 자라나면서 환초 안에 각 섬들이 형성되었다.

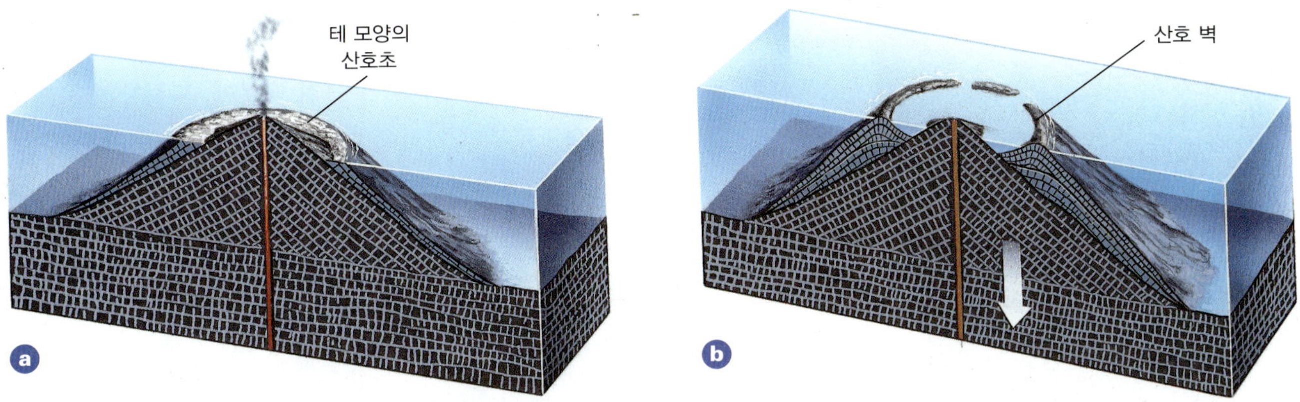

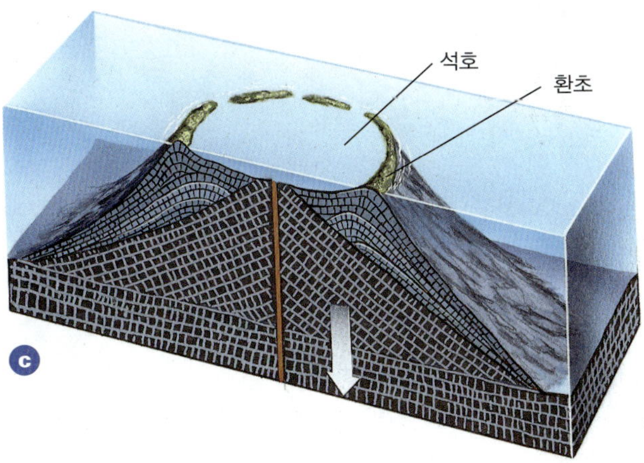

그림 2.20 (a) 테 모양의 산호초들이 어린 화산섬 해안을 따라 자란다. (b) 섬이 가라앉으면서 산호는 계속해서 위로 자라며 섬을 동그랗게 감싸는 산호 벽을 형성한다. (c) 마침내 섬이 해수면 아래로 가라앉고, 산호초는 원 모양의 환초를 형성한다. 이 환초 형성 모델은 1842년 찰스 다윈이 비글 호 탐사를 통해서 제안하였다.

부력 때문에 지구 표면 가까이에 남아 있게 된다. 반면에 해양저에서는 2억 년 이상 된 것을 찾아볼 수가 없는데, 이는 해양지각은 중앙해령에서 연속적으로 생성되어 이후 섭입대에서 맨틀로 재순환하기 때문이다.

판구조론이 1960년대 초기에 제기되었을 때, 가장 오래된 해양저의 나이가 그동안 해양학자들이 믿어온 것처럼 40

제1층(layer 1) 해양지각의 가장 위층으로 육성 퇴적물과 원양성 퇴적물로 구성됨

육성 퇴적물(terrigenous sediment) 대륙으로부터 침식된 모래, 실트, 점토로 구성된 대양저 퇴적물

원양성 퇴적물(pelagic sediment) 대륙으로부터의 점토와 작은 해양 유기체 골격의 혼합물로 구성된 진흙질 해양 퇴적물

억 년이 아니라 2억만 년 이하라면, 상대적으로 얇은 진흙층만이 해양저를 덮고 있다는 사실은 쉽게 설명될 수 있음이 명확해졌다. 이 증거는 초기에 판구조론을 지지했다.

탄성파 탐사와 해양저 착암을 통해 해양지각이 세 층으로 이루어져 있음을 알았다. 가장 위층은 퇴적물로 이루어져 있으며, 아래 두 층은 현무암으로 이루어져 있다(그림 2.21).

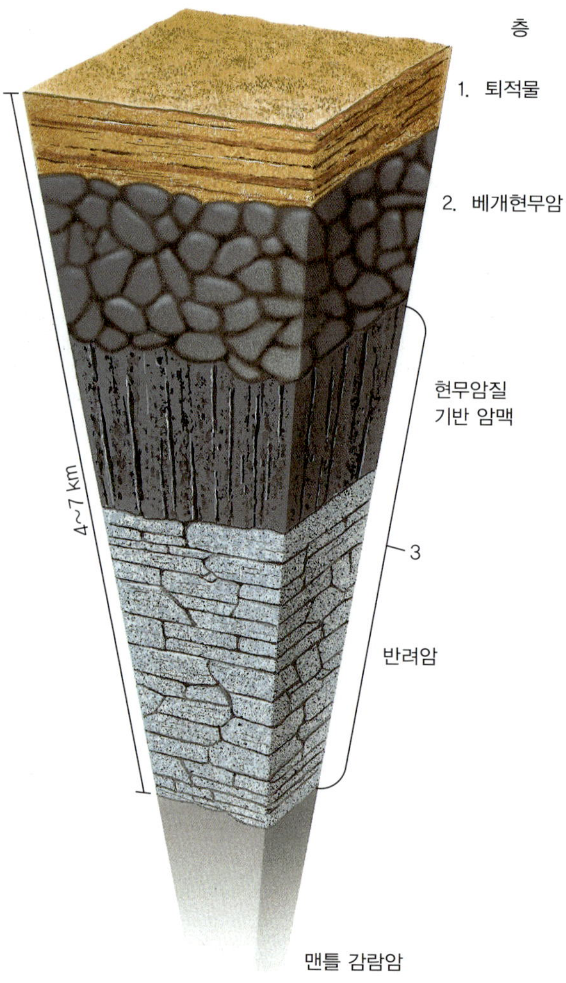

그림 2.21 해양지각의 세 층. 제1층은 퇴적물로 구성되어 있다. 제2층은 베개현무암이다. 제3층은 반려암 위에 놓인 수직 암맥들로 이루어져 있다. 제3층 아래는 맨틀 상부다.

해양저 퇴적물

제1층(layer 1)이라고 불리는 해양지각의 가장 위층은 두 가지 유형의 퇴적물로 구성되어 있다. **육성 퇴적물**(terrigenous sediment)은 대륙으로부터 침식된 모래, 실트, 점토로 구성되어 있으며 중력과 해저해류에 의해 심해로 운반된다. 이 퇴적물들의 대부분은 대륙과 가까운 곳에서 발견된다. 그러나 **원양성 퇴적물**(pelagic sediment)은 대륙으로부터 먼 심해저에도 모인다. 이는 대개 바람에 의해 대륙으로부터 운반된 회색과 적갈색의 점토 혼합물과 해수표층에 사는 작은 식물과 동물들의 사체로 구성되어 있다(그림 2.22). 유기체가 죽으면 사체는 서서히 해양저에 가라앉는다.

원양성 퇴적물은 1,000년 동안 2~10 mm 정도의 비율로 쌓인다. 중앙해령시스템 부근에서는 해저의 나이가 매우 어리기 때문에 퇴적물이 거의 없다. 해저가 중앙해령으로부터 퍼져 나가면서 더 나이가 들기 때문에, 퇴적물의 두께는 중앙해령으로부터 거리에 따라 증가한다. 해안 가까이에서는 원양성 퇴적물이 점차 훨씬 두꺼운 육성 퇴적물과 합쳐져

INTEGRATED OCEAN DRILLING PROGRAM

그림 2.22 해수 표면을 떠다니는 작은 유기체인 유공충의 모습을 보여주는 주사 전자현미경 사진이다. 유기체가 죽으면 유해는 해양저에 가라앉아서 원양 진흙층의 일부분이 된다. 화석의 크기는 매우 고운 모래 알갱이만하다.

그림 2.23 하와이 섬 주변 베개현무암의 수중 사진

심해평원(abyssal plain) 중앙해령과 대륙 융기부 사이에 평평하고, 대체로 특징이 없는 대양저 일부분

제2층(layer 2) 해양지각의 두 번째 층으로 베개현무암으로 구성되어 있다.

베개현무암(pillow basalt) 뜨거운 용암이 물 아래에서 굳어진 것으로 베개 더미를 닮은 구형의 덩어리로 이루어져 있다.

제3층(layer 3) 해양지각의 가장 깊고 두꺼운 층으로 맨틀 위에 직접적으로 올려져 있으며, 현무암질 기반 암맥과 반려암으로 이루어져 있다.

3 km 혹은 그 이상이 될 수도 있다. 해양저 진흙의 두께가 해령으로부터 멀리 떨어짐에 따라 증가하는 것을 관측하는 것도 초기 판구조론을 뒷받침해 준다.

중앙해령시스템 너머의 해양저의 일부는 **심해평원**(abyssal plain)이라 불리는 평평하고 별 특징 없는 면이다. 심해평원은 지구에서 가장 평평한 면이다. 탄성파 탐지로 현무암질의 지각이 대양에서 거칠고 들쭉날쭉하다는 것을 알게 되었다. 그러나 심해평원에서는 원양성 퇴적물들이 들쭉날쭉한 모양들을 뒤덮어서 매끈한 심해평원을 만든다. 만일 모든 퇴적물들을 제거한다면, 중앙해령과 유사한 들쭉날쭉한 지형을 볼 수 있을 것이다.

현무암질 해양지각

제2층(layer 2)은 제1층 아래에 있고 두께는 약 1~2 km다. 이것은 뜨거운 마그마가 해저 표면으로 새어 나오면서 형성된 **베개현무암**(pillow basalt)으로 이루어져 있다. 녹은 사탕이 찬물에서 공 모양이 되는 것처럼 용해된 용암은 차가운 해수와 접촉하여 베개 모양의 회전 타원체 모양으로 수축된다(그림 2.23).

제3층(layer 3)은 두께가 3~5 km 정도로 해양지각에서 가장 깊고 두꺼운 층이다. 이것은 맨틀 바로 위에 있다. 상층부는 현무암질 수직 암맥으로 이루어져 있는데 이는 마그마가 표면을 향해 새어 나옴으로써 열곡의 틈에서 형성되었다. 제3층의 하층부는 입자가 굵은 현무암질로 구성되어 있다. 반려암은 그 위의 현무암맥으로 격리되기 때문에 마그마 덩어리가 천천히 냉각되면서 생성된 것이다.

제2층과 제3층의 현무암질 지각은 해령에서 형성된다. 그러나 이런 암석들이 모든 해양지각을 이루게 되는데, 그 이유는 모든 해양지각이 해령 축에서 형성되고 그 후 바깥 방향으로 나아가기 때문이다. 어떤 곳에서는 해수와 화학 반응이 일어나 제2층과 제3층의 현무암을 13 % 이상의 물을 함유한 부드러운 녹색암으로 변화시킨다.

수동형 대륙 주변부 (passive continental margin) 대륙과 해양 지각이 견고하게 합쳐져 있고 지각활동이 거의 없는 대륙 주변부

능동형 대륙 주변부 (active continental margin) 수렴하는 판의 경계에서 발생한 대륙 주변부로서 해양 암석 판이 대륙판 아래로 섭입되는 특징이 있다. 안데스 산맥 주변부라고도 한다.

2.6 대륙 주변부

대륙 주변부는 대륙지각이 해양지각과 만나는 곳이다. 두 가지 형태의 대륙 주변부가 존재한다. **수동형 대륙 주변부(passive continental margin)**는 육지와 해양지각이 확실하게 합쳐지는 곳에서 발생한다. 수동형 주변부는 판의 경계가 아니기 때문에 지각활동이 거의 일어나지 않는다. 대서양의 양쪽 대륙 주변부는 모두 수동형 주변부다. 반면에 **능동형 대륙 주변부(active continental margin)**는 수렴하는 판의 경계에서 발생하는데, 그곳은 해양 암석권이 섭입대에서 대륙판 아래로 가라앉는다. 남아메리카의 서해안은 '안데스 산맥 주변부(Andean margin)'로 불리는 능동형 해저 대륙 주변부다.

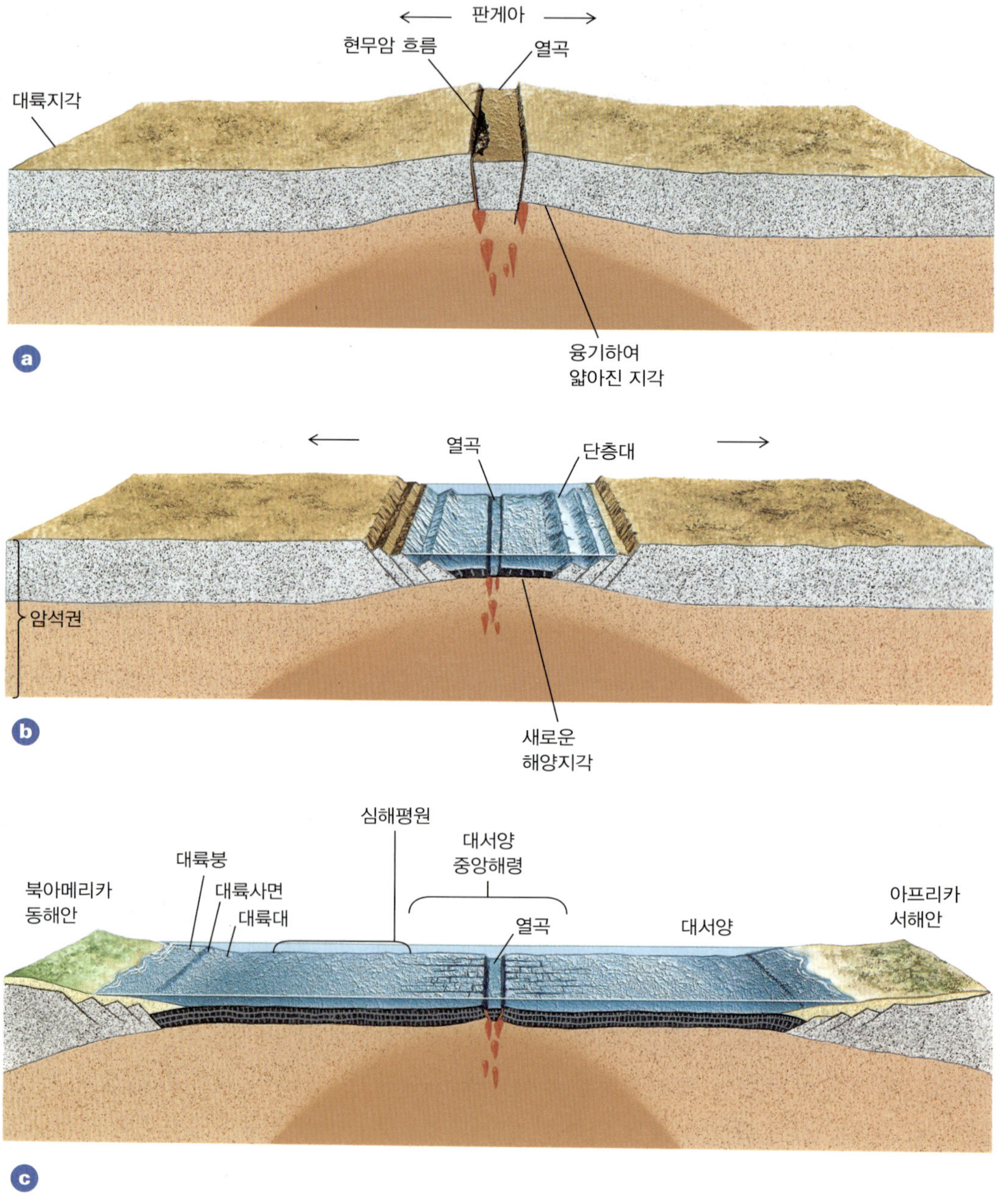

그림 2.24 (a) 판게아가 갈라지기 시작하면서 대륙지각은 분열한다. (b) 갈라지면서 단층과 침식으로 얇아진 지각과 상승하는 현무암질 마그마가 열곡에 새로운 해양지각을 생성한다. (c) 대륙으로부터 침식된 퇴적물이 북아메리카와 아프리카의 수동형 대륙 주변부에 쌓여 넓은 대륙붕을 형성한다.

수동형 대륙 주변부

약 2억 5천만 년 전 지구의 모든 대륙은 판게아라고 불리는 초대륙으로 결합되어 있었다. 그로부터 얼마 후, 판게아는 분리되기 시작하여 현재 여러분이 알고 있는 대륙이 되었다. 대서양은 유럽과 아프리카로부터 분리된 북아메리카의 동해안에서 열리게 되었다. 판게아가 분리되면서 대륙지각은 갈라지고 얇아졌다(그림 2.24(a)). 현무암질 마그마가 새로운 확장 중심에서 나와서 북아메리카와 아프리카 사이에 해양지각을 생성하였다(그림 2.24(b)). 그 후 모든 지각활동은 확장하는 해령에 집중되었고 더 이상의 활동이 대륙 주변부에서는 일어나지 않았다. 이런 이유로 수동형 대륙 주변부라는 용어를 사용한다(그림 2.24(c)).

대륙붕

모든 대륙에서 하천과 강은 미시시피 삼각주와 같은 연안 삼각주에 퇴적물을 쌓는다. 그 후 해류는 대륙지각의 얇은 가장자리와 대륙에 가까운 해양지각에 퇴적물을 쌓으면서 연안을 따라 퇴적물을 재배치한다. 이 퇴적물은 **대륙붕(continental shelf)**이라고 하는 대륙의 가장자리에 얕고, 완만한 경사를 가진 해저면을 만든다(그림 2.25). 퇴적물이 대륙붕에 쌓일수록, 대륙 가장자리는 늘어난 무게 때문에 지각평형에 맞춰 가라앉는다. 이것은 대륙붕이 약간 해수면 아래에 있도록 하는 효과가 있다.

대륙붕(continental shelf) 해안선과 대륙사면 사이 대륙의 가장자리에서 해수면 아래에 있으며 퇴적물과 퇴적암으로 덮여 있는 얕고 거의 평탄한 대륙지각 영역

수백만 년을 지나온 동안, 두꺼운 퇴적층이 북아메리카의 수동형 동해안에 쌓였고, 전체 해안을 따라 넓은 대륙붕을 형성하였다. 대륙붕의 깊이는 해안에서부터 대륙붕의 가장자리의 약 200 m의 깊이까지 점차적으로 증가한다. 대륙붕의 평균 경사각은 약 0.1°다. 수동형 가장자리에 있는 대륙붕은 규모가 큰 형태일 수 있다. 캐나다 남동해안의 대륙붕은 너비가 약 500 km인데, 시베리아와 북서유럽의 훨씬 더 넓은 대륙붕에서 갈라져 나왔다.

어떤 곳에서는 퇴적물의 공급이 부족할 수 있는데, 이것은 강들이 대륙붕으로 모래, 진흙, 점토를 나르지 않거나,

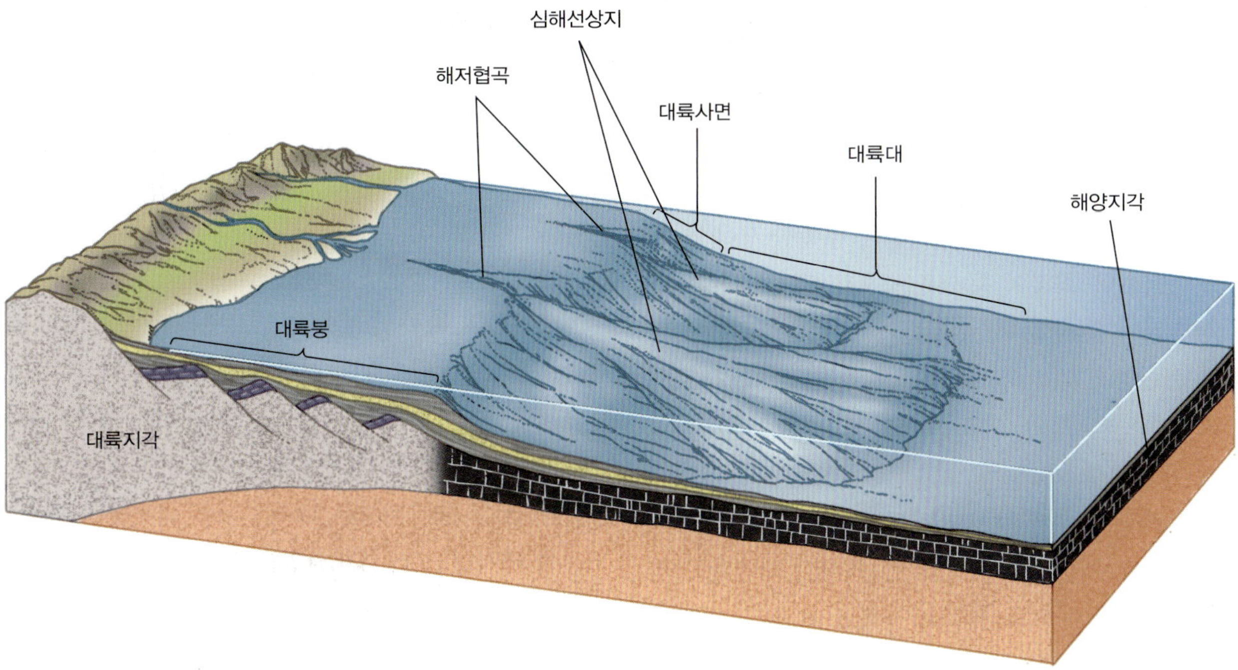

그림 2.25 수동형 대륙 주변부는 넓은 대륙붕과, 대륙사면, 대륙으로부터 침식되어 온 퇴적물이 쌓여서 생긴 대륙대로 구성된다.

탄산염 대지(carbonate platform) 플로리다 사주와 바하마와 같이 석회암이 넓게 퇴적된 곳으로, 퇴적물이 물을 흐리게 하지 않고 산호초에 붙어사는 생물체가 번성한 대륙붕의 따뜻한 곳에서 생성된다.

대륙사면(continental slope) 대륙붕과 대륙대 사이의 비교적 가파른 해저 경사면(평균 3°이지만 1∼10° 사이에서 변함)

LIMA GUMLEY/SPACE SCIENCE AND ENGINEERING CENTER, UNIVERSITY OF WISCONSIN-MADISON

그림 2.26 청명한 하늘과 잔잔한 바다 덕분에 MODIS 위성이 플로리다 남부, 바하마, 쿠바가 함께 나타나는 멋진 영상을 찍었다. 중앙에 있는 안드로스(Andros) 섬은 밝은 파란색 무리로 보이는 그레이트 바하마뱅크(Great Bahama Bank)로 둘러싸여 있는데, 이는 10,000∼2,500년 전 사이에 나타났던 마지막 빙하기 때 빙하가 녹으면서 해수면이 상승하여 범람하였던 탄산염 대지다. 대지의 대부분 장소에서 수면까지는 6 m를 넘지 않는다.

해류가 그 지역을 우회하기 때문이다. 퇴적으로 인해 물이 흐려지지 않는 따뜻한 지역에서는 암초를 만드는 유기체들이 번성한다. 그 결과, 쇄설성 퇴적물이 부족한 열대와 아열대 위도에서는 석회질이 두꺼운 층으로 축적된다. 이런 식으로 석회질이 두께 수백 m에 길이 수백 km로 넓게 퇴적된 곳을 **탄산염 대지**(carbonate platform)라 한다. 플로리다 주 키스 제도와 바하마 제도는 대륙붕의 탄산염 대지의 현대판 예다(그림 2.26).

세계에서 가장 석유가 많이 저장된 몇몇 곳으로 영국과 스칸디나비아 사이의 북해, 멕시코 만, 캐나다 서쪽과 알래스카의 북쪽 해안의 보퍼트 해의 대륙붕 등이 있다. 최근에 석유회사들은 이런 외해 저장고를 탐사하고 개발하였다. 시추를 깊게 하여 화강암질 대륙지각이 퇴적암 아래에 위치한다는 것을 알아내었고, 해수로 덮여 있지만 대륙붕은 대륙의 일부임을 확인할 수 있었다.

대륙사면과 대륙대

대륙붕의 바깥 경계에서 해저면은 깊이가 200 m에서 5 km로 서서히 깊어짐에 따라 평균 경사는 약 3°(1∼10°까지 변할 수 있음)로 갑자기 급해진다. 너비가 약 50 km에 달하는 해저면의 이 가파른 구역을 **대륙사면**(continental slope)이라 한다. 대륙사면은 대륙붕처럼 퇴적물의 침전으로 형성된 해저면이다. 대륙사면은 해양지각과 만나는 부분 근처에 위치한 대륙지각이 얇아지기 때문에 경사가 급하다. 지진파 탐사에서도 퇴적물이 미끄러지듯 내려가고 급락하는 경사진 곳에서는 일반적으로 퇴적층이 잘 형성되지 않음을 볼 수 있다.

대륙사면은 점차 심해평원과 병합하면서 경사가 줄어든다. **대륙대**(continental rise)라고 불리는 이 구역은 육성 퇴적물로 구성되는데, 이 퇴적물은 대륙붕을 가로질러 운반되어 대륙사면 끝에서 심해평원에 퇴적된 것이다. 대륙대는 너비가 평균 수백 km다. 보통 대륙대는 5 km의 깊이에서 심해평원과 연결되어 있다.

본질적으로, 대륙붕–대륙사면–대륙대 복합 지형은 경사가 완만한 대륙의 가장자리에 있는 해저면이며 대륙에서 침식된 퇴적물들이 모여 형성되었다.

해저협곡과 심해선상지

해저 지도를 보면 많은 곳에서 **해저협곡**(submarine canyon)이라는 깊은 계곡을 볼 수 있는데, 이는 대륙붕과 대륙사면 속으로 침식된 것이다(그림 2.25). 해저협곡은 해저에 난 골짜기처럼 보인다. 협곡은 보통 대륙붕의 바깥 가장자리에서 시작해서 대륙대까지 계속해서 경사를 가로지른다. 경사가 완만해지는 끝에서 해저협곡은 보통 대륙대에 있는 큰 부채 모양의 퇴적물인 **심해선상지**(abyssal fan)에 닿는다. 심해선상지는 해저선상지(submarine fan)라고도 한다.

대부분의 해저협곡은 큰 강물이 바다로 들어갈 때 발생한다. 해저협곡이 처음 발견되었을 때, 지질학자는 이것이 육지에 빙하를 만들어 해수면이 150 m만큼 낮아졌던 플라이스토세 빙하시대 동안 강에 의해 침식되었을 것이라고 생각했다. 하지만 이는 수 km 혹은 더 깊은 대륙사면 속으로 파여 있는 해저협곡의 더 깊은 부분은 설명할 수 없다. 그러므로 해저협곡의 더 깊은 부분은 수중에서 형성되었음에 틀림없고, 그것을 설명할 수 있는 해저의 메커니즘이 밝혀져야 한다.

지질학자들은 그 후 **저탁류**(turbidity current)가 대륙붕과 대륙대를 침식하여 해저협곡을 만든다는 것을 발견하였다. 저탁류는 푸석푸석하고 질척한 퇴적물이 해저 경사면에서 굴러 떨어질 때 발생한다. 지진에 의해 저탁류가 촉발되기도 하고, 단순히 퇴적물이 쌓이면서 지나치게 급격한 경사에 의해 만들어지기도 한다. 퇴적물은 움직이기 시작하면 물과 섞이게 된다. 퇴적물과 물이 혼합되면 물보다 밀도가 높기 때문에, 대륙붕과 대륙사면을 따라 난류 형태로 무질서하게 쇄도하면서 아래로 흐른다. 저탁류는 시간당 100 km보다 더 빠른 속력으로 700 km까지 이동할 수 있다.

그런 속도로 이동하는 퇴적물을 잔뜩 실은 물은 엄청난 침식 능력을 가진다. 저탁성 흐름(또는 저탁류)이 대륙붕과 대륙사면 속으로 작은 수로를 깎고 나면, 한 개천이 매년 같은 수로를 이용하는 것처럼 그 다음 흐름이 같은 수로를 따르게 된다. 시간이 지날수록 흐름은 대륙붕과 대륙대를 침식하여 깊은 해저협곡을 만든다. 저탁류가 심해평원에 도달하면 속도가 느려진다. 퇴적물은 그곳에 쌓여서 심해선상지를 만든다. 강이 저탁류를 만드는 데 필요한 아주 많은 양의 퇴적물을 공급하기 때문에 대부분의 해저협곡과 심해선상지는 큰 강의 입구 근처에 형성된다.

큰 심해선상지는 수동형 대륙 주변부에서만 형성된다. 능동형 대륙 주변부의 환경에서는 해구가 퇴적물을 빨아들이기 때문에 심해선상지가 흔하지 않다. 더욱이 세계의 가장 큰 강들 중 대부분은 수동형 대륙 주변부를 향해 흘러간다. 잘 알려진 가장 큰 선상지는 벵골 선상지이며 인도 동쪽 인도양 입구에 있는 갠지스 강 너머에 약 400만 km^2의 넓이를 차지하고 있다. 빠르게 상승하고 있는 히말라야 산맥에서 침식된 퇴적물의 절반 이상이 이 선상지로 온다. 흥미롭게도 벵골 선상지는 해저협곡과 연결되어 있지 않은데, 이는 아마도 퇴적물 공급이 너무 많아 퇴적물이 빨리 쌓여서 협곡이 침식되는 것을 막기 때문일 것이다.

능동형 대륙 주변부

능동형 대륙 주변부는 해양판과 대륙판이 만나는 섭입대

대륙대(continental rise) 심해평원과 합쳐지는 대륙사면 끝부분에 퇴적물이 두껍게 쌓인 곳

해저협곡(submarine canyon) 대륙붕과 대륙사면이 침식되어 생긴 깊고, V자 모양의 경사가 심한 계곡

심해선상지(abyssal fan) 심해저 가까이 많은 해저 협곡들의 바닥에 쌓인 부채 모양의 퇴적물로서 해저선상지라고도 한다.

저탁류(turbidity current) 부유 퇴적물과 함께 빠르게 흐르는 해저의 흐름으로 해저의 산사태 때 푸석푸석하고 질척한 퇴적물이 대륙 사면을 따라 아래로 굴러 떨어질 때 발달한다.

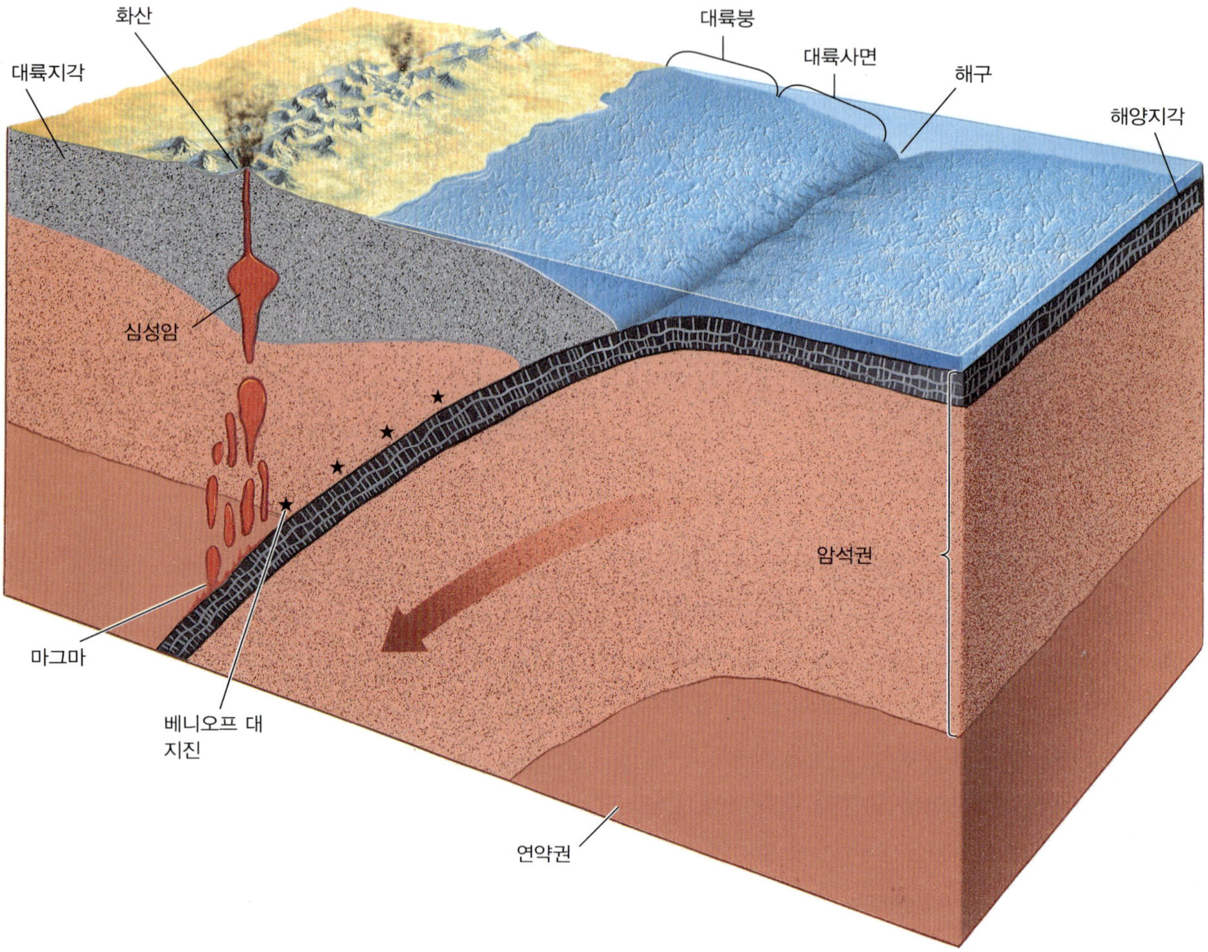

그림 2.27 능동형 대륙 주변부에서 해양판은 대륙 아래로 침강하여 해구를 생성한다. 대륙붕은 얇고, 대륙사면은 가파르게 경사져 있고, 대륙대는 존재하지 않는다.

에서 생성된다. 해양판은 맨틀로 가라앉아서 2.4절에서 설명한 호상열도와 관련된 해구와 유사한 해구를 형성한다(그림 2.27). 해구는 해양지각이 대륙의 가장자리 아래로 가라앉거나 다른 해양판 아래로 가라앉는 섭입대가 발생하는 곳이면 어디든지 생길 수 있다.

수동형 대륙 주변부에서 대륙지각이 해양지각과 점차적으로 합쳐지고 두꺼운 퇴적물이 대륙 주변부에 쌓일 때 넓은 대륙붕-대륙사면-대륙대 복합 지형이 발달함을 상기해 보자. 그러나 능동형 대륙 주변부에서는 두꺼운 대륙지각이 섭입대에서 얇은 해양지각과 만나게 된다. 대륙에서 능동형 대륙 주변부로 이동한 대부분의 퇴적물은 해구에서 빨아들인다. 그 결과, 능동형 대륙 주변부에는 보통 대륙붕이 좁거나 전혀 없다. 해구의 육지 쪽 측벽으로 대륙을 향한 면은 능동형 대륙 주변부의 대륙사면이다. 이 측벽은 상부에서 보통 4° 또는 5°만큼 경사져 있고 해구의 바닥 근처에서 15° 또는 그 이상으로 경사져 있다. 퇴적물이 해저면에 쌓이지 않고 대신 해구로 흘러가기 때문에 대륙대는 없다.

요약

2.1 해양의 기원

해수, 대기 기체, 생물체를 구성하는 분자들은 지구 생성 초기에 폭발 유성에 의해 지구로 운반되었다.

2.2 지구의 해양

해양은 지구 표면의 약 71 %를 차지하고 있다. 대륙지각은 해양지각에 비해 두껍지만 밀도가 낮다. 그 결과, 대륙은 높은 고도에서 지각평형에 의해 떠 있고, 반면에 해양 암석권은 낮은 고도로 가라앉는다. 해양분지는 지표면에 저지대를 형성하며 이곳이 물로 채워져 바다가 된다.

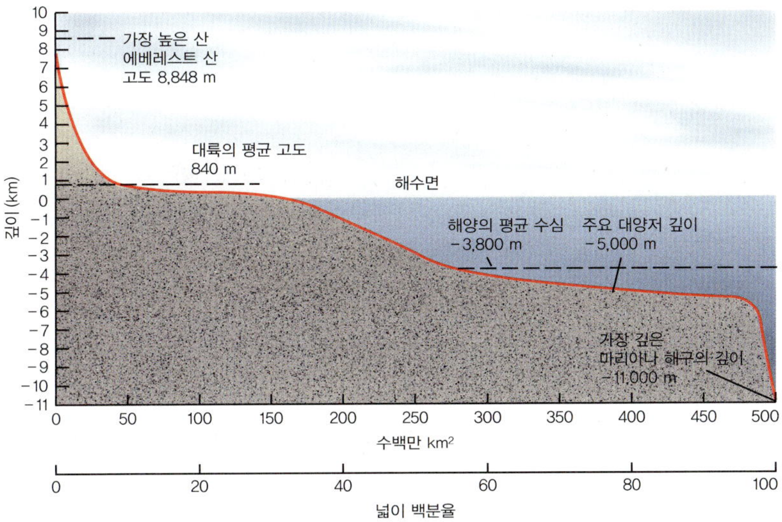

그림 2.3 대륙과 해양분지의 구조 단면도. 세로축은 해수면에 대한 상대적인 고도이며, 가로축은 지형의 종류에 따라 분류한 상대적인 넓이다. 즉, 지표면의 30 %(1억 5,000만 km^2)의 넓이가 해수면 위에 노출되어 있다.

2.3 해양저 연구

해저와 해양지각은 매우 깊고 거리상으로 멀리 떨어져 있기 때문에 이들에 대한 정보는 주로 채집과 원격 탐사를 통해 얻는다.

2.4 해양저의 특징

중앙해령시스템은 지구의 모든 주요한 해양분지를 통하여 확장되고 있는 해저 산맥이다. 열곡은 해령 중앙부 여러 곳에 위치하며 해령과 열곡은 많은 변환단층에 의해 어긋나 있다. 중앙해령은 확장 중심에서 형성되는데, 여기서 새로운 해양지각이 해저에 추가된다. 중앙해령시스템은 화학합성을 기초로 하는 생태계가 잘 성장하도록 도와준다. 해구는 해양분지에서 가장 깊은 곳이다. 두 해양판이 충돌하는 섭입대에서 생성된 일련의 화산들인 호상열도는 해양분지에서 흔히 볼 수 있는 모습이며, 특히 남서태평양에 잘 볼 수 있다. 해산과 해양의 섬은 맨틀 플룸 위의 화산활동의 결과로서 해양지각에서 생성된다. 환초는 가라앉은 화산의 섬에서 자라는 원형 산호초다.

2.5 해양저의 퇴적물과 암석

해양지각의 두께는 약 4~7 km로 다양하며, 3개의 층으로 구성되어 있다. 가장 꼭대기 층(제1층)은 퇴적층이며 두께는 0~3 km 혹은 그 이상이다. 그 아래 제2층에는 약 1~2 km의 베개현무암이 있다. 해양지각에서 가장 깊은 층인 제3층은 두께가 3~5 km이며 반려암과 그 위

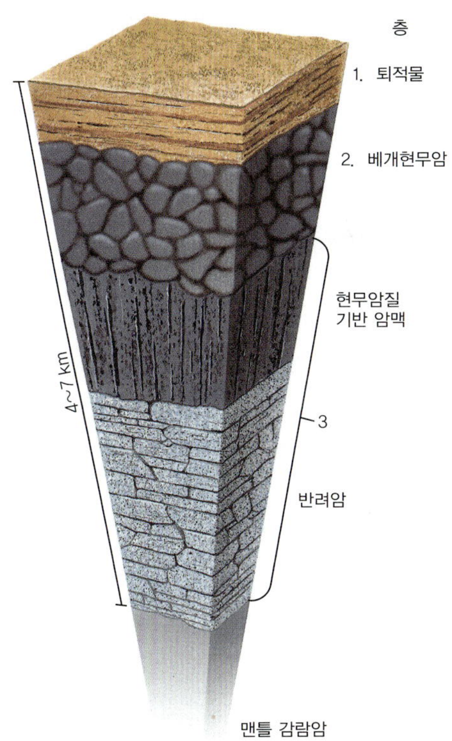

그림 2.21 해양지각의 세 층. 제1층은 퇴적물로 구성되어 있다. 제2층은 베개현무암이다. 제3층은 반려암 위에 놓인 수직 암맥들로 이루어져 있다. 제3층 아래는 맨틀 상부다.

의 현무암질 암맥으로 이루어져 있다. 이 층의 기저면은 해양지각과 맨틀 사이의 경계다. 해저 암석의 나이는 중앙해령에서 멀어질수록 규칙적으로 증가한다. 해양지각이 섭입대에서 다시 맨틀로 재순환하기 때문에 어떤 해양지각도 나이가 2억 년 이상이 되지 않는다.

2.6 대륙 주변부

수동형 대륙 주변부에는 대륙붕, 대륙사면, 대륙대가 있으며 육성 퇴적물이 쌓여서 생성된다. 저탁류에 의해서 침식된 해저협곡은 대륙 주변부를 만들고, 보통 저탁류가 대륙대에 퇴적물을 침전시키는 심해선상지에 닿는다. 능동형 대륙 주변부에서는 해양지각이 대륙 주변부 아래 섭입대로 가라앉고 있으며 대개 대륙붕은 좁고 해구 쪽으로 갑자기 경사지는 대륙사면이 있다.

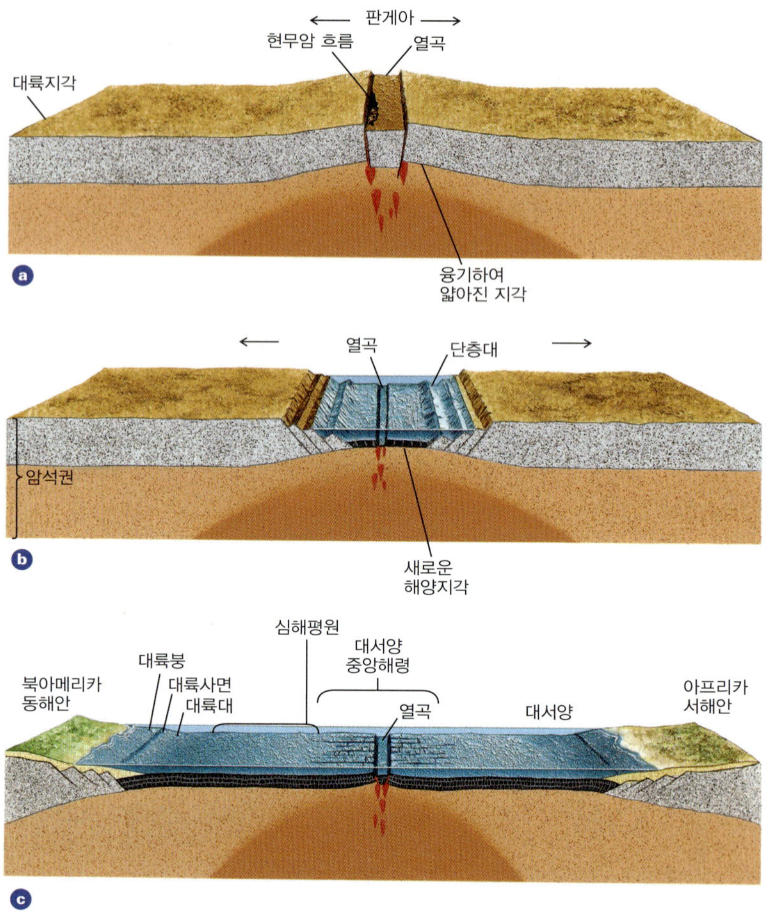

그림 2.24 (a) 판게아가 갈라지기 시작하면서 대륙지각은 분열한다. (b) 갈라지면서 단층과 침식으로 얇아진 지각과 상승하는 현무암질 마그마가 열곡에 새로운 해양지각을 생성한다. (c) 대륙으로부터 침식된 퇴적물이 북아메리카와 아프리카의 수동형 대륙 주변부에 쌓여 넓은 대륙붕을 형성한다.

핵심용어

극초단파 레이더 microwave radar (2.3)
기요 guyot (2.4)
능동형 대륙 주변부 active continental margin (2.6)
대륙대 continental rise (2.6)
대륙붕 continental shelf (2.6)
대륙사면 continental slope (2.6)
베개현무암 pillow basalt (2.5)
변환단층 transform fault (2.4)
부가 암체 accreted terrane (2.4)
수동형 대륙 주변부 passive continental margin (2.6)
심해선상지 abyssal fan (2.6)
심해평원 abyssal plain (2.5)
암석 준설기 rock dredge (2.3)
열곡 rift valley (2.4)
원양성 퇴적물 pelagic sediment (2.5)
육성 퇴적물 terrigenous sediment (2.5)
음향 측심기 echo sounder (2.3)
자력계 magnetometer (2.3)
저탁류 turbidity current (2.6)
제1층 layer 1 (2.5)
제2층 layer 2 (2.5)
제3층 layer 3 (2.5)
탄산염 대지 carbonate platform (2.6)
탄성파 탐사기 seismic profiler (2.3)
폭발 유성 bolide (2.1)
해구 oceanic trench (2.4)

해산 seamount (2.4)
해양의 섬 oceanic island (2.4)
해저 시추 sea-floor drilling (2.3)
해저협곡 submarine canyon (2.6)
화학합성 chemosynthesis (2.4)
환초 atoll (2.4)

연습문제

1. 해양과 대륙의 주요 차이점들을 기술하시오.
2. 중앙해령의 중심 열곡의 단면도를 그리시오.
3. 중앙해령시스템의 규모를 설명하시오.
4. 왜 중앙해령은 해양저 위로 지형적으로 상승하는가? 왜 해령에서 멀어질수록 중앙해령의 상승이 점차 감소하는가?
5. 중앙해령 중심부에 있는 열곡의 기원에 대해 설명하시오.
6. 왜 심해평원은 대체로 평평한가?
7. 해양지각의 단면을 깊은 해양분지로부터 그려보시오. 각각의 명칭을 쓰고, 설명하고, 각 층의 대략적인 두께를 나타내시오.
8. 해저 퇴적물의 2가지 주요 유형에 대해서 설명하시오. 각 유형의 기원은 무엇인가?
9. 해양지각의 나이와 대륙암석의 나이를 비교하시오. 왜 차이가 나는가?
10. 능동형 대륙 주변부와 수동형 대륙 주변부의 단면도를 그리시오. 각각의 명칭을 쓰고, 대략적 수심을 기입하시오.
11. 대륙붕–대륙사면–대륙대 복합적 형상이 어떻게 대륙 주변부에서 형성되었는지 설명하시오.
12. 일반적으로 수동형 대륙 주변부보다 능동형 대륙 주변부에 경사가 급한 대륙사면이 형성되는 이유를 설명하시오.
13. 해양의 섬들이 형성 후 가라앉는 이유를 설명하시오.

3장 해양과 해안선

미국 오리건 주 해안을 따라 펼쳐진 절벽

염분(salinity) 해수에 녹아 있는 염의 총량으로 실용염분단위(psu)로 표시한다.

> **"푸른색, 초록색, 회색, 흰색 또는 검정색으로 변화무쌍하고 부드럽지만, 파도가 거센 거대한 해양은 고요할 날이 없다."**
>
> 하워드 러브크래프트(Howard Philips Lovecraft, 1890 ~1937)[1)]

세계 인구의 약 60 %가 해안으로부터 100 km 이내에 살고 있다. 100만 명 정도가 저지대 산호섬에 살고, 수백만이 넘는 사람들이 해안 범람에 취약한 저지대 연안에 살고 있다. 단지 개인이나 마을뿐만이 아니라 인간의 독특한 문화도 위험에 처해 있다. 연안 환경이 급변하여 사람들이 국가를 불가피하게 떠날지도 모른다.

대중매체에서는 멕시코 만 해안의 피해를 지구 온난화로 인한 해수면 상승과 연관 지어 보도해 왔다. 그러나 많은 지질학자와 해양학자들은 2장에서 설명한 바와 같이 지각 침강과 같은 다른 요인이 태평양 섬 국가와 미국 해안 지역에 침수를 일으킬 수 있다고 주장하였다.

바다 아래로 사라지고 있는 나라나 허리케인에 의해 황폐화된 큰 항구 도시의 모습은 원인과 상관없이 매스컴의 관심을 상당히 받고 있다. 단단한 땅이 파도 아래로 가라앉거나 현대 도시가 바다 폭풍에 무방비할 수 있다는 것은 많은 사람들을 불안하게 한다. 하지만 지질학자들은 지구의 역사를 통해 대륙과 섬들이 바다 아래에서 솟아오르고 다시 아래로 가라앉아 왔다는 것을 알고 있다. 이번 단원에서 여러분은 지구의 해양에 대해서 계속해서 공부하고, 섬과 해안선이 생성되고 어떤 모양을 이룬 후 파괴되는지 공부할 것이다.

해안선은 지구에서 지질학적으로 가장 활동적인 환경에 속한다. 해수면은 상승하고 하강하면서 얕은 육지 또는 해수면보다 훨씬 높은 해변을 침수시킨다. 대륙지각도 상승하고 하강하는데, 해수면 변동에 따른 결과와 유사하다. 강은 연안 삼각주에 엄청난 양의 모래와 진흙을 쌓는다. 해파와 해류는 해변을 침식하고 해안선을 따라 수백 또는 수천 km까지 모래를 운반한다. 지각 판은 수렴하여 연안 지역을 휘어서 산맥을 형성하고, 지진이나 화산 폭발을 일으킨다.

3.1 해양의 지형

지구의 해양은 모두 연결되어 있고 물은 여기저기로 흘러서, 어떤 의미로에서 지구는 하나의 대양을 가지고 있다고 볼 수 있다. 그러나 세계의 대양에는 몇 가지 뚜렷이 구분되는 해양분지가 있다(그림 3.1). 가장 크고 가장 깊은 바다는 태평양이다. 태평양은 모든 대륙을 다 합한 넓이보다 넓은 지구 표면의 1/3을 차지하고, 세계 물의 절반 이상을 가지고 있다. 대서양 넓이는 태평양의 겉넓이의 절반이다. 인도양은 대서양보다 조금 작다. 북극해는 북극을 둘러싸고 있으며 남쪽으로 확장하여 북아메리카, 유럽, 아시아의 해안으로 뻗어 있다. 그러므로 북극해는 땅으로 막혀 있고 단 몇 개의 해협과 수로를 통해 대서양과 태평양으로 연결되어 있다. 북극해의 표면은 겨울에 얼고, 그중 일부는 여름과 이른 가을에 수개월 동안 녹는다. 남극해는 춥고 맹렬한 바람 때문에 선원들이 두려워하며 뚜렷한 북쪽 경계가 없다. 남극해의 최북단은 난류가 차가운 남극 해수와 만나는 구역이다.

3.2 해수

염과 미량 원소

해수의 **염분**(salinity)은 용해된 염의 총량으로 실용염분단위(psu)로 표현된다. 이 경우 염이라는 용어는 나트륨과

1) 역자 주: 미국의 공상과학 소설가로서 《인스머스의 그림자》와 《크툴후의 부름》 등 수많은 단편을 썼다.

그림 3.1 세계의 해양. '7 대양'은 북대서양, 남대서양, 북태평양, 남태평양, 인도양, 북극해, 남극해다. 하지만 이러한 명칭들은 지질학과 해양학보다는 무역과 더 밀접한 관련이 있다. 지질학자와 해양학자들은 주요한 4개의 대양으로 구분한다. 즉, 대서양, 태평양, 인도양, 북극해다. 이 지도에는 본문에 언급된 작은 바다와 만도 표시되어 있다.

염소뿐만 아니라 용해된 모든 이온들을 말한다.

용해된 이온은 해수 무게의 약 3.5 %를 이룬다. 그림 3.2에 나타낸 6가지 이온들은 해양에 녹아 있는 물질의 99 %에 해당한다. 땅에서 발견되는 다른 원소들도 미량이지만 거의 모두 해수에 녹아 있다. 예를 들면 해수는 약 0.000000004(4×10^{-9}) %의 금을 포함하고 있다. 이 농도는 비록 작을지라도, 해양은 방대해서 많은 금을 가지고 있다. 해수 1 km^3당 4.4 kg의 금이 녹아 있다. 해양은 약 13억 km^3의 물을 포함하고 있으므로, 약 57억 kg의 금이 해양에 존재한다고 볼 수 있다. 하지만 불행하게도 그중 작은 양이라도 추출해 내는 것은 엄청난 비용이 든다.

세계의 강들은 매년 25억 ton이 넘는 용해된 염을 해양으로 운반하고 있다. 해저화산은 추가로 용해된 이온들을 바다로 공급한다. 그러나 해양의 염분은 지질연대의 긴 시간 동안 비교적 일정했는데, 이는 염이 바다로 공급되는 만큼 해수에서 제거되기 때문이다. 해양분지의 일부가 외해 대양과 단절되면 물은 증발하고, 염은 두껍게 쌓이게 된다.

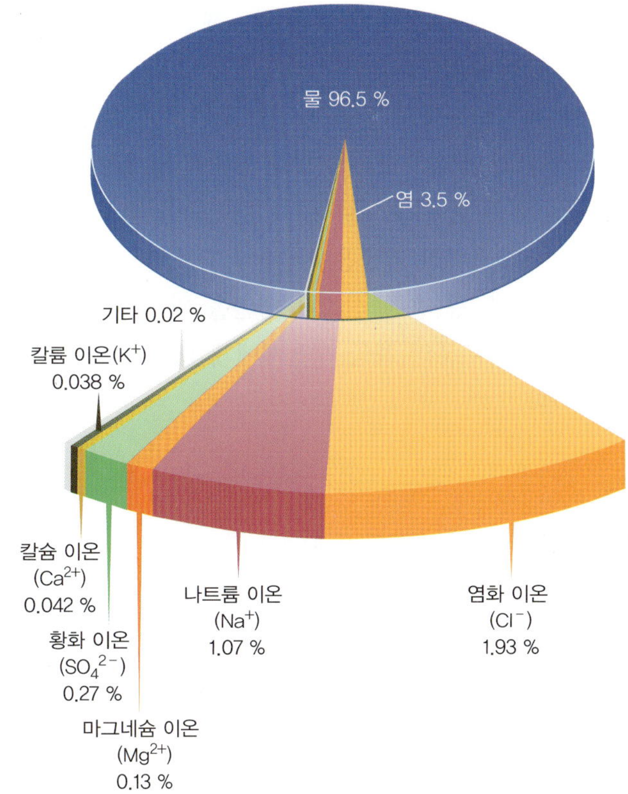

그림 3.2 6가지 주요한 이온이 해수의 염의 대부분을 구성한다.

조석(tide) 달의 인력과 더 적은 범위지만 태양의 인력에 의해 생기는 해수의 주기적인 승강

게다가 많은 양의 염은 셰일과 다른 퇴적암 속으로 섞이게 된다.

용존 기체

해수는 염과 미량 원소와 더불어 용존 기체, 특히 이산화탄소와 산소를 포함하고 있다. 이 용존 기체들은 자유롭고 지속적으로 대기와 교환되고 있다. 대기 중 이산화탄소나 산소의 농도가 상승하면 많은 기체가 해수로 빠르게 용해된다. 만약 대기 중의 기체 농도가 떨어지면 바다로부터 그 기체가 빠져나와 대기 중으로 들어간다. 따라서 바다는 대기 중 기체의 농도를 완충하는 작용을 한다.

동시에 대기는 해수의 화학작용을 완충시킨다. 이산화탄소가 해수로 녹아들어 가면, 해수는 산성화가 촉진된다. 최근 몇 년 동안 대기 중의 이산화탄소 농도가 상승하여 해수의 산성화는 증가하였고, 이는 해양 생태계에 심각하게 영향을 주었다. 산성화는 산호, 많은 종류의 조류, 갑각류, 유공충 그리고 칼슘으로 딱딱한 몸체를 만드는 다른 유기체들에게 나쁜 영향을 주었고, 결국에는 해양 생태계에 매우 해로운 영향을 주었다.

바다가 대기로부터 이산화탄소를 흡수할 수 있는 능력은 대기 중의 온난화 기체의 농도에 심각한 영향을 주고 있어서, 이 능력은 전 지구 기후와 기후 변화에 중요한 요소가 된다. 이와 관련된 과정은 8장에서 자세하게 논의할 것이다. 해수 중 용존 산소는 생존을 위해 산소가 필요한 대부분의 해양 생물체에게 대단히 중요하다.

온도

호수는 여름 동안 수영하기에 편할 정도로 따뜻한데, 이것은 표면에 따뜻한 물이 떠 있고 깊은 수심의 차가운 물과 쉽게 섞이지 않기 때문이었다. 해양도 이와 유사한 수온 층이 발달하지만 해파와 해류가 표층수를 섞기 때문에 해수의 따뜻한 수층은 표층에서 최대 450 m 깊이까지 뻗어 있다(그림 3.3). 이 층 아래에는 수온이 깊이에 따라 급격히 감소하는 수온약층이 있다. 수온약층은 2 km 깊이까지 뻗어 있다. 해수 온도는 수온약층 아래에서 약 1~2.5 °C까지 변한다. 깊은 수심의 차갑고 밀도가 큰 해수는 표층수와 거의 섞이지 않는다. 따라서 그림 3.3에서 보인 바와 같이 해양은 세 개의 뚜렷한 온도층으로 구분된다. 이러한 층 구조는 표층의 차가운 물이 가라앉아 연직 혼합을 일으키기 때문에 극에서는 존재하지 않는다.

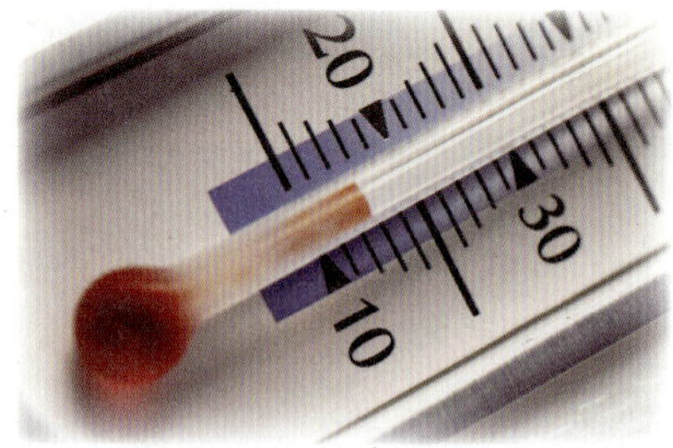

3.3 조석

대부분의 일반 관측자들도 해수면이 어느 해변에서나 올라가고 내려간다는 것을 알고 있다. 만약 해수면이 정오에 낮다면, 오후 6시 13분 정도에 최고 높이에 다다르고, 오전 12시 26분경에 다시 낮아질 것이다. 이러한 연직적인 이동을 **조석(tide)**이라고 한다. 대부분의 해안은 24시간 53분의

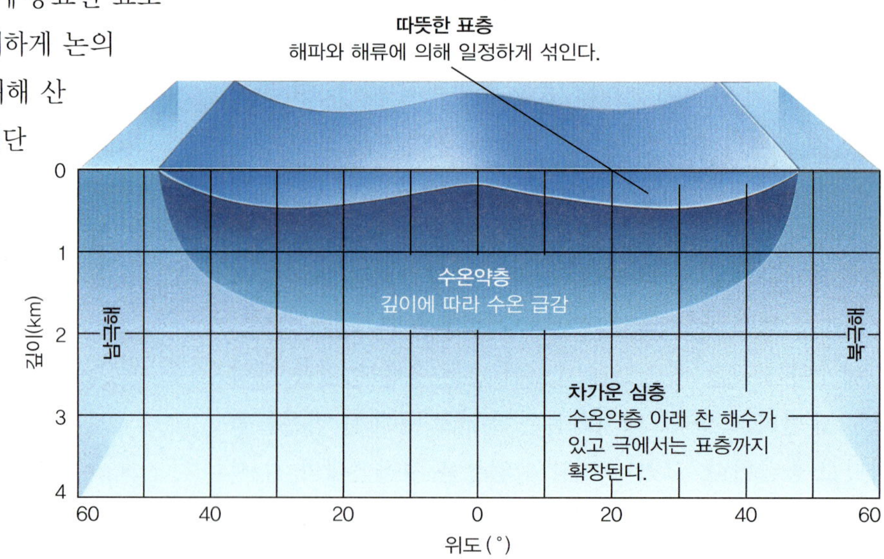

그림 3.3 해양은 3가지 수온 층으로 나뉜다. 450 m까지 표층은 따뜻하고, 수온약층에서는 깊이에 따라 수온이 급격히 감소하고, 심층은 차다.

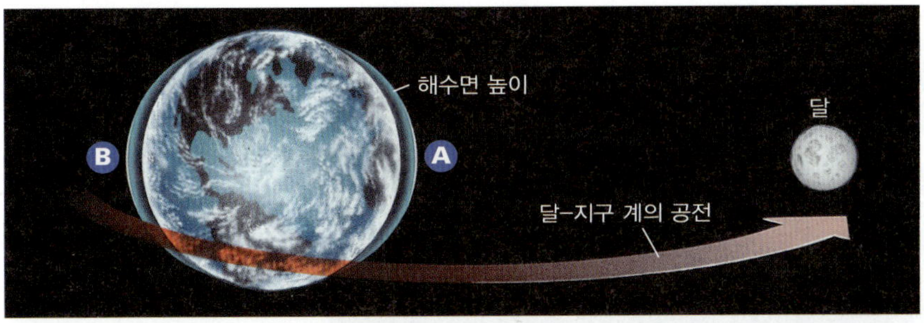

그림 3.4 달의 중력은 달의 바로 아래에 있는 A 지점에서 고조를 만든다. 지구–달의 운동 체계는 A 지점과 반대에 있는 B 지점에서도 고조를 일으킨다.

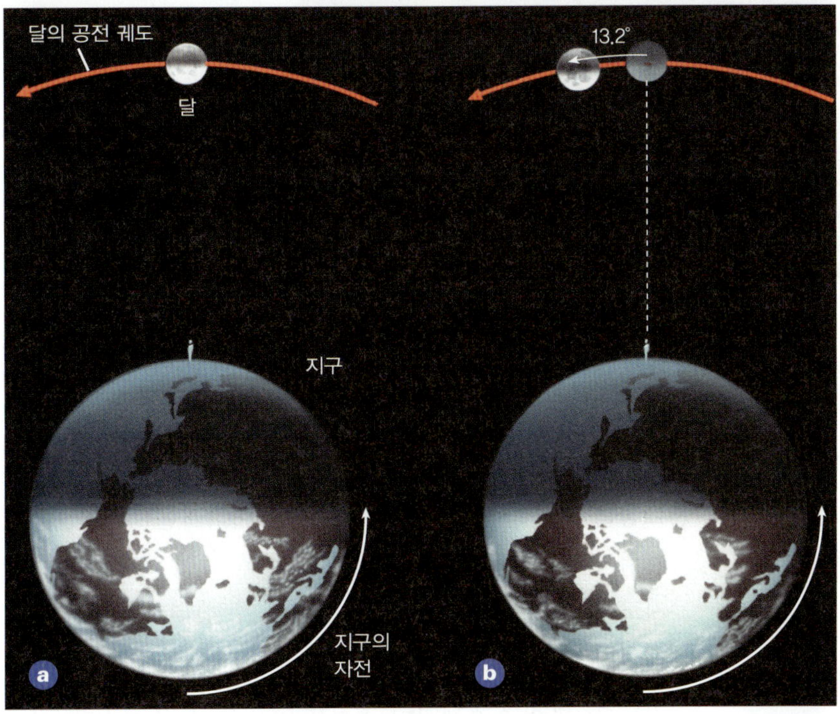

그림 3.5 달은 매일 13.2° 씩 움직인다. (a) 달은 지구 상의 관찰자 바로 위에 있다. (b) 하루 뒤, 지구는 완전한 한 번의 회전을 하나, 달은 13.2° 움직인다. 지구는 이제 관찰자가 다시 달의 바로 아래에 오도록 하기 위해서 53분을 더 이동해야 한다.

간격을 두고 고조와 저조가 두 번씩 일어난다.

조석은 해수면에 대한 달과 태양의 인력에 의해 생긴다. 달이 태양보다 훨씬 작지만, 달은 지구에 훨씬 더 가까이 있어서 달의 영향은 지배적이다. 어떤 주어진 시간에 지구 위의 한 점(그림 3.4의 A 지점)이 달 바로 아래에 있다고 하자. 물체가 서로 가까이 있을수록 인력은 커지기 때문에 달과 가장 가까이 있는 부분의 바다는 가장 강한 힘으로 끌어당겨진다. 그 지역에서 물이 상승하여 고조가 만들어진다.

그러나 지금까지의 설명은 충분하지 않다. 지구가 자전축을 중심으로 자전할 때 지구 상의 한 점은 거의 24시간 53분마다 달 아래를 대략 한 번 지나간다. 그러나 연속적인 고조 사이의 주기는 12시간 26분이다. 왜 하루 동안 보통 두 번의 고조가 있을까? 조석은 지구 상의 한 점이 달 바로 아래에 있을 때뿐 아니라 180° 떨어져 있어도 고조가 나타난다. 이 효과를 이해하려면 여러분은 지구–달 궤도 체계를 고려해야 한다. 대부분의 사람들은 달이 지구 주위를 돈다는 것을 볼 수 있지만 더 정확히 말하면 지구와 달 궤도가 인력의 공통 중심 주위를 돈다. 이 두 천체는 서로 팔을 끼고 회전하는 무용수와 같이 서로 붙잡혀 있다. 여자 무용수가 빙글빙글 회전할 때 드레스의 뒤쪽이 바깥 방향으로 날리는 것처럼 달과 반대 방향에 있는 바다는 바깥쪽으로 부푼다. 이 부풀음은 고조인데 달과 180° 떨어져 있다(그림 3.4의 B 지점). 따라서 조석은 하루에 두 번 상승하고 하강한다.

고조와 저조는 매일 같은 시각에 일어나지 않고, 24시간마다 대략 53분 정도 늦어진다. 지구는 자전축을 중심으로 24시간 만에 완전하게 한 번 회전하지만 동시에 달은 같은 방향으로 지구 주위를 돈다. 지구 상의 한 점이 24시간 만에 완전하게 한 번 회전한 후 그 지점은 달의 궤도를 53분 동안 추가로 더 돌아야 한다. 이것이 달이 매일 약 53분 정도 늦게 뜨는 이유다. 같은 방식으로 조석은 매일 대략 53분씩 늦어진다(그림 3.5).

해양에 대한 태양의 인력은 달의 인력보다 작지만 태양 역시 조석에 영향을 준다. 태양과 달이 지구와 똑바로 일직

대조(spring tide) 태양과 달과 지구가 일직선으로 늘어서고 인력의 합성장이 강한 조석 부풀음을 만들어 생기는 고저와 저조의 변동 차이가 큰 조석으로 사리라고도 한다.

소조(neap tide) 달이 지구와 태양에 대해 90° 를 이루고 있을 때 나타나는 상대적으로 작은 조석으로 조금이라고도 한다.

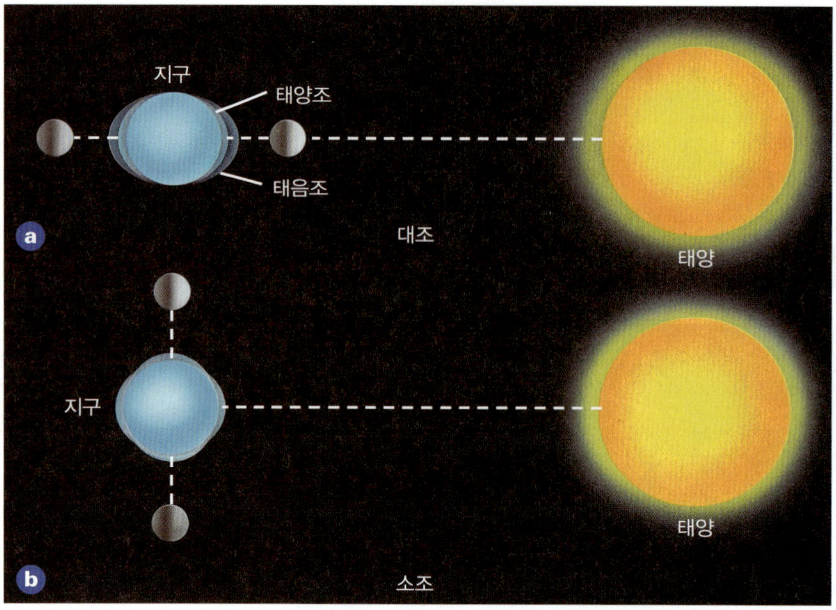

그림 3.6 (a) 대조는 지구, 태양, 달이 일직선으로 있을 때 일어나고, 인력의 합성장이 강한 조석 부풀음을 만든다. (b) 소조는 달이 태양과 지구 사이에 직각으로 놓여 있을 때 일어난다.

선으로 늘어섰을 때 인력의 합성장이 강한 조석 부풀음을 만든다. 이 시기에 고저와 저조의 변동 차이는 크며 **대조**(spring tide)를 일으킨다(그림 3.6(a)). 달이 태양과 지구와 90°를 이룰 때에 부분적으로 다른 것들의 영향을 서로 상쇄시키고, 고조와 저조 사이의 높이 차는 더 작아진다. 이 상대적으로 작은 조석을 **소조**(neap tide)라고 부른다(그림 3.6(b)).

조석 변동은 장소마다 다르다. 예를 들어 캐나다 동부 펀디 만은 거대한 깔때기 모양 같이 생겼다(그림 3.1). 이러한 모양을 가진 만은 조석이 올라가고 내려가는 것을 집중시켜서 결과적으로 대조 동안 조석 변동이 15 m만큼이나 커지도록 한다. 반면 미국 캘리포니아 주 산타바바라와 같이 직선으로 늘어선 연안에서 나타나는 조석은 2 m보다 작게 변한다. 해양 중앙에서의 조석은 평균 약 1 m 정도다. 선원들은 날짜와 지역별로 조석의 시간과 높이를 알려주는 조석표를 참고한다.

3.4 해파

대부분의 해파는 바람이 바다를 가로질러 불 때 발달한다. 해파는 부드러운 잔물결에서부터 해안을 침식하거나, 해변에 있는 집을 넘어뜨리고, 배를 가라앉힐 수 있는 파괴적으로 큰 것까지 다양하다. 깊은 바다에서 해파의 크기는 (1) 풍속, (2) 바람의 지속 시간, (3) 바람이 이동한 거리(뱃사람들은 이 마지막 요소를 취송 거리(fetch)라고 부름)에 의존한다. 15 km 너비의 만을 가로질러 시간당 25 km의 속도로 2~3시간 동안 분 바람은 0.5 m 높이의 파도를 만든다. 그러나 폭풍이 시간당 90 km의 풍속으로 불어 수일 동안 취송 거리가 3,500 km에 달한다면 이 폭풍은 돛대만큼이나 큰 30 m 높이의 해파를 생성할 수 있다.

파도의 가장 높은 부분을 **마루**(crest)라 하고, 가장 낮은 부분을 **골**(trough)이라 한다(그림 3.7). **파장**(wavelength)은 연속하는 두 마루 사이의 거리다. **파고**(wave height)는 마루에서 골까지의 연직 거리다.

해파가 암석을 관통하여 진행할 때, 해파는 먼 거리까지 신속히 전달되지만 암석 자체는 아주 약간 움직인다. 이와 비슷한 방법으로 해파 속의 단일 물 분자는 해파와 함께 이동하지 않는다. 해파가 수평적으로 이동하는 반면, 그림 3.8에서 보이는 것처럼 물 분자는 작은 원 형태로 움직인다. 이것이 해파가 지나갈 때 바다 위에 있는 공이 재빠르게 위아래로 움직이고 앞뒤로 흔들리는 이유이지만 공은 파도를 따라 움직이지 않는다. 게다가 물 분자가 움직이는 원은 바닥으로 갈수록 더 작아지게 된다. 반 파장에 해당하는 깊이에서는 이러한 교란은 무시해도 좋을 정도가 된다. 그래서 만약 여러분이 충분히 깊은 곳에 잠수한다면 여러분은 파 운동을 피할 수 있다. 바다 속에서는 아무도 멀미를 하지 않는다.

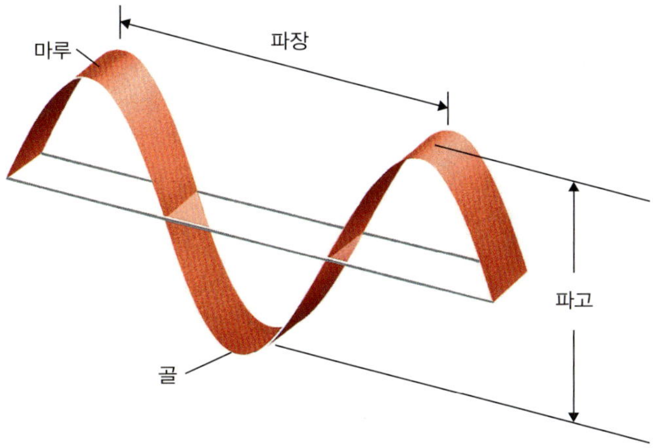

그림 3.7 해파를 설명하는 데 사용되는 용어

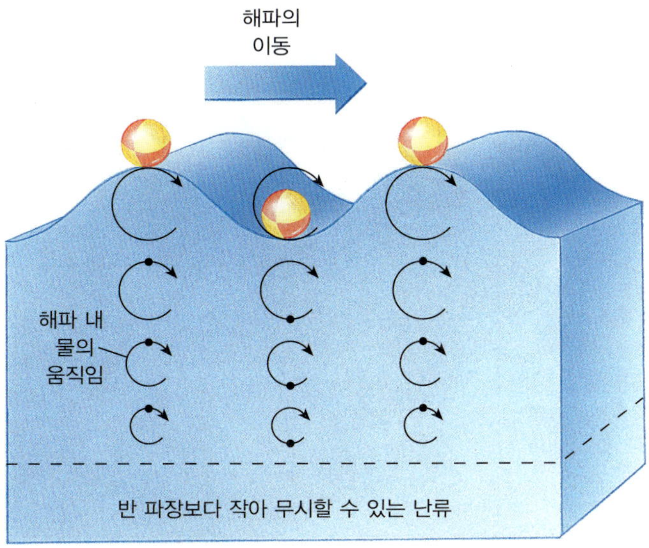

그림 3.8 해파가 해수면을 가로질러 수평적으로 이동하는 동안 물 자체는 단지 작은 원을 그리며 움직인다.

마루(crest) 해파의 가장 높은 부분

골(trough) 해파의 가장 낮은 부분

파장(wavelength) 연속하는 해파의 두 마루(골) 사이의 거리

파고(wave height) 해파의 마루와 골 사이의 연직 거리

해류(current) 특정한 방향으로의 물의 지속적인 흐름

표층해류(surface current) 해양 상층 400 m에서 일어나는 해수의 수평적인 흐름으로 해수면 위로 부는 바람에 의해 발생한다.

심층해류(deep-sea current) 수심 400 m 아래 해양에서 일어나는 해수의 연직적이고 수평적인 흐름으로 주로 중력에 의해 발생한다.

3.5 해류

해파 속에 있는 물은 원형으로 진동하고 그것이 시작한 점에서 끝난다. 반면에 **해류**(current)는 특정한 방향으로 흐르는 물의 지속적인 흐름이다. 강의 흐름이 친숙하고 관찰하기 쉬웠던 것과는 달리 해류는 일찍 발견되지 않았다. 해수면 위로 부는 바람에 의해 생긴 **표층해류**(surface current)는 수심 400 m까지 흐르며 전 세계 바다의 10 %에 해당하는 물을 포함한다. 반면에 **심층해류**(deep-sea current)는 400 m보다 깊은 곳에서 해수를 연직, 수평적으로 수송하며 중력에 의해 더 무거운 물은 가라앉고 덜 무거운 물은 떠오르게 된다. 다음 심층해류와 용승에서 논의될 몇몇 과정들은 어떤 장소에서 표층수가 매우 깊은 곳까지 가라앉도록 하고 다른 장소에서는 심층수가 해수면으로 떠오르게 한다. 그래서 전 세계 해양은 끊임없이 순환한다. 그림 3.9는 대서양의 주요 표층해류와 심층해류를 보여준다.

멕시코 만류(Gulf stream) 해양의 표층 해류 중 하나. 멕시코 만 근처에서 시작하여 대서양 해안을 따라 북쪽으로 이동하며 북동쪽으로 가면서 점점 더 넓어지고, 더 느려진다.

표층해류

1700년대 중반, 아메리카 식민지의 체신부 장관으로 있던 벤저민 프랭클린(Benjamin Franklin, 1706~1790)은 런던에 살았다. 그는 영국에서 북아메리카로 향할 때 우편선이 상선보다 2주 더 걸린다는 것을 알아내었다. 프랭클린은 상선의 선장이 북아메리카의 동해안을 따라 북쪽으로 흘러서 대서양을 가로질러 영국으로 들어가는 해류를 발견했다는 사실을 알아냈다. 유럽에서 북아메리카로 항해할 때 상선은 해류를 피함으로써 시간을 절약하였다. 우편선 선장은 이 해류를 알지 못하여 서쪽을 향해 항해하면서 항해 시간을 허비하였다. 1769년에 프랭클린과 상선 선장인 그의 사촌 티모시 폴저(Timothy Folger)는 그 해류를 해도에 그려 넣었고, 이 해류를 **멕시코 만류**(Gulf Stream)라고 이름 지었다.

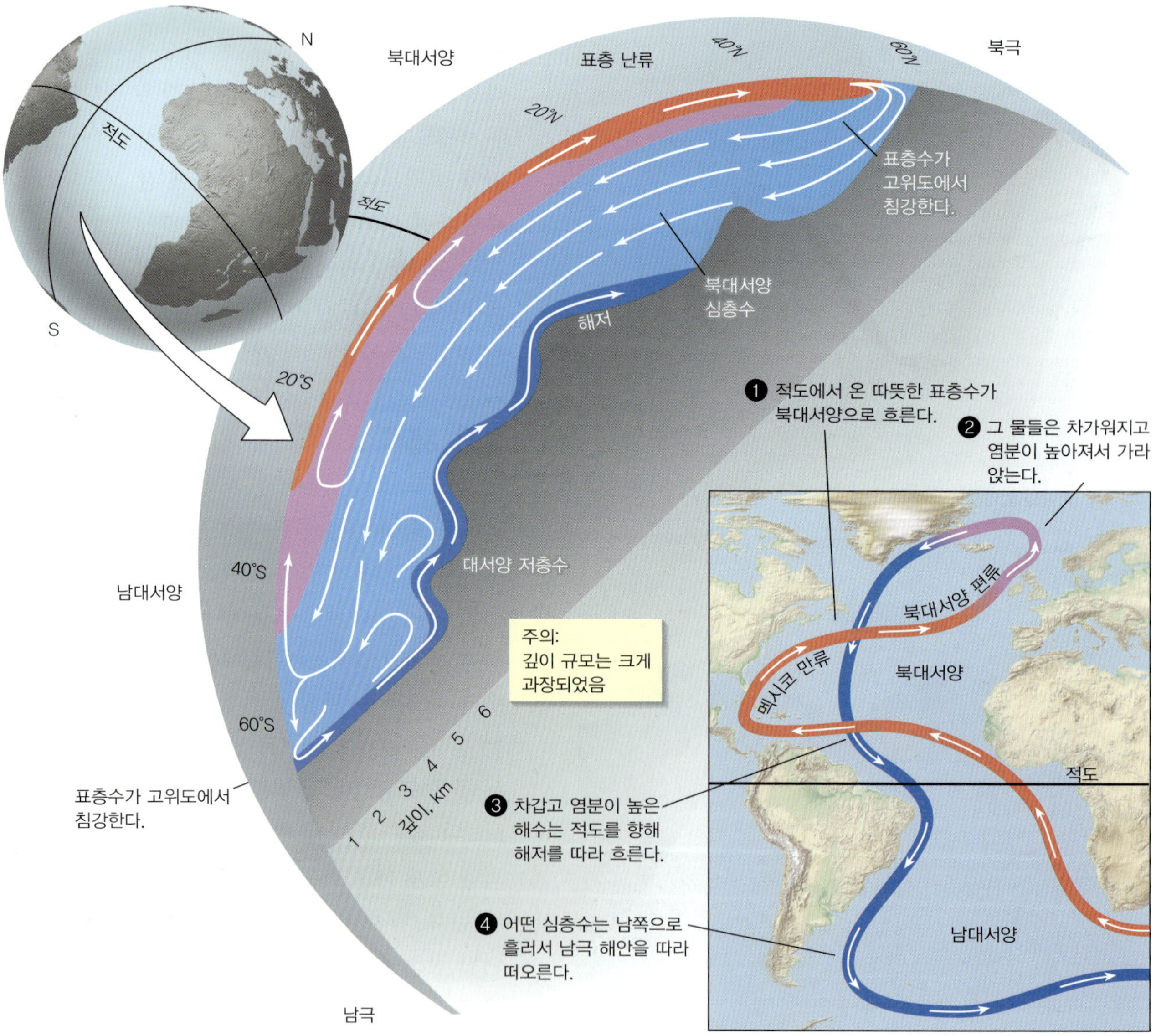

그림 3.9 대서양의 표층해류와 심층해류. 두 가지 형태의 해류 모두 기후와 다른 지구시스템에 깊은 영향을 준다. 이 그림은 주요 해류의 패턴을 강조하기 위해 단순화하였다.

© PHOTOBANK.KIEV.UA/SHUTTERSTOCK

태풍이나 열대 폭풍과 같은 저기압 일기계에 의해 만들어진 폭풍해일로 연안 해수가 범람한다. 폭풍해일은 주로 허리케인 또는 열대 저기압과 같이 해수면 위로 부는 강력한 바람에 의해 발생하며 해수를 쌓아올려 해수면이 높아진다.

선박 교통량이 점점 늘어남에 따라 항해사들이 전 지구상의 가장 빠른 항로를 찾아내면서 다른 해류가 발견되었다(그림 3.10). 해류는 바다에 있는 강으로 비유되어 왔다. 이 유추는 단지 부분적으로만 옳다. 해류는 뚜렷한 둑이 있는 것은 아니지만, 가장 큰 강보다도 훨씬 많은 물을 수송한다. 멕시코 만류는 플로리다 동쪽 해안에서 너비 80 km, 깊이 650 m로 보통 걷는 속도인 약 5 km/h로 움직인다. 이 해류는 북쪽과 동쪽으로 이동하면서 넓어지고 느려진다. 뉴욕의 동쪽에서 이 해류는 너비가 500 km 이상이 되며 하루에 8 km 미만으로 이동한다.

강과 표층해류의 또 다른 중요한 차이점은 강은 중력에 반응하여 흐르지만 해양의 표층해류는 주로 바람에 의해 형성된다는 점이다. 바람이 일정한 방향으로 오랜 시간 동안 물을 가로질러 불 때 표층수는 바람에 의해 끌어당겨지며 해류를 형성한다. 많은 지역에서 바람은 일 년 내내 같은 방향으로 불어 해류는 계절에 따라 거의 변화하지 않는다. 그러나 변화하는 바람은 다른 장소에서 해류의 방향을 바꾼다. 예를 들어 인도양에서 우세한 바람은 계절에 따라 변한다. 바람이 방향을 바꾸면 해류도 따라간다.

해류는 지구 기후에 매우 큰 영향을 끼친다. 멕시코 만류는 매 초마다 백만 m^3의 따뜻한 해수를 북쪽으로 수송하여 북아메리카와 유럽을 따뜻하게 만든다. 예를 들어 캐나다 마니토바 주 처칠은 캐나다 내륙에 위치한 마을이다. 이 마

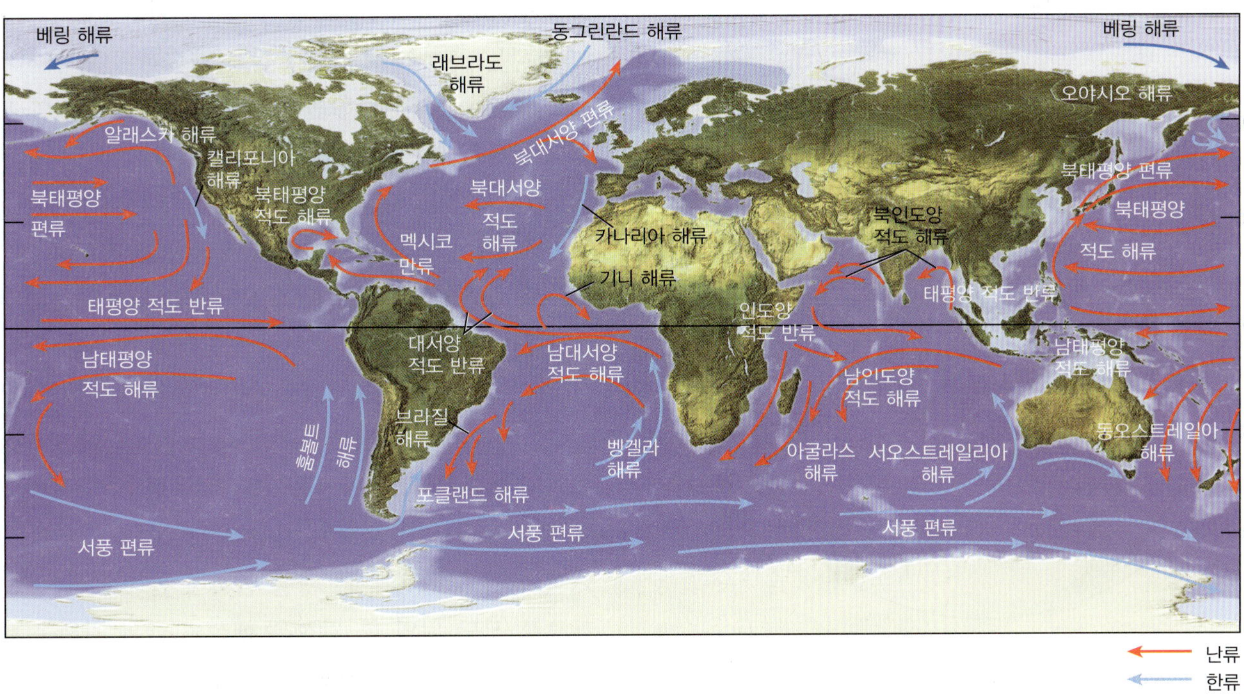

ARIDOCEAN/SHUTTERSTOCK

그림 3.10 세계 주요 대양의 표층해류

환류(gyre) 해수와 대기 중의 원형 또는 타원형의 흐름

코리올리 효과(Coriolis effect) 지구의 자전으로 인해 생기는 대기나 해수의 편향

을은 일 년 중 상당한 시간 동안 몹시 추우며 얼음으로 뒤덮여 있다. 북극곰은 정기적으로 마을을 통과해 이동한다. 그러나 이곳은 만류에 의해 데워져 상대적으로 따뜻한 겨울을 보내는 스코틀랜드 글래스고와 같은 위도 상에 있다. 일반적으로 서유럽의 기후는 열대성 해류에 의해 데워지지 않는 같은 위도에 있는 다른 지역의 기후보다 더 따뜻하다.

© JASON GROWER/SHUTTERSTOCK

표층해류가 흐르는 이유

표층해류는 주로 표층수와 해수면 위로 부는 바람 사이의 마찰에 의해 생긴다. 바람은 단지 바람이 부는 같은 방향을 따라서 해수면을 끌고 간다. 그림 3.11에서 연두색 화살표는 남·북 대서양의 주요 우세한 바람을 보여준다. 노란색 화살표는 그림 3.9에서 단순하게 나타낸 **환류(gyre)**라고 불리는 타원형 표층해류다. 북대서양 환류는 시계 방향으로 순환하고 남대서양 환류는 시계 반대 방향으로 순환한다. 그러나 해류는 우세한 바람과 정확히 같은 방향으로 흐르지 않음에 주목하라. 대신에 북반구의 동서 표층해류는 바람 방향에 대해 오른쪽으로 방향이 바뀐다. 대륙에 의해 흐름이 막히는 곳에서 해류는 흐름을 계속하기 위해 시계 방향으로 방향을 바꾼다. 남반구에서는 해류가 바람에 대해 왼쪽으로 방향을 바꾸고 육지를 만났을 때는 시계 반대 방향으로 돈다. 주요 바람과 표층해류 방향 사이의 이러한 차이는 바람 외의 힘들이 큰 순환계에 영향을 준다고 제안한다.

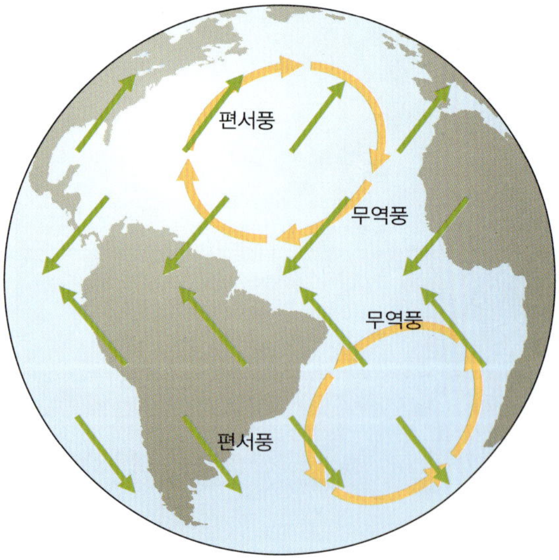

그림 3.11 연두색 화살표는 북대서양과 남대서양의 주요 탁월풍을 나타낸다. 즉, 무역풍(편동풍)과 편서풍이다. 노란색 화살표는 같은 지역에서 표층해류를 나타낸다.

주요 바람들로부터 순환의 방향을 바꾸게 하는 이러한 힘들 가운데 하나는 19세기 프랑스 과학자 가스파르 구스타브 드 코리올리(Gaspard-Gustave de Coriolis, 1792~1843)의 이름을 딴 **코리올리 효과(Coriolis effect)**다. 이 효과를 이해하기 위해서는 지구 자전을 고려해야 한다. 지구 둘레는 적도에서 가장 크고 극으로 갈수록 작아져 0이 된다. 그러나 이 행성의 모든 부분은 매일 완전히 한 번의 회전한다. 그러므로 적도 위의 한 지점은 행성의 극과 가까운 다른 어떤 지점보다도 더 멀리 그리고 더 빠르게 이동해야 한다. 적도에서 모든 물체는 1,600 km/h 정도의 속력으로 동쪽

으로 움직인다. 극에서는 동쪽으로의 움직임이 전혀 없고 속력은 0 km/h다.

이제 적도로부터 북극으로 날아가는 로켓을 상상해 보자. 발사되기 전 로켓은 회전하는 지구와 함께 동쪽을 향해 1,600 km/h의 속력으로 움직이고 있었다. 발사되면 로켓은 동쪽으로 1,600 km/h의 속력으로 움직이고, 북쪽으로 발사 속도로 움직인다. 적도에서 북쪽으로 움직이면서 로켓은 1,600 km/h의 속력으로 여전히 동쪽으로 움직이고 있으나, 로켓 아래에 있는 지구 상의 한 지점은 로켓이 극에 다다를수록 점점 더 느린 속력으로 동쪽으로 움직인다. 결과적으로 로켓은 동쪽을 향하거나 오른쪽으로 곡선을 그린다. 비슷한 방법으로 그림 3.12(a)에서 보인 바와 같이 수괴나 기단이 적도에서 극으로 갈 때 동쪽 방향으로 방향을 바꾼다.

역으로 대서양에서 적도를 향해 남쪽으로 흐르는 해류를 생각해 보자. 이 해류는 북극에서 출발했기 때문에 해수는 적도 근처에서 지구의 표면보다 더 느리게 움직이므로 해류는 그림 3.12(b)에서처럼 서쪽으로 혹은 오른쪽으로 방향을 바꾼다. 그래서 북반구에서 남북 방향 해류는 항상 오른쪽으로 휘어진다. 남반구에서 해류는 같은 이유로 왼쪽으로 휜다.

해수면에서 해류의 방향은 우세한 바람과 코리올리 효과에 의해 영향을 받는다. 그러나 해수면 아래에서 해수는 바람을 느끼지 않는다. 오직 바로 위 해수의 움직임만을 느낀다. 코리올리 효과는 표층에서만큼 깊은 곳에서 강하다. 결과적으로 연속적으로 더 깊어지는 각각의 층은 바람의 영향을 적게 받고, 코리올리 효과에 의해 크게 영향을 받는다. 따라서 표층해류의 더 깊은 층은 북반구에서 가장 얕은 해수보다 훨씬 더 오른쪽으로 편향되고, 남반구에서는 왼쪽으로 편향된다. 환류의 흐름 방향에 대한 이 과정의 알짜 효과는 약 100 m 아래까지 뻗어 있으며 이 과정을 설명할 수 있는 수학을 개발한 스웨덴 과학자 방 발프리드 에크만(Vagn Walfrid Ekman, 1874~1954)의 이름을 따서 **에크만 수송(Ekman transport)**이라고 부른다.

에크만 수송(Ekman transport) 해수면 근처에서 바람에 의해 물의 움직임이 유발되는 자연적인 과정. 해수의 각 층은 바로 아래에 있는 층을 이끈다. 그래서 각 수층의 움직임은 위층의 움직임에 의해 영향을 받는다.

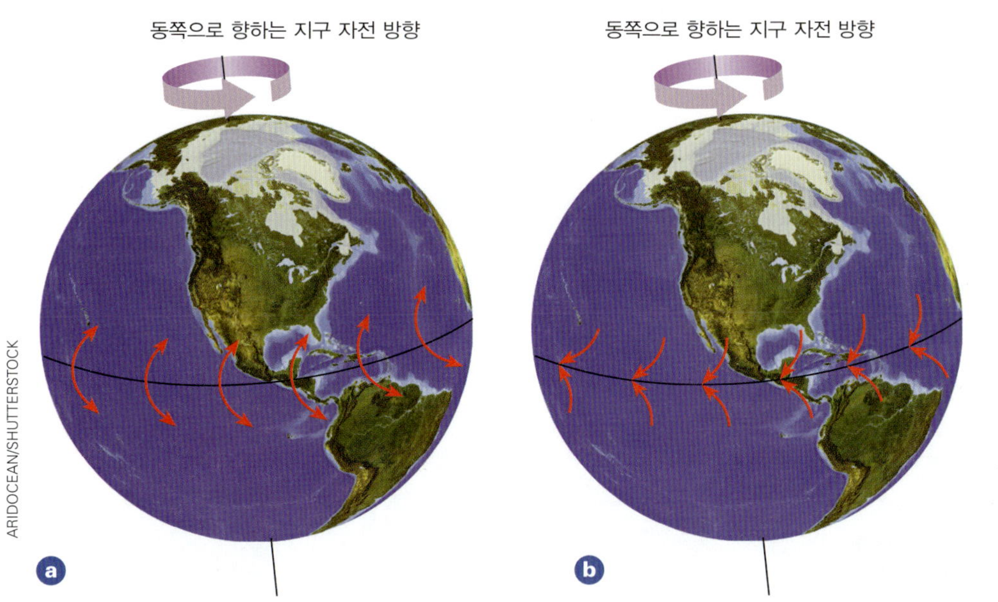

그림 3.12 코리올리 효과는 해수와 바람의 흐름을 편향시킨다. (a) 적도로부터 극을 향해 움직이는 해수나 공기는 그 아래에 있는 육지보다 더 빠르게 동쪽으로 움직여 동쪽으로 방향을 바꾼다. 즉, 북반구에서는 오른쪽, 남반구에서는 왼쪽으로 편향된다. (b) 적도를 향해 움직이는 해수나 공기는 그 아래에 있는 육지보다 더 느리게 동쪽으로 움직여 서쪽으로 방향을 바꾼다. 즉, 북반구에서는 오른쪽, 남반구에서는 왼쪽으로 편향된다.

심층해류

바람은 깊은 바다에 영향을 끼치지 않아 해양학자들은 한때 바다의 심층은 거의 움직임이 없다고 생각했었다. 미국 여성 해양생물학자이자 작가인 레이철 카슨(Rachael Louise Carson, 1907~1964)은 1951년에 쓴 저서 《우리를 둘러싼 바다(*The Sea around Us*)》에서 "심해는 틀림없이, 변화가 천천히 오는 곳"이라고 했다. 그러나 1962년 북대서양의 해저에서는 잔물결 모양과 작은 사구의 모습이 사진에 찍혔다. 흐르는 물이 이러한 형상을 만들기 때문에 그 사진은 심해에서 해수가 움직이고 있었다는 것을 제안하였다.

열염분순환(thermohaline circulation) 심층해류를 일으키는 힘으로 수온과 염분의 차이, 즉 해수 밀도의 차이에 의해 형성된다.

더 최근에 해양학자들은 심층해류를 유속계로 직접 측정해 왔고, 움직이는 모래와 진흙을 수중 텔레비전 카메라로 촬영해 왔다.

바람은 표층해류를 유도하지만 심층해류는 해수의 밀도 차이에 의해 생긴다. 밀도가 큰 해수는 가라앉고, 해저를 따라 수평적으로 흘러서 심층해류를 만든다. 두 가지 요인들(차가워진 온도와 염분의 증가)이 해수를 밀도가 크고 가라앉게 만든다. 그림 3.9와 3.13에 나타낸 전 지구 심층 순환은 이러한 두 가지 요인에 의해 야기되어 **열염분순환**(thermohaline circulation)이라고 불린다.[2)]

해수는 얼 정도로 차가워지면 대부분 무거워진다는 것을 기억하라. 그러므로 열대 표층수가 극으로 이동하면서 차가워지면 밀도가 커지고 가라앉는다. 게다가 해수 밀도는 염분이 증가할수록 증가한다. 그래서 해수의 염분이 높아지면 가라앉는다. 표층수가 증발하면 해수의 염분은 높아진다. 극해는 또한 표면이 얼 때 염분이 빙하에 포함될 수 없기 때문에 염분이 높아진다. 북극과 남극해의 해수는 모두 차갑고 염분이 크기 때문에 밀도가 높다. 반면에 담수가 첨가되면 해수는 덜 짜고, 밀도가 작아진다. 이러한 효과는 강물이 풍부하게 유입되는 닫힌 만과 빙산이 바다로 흘러가서 녹는 극 지역에서 두드러진다. 앞으로 8장에서 보겠지만 최근 그린란드 빙하가 급격하게 녹아서 대량의 담수를 북대서양으로 유입시키고 표층수의 밀도를 감소시키고 물의 부력을 변화시킨다.

그림 3.10은 멕시코 만류가 아열대 지방 해역에서 기원한다는 것을 보여준다. 이 해수는 그린란드 끝 가까이 대서양 북쪽에 다다를 때 차가워지고 침강한다. 가라앉은 해수가 해저에 닿으면 북대서양 심층수(그림 3.13)를 형성하며 남쪽으로 방향을 바꾸고, 남극에 닿을 때까지 해저를 따라 흐른다. 그린란드 근처에서 가라앉은 개개의 해수는 지구의 반쯤 떨어져 있는 남극해에서 다시 떠오르기 전까지 500~2,000년 동안 이동한다.

용승

만일 물이 어떤 장소에서 가라앉는다면, 질량 보존을 유

2) 역자 주: 'thermo'는 온도를 의미하고, 'haline'은 염분을 의미한다.

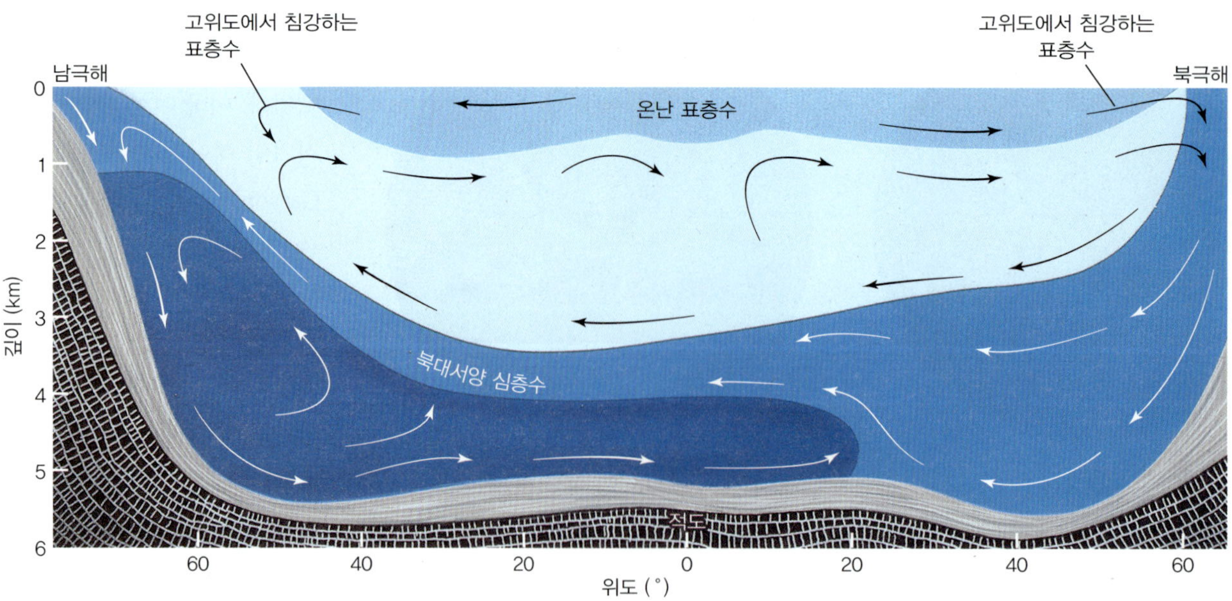

그림 3.13 대서양의 해수면과 해수면 아래 해류를 나타내는 단면도

지하기 위해 다른 곳에서 떠올라야 한다. 이와 같은 위쪽을 향한 해수의 흐름을 **용승(upwelling)**이라고 한다. 용승은 깊은 바다의 차가운 물을 표층으로 운반한다. 또한 용승은 영양분을 심해에서 표면으로 가져와서 캘리포니아와 페루 해안을 따라 물고기가 풍성하게 해 준다. 몇 가지 과정들이 대양과 해안선을 따라 용승을 일으킨다.

그림 3.10에 나타난 것처럼 캘리포니아 해류는 캘리포니아 해안을 따라 남쪽 방향으로 흐른다. 남반구에서 훔볼트 해류는 남아프리카 서해안을 따라 북쪽으로 흐른다. 에크만 수송에 의해 변형된 코리올리 효과에 따라 두 해류는 연안에서 멀어지는 방향인 서쪽으로 방향을 바꾼다. 이러한 표층해류가 해안에서 방향을 바꿀 때, 깊은 바다에서 캘리포니아 해안과 남아프리카의 서해안을 따라 물이 표면으로 올라온다. 8월에 미국의 동해안 해수는 멕시코 만류에 의해 21 ℃의 쾌적한 온도로 따뜻해진다. 하지만 차가운 캘리포니아 해류가 용승된 깊은 바닷물과 결합하면 물이 단지 15 ℃밖에 되지 않아 서핑이나 수영을 하는 사람들은 물에 오래 머무르려면 잠수복을 입어야 한다.

해안에서 불어 나가는 바람의 마찰은 표층수를 해안에서 멀리 밀어낼 수 있다. 심해의 물은 대륙사면을 따라 용승되어 해안으로부터 흘러가 버린 표층수를 대신한다. 해안과 평행하게 부는 바람 또한 용승을 만들 수 있다. 바람은 물을 해안과 평행하게 흐르도록 하지만, 코리올리 효과와 에크만 수송은 해류를 편향시켜 해안으로부터 멀어지도록 한다. 그 후 심해 해수는 표층수를 채우기 위해 상승한다.

거의 매년 연안 바람은 페루 해안과 남아프리카 서부와 인접한 해역에서 표층수를 멀리 보내서 영양염류가 풍부하고 강한 용승류가 발생하여 연안을 따라 좋은 어장을 형성한다. 그러나 3~7년마다 일어나는 엘니뇨 해에는 연안 바람이 약해지고 용승은 일어나지 않는다. 그 결과 비정상적으로 따뜻하고 영양염이 부족한 해수가 남아프리카 서해안을 따라 축적되어서 찬 훔볼트 해류를 대신한다. 엘니뇨의 효과는 정상인 상태로 돌아가기까지 1년 정도 지속된다. 요즘에 많은 기상학자들은 엘니뇨가 지구 기후 형태의 거의 3/4에 영향을 준다고 말하고 있다. 엘니뇨의 원인과 결과는 6장에서 설명될 것이다.

그림 3.10은 대서양과 태평양의 남적도 해류가 적도 가까이에서 흐른다는 것을 보여준다. 코리올리 효과가 적도 가까이에서 약하지만, 이 해류들의 물은 극 방향으로 편향되고, 깊고 차가운 물이 바다 깊이에서 올라와 **적도용승(equatorial upwelling)** 해역에서 표층수를 대신하는데 이는 대양에서 일어난다.

용승(upwelling) 깊은 바다의 차가운 해수와 영양염을 표면으로 수송하는 상승하는 해류

적도용승(equatorial upwelling) 적도의 양쪽 면에서 서쪽으로 흐르는 표층해류가 극 방향으로 편향하고 영양염이 풍부한 심층 해수가 상승하여 표층수를 대신하는 해양의 용승

3.6 해안선

이 단원의 서두에서 언급한 바와 같이 해안선은 지구에서 지질학적으로 가장 활동적인 곳이고, 대기권, 지권, 수권 그리고 생물권 모두 그 지역 환경에 영향을 미친다. 대륙의 여러 해안을 따라 섭입이 일어난다. 모든 해안에서 파도와 해류, 날씨, 침식, 수송 그리고 퇴적이 끊임없이 일어난다. 또한 대륙붕의 얕은 물은 지구 상의 가장 생산적인 생물 생태계 중의 하나다. 많은 유기체들이 이 지역에서 살아가고, 탄산칼슘으로 단단한 껍데기나 뼈대를 만든다. 마침내 껍데기와 뼈대의 잔존물은 석화되어 석회암을 형성한다. 따라서 유기체의 삶은 암석 순환의 일부가 된다.

해안선에서 발생하는 풍화와 침식

해파는 거의 모든 해안을 때리고 있다. 해안을 따라 걷다 보면 모래 입자나 작은 자갈을 실어 나르는 난류성 흐름을 볼 수 있다. 고요한 날에도 해파는 해안으로 다가가서 해안과 충돌하여 경사가 커진다. 해파가 얕은 곳으로 다가오면 파저는 바닥을 끌게 된다. 이러한 끌기는 해파의 원운동을 압축하여 타원형으로 만든다. 이러한 변형은 해파의 아랫부분을 느리게 만들어서 윗부분은 아래보다 더 빠르게 움직이게 된다. 해파의 앞부분이 기준을 넘어 상승하면, 해파는 앞에서 붕괴되거나 **깨질(break)** 때까지 경사가 커진다(그림

깨짐(break) 파도가 해변으로 접근함에 따라 파도의 앞부분이 기반을 넘어서 더 뾰족하게 성장하여 붕괴되는 것

쇄파(surf) 해변을 따라 부서지는 요동치는 파도

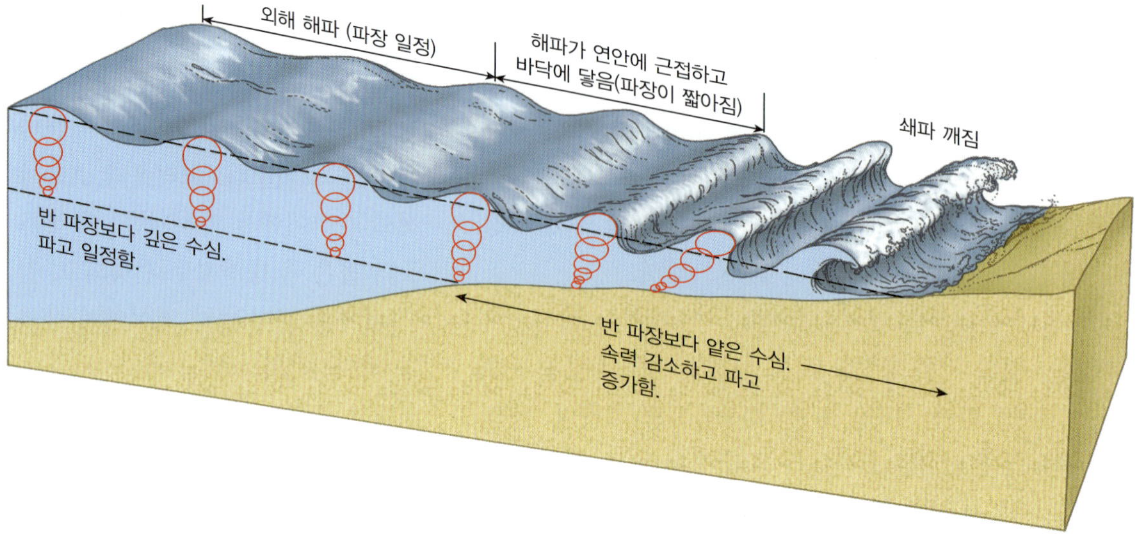

그림 3.14 해파가 해안에 접근함에 따라 해파의 바닥에 있는 원형의 움직임은 점차 평평해져서 타원형으로 변한다. 해파의 바닥 부분은 해저에 의해 반대 방향으로 끌린다. 그 결과 파장이 짧아지고 해파는 최종적으로 쇄파를 만들면서 깨질 때까지 가파르게 된다.

3.14). 해변을 따라 부서지는 무질서한 요동치는 해파를 **쇄파(surf)**라고 한다.

대부분의 해안 침식은 강한 폭풍우 때 일어나는데, 폭풍 때 발생하는 해파가 일반적인 해파보다 훨씬 더 크고 더 강한 에너지를 가지고 있기 때문이다(그림 3.15). 6 m 높이의 큰 파도는 1.5 m의 파도보다 40배 강한 힘으로 해변을 강타한다. 10 m 높이의 거대한 폭풍 파도는 우주 왕복선의 세 가지 주요 궤도 엔진 에너지에 비해 4배나 큰 추진 에너지를 가지고 너비 10 m짜리 방파제를 강타한다.

해수는 수압 활동, 침식작용, 용해 그리고 염 균열 과정을 통해 해안선을 풍화하고 침식시키는데, 이는 이전에 다루었던 풍화작용과 흐름이 비슷하다.

해파는 암석으로 이루어진 암벽을 때려 쪼개진 부분에 있는 공기를 압축함으로써 바위에 균열이나 틈을 만든다. 공기와 물이 결합하여 수압이 강해지면 암석 파편이나 훨씬 거대한 표석까지 제거할 수 있다. 폭풍 시기의 파랑은 25~30 ton/m^2 정도의 큰 힘을 만들어낸다. 공학자들은 스코틀랜드의 윅 베이(Wick Bay)에서 각각이 무려 80~100 ton 정도 나가는 자동차만한 크기의 바위들을 이용해 방파제를 만들었다. 철골과 콘크리트와 결합된 바위들 위로 800 ton 이상 무게가 나가는 강철-콘크리트 덮개를 덮었다. 강한 폭풍우는 덮개를 부숴 해변까지 암석들을 흩어 놓았다.

그림 3.15 캘리포니아 해안의 고가의 해변 주택들은 격렬한 폭풍 기간 동안 해양 침식이 발생하여 종종 위협을 받는다.

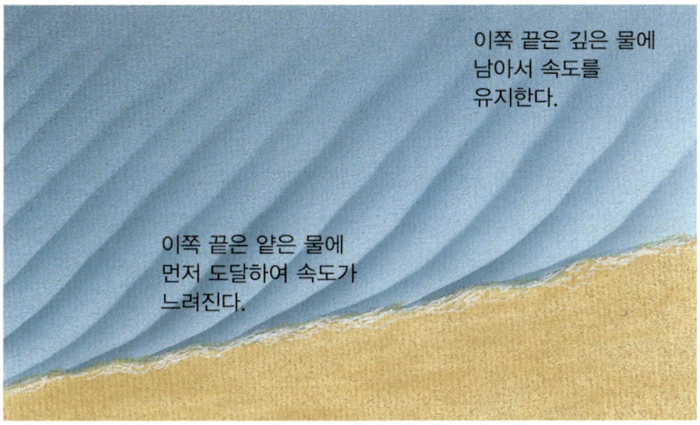

a

b

c

그림 3.16 (a) 해파가 어떤 각도로 해변에 도달하면, 얕은 물 쪽의 끝이 느려져서 해파가 구부러지거나 굴절한다. (b) 호숫가에서 파도의 굴절 (c) 썰매가 어떤 각을 가지고 포장 도로면에 도달할 때, 썰매의 한쪽 활주부가 먼저 도로에 닿고 다른 쪽 활주부에 비해 속도가 느려지면 썰매는 돈다.

이후 방파제를 더욱 강하게 다시 보강하여 만들었지만 그 다음 폭풍이 또 방파제를 파괴하였다. 미국 오리건 주 해안에서는 폭풍 파에 의해 60 kg인 바위가 25 m 높이의 등대 너머로 날아간 경우도 있었다. 이 바위는 등대 너머 등대지기의 집에 떨어져서 주위 주민들을 깜짝 놀라게 하였다.

굴절(refraction) 해파가 어떤 각을 가지고 해안으로 접근할 때 발생하는 해파의 굽어짐. 얕은 곳에 도달한 해파의 끝부분은 느려지지만 깊은 곳에 있는 해파는 계속해서 더 빠른 속도를 유지하기 때문에 발생한다.

날아다니는 바위는 장관을 연출하지만, 대부분의 파도에 의한 침식은 점진적인 마모에 의해 일어난다. 물은 너무 부드러워서 바위를 침식할 수 없지만, 해파는 많은 양의 염, 모래 그리고 자갈을 이동시킨다. 파도가 깨지면서 기반암 위에서 이런 침전물을 앞뒤로 굴리기 때문에 액체 사포와 같은 작용을 하여 암석을 침식시킨다. 동시에 더 작은 자갈은 쇄파대에서 앞뒤로 구르면서 닳게 된다.

해수는 천천히 바위를 용해하여 용액 속의 이온들을 운반한다. 염수는 또한 기반암에 스며들기도 한다. 물이 증발할 때, 성장하는 소금 결정들이 암석을 파고든다.

해안선을 따라 나타나는 퇴적물 이동

대부분의 해파는 해안으로 올 때 정면보다는 어떤 각을 가지고 다가온다. 이때 해파의 한쪽 끝이 얕은 물에 도달해 느려지는 반면에 나머지 해파는 여전히 더 깊은 물속에 있고 상대적으로 더 빠른 속도로 계속해서 나아간다. 그 결과로 파도가 휘어진다(그림 3.16(a)와 3.16(b)). 이를 **굴절(refraction)**이라고 한다. 눈 쌓인 언덕에서 눈이 치워진 길로 미끄러지는 썰매에 비유해 생각해 보자. 썰매가 달리다가 어떤 각을 이루며 길과 만나면, 썰매의 한쪽 활주부가 다른 쪽보다 먼저 길에 도달한다. 눈이 없는 곳에 먼저 도달한 활주부는 속력이 느려지게 되지만, 눈 위에 있는 다른 쪽 활주부는 계속해서 빠르게 움직인다(그림 3.16(c)). 그 결과 썰매는 갑자기 돌게 된다.

해파가 불규칙한 모양의 해안에 다가오면서, 해파는 먼저 곶에 도달하여 한 점에서 깨지게 되고 해안을 침식시

연안류(longshore current) 해파가 어떤 각도로 해안으로 유입될 때 모래를 연안선을 따라 먼 거리로 운반하는 연안 가까이 평행하게 흐르는 해류

해안선 표사(beach drift) 해파가 해안과 비스듬하게 경사져서 몰려올 때 해안을 따라 해안선과 평행하게 운반되는 퇴적물(보통 모래)의 점진적인 이동

킨다. 해파는 곶을 돌며 굴절하고 곶의 옆면과 나란히 움직인다. 서핑을 즐기는 사람들은 이렇게 굴절된 파도를 찾아다니는데, 이 파도는 깨지기 전까지 해안에 거의 평행하게 긴 거리를 이동하기 때문이다. 예를 들면 하와이 주 오하우 와이메아 베이(Waimea Bay)를 대표하는 큰 파도들의 메카는 바다로 돌출된 곶을 따라서 형성된다. 해파는 연안의 산호초와 충돌하여 생겨나고 곶을 따라 굴절하여 만으로 돌진한다.

굴절된 해파는 모래와 다른 퇴적물들을 만 안쪽으로 운반한다. 곶이 침식되고 만의 안쪽은 모래로 채워지면서 불규칙한 해안선이 결국 일직선으로 변한다(그림 3.17).

해파가 어떤 각도로 해안으로 유입될때, 해안과 평행하게 흐르는 **연안류(longshore current)**를 형성한다(그림 3.18). 연안류는 쇄파대와 바다 쪽으로 조금 더 먼 곳에서 흐르며, 수십 km 혹은 수백 km를 이동한다. 이 연안류들은 해안선을 따라 모래를 먼 거리로 이동시킨다. 퇴적물의 이동은 **해안선 표사(beach drift)**에 의해서도 일어난다. 해파가 해안과 비스듬하게 경사져서 몰려오면, 해파가 지나온 방향으로 해안을 따라 모래를 밀어 올리게 된다. 물이 밀려나면서, 그림 3.18에서 보인 바와 같이 모래가 다시 해안으로 내려온

그림 3.17 (a) 해파가 곶에 도달하면, 얕은 물은 해파의 일부를 느려지게 한다. (b) 일부 해파가 곶에 부딪쳐 부서지고 바위를 풍화시킨다. 해파의 일부는 굴절되어 퇴적물을 운반하여 만 내부 해변에 퇴적한다. (c) 결과적으로 이러한 선택적인 풍화, 침식 그리고 퇴적을 통해 불규칙한 해안선이 일직선으로 된다.

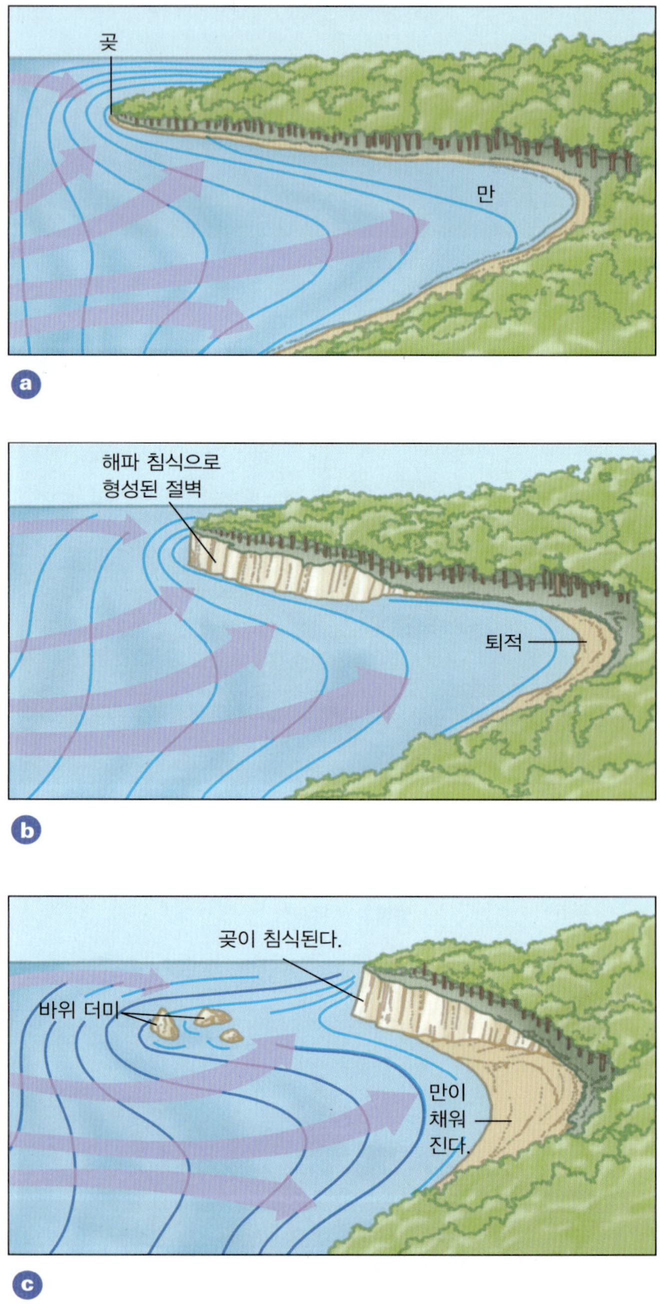

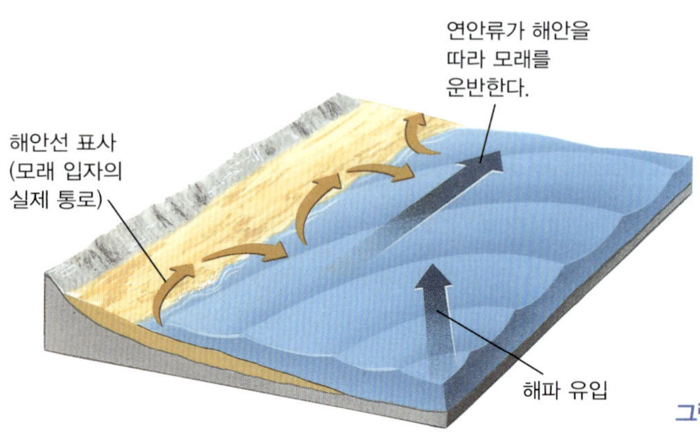

그림 3.18 연안류와 해안선 표사가 해안을 따라 퇴적물을 운반한다.

다. 따라서 해파의 한 주기가 끝나면 모래는 해안에 평행하게 짧은 거리를 이동하게 된다. 다음 해파는 다시 그 모래를 조금 더 멀리 옮기고, 그 과정이 반복되면서 모래는 먼 거리를 이동하게 된다.

연안류와 해안선 표사가 함께 작용하여 엄청난 양의 모래를 해안을 따라 운반하여 퇴적시킨다. 노스캐롤라이나 주 해터러스 곶에서 발견되는 모래는 수백 km 떨어진 뉴욕 주의 허드슨 강 어귀와 뉴잉글랜드 남부의 롱아일랜드의 빙하 퇴적물로부터 온 것이다. 이 해안 사이에 뉴저지 주 샌디 훅(Sandy Hook)이 있고, 평균적으로 매일 2,000 ton 정도의 모래가 해변의 어떤 지점으로 움직인다. 이러한 과정의 결과로 해변은 모래의 강이라고 불리기도 한다.

조류

파도가 열린 해안선을 따라 오르내릴 때, 해수는 넓은 판자처럼 해안으로 들락날락 움직인다. 만일 이 흐름이 입구가 좁은 만이나 섬과 섬 사이의 좁은 통로로 흐르게 되면 **조류**(tidal current)가 형성되는데, 이는 조석에 의한 해수의 흐름을 말한다. 조류는 조석에 의한 높낮이 차이가 클수록 해안선이 좁을수록 강하다. 캐나다 브리티시컬럼비아 주의 서해안에서는 디젤 엔진을 사용하는 어선이 좁은 간격의 섬들 사이로 흐르는 조류를 거슬러 앞으로 나갈 수 없을 정도로 조류가 강하다. 어부들은 바다로 나가기 전에 조석과 조류의 방향이 바뀌기를 기다려야 한다.

3.7 융기해안선과 침강해안선

지질학자들은 바다 아래 대륙붕에서 물에 잠긴 하천 계곡과 육상동물의 화석을 발견했다. 그들은 또한 대륙 내부에서 물고기와 다른 수중 생물의 화석을 포함한 퇴적암을 발견하기도 했다. 그 결과 여러분은 지질학적 시간에 있어서 해수면 높이가 때로는 극적으로 변화해 왔다는 것을 추론해 낼 수 있었다. **융기해안선**(emergent coastline)은 이전에 물 아래에 있었던 대륙의 일부가 물 밖으로 노출되어 육지가 건조될 때 형성된다(그림 3.19). 해수면이 낮아지거나 대륙이 상승했을 때 융기해안을 만들어 낸다. 3.8절에서 설명하겠지만, 많은 융기해안선은 모래로 덮여 있다. 반면에, **침강해안선**(submergent coastline)은 바다가 낮은 육지를 범람하고 해안선이 육지 쪽으로 이동하여 형성된다(그림 3.19). 침강은 해수면이 상승하거나 연안 육지가 가라앉을 때 형성된다. 이러한 침강해안은 보통 형태가 불규칙하며 만과 곶이 많다. 미국 동부 메인 주 해안은 많은 피오르드, 작은 만, 바위 절벽으로 이루어져 있는 침강해안이다(그림 3.20). 작은 모래 해변은 만에서 형성되어 있지만, 대부분의 곶은 바위로 덮여 있고 가파르다.

조류(tidal current) 입구가 좁은 만이나 간격이 좁은 섬들사이로 수로가 있을 때 조석의 승강에 의해 야기된 해류

융기해안선(emergent coastline) 이전에 물 속에 있었지만 육지의 융기나 해수면 하강에 의해 노출된 해안선

침강해안선(submergent coastline) 이전에 해수면 위에 있었지만 육지의 침강이나 해수면 상승에 의해 물속으로 잠긴 해안선

전 지구적 해수면 변화(eustastic sea-level change) 빙하의 성장이나 융해, 해수 온도의 변화, 대서양 중앙 해령의 부피 변화에 의해 일어나는 전 지구적인 해수면의 변화

융기해안과 침강해안의 형성 원인

지구조과정으로 해안선은 올라가거나 내려갈 수 있다. 지각평형 조절 또한 해안선을 낮추거나 높일 수 있다. 약 18,000년 전, 대규모의 대륙 빙하가 스칸디나비아의 대부분 지역을 덮어서 지각평형에 따라 대륙을 가라앉게 하였다. 암권은 고정되어 있으므로, 연약권이 남쪽 방향에서 움직여 네덜란드를 솟아오르게 했다. 해빙을 맞았을 때, 이 과정은 거꾸로 되어 연약권이 네덜란드 아래로부터 스칸디나비아로 다시 움직였다. 오늘날 스칸디나비아는 다시 솟아오르고 네덜란드는 가라앉고 있다. 플라이스토세 빙하시대 동안 캐나다는 얼음에 덮여 있었고, 연약권은 남쪽으로 움직였다. 오늘날, 연약권은 다시 북쪽으로 이동해 캐나다는 솟아오르고 미국의 대부분은 가라앉고 있다.

해수면 높이는 전 지구적으로도 변화한다. **전 지구적 해수면 변화**(eustastic sea-level change)는 다음 3가지 경우에 일어난다. 즉, 빙하의 성장이나 융해, 해수 온도의 변화 그

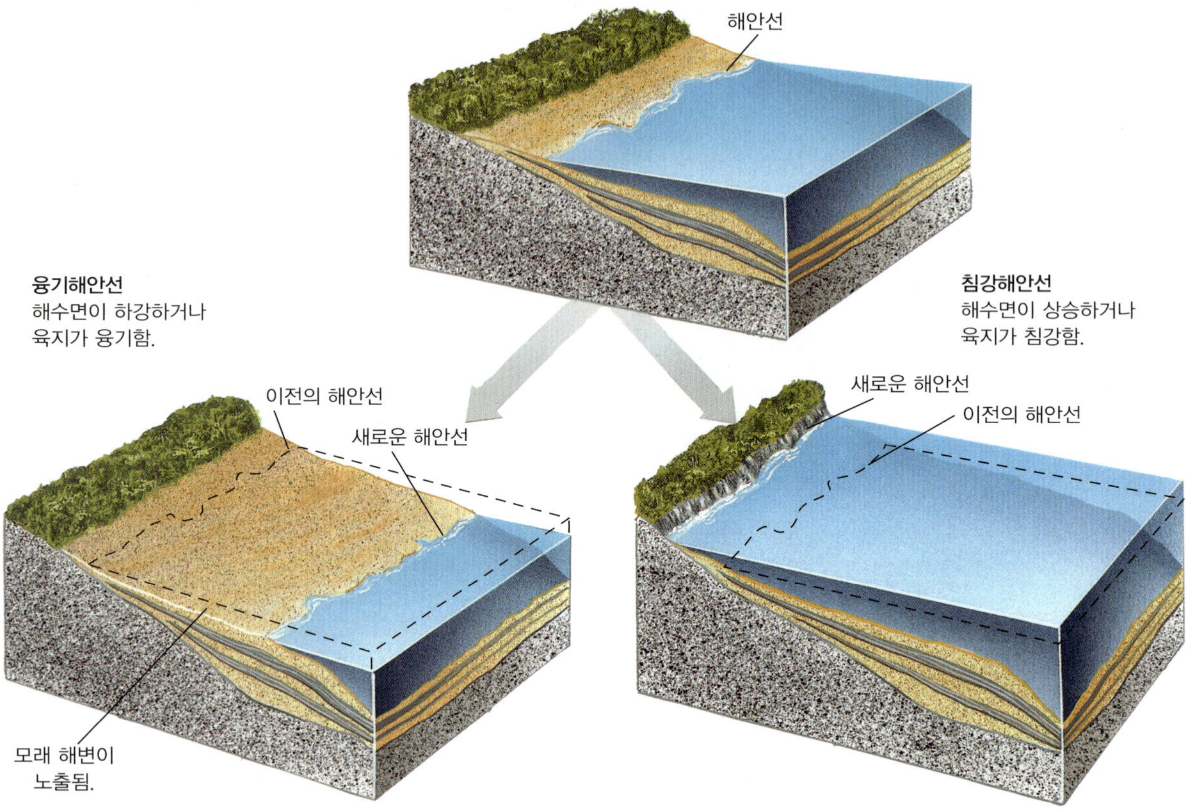

그림 3.19 해수면이 하강하거나 육지가 융기하면, 새로운 해안선이 나타난다. 연안 모래는 노출되어 모래 해변을 만든다. 해안의 육지가 침강하거나 해수면이 상승하면, 새로운 해안선은 침강한다. 한때 육지였던 지역들은 물에 잠긴다. 해안선은 불규칙하게 발달하여 해변은 보통 바위투성이가 된다.

그림 3.20 미국 동부 메인 주 해안은 바위가 많고 불규칙한 침강해안이다.

COURTESY OF GRAHAM R. THOMPSON/JONATHAN TURK

리고 중앙해령의 부피 변화가 일어날 경우이다.

빙하기 동안에는 막대한 양의 물이 바다로부터 대륙 빙하로 이동했고, 해수면이 하강하여 전 지구적으로 융기한다. 마찬가지로 빙하가 녹을 때에는 해수면이 전 지구적으로 상승하고, 침수해안이 형성된다.

해수는 열을 받으면 팽창하고, 차가워지면 수축한다. 이러한 변화는 한 잔의 물 안에서는 잘 보이지 않지만, 대양은 부피가 방대하여 작은 온도의 변화라도 측정할 수 있을 만한 해수면 변화를 일으킨다. 그 결과, 지구 온난화는 해수면 상승을 일으키고, 냉각은 해수면 하강을 일으킨다.

온도 변화와 빙하 작용은 서로 연관이 있다. 전 지구적으로 기온이 상승하면, 해수는 팽창하고 빙하가 녹는다. 따라서 지구 온난화가 조금만 진행되더라도 해수면 상승이 크게 일어날 수 있다. 이와 반대인 경우도 마찬가지다. 온도가 떨어지면, 해수는 수축하고, 빙하가 성장하고, 해수면은 낮아진다.

COURTESY OF GRAHAM R. THOMPSON/JONATHAN TURK

a

해변(beach) 해파와 조석이 밀려오는 해안선의 좁고 긴 땅

전안(foreshore) 또는 **조간대**(intertidal zone) 저조 때는 공기 중으로 노출되지만 고조 때는 물에 잠기는 고조와 저조 해안선들 사이에 있는 해변의 한 부분

후안(backshore) 대부분 말라 있지만 폭풍우 동안에는 해파가 밀려오는 해변의 상부 영역

COURTESY OF GRAHAM R. THOMPSON/JONATHAN TURK

b

그림 3.21 (a) 모래로 된 캘리포니아 해변에서 바다사자들이 졸고 있다. (b) 오리건 주 해안을 따라 북쪽으로 가면 암석이 많은 해변을 볼 수 있다.

2장에서 설명했던 것과 같이, 대서양 중앙해령의 크기도 해수면에 영향을 미칠 수 있다. 대서양 중앙해령은 해수를 대신한다. 암석권 판들이 중앙해령으로부터 천천히 확장하면 좁은 해령을 형성하고 상대적으로 적은 해수를 대체하게 되어 해수면은 낮아진다. 반대로 판이 빠르게 확장하면 큰 부피의 해령을 만들어 내어 더 많은 물을 대체하여 전 지구적인 해수면 상승이 일어난다. 지구 역사에서는 상대적으로 빠른 확장이 있었고 그 결과 전 지구적 해수면은 상승하였다.

3.8 해변

해변(beach)이라고 하면 많은 사람들은 완만한 모래 언덕을 떠올릴 것이다. 하지만 해변은 해파와 조석에 의해 쓸려 나간 좁고 긴 해안선이다. 많은 해변이 모래로 이루어져 있지만 어떤 곳은 늪이나 바위로 된 곳도 있다(그림 3.21).

해변은 **조간대**(intertidal zone)라고 불리는 **전안**(foreshore)과 **후안**(backshore) 두 구역으로 나눌 수 있다. 전안은 고조와 저조선 사이에 있어 저조 때는 공기에 노출되고, 고조 때는 물에 잠기는 곳이다. 후안은 보통 건조하지만 폭풍 동안에는 해파에 의해 파도에 휩쓸린다. 많은 육상식물들은 염수에서 살아갈 수 없기 때문에, 염분에 저항력이 있는 특화된 식물들이 후안에서 자란다. 후안은 그 지역의 국지적 조차, 폭풍우의 빈도와 강도에 따라 넓거나 좁아질 수 있다. 육지가 가파르게 솟아 있는 곳에서 후안은 좁고 길게 형성된다. 반면에 해안이 낮은 지대로 형성되어 있고 폭풍우가 규칙적으로 발생한다면 후안은 내륙으로 수 km까지 뻗어 있다.

풍화와 침식이 모든 해안선을 따라 일어난다면, 왜 몇몇 해변은 모래로 되어 있고, 다른 곳은 바위로 되어 있을까? 부분적으로 답하자면 대부분의 모래는 바로 그 해변에서의 풍화와 침식에 의해 형성되지 않는다는 것이다. 대신에 여러 과정들이 해안으로 모래를 운반한다. 강물은 많은 양의

사취(spit) 해변에서 수중까지 발달한 모래나 자갈로 된 작은 퇴적 구릉

모래, 토사, 진흙을 바다로 싣고 와서 수천 km^2에 달하는 삼각주에 퇴적한다. 어떤 해안 지역에서는 플라이스토세의 빙하시대 동안 해안선을 따라 많은 양의 모래 빙토를 퇴적하였다. 위도 상 열대와 아열대 지역에서는 산호초의 침식으로 인근 해변에 탄산질 모래가 공급되기도 한다. 모래로 이루어진 해안선은 이러한 풍부한 퇴적물이 쌓이는 곳이다.

연안류도 해안을 따라 모래를 운반하고 퇴적시킨다. 이런 해류에 의해 운반된 대부분의 모래는 수중 연안사주에 축적된다. 따라서 많은 양의 모래가 해변으로부터 떨어진 해안에 축적될 수 있다. 이 해안에 더 많은 양의 모래가 공급되면 물 위의 마른 땅으로 나타난다. 그러므로 모래로 된 해변은 융기해안선에서 흔히 나타난다.

반대로 바위로 된 해안선은 이러한 모래의 공급원이 부족한 곳에서 나타난다. 풍부한 모래의 공급원이 없다면, 만을 보호하는 작은 모래 해변이 형성되지만 대부분의 해안은 바위투성이일 것이다. 침강해안선에서는 해수면이 상승하면 연안 모래를 훨씬 더 멀리 바다 쪽으로 해파 아래 깊숙한 곳으로 옮겨 놓는다. 그 결과 일반적으로 침강해안의 해변에는 암석이 많다.

모래 해안선

사취(spit)는 해변으로부터 뻗어 나온 가는 손가락 모양의 모래나 자갈 퇴적능이다(그림 3.22). 퇴적물이 연안을 따라 운반되면서 사취는 계속 발달하게 된다. 잘 발달된 사취는

그림 3.22 (a) 사취와 만구사주는 모래로 된 융기해안선의 일반적인 특징들이다. (b) 북 시베리아의 저지대 해안을 따라 형성된 사취를 보여주는 항공 사진

고조면 위로 수 m까지 올라오며 수 km 길이로 발달할 수 있다. 사취는 만의 입구를 막아 **만구사주**(baymouth bar)를 형성하기도 한다. 또한 사취는 외해로 뻗어나가서 다른 퇴적물들이 이동할 때 가로막이가 된다.

보초도(barrier island)는 연안과 평행하게 뻗어 있는 긴 저지대 섬이다. 이 섬은 해변이나 사취와 유사하게 생겼으며 **석호**(lagoon)라 불리는 막힌 수역에 의해 육지와 분리되어 있다. 미국 동부 연안을 따라 뉴욕에서 플로리다까지 보초도가 발달되어 있다. 보초도들은 거의 이어져 있어 소형 어선이 보초도 안쪽의 해안 전체를 항해할 수 있고 대부분의 시간 동안 외양으로부터 보호 받을 수 있다. 또한 보초도는 텍사스 만 연안을 따라서도 발달되어 있다.

보초도는 여러 가지 방법으로 만들어지지만 두 가지 필수 요소는 많은 양의 모래 공급과 이를 옮겨줄 해파나 해류다. 연안으로부터 외해까지 수 km가 얕으면 폭풍 파는 깨지면서 연안 쪽으로 모래를 이동시키고 연안에 모래를 퇴적시켜 보초도를 만든다. 다른 방법으로, 연안류가 바다 쪽으로 휘어나가면 천천히 느려지면서 더 깊어지는 곳에 모래를 쌓는다. 이후 파들이 모래를 더 쌓이게 하면서 보초도를 형성한다.

보초도 형성에 대한 또 다른 메커니즘은 해수면 변동과 관련이 있다. 수중사주가 해안선 융기와 함께 드러나 보일 수 있다. 또는 해안선이 침강하면서 사구나 해변이 보초도를 형성할 수도 있다.

모래 해안 지역의 발달

미국의 대서양 연안은 세계에서 가장 긴 일련의 보초도로 둘러싸여 있다. 이 섬에는 많은 해변 휴양 시설들이 세워졌는데, 개발업자들은 보초도가 유동적이고 변화한다는 사실(그림 3.23)을 보통 외면하고 있다. 만약 수 년 동안 잇달아 침식율이 퇴적율을 초과한다면 보초도가 가라앉거나 완전히 사라지면서 해안가 주택들과 리조트들이 붕괴될 수 있다. 게다가 보초도들은 매우 짧은 시간 안에 저지대 섬을 쓸어버리고 막대한 양의 퇴적물을 이동시킬 수 있는 허리케인에 특히 취약하다. 1996년 9월 허리케인 프랜이 노스캐롤라이나 주의

만구사주(baymouth bar) 만의 입구를 부분적으로 또는 완전히 가로질러 뻗어 있는 사취

보초도(barrier island) 연안선에 평행하게 발달된 길고 좁은 낮은 섬

석호(lagoon) 초나 보초도 등으로 바다와 분리된 고립된 수역

그림 3.23 플로리다 허친슨 섬의 콘도들과 같이 수많은 리조트, 콘도, 주택들이 유동적이고 변화하는 보초도 위에 지어져 있다.

그림 3.24 연안류는 모래를 롱아일랜드 남쪽 해안을 따라 서쪽으로 운반하여 일련의 보초도를 형성한다.

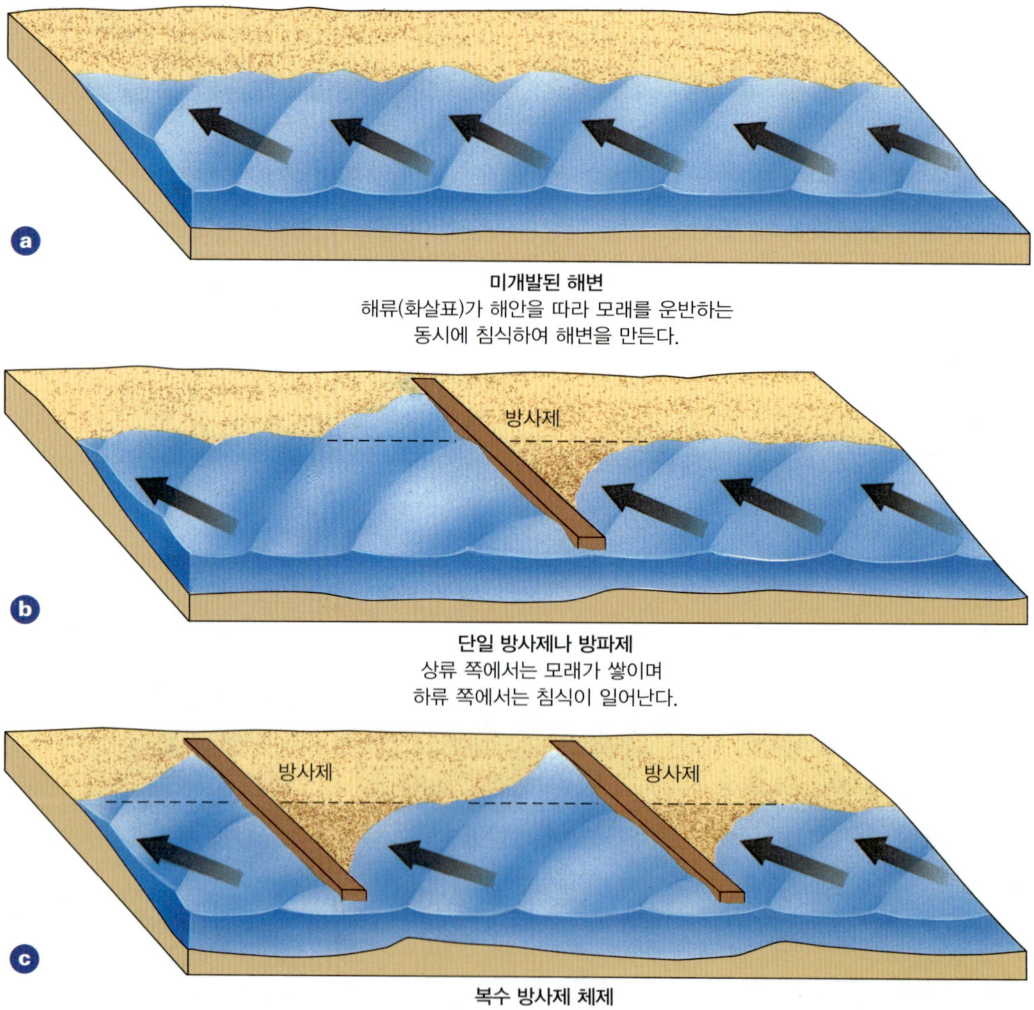

그림 3.25 (a) 연안류가 개발되지 않은 해변을 따라 침식하고 동시에 모래를 퇴적한다. (b) 단일 방사제 또는 여러 방파제들이 상류 쪽 모래를 가두어 하류 쪽에서 침식이 일어나게 된다. (c) 복수 방사제 체제는 전체 해변을 따라 고르지 않은 모래 분포를 점진적으로 늘리고 있다.

저지대 보초도인 탑세일 섬의 많은 부분을 허물어버렸다. 지질학자들은 그저 이 주택들이 모래 위에 지어졌다는 것뿐만 아니라 사실상 이동할 것이 확실한 모래더미 위에 지어진 것이었기 때문에 이에 대해 놀라지 않았다.

두 번째 예로, 뉴욕 시에서 동쪽으로 뻗어 있는 롱아일랜드는 롱아일랜드 해협을 사이에 두고 코네티컷 주와 분리되어 있다. 연안류가 서쪽으로 흐르면서 섬 동단부에 있는 빙하퇴적물로부터 모래를 침식시킨 후 섬 남부에 퇴적하여 해변과 보초도를 형성하게 된다(그림 3.24). 해류는 해변 어느 지점에서든 거의 같은 비율로 모래를 침식시키고 퇴적시킨다(그림 3.25(a)). 지질학자들은 섬 동단부의 모래 공급량이 수백 년 동안 유지될 만큼 충분히 많다는 것을 계산해 냈다. 섬 동단부의 빙하퇴적물이 고갈되면 모래 이동은 멈추게 될 것이다. 그러면 전체 해안선이 침식되고 보초도와 해변이 사라지게 될 것이다.

그러나 시간 관점을 줄여서 한 계절 또는 하나의 폭풍 기간 동안의 롱아일랜드 해변을 보면 침식율과 퇴적율이 동일하지 않은 것을 알 수 있다. 따라서 해변은 계절에 따라 또는 매서운 돌풍이 통과함에 따라 축소되거나 확장된다. 겨울에는 격렬한 파도와 해류에 의해 해변이 침식되는 반면, 잠잠한 여름 몇 달 동안에는 해변에 모래가 퇴적된다. 이러한 계절 변동을 막고 개인 소유 해변을 보호하기 위해 롱아일랜드의 건물주들은 해안에서 바다 밑으로까지 **방사제(groin)**라고 불리는 암벽을 설치하였다. 방사제는 동쪽에서부터 이동하는 지속적인 모래 흐름을 가로막고 침식으로부터 특정 해변 구역을 보호한다. 그러나 방사제는 전체 모래 흐름을 방해한다. 방사제 서쪽에서는 해변이 보통 때처럼 침식되지만 상류 쪽 방사제가 흐름을 막아 모래가 보충되지 않는다. 그 결과 방사제 하류 쪽 해변은 침식되어 없어진다(그림 3.25(b)). 그렇게 되면 방사제 하류에 거주하는 지주들은 그들의 해변을 보호하기 위해 또 다른 방사제를 건설하고자 결정할지도 모른다(그림 3.25(c)). 이러한 상황은 도미노 효과를 가져 오는데, 역학적으로 안정했던 체계를 다시 안정하게 하려고 수백만 달러를 쓰는 헛된 시도를 하게 된다(그림 3.26).

방사제(groin) 해류나 해파에 의해 운반된 모래를 가두어 두기 위해 해안선과 수직 방향으로 해변에 세운 좁은 울타리나 벽

a

b

그림 3.26 (a) 롱아일랜드 해변의 항공 사진은 방사제 상류 쪽에서는 모래가 축적되고 하류 쪽에서는 침식이 일어나는 것을 잘 보여주고 있다. (b) 롱아일랜드 해변에 있는 어느 한 주택의 근접 사진은 파도가 밀려와 주택의 토대에 부딪치는 모습을 보여준다.

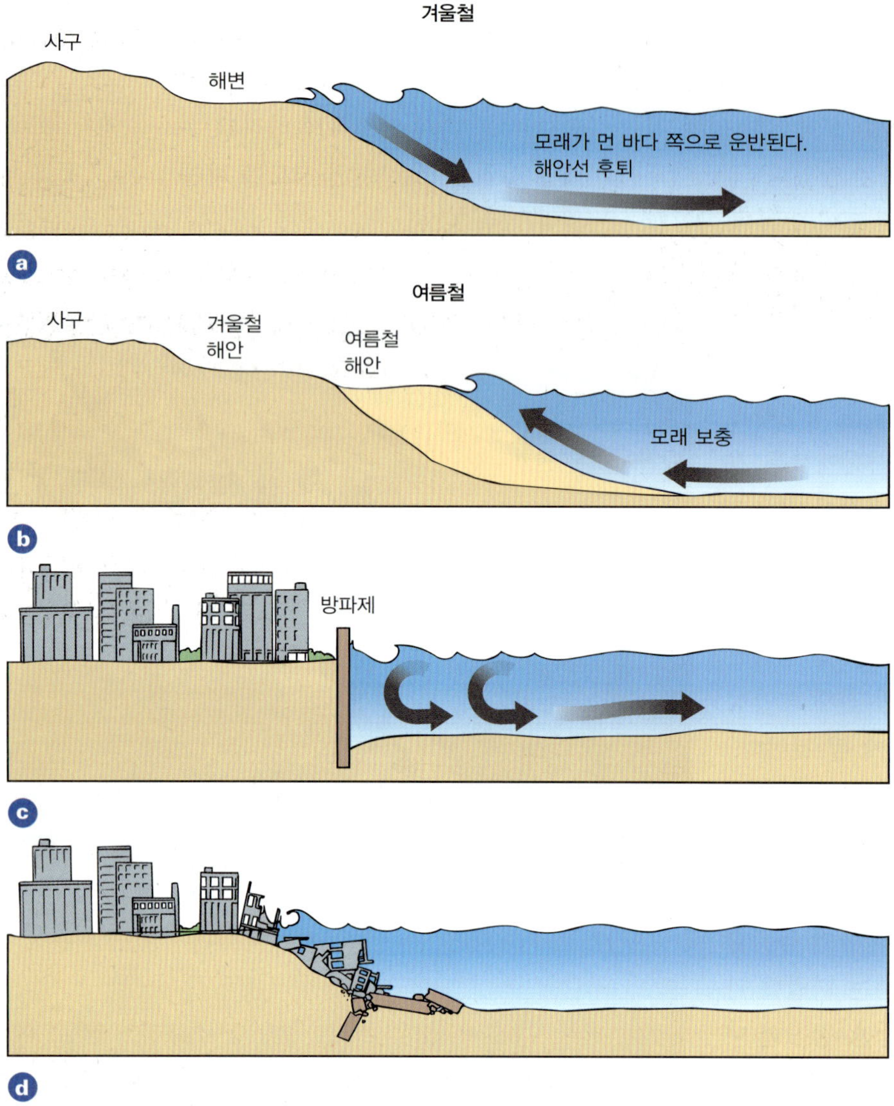

그림 3.27 (a) 자연 상태의 해변에서는 겨울철의 격렬한 해파가 보통 바다 쪽으로 모래를 운반한다. (b) 여름철의 잔잔한 해파는 모래를 해변을 향해 밀어서 다시 해변을 만든다. (c) 해파 에너지가 방파제에 집중되고 (d) 결국 무너지게 된다.

폭풍은 또 다른 문제를 제기한다. 허리케인은 일반적으로 늦은 여름에서 가을에 롱아일랜드를 강타하며 보초도를 완전히 뒤엎는 파랑을 일으켜 사구를 평탄하게 하고 해변을 침식시킨다. 폭풍이 지나가고 나면 더 잔잔한 해파들과 연안류가 다시 해변으로 퇴적물을 운반해 쌓이게 만든다. 모래가 다시 쌓이게 되면서 염습지가 회복되고 몇 달 안에 사주에 풀들이 다시 자라게 된다.

이러한 변동에도 불구하고 사람들은 욕심을 부리게 된다. 사람들은 이동하는 모래더미나 그 근처에 주택과 리조트호텔들을 짓는다. 이들 부동산 주인들은 건물들이 잠기거나 쓸려가는 것을 용납할 수 없다. 따라서 건물주들은 해변에 거대한 방파제를 설치한다. 폭풍파가 개발이 안 된 저지대 해변으로 밀려갈 때에는 사주를 거치고 모래를 운반하면서 점진적으로 에너지를 잃는다. 해변은 유도 경기에서 정면으로 맞서지 않고 상대방을 공격을 받아 넘김으로써 상대방을 패배시키는 유도 선수와 같다. 방파제는 이러한 파 에너지의 점진적인 흡수를 가로 막는다. 해파는 방벽에 격렬하게 부딪히고 벽이 무너질 때까지 퇴적물의 밑 부분을 침식시킨다. 철근 콘크리트 방파제가 풀과 모래더미로 된 해변보다 영구적인 파괴를 유발한다는 것이 놀라워 보이지만, 이러한 상황은 흔히 일어난다(그림 3.27).

© PHOTOBARMALEY/SHUTTERSTOCK

암석 해안선

암석 해안선에는 앞서 언급한 풍부한 퇴적물 공급원이 없다. 육지 상의 많은 곳에서 기반암은 노출되어 있거나 얇은 토양층으로만 덮여 있다. 만약 이러한 형태의 퇴적이 빈약한 지형이 침수되거나 모래 공급원이 없다면 해안선은 암석으로 되어 있을 것이다.

파식애(wave-cut cliff)는 해파가 삐져나온 곶을 침식하여 가파른 단면으로 만들 때 형성된다. 이러한 파식애가 침식을 받게 되면 평탄하거나 완만하게 경사진 **파식대지(wave-cut platform)**로 남게 된다(그림 3.28). 해파가 좁은 곶 안쪽으로 동굴을 깎아 나가게 되면 동굴은 침식되어 결국 곶을 관통하여 경관이 빼어난 **해식 아치(sea arch)**가 만들어진다. 아치가 무너지거나 곶의 연안 쪽 부분이 바깥 끝부분보다 더 빠르게 침식되면, 아치는 **해양 암반주(sea stack)**라 불리는 바위기둥을 남긴다(그림 3.29). 해파가 바위를 계속 강타하게 되면 결국 암반주는 무너지게 된다.

COURTESY OF GRAHAM R. THOMPSON/JONATHAN TURK

그림 3.28 해파가 단단한 바위에 모래와 자갈을 퍼부어서 절벽이 침식된다. 오리건 주 해안을 따라 파식대지가 형성되어 있다.

만약 길고 좁은 절벽을 가진 연안계곡으로 해침이 일어나면 피오르드라 불리는 굽어진 만이 형성된다. 피오르드는 플라이스토세 빙하로 인해 깎인 연안계곡을 상승하는 해수면이 범람하는 고위도 지역에 많이 나타난다. 피오르드는 수백 m 깊이를 가지며 종종 절벽들이 바다를 향해 곧바로 수중 아래로 닿아 있다.

3.9 해양의 생물

육지에서는 대부분의 광합성이 이끼류, 양치류, 수목 등과 같은 다세포 식물들에 의해 이루어진다. 소, 사슴, 코끼리, 들소 등과 같은 큰 동물들은 이러한 식물들을 섭취한다. 이에 반해 해양에서의 대부분의 광합성과 소비는 **플랑크톤(plankton)**이라 불리는 작은 유기체를 통해 이루어진다. 많

그림 3.29 남극해의 거센 해파가 절벽을 침식하여 케이프 혼(Cape Horn) 근처에 해양 암반주들을 형성하였다.

COURTESY OF GRAHAM R. THOMPSON/JONATHAN TURK

파식애(wave-cut cliff) 해파가 암석이 많은 해안선의 곶을 침식할 때 생기는 절벽

파식대지(wave-cut platform) 파식애가 침식되어 남은 평탄하거나 완만하게 경사진 대지

해식 아치(sea arch) 해안 동굴이 좁은 곶을 관통해 완전히 침식되면서 동굴 입구만 남게 될 때 형성되는 아치

해양 암반주(sea stack) 해식 아치가 무너지거나 곶의 연안 쪽 부분이 끝부분보다 더 빠르게 침식될 때 남겨진 바위기둥

플랑크톤(plankton) 대부분 빛이 들어오는 해수면 수 m 이내에 서식하며, 광합성과 영양염 소비의 대부분을 담당하고 있는 해양 먹이그물의 기초를 이루는 작은 해양 유기체

식물 플랑크톤(phytoplankton) 육지에 서식하는 식물들과 같이 광합성을 하며 수생동물 먹이사슬의 기초가 되는 플랑크톤

동물 플랑크톤(zooplankton) 해수면 수 m 이내에 서식하며 식물 플랑크톤을 먹고 사는 작은 해양 동물

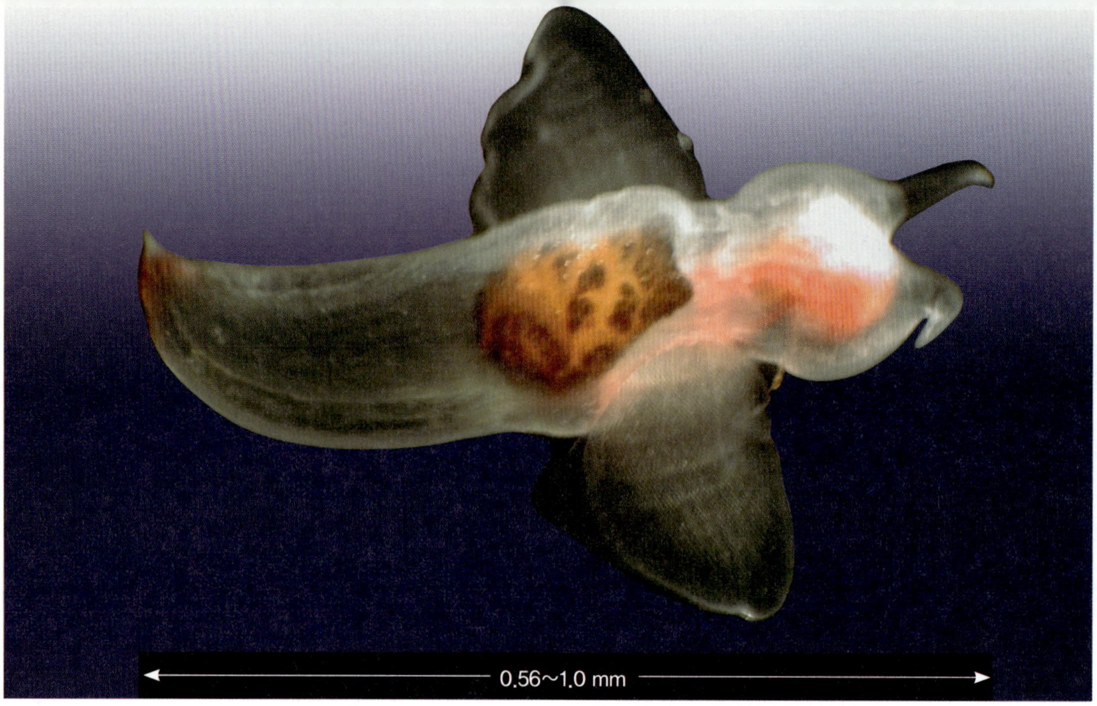

MATT WILSON/JAY CLARK, NOAA NMFS AFSC

그림 3.30 동물 플랑크톤은 해수면 가까이 서식하면서 식물 플랑크톤을 먹고 사는 작은 동물들이다.

은 플랑크톤은 단세포이고 매우 작은데, 더 복잡한 구조와 크기가 수 cm에 이르는 것들도 있다. 육지와 수중 생태계 간의 하나의 주요한 차이점은 육지 상에서는 토양 영양분이 풍부하고 빛 또한 풍부하다는 점이다. 그러나 해양의 경우 빛은 표층에서만 충분한 반면 영양염들은 깊은 수심에 존재하는 경향이 있다. 플랑크톤은 대부분 빛이 있는 해수면 수 m 이내에 산다. 그러나 질산염, 철분, 인산염 등과 같은 영양염 대부분들은 중력에 의해 바다 밑으로 가라앉기 때문에 이러한 유기체들의 성장과 번식은 제한을 받게 된다. 플랑크톤에는 식물 플랑크톤과 동물 플랑크톤의 두 종류가 있다.

© JAMES STEIDL/SHUTTERSTOCK

식물 플랑크톤(phytoplankton)은 육지식물들과 마찬가지로 광합성을 한다. 그러므로 수생동물을 위한 먹이사슬의 기초가 된다. 식물성 플랑크톤은 쉽게 눈에 보이지는 않지만 대기 중 산소의 50 %를 공급할 만큼 매우 많다. **동물 플랑크톤**(zooplankton)은 식물 플랑크톤을 먹이로 하는 작은 동물이다(그림 3.30). 이들보다 크고 보다 친숙한 해양식물들(해초 등)과 동물들(어류, 상어, 고래 등)은 해양 내 광합성과 소비에 있어 상대적으로 역할이 작다. 그러나 인류가 단백질 공급의 중요한 원천을 어류에 의존하고 있기 때문에 이 유기체들은 사람에게 매우 중요하다.

세계 수산업

대륙붕이 있는 천해에서 거대한 군집을 이룬 해양 유기체들이 살아간다. 게다가 많은 심해어류들은 연안의 1~2 km 이내에서 알을 낳는다. 만, 석호, 하구역 등의 얕은 지대에는 (1) 심해로의 용이한 접근, (2) 외해보다 낮은 염분, (3) 육지와 해양에서 온 고농도의 영양염, (4) 보호처 제공, (5) 표면에 떠다니는 식물 플랑크톤과 더불어 해저에 뿌리를 내린 풍부한 식물들이 있어서 생물체이 살아가기에 특별히 우호적인 환경이 된다. 그 결과 매년 잡히는 바다 어류의 약 99 %는 연안에 근접한 천해에서 잡은 것이다. 1970년 어부들은 300만 ton의 대구를 잡았다. 그러나 이러한 남획으로 인하여 생물학적인 지속은 불가능하였으며 1993년경에는 어획량이 100만 ton으로 감소하였다. 1995년 생물학자들은 개체수가 회복될 수 있도록 여러 지역에서의 대구 잡이를 중단하도록 하였다. 1978년에 청어와 고등어 개체수가 감소하자 어선들은 오징어를 잡기 위해 저인망 그물로 교체하였다. 1980년대 들어 오징어 개체수가 감소하기 시작하였다. 따라서 이러한

DR. JAMES P. MCVEY, NOAA SEA GRANT PROGRAM

COURTESY OF GRAHAM R. THOMPSON/JONATHAN TURK

그림 3.31 (a) 산호초는 맑고 얕은 열대 바다에서 풍부하게 만들어진다. 높은 화산섬에 인접한 둘레초의 항공 사진 (b) 바누아투(Vanuatu)와 많은 다른 남태평양 섬들 근처의 맑고 얕은 물에서 산호초들이 자라고 있다.

초(reef) 산호 또는 다른 해양 유기체들에 의해 만들어진 해파를 견디는 둔덕이나 퇴적체

남획은 먹이사슬에 작용하였고 전체 생태계를 붕괴시켰다.

한 연구에서, 해양학자들은 산업화된 조업 선단들이 참다랑어, 청새치, 황새치, 대구, 넙치, 가자미와 같은 대형 육식성 어류를 90 % 감소시켰음을 입증하였다. 집약적인 상업 어획이 등장했던 100년 전에는 대부분의 선단들이 미끼 달린 낚싯바늘 100개당 6마리에서 12마리까지 물고기를 잡을 수 있었다. 오늘날 정교한 전자기기와 항공 어류탐지기술에도 불구하고 어획율은 낚싯바늘 100개당 1마리로 급락하게 되었다. 월드워치 연구소는 산업 어획은 "먹이사슬의 최고층을 차지하고 있는 크고 수명이 긴 육식성 어종을 고갈시키고 다음 단계-더 작고 수명이 짧고 가치가 덜한 경향이 있는 어종-로 넘어가게 된다. 그 결과 현재 전 세계 어부들은 오징어, 전갱이, 고등어, 정어리와 굴, 홍합, 새우를 포함한 무척추동물 같은 플랑크톤 섭취 어종들로 그물을 채우게 되었다"라고 지적하였다. 현재 상업적 어부들은 더 적은 양의 "덜 가치 있는 종"을 잡기 위해 이전보다 힘들게 일하며 더 많은 시간과 연료를 소비하고 있으며 "본질적으로 해양 먹이그물 아래 단계의 어획으로 가고 있다." 이 연구를 한 저자는 계속해서 다음과 같이 말하였다.

> 그러나 해양 먹이그물의 아래로 가는 어획 순환은 영원히 계속될 수 없다. (보다 낮은 영양 단계로 가면 어종들은 작아지고 희박해져서 경제적으로 더 이상 어획하는 데 가치가 없어지게 된다). 현재의 하강율로 가면 플랑크톤 단계까지 어획 하향화가 이르는 데 30~40년밖에 걸리지 않을 것이다.[3)]

초

초(reef)는 산호, 굴, 조류, 기타 해양 유기체에 의해 만들어진 파도에 강한 둑 또는 퇴적능이다. 산호가 번성하기 위해서는 햇볕과 따뜻하고 맑은 물이 필요하므로 산호초는 부유물이나 미사점토가 거의 없는 천해의 열대바다에서 발달한다(그림 3.31). 산호가 죽은 후 그 잔재 위에 다시 새끼들이 자라게 된다. 반면에 굴로 만들어진 초는 기후가 온화

3) Anne Platt McGinn, "Freefall in Global Fish Stocks", *World Watch Magazine* 11(May–June 1998), 10.

한 하구에서 형성되며 더 혼탁한 물에서도 발달할 수 있다.

전 세계적으로 산호초는 600,000 km^2(프랑스 넓이 정도)의 넓이를 뒤덮고 있으나 길고 가는 선형으로 발달해 있다. 산호는 많은 물고기들과 해양 생물들에게 보호처를 제공하기 때문에 산호초는 엄청나게 생산적인 생태계다. 지난 50년 동안 전 세계 산호초의 10 %가 파괴됐으며 추가 30 %가 위태로운 상황에 처해 있다. 여러 요인들이 산호초 파괴의 원인이 되고 있다.

- 도시, 도로, 농장에서 흘러온 토사와 불법 벌목으로 인해 예민한 산호 생물들은 질식한다.
- 농장에서 흘러온 비료와 도시로부터의 하수는 연안수에 영양분을 제공하여 산호 포식자들을 번성하게 한다. 예를 들어 불가사리는 영양염이 풍부한 곳에서 잘 자라며 산호를 먹이로 삼는다. 농업용수나 생활하수에 의해 비옥해진 미생물은 대량 유행성 질병을 일으켜 산호를 죽게 만든다. 게다가 오염된 산업 지역에서 나온 독성 화학물들도 산호들을 독살시킨다.
- 남획이나 불법어획은 산호초를 파괴한다. 비늘돔과 성게는 산호를 질식케 만드는 조류를 먹는다. 어부들이 너무 많은 비늘돔과 성게를 잡는다면 조류는 손 쓸 수 없이 증가하여 산호초를 파괴할 것이다. 또한 세계 곳곳에서 어부들이 그물이 얽히는 것을 막기 위해 다이너마이트로 산호초를 폭파시키고 있다. 불행히도 산호초가 파괴되면 물고기 개체수가 감소하게 된다. 따라서 산호초 폭파작업이 단기적인 이득을 늘릴 수는 있겠지만 실제로는 장기적이고 지속가능한 어획량을 감소시킨다.
- 산호는 좁은 온도 범위에서만 가장 잘 번성한다. 최근 몇 년간 해양학자들은 지난 수십 년 동안 해수면 온도가 상승했으며 이렇게 따뜻해진 수온이 대규모 산호 폐사를 유발하고 있다는 상당한 증거들을 수집하였다.

3.10 지구 온난화와 해수면 상승

해수면은 지나간 지질학적 시간 동안 상승과 하강을 반복해 왔으며 해안선 또한 지구의 역사에 걸쳐 융기와 침강을 반복하였다. 지난 40,000년 동안 해수면은 주로 빙하의 성장과 녹음에 따라 150 m 정도 변동하였다(그림 3.32). 약

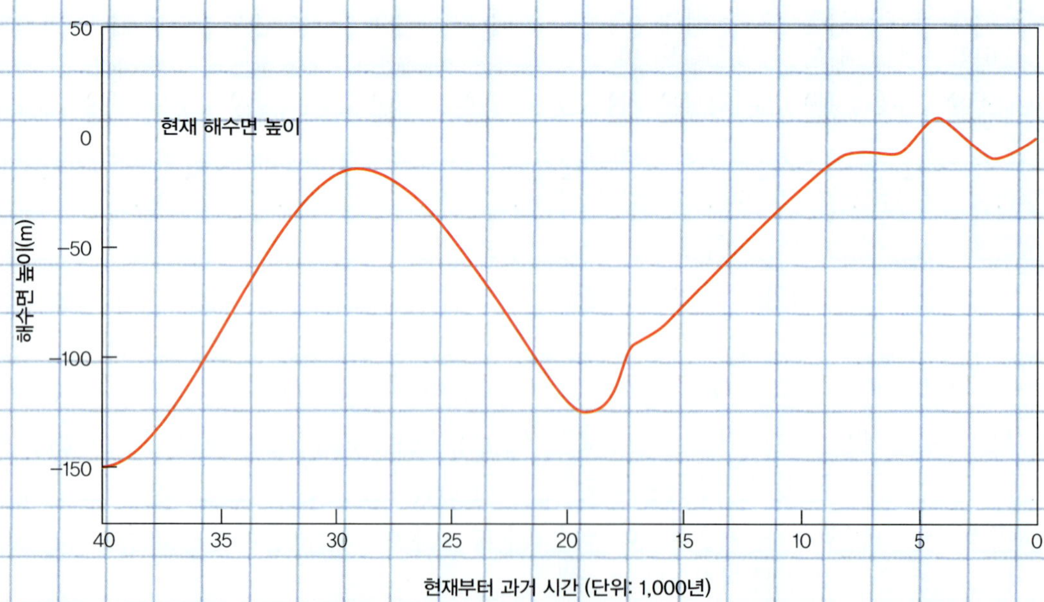

그림 3.32 해수면은 지난 40,000년 동안 150 m 이상 변동해 왔다.

18,000년 전에 시작된 급격한 해수면 상승은 약 7,000년 전에야 안정화되기 시작하였다. 우연히도 인류는 약 7,000년 전부터 도시를 건설하기 시작했다. 따라서 문명은 해수면이 상대적으로 일정했던 짧은 시기 동안 발달하였다.

연안측정소 및 위성 레이더 연구에서 현재 전구 해수면이 1년에 약 3 mm 상승하고 있다고 본다. 그러므로 현재의 비율이 계속된다면 100년 내에 해수면은 20 cm 상승하게 될 것이다. 지난 세기의 관측 기록들은 해수면의 평균 상승률이 연간 1~2 mm임을 보이고 있다. 이러한 상승은 네덜란드, 방글라데시, 많은 태평양 제도들과 같은 저지대들을 따라 뚜렷하게 나타날 것이다. 앞서 설명한 바와 같이 지구 온난화는 두 가지 기작으로 해수면 상승을 일으킨다. 첫째, 해수는 열을 받으면 팽창하게 된다. 둘째, 따뜻한 대기 온도는 빙하를 녹여 해양에 담수가 추가된다. 소폭의 온도 상승은 소폭의 해수면 상승을 일으키므로 온도 상승에 따른 해수 팽창은 점진적으로 일어난다. 그러나 빙하가 녹는 것은 어떤 한계값에 도달하면 급격해지는 문턱 메커니즘에 의해 야기되므로 해빙이 급격하게 발생할 수 있다.

해수면 상승의 결과는 그곳의 위치와 경제 사정에 따라 달라진다. 남태평양 섬들의 어떤 마을들은 이미 그 영향을 받고 있다. 부유한 선진국들은 소폭의 해수면 상승으로부터 도시와 항만을 보호하기 위해서 거대한 방벽을 건설할 수 있다. 국지적인 지각 침강으로 인해 전구 해수면 상승이 더 심각한 지역에서는 이미 제방들이 만들어졌거나 계획 중에 있다. 네덜란드의 일부 지역은 해수면보다 낮아서 육지는 거대한 제방시스템으로 보호되고 있다. 지난 세기에 고조가 1 m까지 상승한 런던에서는 수백만 $를 들여 템스 강에 해일에 대비한 문을 건설하였다. 해수면 수로 상에 세워진 이탈리아 베니스도 최근 몇 년간 빈번한 홍수를 겪었으며 거액의 토목공사가 진행 중에 있다. 그러나 인류가 급격한 해수면 상승을 막을 수 있을 것으로 보이지 않는다. 전 세계 해안 도시들이 수몰될 것이다.

많은 빈곤국들은 해수면이 조금만 높아져도 연안을 보호할 여력이 없다. 해수면이 1 m 상승하면 방글라데시는 육지 넓이의 17 %가 물에 잠기고 3,800만 명에 이르는 이재민이 발생할 것이다.

요약

3.1 해양의 지형

지구의 해양은 모두 연결되어 있어서 지구는 여러 개의 해양분지로 구분되는 하나의 대양을 가지고 있다고 볼 수 있다.

3.2 해수

해수는 약 3.5 %의 용해된 염을 함유하고 있다. 450 m 정도 깊이의 바다의 상층은 상대적으로 따뜻하다. 이 따뜻한 표층 아래의 수온약층에서는 깊이에 따라 수온이 급격하게 하강한다. 심해는 약 1~2.5 °C사이의 수온을 유지한다.

3.3 조석

조석은 달과 태양의 인력에 의해 일어난다. 거의 매일 고조와 저조가 두 번씩 일어난다.

3.4 해파

해파의 크기는 (1) 풍속, (2) 바람의 지속 시간, (3) 바람이 이동한 거리에 의존한다. 파도의 가장 높은 부분은 마루이며 가장 낮은 부분은 골이다. 연속하는 마루 사이의 거리는 파장이다. 파고는 마루에서부터 골 사이의 연직 거리다. 해파의 물 입자는 원형의 경로를 따라 움직인다.

3.5 해류

해류는 특정한 방향으로 흐르는 물의 지속적인 흐름이다. 표층해류는 바람에 의해 발생하고, 코리올리 효과, 에크만 수송, 해수면의 높낮이에 의해 편향된다. 심층해류는 해수의 밀도 차이에 의해 유도된다. 차고 염분이 높은 물은 밀도가 크기 때문에 가라앉으며 해저를 따라 흐른다. 해수가 어떤 장소에서 가라앉으면 질량 보존을 유지하기 위해 다른 장소에서 떠올라야 한다. 위쪽을

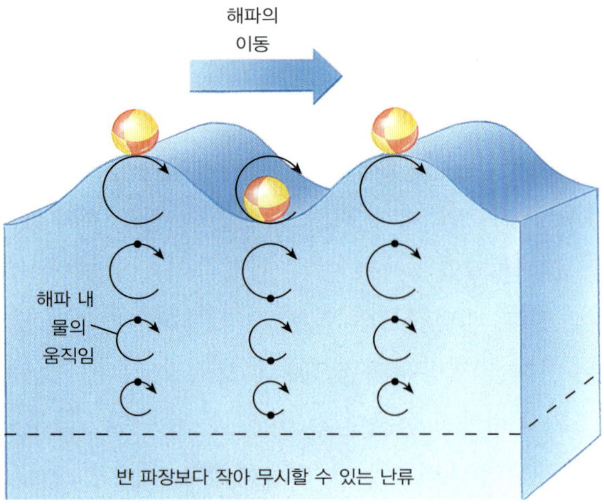

그림 3.8 해파가 해수면을 가로질러 수평적으로 이동하는 동안 물 자체는 단지 작은 원을 그리며 움직인다.

향한 해수의 흐름을 용승이라고 한다.

3.6 해안선

해파가 연안으로 다가오면 파저가 느려지다가 깨지며 쇄파를 일으킨다. 해파는 수압 활동, 침식작용, 용해 그리고 염 균열 과정을 통해 해안선을 풍화하고 침식시킨다. 해파가 해안에 부딪치면서 휘어지는 것을 굴절이라고 한다. 굴절된 파는 종종 해안을 따라 퇴적물을 이동시키는 연안류를 형성한다. 조류 또한 어떤 지역에서는 퇴적물을 운반한다. 불규칙한 해안선들은 침식과 퇴적을 통해 직선으로 바뀌게 된다.

3.7 융기해안선과 침강해안선

육지가 융기하거나 해수면이 하강하면 해안선이 바다 쪽으로 이동하고 오래된 해변이 해수면 위로 올라가서 융기해안선이 형성된다. 반면에 침강해안선은 육지가 침강하거나 해수면이 상승할 때 형성된다.

3.8 해변

해변은 해파와 조석에 의해 쓸려나간 좁고 긴 해안선이다. 대부분의 해안퇴적물은 강물에 의해 바다로 운반된다. 빙하퇴적물, 산호초, 부분침식 또한 특정 지역에 모래를 공급한다. 해안융기는 많은 양의 모래를 노출시킬 수 있다. 사취, 만구사주, 보초도가 모래 해안선에 흔하게 나타난다. 인공 방사제 설치는 해안퇴적물의 자연스런 흐름을 틀어지게 하고 해변에서의 침식과 퇴적 형태를 바꾸어 놓는다. 암석해안선은 파식애, 파식대지, 해식 아치, 해양 암반주가 주를 이루고 있다. 피오르드는 절벽을 가지고 있으며 좁고 빙하로 인해 깎인 고위도 해안에 나타나는 침수 계곡이다.

3.9 해양의 생물

해양에서 대부분의 광합성과 영양염의 소비는 빛이 들어오는 해

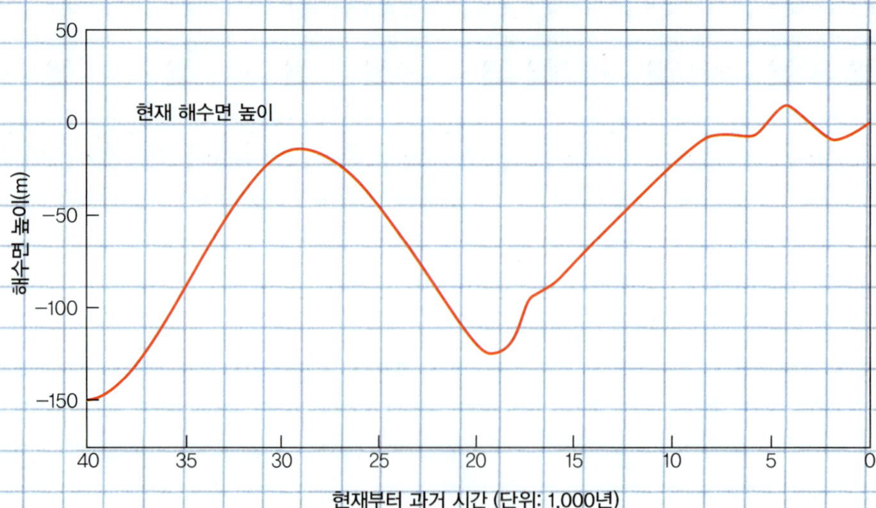

그림 3.32 해수면은 지난 40,000년 동안 150 m 이상 변동해 왔다.

수면 아래 수 m 이내에 사는 작은 유기체인 플랑크톤을 통해 이루어진다. 식물 플랑크톤은 육지식물들과 마찬가지로 광합성을 하며 수생동물을 위한 먹이사슬의 기초가 된다. 동물 플랑크톤은 식물 플랑크톤을 먹는 작은 동물이다. 대륙붕이 있는 천해에서 거대한 군집을 이룬 해양 유기체들이 살아간다. 상업적 남획과 서식지 파괴는 전 해양에서의 어획고를 위협하고 있다. 산호초는 산호, 굴, 조류 또는 다른 해양 유기체들에 의해 만들어진 해파에 강한 둑 또는 퇴적능이다.

3.10 지구 온난화와 해수면 상승

해수는 해수가 따뜻해질 때 또는 빙하가 녹아 담수가 바다로 유입될 때 팽창하게 되며, 이 두 메커니즘은 모두 해수면 상승을 유발한다. 전 지구 해수면은 지난 세기에 걸쳐 상승해 왔으며 다음 세기에도 계속될 것이다. 많은 빈곤국들은 해수면이 조금만 높아져도 연안을 보호할 수 있는 여력이 없으며, 급격한 해수면 상승은 연안 도시들을 수몰시킬 수 있을 것이다.

핵심용어

골 trough (3.4)
굴절 refraction (3.6)
깨짐 break (3.6)
대조 spring tide (3.3)
동물 플랑크톤 zooplankton (3.9)
마루 crest (3.4)
만구사주 baymouth bar (3.8)
멕시코 만류 Gulf stream (3.5)
방사제 groin (3.8)
보초도 barrier island (3.8)
사취 spit (3.8)
석호 lagoon (3.8)
소조 neap tide (3.3)
쇄파 surf (3.6)
식물 플랑크톤 phytoplankton (3.9)
심층해류 deep-sea current (3.5)
에크만 수송 Ekman transport (3.5)
연안류 longshore current (3.6)
열염분순환 thermohaline circulation (3.5)
염분 salinity (3.2)
용승 upwelling (3.5)
융기해안선 emergent coastline (3.7)
적도용승 equatorial upwelling (3.5)
전안 foreshore 또는 조간대 intertidal zone (3.8)
전 지구적 해수면 변화 eustastic sea-level change (3.7)
조류 tidal current (3.6)
조석 tide (3.3)
초 reef (3.9)
침강해안선 submergent coastline (3.7)
코리올리 효과 Coriolis effect (3.5)
파고 wave height (3.4)
파식대지 wave-cut platform (3.8)
파식애 wave-cut cliff (3.8)
파장 wavelength (3.4)
표층해류 surface current (3.5)
플랑크톤 plankton (3.9)
해류 current (3.5)
해변 beach (3.8)
해식 아치 sea arch (3.8)
해안선 표사 beach drift (3.6)
해양 암반주 sea stack (3.8)
환류 gyre (3.5)
후안 backshore (3.8)

연습문제

1. 주요 해양분지들의 명칭과 그 분지들의 위치를 말하시오.
2. 대양의 연직 수온구조를 설명하시오.
3. 달이 지구 상의 어떤 위치 바로 위에 하루에 한 번만 놓이게 됨에도 불구하고 매일 두 번의 고조가 일어나는 이유를 설명하시오.
4. 해파의 크기를 결정짓는 세 가지 요소를 열거하시오.
5. 코리올리 효과를 설명하시오. 환류란 무엇인가?
6. 해파의 굴절은 무엇인가? 굴절이 어떻게 연안침식에 영향을 미치는가?
7. 어떠한 과정들을 거쳐 연안에서 불규칙한 해안선이 직선으로 되는지 설명하시오.
8. 표층해류와 심층해류의 특징에 대해서 설명하시오.
9. 해안선에서 발생하는 풍화와 침식작용에 대해서 설명하시오.
10. 융기해안선과 침강해안선을 비교 설명하시오.
11. 모래 해안 지역이 발달하는 이유에 대해서 설명하시오.

4장 대기권

1999년 대서양에서 발생한 허리케인 데니스

> **"불이 붙는 현상에 대한 가장 중요한 사실은 그 상대적 존재인 생명체에게도 그러하듯 똑같이 산소가 필요하다는 것이다."**
>
> 오토 바이닝거(Otto Weininger, 1880~1903)[1]

모든 다세포 생물은 산소를 필요로 한다. 만약 대기 중 산소가 현재의 44 % 이하로 줄어들면 지구 상의 생물체는 모두 사라질 것으로 예측하고 있다. 산소가 생물체에 필수적이라면 더 큰 산소 공급원을 찾아내야 우리에게는 훨씬 좋을까? 그 답은 어느 정도는 '그렇다' 이다. 해수면 고도에서 육상 선수는 적은 양의 산소로도 좋은 기록을 만들 수 있다. 그러나 역설적이지만 너무 많은 산소는 오히려 해가 되기도 한다. 만약 여러분이 해수면 고도에서 55 % 정도 혹은 그 이상의 산소가 포함된 공기에서 숨을 쉬게 된다면, 몸의 신진 대사가 너무 빠른 나머지 신체의 중요 분자나 효소가 분해된다. 또한 대기권에서 산소량이 급격히 증가한다면 산불을 걷잡을 수 없이 키워서 생태계를 교란할 수도 있음을 우리는 알아야 한다.

지구는 이상적인 크기와 적정한 온도를 가진 안정한 행성으로서 생명체에 대해 적절한 대기 상태를 제공한다. 대기의 조성과 온도는 단지 행성 크기나 태양과의 거리에 의해서만 결정되지 않는다. 우리 행성의 환경은 지구시스템의 상호작용에 의해 민감하게 조절된다. 비록 수많은 변동은 있었지만 40억 년 동안 태양으로부터 방출되는 복사량은 서서히 증가하였으나 놀랍게도 지구의 온도는 거의 일정한 수준을 유지하였다.

4.1 지구의 초기 대기권

과학자들은 39억 6천만 년부터 현재에 이르기까지 여러 시대를 걸쳐 거의 연속적인 지구 암석의 기록을 가지고 있다. 그러므로 지구 표면의 역사를 연구할 때는 주로 오래된 암석의 화학 성분을 분석한다. 그러나 대기권의 경우 오래된 공기의 시료는 존재하지 않는다. 그렇다면 수백만 혹은 백억 년 전의 대기의 조성을 어떻게 알 수 있을까? 현재로서는 대기권을 모두 이해하기는 아직도 어려운 점이 많지만, 지구 대기권의 역사는 모델링과 지구 암석 연구라는 두 가지 방법으로 접근한다. 모델링 연구는 초기 지구의 환경으로 가정한 대기 중의 기체가 어떻게 행동하였는가를 계산하는 것과 연관되어 있다. 이러한 모델들의 결과를 테스트하기 위해 과학자들은 오래된 암석을 이용하여 지구화학적으로 접근한다. 즉, 특정 시대에 존재했던 암석들을 연구함으로써 과학자들은 지구화학적 반응이 존재했던 특정한 환경에서 대기권의 성분을 도출하여 낸다. 이번 단원에서 다시 자세히 논의가 되겠지만, 예를 들면 철은 산소와 반응하여 산화철이 된다. 이러한 산화철이 26억 년 전에 생성된 어느 퇴적암에서 발견되었다면, 여러분은 그때의 대기권과 수권에 산소가 존재하였을 것이라는 사실을 유추할 수 있다.

최초 대기권: 46~40억 년 전

우리 태양계는 성간 물질인 가스 혹은 먼지로 구성된 온도가 낮고 확산되는 성질을 가진 구름으로 구성되어 있다. 이러한 구름의 약 99.8 %는 가장 가벼운 두 원소인 수소와 헬륨으로 이루어져 있다. 결국 지구 역시 원시 대기권은 거의 대부분이 가장 가벼운 두 원소로 이루어져 있었을 것이다. 그러나 지구는 상대적으로 태양에 가깝게 위치해 있고 중력 또한 상대적으로 약해 원시 대기, 즉 수소와 헬륨이 주성분인 대기는 지구의 뜨거운 표면으로부터 증발하여 다른 공간으로 빠져나갔을 것으로 본다. 표 4.1은 이러한 사실을 잘 보여주며 그 결과로서 여기서 설명하고자 하는 지

1) 역자 주: 오스트리아 사상가로서 《성과 성격》이란 저서를 남겼다.

표 4.1 시간 경과에 따른 지구 대기권의 진화

대기권이 조성된 사건	대기권의 연령	대기권의 구성
원시 대기권: 행성의 초기 융합으로부터 생성된 대기권	46억 년 전	수소(H_2), 헬륨(He)
2차 대기권: 대기권 외부에서 유성이 폭발하여 생성된 대기권	45억 년 전	이산화탄소(CO_2), 수증기(H_2O), 질소(N_2)
지권과 반응하여 기체가 분출하고 변형되어 만들어진 대기권	45~27억 년 전	풍부한 수소(H_2), 이산화탄소(CO_2): 소량의 수증기(H_2O), 질소(N_2)
산소를 생성하기 시작한 남조류의 등장	27억 년 전	외부 환경과의 상호 반응으로 남조류에 의해 산소(O_2)가 생성되었으나 대기 중에는 축적되지 않음.
최초 대 산화사건	24억 년 전	대기 중 산소(O_2) 축적 시작: 수소(H_2)는 비반응성 기체로 전환됨.
2차 대 산화사건	6억 년 전	생물권과 지권의 작용이 서서히 줄어들면서 대기 중 산소 농도 생성
현대 대기권: 생물체의 광화학작용에 의해 높은 산소 농도 유지	현재	풍부한 질소(N_2), 산소(O_2) 및 다른 미량 원소들

기체방출(outgassing) 화산 폭발 시 맨틀로부터 지구 표면으로 휘발성 물질이 방출되는 과정

구 대기권을 잘 설명해 준다.

2장에서 지구의 수권, 대기권, 생물권을 구성하는 휘발성 성분은 태양계의 외부로부터 기원한다는 사실을 배웠다. 이 사실을 상기해 볼 때 초창기 태양계는 암석, 혜성, 얼음덩어리, 기타 행성의 초기 병합 과정에서 나온 암석 파편들로 이루어져 있었을 것이다. 이러한 물체들은 서로 충돌하여 거의 연속적으로 비가 형성되어 한 행성으로 떨어지는 현상이 약 8억 년 동안 지속되었을 것으로 추측한다. 그 후 탄산염 성분과 탄소 성분이 풍부한 암석이 적절한 열과 압력하에서 이산화탄소를 만들기 시작하였다. 얼음은 빨리 녹아 물이 되었고, 혜성 꼬리의 주성분인 암모니아는 반응하여 질소가 되었다(그림 4.1).

생명의 시작: 40~26억 년 전

맨틀에서 지표로 분출되는 화산 폭발, 즉 **기체방출**(outgassing) 과정에 의해 휘발성 물질이 배출되면서 이산화탄소,

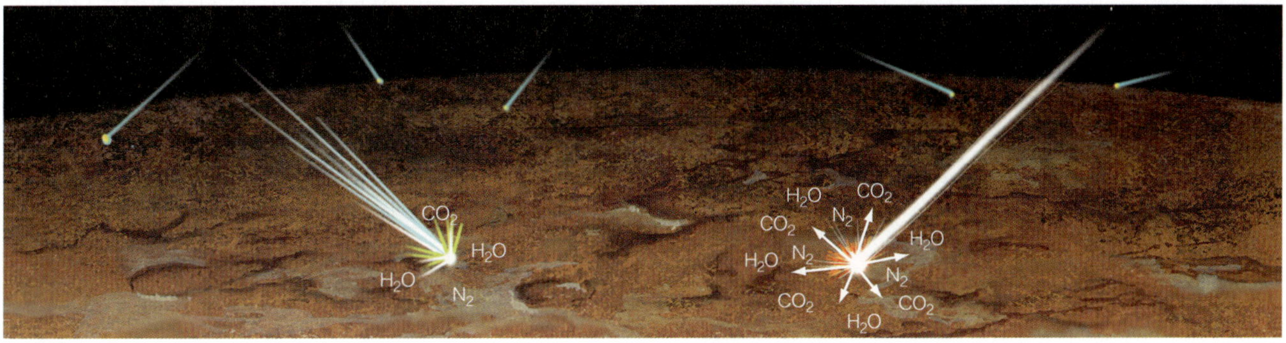

그림 4.1 태양계 외부 공간으로부터 지구 휘발성 물질을 유입시킨 혜성, 운석, 소행성

수증기, 질소로 구성된 대기권은 변화하였다. 1953년 미국 생물학자이자 화학자인 스탠리 밀러(Stanley L. Miller, 1930~2007)와 미국 물리화학자인 해럴드 유리(Harold Clayton Urey, 1893~1981)는 지구의 대기권을 모델에 기초하여 연구하였다. 그들은 40만 년 전 대기에는 메테인(CH_4), 암모니아(NH_3), 수소(H_2), 수증기(H_2O)가 충분히 있었다고 가정하고 유리관 안에 이들 기체들을 모두 채운 후, 유리관 안의 혼합 가스들 주위에 번개를 발생시켜 불꽃 방전을 일으키는 모델 실험을 수행하였다. 그 결과 관속에서 단백질의 기본 구성단위인 아미노산을 만들어 냈다. 이러한 밀러-유리(Miller-Urey) 모델 연구는 첫 생명 유기체들이 무생물인 아미노산의 융합에 의해 생성될 수 있다는 관점에서 즉시 유명해졌다.

1970년 초에는 메테인-암모니아-수소로 구성된 대기가 크게 의심을 받게 되었고 대부분의 학자들은 하데스 대기(Hadean atmosphere)는 주로 CO_2와 소량의 N_2, H_2O와 기타 가스로 구성되어 있는 것으로 생각했다. 그러나 2005년에는 많은 과학자들이 어떤 경로로 이러한 가스들이 지구 내부로 유입, 고정되어 행성 내부 혹은 지표에서 암석이나 광물과 상호작용을 하였는지를 계산하기 위해 하데스 지권 모델을 사용하였다. 여기서 한 가지 중요한 문제는 언제 지구의 핵이 형성되었는지를 아는 것이다. 지구 핵은 지권 중 가장 깊은 층인 반면 대기는 지각을 둘러싼 얇은 막인데 어떻게 서로 상호작용이 가능한가? 핵은 기본적으로 철과 니켈로 구성되어 있음을 상기해 보면 지구의 내부가 핵과 맨틀로 구분되기 이전에 맨틀은 현재보다 더 많은 철을 함유하고 있었을 것으로 생각했다. 그 후 철이 핵 안으로 들어감으로써 맨틀은 상대적으로 철이 부족한 층으로 형성되었다.

맨틀을 구성하던 암석은 화산 폭발을 통해 지구 표면으로 분출된다. 이에 따라 점차 대기를 구성하는 기체들은 지표에 존재하는 암석과 상호작용한다. 대기의 기체가 암석과 작용하게 되면 암석의 화학 성분과 함께 대기의 조성도 변하게 된다. 결과적으로 지구 내부에 형성된 핵이 대기에 변화를 가져온다고 할 수 있다. 이제까지 몇 번 설명하였듯이 지구는 하나의 시스템이므로 암석은 대기에 영향을 주고 대기는 암석에 영향을 주게 된다.

현대에 이르러서는 지구는 초기 형성 당시 매우 뜨거웠고 대부분의 철은 행성이 변화하면서 빠르게 핵으로 격리되었다고 가정한다. 이렇게 철이 부족한 맨틀에 존재했던 휘발성 물질의 반응을 모델링하여 도출한 2005년 연구 결과를 살펴보면, 지구의 초기 대기권은 다량의 수소를 함유하고 있었을 뿐만 아니라 다량의 CO_2도 함께 함유하였던 것으로 결론을 내렸다. 이 결론은 밀러와 유리 연구의 기초가 되었고 이후 다른 모델에서도 제안하였다.[2] 이 연구는 아직도 진행 중에 있고 지금도 더 많은 논의와 개선을 기대한다.

우리의 지구 및 지구의 변화에 대한 모델은 끊임없이 변하고 있고 과학자들은 새로운 가정과 이론을 제안하고 있다. 이러한 연구는 자연에 관한 것으로서 과학을 하는 기쁨이기도 하다. 원시 대기에 관한 한 연구 논문에서 스탠퍼드 대학교 외계지적생명체탐색(SETI) 연구소 소속의 크리스토퍼 차이바(Christopher Chyba)는 하데스 대기의 조성에 대해 다음과 같이 기술하였다. "젊은 과학자들이 이와 같은 연구 분야에 입문하여 많은 연구를 하도록 하는 계기가 되었으나 한편으로는 향후 가장 촉망받는 모델 역시 불확실성이 있음을 기억해야 한다."[3]

4.2 생명, 철, 현대 대기권의 진화

앞에서 설명하였듯이, 첫 생명 유기체는 생명이 없는 무생물 원소의 융합에 의해 형성되었다. 그러나 복잡한 유기체 원소는 산소가 풍부한 환경에서는 산화되거나 파괴된다. 이러한 산화 과정은 불이 서서히 연소하는 현상과 유사하다. 만약 충분한 양의 산소가 지구의 초기 대기에 존재하였다면, 생명 유기체로 전환되는 무생물적인 선행 물질은 생성되지 못하였을 것이다.

---

2) Feng Tian, Owen B. Toon, Alexander A. Pavlov, and H. De Sterck, "A Hydrogen-Rich Early Earth Atmosphere", *Science* 308 (May 13, 2005), 1014-1017.

3) Christopher F. Chyba, "Rethinking Earth's Early Atmosphere", *Science* 308 (May 13, 2005), 962-963.

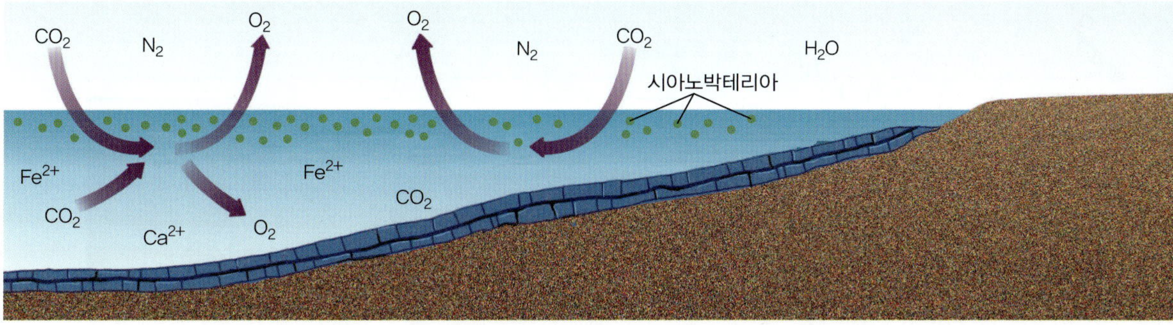

그림 4.2 27억 년 전 시아노박테리아의 산소 방출 이후 천천히 지속적으로 발생한 대기 중의 산소

광합성작용(photosynthesis) 클로로필 성분을 가진 식물 세포 조직이 태양빛을 이용하여 이산화탄소와 물을 유기 당으로 변화시키는 작용. 이 과정에서 산소가 방출된다.

가이아(Gaia) 그리스어로 '지구' 라는 뜻으로 제임스 러브록이 지구 행성을 지칭하여 사용한 용어로서 지구시스템 내에서의 상호 연관성 때문에 지구를 살아 있는 생명체에 비유하였다.

시아노박테리아(cyanobacteria) 푸른색 계통의 박테리아로서 초기의 광화학 과정에서 지구에서 생명이 등장하는 동안 존재하였다.

최초 대 산화사건(First Great Oxidation Event) 약 24억 년 전 지구 상에서 산소가 미량 원소에서 갑자기 상당한 양으로 증가하였던 과정으로서 생물학적 과정과 지구화학적 과정이 종합적으로 작용하여 나타난 것으로 추정된다.

암석 속의 광물을 연구해 보면 지구화학자들은 이것이 산소가 풍부한 환경에서 생성되었는지 산소가 부족한 환경에서 생성되었는지를 판단하는 것이 가능하다고 말한다. 최근 지구의 가장 오래된 암석을 연구하는 과학자들은 하데스 시기의 산소의 양은 매우 적은 것으로 추정하였다. 따라서 극한 상황을 대비해 꼭 필요했던 이러한 생물 유기체 분자는 최초의 대기에서 보존되었을 것이다.

비록 산소가 충분한 대기 환경에서는 생물체의 출현이 불가능하였을지라도 복잡한 다세포 생물이 생존하는 데에는 산소가 풍부한 대기권이 필요하다. 그러면 어떻게 대기권에서 산소가 풍부해졌을까?

최초의 유기체는 매우 비효율적이긴 하지만 황과 철과 같은 광물과의 반응을 통해 에너지를 얻었을 것으로 추정된다. 시간이 지나면서 유기체들은 부분적으로 서로를 잡아먹으면서 생존했다. 그러나 지구 상에 유기체의 종류가 너무 적어서 이러한 먹이사슬은 매우 제한적이었다. 여기서 결정적인 변화의 단계는 원시 박테리아가 태양 에너지를 이용하는 능력을 가져서 유기 조직을 만들어 내는 단계다. 이 과정은 **광합성작용**(photosynthesis)으로 알려져 있는데, 실제 모든 현대 생명체의 토대가 되었다. 광합성작용을 하는 동안 유기체들은 CO_2와 수증기를 유기 당으로 전환하고 부산물로 산소를 생성한다. 1972년 잉글랜드 천체물리학자이자 화학자 제임스 러브록(James Ephraim Lovelock, 1919~)은 산소는 원시 유기물에 의해 생겨나서 점차 축적되어 현재의 대기를 생성시켰다고 가정하였다. 이때 산소 농도가 선캄브리아 시대 말기에 아주 효율적인 신진대사를 유지하는 임계 수준에 도달하게 되면서 다세포 유기체가 발전하여 사람들이 잘 아는 생물권이 만들어졌다는 것이다. 러브록은 지구시스템에서의 이러한 생물과 무생물의 친밀한 연관성을 설명할 수 있게 되었고 이에 감격한 나머지 지구를 살아 있는 생명에 비유하였고, 그 이름을 **가이아**(Gaia)(그리스어로 '지구')라 불렀다.

이러한 러브록의 가설은 40년이 지난 지금도 통상적으로 받아들여져 왔으나, 과학자들은 더 자세한 사항들을 연구하고 있다. 예를 들어 **시아노박테리아**(cyanobacteria)로 불리는 남조류는 27억 년 전부터 산소를 생성하기 시작하였으나 상당량의 산소는 24억 년 전까지 생성되지 않았다(그림 4.2). 시아노박테리아에 의한 산소의 생성은 매우 느리고 지속적으로 일어났음에도 불구하고 3억 년 동안 대기 중의 산소 농도는 증가하지 않았다. 그 후 24억 년 전, **최초 대 산화사건**(First Great Oxidation Event)이라 불리는 과정을 겪으면서 대기 중의 산소는 급격히 증가한다. 이러한 급격한 반응 메커니즘을 이해하기 전에 여러분은 대기권-지권 그리고 대기권-생물권의 상호작용을 알아야 한다.

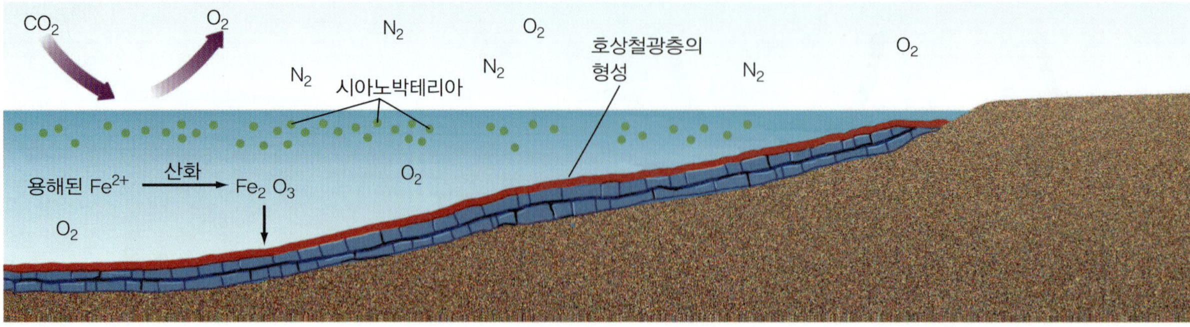

그림 4.3 대기와 해양의 산소가 임계값에 도달할 때, 산소가 녹은 철과 결합하여 철광층을 만든다. 철은 해수의 바닥에 침전되어 호상철광층을 형성한다.

하데스 대기의 산소 농도에 영향을 준 시스템의 상호작용

지권–대기권의 상호작용

다량의 철 성분이 지구의 핵으로 들어가더라도, 상당량은 지각과 맨틀에 존재하였다. 오늘날 지각 무게의 약 5 %는 철이 차지한다.

산소는 물속에서 해리된다. 그 결과 초기 시아노박테리아가 산소를 방출하였을 때, 그중 일부는 해수에 잘 녹아들었다. 또한 산소가 부족한 환경에서는 철 또한 해수에 녹게 된다. 그러나 산소가 증가하게 되면 녹은 산소는 녹은 철과 반응하여 철이 빠르게 침전된다. 그 결과 대기 중에 산소가 거의 또는 전혀 없는 경우, 해수에도 산소가 거의 없어지고 해수에는 녹은 철 성분만 남게 된다. 그러나 만약 대기와 해양의 산소가 어느 임계값에 도달하게 되면, 철이 빠르게 침전되어 해수 바닥에 산화철 광물 지층을 형성하게 되고, 이후 산소가 해수에서 용해된 철과 반응할 정도로 충분한 양이 축적되면 엄청난 양의 철 광물로 해수 바닥에 침전되어, 철이 매우 풍부한 호상철광층을 형성하게 된다(그림 4.3). 이러한 과정은 시아노박테리아가 산소를 방출하더라도, 어떻게 산소가 제거되어 대기 중 산소의 양이 증가하지 않는지를 잘 설명한다. 철강재의 주요 성분인 철은 오늘날에도 전 세계적으로 가장 많이 사용되는 금속이다. 세계적으로 약 10억 ton의 철이 매년 채광되는데, 그중 약 90 %는 철이 풍부한 광물 퇴적층인 호상철광층에서 생산된다.

호상철광층은 주로 진흙층과 규산 광물 층의 사이에 존재한다. 대부분의 지구 상의 호상철광층은 약 26~19억 년 전에 퇴적되었으나 상대적으로 더 오래되거나 혹은 더 젊은 기간에도 존재한다. 교대로 쌓인 층은 수 cm 두께이며 띠 모양의 암석으로 관찰된다(그림 4.4). 이런 형태의 단일 철 생성은 두께가 수백 m 정도이고 수십 km^2를 덮을 수 있다.

이러한 철광물과 다른 광물과 교호 층이 형성되는 원인은 해수 중 녹은 철 성분이 침전되기 시작하는 산소량의 임계값 가까이에서 산소 농도 수준이 오랜 기간 유지되었기 때문이다. 즉, 해수 중 용해된 산소량이 증가하게 되면 용해

그림 4.4 미국 미시간 주에서 형성된 호상철광층. 붉은 띠 모양은 산화철 광물이며 어두운 층은 규질암이다.

된 철 성분과 반응하여 해수 바닥에 산화철 광물로 침전된다. 그러나 이러한 형성 과정에서 산소와 철은 해수로부터 제거되므로 산소량은 임계값 이하로 줄어든다. 그 후 산소가 해수에서 느리게 보충되었으며, 이 과정에서 철은 다시 용해되기 시작하여 해수에 다량 축적되게 된다. 또한 진흙과 다른 광물들은 육지로부터 씻겨 내려와 오늘날과 같이 해수 바닥에 퇴적되고, 철이 풍부한 층 사이에서 얇은 규산염광물 층을 형성하게 된다. 이후 산소가 임계값 이상의 양으로 다시 축적되면 또 다른 철광물층이 규산염광물층 위에 놓이게 되어 호상철광층은 또다시 형성된다.

호상철광층은 수많은 철광물과 규산염광물층이 교대로 층을 이룬다. 띠 모양의 호상철광층은 매우 두꺼운데, 이는 26~19억 년 전에 지속적으로 형성된 퇴적층이기 때문이다. 이 기간 동안 산소 농도는 거의 7억 년 동안 임계값에 가깝게 유지되었고, 따라서 이러한 산화 과정이 매우 오랜 기간 지속되었음을 의미한다. 그러므로 현대 산업화를 상징하는 철 성분을 풍부하게 포함한 암석은 초기 광화학 유기체, 태양빛, 대기 그리고 해양 간의 상호작용에 의해 형성되었음을 알 수 있다.

생물권-대기권의 상호작용

원시 대기에서도 역시 산소가 수소와 반응하여 물을 생성시킨다. 이 과정을 통해 대기 중 산소의 양은 줄어든다. 그러나 생명체가 존재한 이후 해양에 존재하는 박테리아는 대기 중 수소가 메테인 생성에 참여함으로써 제거되고, 이때 수소의 양이 충분히 줄어들면, 산소는 대기 중에서 화학적으로 안정하게 되고 산소의 양은 늘어나게 된다.

생물과 지구화학적 상호작용이 정확히 어떻게 결합되어 있던, 암석을 통해 대기 중에 남아 있는 산소의 양은 매우 적었으며 그 이후 지금으로부터 약 24억 년 전에 미량 원소에서 상당량의 산소가 급격히 증가하였음을 알 수 있다.

현대 대기로의 진화

최초 대 산화사건 이후 몇 번의 호상철광층이 형성되었고, 이 과정을 통해 광화학 과정에서 생성된 산소는 계속 제거되었다. 마지막 호상철광층은 19억 년 전에 형성되었으나, 대기 중 산소량은 급격히 증가하지는 않았던 것으로 나타났다. 그러나 효과적으로 다세포 유기체가 생성되기 위해서는 적어도 2개 이상의 급격한 단계가 필요하다.

2차 대 산화사건(Second Great Oxidation Event) 약 6억 년 전 지구 상에서 산소가 두 번째로 갑자기 증가하였던 과정으로서 화학적, 물리적, 생물학적 상호작용의 반응으로 나타난 것으로 추정된다.

태양은 수많은 에너지를 자외선의 형태로 방출한다. 이 자외선은 에너지가 높아 충분히 분자들을 분해하며, 다세포 유기체들의 생성을 억제한다. 그러나 높은 고도에서의 산소는 자외선을 흡수하여 오존(O_3)으로 변환된다. 그러므로 고층에서 충분한 산소가 축적될 때까지 낮은 고도에서는 산소가 증가하지 않는다. 요약하면 광화학 유기체에 의해 충분히 생성된 산소는 현재처럼 생명체에 필요할 뿐만 아니라 오존으로 변환되어 유해한 태양빛을 흡수하여 다세포 생명체를 보호하는 역할을 하게 되었다.

다세포 식물과 동물들은 10~5억 4,300년 전의 기간인 선캄브리아 시대 후기에 출현하였다. 약 6억 년 전 대기 중 산소량은 두 번째로 급격히 증가하였고, 이 과정은 **2차 대 산화사건**(Second Great Oxidation Event)으로 불린다. 마지막 호상철광층이 생기고 이후 산소의 축적이 진행된 된 이후 13억 년 동안 갑자기 무엇이 바뀌었을까? 학자들은 6억 년 이전에 생물체의 쇠퇴는 광화학 과정과 유사하게 빠르게 일어났다고 제안한다. 그러므로 대기 중으로 방출된 산소는 즉시 호흡에 의해 다음의 반응을 따라 소모되었을 것으로 본다.

광합성 과정 진행 과정: 이산화탄소 + 물(수증기)
→ 유기 당 + 산소
호흡 및 부패 진행 과정: 유기 당 + 산소
→ 이산화탄소 + 물(수증기)

6억 년 전 갑자기 시작된 몇 가지 과정은 부패 이전에 퇴적된 유기물을 고정하게 된다. 부패와 호흡이 느리게 진행되는 동안 과잉 산소는 대기 중에 축적된다. 유기 물질의 이러한 고정(격리)을 설명하는 모든 가설들은 지구의 4가지 권 사이의 다음과 같은 복잡한 반응과 연관되어 있다.

- 지화학적 과정에 의해 6억 년 전 진흙은 충분히 만들어졌다.
- 동물 플랑크톤이 바다에서 생겨났다. 동물 플랑크톤은 유기체로 가득찬 밀도가 큰 침전물을 만들어 내었고, 이 침전물들은 바닥으로 가라앉아 위에서 언급한 진흙 속에 축적되었다.
- 간단한 이끼류들이 육상에서 나타났다. 이끼류들은 풍화작용을 가속화하였고, 풍화된 이온들은 바다로 씻겨 나가 플랑크톤에 필요한 양분을 공급하게 되었다. 이후 동물 플랑크톤은 식물 플랑크톤을 먹고, 이러한 과정은 앞에서 기술한 것처럼 영양분들을 고정(격리)시켰다.

이러한 수많은 복잡한 화학적, 물리적, 생물적 과정이 결합하여 2차 대 산화사건의 발판을 마련하였다.

만약 지구 상의 모든 생명체들이 없어진다면, 대기는 산소가 매우 적은 본래 상태로 되돌아가게 되고, 결국 현재의 동물과 식물 모두에게 매우 해로운 상태가 된다. 그러나 동시에 지화학적 메커니즘 역시 대기에 영향을 주게 된다. 산소가 충분히 존재하는 대기에서는 불꽃이 빠르게 타오르고, 산소가 몇 %만 증가해도 불은 매우 걷잡을 수 없이 타오른다. 또한 대기 중 산소가 만약 상당량 감소하게 되면 현재의 대부분의 동식물들이 살 수 없게 되고, 이산화탄소 농도가 소폭 증가하게 되면 온실효과에 의해 기온은 높아지게 된다. 따라서 지구 대기는 삶을 유지시켜 줄 뿐만 아니라 바람을 통해 태양열을 지구 전체에 골고루 분배시키면서 지구 표면을 보온하여 생명체가 살기에 춥거나 덥지도 않은 적절한 온도로 유지시킨다. 또한 구름이 대기 중 수증기로부터 만들어지고 구름으로부터 강수가 내리며, 대기는 태양 에너지 중에서 생명체의 조직을 파괴하고 암을 유발하는 자외선을 차단한다. 대기가 없다면 비행기나 새가 날 수 없으며 꽃가루나 씨를 바람에 실어 나를 수 없으며, 하늘은 푸른색이 아닌 검정색이 될 것이고, 붉거나 분홍색이 도는 보라색 일몰은 볼 수 없을 것이다. 대기는 또한 소리를 전달하므로 대기가 없다면 여러분은 침묵 속에서 살아야 한다. 이러한 지구의 복잡한 상호작용과 지구가 태양계 중에서 상서로운 유일한 행성임을 이해하게 될 때, 사람들은 지구 대기권의 취약함에 놀라게 된다.

4.3 현대 대기권

현대 대기권은 기체가 대부분을 차지하며, 소량의 물 입자와 먼지 입자로 구성되어 있다. 건조 공기의 기체 성분은 약 78 %의 질소와 21 %의 산소 그리고 1 %의 기타 기체로 구성되어 있다(그림 4.5). 가장 풍부한 기체인 질소는 다른 물질과 거의 반응하지 않는 안정한 기체다. 그러나 산소는 불이 붙을 때, 그리고 철이 녹슬 때 반응하며, 동식물의 호흡에도 관여한다. 이산화탄소는 하데스 대기의 약 80 %를 차지하였지만 현대 대기권에서는 미량 기체로 단지 0.035 %의 농도에 불과하다.

이 외에도 대기 중에는 수증기, 물 입자 그리고 먼지 등을 포함한다. 이러한 성분들은 그 형태와 양이 위치와 고도에 따라 변한다. 매우 무더운 정글 대기의 경우 수증기 질량은 5 % 정도 함유할 수 있으나, 사막이나 극지방에서의 수증기 함량은 매우 적은 양으로 존재한다.

맑은 날 집안에 앉아서 창문을 통해 들어오는 태양빛을 볼 수 있다. 이렇게 보이는 태양빛은 공기 중에 떠 있는 아주 작은 부유 먼지 입자로부터 반사되는 빛이다. 진흙, 소

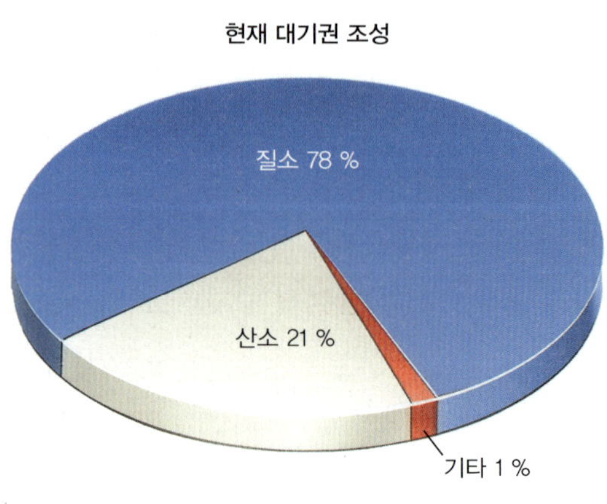

그림 4.5 현재 대기권 조성

에베레스트 산 근처 5,000 m에 설치된 베이스캠프. 이곳의 산소량은 해수면 고도의 산소량의 절반 정도다.

© MY-SUMMIT/SHUTTERSTOCK

기압(atmospheric pressure) 또는 **기압계 기압**(barometric pressure) 단위 넓이당 공기의 무게

기압계(barometer) 기압을 측정하는 관측기기의 하나

금, 꽃가루, 박테리아, 바이러스, 소량의 구름, 머리카락이나 피부 이물질 등은 모두 이러한 먼지 입자들이다. 어떤 사람들은 '소금기를 머금은 공기'를 찾아 바닷가로 간다. 방문객들은 미국 테네시 주에 위치한 그레이트스모키 마운틴을 방문하는 사람들은 그곳에서 꽃가루나 다른 먼지 입자들로부터 반사되는 태양빛에 의해 형성된 푸르스름하고 뿌연 공기를 목격한다.

그러나 지나간 과거 약 1세기 동안 인간들은 매우 다양한 방법으로 대기의 화학조성을 바꾸었다. 화석연료의 과다 사용과 산불 등으로 이산화탄소를 증가시켰고, 공장에서 내뿜는 화학 성분들은 해로운 물질들을 대기 중으로 유입시켰다. 연기와 매연은 대기의 투명도를 바꾸었는데, 이러한 구체적인 변화는 4.6절에서 다시 논의한다.

4.4 기압

기체 분자들은 매우 불규칙한 운동을 한다. 예를 들어 20 ℃에서의 산소 분자는 평균 425 m/s 속도로 움직인다. 중력이 작용하지 않을 경우 혹은 온도가 다르거나 다른 요란이 존재하지 않을 경우 이러한 기체들은 균일하게 공간을 채운다.

그러므로 만약 공간에 가스 실린더를 놓아둘 경우 실린더 안의 기체들은 분자의 밀도가 같아지고 실린더 안의 압력이 같아질 때까지 확산할 것이다. 지구를 둘러싼 대기 중의 기체들은 여러 영향으로부터 요란을 받고 있으며 이에 따라 여러분이 살면서 접하고 있는 지구 대기는 매우 복잡하고 불규칙한 특성을 가지게 된다.

지구 대기 내에서의 기체 분자들은 실린더 안에 있던 기체들처럼 불규칙하게 여러 방향으로 움직이고 있으나, 중력이 이 기체들을 잡아당기고 있다. 중력, 즉 아래 방향으로 작용하는 힘의 결과로 많은 기체 분자들은 높은 고도보다 지표 가까이에 더 많이 존재하게 된다. 그러므로 대기는 높은 고도에서보다 해수면에서 더 밀도가 높다. 즉, 기압이 더 높다. 공기의 밀도와 기압은 고도에 따라 기하급수적으로 감소한다(그림 4.6). 고도 5,000 m에서의 대기 중 산소량은 해수면에 비해 약 절반 수준에 불과하다. 만약 여러분이 풍선 기구를 타고 해수면에서 고도 16,000 m(16 km)까지 올라간다면, 여러분은 대류권의 90 % 정도에 도달한 것이며 따라서 생존을 위해서 산소마스크가 필요할 것이다. 또 100 km 고도에서 대기압은 해면기압의 단지 0.00003 정도로서 외기권인 진공 상태에 근접한다. 물론 대기권 상층의 경계는 존재하지 않는다.

기압(atmospheric pressure)은 종종 **기압계 기압**(barometric pressure)이라고도 하는데 이는 기압을 **기압계**(barometer)라는 측정기기로 관측하기 때문이다. 기압계는 한쪽 끝이 막힌 유리관으로 되어 있으며 간단하지만 정확도가 높다. 비어 있는 관의 열린 한쪽 끝을 수은이 담긴 접시 위로 올려놓는다. 대기압이 수은 면을 누르기 시작하면 관 속에는 공

바(bar) 기압을 표시하는 단위로서 1 bar는 해수면의 대기압과 같은 압력을 받는다.

기가 없으므로 수은은 올라가게 된다(그림 4.7). 해수면 높이에서 올라가는 수은은 진공의 관에 약 76 cm, 즉 760 mm까지 상승한다.

기상학자들은 기압을 인치 혹은 수은주의 높이(mmHg)로 표시하는데, 이는 기압계에서 수은주의 높이를 의미한다. 1바(bar)는 해수면에서의 대기압과 같은 압력을 받고, 1 millibar는 0.001 bar다. 현재에는 기압의 단위를 mb(밀리바) 대신에 hPa(헥토파스칼)로 표시하고 있다.

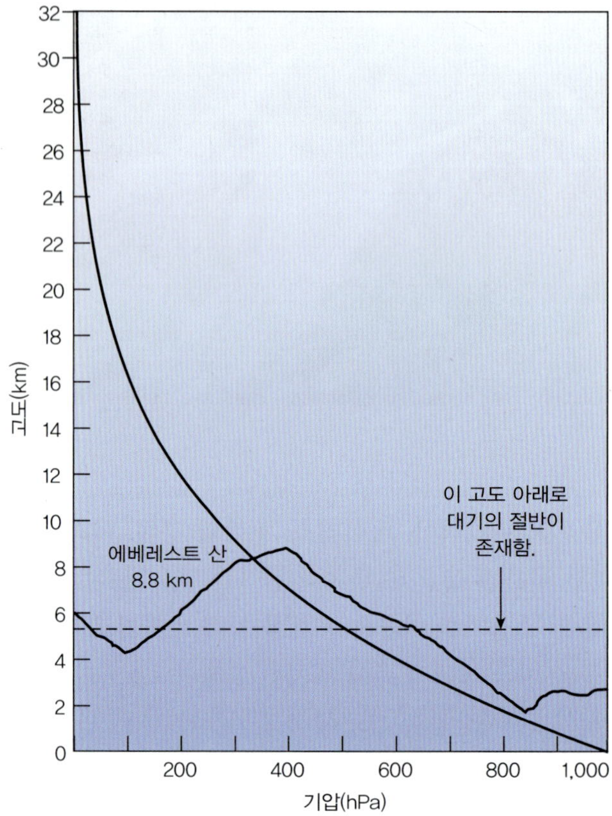

그림 4.6 고도에 따른 기압의 감소. 해발고도 5,600 m 아래에 대기의 절반이 존재한다.

수은 기압계는 거의 1 m 정도로서 길고 불편한 기구이며, 수은에서 증발된 기체는 인체에 매우 해로운 물질이다. 기압을 관측하기 위한 더 안전하고 이동이 간편한 관측기기가 아네로이드 기압계(aneroid barometer)인데, 이것은 진공으로 된 공합(금속동판) 및 이와 연결된 눈금 바늘로

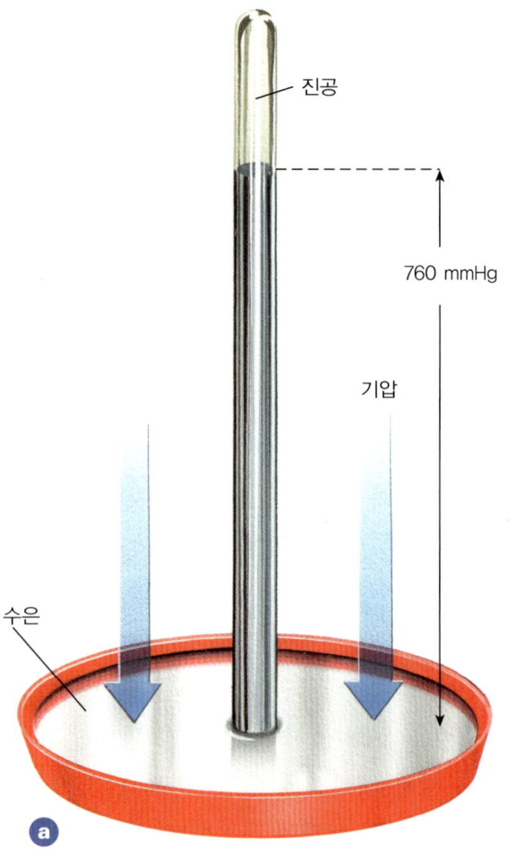

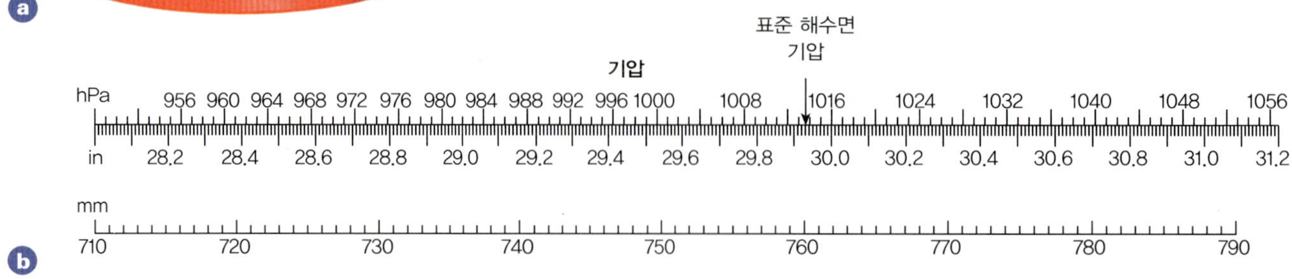

그림 4.7 (a) 진공의 시험관 내에서 위쪽으로 대기압이 수은에 작용하는 힘. 수은의 높이는 기압의 척도가 된다. (b) 기압을 측정하는 세 개의 단위와 그 대응 관계

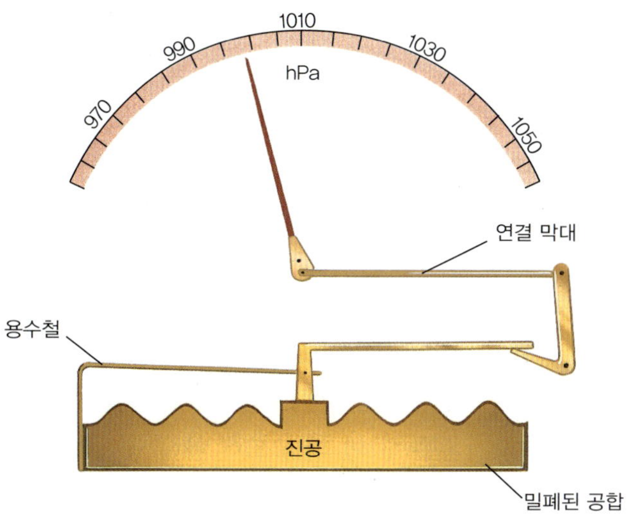

그림 4.8 아네로이드 기압계 내부. 기압이 올라가면 밀폐된 공합을 압축하게 되고 연결된 눈금 바늘이 한 방향으로 움직이도록 설계되어 있다. 기압이 감소하면 공합은 팽창하여 눈금 바늘은 반대 방향으로 움직인다.

구성되어 있다. 기압이 증가하게 되면 공기가 통하지 않도록 밀폐된 공합을 압축하여 눈금 바늘이 한쪽 방향으로 움직이도록 설계되어 있다. 기압이 감소하면 공합은 팽창하여 눈금 바늘은 반대 방향으로 움직인다(그림 4.8).

기상 변화는 기압에 영향을 준다. 해상에 폭풍이 발달하면 기압은 980 hPa까지 낮아지고, 태풍이 지나갈 때 900 hPa 혹은 그 이하로 낮아진다. 반대로 맑거나 건조한 날씨에서에서의 전형적인 고기압은 1,025 hPa까지 기압을 상승시킨다. 이러한 기압 변화는 6장에서 다시 논의될 것이다.

대류권(troposphere) 지구의 표면에 가장 가까운 대기의 층으로서 지표에서 위로 약 17 km까지다.

4.5 기온

대기권에서의 기온은 고도에 따라 변한다(그림 4.9). 우리가 살고 있는 지구와 가장 가까운 대기층은 **대류권**(troposphere)이다. 사실상 대기 중의 모든 수증기와 구름은 대류권에 존재하며 대부분의 기상 현상이 여기서 일어난다. 지구의 표면은 태양 에너지를 흡수하며 그 결과 지표는 가

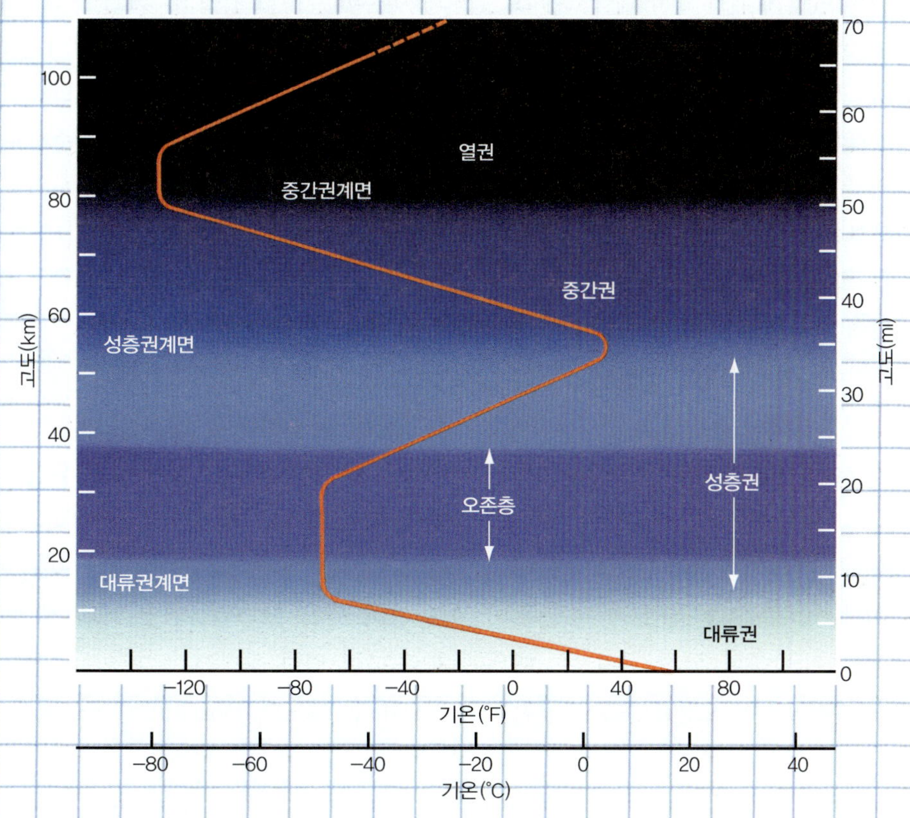

그림 4.9 기온은 고도에 따라 변한다. 구분된 대기의 층은 서로 다른 요인에 의해 구간별 기온이 다르다.

대류권계면(tropopause) 대류권의 꼭대기에 해당하는 구간으로서 대류권과 성층권의 경계가 된다.

성층권(stratosphere) 대류권계면 위의 대기층으로서 약 55 km까지의 구간이다.

성층권계면(stratopause) 성층권의 꼭대기에 해당하는 구간으로서 성층권과 중간권의 경계가 된다.

중간권(mesosphere) 성층권계면 위의 대기층으로서 지표에서 약 55 km에서 그 위로 약 80 km 구간을 일컫는다.

중간권계면(mesopause) 중간권의 꼭대기로서 중간권과 열권의 경계가 된다.

열권(thermosphere) 매우 높은 고도 층에 존재하며 대기 확산이 매우 강하며 중간권 위인 80 km 이상의 대기층을 말한다.

열된다. 그러나 이전에 논의하였듯이 육지와 해양 또한 열을 복사하고 복사된 열은 대류권에서 일부 흡수된다. 대류권의 높은 고도에서는 대기의 밀도가 작고 에너지도 적게 흡수하는 반면, 지표 근처에서는 지표로부터 방출되는 에너지를 많이 흡수한다. 결과적으로 고도가 높아질수록 기온은 낮아지는데, 산악의 꼭대기에서는 골짜기나 평지보다 기온이 더 낮아 높은 고도를 비행하는 항공기의 객실을 데워야 한다.

대류권의 꼭대기에 해당하는 구간은 **대류권계면**(tropopause)인데, 적도의 경우 고도 약 17 km 정도이고, 극지방의 경우 상대적으로 더 낮다. 대류권계면에서는 일정하게 감소하던 기온이 일정하게 유지된다. 상층 대류권에 존재하는 차가운 공기는 상대적으로 너무 밀도가 높아 대류권계면 위로 상승하지 못하며, 그 결과 대류권과 그 상층인 **성층권**(stratosphere)은 거의 섞이지 않는다.

성층권에서는 35 km까지는 기온이 거의 일정하며, 그 이상부터 50 km까지는 고도에 따라 상승하게 되어 지표의 기온과 유사한 수준으로 따뜻하다. 이러한 연직 구조의 (기온)역전은 대류권과 성층권에서 서로 다른 메커니즘에 의해 일어난다. 이전에 설명하였듯이 대류권은 기본적으로 아래서부터, 즉 지표인 지구에 의해 가열된다. 그러나 성층권에서는 근본적으로 위로부터, 즉 태양빛에 의해 가열된다.

산소 분자(O_2)는 성층권에서 에너지가 높은 자외선을 태양빛으로부터 흡수한다. 이 복사 에너지는 산소 분자를 분해하여, 자유 산소 원자를 만들어 방출한다. 산소 원자는 대기 중에 있는 산소 분자와 재결합하여 오존(O_3)을 생성한다. 생성된 오존은 태양 자외선을 산소보다 훨씬 더 효율적으로 흡수하여 상층 성층권을 가열하게 된다. 자외선은 에너지가 매우 강해 생명체에도 영향을 준다. 적은 양의 자외선은 피부를 그을리지만 많은 양의 자외선은 피부암, 백내장, 많은 식물의 성장을 방해하며, 또한 생명체의 세포 조직을 손상시킨다. 오존은 상층에서 이러한 강한 에너지를 가진 유해 자외선을 지표에 도달하기 전에 대부분 흡수함으로써 지구의 생명체를 보호해 준다.

오존 농도는 성층권 상부에서 감소하며, 따라서 약 55 km 이상부터 기온은 한 번 더 고도에 따라 급격히 감소하게 된다. 이렇게 기온의 상승하는 구간과 하강하는 구간의 경계부를 **성층권계면**(stratopause)이라 하며, 성층권의 상부 경계 고도에 따라 기온이 하강하게 되는 두 번째 층은 **중간권**(mesosphere)이라 한다. 중간권에서는 복사 에너지가 거의 흡수되지 않으며, 공기의 밀도가 작아 기온이 매우 낮은 층이다. 중간권의 꼭대기에 해당하는 구간을 **중간권계면**(mesopause)이라 한다. 고도 80 km 이상에서는 기온이 다시 일정하게 되는 층이 나타나고, 그 이상 고도부터는 기온이 다시 증가하는 층이 나타나는 데 이 층을 **열권**(thermosphere)이라 한다. 열권에서는 태양으로부터 X선과 자외선을 흡수한다. 강한 복사 에너지로 인해 원자와 분자는 전자를 잃어 이온 상태를 유지한다. 열권 상부의 기온은 비록 영하의 기온이지만, 지표 기준으로 볼 때 극도로 차가움을 느끼는 공기는 아니다.

4.6 대기 오염

동굴에 거주하면서 연기를 피우던 시대로부터 줄곧 사람들은 대기 중으로 오염 물질을 유출시켜 왔다. 당시의 오염 물질의 총량은 현재 혹은 산업혁명 동안의 생성된 변화량에 비하면 매우 적은 양이었다. 이러한 대기 오염은 아직도 현대 산업사회에서 건강, 생태계, 기후 등에 심각한 문제로 남아 있다.

1948년 도노라(Donora)는 펜실베이니아 주 피츠버그로부터 남쪽 50 km 정도 떨어진 인구 약 14,000명의 소도시다. 도시의 한 대규모 공장에서 건축용 철강, 전선 등을 생산하였고, 또 다른 공장에서는 아연과 황산을 생산하였다. 1948년 10월 마지막 주 짙은 안개가 마을에서 관측되었다. 평상적인 안개였으나 안개 속의 수분이 두 공장으로부터 나오는 오염 물질을 함유하고 있었다. 4일 후 시정이 매우 좋지 않아 사람들은 운전을 하기 어려울 정도였고, 심지어는 정오에도 전조등을 켜야 했다. 처음에는 서서히 그리고 이후에는 급격히 사람들은 메스꺼움, 호흡곤란, 목과 가슴을 누르는 압박감으로 의료 기관을 찾았다. 결국 일주일이 채 지나지 않아 20명의 사람이 사망하였고, 마을 사람들의 절반가량이 심각한 병에 걸렸다.

이러한 도노라에서 발생한 사건과 유사한 사건들은 이후 전 세계적으로 일어났다. 문제가 심각해지자, 결국 미국에서는 1963년에 청정대기법(Clean Air Act)을 제정하였다. 청정대기법의 제정 및 개정의 결과로 대기 오염 물질 총배출량은 상당히 많이 감소하여 미국 전역 대기의 질은 많이 호전되었다(그림 4.10). 더욱 고무적인 사실은 총배출량은 줄어들었음에도 인구, 에너지 소비, 차량의 도로 주행거리, 국내총생산량(GDP)은 오히려 놀라울 정도로 증가하였다는 사실은 매우 주목할 만하다(그림 4.11). 이후 도노라에서 일어났던 형태의 사건은 발생하지 않았다. 그러나 사람들은 아직도 대기 오염 문제가 완전히 해결되지 않았고 앞으로도 대기 오염 규제가 더 강화해야 된다고 믿는다.

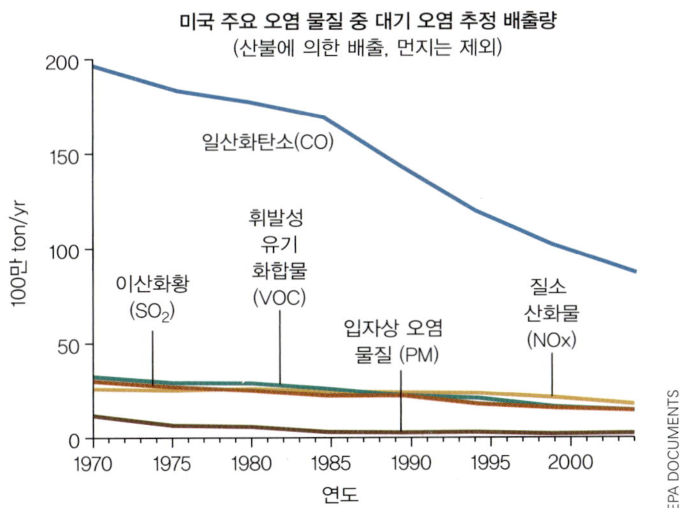

그림 4.10 1970~2004년 동안 미국의 주요 5가지 대기 오염 물질의 배출량. 청정대기법은 1963년에 처음 시행되었다. (위 그래프는 미국 로스앤젤레스와 같은 특정 대도시 차량 정체 지역 농도가 아닌 지역평균 수치다.)

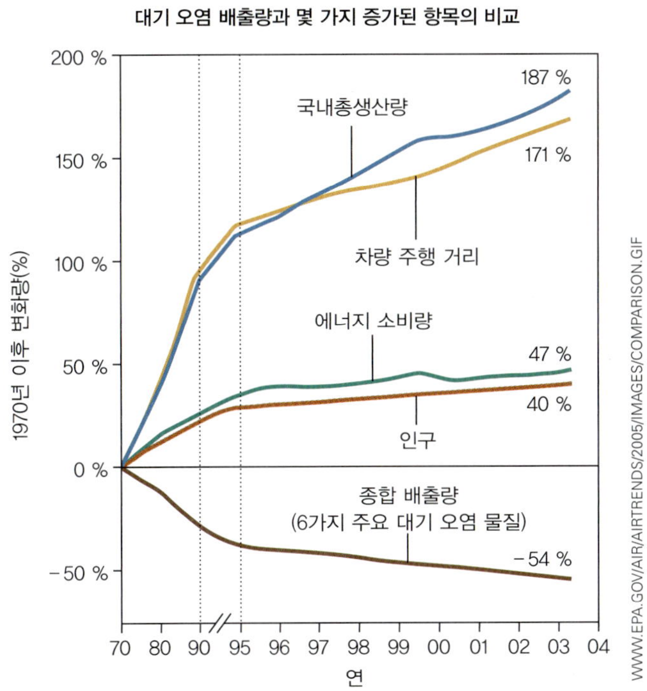

그림 4.11 1970~2004년 동안 국민총생산량, 자동차 주행 거리, 에너지 소비, 인구 증가가 일어났음에도 불구하고 대기 오염 배출량은 54 % 감소하였다.

각종 대기 오염 물질의 오염원과 형태는 그림 4.12에 나타내었고, 다음 장에서도 논의될 것이다.

화석연료 연소 시 발생되는 기체

석탄은 탄소 성분이 많아 완전 연소 시에도 이산화탄소를 배출한다. 석유는 탄소와 수소로 구성된 탄화수소로 구성된 혼합물이다. 탄화수소가 완전 연소하면 부산물로 이산화탄소와 물(수증기)을 발생시킨다. 이 물질들은 둘 다 인체에 유해한 물질은 아니나 모두 온실 기체들이다. 만약 연료의 성분이 탄소와 수소로만 구성되어 있고, 항상 완전 연소를 한다면, 화석연료가 여전히 지구 온난화에 기여하겠지만, 화석연료 연소에 의해 발생하는 대기 오염은 사람들의 건강에 직접적인 위협을 주지는 않는다. 그러나 화석연료는 다른 대기 오염을 일으키는 불순물을 함유하고 있

산성강수(acid precipitation) 또는 **산성비**(acid rain) 대기 오염 물질과 반응한 후 산성화 된 비, 눈, 안개, 박무 등을 말한다.

pH 단위(pH scale) 수용액의 산성도를 측정하는 단위로서 로그 스케일로 결정된다. pH가 7이면 중성 수용액이고, 7보다 작으면 산성, 7보다 크면 알칼리성 수용액이 된다.

으며, 자주 불완전 연소를 하게 되므로 대부분은 인체에 해롭다.

불완전 연소에 의한 생성물은 벤젠이나 메테인과 같은 탄화수소다. 벤젠은 특히 암을 유발하는 발암물질이며 메테인은 또 하나의 온실 기체다. 화석연료의 불완전 연소는 무색무취이나 독성이 있는 기체인 일산화탄소(CO)를 포함하여 많은 다른 오염 물질들을 방출한다.

화석연료의 또 다른 문제는 석탄과 석유가 연소할 때 다른 종류의 오염 물질들을 생성시킨다는 것이다. 그 양은 적지만 석탄 속에 황이 함유되어 있고, 석유의 경우에도 소량 포함되어 있다. 따라서 화석연료가 연소할 때 황은 산화되어 이산화황(SO_2)과 삼산화황(SO_3)을 생성시킨다. 고농도의 이산화황은 도노라에서 발생하였던 주요 대기 오염의 재난 유형과 밀접하게 연관되어 있고, 오늘날 전 세계적으로도 이산화황은 석탄을 이용하는 화력 발전소에서 많이 배출되고 있다.

황과 마찬가지로 질소는 세포 조직에서 흔히 볼 수 있으므로 그 퇴적물인 모든 화석연료에서 질소는 발견된다. 이렇게 화석연료 속의 질소와 대기 중 소량의 공기는 석탄이나 석유가 연소 시에 반응하여 대부분 산화질소(NO)와 이산화질소(NO_2)를 생성시킨다. 이산화질소는 자극성 냄새가 나는 불그레한 갈색을 띠는 기체로, 대기의 '갈색화'에 기여하고, 또한 오염된 도시 대기에서 악취를 유발한다. 질소 산화물의 주요 배출원은 자동차의 배기가스다.

산성비

앞에서 설명하였듯이 황과 질소 산화물들은 석탄과 석유가 연소될 때 발생한다. 이 산화물들은 철광석이 정제될 때에도 발생한다. 습한 대기에서는 이산화황은 반응하여 황산을 생성시키고 질소 산화물들은 질산을 생성시킨다. 이러한 강산들은 대기 중 강수 속으로 녹아들어 가서 강수로서 지표로 내려오게 되면 **산성강수**(acid precipitation) 또는 **산성비**(acid rain)가 된다(그림 4.13).

산성비의 산도는 **pH 단위**(pH scale)로 나타낸다. pH가 7인 액체는 중성, 즉 산성도 아니며 알칼리성도 아니다. pH 값이 7보다 작으면 산성, 7보다 크면 알칼리성이 된다. 예를 들어 비눗물은 알칼리성으로서 대략 pH 10 정도고, 식초는 pH 2.4로서 강한 산성이다.

강수는 일상적으로 대기 중 이산화탄소와 반응하여 약산성을 유지한다. 그 결과 자연적인 강수에서의 pH는 약 5.7 정도다. 그러나 청정대기법이 강제적으로 시행되기 이전 대기 오염 사건이 발생하던 때의 강수는 이보다 훨씬 더 산성화되어 있었다. 1986년 캘리포니아 남부에서 안

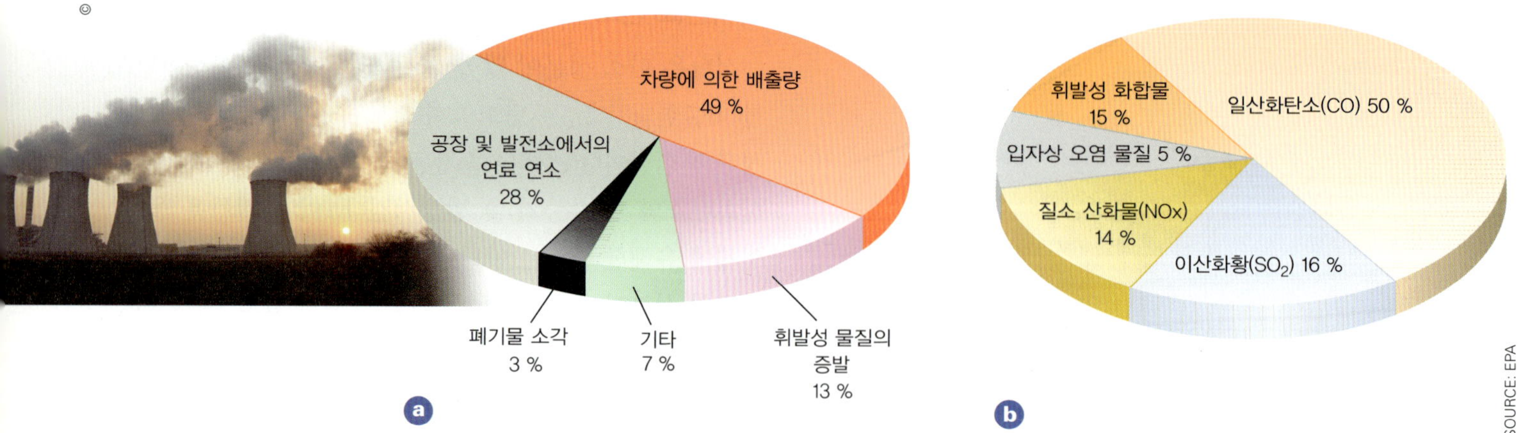

그림 4.12 (a) 미국 내 대기 오염 물질 배출원 (b) 미국 내 대기 오염 물질의 종류(일산화탄소는 온실 기체이나, 유독성이 약하여 오염 물질 목록에서 제외하였다.)

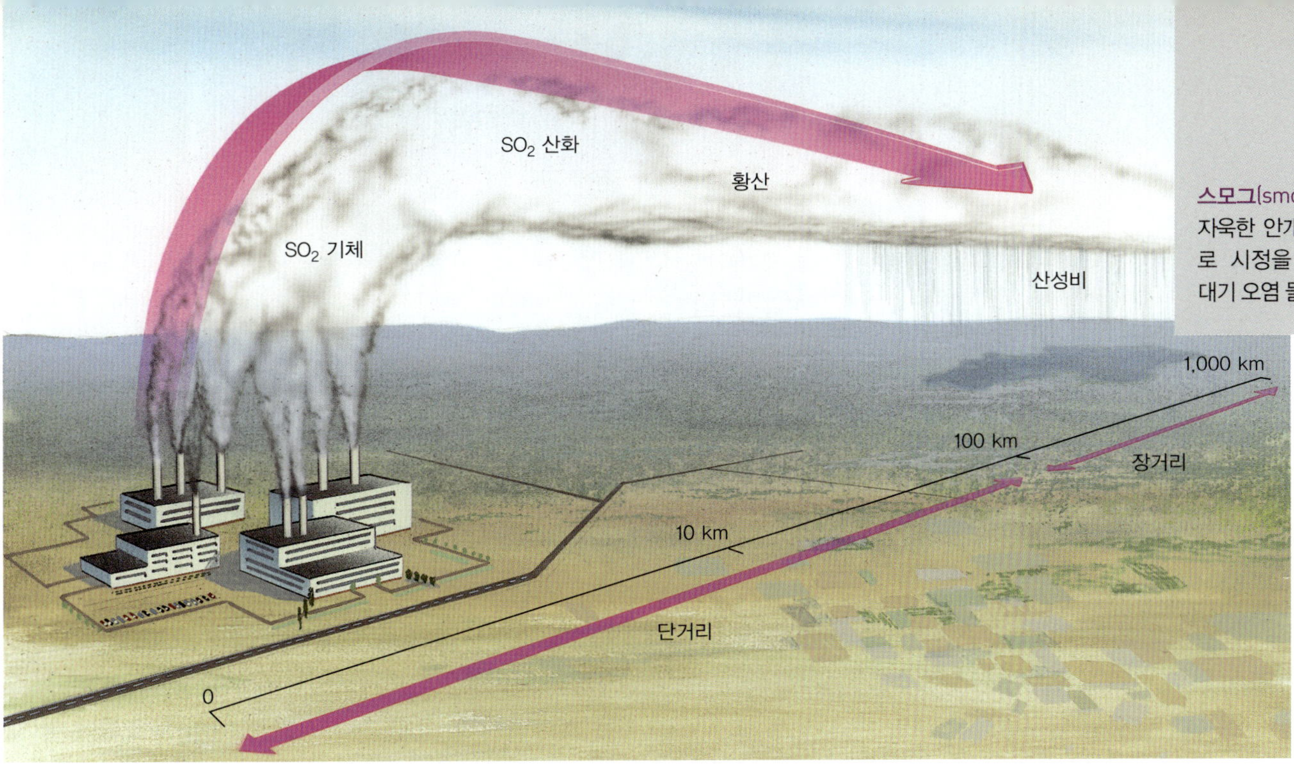

그림 4.13 산성비는 공장의 굴뚝에서 나온 황 화합물이 대기 중으로 배출되어 생성된다.

스모그(smog) 연기가 자욱한 안개라는 뜻으로 시정을 저해하는 대기 오염 물질이다.

개가 짙게 발생한 날은 pH가 1.7인 경우도 있었으며, 이는 화장실 변기의 세제 용액의 산도에 근접하는 매우 심각한 수치였다.

산성비의 결과

산성비의 주요 원인 물질인 황과 질소 산화물은 폐 기능을 손상시키며, 천식과 폐기종과 같은 질병을 유발한다. 또한 심장, 간에 영향을 주며, 신체를 약화시켜 인플루엔자 같은 바이러스 감염에 취약하다고 보고되고 있다.

산성비는 금속과 암석을 약화시킨다. 석회석과 대리석은 산성비에 매우 취약하여 그리 심하지 않은 산성비에도 빨리 용해된다. 보고에 따르면 미국에서 산성비의 침식에 의한 건물과 여러 석 재료들의 피해액은 매년 7~8백만 $로 추산된다.

산성비는 또한 식물에도 영향을 준다(그림 4.14).

대류권에서의 스모그와 오존

우리 선조들이 새로운 사업을 위해 이주하는 모습을 그린 영화를 상상해 보라. 예전의 영화 필름은 감도가 낮아 많은 태양빛을 필요로 하므로, 영화 제작자들은 오염되고,

그림 4.14 산성비는 마운트 미첼(Mount Mitchell) 근처의 노스캐롤라이나 산의 나무들을 고사시켰다.

구름이 낀 북동부 산업 지역을 떠났다. 햇빛이 많고 따라서 석탄이 많이 필요하지 않은 남부 캘리포니아가 최적의 장소였다. 그래서 할리우드라 불리는 로스앤젤레스의 일부 지역이 영화 산업의 중심이 되었다. 그 후 인구가 급증하였고 제2차 세계 대전 이후에는 차량이 인구만큼이나 증가하였다. 그 결과, 불행히도 대기의 질은 악화되기 시작하였다. 당시 사람들은 4가지 달라진 점을 발견하였다. (1) 도심지에 걸쳐 발생한 **스모그(smog)**라는 갈색 연무(그림 4.15),

그림 4.15 갈색 연무가 계곡에 생성되었다. 대기의 역전층에 의해 구분된 선 아래에서만 스모그를 볼 수 있으며 역전층의 위쪽으로는 대기가 훨씬 깨끗하다.

(2) 눈과 목의 자극 현상, (3) 곡물 수확량의 감소, (4) 차량 고무 타이어 옆면의 갈라짐 현상이다.

1950년대에는 대기 오염 연구원들은 주로 미국 동부 또는 중서부의 산업화된 도시에서 일하였다. 그들이 캘리포니아 남부에서 생긴 문제의 진단을 위해 파견되었을 때 그들이 익숙한 대기 오염 배출원, 특히 이산화황 배출원 등을 찾으려고 노력하였다. 그러나 연구원들이 결국 알아 낸 것은 휘발유가 연소하면서 생성된 자동차 배기가스는 태양빛이 존재할 경우 대기 중 산소 및 질소 산화물과 반응하여 오존(O_3)을 생성시킨다는 사실이다. 이후 오존은 자동차 배기가스와의 더 많은 반응을 통해 스모그를 생성시킨다(그림 4.16).

4.5절에서 여러분은 오존이 성층권에서 자외선을 흡수하여 지구 상의 생명체를 보호한다는 사실을 살펴보았다. 그러나 대기 중의 과도한 오존은 인체에 유해하다. 그렇다면 오존은 제거해야 할 오염 물질인지 아니면 보호해야 할 대기 중의 이로운 성분인지에 대한 의문이 생길 수 있다. 그 질문의 대답은 오존이 어디에 존재하는 가에 따라 두 가지 대답이 모두 가능하다. 대류권의 오존은 자동차 배기가스와 반응하여 스모그를 생성시키므로, 이 경우 오존은 오염 물질로서 제거해야 할 대상이다. 그러나 성층권에서의 오존은 매우 유익하며, 오존층의 파괴는 심각한 문제를 일으키므로 보호해야 할 물질이다.

대류권의 오존은 폐 기능을 저하시키며, 기관지가 예민한 사람들에게 천식을 유발하는 등 호흡기계통을 자극한다. 오존은 또한 심장 관련 질환의 민감도를 증가시키며 암 유

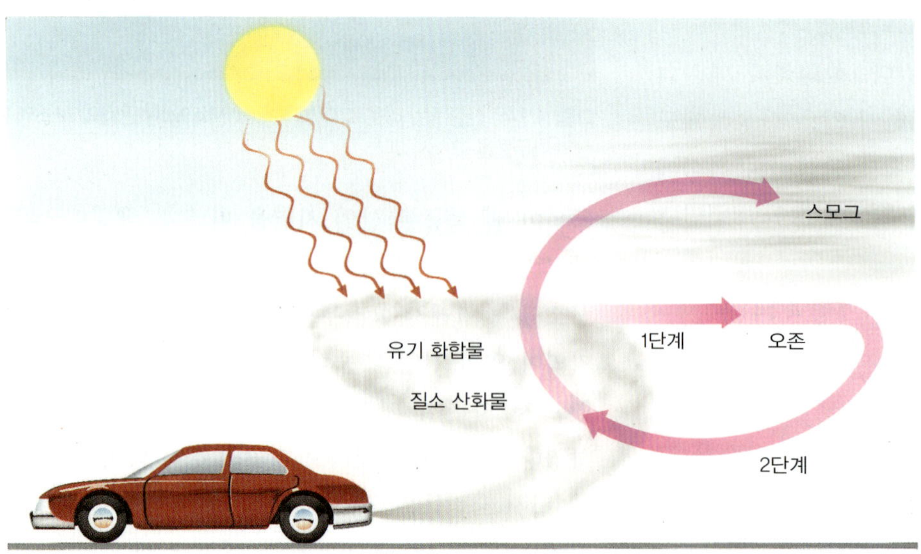

그림 4.16 스모그는 일련의 연속적인 과정으로 생성된다. 1단계: 차량에 의해 대기 중으로 배출된 오염 물질이 태양빛과 반응하여 오존을 형성한다. 2단계: 오존이 차량에 의해 배출된 대기 오염 물질과 반응하여 스모그를 형성한다.

발까지 의심되고 있는 물질이다. 고농도 오존은 식물의 성장을 더디게 하는데 이는 지금도 캘리포니아의 농업 지대에서 특별히 심각한 문제다.

전 세계적으로 오존 농도 수준은 1980~2005년 사이에 25 %가 줄었다. 그러나 지역적으로 살펴보면 여전히 문제가 심각하다. 최근의 미국 환경보호청 보고서에 따르면 총 4,200만 명이 살고 있는 49개 카운티에서 2004년 오존 농도는 상당히 높게 나타났고, 이 중에서 총 1,800만 명이 살고 있는 7개 카운티에서 특히 높았으며, 지역별로는 주로 캘리포니아와 텍사스에 있는 카운티에서 주로 오존 농도가 높았다고 보고되었다.

휘발성 유기 화합물

휘발 성분은 쉽게 증발되어서 대기 중으로 즉시 유입되는 성분이다. 화학물질이 생성되거나 석유가 정제될 때 그 부산물로 휘발성 물질이 대기 중으로 유입된다. 철광석으로부터 철이 정제될 때 이산화황과 같은 오염 기체들이 방출된다. 농약이 밭이나 과수에 살포되면 일부는 바람에 의해 수송된다. 혹은 집에서 페인트칠을 할 때에도 페인트의 휘발 성분이 대기 중으로 유입된다. 이러한 결과들에 의해 수많은 휘발 성분이 오염된 대기 중에 존재하게 되며, 휘발 성분 중 일부는 인체에 해가 없으나 일부는 독성이 있으며, 아직도 연구되지 않은 휘발 성분이 대기 중에 많이 존재하고 있다. 다이옥신의 경우를 생각해 보자.

특별한 목적으로 다이옥신을 만드는 경우는 거의 없다. 다이옥신은 제초제나 살충제 혹은 다른 산업 제품의 성분 속에 있는 것도 아니며, 가까운 철물점이나 약국에서도 팔지 않는다. 다이옥신은 어떤 화학물질을 만들거나 특정한 화학물질이 연소될 때 생성되는 원하지 않는 부산물이다. 예를 들어 현재 미국의 경우, 쓰레기 소각장이 다이옥신을 가장 많이 배출하는 지역이다. 플라스틱 PVC(polyvinyl chloride)와 같은 염소가 포함된 성분이 소각하게 되면 염소가 휘발성 성분과 반응하여 다이옥신을 생성시킨다. 생성된 다이옥신은 소각장의 굴뚝으로부터 나와 대기 중으로 확산되어 결국에는 지표로 낙하하게 된다. 이후 가축들이 다이옥신을 함유한 풀을 먹을 경우 다이옥신은 가축의 지방 성분에 저장되고, 사람들은 육류와 유제품을 섭취함으로써 결국은 다이옥신 성분을 섭취하게 된다. 미국 환경보호청에서는 미국 시민들은 매일 음식으로부터 약 0.0000000001 g (100 pg)의 다이옥신을 섭취한다고 보고하였다. 이 수치는 매우 적은 양이지만 미국 환경보호청은 다이옥신이 현재까지 알려진 물질 중 가장 유독성이 있는 물질이므로 미량 성분으로도 암, 호르몬 조절 장애, 생식 및 면역계 장애, 출산 장애 등 매우 해로운 결과를 유도한다고 보고하였다. 일부에서는 이러한 사실을 인정하지 않았는데, 그 예로 화학물질 협회에서는 "매일의 일상생활에서는 어떤 종류든지 다이옥신의 영향을 직접적으로 입증할 만한 단서는 없다"고 발표하였다.

입자상 물질(particle 또는 particulate) 대기오염 용어로서 분자보다 크지만 매우 작은 고체 입자 덩어리들로서 먼지나 검댕 등을 일컫는다.

에어로졸(aerosol) 대기 오염 용어로서 대기 중에 부유하는 입자상 물질을 말한다.

누구도 소량의 이 독성 물질이 유해한지에 대해 정확히 알지 못하고 있다. 환경론자들은 유비무환 정신을 내세워 다이옥신과 같은 휘발성 물질을 대기로부터 줄여야 한다고 강변하였다. 다른 한편의 반대론자들은 아직 유해한 영향이 입증되지 않은 상태에서의 다이옥신 감축 비용은 경제에 부담이 될 것임을 경고했다.

입자상 물질과 에어로졸

입자상 물질(particle 또는 particulate)은 먼지나 검댕 같은 작은 고체 덩어리를 일컫는다. **에어로졸**(aerosol)은 공기 중에 떠 있는 분자보다 크기가 큰 소립자를 총칭한다. 이러한 용어들은 대기 오염을 논의할 때 보통 혼용하여 사용한다. 수많은 자연적인 과정을 통해서도 에어로졸은 발생한다. 바람에 날린 흙먼지, 꽃가루, 화산재, 바다로부터의 내염성 물보라, 산불에 의해 발생하는 연기 혹은 검댕 등이 모두 에어로졸이다. 산업 활동으로 배출되는 에어로졸 또한 대기 중으로 유입된다.

연기나 검댕은 연료가 연소할 때 항상 발생하는 에어로

비산 재(fly ash) 석탄이 연소할 때 대기 중으로 유입되는 연소되지 않는 물질로서 최종적으로 먼지 형태로 침적된다.

클로로플루오르카본(chlorofluorocarbons; CFCs) 염소와 불소를 함유한 유기 화합물로서 대기 상층까지 상승하여 오존층을 파괴한다.

할론(halon) 브로민과 염소를 함유한 유기 화합물로서 대기 상층까지 상승하여 오존층을 파괴한다.

오존 구멍(ozone hole) 성층권에서 오존 농도가 비정상적으로 낮은 지역

졸이며 암을 유발한다. 석탄은 오래된 습지의 진흙 바닥에서 석탄이 형성될 때 퇴적된 흙과 연소되지 않은 광물도 포함하고 있다. 석탄이 연소하면 이러한 광물들이 굴뚝으로부터 나와 공기 중에 **비산 재**(fly ash)로 존재하다가 모래의 성질을 띠는 먼지로 내려앉게 된다. 또한 금속이 채굴되고 가공될 때, 폭발할 때, 땅을 팔 때 먼지가 발생하며, 이 먼지는 대기 중 총에어로졸양을 증가시킨다.

1988년 미국 환경보호청의 의생태학자들은 오하이오 주의 스튜번빌(Steubenville)에서 대기 중의 에어로졸 농도 수준이 임계값 이상이 되면 교통사고 혹은 심장마비 등 모든 사고에 의한 사망자 수가 증가하였음을 발견하였다. 스튜번빌에서 추후 몇 번의 연구를 수행한 결과, 미국 환경보호청은 대기 중 에어로졸 농도를 추가로 낮추어야 한다고 제안하였다. 반대론자들은 에어로졸이라는 용어가 유해하지 않는 소금 입자에서 휘발성을 가진 인체에 유해한 연무에 이르기까지 매우 다양하므로 모든 에어로졸을 대상으로 일률적인 조치를 취하는 것은 매우 불공정하다고 반발하였다.

4.7 오존층 고갈

© OLLY/SHUTTERSTOCK

4.5절에 이미 설명하였듯이, 성층권에서는 태양 에너지가 산소 분자(O_2)를 분해하여 자유 산소 원자(O)를 발생시킨다. 이렇게 생성된 자유 산소 원자는 산소 분자와 결합하여 오존(O_3)을 생성시킨다. 오존은 에너지가 높은 자외선을 흡수한다. 자외선은 피부암을 유발하고, 식물의 성장을 방해하며 또한 생명체의 세포 조직을 손상시키므로 오존의 자외선 흡수는 지구 상의 생물체를 보호하게 된다.

1970년대에는 과학자들은 염소나 플루오린 성분을 함유한 소위 **클로로플루오르카본**(chlorofluorocarbons; CFCs)이라 불리는 유기 성분을 포함하거나 브로민과 염소를 함유한 **할론**(halon)이라 불리는 성분이 대기 상층으로 올라가 반응하여 성층권 오존을 파괴하는 것을 알아내었다(그림 4.17). 그 당시에는 CFCs는 모든 냉장고나 에어컨의 냉매로 사용되었으며, 에어로졸 용기의 분사제, 세정 용매, 플라스틱 폼 소재 커피 잔, 건물의 단열재 등으로 사용되었다.

1985년 과학자들은 남극 상공의 성층권에서 오존 농도가 비정상적으로 낮은 지역을 발견하여, 이를 **오존 구멍**(ozone hole)이라 불렀다. 남극 상공의 오존 농도는 1985~1993년 동안 북아메리카 넓이에 해당하는 2,300만 km^2의 넓이에 걸쳐 평균치보다 약 65 % 낮은 수준으로 계속 감소하였다. 또한 연구진들은 지역적으로 지표 근처에서는 자외선의 양이 현저히 증가하였음을 보고하였으며, 또한 북반구에서의 오존 감소 경향을 기록하였는데 1995년 3월 미국 상공의 오존은 1979년 3월에 비해 15~20 % 감소하였음을 알아냈다.

전 지구적인 오존 감소에 대한 이 자료는 전 세계적인 산업 국가들에게 CFCs와 오존 파괴 물질의 사용을 제한하는 데 기여하였다. 그 일련의 과정에서 1978~1992년에 걸쳐 국가 간 국제협정이 체결되었는데, 이때 많은 국가들이 대기 중 오존을 파괴하는 물질을 삭감하거나 줄이는 데 서명하였다. 이에 따라 대부분의 산업 국가들은 1996년 1월 1일 CFCs 생산을 중단하였다.

이러한 국제적 조치는 긍정적인 효과를 불러 왔다. 오존 파괴 화학물질 농도가 대류권에서 1994년에 정점을 이루다가 그 후 감소하기 시작하였고, 성층권으로 유입되는 CFCs와 할론양도 줄어들었다. 성층권에서 이미 존재했던 CFCs와 할론은 서서히 성층권 오존 파괴를 감소시켰으나, 이후 오존 파괴 물질 농도는 정점을 이룬 후 서서히 감소하기 시작하였다. 그러나 2006년 5월에 발표된 성층권 오존에 관한 연구 결과에 따르면 자연적인 순환이 인간과 자연의 영

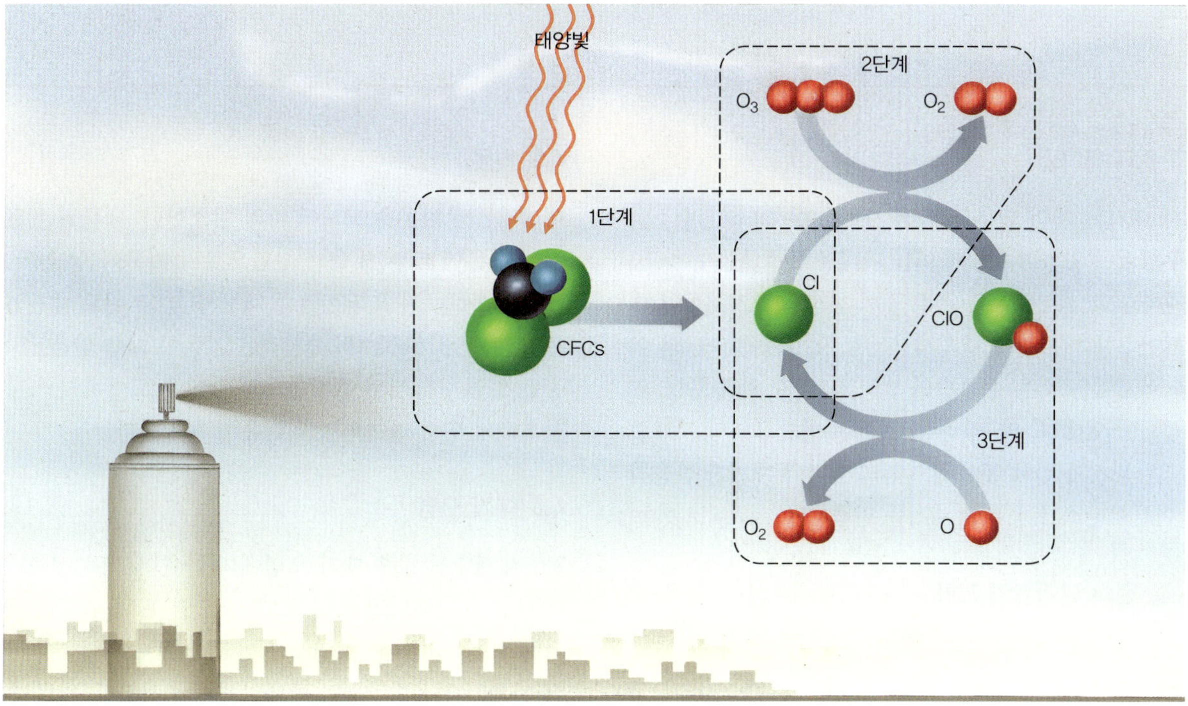

그림 4.17 CFCs는 3단계 반응으로 오존층을 파괴한다. 1단계: CFCs가 대기 중으로 배출된다. 자외선은 CFCs 분자를 분해하여 염소(Cl) 원자를 생성시킨다. 2단계: 염소 원자는 오존(O_3)과 반응하여 산소(O_2)를 생성시킴으로써 오존을 파괴한다. 남은 산소 원자는 염소와 반응하여 ClO를 생성시킨다. 3단계: ClO는 다시 염소 원자로 환원되면서 산소 원자를 산소 분자로 생성시킨다. 그러므로 염소는 결국 반응에 참여하지 않으며 하나의 염소가 계속 반응할 수 있어 수많은 오존 분자를 파괴한다.

향에 따른 상대적인 효과를 판단하기 어렵게 만들지만 "성층권 오존양은 전 세계적으로 볼 때 적어도 감소하지는 않았다"고 기술하였다. 결론 부분에서도 아직은 "오존 감소가 처음 관측된 당시인 1980년 이전 수준으로 회복될 것 같지는 않다"[4]고 기술하였다(그림 4.18).

4) Elizabeth C. Weatherhead and Signe Bech Andersen, "The Search for Signs of Recovery of the Ozone Layer", *Nature* 441(May 4, 2006), 39; online at http://www.nature.com/nature/journal/v441/n7089/abs/nature04746.html.

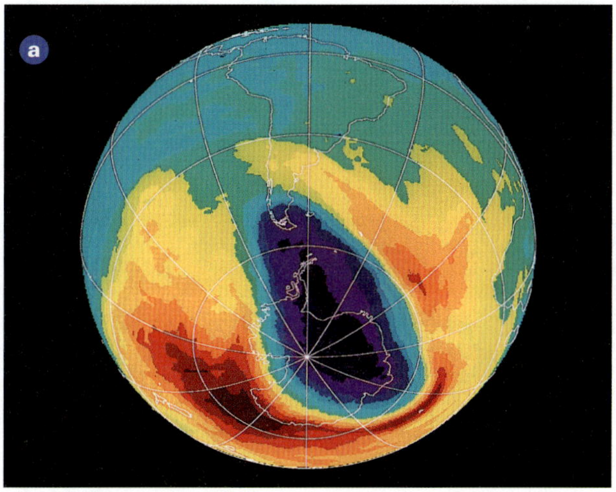

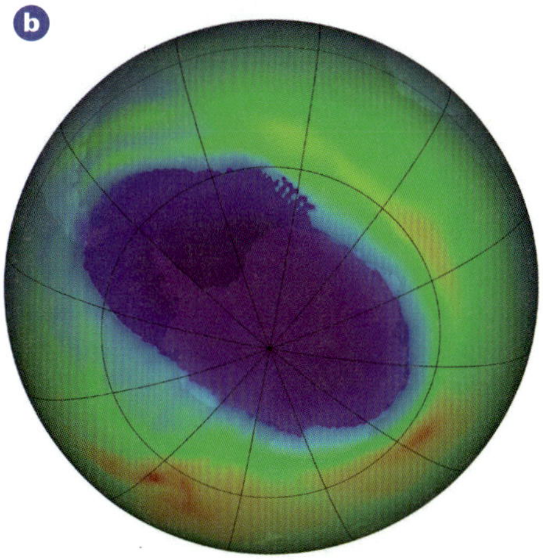

그림 4.18 (a) 1994년 남극 상공의 성층권 오존을 촬영한 위성 영상 (b) 2004년 동일 장소를 촬영한 영상. 두 위성 영상에서 진한 보라색은 가장 낮은 오존 농도를 나타낸다.

요약

4.1 지구의 초기 대기권

지구의 원시 대기는 거의 대부분 가장 가벼운 두 원소인 수소와 헬륨으로 구성되어 있었다. 그 후 이들 가벼운 원소들은 우주 공간으로 빠져나갔고, 외부로부터 폭발 등의 현상으로 기체들이 대기로 유입되어 2차 대기권을 생성시켰는데, 이때에는 다량의 이산화탄소와 이보다는 적은 수증기와 질소, 그리고 기타 미량 원소들로 구성되어 있었다. 약 40억 년 전에는 맨틀로부터 지표로 가스 방출되는 과정과 함께 분출된 지권의 암석과 대기가 반응하여 수소와 이산화탄소가 풍부한 대기를 만들었다.

4.2 생명, 철, 현대 대기권의 진화

초기의 시아노박테리아에 의해 광합성작용이 시작되어 약 27억 년 전에 산소가 생성되기 시작하였다. 그러나 다음의 2가지 과정 때문에 3억 년 동안 대기 중의 산소 농도는 급속하게 증가하지 않았다. (1) 산소가 증가하여 초기에는 해수에 용해된 철 성분과 반응하면서 호상철광층을 형성하였고, 용해된 철이 거의 대부분 강수에 의해 제거된 다음에야 현재 수준으로 산소가 증가하게 된다. (2) 생명이 처음 진화될 때, 대기 중 수소는 높은 상태로 유지되었고 산소는 수소와 반응하여 물을 생성하였다. 박테리아는 수소를 메테인으로 전환시켰고, 대기 중 산소는 수소가 다 제거된 다음에 증가하기 시작하였다. 최초 대 산화사건은 24억 년 전에 일어났다. 그 후 추가된 산소는 호흡작용으로 거의 균형을 이뤘다. 약 6억 년 전에는 수많은 과정들로 인하여 부패와 호흡작용이 완화되었고, 과잉 산소로 인해 결국 2차 대 산화사건이 유도되었다.

4.3 현대 대기권

오늘날에는 건조 공기의 기체 성분은 약 78 %의 질소와 21 %의 산소, 그리고 1 %의 기타 기체로 구성되어 있다. 그리고 대기 중에는 수증기, 먼지, 액체 물방울, 대기 오염 물질이 포함되어 있다.

4.4 기압

기압(혹은 기압계 기압)은 단위 넓이당 공기의 무게다. 기압은 날씨에 따라 변하며 고도가 증가함에 따라 감소한다.

4.5 기온

대기권에서 기온은 고도에 따라 감소한다. 대류권 위로 성층권에서는 오존이 태양 빛을 흡수함으로써 기온이 상승한다. 고도 약 50 km에서는 지표 기온만큼 따뜻하다. 그 위로 중간권에서는 기온이 다시 감소하는데, 중간권은 기온이 매우 낮은 층이다. 그 위층인 열권은 대기의 최상층으로서 많은 고에너지 복사량을 흡수함으로써 빙점 가까이까지 기온이 상승한다.

4.6 대기 오염

2차 세계대전 전후 대기 오염에 의한 인체 유해성이 증가되면서 1963년 청정대기법과 같은 대기 오염 관련 법령이 재정되었다. 석탄과 유류의 불완전 연소는 발암성 유기 화합물인 벤젠이나 온실 기체인 일산화탄소와 메테인을 배출시켰다. 연료 속의 불순물질은 연소하면서 질소 산화물이나 황 산화물을 발생시켰다. 질소나 황 산화물들은 대기 중에서 반응하여 산성비를 유발하여 건강을 위협하고, 물질을 손상, 곡물이나 산림의 성장을 저해하였다. 자동차의 불완전 연소에 의한 배기가스는 태양빛이 존재할 경우 일산화질소와 반응하면 대기 중의 산소는 오존으로 생성된다. 오존은 차량의 불완전한 연소에 의한 물질과 결합하여 스모그를 형성한다. 다이옥신은 화학물질이 만들어지거나 어떤 물질이 태워서 소각될 때 발생하는 대표적인 물질이다. 어떤 과학자들은 다

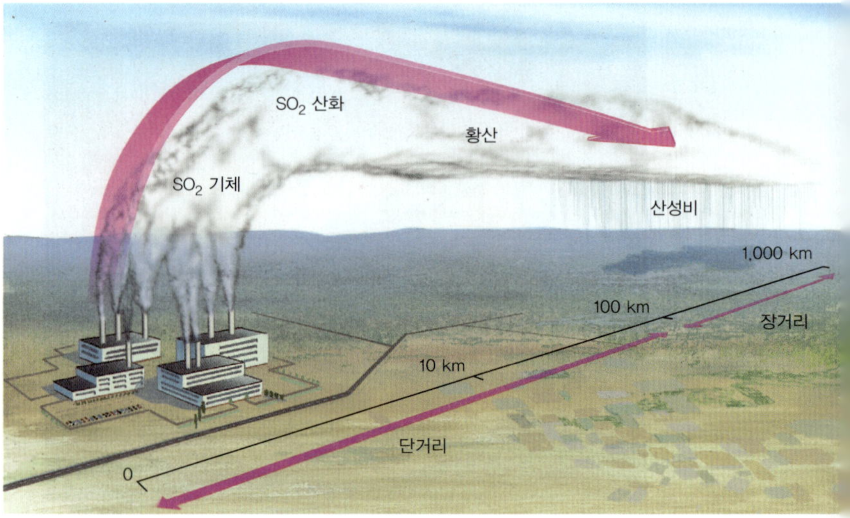

그림 4.13 산성비는 공장의 굴뚝에서 나온 황 화합물이 대기 중으로 배출되어 생성된다.

이옥신이나 유독한 휘발성 물질은 미량으로도 인체에 유독하다는 것을 주장하였으나 동의하지 않는 과학자들도 있다. 어떤 연구 결과에 따르면 산업 활동에 의해 생성된 에어로졸은 인체에 해로운 것으로 보고하였으나, 에어로졸의 종류가 너무 다양하여 어떤 에어로졸이 가장 해로운지는 알아내기 어렵다.

4.7 오존층 고갈

염소나 브로민을 포함한 CFCs나 할론은 성층권에 진입하여 오존을 파괴한다. 성층권 오존은 인체에 유해한 자외선을 차단하고 지구를 보호하는 물질이다. 오존 파괴 물질은 국제 협약에 의해 통제됨에 따라 대류권에서의 오존 파괴 물질 농도는 서서히 감소하였다. 그러나 전반적으로 성층권 오존 농도 수준은 계속 증가하고 있고 심각한 오존 구멍은 아직도 극지방에 존재한다.

핵심용어

2차 대 산화사건 Second Great Oxidation Event (4.2)
pH 단위 pH scale (4.6)
가이아 Gaia (4.2)
광합성작용 photosynthesis (4.2)
기압 atmospheric pressure 또는 기압계 기압 barometric pressure (4.4)
기압계 barometer (4.4)
기체방출 outgassing (4.1)
대류권 troposphere (4.5)
대류권계면 tropopause (4.5)
바 bar (4.4)
비산 재 fly ash (4.6)
산성강수 acid precipitation 또는 산성비 acid rain (4.6)
성층권 stratosphere (4.5)
성층권계면 stratopause (4.5)
스모그 smog (4.6)
시아노박테리아 cyanobacteria (4.2)
에어로졸 aerosol (4.6)
열권 thermosphere (4.5)
오존 구멍 ozone hole (4.7)
입자상 물질 particle 또는 particulate (4.6)
중간권 mesosphere (4.5)
중간권계면 mesopause (4.5)
최초 대 산화사건 First Great Oxidation Event (4.2)
클로로플루오르카본 chlorofluorocarbons; CFCs (4.7)
할론 halon (4.7)

연습문제

1. 지구의 초기 대기권의 형성과정과 그 조성을 논하시오.
2. 2차 대기권은 언제 그리고 어떻게 형성되었는가? 그때의 대기의 조성을 현재의 대기와 비교하시오.
3. 분출 과정에서 나온 기체는 어떻게 하데스 대기의 조성에 영향을 주었는가?
4. 처음 약 27억 년 전 대기 중의 산소는 어떤 과정을 통해 생성되었는가?
5. 최초 대 산화사건을 간단히 기술하시오.
6. 호상철광층은 어떻게 생성되는가? 그 형성 과정이 어떻게 대기권에 영향을 주었는가?
7. 2차 대 산화사건을 간단히 기술하시오.
8. 대기권에서 가장 높은 비율을 차지하는 기체 2종류를 나열하시오. 그 다음을 차지하는 기체 3종류를 나열하시오. 자연 공기 중에서 기체가 아닌 물질 3가지를 쓰시오.
9. 고도에 따른 기압의 변화를 그래프로 나타내고, 왜 그런 변화가 나타나는지 설명하시오.
10. 기압계란 무엇이며 어떻게 작동하는지 설명하시오.

11. 고도에 따른 기온의 변화를 그림으로 나타내시오. 그림 위에 대기권의 모든 중요한 층의 이름을 기입하시오.

12. 미국 펜실베이니아 주 도노라에서 발생한 대기 오염 재앙에 대해 논하시오. 어떤 오염 물질이 관여되었는가? 그 오염 물질은 어디에서 배출되었는가? 또 어떻게 고농도가 나타나게 되었는가?

13. 대기 오염 물질의 주요 발생 배출원을 간단히 나열하시오.

14. 석탄이나 휘발유가 연소할 때 어떤 대기 오염 물질이 배출되는가?

15. 산성비는 무엇이며, 어떻게 생성되며, 어떻게 인체 혹은 곡물, 기타 물질에 영향을 주는가?

16. 스모그는 무엇이며, 어떻게 생성되고, 차량 배기가스와 어떻게 다른가?

17. 휘발성 물질은 무엇이며, 왜 통제하기 힘든가?

18. 다이옥신의 생성, 이동, 인체 유해성에 대해 설명하시오.

19. 에어로졸은 무엇인가? 에어로졸이 인체에 미치는 영향에 대해 설명하시오.

20. CFCs가 어떻게 오존층을 고갈시키는지 설명하시오.

21. 대류권 오존은 왜 인체에 해로우며, 성층권 오존은 왜 이로운지 설명하시오.

22. 오존 파괴 물질 사용을 반대하는 국제 협약의 효과에 대해 설명하시오.

5장
대기권 내의 에너지 평형

빙하, 설원, 일본 알프스의 눈 덮인 산들은 태양빛을 반사하면서 지구를 식혀준다.

COPYRIGHT AND PHOTOGRAPH BY DR. PARVINDER S. SETHI

날씨(weather) 주어진 시간과 장소에서의 대기의 상태로서 기온, 바람, 구름양, 습도, 강수에 의해 그 특성이 결정된다.

기후(climate) 한 지역에서 몇십 년 동안 나타나는 평균 기상 상태를 말하며, 기온, 바람, 강수 등의 연 변화와 연관되며 일변화를 의미하지 않는다.

광자(photon) 빛의 입자로서 가장 작은 입자 혹은 전자기 에너지의 다발

> "태양이 산들에게 선물하는 아침인사가 얼마나 찬란한지 보라"
>
> 존 뮤어(John Muir, 1838~1914)[1)]

날씨(weather)는 주어진 시간과 장소에서의 대기의 상태다. 기온, 바람, 구름양, 습도, 강수는 모두 날씨를 구성하는 요소들이다. 날씨는 매일 변하며, 심지어는 시간에 따라 다르다.

기후(climate)는 한 지역에서 몇십 년 동안 나타나는 평균 기상 상태를 말하며, 특히 기온과 강수의 특성을 일컫는다. 마이애미와 로스앤젤레스에서의 기후는 덥다. 여름에는 덥고 심지어 겨울에도 따뜻하다. 반대로 뉴욕과 시카고는 더 양극화된 기후를 나타낸다. 겨울에는 춥고 눈이 많으며 여름에는 마이애미처럼 덥다. 반면 시애틀은 안개가 많아 온화하며 겨울에는 구름이 많다. 8장에서는 전 지구의 기후 변화를 다룰 것이다.

대기 중의 에너지 평형을 유도하는 수많은 과정들은 서서히 변하며 예측이 가능하다. 그러나 날씨나 기후는 항상 서서히 그리고 예측할 수 있게 변하지는 않는다. 왜냐하면 복잡한 시스템의 상호작용과 임계 현상 혹은 피드백 메커니즘 때문이다. 간단히 예를 들면 적도에서 가장 강하게 입사하는 태양 복사 에너지는 극지방으로 갈수록 줄어든다고 예측한다. 그러나 기온은 적도 부근보다 일부 고위도에서 더 높아 어떤 날에는 몬트리올 지역이 휴스턴 지역보다 더 따뜻하기도 하다. 이번 단원과 다음 단원에서는 날씨와 기후를 유도하는 근본적인 대기에서의 여러 과정들을 설명하고, 이 과정들이 어떻게 서로 상호작용하는지를 알아본다.

5.1 입사 태양 복사

태양으로부터 방출되는 에너지는 사방으로 복사되며 그 중 지구는 태양 에너지 전체의 약 20억 분의 1 정도만을 받아들인다. 그럼에도 불구하고 극히 일부 에너지가 지구의 표면을 따뜻하게 가열하고, 생명체가 살기에 적당하도록 유지한다.

태양과 지구 사이의 공간은 거의 비어 있는데, 그러면 어떻게 태양빛이 진공 상태에서 진행할까? 1600년대 후반에서 1700년대 초반에는 빛에 대한 이해가 매우 제한적이었다. 영국의 물리학자인 아이작 뉴턴(Isaac Newton, 1643~1727)은 빛을 입자의 흐름으로 이해하여 이것을 빛의 다발(packet)이라 명명했다. 또 다른 물리학자인 로버트 훅(Robert Hooke, 1635~1703)과 크리스티안 호이헨스(Christian Huygens, 1629~1695)는 빛은 파동 형태로 이동한다고 주장했다. 오늘날에는 빛이 파동으로 이동한다는 로버트 훅과 크리스티안 호이겐스의 주장이 사실임을 알고 있으나 아이작 뉴턴이 주장한 사실, 즉 빛이 입자로 구성되었다는 것 또한 사실임을 알고 있다. 그러면 어떻게 빛이 입자이면서 동시에 파동일 수 있는가? 빛은 근본적으로 여러분이 알고 있는 물체와 다르기 때문에 빛에 대한 이러한 질문은 부적절하다. 빛은 그 자체로 고유한 성질을 가지며 파동과 동시에 입자로서 행동한다.

빛의 입자들을 광자(photon)라고 한다. 진공 상태에서 광자는 빛의 속도로 이동하며 그 이상 혹은 그 이하 속도로는 이동하지 않는다. 빛의 이동 속도는 초당 3×10^8 m이다. 이것은 광자가 지구와 태양 사이의 거리인 1억 5천만

1) 역자 주: 스코틀랜드 태생 미국 박물학자 겸 작가로서 미국 야생 보전을 초기에 주장하였고 시에라 클럽(Sierra Club)을 창립하였다.

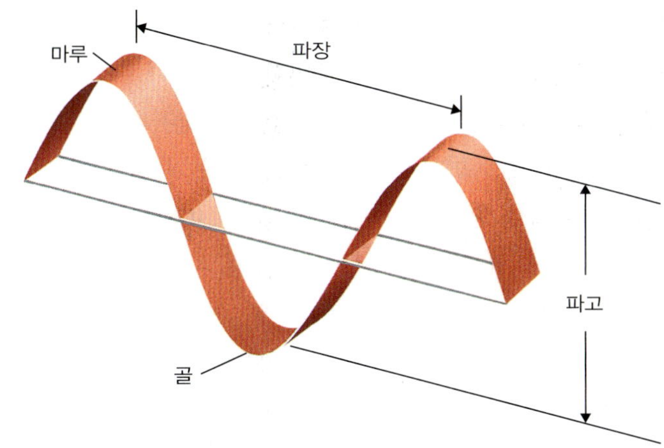

그림 5.1 빛의 파동을 설명하는 용어는 해수, 음파 및 다른 여러 형태의 파의 용어와 동일하다.

km를 약 8분 만에 이동할 수 있는 속도다. 광자는 방출되면서 생겨나고 흡수되면서 사라진다는 점에서 다른 일반적인 물체와 다르다.

빛은 **전자기 복사**(electromagnetic radiation)로 불리는 전기 및 자기의 파동으로 행동한다. 이 용어로서 빛의 파동이 음파나 해파와 같은 것으로 볼 수 있다(그림 5.1). 빛의 파장은 연속하는 두 마루 사이의 거리이며, 파의 **진동수**(frequency)는 어떤 점을 완전한 한 사이클, 즉 파의 마루에서 마루까지 단위 시간당 지나간 횟수를 말한다. (얼마나 자주 (많은 횟수로) 파가 지나갔는가를 생각해 보라.) 전자기 복사는 파장과 진동수에 따라 광범위하게 발생한다. **전자기 스펙트럼**(electromagnetic spectrum)은 각기 다른 파장과 진동수의 연속 복사체다(그림 5.2). 스펙트럼의 한쪽 끝에는 가정에서도 일상적으로 사용하고 있는 긴 파장(5,000 km)과 낮

전자기 복사(electromagnetic radiation) 진동하는 전기장과 자기장으로 구성된 복사를 말하며 라디오 파, 적외선, 가시광선, 자외선, X선, 감마선을 포함한다.

진동수(frequency) 어떤 점을 완전한 한 사이클, 즉 파의 마루에서 마루까지 단위 시간당 지나간 횟수

전자기 스펙트럼(electromagnetic spectrum) 긴 파장(낮은 진동수)부터 매우 짧은 파장(높은 진동수)까지의 전자기 복사의 전 영역

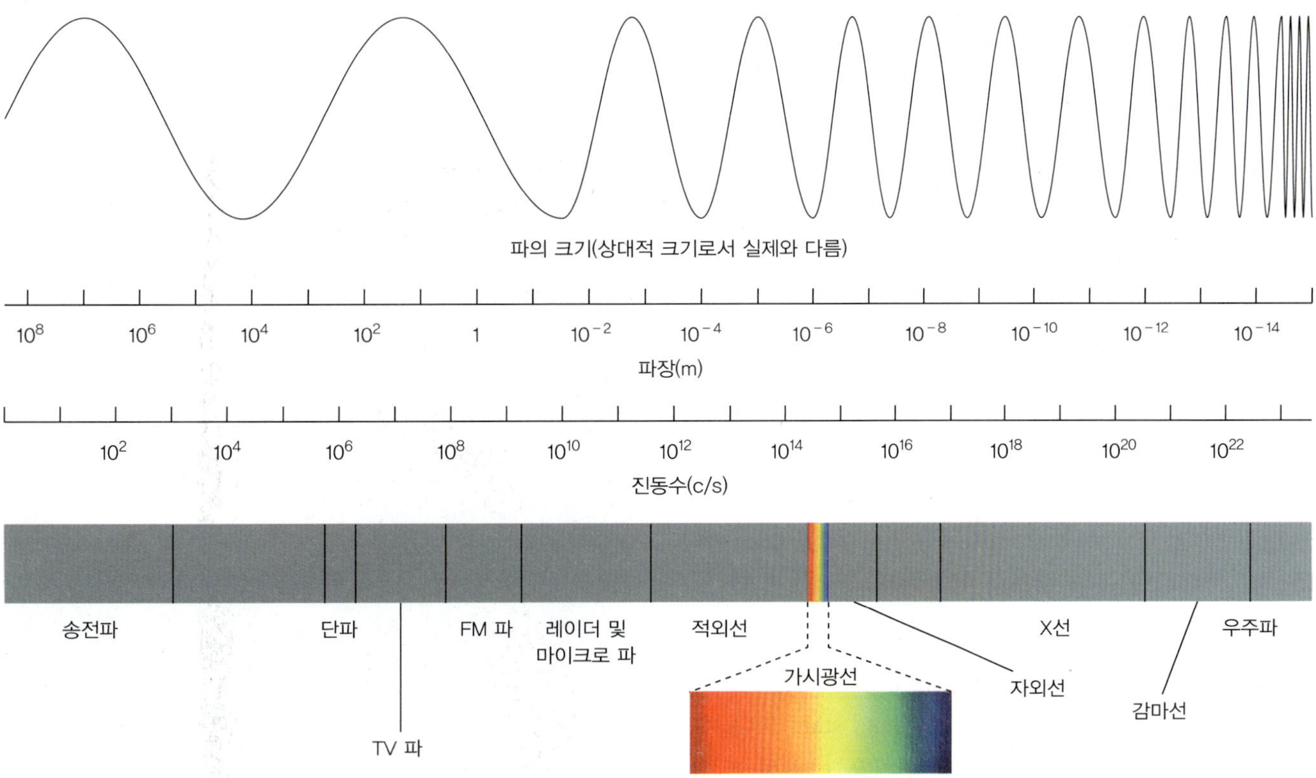

그림 5.2 전자기 스펙트럼. 그림에 나타난 파동의 상대적 크기는 실제와 일치하지는 않음에 유의하라. 실제 파장은 10^{22}배의 차이로 변한다.

복사 흡수(absorption of radiation) 에너지가 흡수될 때 일어나는 과정. 이때 광자 에너지는 전기 에너지, 화학 에너지, 진동 에너지, 열 에너지로 전환되며 광자는 없어진다.

들뜬 상태(excited state) 분자나 원자 내의 전자 에너지 준위가 최저인 상태(혹은 바닥 상태)보다 높은 에너지를 가지는 물리적 에너지 상태

복사 방출(emission of radiation) 원자 혹은 분자 내의 전자가 양자 형태로서 에너지가 높은 들뜬 상태에서 에너지가 낮은 단계로 내려가면서 에너지를 방출하는 과정이다.

은 진동수(초당 60 cycle)가 존재한다. 다른 한쪽 끝에는 매우 짧은 파장(10^{-12} cm 또는 10^{-14} m)과 높은 진동수(초당 10^{22} cycle)를 가진 우주선(cosmic ray)이 존재한다. 가시광선은 전자기파에서 아주 작은 부분(전체 1%의 약 백만 분의 일)을 차지한다.

흡수와 방출

2월과 같이 눈이 오는 추운 날 야외에 나가려면 두터운 외투, 모자, 장갑을 착용한다. 그래도 태양빛은 따사롭게 내리쬔다. 영하권으로 기온이 떨어져도 하늘이 맑으면 설맹을 방지하기 위해 선글라스를 착용해야 하며, 만약 드러난 하얀 피부를 보호하지 않으면 햇볕에 그을리게 될 것이다.

광자는 축적된 에너지의 아주 작은 묶음이다. 광자가 가진 에너지는 오직 빛의 진동수에 좌우되며 온도에 좌우되지는 않는다. 광자가 여러분의 얼굴을 때릴 때 광자는 흡수된다. **복사 흡수**(absorption of radiation)가 진행되는 동안 광자 에너지는 여러분의 피부 분자 속에서 물리 화학적 반응을 일으킬 수 있다. 그중 일상적으로 일어날 수 있는 반응은 물체를 익히는 것인데, 이런 반응으로 여러분의 얼굴은 햇볕에 그을리거나 타게 된다. 광자는 여러분의 눈에 있는 망막 속의 분자를 익히게 되는데, 이 현상이 자주 일어날 경우 여러분의 눈은 설맹이 될 것이다.

가끔 흡수된 광자가 화학반응을 일으키지 않고 분자들을 떨리게 하거나 아주 빨리 회전시키기도 한다. 이런 빠른 운동을 통해 여러분의 피부는 따뜻하다고 느끼게 된다.

양자 에너지는 또 다른 방식으로 분자 속의 전자로 전달된다. 이 경우 전자는 소위 **들뜬 상태**(excited state)로 올라가게 되는데, 들뜬 상태란 바닥 상태(ground state)보다 에너지 준위가 더 높은 상태다. 그러나 전자는 이러한 들뜬 상태에서 영원히 남아 있지 않고 에너지 상태가 낮은 상태로 되돌아오게 되는데 이 과정에서 **복사 방출**(emission of radiation)이 시작된다. 다시 말하면 광자 에너지가 전자로 전달되고 결국은 전자가 받았던 에너지를 광자의 형태로 되돌려 주면서 이를 방출시킨다. 모든 물체는 특정 파장 대에서 빛 에너지를 항상 방출한다(절대온도 0 K 제외).

이제 피부에서 철 막대기로 시선을 옮겨 보자. 실내 온도에서 철 막대기는 적외선을 방출한다. 이 복사는 에너지가 낮고 파장이 길다. 이 파장은 에너지가 너무 낮아 눈의 시신경을 활성화하지 않으므로 눈에 보이지 않는다. 적외선 복사는 때때로 적외선 열(infrared heat) 혹은 적외선(infrared ray)이라 불린다. 그러므로 실온 상태이지만 철 막대기는 열을 방출한다. 이 막대기를 뜨거운 불꽃 위에 놓으면 충분히 뜨거워졌을 때 희미한 붉은색 빛을 내며 가열되기 시작한다. 그 열은 철 막대기의 전자를 들뜬 상태로 전환시키고 들뜬 상태의 전자는 눈에 보이는 붉은 전자기파를 방출한다(그림 5.3). 열을 더 가하게 되면 철 막대기는 서서히 색이 변하여 결국 흰색으로 된다. 이 실험은 전자기 복사의 다른 성질, 즉 복사의 파장(색)은 물체의 온도에 따라 결정된

COPYRIGHT AND PHOTOGRAPH BY DR. PARVINDER S. SETHI

그림 5.3 용접을 할 때 철은 붉은색, 주황색을 거쳐 더 달궈지면 흰색을 띤다.

다는 사실을 잘 보여 준다. 온도가 올라가면 복사의 에너지 수준이 증가하고 파장은 짧아지고 색은 점진적으로 변한다.

태양의 표면 온도는 약 6,000 ℃다. 이렇게 높은 온도 때문에 태양은 상대적으로 높은 에너지(짧은 파장)를 방출하는데, 즉 스펙트럼에서 가시광선과 자외선 영역의 높은 에너지를 방출한다. 이렇게 방출된 복사 에너지가 지구에 도달하면 암석이나 토양에 의해 흡수된다. 그러나 지구는 태양보다 훨씬 온도가 낮으므로 지구는 낮은 에너지인 적외선 영역, 즉 상대적으로 긴 파장과 적은 진동수의 에너지를 방출한다. 그러므로 지구는 높은 에너지인 가시광선 영역을 많이 흡수하고, 낮은 에너지, 즉 비가시광선 영역인 적외선 복사 에너지를 방출한다.

반사

© RONEN/SHUTTERSTOCK

복사 에너지는 지표로부터 다양하게 반사된다. 여러분은 고요한 호수나 거울에 반사된 얼굴을 보는 것에 익숙하다. 어떤 지표는 매우 반사를 잘하는 반사체다. 지표의 반사율을 **알베도(albedo)**(라틴어로 '순백'이라는 뜻)라고 부르며 종종 퍼센트로 표시한다. 거울은 빛을 거의 100 % 반사하므로 알베도는 100 %에 가깝다. 아주 희미하게 보이는 물체는 효율적인 반사체다. 현재 여러분이 보고 있는 이 페이지의 하얀 종이는 빛을 반사하므로 이 빛이 여러분의 눈으로 들어가고, 검은 글자는 거의 반사되지 않으므로 그 차이로 글을 읽을 수 있다.

설원이나 빙하의 경우 알베도가 높아 태양빛의 80~90%를 반사한다. 구름은 그 다음으로 알베도가 높아 약 50~55 %의 태양빛을 반사한다. 그러나 도시의 빌딩이나 검게 포장된 도로 등은 10~15 %의 알베도를 가진다(그림 5.4). 산림의 경우 어두운 잎으로 구성된 독립적인 표면을 이루므로 도시보다 더 낮은 약 5 %의 알베도를 가지며, 지구 표면의 2/3를 차지하는 해양 또한 낮은 알베도를 가진다. 그 결과 알베도가 낮은 이러한 지표들은 상당량의 태양 에너지를 흡수하며 지구의 복사 평형에 많은 영향을 미친다. 그러므로 대기의 평형 온도는 수권, 지권, 생물권의 알베도에 의해 현저한 영향을 받는다. 만약 빙하나 구름양이 증가하여 지구의 알베도가 증가하면 지표 온도는 낮아질 것이다. 반대로 빙하가 녹아 지구의 알베도가 감소하게 되면 온난해질 것이다. 그러므로 지구 상의 눈 혹은 빙하의 증가나 감소는 에너지의 되먹임 메커니즘의 대표적인 예가 될 수 있다. 예를 들어 지구의 기온이 소폭 하강하여 추워지면 설원이나 빙하는 증가한다. 그러나 눈이나 얼음은 태양 에너지를 반사하여 빛을 우주 밖으로 내보내므로 추가적으로 더 기온을 내려가게 한다. 이것은 눈이나 빙하가 많아지는 결과를 낳고 이로 인해 기온은 더 낮아진다.

알베도(albedo) 지표의 반사도로서 빛을 더 많이 반사할 경우 더 높은 알베도를 갖는다.

산란

맑은 날 남향 건물에서는 창문을 통해 태양빛이 직접 비친다. 그러나 북향 건물에서는 태양을 볼 수 없다. 그렇더라도 태양빛은 창문을 통해 들어오며 바깥의 파란

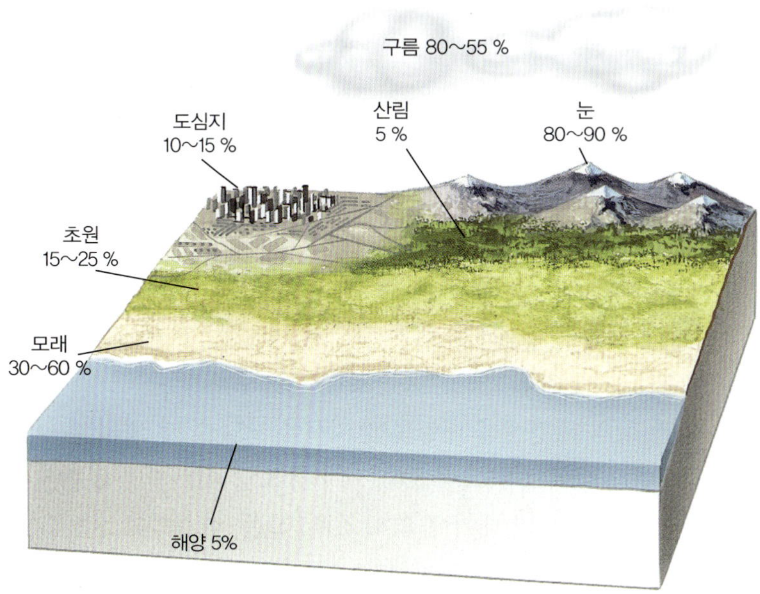

그림 5.4 지구 표면의 알베도는 매우 다양하다.

온실효과(greenhouse effect) 대기의 적외선 흡수 기체들이 태양으로부터 전달된 에너지를 가두어 둠으로써 행성의 지표에서 기온이 올라가는 현상

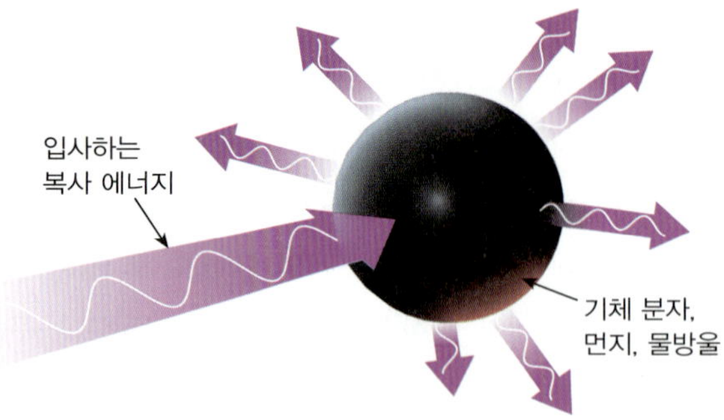

그림 5.5 대기 중의 기체, 물방울, 먼지 등은 입사하는 태양 복사 에너지를 산란시킨다. 이때 산란 방향은 일정하지 않지만 파장은 일정하게 유지된다.

하늘을 볼 수 있다. 만약 태양빛이 단지 직접적으로만 통과한다면 북향 창문을 가진 방은 깜깜할 것이고 창문 바깥의 하늘은 검게 보일 것이다. 대기 중의 기체, 물방울, 먼지 등은 그림 5.5에서 보이는 바와 같이 태양빛을 모든 방향으로 산란시킨다. 따라서 북향 건물의 방을 비추고 하늘을 푸르게 만드는 것은 산란된 빛이다.

산란되는 빛의 양은 빛의 파장에 반비례한다. 파장이 짧은 파란색 빛은 파장이 긴 빨간색 빛보다 더 많이 산란한다. 태양은 모든 파장에서 빛을 방출하나 이들이 모두 결합되어 방출되므로 흰색 빛으로 된다. 결과적으로 태양은 우주 공간에서 흰색으로 보인다. 하늘은 지구 표면에서 볼 때 파란색으로 보이는 데 그 이유는 태양빛 중 파란색 성분이 대기 중 다른 색깔의 파장을 가진 빛보다 더 많이 산란되기 때문이다. 태양은 지구에서 보면 노란색이 되는 데 그 이유는 산란에 의해 파란색 빛이 제거되면 백색광은 노란색이 되기 때문이다.

5.2 복사 평형

이상의 배경에서 태양빛이 지구에 도달할 때 빛의 운명에 대해 살펴보자(그림 5.6). 지구에 도달하는 태양빛 중에 50 %는 구름 및 대기에 의해 흡수, 산란, 반사되고, 3 %는 지구 표면에서 반사된다. 47 %는 지구 표면에서 흡수되어 암석과 토양, 물을 가열한다.

만약 지구가 태양으로부터의 복사 에너지를 흡수하면 왜 지구 표면은 해양이 끓고 바위가 녹을 때까지 지속적으로 뜨거워지지 않는가? 그 이유는 바위, 토양, 물이 흡수한 에너지를 실제적으로 받은 만큼 모두 재방출하기 때문이다. 앞에서 설명하였듯이 지표에 도달하는 대부분의 태양 에너지는 짧은 파장의 가시광선 혹은 자외선 영역이다. 지구 표면은 이 복사 에너지를 흡수한 후 대부분 긴 파장, 비가시광선, 적외선 복사 에너지로 재방출한다. 재방출된 적외선 일부는 곧바로 우주 공간으로 빠져나가기도 하지만 일부는 대기에 의해 흡수된다. 즉, 대기는 지구로부터 나오는 적외선 복사 에너지를 가두어 두는 역할을 함으로써 열 손실을 막는 담요 역할을 한다.

지구에 대기가 존재하지 않는다면 복사열의 손실이 너무 빨라서 지표가 밤에는 급격히 차가워질 것이다. 지구는 대기가 지표로부터 방출되는 많은 양의 복사 에너지를 흡수하여 보유하고 있으므로 밤에도 따뜻한 상태를 유지할 수 있다. 대기가 지표로부터 방출되는 복사 에너지 양보다 더 많이 흡수하면 대기와 지표는 더워질 것이다. 이러한 과정을 **온실효과**(greenhouse effect)라 한다(그림 5.7).[2]

대기 중의 어떤 기체들은 적외선 복사 에너지를 흡수하지만 그렇지 않은 기체들도 있다. 지상의 건조 공기의 99 %를 차지하는 산소와 질소는 적외선 복사 에너지를 흡수하지 않으며, 수증기, 이산화탄소, 메테인과 그 외 몇 개의 미량 원소들은 적외선 복사 에너지를 흡수하는데, 이들 기체를 온실 기체(greenhouse gas)라 한다. 수증기는 대기 중

2) 대기와 온실을 비교해 보면 부분적이지만 비슷한 것을 알 수 있다. 온실의 유리와 지구의 대기는 둘 다 입사하는 단파 복사 에너지에 대하여 투명하여 모두 통과시키며, 방출하는 장파 열복사 에너지에 대해 부분적으로 불투명하여 일부만 통과시킨다. 그러나 온실의 유리는 물리적 장벽이어서 대기의 운동에 따른 열 손실을 막을 수 있는 반면, 지구의 대기는 그렇지 않다. 그러나 지구 대기에서는 복사 에너지를 흡수하여 대기는 더워지고 또한 심각한 기후 변화를 야기한다. 이러한 과정을 '온실효과'라고 하는데 이 용어는 이미 대기과학자나 일상 생활용어로 공용화되었다.

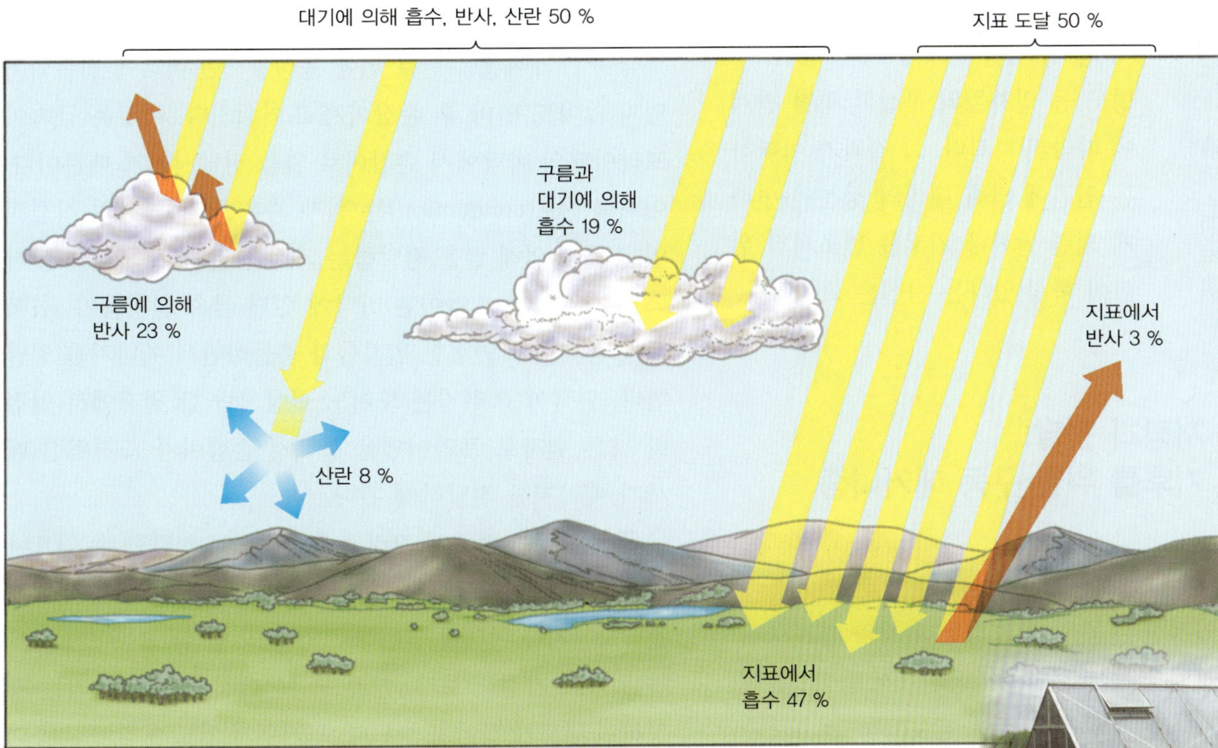

© NICOLE GORDINE/SHUTTERSTOCK

그림 5.6 입사되는 태양 복사 에너지의 절반은 지구 표면에 도달한다. 대기가 나머지 절반을 산란, 반사, 흡수하기 때문이다. 지구 표면에서 흡수된 태양 복사 에너지는 전량 장파장 열 복사 에너지로 재복사된다.

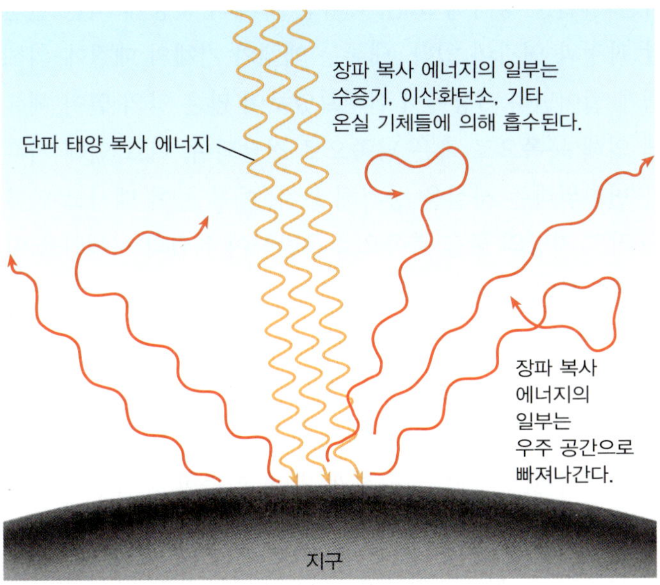

그림 5.7 온실효과는 세 단계로 나눌 수 있다. 1 단계: 암석, 토양, 해수면이 단파 태양 복사 에너지를 흡수한 후 따뜻해진다(주황색). 2단계: 지구는 흡수한 에너지를 장파 적외열 복사 에너지 형태로 재복사한다(빨간색). 3단계: 대기 중의 분자들이 열의 일부를 흡수한 후 대기는 따뜻해진다.

에서 가장 많은 양을 차지하는 온실 기체다.

이산화탄소도 중요한데 그 이유는 몇 가지 자연적, 인공적 과정을 통해 그 양이 변하기 때문이다. 메테인은 산업화와 농업에 의해 그 양이 많이 증가하고 있기 때문에 매우 중요해지고 있다. 온실효과와 전 지구의 기후 변화는 8장에서 논할 것이다.

먼지, 구름양, 에어로졸과 몇 가지 입자상 오염 물질들도 태양빛을 흡수하거나 반사하는 양을 변화시키기 때문에 지구 대기의 온도에 영향을 준다. 화산 폭발은 많은 먼지를 상층 대기 중으로 유입시키며, 이로 인해 충분히 태양빛을 반사시켜 대기를 냉각시킨다. 인간 활동에 의한 대기 오염 물질의 기여도는 해석하기 더 힘들다. 지표 근처에 존재하는 먼지와 에어로졸은 입사하는 태양 에너지를 반사시키지만 지상으로부터 방출되는 적외선 복사 에너지를 흡수한다.

온도(temperature) 물체의 열의 척도이며 원자와 분자의 전체 평균 속도에 비례한다.

열(heat) 물체 내의 총에너지의 척도

전도(conduction) 원자나 분자끼리의 직접적인 충돌에 의해 열이 전달되는 방식

이상의 두 기여도에 따른 결과는 입자의 크기, 입자의 구성 화학 성분, 투명도 등 인자들의 복잡한 평형 관계에 따라 달라진다. 그 결과가 어떠하든 인간에 의해 대기의 성분이 변하게 되면 날씨나 기후를 변조시킬 위험이 항상 있다는 사실은 확실하다.

5.3 에너지 저장과 전달: 날씨와 기후를 위한 구동 메커니즘

열과 온도

모든 물체는 일정한 운동을 하고 있는 원자와 분자로 구성되어 있다. 원자와 분자는 끊임없이 공간에서 움직이는데, 회전 운동을 하거나 진동 운동을 한다. 온도(temperature)는 물체의 열의 척도이며 원자와 분자의 전체 평균 속도에 비례한다.[3] 끓는 물이 가득 담긴 찻잔 안에서는 매우 빠르게 움직이면서 서로 부딪치고, 부메랑처럼 휘며, 끊임없이 진동하는 용수철에 연결된 공처럼 진동한다. 얼음물이 담긴 욕탕에서의 물 분자 역시 움직이지만 매우 느리다. 뜨거운 물속의 분자는 차가운 물속의 분자보다 훨씬 빨리 움직이므로 뜨거운 물은 온도가 높다.

반면 열(heat)은 물체 내의 총에너지를 나타내는 척도로서 각 분자들의 평균 에너지에 전체 분자 수를 곱하면 된다. 이상하게 생각될지 모르지만 얼음물로 가득 찬 욕탕에서의 에너지는 끓는 물로 가득 찬 찻잔보다 더 많은 열을 함유하고 있다. 얼음물 속의 평균 분자는 상대적으로 느리게 움직이므로 끓는 물의 평균 분자보다 더 적은 에너지를 가지고 있다. 그러나 욕탕 안에는 훨씬 많은 분자를 가지고 있으므로 총 열 에너지는 찻잔보다 더 많은 총 열 에너지를 가지고 있다.

3) 더 엄밀하게 말하면 온도는 원자나 분자의 운동 에너지에 비례하고, 운동 에너지는 단원자 기체의 경우 질량×(속도)^{2}으로 표현된다.

전도와 대류에 의한 열전달

금속 프라이팬을 난로 위에 올려놓으면 버너에 접촉되어 있지 않아도 얼마 후 손잡이가 뜨거워진다. 이것은 금속이 프라이팬의 바닥에서 손잡이로 열을 전달시키기 때문이다. 이처럼 전도(conduction)는 원자 혹은 분자들 간의 직접적인 충돌에 의해 열을 전달하는 과정을 말한다. 프라이팬 바닥을 가열하면 프라이팬 바닥에 있던 금속 원자들이 더 빠르게 움직이고 인접한 원자들과 충돌하면서 에너지를 전달한다. 연달아 쓰러지는 도미노 현상처럼 한 원자에서 인접한 다른 원자로 프라이팬을 통해서 손잡이가 뜨거워질 때까지 에너지를 전달하게 된다.

금속은 열을 빠르게 그리고 효율적으로 전달할 수 있으나 공기는 매우 비효율적인 열전달 매체다. 공기가 열을 어떻게 전달하는지를 이해하기 위해 차가운 방 안 한 모퉁이에 난로가 있다고 가정해 보자. 한쪽 모퉁이에서 가열된 공기는 팽창하여 밀도가 작아지게 된다. 뜨거워져 밀도가 작아진 공기는 천정으로 올라가게 되면 냉각되어 찬 공기로 변하고, 하강하여 다시 난로 쪽으로 되돌아와 재가열된다(그림 5.8(a)). 대류는 가열 및 냉각에 따른 유체의 상승 혹은 하강 흐름이라는 사실을 상기해 보면, 대류는 유체의 운동에 의한 열전달 과정과 연관이 있다. 대류는 액체와 기체의 매질에 의해 쉽게 일어난다. 3장에서 살펴보았듯이 많은 양의 열이 해류에 의해 북쪽으로 혹은 남쪽으로 전달되며, 이로 인해 기후가 변화된다는 사실을 상기해 보자. 예를 들어 멕시코 만류는 적도 지방의 물을 북쪽으로 운반하여 유럽의 서해안을 따뜻하게 한다.

유사한 흐름이 대기에서도 일어난다(그림 5.8(b)). 만약 공기가 한 지역에서 가열되어 주위 공기보다 온도가 높아질 경우, 뜨거워진 공기는 밀도가 낮아져 마치 통나무가 연못 표면에 떠 있듯이 상승하게 된다. 따뜻한 공기가 상승하면 상대적으로 더 차고 밀도가 높은 다른 쪽 주위 공기는 가라앉는다. 그러면 지표를 따라 공기가 수평 이동하면서 대기의 순환이 완성된다. 이렇게 수평으로 이동하면서 생기는 공기를 바람(wind)이라 한다.

그림 5.8 (a) 대류는 방 안 전체에 고루 분포하도록 열을 전달한다. (b) 대류는 태양이 지구 표면을 가열하면 대기 전체에 분포하도록 열을 전달한다.

상 변화

일정한 온도와 압력에서 대부분의 물체는 세 가지 상태, 즉 고체, 액체, 기체 상태로 존재한다. 그러나 지구 표면에서는 많은 물질들이 한 상태로 존재한다. 경험적으로 볼 때, 암석은 항상 고체 상태로 존재하며, 산소 분자는 항상 기체 상태로 존재한다. 그러나 물은 세 가지 상태, 즉 고체–얼음, 액체–물, 그리고 기체–수증기 상태로 모두 존재한다.

숨은열(latent heat), 즉 저장된 숨은열은 한 상태에서 다른 상태로 물질이 상 변화가 일어날 경우에만 흡수되거나 방출되는 에너지다. 그림 5.9에서 나타내었듯이 일정 온도 0 ℃에서 1 g의 얼음을 녹이는 데 필요한 열은 약 80 cal다. 같은 양의 어는 물을 끓는 물로(0 ℃의 물을 100 ℃의 물로) 바꾸는 데 필요한 열은 100 cal다. 일정한 온도와 압력에서 1 g의 물을 증발시키는 데 필요한 열은 540~600 cal다.[4] 1 g의 물이 얼 경우 80 cal가 방출된다. 승화(sublimation)는 고체인 얼음에서 중간 단계인 액체 상태를 거치지 않고 곧바로 수증기로 변하는 것을 말한다. 물의 경우 이러한 과정은 1 g당 620 cal의 열이 필요하다.

숨은열(latent heat) 저장된 열로서 물질이 한 상태에서 다른 상태로 상 변화할 때, 즉 용해, 결빙, 증발, 액화, 승화 과정 시 방출되거나 흡수되는 에너지

수영을 한 직후 해변을 걸으면 뜨거운 맑은 날에도 시원함을 느낀다. 몸 위의 물기가 증발하면서 열을 흡수하게 되고 이때 피부를 냉각시키기 때문에 피부의 온도는 떨어지게 된다. 마찬가지로, 어떤 물체 위에서 물이 증발하면 물과 물 주위의 공기를 냉각시킨다. 그 반대로, 액화 혹은 응결 시에

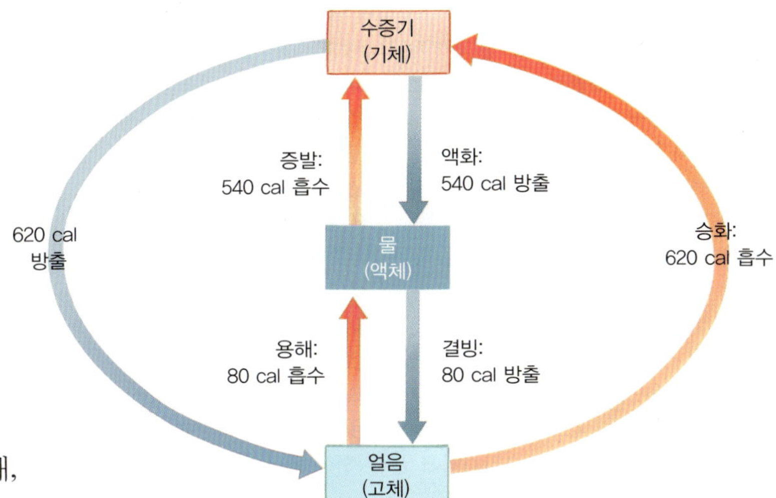

그림 5.9 물은 액체, 고체, 수증기 사이에서 상태가 변할 때 숨은열을 흡수하거나 방출한다. (숨은열의 단위는 0~100 ℃에서 단위 그램당 칼로리(cal/g)이며 그 값은 온도에 따라 다르다. 붉은 화살표는 열을 흡수하는 과정, 푸른 화살표는 열을 방출하는 과정이다.)

4) 물이 증발하는 데 필요한 열은 온도와 압력에 따라 변한다. 100 ℃, 1기압에서는 539.5 cal/g다.

비열(specific heat) 물체 1 g을 1 ℃ 높이는 데 필요한 에너지를 말한다.

는 열을 방출한다. 태풍이 발생하면서 수증기가 응결하여 강수가 될 때 방출된 에너지는 몇 개의 원자 폭탄으로 생기는 에너지와 맞먹을 수 있다.

물이 얼고 녹으며, 증발하고 응결하는 과정에서 흡수하고 방출하는 에너지는 대기의 에너지 평형에 있어 매우 중요하다. 예를 들어 북반구에서 3월과 9월의 기온을 비교해 보면 동일한 태양 에너지를 흡수한다 해도 9월보다 3월이 더 춥다. 3월에는 눈을 녹이는 데 많은 태양 에너지가 소모되기 때문이다. 물론 눈은 높은 알베도 때문에 태양빛을 효과적으로 반사한다. 증발작용은 해변을 시원하게 하며 태풍은 엄청난 양의 수증기가 응결되면서 방출된 에너지 때문에 발생한다.

열 저장

한여름 뜨거운 날에 물을 가득 채운 냄비와 그 주위에 돌을 놓아두고 비교해 보면, 돌이 물보다 더 빨리 뜨거워지는 것을 볼 수 있다. 물과 돌은 동일한 양의 태양 복사 에너지를 받았는데,[5] 왜 돌이 더 뜨거울까?

1. **비열**(specific heat)은 물체 1 g을 1 ℃ 높이는 데 필요한 에너지다. 비열은 물체마다 다르며, 물은 특별히 비열이 높다. 그러므로 물과 돌이 같은 양의 에너지를 흡수하더라도 돌이 물보다 더 뜨거워진다.
2. 돌은 단지 표면에서만 열을 흡수하며, 열은 돌의 내부로 느리게 전달된다. 그 결과, 열은 돌의 표면에 집중되어 나타난다. 반면 물의 경우 열은 다음과 같은 두 가지 이유로 매우 효과적으로 물속으로 확산된다. 첫째, 태양 복사는 수면 아래 수 m까지 침투하여 물을 가열할 수 있다. 둘째, 물은 유체로서 대류에 의해 열

5) 물은 실제로 돌보다 알베도가 더 낮으므로 조금 더 태양빛을 받으나, 그 차이는 다른 영향 인자들보다 훨씬 적다.

위도와 경도

누군가 점이 찍힌 매끈한 공을 주며 찍힌 점의 위치를 말해 보라고 하면, 공 위에서는 어떤 점이든 위치 구별이 되지 않으므로 여러분은 매우 어리둥절할 것이다. 그렇다면 지구 상에서의 한 점의 위치를 어떻게 설명할 수 있을까? 불규칙한 육지와 바다를 기준점으로 하지 않더라도 지구는 자전축과 정확히 일치하지는 않으나 이와 유사한 지구 자기장이 있기 때문에, 지구는 기준점을 설정할 수 있다.

북극과 남극은 지축 위에 있으며 위도선은 가상의 수평 링을 형성하고 있다고 볼 수 있다. 수학자들은 도(°) 단위로 지구 위에서의 거리를 측정한다. 이러한 시스템을 이용하면 적도는 위도 0°이며 북극은 북쪽으로 위도(북위) 90°, 남극은 남쪽으로 위도(남위) 90°다(그림 A).

그러나 이 경우 동서 방향의 기준점이 존재하지 않으므로 영국의 그리니치를 지나는 선을 임의로 0° 선으로 정하여 지구를 경도선으로 구분하였으며, 그 단위는 도(°)로 측정되었다. 지구 상에서 회전축이 연직으로 방향을 맞추고 있으므로 경도선 역시 연직으로 정해진다. 항해자들은 영국의 그리니치에서 시작하여 동서 방향의 각도에 따른 거리를 측정하였다.

이러한 방법은 사용하기 매우 편리하다. 미국 미네소타 주 미니애폴리스–세인트폴(Minneapolis–St. Paul)은 북위 45°며, 서쪽으로 경도(서경) 93°에 위치해 있다. 북위 45°는 적도(0°)와 북극(90°)의 중간에 위치한다는 사실을 정확히 알려 준다. 원의 한 바퀴가 360°이므로 경도는 미니애폴리스–세인트폴의 위치가 영국의 그리니치에서 서쪽 방향으로 지구 한 바퀴의 1/4 정도에 위치하고 있음을 알 수 있다.

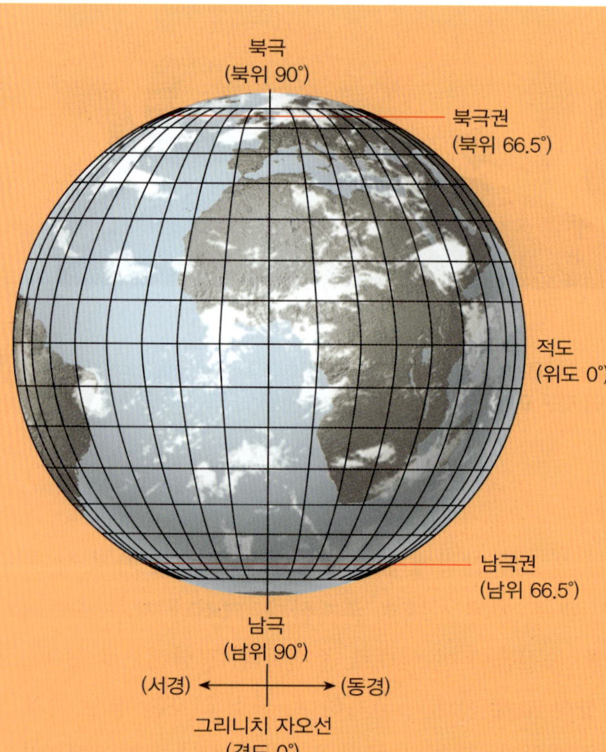

그림 A 위도와 경도를 알면 지구 위에 특정 지점의 위치를 확인할 수 있다.

을 효과적으로 전달할 수 있다.

3. 증발은 냉각 과정이다. 물은 증발에 의해 열을 잃고 냉각될 수 있으나 돌은 그렇지 못하다.

돌과 물의 온도 차이 실험에서 그 결과를 생각해 보자. 뜨겁고 건조한 여름날 건조한 모래와 돌을 가로질러 걸을 때 발이 화끈해지는 것을 느끼지만, 호수나 바다의 표면에서는 절대로 뜨거움을 느끼지 못한다. 또한 봄철에는 바다나 해안선 주변의 온도가 다르지 않음을 떠올려 보라. 여름이 다가오면 육지와 바다는 똑같은 태양 에너지를 받아들인다. 그러나 돌이 물보다 더 뜨거워지는 것 같이 육지가 바다보다 상대적으로 더 가열된다. 해변을 따라 흐르는 서늘한 바다는 육지의 온도를 경감시켜 조절한다. 그러나 육지 내에서는 이러한 방법으로는 시원해지지 않으므로 점차 해안가보다 상대적으로 더 뜨거워진다. 겨울에는 그 반대 현상이 일어나는데, 육지는 점차 해안 지역보다 차가워진다. 결국 계절적으로 해안 지역은 내륙 지역과 비교해 볼 때 여름에는 상대적으로 더 시원하고 겨울에는 더 따뜻하다. 북반구에서 가장 낮은 온도를 기록하는 지역은 북극이 아닌 시베리아 중부 지역인데, 그 이유는 시베리아는 오로지 육지로 둘러싸여 있지만 북극은 북극해의 중앙에 위치하고 있기 때문이다.[6] 그러나 여름에는 시베리아가 북극보다 더 따뜻하다. 실제로 시베리아의 일부 지역은 평균 온도가 겨울에는 −50 ℃, 여름에는 +20 ℃까지로 지구 상에서 가장 큰 범위의 온도 차이를 보인다.

5.4 위도와 계절에 따른 기온 변화

위도에 따른 기온 변화

적도 근처에 있는 지역은 연중 항상 기온이 높은 반면 극지방에서는 여름에도 기온이 낮고 얼음이 얼어 있다. 이러한 온도 차이를 이해하기 전에 평면 위에 손전등을 비추면 어떤 일이 일어날 수 있는지 생각해 보자. 전등을 바로 위에서 곧바로 비추면 빛은 바로 아래 작은 영역의 넓이를 가장 밝게 비추게 된다. 그러나 바닥 평면과 각을 이루도록 손전등을 잡으면 더 넓은 영역을 비추게 된다. 하지만 같은 양의 빛이 넓은 영역에 걸쳐 비추게 되므로 빛의 강도는 그만큼 감소한다(그림 5.10).

6) 비록 북극은 얼음으로 덮여 있어도 지표 아래 몇 m 이내에 물이 존재하므로 물은 여전히 북극의 기후에 영향을 준다.

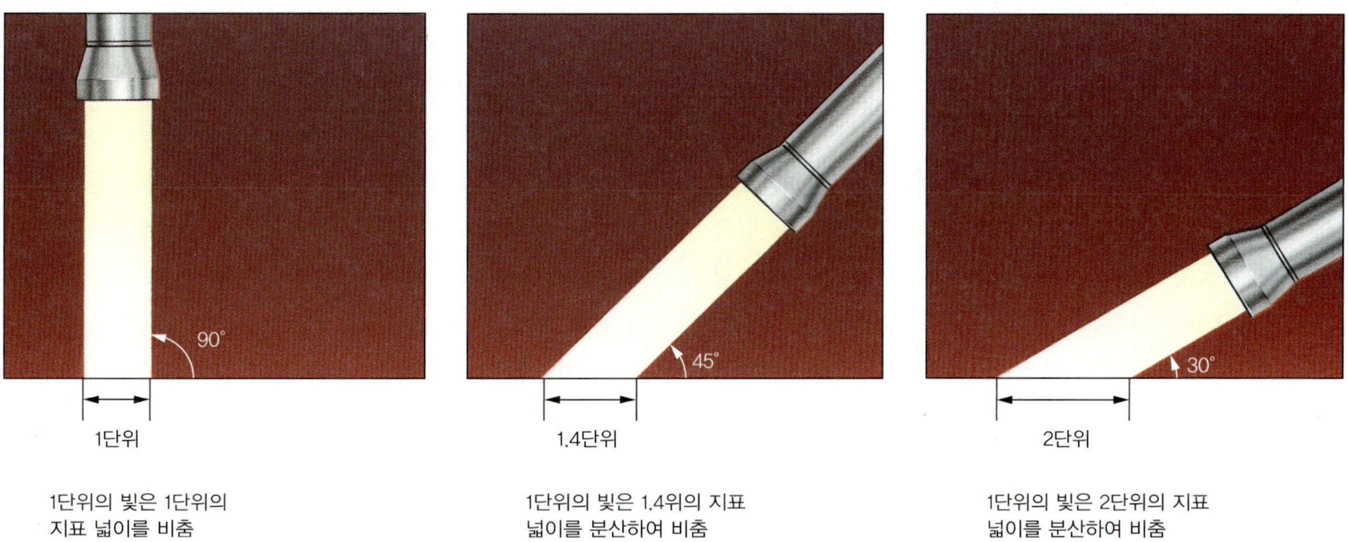

그림 5.10 전등을 위에서 곧바로 비추면 빛은 바로 아래의 작은 원으로 된 영역의 넓이를 집중하여 비추게 된다. 그러나 바닥 평면과 각을 이루거나 바닥이 기울어져 있는 경우 넓은 영역에 걸쳐 타원형으로 비추게 되므로 빛의 강도는 감소한다.

© PETR JILEK/SHUTTERSTOCK

지점(solstice) 태양이 적도로부터 가장 멀리 떨어져 빛을 직달로 비추게 되는 날로서 연간 두 번, 즉 북위 23.5° (약 6월 21일) 또는 남위 23.5° (약 12월 22일) 전후를 일컫는다. 6월 21일에 북반구에서는 연중 가장 긴 낮 시간이 관측되며 남반구에서는 가장 짧은 낮 시간이 관측된다. 또 12월 22일에 남반구에서는 연중 가장 긴 낮 시간이 관측되며 북반구에서는 가장 짧은 낮 시간이 관측한다.

북회귀선(tropic of Cancer) 북위 23.5°의 위도선을 말하며, 북반구 하지(약 6월 21일) 때 정오가 되면 북회귀선에서는 바로 머리 위에서 태양빛이 지구를 비춘다.

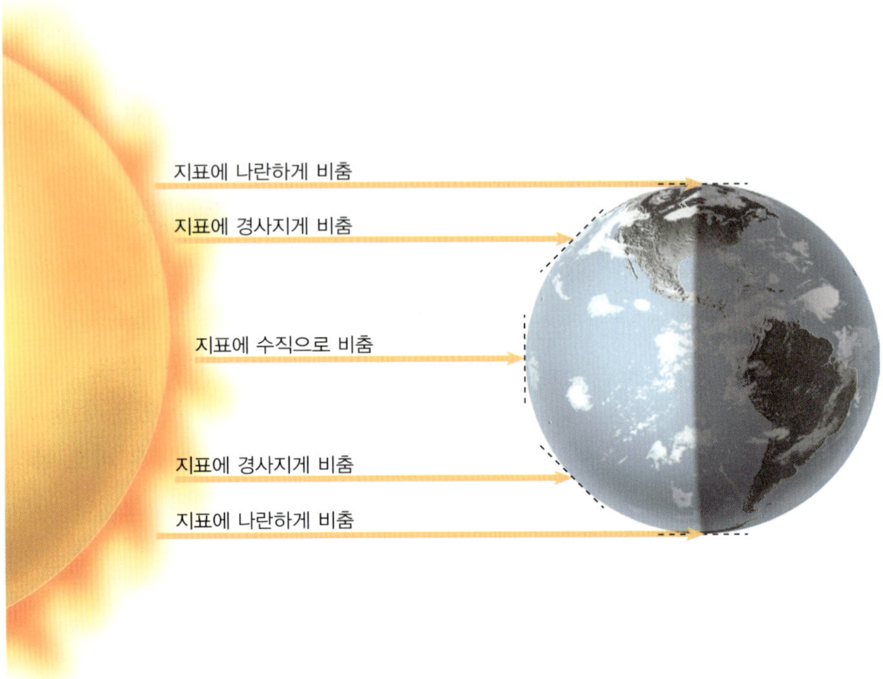

그림 5.11 태양이 적도 바로 위에서 곧바로 빛을 비추면, 적도는 가장 강한 태양 에너지를 받고 극지방에서는 가장 적게 받는다.

이제 본론으로 돌아와서 태양빛이 적도를 곧바로 비출 때 어떤 일이 일어날지 생각해 보자. 적도 지역에서는 평면에 손전등을 곧바로 아래로 비추는 것과 마찬가지로 가장 강한 태양 복사 에너지를 받는다. 그러나 적도 이외의 지역에서는 태양빛이 각을 이루면서 비추게 되므로, 고위도에서는 적도보다 약한 태양빛을 받는다(그림 5.11). 적도에서는 가장 강한 태양 에너지를 받으므로, 연중 점점 뜨거워진다. 그리고 평균 기온은 적도의 북쪽(혹은 남쪽)으로 갈수록 점차적으로 감소한다. 그러나 이 단원의 서두에서도 언급하였듯이 바람, 해류, 알베도, 해양과의 근접성 등 여러 다른 요인들이 주어진 지역에 각각 다르게 영향을 주기 때문에 평균 기온은 위도에 따라 점진적으로 변하지는 않는다.

계절

지구는 태양 주위를 평면 궤도로 공전하면서 동시에 자전축을 중심으로 회전한다. 지구의 자전축은 공전 궤도 평면과 직각 방향으로 그은 직선과 23.5° 기울어져 있다.

지구는 태양 주위를 일 년에 한 번 공전한다. 그림 5.12에서 보이는 것과 같이 북극은 여름에 태양 쪽으로 기울어져 있고 겨울에 태양으로부터 멀어져 있다. 북반구에서 여름철 6월 21일은 북극이 태양 쪽으로 23.5°로 최대로 기울어져 있으므로 북반구 **지점(solstice)**, 즉 하지가 된다. 이 날은 태양빛이 적도로부터 북쪽으로 위도 23.5° 지역을 정면으로 비추게 된다. 이 위도를 **북회귀선(tropic of Cancer)**이라 한다. 만약 여러분이 6월 21일 정오에 북회귀선에 서 있다면, 여러분의 그림자는 없을 것이다. 북반구에서 6월은 2가지 원인으로 덥다. (1) 태양이 하늘에 높이 있을 때 태양빛은 겨울철보다 상대적으로 더 분산되지 않고 정면으로 비춘다. (2) 북극에서는 태양 쪽으로 더 기울어져 있을 때 낮에는 24시간 모두 태양빛을 받는다. 극지방은 여름철의 경우 해가지지 않으므로 "한밤중에도 태양이 비치는 지역"으

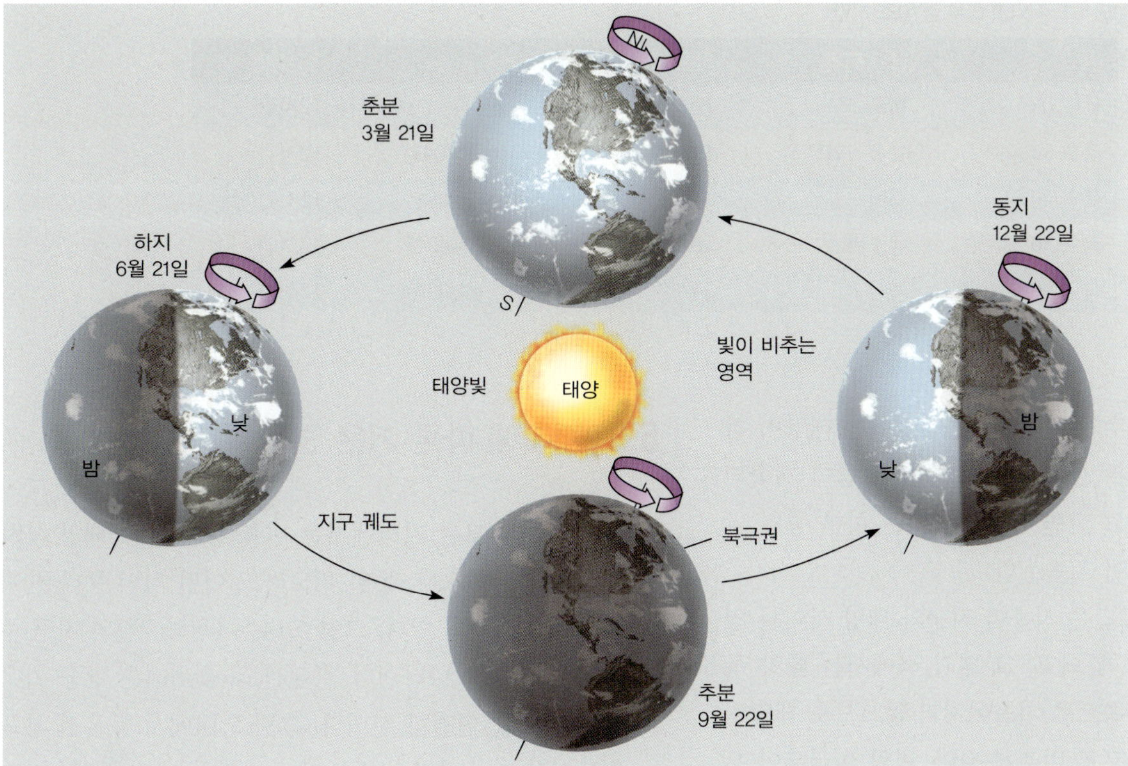

그림 5.12 지구의 자전축이 태양의 공전 궤도면에 대해 상대적으로 기울어져 있으므로 날씨는 계절에 따라 변한다. 그 결과 북반구에서는 여름에 직달 태양빛을 더 많이 받고, 겨울에는 적게 받는다.

남회귀선(tropic of Capricorn) 남위 23.5°의 위도선. 남반구 하지(약 12월 22일)의 정오가 되면 남회귀선에서는 바로 머리 위에서 태양빛이 지구를 비춘다.

로 불린다(그림 5.13). 북극권 아래쪽 지역에서는 여름철에 해가 지기는 하나 겨울철보다 항상 낮 시간이 길다(표 5.1).

북반구에서 여름이 되면 남극에서는 자전축이 반대로 태양으로부터 멀어져 있으므로 남반구에서는 낮에는 태양빛을 받아들이며 낮 시간 또한 짧다. 6월 21일은 남반구에서는 겨울의 첫날이 된다. 6개월 이후인 12월 21일 또는 22일은 계절이 반대가 된다. 북극의 축이 태양으로부터 반대 방향으로 기울어지고 북반구에서는 동지가 되며 남반구에서는 여름철이 된다. 이 날에는 태양빛이 적도로부터 남위 23.5° 지역인 **남회귀선(tropic of Capricorn)**을 정면으로 비

그림 5.13 태양은 새벽 2시에도 이곳 노르웨이 호수를 밝게 비춘다.

분점(equinox) 태양빛이 적도를 직달로 비추게 되는 날로서 연간 두 번, 즉 약 3월 21일과 9월 22일 전후를 일컫는다. 지구 상의 모든 지역에서 12시간의 태양빛을 받아 낮 시간이 되고 나머지 12시간은 밤이 된다.

등온선(isotherm) 일기도 상에서 평균 기온이 같은 지역들을 연결한 선

표 5.1 지역별 하루 중 일조 시간

위도	참고 위치	하지	동지	춘(추)분
북위 0°	적도	12시간	12시간	12시간
북위 30°	뉴올리언즈	12시간 56분	10시간 04분	12시간
북위 40°	덴버	14시간 52분	9시간 08분	12시간
북위 50°	밴쿠버	16시간 18분	7시간 42분	12시간
북위 90°	북극	24시간	0시간 00분	12시간

추게 된다. 북극 동지에는 태양이 하루 종일 떠오르지 않아 밤이 계속되고 반면 남반구에서는 하루 종일 낮이 지속된다.

3월 21일이나 9월 22일은 지축이 지구와 태양 사이를 연결한 선과 직각을 이루게 되고, 그 결과 극에서는 태양 쪽으로 혹은 태양의 반대쪽으로 기울어지지 않으므로 태양빛은 정오에 적도를 정면으로 비추게 된다. 만약 여러분이 두 날 중 어느 하루의 정오에 적도 지역에 서있다면, 역시 그림자를 볼 수 없을 것이다. 그러나 적도의 북쪽이나 남쪽에 위치한 지역에서는 정오에도 그림자를 볼 수 있다. 북반구에서 3월 21일은 봄의 시작이며 9월 22일은 가을의 첫날이 되며, 반면 남반구에서는 북반구의 정반대의 계절이 된다. 봄이나 가을의 첫날에는 지구 상의 모든 지역에서 태양빛을 12시간 받으며 나머지 12시간은 태양빛이 없다. 이러한 이유로 3월 21일과 9월 22일을 밤과 낮의 길이가 같다는 의미로서 **분점(equinoxe)**으로 불린다.

지구 상의 어떤 지역이든 연간 태양빛을 받는 시간의 총합은 동일하다. 북극과 남극에서는 매우 극단적으로 태양빛을 받아들이는데, 6개월 동안은 연속적으로 태양빛을 받지만 나머지 6개월은 연속적으로 어두워진다. 반면 적도에서는 연중 낮과 밤의 길이가 비슷하며 낮과 밤이 거의 12시간에 가깝다. 극지방에서는 적도 지방과 비교해 볼 때 태양빛이 미치는 시간은 같지만 극지방에서는 태양빛이 지표에 낮은 각도로 도달하므로 지표에서의 단위 넓이당 받는 총 태양 에너지는 적도 지방에 비해 훨씬 낮다.

5.5 지리에 따른 기온 변화

위도가 같은 모든 지역에서는 비록 같은 양의 태양 복사 에너지를 받고 있으나, 동일 위도라도 어떤 지역은 다른 지역보다 서늘한 곳이 있다. 그림 5.14는 1월과 7월의 지구 주위의 기온 분포를 나타낸다. **등온선(isotherm)**은 평균 기온이 같은 지역을 연결한 선이다. 그림 5.14에서 등온선 분포가 위도선을 가로질러 올라오거나 하강하는 것을 볼 수 있다. 예를 들어 1월의 0 ℃ 등온선은 시애틀과 워싱턴을 통과하여 미국 중부를 하강하면서 진행한 후 북쪽으로 북 노르웨이를 걸쳐 있다. 이러한 형태는 바람과 해류가 한 지역에서 다른 지역으로 열을 수송하기 때문이다. 5.3절에서 논의되었던 또 다른 기온 조절 인자들을 언급하였는데 여기에는 바다와 육지의 열 저장 능력의 차이, 증발에 따른 해양의 기온 하강, 그리고 눈과 얼음의 숨은열 등이 포함된다.

고도

4장에서 대류권에서는 고도가 높아질수록 대기의 밀도가 작고 에너지도 적게 흡수한다는 것을 보았다. 반면 대류권 낮은 고도에서는 지표로부터 많은 양의 복사열을 흡수한다. 그 결과 고도가 높아질수록 기온은 감소하게 된다.

에베레스트 산의 위도는 북위 28°이므로 미국 플로리다주 탬파와 거의 같은 위도에 위치한다. 그러나 8,000 m에서 에베레스트 산 등반 대원들은 얼어 죽지 않기 위해 두꺼운 옷을 입어야 하지만, 탬파에서는 같은 계절에 비키니 차림으로 해변에서 일광욕을 즐긴다.

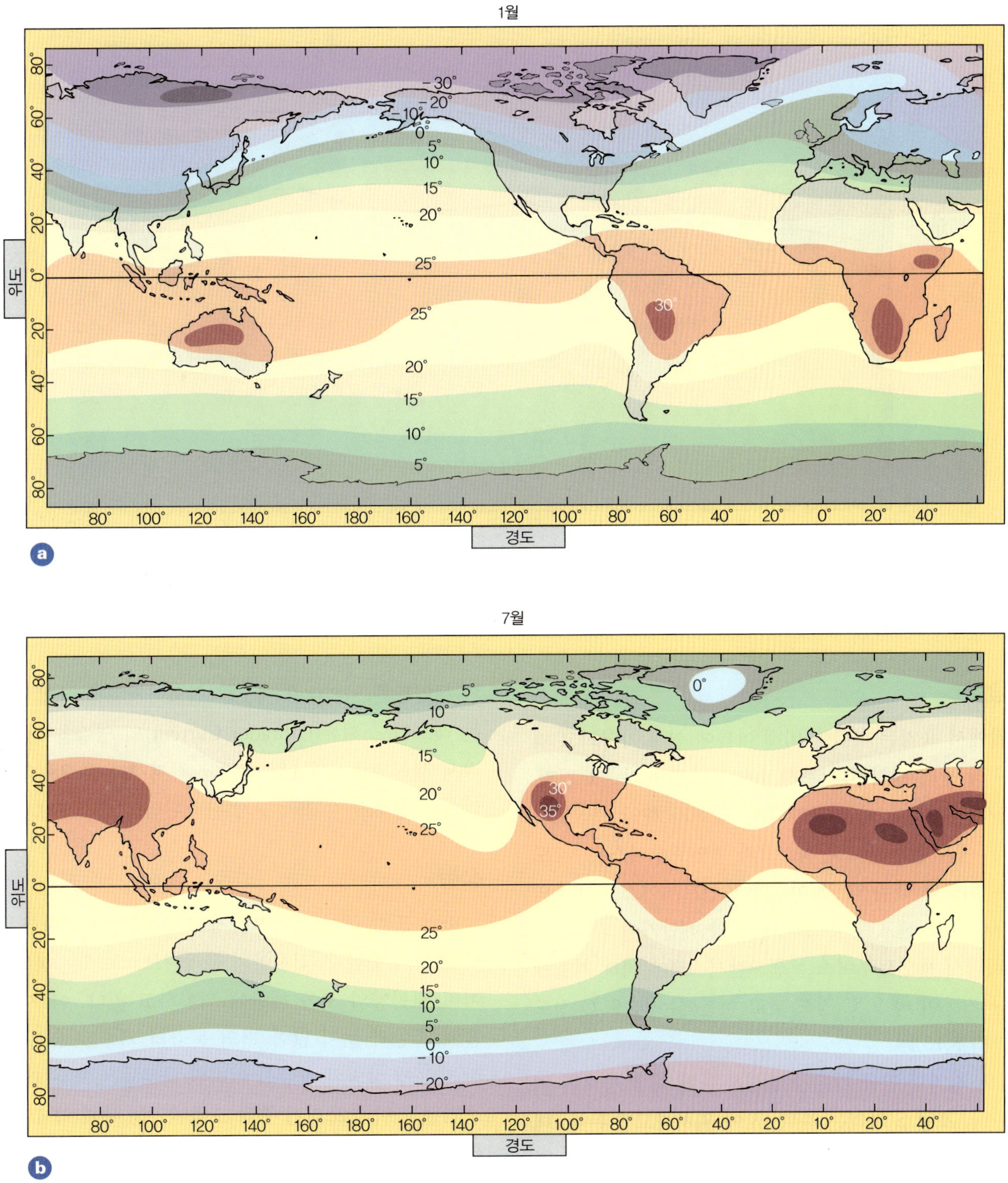

그림 5.14 (a) 1월의 지상 기온 분포 (b) 7월의 지상 기온 분포. 등온선은 평균 기온이 같은 지역들을 연결한 선이다.

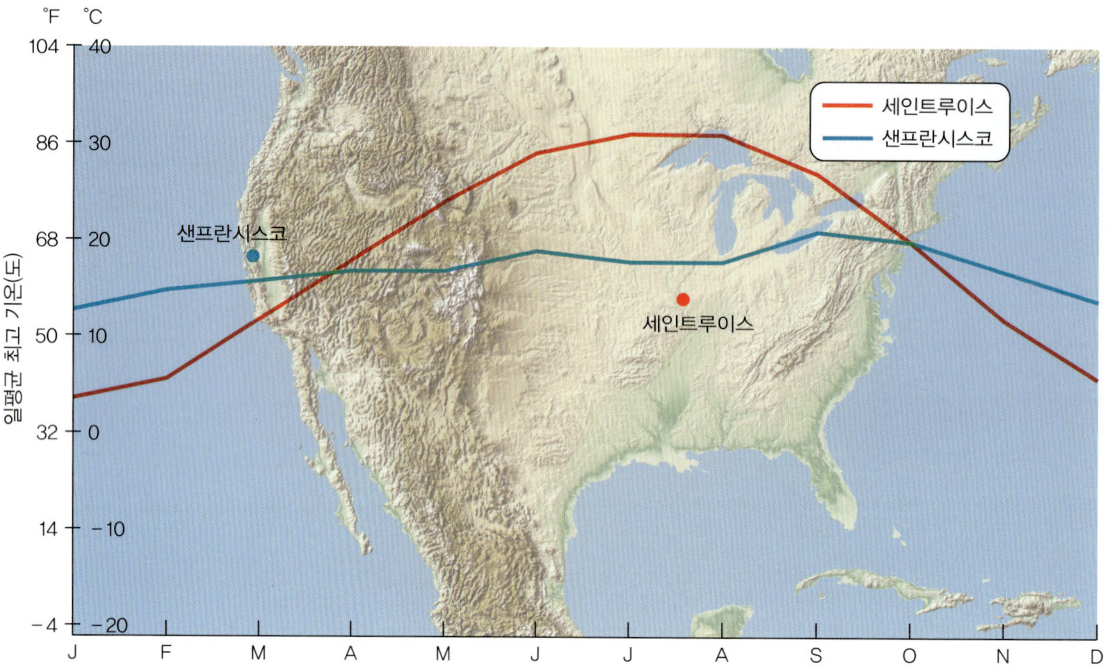

그림 5.15 대륙에 위치한 세인트루이스의 평균 기온(빨간 선)은 해안가에 위치한 샌프란시스코(파란 선)보다 겨울에는 더 춥고 여름에는 더 덥다.

해양 효과

5.3절에서 육지는 바다에 비해 여름에 쉽게 가열되고 겨울에는 더 빨리 냉각된다는 사실을 상기해 보자. 그 결과, 내륙에서는 계절에 따른 극한 기온 변화가 해안 지역보다 더 크다. 예를 들어 샌프란시스코와 세인트루이스는 두 도시 모두 위도가 북위 약 38°이지만 세인트루이스는 내륙의 중앙부에 있고, 샌프란시스코는 태평양 해안가에 위치하고 있다. 따라서 세인트루이스는 샌프란시스코에 비해 겨울에는 평균 기온이 약 9 ℃ 정도 낮고 여름에는 약 9 ℃ 정도 높다(그림 5.15).

해류도 지역별 평균 기온을 결정하는 데 매우 중요한 역할을 한다. 프랑스 파리는 북위 48°에 위치하고 있는데, 대서양의 다른 한쪽의 동일한 위도 지역은 미국과 캐나다 경계의 북쪽에 해당한다. 비록 겨울에는 태양의 위치가 이 지역 하늘의 아래쪽에 위치하여 낮의 길이가 짧지만, 따뜻한 멕시코 만류가 열을 충분히 북쪽으로 수송하여 파리의 평균 최저 기온이 1월에 약 21 ℃나 된다. 반대로 뉴펀들랜드 주의 세인트존스는 대략 비슷한 위도이지만 북극에서 발원하는 래브라도 해류(Labrador Current)의 영향을 받는다. 따라서 세인트존스의 1월의 평균 최저 기온은 28 ℃로서 파리의 기온보다 상당히 낮게 관측된다(그림 5.16).

풍향

바람 또한 해류와 마찬가지로 한 지역에서 다른 지역으로 열을 수송한다. 러시아의 블라디보스토크는 북위 약 43°이며 태평양의 서쪽 해안에 위치하고 있다. 이 지역은 겨울에 혹한과 눈이 많아 거의 북극의 기후와 유사하다. 혹한 때문에 삼림의 성장이 어려워 나무들은 모두 키가 작다.

반대로 미국 오리건 주의 포틀랜드는 북위 약 45°로서 태평양의 동쪽 해안에 위치하고 있다. 그러나 온화한 기후 때문에 히말라야 삼목 산림이 울창하며 겨울에도 눈보다 강수가 더 빈번하다(그림 5.17). 이러한 두 도시의 중요한 차이는 바로 블라디보스토크는 시베리아로부터 불어오는 차가운 극동풍에 의해 대기가 냉각되기 때문이다.

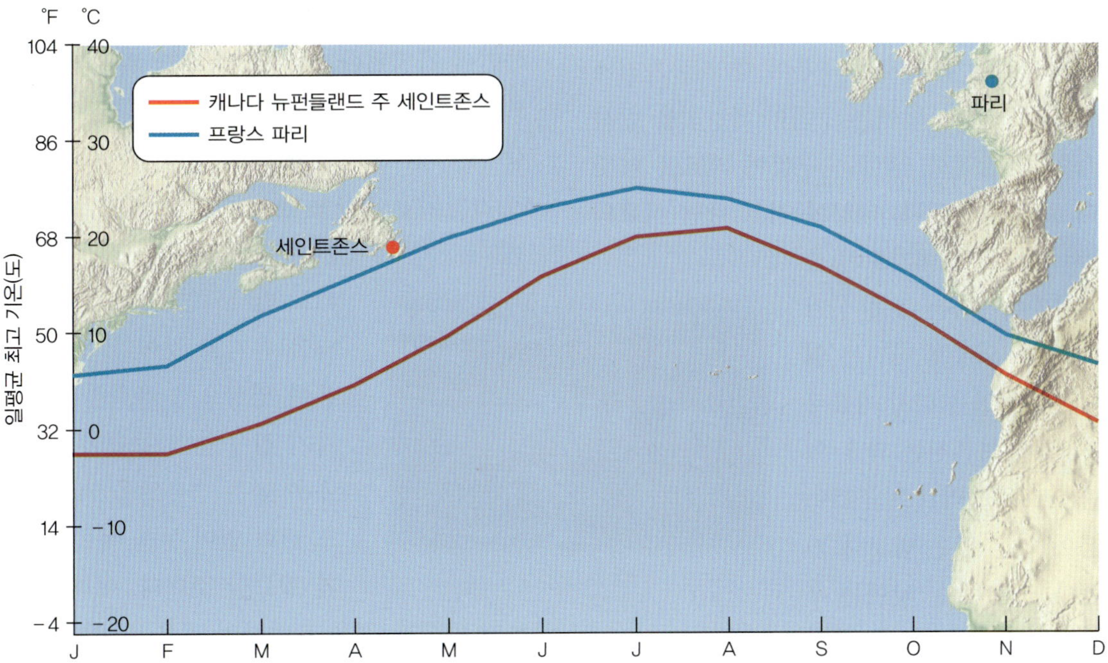

그림 5.16 파리는 멕시코 만류와 북대서양 표류의 영향을 받아 따뜻하다. 그러나 뉴펀들랜드 주 세인트존스는 멕시코 만류의 영향으로 따뜻해지거나 래브라도 해류에 의해 차가워진다. 차가운 래브라도 해류는 연중 계속하여 세인트존스의 기온을 낮추는 역할을 한다.

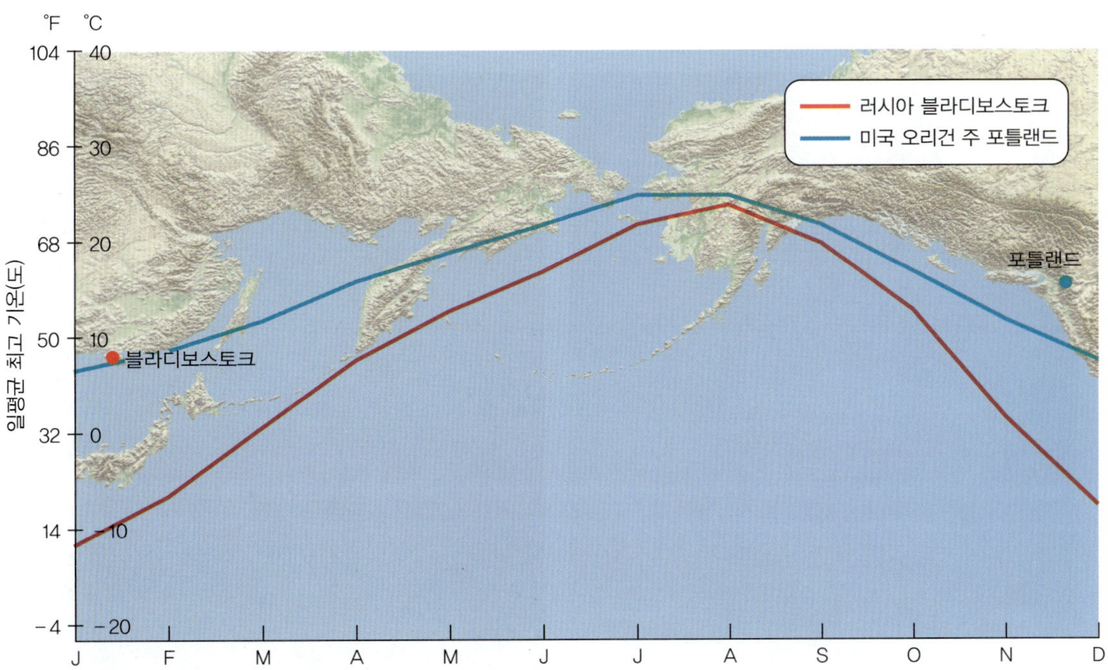

그림 5.17 여름철 러시아 블라디보스토크와 미국 오리건 주 포틀랜드의 기온은 거의 유사하다. 그러나 겨울철에는 시베리아에서 불어오는 추운 극동풍의 영향으로 블라디보스토크의 기온(빨간 선)은 포틀랜드의 기온(파란 선)보다 현저히 낮다.

구름양과 알베도

해변에서 일광욕을 할 때 갑자기 구름이 태양을 가리게 되면 급격히 추위를 느낀다. 낮에는 구름이 태양빛을 반사하여 지표를 식힌다. 반대로, 밤에는 구름이 지표를 따뜻하게 하는 반대 효과를 보인다. 태양이 지고 나면 지표의 암석과 토양에서 복사열이 대기로 방출되므로 지구는 차가워진다는 것을 상기해 보자. 이때 구름은 외부로 나가는 열을 흡수하거나 흡수한 열을 다시 지표로 재방출함으로써 열을 보존하는 담요 역할을 한다(그림 5.18). 그러므로 구름이 낀 밤에는 구름이 없는 맑은 밤보다 기온이 대체로 높다. 그 이유는 낮에는 구름이 지구를 식히는 역할을, 그리고 밤에는 구름이 지구를 따뜻하게 하는 역할을 하기 때문에, 구름이 많은 지역은 푸른 하늘과 별이 잘 보이는 맑은 밤이 많은 지역에 비해 밤과 낮의 기온차가 월등히 적다.

© ADISA/SHUTTERSTOCK

강설 또한 기온에 영향을 미치는 중요한 요인이다. 비가 온 후, 기온이 어는점보다 높은 0.5 ℃ 정도인 경우를 생각해 보라. 비가 멈추면 태양이 나오고 지면은 태양빛을 흡수하면서 가열된다. 그러나 폭우가 발생하여 기온이 어는점보다 낮은 −0.5 ℃로 떨어진 경우를 생각해 보라. 이 경우 강수는 내려오면서 눈으로 변한다. 폭우가 지나가고 태양이 가열되면 지표는 눈으로 덮여 있어 알베도가 80~90 %가 된다. 이때 입사하는 태양 복사량은 대기로 반사되면서 지표는 여전히 차가운 상태를 유지할 것이다. 만약 지표에서의 기온이 영상으로 올라갈 경우 기온이 올라가기 전에 눈이 녹아야 한다. 그러나 눈은 매우 높은 숨은열을 가지고 있으므로, 온도 변화 없이 눈을 녹이는 데 많은 에너지가 필요할 것이다. 이러한 예로 볼 때, 폭우가 발생할 경우 표면적인 기온 차이는 1 ℃에 불과하지만 폭우가 지나간 후 태양 복사가 진행되는 동안 상당한 기온차를 유발할 수 있음을 알 수 있다.

이러한 종류의 임계 메커니즘은 날씨와 기후에 매우 중요하며, 6장과 7장에서 자세히 논의할 것이다.

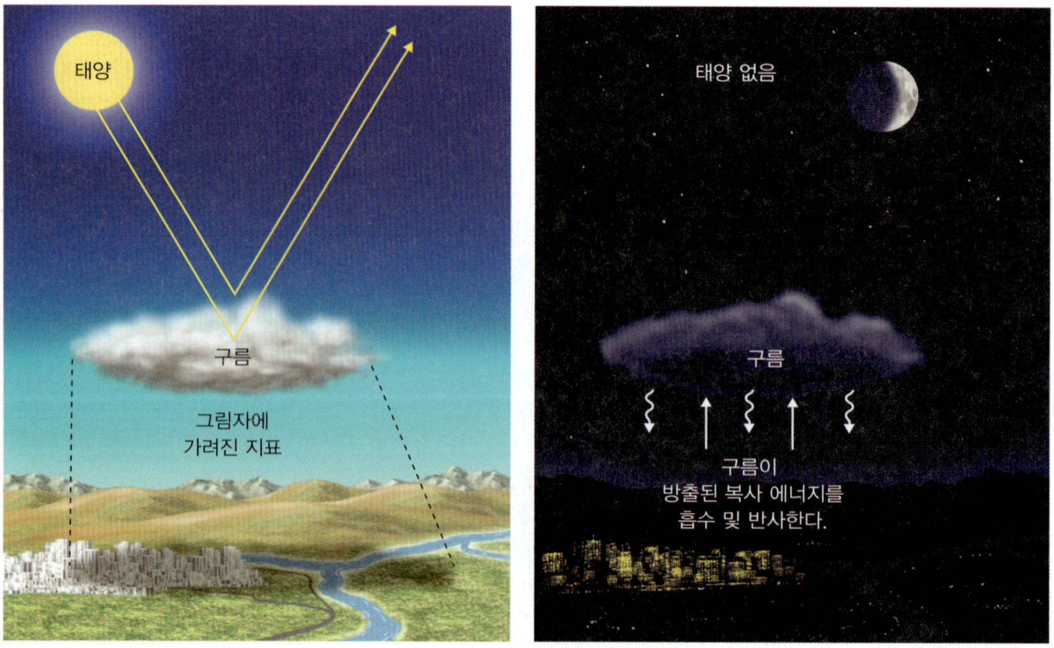

그림 5.18 구름은 낮에 지구 표면을 식혀주지만 밤에는 기온을 따뜻하게 한다.

요약

5.1 입사 태양 복사

빛은 전자기 복사의 형태로 파동과 입자의 두 가지 성질을 모두 가지고 있다. 파장은 파의 마루와 마루 사이의 거리이며, 진동수는 초당 한 사이클이 지나간 횟수를 말한다. 전자기 스펙트럼은 각기 다른 파장과 진동수의 연속 복사체이다.

복사 에너지가 물체에 의해 흡수될 때, 전자는 에너지 준위가 더 높은 상태인 들뜬 상태로 이동한다. 전자는 들뜬 상태에서 에너지 상태가 낮은 상태로 되돌아오면서 입사되는 광자에 따라 서로 다른 진동수를 가진 복사 에너지를 방출한다. 태양에서 방출되는 높은(짧은 파장) 복사 에너지를 암석이나 토양이 흡수되고, 적은(긴 파장) 복사 에너지를 재방출한다. 입사 태양 복사는 지표에 의해 반사되는데 반사되는 정도를 알베도라고 부른다. 태양빛이 산란되어 하늘이 파랗게 보인다.

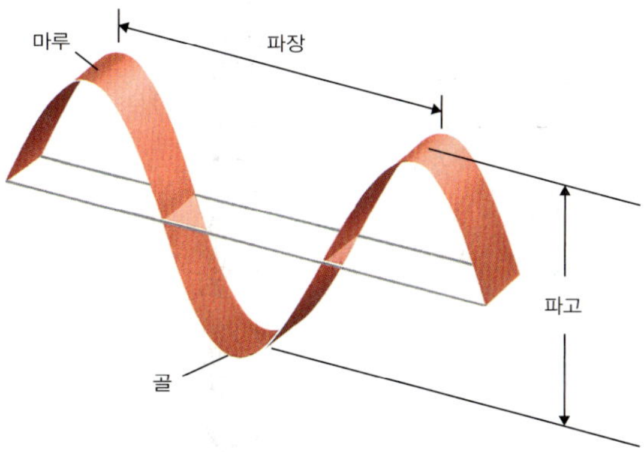

그림 5.1 빛의 파동을 설명하는 용어는 해수, 음파 및 다른 여러 형태의 파의 용어와 동일하다.

5.2 복사 평형

태양 복사량의 8 %는 산란되어 지구 바깥으로 나가고, 19 %는 대기로 흡수, 26 %는 반사, 47 %는 암석과 해양에 의해 흡수된다. 그러나 흡수된 에너지는 결국 재방출된다. 온실효과는 재방출되는 긴 파장 복사 에너지를 수증기, 이산화탄소, 메테인 및 기타 온실 기체에 의해 흡수되면서 대기를 따뜻하게 한다.

5.3 에너지 저장과 전달: 날씨와 기후를 위한 구동 메커니즘

온도는 물체의 열의 척도이며 원자와 분자의 전체 평균 속도에 비례한다. 열은 물체 내의 총에너지를 나타내는 척도로서 각 분자들의 평균 에너지에 전체 분자 수를 곱하면 된다. 전도는 원자나 분자끼리의 직접적인 충돌에 의해 열이 전달되는 것을 말한다. 바람과 해류는 열을 대류나 이류에 의해 한 지역에서 다른 지역으로 수송한다. 숨은열(저장된 열)은 물질이 한 상태에서 다른 상태로 상변화할 때 방출되거나 흡수되는 에너지를 말한다. 물이 결빙, 용해, 증발, 승화될 경우 많은 양의 숨은열이 방출되거나 흡수된다. 해양은 알베도가 낮고 비열이 높기 때문에 날씨나 기후에 많은 영향을 준다. 또한 해류는 연직과 수평 방향으로 모두 열을 전달한다. 이러한 여러 인자들의 결과로 동일한 위도일 경우 해안 지역에서는 내륙 지역보다 여름에 시원하고 겨울에 따뜻하다.

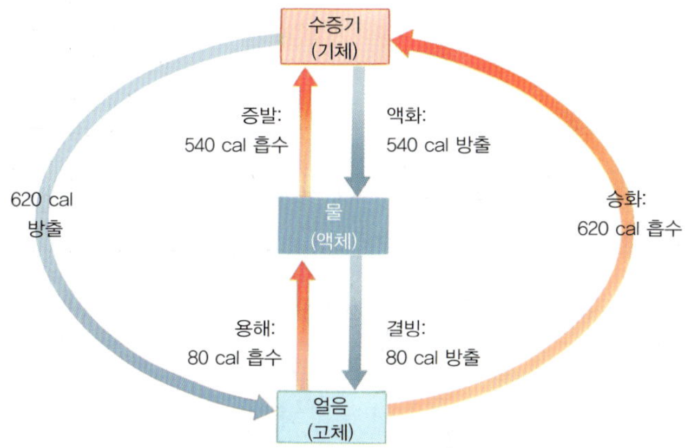

그림 5.9 물은 액체, 고체, 수증기 사이에서 상태가 변할 때 숨은열을 흡수하거나 방출한다. (숨은열의 단위는 0~100 ℃에서 단위 그램당 칼로리(cal/g)이며 그 값은 온도에 따라 다르다. 붉은 화살표는 열을 흡수하는 과정, 푸른 화살표는 열을 방출하는 과정이다.)

5.4 위도와 계절에 따른 기온 변화

일반적으로 적도에서 극지방으로 갈수록 태양 복사 에너지 강도가 적어지므로 기온 또한 위도에 따라 낮아진다. 계절의 변화는 지구 자전축이 태양–지구의 공전 궤도면에 대해 상대적으로 기울어져 있기 때문에 발생한다.

5.5 지리에 따른 기온 변화

고도, 바다와 육지 사이의 기온 차, 해류, 풍향, 구름양, 알베도의 차이로 야기되는 여러 지리 환경의 차이 때문에 기온은 변한다.

핵심용어

광자 photon (5.1)
기후 climate (5.0)
날씨 weather (5.0)
남회귀선 tropic of Capricorn (5.4)
들뜬 상태 excited state (5.1)
등온선 isotherm (5.5)
복사 방출 emission of radiation (5.1)
복사 흡수 absorption of radiation (5.1)
북회귀선 tropic of Cancer (5.4)
분점 equinox (5.4)
비열 specific heat (5.3)
숨은열 latent heat (5.3)
알베도 albedo (5.1)
열 heat (5.3)
온도 temperature (5.3)
온실효과 greenhouse effect (5.2)
전도 conduction (5.3)
전자기 복사 electromagnetic radiation (5.1)
전자기 스펙트럼 electromagnetic spectrum (5.1)
지점 solstice (5.4)
진동수 frequency (5.1)

연습문제

1. 빛의 성질에 대해 간단히 요약하시오. 광자란 무엇인가? 전자기 스펙트럼은 무엇인가?
2. 빛이 흡수될 때 어떤 현상이 일어나는가? 빛이 방출될 때는 어떠한가? 각 현상의 예를 드시오.
3. 알베도란 무엇인가? 눈이 녹을 때 지표의 알베도는 어떻게 변하는가? 산림을 농토로 바꿀 경우와 논밭을 포장하여 주차장으로 만들 경우 알베도는 각각 어떻게 변하는지를 설명하시오.
4. 지표에 도달한 태양 복사 에너지는 그 후 어떻게 되는지 설명하시오.
5. 온실효과에 대해 설명하시오.
6. 열과 온도의 차이점을 설명하시오.
7. 전도와 대류의 차이점을 설명하시오.
8. 숨은열이란 무엇인가? 숨은열은 지표 기온에 어떤 영향을 주는가?
9. 비열이란 무엇인가? 비열은 지표 기온에 어떤 영향을 주는가?
10. 지구 자전축이 기울어짐으로써 온대 지역과 극지역의 기후에 어떻게 영향을 주는지 설명하시오.
11. 극지역, 중위도 지역, 적도 지역에서 다음의 날짜별로 기온과 낮의 길이에 대해 논하시오. 6월 21일, 12월 21일, 춘(추)분.
12. 고도, 바람, 해양, 구름양, 알베도가 그 지역의 기온에 어떻게 영향을 주는지 설명하시오.

6장 수분, 구름, 날씨

저 멀리 두꺼운 적란운으로 덮인 하늘에서는 호우가 쏟아지고 있다.

습도(humidity) 공기 중에 포함되어 있는 수증기의 양이다.

절대습도(absolute humidity) 일정한 부피의 공기 중에 포함되어 있는 수증기의 질량으로 g/m^3으로 표시된다.

상대습도(relative humidity) 공기 중에 포함되어 있는 수증기량과 그때의 온도에서 공기가 포함할 수 있는 최대 수증기량(포화수증기량)의 비를 백분율로 산출한 것이다.

> "햇살은 향기롭고, 비는 신선하며, 바람은 기분을 돋아주며, 눈은 유쾌하다. 정말 나쁜 날씨라는 것은 없다. 오직, 다른 종류의 좋은 날씨만이 있을 뿐이다."
>
> 존 러스킨(John Ruskin, 1819~1900)[1)]

6.1 공기 중의 수분

강수는 공기 중에 수분이 존재할 때 발생한다. 그러므로 강수를 이해하기에 앞서 대기 중에서 어떻게 수분이 모이고 어떻게 그것이 행동하는지를 알아야만 한다.

습도

물이 난로 위에서 끓을 때, 증기 연무가 냄비 위로 올라오고 그런 다음 공기 중으로 사라진다. 물 분자들은 없어진 것이 아니라 단지 보이지 않을 뿐이다. 냄비 내에서 물은 액체이고 그 위의 연무 내의 물은 아주 작은 물방울로 존재한다. 그런 다음 작은 물방울들은 증발하고 눈에 보이지 않는 수증기는 공기와 혼합된다. 또한 물은 바다, 하천, 호수, 토양으로부터 공기 중으로 증발된다. 그런 다음 바람이 대기권으로 수분을 퍼뜨린다. 따라서 모든 공기는 가장 건조한 사막 위에서도 일부 수증기를 포함하고 있다.

습도(humidity)는 공기 중에 포함되어 있는 수증기의 양이다. 절대습도(absolute humidity)는 일정한 부피의 공기 중에 포함되어 있는 수증기의 질량으로 g/m^3로 표시된다.

주어진 온도에서 공기는 어떤 일정한 양의 수증기를 함유하고, 온난 공기는 한랭 공기보다 더 많은 수증기를 함유할 수 있다. 예를 들면 25 °C에서의 공기는 23 g/m^3의 수증기를 함유할 수 있지만, 12 °C에서의 공기는 단지 절반 정도의 양인 11.5 g/m^3의 수증기만을 함유할 수 있다(그림 6.1). 상대습도(relative humidity)는 공기 중에 포함되어 있는 수증기량과 그때의 온도에서 공기가 포함할 수 있는 최대 수증기량(포화수증기량)의 비를 백분율로 산출한 것이다. 이것을 수식으로 표현하면 다음과 같다.

$$\text{상대습도}(\%) = \frac{\text{주어진 온도에서 실제 수증기량}}{\text{주어진 온도에서 포화 수증기량}} \times 100$$

만약 공기가 함유할 수 있는 수증기의 절반을 함유하고 있으면, 상대습도는 50 %다. 25 °C에서 공기가 11.5 g/m^3

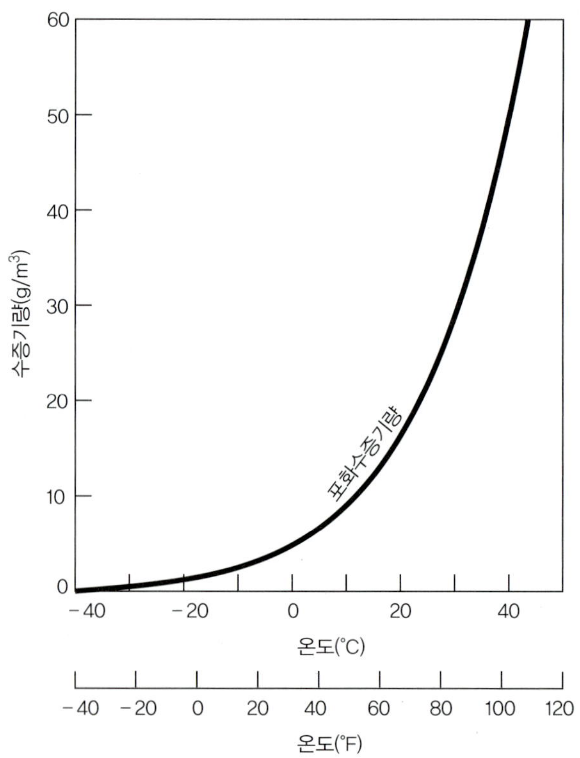

그림 6.1 온난 공기는 한랭 공기보다 더 많은 수증기를 함유할 수 있다.

1) 역자 주: 잉글랜드 작가 겸 시인으로서 예술적 자연주의를 옹호하며 "모든 예술행위는 문화 · 사회 · 도덕과 연관이 있다"고 주창하였다.

의 수증기를 함유하고 있다고 가정하자. 25 ℃에서 공기는 23 g/m^{3}의 수증기를 함유할 수 있기 때문에, 상대습도는 50 %(11.5 g/23 g × 100)다.

만약 이 공기가 어떠한 수증기의 추가 또는 제거 없이 냉각된다고 생각해 보자. 한랭 공기는 온난 공기보다 수증기를 적게 함유하기 때문에, 상대습도는 수증기의 양이 그대로 남아 있다고 하더라도 증가하게 된다. 만약 공기가 12 ℃까지 냉각되지만 함유한 수증기량이 그대로 11.5 g/m^{3}로 유지되고 있다면, 상대습도는 100 %에 도달한다. 왜냐하면 그러한 온도에서는 단지 11.5 g/m^{3}의 수증기량만을 함유할 수 있기 때문이다.

상대습도가 100 %에 도달할 때, 공기는 포화된다. **포화**(saturation)가 발생하는 온도(예, 12 ℃)는 **이슬점**(dew point)이다. 만약 포화된 공기가 이슬점 아래로 냉각되면, 수증기 일부는 대기권 내의 특별한 조건하에서 액체상 작은 물방울로 응결하게 되어, 상대습도는 100 % 이상으로 올라가게 된다.

과포화와 과냉각

이슬점에서 상대습도가 100 %에 도달할 때, 수증기는 암석, 토양, 공기 중의 입자들과 같은 고체상 표면에 재빨리 응결한다. 먼지, 연기, 꽃가루와 같은 공기 중의 입자들은 하층 대기권에 풍부하다. 결과적으로, 수증기는 하층 대기권 내의 이슬점에서 쉽게 응결하게 되어 상대습도가 100 %를 넘는 경우는 드물다. 그러나 깨끗하고, 입자상 물질들이 존재하지 않는 대류권 상부 내에서, 응결은 매우 느리게 발생하기 때문에 어떤 특별한 현상이 발생하지 않는다. 이런 결과에 따라서, 공기는 보통 이슬점 아래로 냉각되지만 물은 수증기로서 남는다. 이런 경우, 상대습도는 100 % 이상 올라가고, 공기는 **과포화**(supersaturation) 점에 도달한다.

이와 유사하게, 액체상 물은 항상 어는점에서 얼지 않는다. 작은 물방울들은 온도가 −40 ℃가 되는 구름 내에서 조차도 액체로서 남아 있다. 그러한 물은 **과냉각**(supercooling) 과정을 겪은 것이다.

6.2 냉각과 응결

습윤 공기가 이슬점 아래로 냉각될 때, 수분은 응결하여 작은 물방울 또는 얼음결정을 형성한다. 물과 얼음이 공기 중에서 농축되면 구름과 안개 등으로 나타난다. 3가지 대기 과정들이 공기를 이슬점까지 냉각시켜 응결을 일으킨다. 즉, (1) 공기는 복사에 의해 열을 잃을 때 냉각한다. (2) 공기는 물, 얼음, 암석, 토양 또는 식생과 같은 차가운 표면과 접촉할 때 냉각한다. (3) 공기는 상승할 때 냉각한다.

포화(saturation) 공기가 포함할 수 있는 수증기의 최대 양이다.

이슬점(dew point) 상대습도가 100 %에 도달하여 공기가 포화되는 온도다.

과포화(supersaturation) 상대습도가 100 % 이상인 상태다.

과냉각(supercooling) 공기가 어는점 아래로 내려갔으나 공기 중의 작은 물방울은 얼지 않은 상태다.

복사냉각

5장에 기술된 바와 같이, 대기권, 암석, 토양, 물은 낮 동안 태양열을 흡수하고 그런 다음 밤에 이 열의 일부를 공간으로 되돌려 복사한다. 복사에 의해 손실되는 열 때문에 공기, 땅, 물이 밤에 더 한랭하게 되어 응결이 일어나도록 한다.

접촉냉각: 이슬과 서리

여러분은 차가운 표면에서 간단하게 응결이 일어나는 것을 관찰할 수 있다. 난로 위의 물을 끓여 증기가 발생하면, 차가운 유리컵으로 증기를 수집한다. 차가운 유리컵은 뜨겁고, 습윤한 공기를 이슬점까지 떨어뜨리기 때문에 작은 물방울이 유리컵 표면에 응결하게 될 것이다. 이와 동일한

© PATRIZIA TILLY/SHUTTERSTOCK

© SHERRI R. CAMP/SHUTTERSTOCK

이슬(dew) 밤 동안 지면과 잎 표면이 주변 공기보다 더 차가워질 때, 대기로부터 물체 표면에 응결된 수분이다.

서리(frost) 이슬점이 어는점 이하로 내려갈 때, 수증기에서 바로 생성된 얼음결정이다.

단열온도변화(adiabatic temperature change) 기체의 압축 또는 팽창에 의해 발생되는 온도 변동으로 열의 획득 또는 손실이 없다.

건조단열감률(dry adiabatic lapse rate) 건조 공기가 상승하면서 10 ℃/1,000 m로 냉각되는 감률이다. 상승하는 공기는 이슬점에 도달할 때까지 건조단열감률로 냉각되고 이슬점에 도달하면 응결이 시작된다.

COURTESY OF GRAHAM R. THOMPSON/JONATHAN TURK

그림 6.2 서리가 내린 아침, 얼음결정이 창문에서 응결되었다.

COURTESY OF GRAHAM R. THOMPSON/JONATHAN TURK

그림 6.3 대부분 구름은 상승하는 공기가 냉각될 때 생성된다. 냉각은 눈에 보이지 않는 수증기를 응결시켜 구름으로 보이는 작은 물방울 또는 얼음결정으로 나타나도록 한다.

효과가 추운 날 집안에서도 일어난다. 따뜻하고 습윤한 집안 공기가 유리창에서 냉각됨에 따라 작은 물방울 또는 얼음결정이 유리창에 나타난다(그림 6.2).

일부 지역에서, 전형적인 여름 저녁 공기는 따뜻하고 습기가 많다. 해가 진 후, 야간 복사에 따른 열 손실로 식물, 주택, 유리창, 대부분 다른 물체들은 온도가 이슬점 이하로 내려간다. 밤 동안, 수증기는 차가운 물체 표면에 응결하여 물방울을 형성한다. 이러한 물방울을 **이슬(dew)**이라 부른다. 만약 이슬점이 어는점 이하로 내려간다면, **서리(frost)**가 생성된다. 서리는 이슬이 언 것이 아니라 수증기로부터 바로 생성된 얼음결정이다.

상승하는 공기의 냉각

지표면 부근에서 나타나는 복사와 접촉냉각 때문에 이슬, 서리, 일부 안개들이 생성된다. 그러나 구름과 강수는 보통 공기가 지면과 직접 접촉하여 냉각되지 않는 높은 고도에서 형성된다. 거의 모든 구름과 강수는 상승하는 공기가 냉각할 때 형성된다(그림 6.3).

일과 열 모두는 에너지의 형태다. 일이 열로 전환되거나 열이 일로 전환될 수 있지만, 에너지는 결코 사라지지 않는다. 만약 여러분이 자전거 바퀴에 펌프로 공기를 밀어 넣는다면, 여러분은 공기를 압축시키는 일을 한 것이다. 이 에너지는 사라진 것이 아니다. 에너지의 많은 부분은 열로 전환된다. 그러므로 펌프와 새로 채워진 바퀴 모두는 따뜻하게 느껴진다. 반대로, 만약 바퀴에 구멍을 낸다면, 공기는 빠르게 빠져나온다. 팽창하면서 일을 하기 때문에, 구멍 난 바퀴로부터 빠져나오는 공기는 차가워진다. 기체의 압축 또는 팽창에 의해 발생되는 온도 변동을 **단열온도변화(adiabatic temperature change)**라 한다. 단열(adiabatic)이란 열의 획득 또는 손실이 없다는 의미다. 단열 승온 동안, 열이 첨가된 것이 아니라 공기에 대해서 일을 했기 때문에 공기는 따뜻해진다. 단열 냉각 동안, 열이 제거되는 것이 아니라 일을 한 것이기 때문에, 공기는 차가워진다.

기압은 높이에 따라서 감소한다. 밀도가 큰 지상 공기가 상승할 때, 이 공기 주변 대기권은 밀도가 적기 때문에 상승한 공기는 마치 구멍이 난 바퀴로부터 빠르게 빠져나오는 것과 같이 팽창한다. 상승하는 공기는 팽창하면서 일을 하기 때문에 공기는 단열적으로 냉각된다. 건조 공기는 1,000 m 상승할 때마다 10 ℃씩 내려간다. 이 냉각율을 **건조단열감률(dry adiabatic lapse rate)**이라 부른다. 따라서 만약 건조 공기가 해발고도 9,000 m까지 상승한다면, 이 공기는 90 ℃만큼 내려갈 것이다.

거의 모든 공기는 약간의 수증기를 포함한다. 습윤 공기가

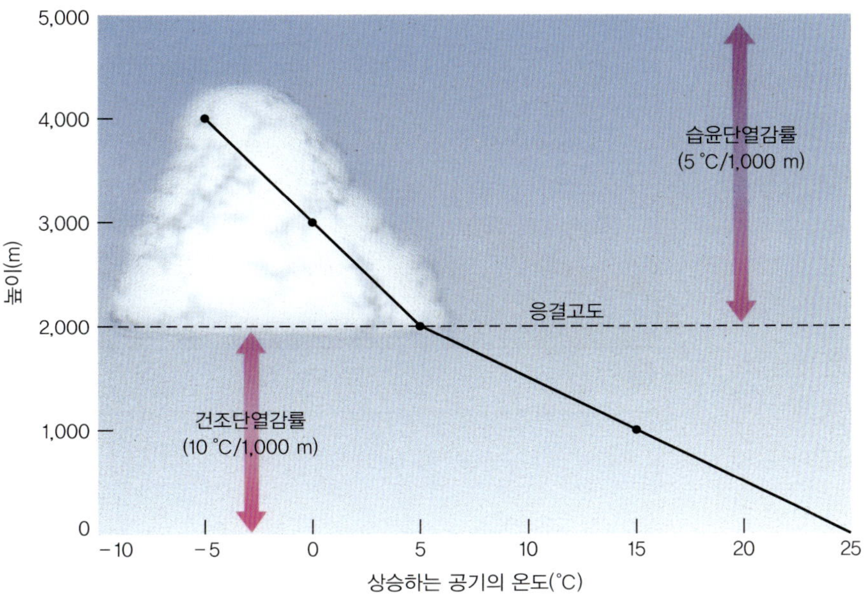

그림 6.4 상승하는 공기의 온도는 초기에 건조단열감률로 급격히 하강한다. 그런 다음 응결이 시작되고 구름이 생성되기 시작한 후, 공기의 온도는 습윤단열감률로 천천히 하강한다.

상승하고 단열적으로 냉각됨에 따라서, 습윤 공기의 온도는 결과적으로 이슬점까지 내려가게 된다. 이슬점에서, 수분은 작은 물방울로서 응결하고 구름이 형성된다. 그러나 응결하는 수증기는 숨은열을 방출한다는 것을 상기해야 한다. 습윤 공기가 구름 속을 통해 상승한다면, 이때 습윤 공기의 온도는 2가지 상반된 과정들의 영향을 받게 된다. 습윤 공기는 단열적으로 냉각하지만 이와 동시에 응결할 때 방출되는 숨은열에 의해 가열된다. 그러나 숨은열로 유발되는 온난화는 보통 단열 냉각의 양보다는 더 적다. 최종 결과가 상승하는 공기를 계속 냉각시키는 것이지만, 건조단열감률보다는 더욱더 천천히 일어난다. **습윤단열감률**(wet adiabatic lapse rate)은 응결이 시작된 이후 온도의 감소율이다. 수분의 함량이 매우 높은 습윤 공기가 매 1,000 m 상승하는 경우에는 습윤단열감률은 5 °C고, 비교적 건조한 공기가 매 1,000 m 상승하는 경우에는 습윤단열감률은 9 °C까지 변동한다(그림 6.4). 따라서 일단 구름이 생성되기 시작하게 되면, 상승하는 공기는 이미 대기권 하층에서 냉각되는 만큼 급격하게 냉각되지는 않는다. 상승하는 공기는 이슬점에 도달하게 전까지 건조단열감률에 따라서 냉각되고 응결이 시작된다. 그런 다음, 계속 상승함에 따라서, 응결은 계속되고 건조단열감률보다 적은 습윤단열감률에 따라서 냉각된다.

반면, 하강하는 공기는 단열 압축 때문에 더 따뜻해진다. 온난 공기는 한랭 공기보다 더 많은 수증기를 함유할 수 있다. 결과적으로, 수증기는 하강하고 더 따뜻한 공기에서는 응결되지 않고, 응결의 숨은열은 온도 상승율에는 영향을 미치지 않는다. 결과적으로, 하강하는 공기는 항상 건조단열 비율에 따라서 더 따뜻해진다.

습윤단열감률(wet adiabatic lapse rate) 이슬점에 도달하고 응결이 시작된 후 상승하는 습윤 공기의 냉각율이다. 수분 양에 따라서 5~9 °C/1,000 m로 나타난다.

지형상승(orographic lifting) 공기가 산 위로 흘러갈 때 발생하는 공기의 강제 상승이다.

6.3 상승하는 공기와 강수

요약하면, 습윤 공기가 상승하게 되면, 냉각되어 구름을 형성한다. 공기를 상승시키는 3가지 메커니즘은 지형상승, 전선상승, 대류-수렴상승이다(그림 6.5).

지형상승

공기가 산맥 위로 흘러갈 때, **지형상승**(orographic lifting)이라 불리는 메커니즘에 의해 강제로 상승하게 된다. 이 상승하는 공기는 6.8절에 설명되는 것과 같이 산맥 상공에서 비와 눈을 빈번하게 발생시킨다.

전선상승

한랭하고 밀도가 더 큰 공기로 구성되어 있는 기단은 이동하면서 온난하고 밀도가 더 적은 기단과 만나게 된다. 이런 상황이 발생하게 되면, 한랭하고 밀도가 더 큰 공기는 온난 기단 아래로 미끄러져 들어가, 온난 공기를 강제로 밀

전선상승(frontal wedging) 한랭하고 밀도가 큰 기단이 이동하여 온난하고 밀도가 적은 기단과 만날 때 또는 온난기단 아래로 한랭하고 밀도가 더 큰 기단이 미끄러져 들어가 온난 공기를 강제로 밀어 올려 날씨 기단을 형성하는 과정이다.

정상감률(normal lapse rate) 대기권의 연직 온도 구조로, 상승하거나 하강하지 않는 공기의 높이에 따른 냉각율을 말한다.

어 올려 날씨 기단을 만들게 한다. 이 과정을 **전선상승**(frontal wedging)이라 부른다. 날씨 전선에 대해서는 6.7, 6.9, 6.10절들에서 자세하게 설명할 것이다.

대류-수렴상승

대류(convection)는 위와 아래로 이동하고, 유체의 수평 흐름은 가열과 냉각에 반응하여 이루어진다는 것을 상기하자. 만약 대기권의 한 부분이 주변 공기보다 더 따뜻해진다면, 더 따뜻해진 공기는 팽창하여 밀도가 더 작아져서 상승한다. 따라서 뜨거운 공기를 넣은 열기구는 주변 공기보다 더 뜨겁고 밀도가 더 적은 공기를 함유하기 때문에 상승한다. 만약 태양이 지표면 부근의 공기 한 덩이를 가열하여 주변 공기의 온도보다 더 높은 온도로 만든다면, 온난 공기는 마치 뜨거운 공기를 넣은 열기구가 상승하는 것과 같이 상승할 것이다.

대류과정들과 구름

육상의 낮은 곳에 걸려 있는 구름은 언덕 주변을 가려 보이지 않게 하고, 하늘 높이 떠 있는 구름은 산정상 위로 흘러간다. 구름의 높이와 모양을 결정하는 요인들은 무엇인가?

공기는 일반적으로 지표면에서 가장 따뜻하고 대류권에서는 높이 올라갈수록 냉각된다는 것을 상기해 보자. 상승하거나 하강하지 않는 공기의 높이에 따른 냉각율을 **정상감률**(normal lapse rate)이라 한다. 평균 정상감률은 매 1,000 m마다 6 °C로 건조단열감률보다 더 적다. 그러나 정상감률은 변동이 심해 보통 지표면 근처에서 가장 크고 높이에 따라 감소한다. 또한 정상감률은 위도, 일중 시각, 계절에 따라 변동한다. 정상감률이 간단히 대기권의 연직 온도 구조라고 인식하는 것이 중요하다. 대조적으로, 상승하는 공기는 단열 냉각 때문에 냉각된다.

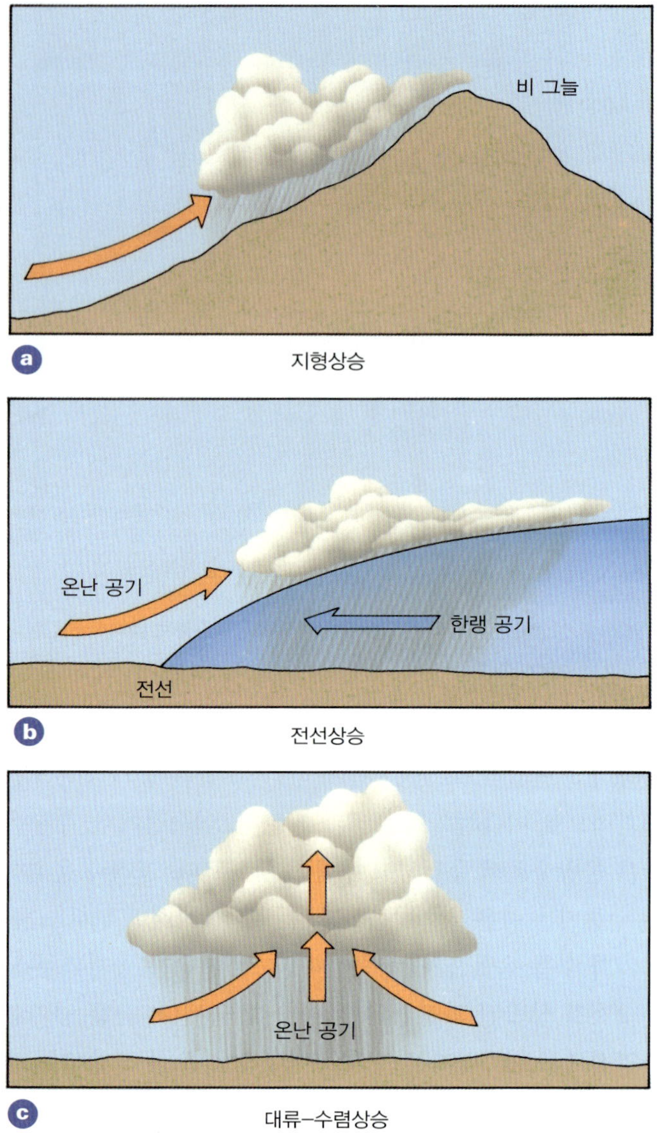

그림 6.5 공기를 상승시키고 냉각시키는 3가지 메커니즘. (a) 지형상승 (b) 전선상승 (c) 대류-수렴상승

그림 6.6은 하나는 건조 공기로 구성되어 있고 다른 하나는 습윤 공기로 구성되어 있는 상승하는 두 온난 기단을 보여주고 있다. 그림의 중앙 부분은 두 기단 모두 정상감률이 동일하다는 것을 보여 주고 있다. 대기권 내의 온도는 처음 수천 m 내에서 급격히 감소한 다음에는 높이가 올라가더라도 더 천천히 감소한다. 그러나 두 기단은 수분 양이 다르기 때문에 서로 다르게 행동한다.

건조 기단(그림 6.6 내의 A 부분)은 상승하고 건조단열감률(10 ℃/1,000 m)로 냉각된다. 그 결과, 이 예에서 기단의 온도와 밀도는 3,000 m 높이에서에 주변 공기의 온도와 밀도와 같아지게 된다. 상승하는 공기의 밀도가 주변 공기와 동일하기 때문에, 상승하는 공기는 이미 부력을 잃게 되어 상승을 멈추게 된다. 공기가 이슬점까지 냉각되지 않았기 때문에, 구름이 생성되지 않는다.

그림 6.6 내의 B 부분에서, 상승하는 습윤 공기는 초기에는 건조단열감률(10 ℃/1,000 m)로 냉각되지만, 공기는 1,000 m 높이에서 이슬점에 이르면 냉각된다. 이 이슬점에서 수분은 응결하기 시작하여 구름이 생성된다. 그러나 응결하는 수분은 응결 숨은열을 방출하고 이 부수적인 열은 상승하는 공기를 습윤단열감률(5 ℃/1,000 m)로 냉각시킨다. 결과적으로, 상승하는 공기는 주변 공기보다 더 따뜻하고 더 많은 부력을 받게 되어 수천 m 상공으로 계속 상승하여 호우의 잠재성을 지닌 탑상 물결 모양의 구름을 생성하게 된다.

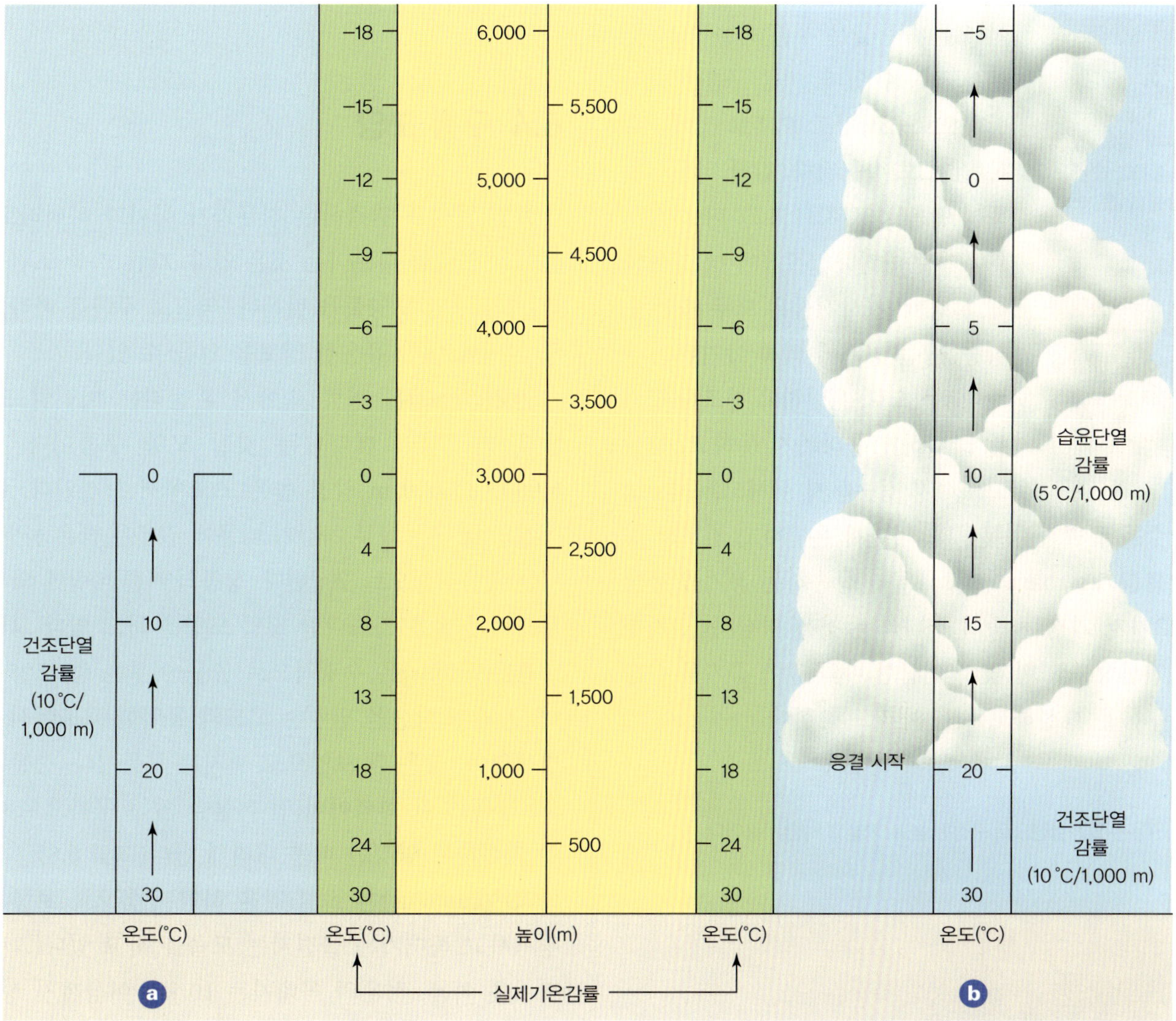

그림 6.6 (a) 건조 공기는 상승할 때, 팽창하고 건조단열감률로 냉각된다. 따라서 건조 공기는 곧 주변 공기의 온도까지 냉각하고 상승을 멈춘다. (b) 습윤 공기가 상승하는 경우, 초기에는 건조단열감률로 냉각되고 이슬점까지 내려가면 구름을 생성한다. 그런 다음, 이것은 습윤단열감률로 더욱더 천천히 냉각된다. 그 결과 주변 공기보다 더 따뜻하게 되어 수천 m까지 계속 상승한다. 모든 수분이 응결될 때 상승을 멈추고, 다시 공기는 건조단열감률로 냉각된다.

불안정 공기(unstable air) 빠르게 상승하는 온난하고 습윤한 공기로서 높은 고도까지 올라가 탑상 구름을 형성하여 호우를 유발한다.

안정 공기(stable air) 빠르게 상승하지 못하는 온난하고 건조한 공기로서 높은 고도까지 올라가지 못하고 구름과 강수를 형성하지 못한다.

권운(cirrus) 얼음결정으로 구성된 가늘고 연약한 상층 구름이다.

층운(stratus) 넓은 판 모양으로 퍼지는 수평적으로 층을 이룬 구름으로 보통 어둡고 흐린 하늘을 만든다.

적운(cumulus) 솜털 같은 하얀 구름으로 밑면은 평평하고 꼭대기는 물결치는 모양이다.

간단히 말하면, 온난하고 습윤한 공기는 **불안정 공기(unstable air)**다. 왜냐하면 이것은 급격히 상승하여 탑상의 구름을 형성시켜 호우를 생성시키기 때문이다. 또한 그림 6.5(c)에서 보는 바와 같이, 공기는 상승하는 공기를 대체하기 위해 지면을 따라서 빠르게 밀려들어와 지상풍을 생성시킨다. 여러분 대부분은 뜨거운 여름 날 격렬한 뇌우를 보았을 것이다. 부풀어 오른 구름들은 푸른 하늘 어느 곳에서도 볼 수 있다. 이들 구름은 연직 방향으로 성장하고 오후로 접어들수록 검게 보이게 된다. 갑작스러운 돌풍이 땅을 가로 지르고 그 바로 직후 호우가 쏟아진다. 6.7절에 더 자세하게 설명할 이 사건들은 모두 불안정, 상승, 습윤 공기에 의해 야기된다.

대조적으로, 온난하고 건조한 공기는 급격하게 올라가지 못하고, 높은 고도까지 상승하지 못하고, 구름 생성과 강수를 유발하지 못한다. 따라서 온난하고 건조한 공기는 **안정 공기(stable air)**다. 대류가 상승하는 공기를 유발시키는 3가지 과정들 중의 하나라는 것을 명심하라. 지형상승과 전선상승 또한 앞서 언급한 바와 같이 공기를 상승시키고 구름을 형성하고 비를 내리도록 한다.

그림 6.7 권운은 얼음결정으로 구성된 높고, 가늘고 약한 구름이다.

COURTESY OF GRAHAM R. THOMPSON/JONATHAN TURK

RALPH F. KRESGE/NOAA

그림 6.8 층운은 낮고 평평한 층으로 하늘을 가로질러 퍼져 간다.

6.4 구름 모양

매일 날씨를 관측하는 전문가가 아니라 하더라도, 구름들이 매일매일 다르다는 것은 안다. 다른 기상 조건들이 여러 가지 구름 모양들을 만든다. 역으로 구름을 바라보면 매일 날씨에 대한 유용한 정보를 얻을 수 있다.

권운(cirrus)은 바람 속에서 흔들리는 머리털 또는 하늘을 가로질러 떠다니는 깃털 모양 구름이다. 권운은 6,000~15,000 m 상공 높은 고도에서 형성된다. 이 고도에서의 공기는 너무 차갑기 때문에 권운은 작은 물방울들보다는 얼음결정으로 구성된다. 상공의 빠른 바람에 의해 길고, 부드럽게 굽은 가느다란 깃털 모양을 하고 있다(그림 6.7).

층운(stratus)은 수평적으로 층을 이루는 층 모양 구름이다. 공기가 상승을 멈추는 고도와 동일한 고도에서 응결이 발생하며, 넓은 판 모양으로 퍼지는 구름이다. 층운은 어둡고, 잔뜩 흐린 회색이며 전 하늘을 덮는 구름으로 며칠 동안 지속하여 일정한 비를 내리게 한다(그림 6.8).

적운(cumulus)은 솜털 같은 하얀 구름으로 보통 밑면은 평평하고 꼭대기는 물결치는 모습을 하고 있다(그림 6.9). 뜨거운 여름, 적운의 꼭대기는 10 km 이상까지 상승하기도 하며 밑면은 꽃양배추와 같은 모습을 하고 있다. 구름의 밑면은 상승하는 공기가 냉각되어 이슬점에 도달하여 응결이 시작되는 고도에서 형성된다. 그러나 이런 상황에서, 상

그림 6.9 적운은 밑면은 평평하고 꼭대기는 물결치는 솜털 같은 하얀 구름이다.

승하는 공기는 주변 공기 보다 더 따뜻하게 되어 계속 상승하게 된다. 상승함에 따라서, 더 많은 수증기가 응결되어 물결치는 기둥들을 형성하게 된다.

다른 구름 모양들은 이 3가지 기본 모양들을 조합시켜 명명된다(그림 6.10). **층적운(stratocumulus)**은 일부 연직 구조를 가진 판 모양 하층 구름이다. '님보(nimbo)'라는 용어는 강수를 일으키는 구름에 부친다. 따라서 **적란운(cumulonimbus)**은 탑 모양 비 구름이다. 만약 이 구름을 보게 된다면, 대피소를 찾아야만 될 것이다. 왜냐하면 적란운은 보통 강한 비, 천둥, 번개, 때때로 우박을 동반하기 때문이다. **난층운(nimbostratus)**은 비 또는 눈이 내리는 층운이다. 또한 다른 접두사도 구름 이름에 부가된다. 예를 들면

층적운(stratocumulus) 일부 연직 구조를 가진 판 모양 하층 구름이다.

적란운(cumulonimbus) 기둥으로 형성되는 탑 모양 폭풍 구름으로 강한 비, 천둥, 번개, 때때로 우박을 동반한다.

난층운(nimbostratus) 비 또는 눈이 내리는 층운이다.

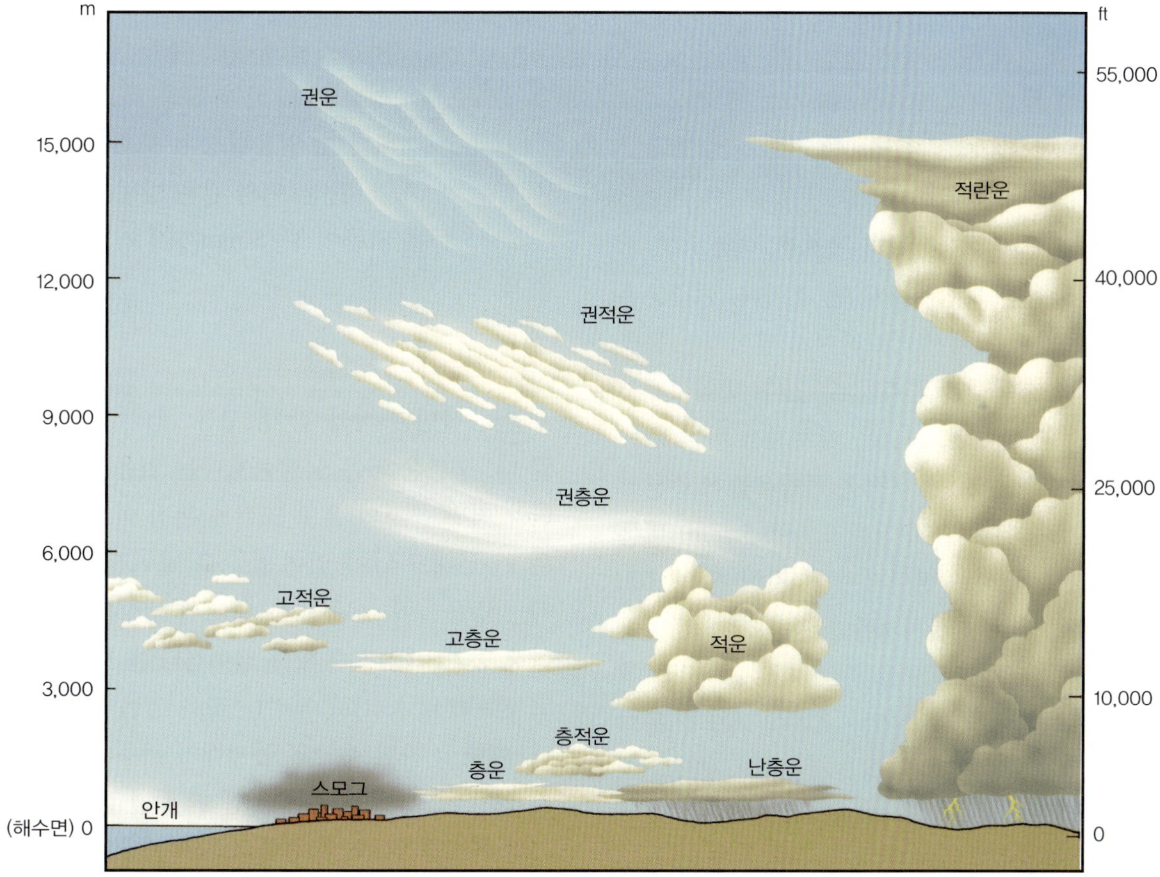

그림 6.10 구름의 이름은 구름의 모양과 발생하는 높이에 기초한다.

고층운(altostratus) 높은 고도에서 형성되는 층운이다.

진눈깨비(sleet) 빗방울이 온난 구름 내에서 형성되고 아주 낮은 고도의 한랭 공기층을 통해서 떨어질 때 빗방울이 얼게 되는 공 모양 작은 얼음이다.

비얼음(glaze) 비가 과냉각 표면 위에 떨어져서 바로 동결되어 생긴 투명한 얼음을 말한다.

'알티(Alti)'는 '높은'이라는 의미를 가진 라틴어 'altus'에서 기원한 것이다. **고층운(altostratus)**은 간단히 높은 곳에서 생성되는 층운이다.

강수 유형

비

어떤 구름에서는 비가 내리는 반면, 햇빛이 비치는 날에 파란 하늘을 가로질러 떠다니는 다른 구름에는 비가 내리지 않는 이유는 무엇인가? 구름 속의 물방울들은 지름이 약 0.01 mm 정도로 작다. 이 크기는 사람 머리카락 지름의 약 1/7 정도다. 잔잔한 공기 내에서 그러한 하나의 물방울은 상공 1,000 m 구름에서부터 지상으로 떨어지는 데 48시간이 걸린다. 그러나 이러한 매우 작은 물방울들은 결코 지상에 도달하지 못한다. 왜냐하면 물방울들은 떨어지는 도중 증발해 버리기 때문이다.

© SERGIEIEV/SHUTTERSTOCK

만약 구름 내의 기온이 어는점보다 높으면, 매우 작은 물방울들은 충돌하고 합쳐지게 될 것이다. 여러분은 비 오는 날 창문 유리판 위에서 미끄러져서 떨어지는 물방울에서 이와 유사한 행동들을 관측할 수 있다. 만약 2개의 작은 물방울들이 충돌한다면, 그들은 합쳐져서 하나의 큰 방울이 될 것이다. 만약 구름 내의 작은 물방울들이 충분히 크게 성장한다면, 그들은 이슬비(지름 0.1∼0.5 mm) 또는 약한 비(지름 0.5∼2 mm)로 떨어지게 될 것이다. 약 100만 개의 작은 구름방울들이 합쳐져야만 평균 크기의 빗방울이 생성된다.

그러나 많은 구름 내에서, 수증기는 초기에 과냉각 물의 작은 물방울로서 응결되기 보다는 얼음결정으로 생성된다. 이것에 대한 이유 중 하나는 구름 내의 온도가 일반적으로 어는점 이하라는 것이지만, 또한 다른 요인은 얼음 형성에 적절하다는 것이다. 어는점 부근 또는 이하 온도에서, 얼음에 관해서 약간 과포화되어 있는 물에 관해서 공기는 약간 불포화되어 있다는 것이다. 예를 들면 만약 물에 관해서 공기의 상대습도가 95 %라면, 이것은 얼음에 대해서는 약 105 %다. 그러므로 공기가 이슬점 쪽으로 냉각됨에 따라서, 모든 수증기는 과냉각 물방울보다는 얼음결정을 생성한다. 그런 다음 매우 작은 얼음결정들은 많은 수증기가 얼음결정에 응결함에 따라서 더 크게 성장하고 충분히 커지면 떨어진다. 그런 다음 더 온난한 공기층들을 통해서 떨어질 때 얼음결정은 녹아서 빗방울이 된다.

만약 여러분이 뇌우를 한 번 만난 적이 있다면, 얼굴 또는 손등으로 빗방울이 떨어질 때, 아픔을 느낄 만큼 빗방울이 매우 컸음을 기억할 것이다. 적운은 상승하는 공기로부터 생성되고 구름 꼭대기는 밑면에서부터 수 km에 도달한다. 구름의 상층 부분의 온도는 보통 어는점 아래다. 그 결과, 얼음결정이 생성되고 떨어지기 시작한다. 탑 모양 구름을 통해서 얼음결정들이 떨어지면서 응결이 계속 이루어져 알갱이들이 성장한다. 만약 하층 대기권이 충분히 따뜻하다면, 얼음결정은 지표면에 도달하기 전에 녹게 된다. 이와 같은 방법으로 형성된 빗방울들은 지름이 3∼5 mm까지 커지게 되어 빗방울들을 맞으면 아픔을 느낀다.

눈, 진눈깨비, 비얼음

앞서 설명된 바와 같이, 구름 내의 온도가 어는점 이하일 때, 구름은 작은 물방울보다는 얼음결정으로 구성된다. 만약 지면 근처의 온도 또한 어는점 이하라면, 얼음결정들은 언 상태로 남아 있어 눈으로 떨어진다. 대조적으로, 만약 빗방울들이 온난 구름 내에서 생성되어 하층 고도에서 한랭 공기의 층을 통해서 떨어진다면, 빗방울들은 얼게 되고 **진눈깨비(sleet)**로 불리는 작은 얼음 알갱이로서 떨어진다. 때때로 지면 부근의 동결대가 너무 얇아서 빗방울들이 지표면에 도달하기 전에 얼만 한 시간을 갖지 못하게 된다. 그러나 빗방울들이 빙점하의 지표면에 내리게 되면, **비얼음(glaze)**이라 불리는 투명한 얼음을 생성한다(그림 6.11). 비

DAVE PUTNAM

그림 6.11 비가 물의 어는점보다 더 낮은 표면에 떨어질 때 비얼음이 생성된다.

얼음은 큰 나뭇가지와 전선들을 부러뜨릴 만큼 충분히 무거워질 수 있다. 또한 비얼음은 고속도로를 얼음 박판으로 덮어서 위험하게 한다. 1997～1998년 겨울, 캐나다 동부 지방과 미국 북동부 지방의 진눈깨비와 비얼음 폭풍은 수백만 $의 피해를 발생시켰다. 비얼음으로 인해 많은 전선들과 전신주들을 파괴되면서 많은 사람들이 정전으로 수주일 동안 불편을 겪었다.

우박

이따금씩, 강수는 우박(hail)이라 불리는 매우 큰 얼음 알갱이의 형태를 띠게 된다. 우박 덩이의 지름은 5 mm에서부터 기록적인 크기인 14 cm까지 다양하다. 기록을 깬 것은 캔자스 주에 떨어진 무게 765 g짜리 우박 덩이다. 지표면을 향해 시속 160 km으로 떨어진 500 g짜리 우박 덩이는 유리창을 박살내고, 자동차 지붕을 움푹 들어가게 하고, 사람과 가축들을 죽이기도 하였다. 작은 우박덩이라 하더라도, 농작물을 파괴시키기도 한다. 우박은 오직 적란운에서부터 떨어진다. 적란운은 뚜렷한 경계를 이룬 기둥 내에서 생성되기 때문에, 우박 보라들은 국지적으로 발생 조건이 잘 발달된 지역에서 발생한다. 따라서 한 농부가 모든 농작물을 잃게 되더라도, 다른 이웃들은 전혀 영향을 받지 않기도 한다.

우박(hail) 적란운에서부터 떨어지는 큰 얼음 덩어리로 크기는 지름 5 mm에서 14 cm까지 다양하다.

이류안개(advection fog) 바다로부터 온난하고, 습윤한 공기가 더 한랭한 육지 쪽으로 불 때 발생하는 안개다.

우박 덩이는 겹겹이 싸여 있는 양파와 같이 얼음으로 된 동심원 껍질들로 싸여 있다. 우박 덩이는 2가지 메커니즘에 의해 생성된다고 제안되고 있다. 하나의 메커니즘에서, 난류 바람이 불어 떨어지는 얼음결정을 위쪽 구름 속으로 되돌아가도록 한다. 재순환하는 과정에서 부수적인 수증기가 얼음 낟알에 응결하여 새로운 얼음층이 축적된다. 개개 입자는 상승하게 되고 성장하여 구름 아래로 떨어질 만큼 크고 무거워질 때까지 여러 번 상승 하강한다. 두 번째 메커니즘에서, 우박 덩이는 구름 내에서만 생성된다. 우박 덩이가 하강하는 동안, 과냉각된 물은 얼음결정으로 얼게 된다. 구름의 다른 부분에서 과냉각된 물의 온도와 양이 차이가 나기 때문에, 층상으로 발달하고, 각 층은 구름의 여러 부분에서 생성된다.

6.5 안개

비록 대부분 안개가 더 높은 상공에서 발생되는 구름들과는 상이한 과정들에 의해서 생성되기는 하지만, 안개는 지면 근처 또는 매우 가까운 곳에서 생성되는 구름이다. 이류안개(advection fog)는 바다로부터 온난하고 습윤한 공기가 더 한랭한 육지 쪽으로 불 때 발생한다. 공기는 이슬점까지 냉각되고, 수증기는 지면 높이에서 응결한다. 캐나다 브리티시컬럼비아 주 밴쿠버와 마찬가지로 미국 캘리포니아 주 샌프란시스코와 워싱턴 주 시애틀 모두는 태평양으로부터 불어온 온난하고 습윤한 공기가 먼저 캘리포니아 한류

복사안개(radiation fog) 지표면과 지표면 부근의 공기가 밤 동안 복사에 의해 냉각될 때 발생하는 안개다.

증발안개(evaporation fog) 일반적으로 호수 또는 강과 같은 물 덩이로부터 이루어지는 증발에 의해 공기가 냉각될 때 발생하는 안개다. 늦은 가을에서 이른 겨울, 공기는 차갑지만 일반적으로 물은 여전히 따뜻하다. 물은 증발하지만, 수증기는 냉각하고 한랭한 공기와 접촉하자마자 거의 안개로 응결한다.

활승안개(upslope fog) 공기가 육지면을 따라서 상승하여 냉각될 때 발생하는 안개다.

COURTESY OF GRAHAM R. THOMPSON/JONATHAN TURK

그림 6.12 아이다호 주 들판에서 아침에 발생하는 복사안개

에 의해 냉각되고, 그런 다음 육지에 의해 냉각됨에 따라서 겨울에는 안개가 자욱하다. 미국에서 가장 안개가 빈번한 지역은 컬럼비아 강 어귀에서 태평양에 면한 워싱턴 주 디스어포인트먼트 곶(Cape Disappointment)으로 안개로 인해 이곳의 시정은 29 %가 떨어진다.

복사안개(radiation fog)는 지표면과 지표면 부근의 공기가 밤 동안 복사에 의해 냉각될 때 발생한다(그림 6.12). 공기가 이슬점 아래로 냉각될 때 수증기는 응결하여 안개가 된다. 보통 한랭하고, 밀도가 큰 안개로 가득찬 공기는 계곡 내로 가라앉게 된다. 만약 여러분이 밤늦게 언덕으로 된 지형에서 운전하고 있다면, 시정이 나쁜 두터운 안개 속에서 갑자기 가라앉는 도로로 접어들 때 조심해야 한다. 이런 형태의 땅 안개는 보통 아침 햇살을 받으면 사라지게 된다. 떠오르는 태양은 지면 또는 수면을 덥히고 뒤이어 그 위에 놓여 있는 공기를 따뜻하게 한다. 공기가 더 따뜻해짐에 따라서, 수증기를 함유할 수 있는 용량이 증가하고 안개 방울들이 증발한다. 복사안개는 특히 공기가 오염된 지역에서 일반적으로 나타난다. 왜냐하면 수증기들이 공기 중에 떠다니는 작은 입자들에 쉽게 응결하기 때문이다.

물은 기화할 때 열을 흡수하여 지표면과 주위 공기들을 냉각시킨다는 것을 상기해 보자. 또한 기화는 공기에 수분을 더한다. 냉각과 첨가된 수분이 결합하여 안개 형성을 촉진시키는 조건이 된다. 일반적으로 호수 또는 강과 같은 물 덩이로부터 이루어지는 증발에 의해 공기가 냉각될 때 **증발안개**(evaporation fog)가 발생한다. 증발안개는 보통 공기는 차갑지만 물은 여전히 따뜻한 늦은 가을에서 이른 겨울 사이에 잘 발생한다. 물은 증발되고, 증발된 수증기는 한랭한 공기와 접촉하자마자 냉각되어 거의 동시에 안개로 응결한다.

활승안개(upslope fog)는 공기가 육지면을 따라서 상승하여 냉각될 때 발생한다. 활승안개는 점진적으로 경사진 평원과 가파른 산악 모두에서 발생한다. 예를 들면 미시시피 삼각주의 해수면에서부터 로키 산맥 정면 1,500 m까지 융기되어 있는 대평원에서 습윤한 공기가 멕시코 만으로부터 로키 산맥 방향인 북서쪽으로 이동할 때, 이것은 상승하고 단열 냉각하여 활승안개를 생성한다. 산맥 정면에서 급작스럽게 상승할 때 또한 안개를 생성한다.

6.6 기압과 바람

온난 공기는 한랭 공기보다 밀도가 작다. 따라서 온난 공기는 비교적 낮은 기압을 나타내고, 한랭 공기는 비교적 높은 기압을 나타낸다. 온난 공기는 주변 한랭 공기보다 밀도가 작기 때문에 상승한다(그림 6.13(a)). 공기는 보통 저기압 지역 상공에서 하루에 약 1 km의 비율로 천천히 상승한다. 대조적으로, 만약 상층 대기권 내의 공기가 냉각된다면, 이 공기는 바로 아래의 공기보다 밀도가 더 크기 때문

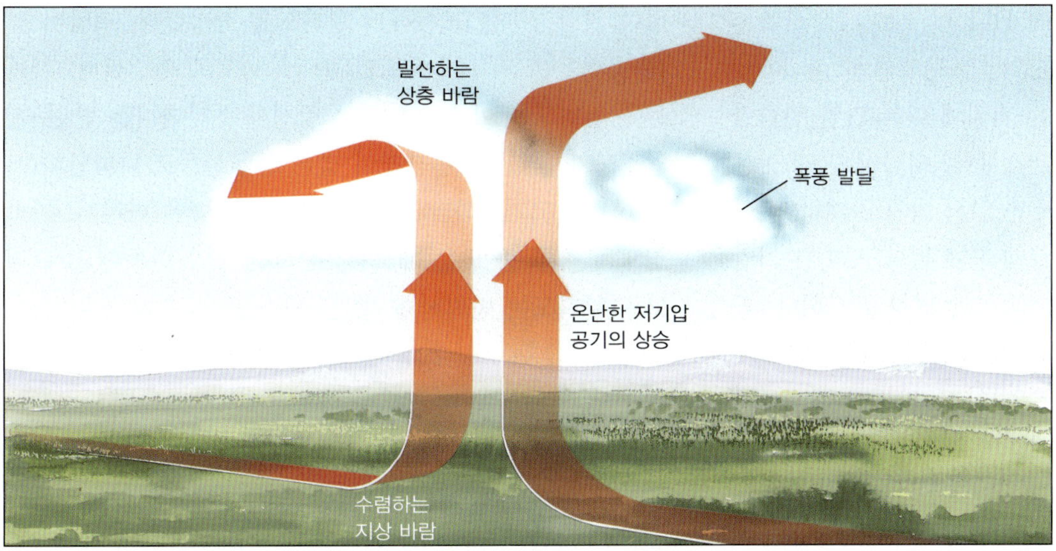

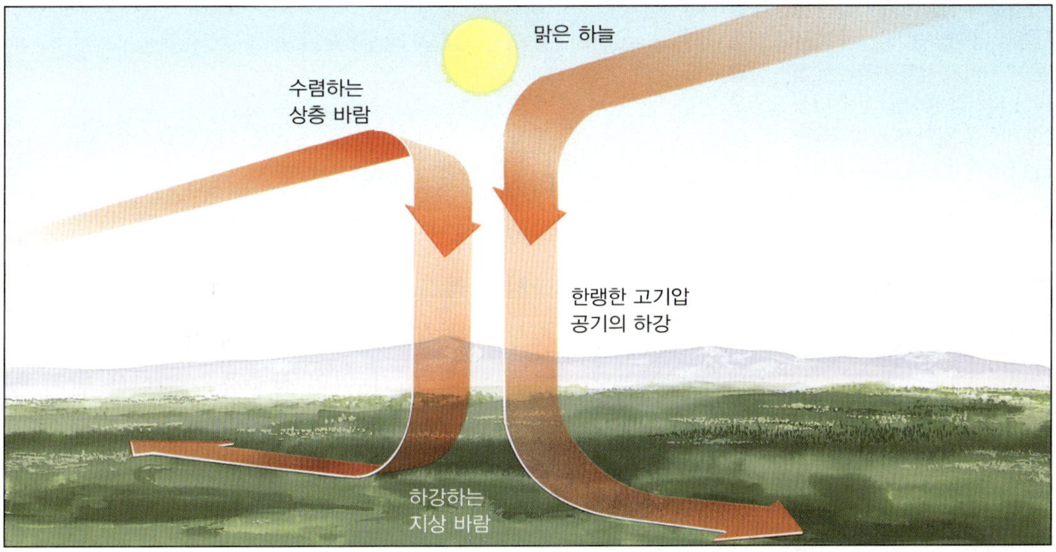

NOAA WATER STATION, MISSOULA, MT

바람(wind) 대기권의 부등 가열로 인해 나타나는 기압 차에 따라 일어나는 수평적인 공기 흐름이다. 지표면 부근의 바람은 항상 고기압 지역에서 저기압 지역으로 분다.

그림 6.13 (a) 상승하는 저기압 공기는 구름을 발생시키고 강수를 만든다. 공기는 저기압대 안쪽으로 흐르면서 지상풍을 일으킨다. (b) 하강하는 고기압 공기는 맑은 하늘을 만든다. 또한 공기는 고기압대 바깥쪽으로 흐르면서 지상풍을 일으킨다.

에 가라앉게 된다(그림 6.13(b)).

지상 공기는 상승하는 기단을 대체하기 위해 저기압 지역 쪽으로 그리고 안쪽으로 흘러야만 한다. 그러나 침강하는 기단은 지상 공기를 쫓아내어 고기압 지역 바깥쪽으로 밀어낸다. 따라서 고기압과 저기압 지역 모두에서 발생하는 연직 기류는 수평적인 기류인 **바람(wind)**을 동반하게 된다. 지표면 부근의 바람들은 항상 고기압 지역으로부터 불어 나가고 저기압 지역으로 불어 들어간다. 궁극적으로 바람은 지구 대기권의 부등 가열로 인해 발생한 기압 차에 따라 분다.

기압경도

바람은 기압 차에 반응하여 분다. 여러분이 있는 방 안의 공기가 정지해 있다고 생각해 보자. 이때 진공 포장된 커피 캔을 따면 공기가 캔으로부터 빠르게 빠져나옴에 따라 '쉿' 소리가 나는 것을 듣게 된다. 방 안의 압력이 커피 캔 내부의 압력보다 더 높기 때문에, 바람은 방에서 캔 속으로 불게 된다. 그러나 만약 여러분이 풍선을 불 경우, 풍선 속의 공기는 방 안의 공기보다 압력이 더 높다. 풍선이 터지면, 바람은 풍선의 고압대로부터 더 낮은 방안의 저압

기압경도(pressure gradient) 거리에 따른 기압 변화량으로 풍속을 결정하는 데 사용된다.

등압선(isobar) 일기도 상에 기압이 같은 지점들을 연결한 선이다.

제트류(jet stream) 높은 고도에서 좁은 띠 모양으로 빠르게 이동하는 바람이다.

대로 불게 된다.

풍속은 **기압경도**(pressure gradient)로 불리는 거리에 따른 기압 변화량으로서 결정된다. 따라서 만약 짧은 거리상에 큰 압력 차가 존재하면, 바람은 빠르게 불게 된다. 가파른 기압경도는 가파른 언덕과 유사하다. 공이 가파른 언덕 아래로 빠르게 굴러 내려가는 것과 같이, 바람은 가파른 기압경도를 가로질러 불게 된다. 수백 개의 기상관측소에서 기압을 측정하여 기압경도를 표시하는 일기도를 작성한다. 기압이 같은 지점들은 지도에서 **등압선**(isobar)으로 연결된다. 가파른 기압경도는 아주 조밀한 등압선들로 나타나는 반면, 기압경도가 약한 곳은 간격이 넓은 등압선들로 나타난다(그림 6.14). 고기압과 저기압 지대가 이동함에 따라서, 기압경도는 하루 중 또는 때로는 수 시간 동안 변동한다. 그러므로 일기도는 빈번하게 갱신된다.

코리올리 효과

3장에서 지구 자전에 의해 발생되는 코리올리 효과가 해류를 전향시킨다고 설명하였다. 이와 유사하게, 코리올리 효과는 바람을 전향시킨다. 북반구의 바람은 오른쪽으로 전향되고, 남반구의 바람은 왼쪽으로 전향된다(그림 6.15). 코리올리 효과는 풍향은 변경시키나 풍속에는 영향을 미치지 않는다.

그림 6.14 1992년 2월 3일, 북아메리카 1,500 m 상공에서 기압과 바람의 분포를 나타낸 일기도. 바람들이 지표면 지형의 영향을 받지 않기 때문에 상층 자료들은 기압경도를 잘 나타내고 있다. 동북 지역과 서북 지역에서 좁은 등압선 간격을 볼 수 있다. 가파른 기압경도들은 저기압 중심을 향해 나선 모양으로 시계 반대 방향으로 불어 들어가는 강한 바람을 일으킨다. 미국 중부지역에 위치한 고기압 주변의 넓은 등압선 간격은 더 약한 바람을 일으킨다.

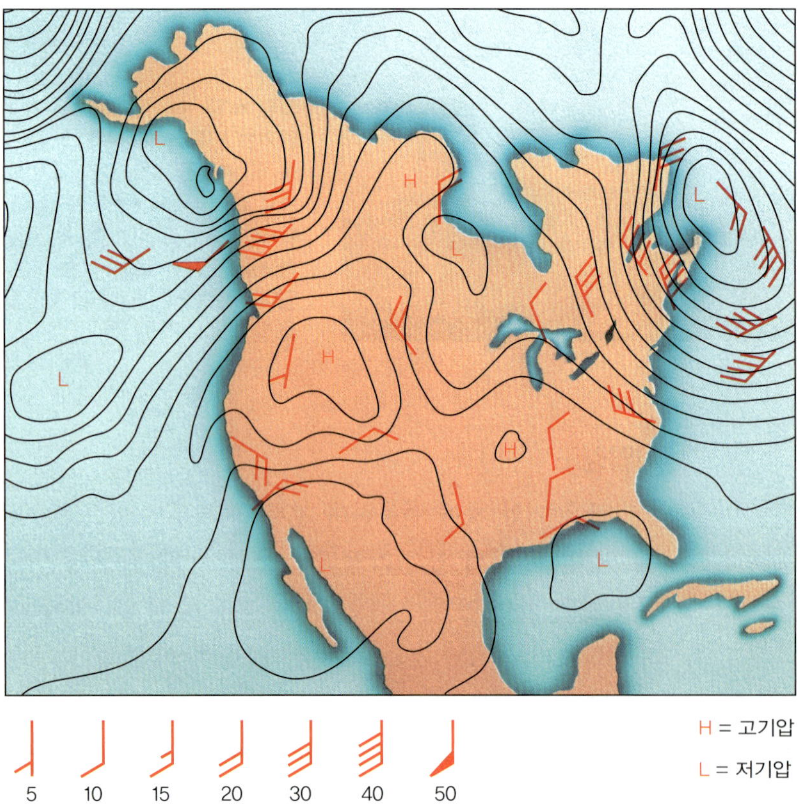

NOAA WEATHER STATION, MISSOULA, MT

바람 깃들은 노트로 표시되는 풍속이다. 풍향을 나타내는 깃의 끝점이 바람이 불어오는 방향이다.

마찰

상승하고 하강하는 공기 모두는 지표면을 따라서 그리고 더 높은 고도에서 바람을 일으킨다. 지상풍은 지표면과의 마찰에 따른 영향을 받는 반면, 자유 대기 위의 상층풍은 영향을 받지 않는다. 그 결과, 풍속은 일반적으로 높이에 따라서 증가한다. 이 효과는 제2차 세계대전 중에 최초로 알려지게 되었다. 1944년 11월 24일, 미국 폭격기들은 일본 수도에 대량 폭격을 하기 위해 도쿄로 접근하고 있었다. 고도 8,000~10,000 m를 비행하는 동안, 조종사들은 비행기의 이론적인 최고 속도보다 시간당 140 km가 더 빠르다는 것을 발견하였다. 혼란에 휩싸여, 폭탄의 대부분은 목표물을 벗어났고, 군사적인 임무는 실패했다. 그러나 이 사건은 기상학자들에게 높은 고도에서 좁은 띠 모양을 이룬 바람으로 나타나는 **제트류**(jet stream)가 존재한다는 것을 알게 하였다. 북반구 내의 제트류는 시속 120~240 km 사이의 풍속으로 서에서 동으로 흐른다. 비교해 보면,

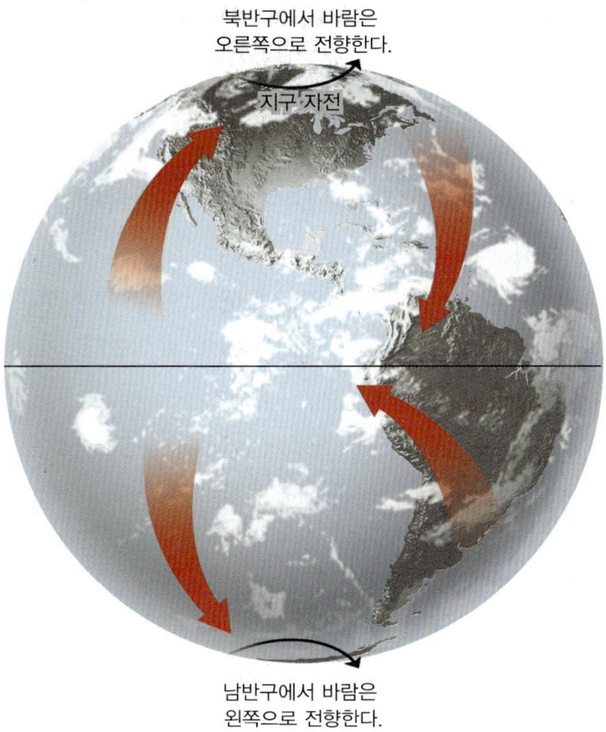

그림 6.15 코리올리 효과는 북반구에서는 오른쪽으로 남반구에서는 왼쪽으로 바람을 전향시킨다.

그런 풍속을 가진 지상풍은 단지 허리케인과 토네이도 정도다. 로스앤젤레스에서 뉴욕으로 출발하는 비행기 조종사들이 제트류를 타고 비행하게 되면, 가속되고 연료도 감소되는 반면, 동쪽에서 서쪽으로 이동하는 조종사들은 제트류를 피하게 된다.

날씨와 기후에 대한 제트류의 영향은 이 단원의 뒷부분에서 다시 설명할 것이고 7장에서 상세하게 논의할 것이다.

저기압과 고기압

그림 6.16(a)은 북반구에서 저기압 지역으로 공기가 수렴할 때 공기의 움직임을 보여 주고 있다. 만약 지구가 자전하지 않는다면, 그림에서 검정색 화살표로 표시된 기류와 같이 바람은 등압선을 가로질러 직각으로 흐르게 될 것이다. 그러나 지구가 회전하기 때문에 코리올리 효과가 그림에서 작은 파란색 화살표로 표시된 것과 같이 오른쪽으로 바람이 전향하도록 한다. 오른쪽 전향은 그림에서 빨간색으로 표시된 큰 화살표와 같이 저기압 지역 중심 부근에서 시계 반대 방향으로 회전하는 소용돌이를 만든다. 남반구에서의 전향 방향은 시계 방향이다.

지상풍을 수반하는 기압이 낮은 지역을 저기압이라 부른다. 이런 맥락에서, **저기압(cyclone)**은 때때로 사이클론, 허리케인 또는 태풍으로 불리는 맹렬한 폭풍을 의미하는 것이 아니라 안쪽으로 향하여 회전하는 바람들의 시스템을 의미한다. 정반대 메커니즘은 기압이 높은 지역 주변에 **고기압(anticyclone)**을 형성한다. 침강하는 공기가 지표면에 도달할 때, 모든 방향으로 퍼지게 된다. 북반구에서, 코리올리 효과는 고기압의 발산하는 공기를 오른쪽으로 전향시켜 바람이 시계 방향으로 나선을 그리는 팔랑개비 모양을 형성한다(그림 6.16(b)). 남반구인 경우, 코리올리 효과는 왼쪽으로 전향시키고 시계 반대 방향의 나선을 만든다.

저기압(cyclone) 안쪽으로 향하여 회전하는 바람을 동반하는 기압이 낮은 지역이다.

고기압(anticyclone) 지표면 위에서 하강하는 공기가 퍼져 나가면서 바깥쪽으로 회전하는 바람을 동반하는 기압이 높은 지역이다.

기압 변화와 날씨

앞서 설명된 바와 같이, 바람은 압력 차에 의해 분다. 그러나 저기압은 일반적으로 바람과 함께 구름과 강수를 일으키고, 고기압이 머무는 동안에는 햇빛이 비치는 맑은 날이 우세하다. 이런 차이를 이해하기 위해서, 온난 공기는 한랭 공기보다 밀도가 작다는 것을 상기해야 한다. 만약 온난 공기와 한랭 공기가 부딪친다면, 밀도가 작아 부력을 더 받는 온난 공기가 위로 올라갈 것이다.

상승하는 공기는 저기압 지역을 생성한다. 그러나 상승하는 공기는 또한 단열 냉각된다. 만약 냉각이 충분하다면, 구름이 생성되고 비 또는 눈이 떨어지게 될 것이다. 따라서 기압계 압력이 낮으면 습윤 날씨를 나타내는 것이다. 혹은 한랭 공기가 침강하면, 압축을 받아 압력이 올라가게 된다. 게다가 침강하는 공기는 단열 가열된다. 온난 공기는 한랭 공기보다 더 많은 수증기를 함유할 수 있기 때문에, 침강하는 공기가 수분을 흡수하더라도 구름을 생성할 수 없다. 따

기단(air mass) 어떤 주어진 고도에서 거의 일정한 온도와 습도를 가진 거대한 공기 덩어리다.

라서 맑고 건조한 날씨는 일반적으로 고기압을 동반한다.

6.7 전선과 전선 날씨

기단(air mass)은 어떤 주어진 고도에서 거의 일정한 온도와 습도를 가진 거대한 공기 덩어리다. 보통 기단은 1,500 km 이상을 횡단하고 두께는 수 km다. 공기는 지표면으로부터 열과 수분 모두를 필요로 하기 때문에, 기단은 기원되는 장소에 따라서 구분된다. 온도에 따라서는 한대(한랭)기단 또는 열대(온난)기단으로 구분된다. 해양기단은 해상에서 기원하고 수분 함량이 높은 반면, 대륙기단은 수분 함량이 낮다(그림 6.17, 표 6.1).

기단들은 이동하고 충돌한다. 더 온난한 기단과 더 한랭한 기단 사이의 경계에서 **전선**(front)이 발생한다. 이 용어

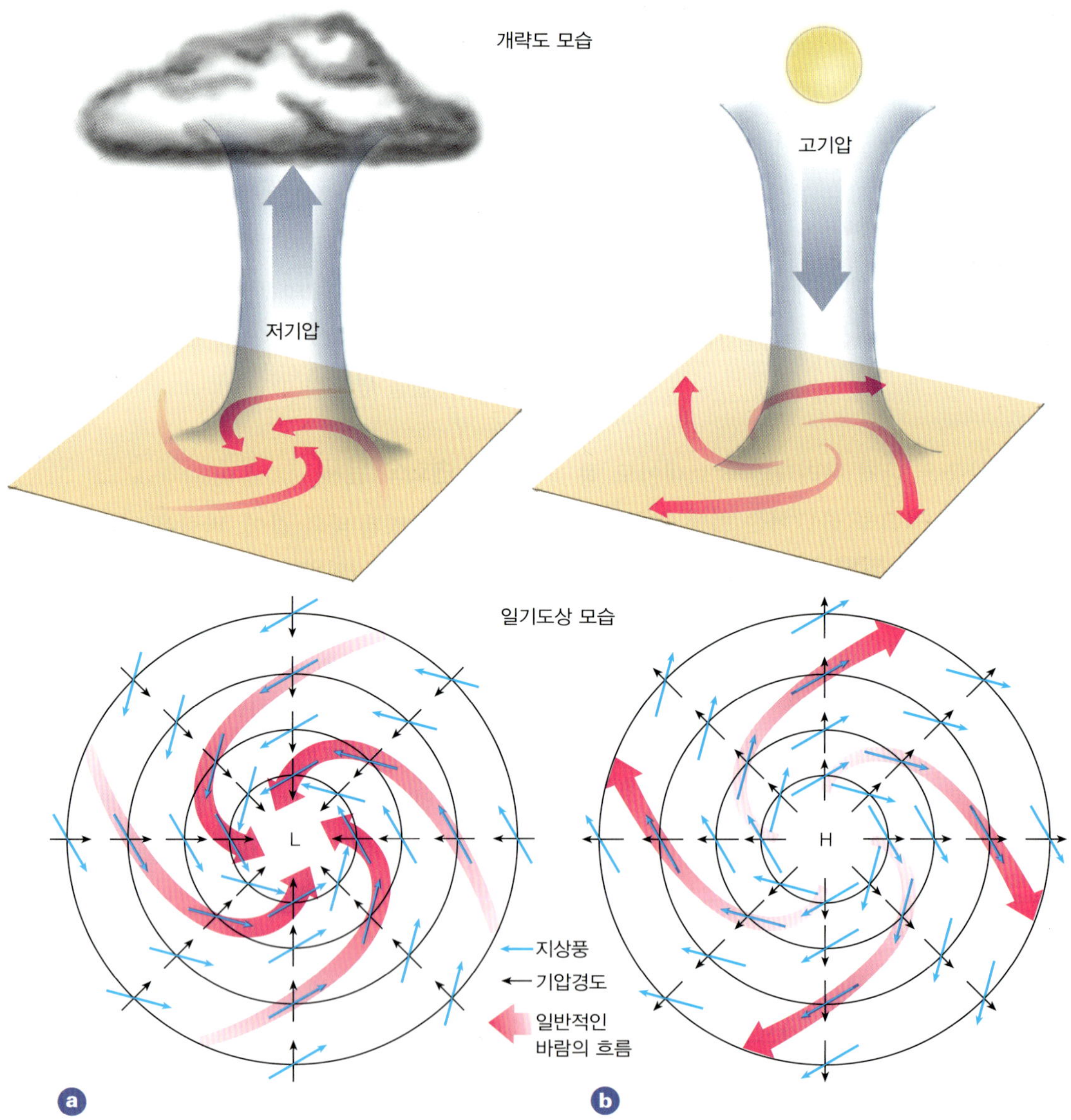

그림 6.16 (a) 북반구에서 저기압은 저기압 중심을 향해 나선형으로 시계 반대 방향으로 불어 들어가는 바람들을 구성한다. (b) 북반구의 고기압은 고기압 중심으로부터 나선형으로 시계 방향으로 불어 나오는 바람들을 구성한다.

전선(front) 더 온난한 기단과 더 한랭한 기단 사이의 경계다.

온난전선(warm front) 이동하는 온난 공기가 정지 또는 매우 천천히 이동하는 한랭기단과 충돌할 때 생성되는 전선이다. 이동하는 온난 공기는 단열 냉각하고, 냉각하면 구름과 강수를 발생시킨다.

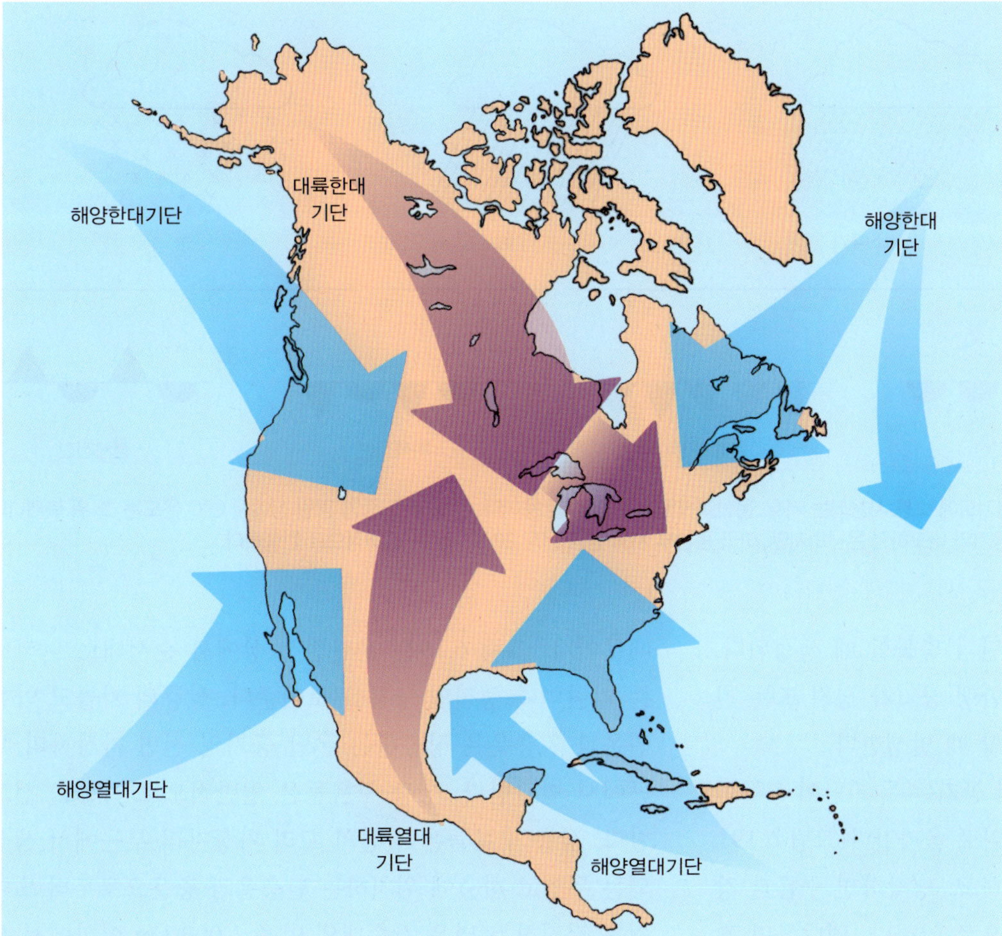

그림 6.17 기단은 발원지에 따라 구분된다.

표 6.1 기단 분류

온도(위도)에 따른 분류		
한대기단(P): 고위도에서 발원하고 한랭하다. 열대기단(T): 저위도에서 발원하고 온난하다.		
수분 함량에 따른 분류		
대륙기단(c): 육상에서 발원하고 건조하다. 해양기단(m): 해상에서 발원하고 습윤하다.		
기호	**이름**	**특성**
mP	해양한대기단	습윤하고 한랭함
cP	대륙한대기단	건조하고 한랭함
mT	해양열대기단	습윤하고 온난함
cT	대륙열대기단	건조하고 온난함

는 제1차 세계대전 중에 처음으로 사용되었다. 왜냐하면 날씨시스템이 전투가 벌어지는 전선을 따라서 병사들이 전진하고 후퇴하는 모습과 유사하였기 때문이었다. 두 기단이 충돌하는 경우, 두 기단이 혼합되기 전까지 개개 기단은 며칠 동안 고유의 상태로 유지된다. 충돌 동안, 하나의 기단은 강제적으로 다른 기단 위로 올라가게 되어 보통 구름과 강수를 일으킨다. 전선 날씨 패턴은 충돌하는 기단의 종류와 상대 속도와 방향에 의해 결정된다. 보통 그림 6.18에서 보여주는 전선은 일기도 상에서 기호들로 표현된다.

온난전선과 한랭전선

전선은 온난기단이 정지(또는 매우 느리게 이동하는) 쪽으로 움직이는가 그 반대로 움직이는가에 따라서 구분된다. **온난전선(warm front)**은 이동하는 온난 공기가 정지 또한랭전선(cold front) 이동하는 한랭 공기가 정지 또는 천천히 이동하는 온난 공기와 충돌할 때 발생하는 전선이다. 밀도가 높은 한랭 공기는 무딘 쐐기 모양을 만들어 더 온난한 공기 아래로 파고들어 온난 공기를 빠르게 상승시켜 적운과 적란운에 의해서 일반적으로 동반되는 격렬한 날씨가 발생하는 좁은 구역을 만들게 된다.

그림 6.18 일기도에 보통 사용되는 기호. 온난과 한랭은 상대적인 용어다. 몬태나 주 중앙 평원 상에서 0 ℃ 온도는 그 위 북캐나다 상공의 한대 공기와 비교하면 온난하지만, 미국 동남부 지역 상공 온도 20 ℃보다는 상대적으로 한랭하다.

는 매우 천천히 이동하는 한랭기단과 충돌할 때 생성된다. **한랭전선(cold front)**은 이동하는 한랭 공기가 정지 또는 천천히 이동하는 온난 공기와 충돌할 때 발생한다.

온난전선 내에서, 이동하는 온난 공기는 두 기단이 충돌함에 따라 밀도가 더 큰 한랭 공기 위로 올라간다(그림 6.19). 상승하는 온난 공기는 단열 냉각하고, 냉각하면 구름과 강수를 발생시킨다. 강수는 일반적으로 약하다. 왜냐하면 경사가 완만한 전선 경계를 따라서 공기가 천천히 상승하기 때문이다. 그림 6.19는 온난전선 상에서 순서대로 나타나는 일련의 특성적인 구름을 보여준다. 상층의 가늘고 약한 권운과 권층운은 상승하는 온난 공기의 전면 가장자리 부근에서 발달한다. 상층 구름들은 일반적으로 폭풍을 선도한다. 상층 구름들은 전선의 꼬리 가장자리 부근에서 생성되는 두껍고 하층에 위치하는 난층운과 층운으로부터 떨어지는 전진하는 넓은 강수대의 앞쪽 1,000 km 이상에서 생성한다. 완만한 경사와 넓은 범위의 전선 경계 때문에 흐린

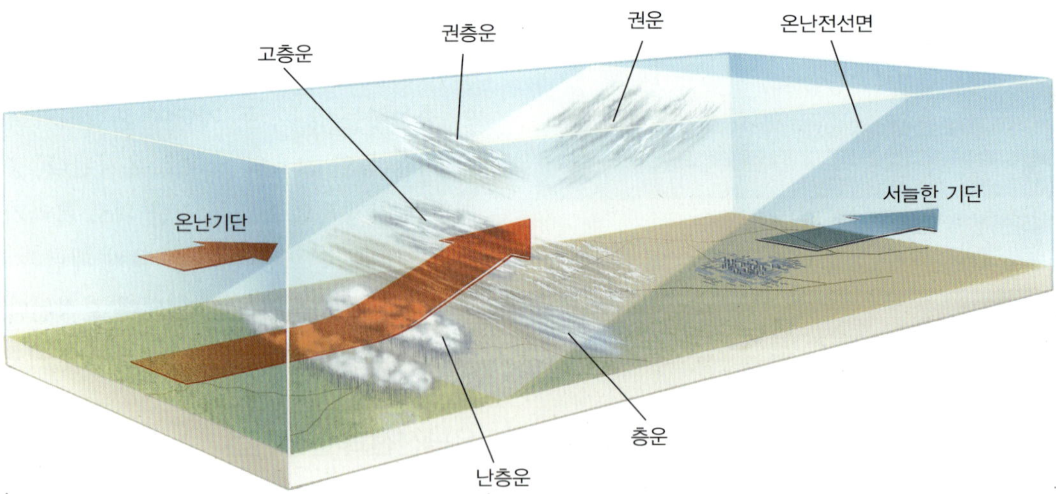

그림 6.19 온난전선 상에서 이동하는 온난 공기는 한랭 공기 위로 차례로 올라간다. 상층의 가늘고 약한 권운과 권층운은 보통 상승하는 온난 공기의 전면 가장자리 부근에서 발달하고, 뒤이어 그 아래에 고층운, 층운 그리고 전선 부근 가장자리에서 난층운이 발달한다.

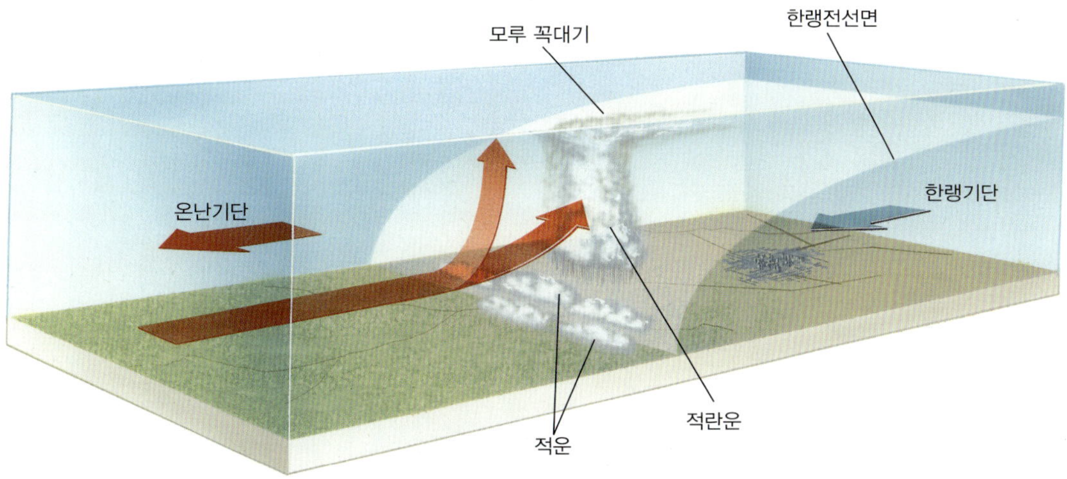

그림 6.20 한랭전선 상에서 이동하는 한랭 공기는 온난 공기 안으로 급격하게 미끄러져 들어가 가파르게 위쪽으로 치올려져 적운과 적란운에 의해 보통 동반되는 맹렬한 날씨가 발생하는 좁은 구역을 만든다.

폐색전선(occluded front) 더 빠르게 이동하는 한랭기단이 한랭 공기의 이차 질량에 대항하여 온난기단을 끌어들일 때 생성되는 전선이다. 강수는 전선 경계를 따라서 모두 발생한다.

정체전선(stationary front) 온도가 다른 두 정체기단 사이의 경계를 따라서 발생하는 전선이다.

날씨는 여러 날 지속된다.

한랭전선은 더 빠르게 이동하는 한랭 공기가 온난 공기를 따라잡아 만나게 될 때 생성된다. 밀도가 높은 한랭 공기는 무딘 쐐기 모양을 만들어 더 온난한 공기 아래로 파고든다(그림 6.20). 따라서 한랭전선의 전면 가장자리는 온난전선보다 훨씬 더 가파르다. 두 기단 사이에서 나타나는 급격한 접촉은 온난 공기를 빠르게 상승시켜 적운과 적란운에 의해서 일반적으로 동반되는 격렬한 날씨가 발생하는 좁은 구역을 만들게 된다. 폭풍시스템은 너비가 단지 25~100 km 정도이지만, 이 지대 내에서는 일반적으로 폭우, 뇌우, 맹렬한 바람이 일어난다.

폐색전선

폐색전선(occluded front)은 더 빠르게 이동하는 한랭기단이 한랭 공기의 이차 질량에 대항하여 온난기단을 끌어들일 때 생성된다. 따라서 온난기단은 더 한랭한 두 기단 사이에 갇힌다(그림 6.21). 그런 다음 더 빠르게 이동하는 한랭기단은 그 아래의 더 온난 공기 속으로 미끄러지듯 움직이고, 온난 공기를 지면으로부터 완전히 들어 올린다. 강수는 전선 경계를 따라서 모두 발생한다. 즉, 한랭전선 상에는 좁은 호우 띠가 발생하고 온난전선 상에는 광범위한 약한 강수 띠가 발생한다. 그 결과, 험악한 날씨가 넓은 지대에서 나타난다. 이 같은 유형의 폭풍은 일반적으로 생존 시간이 짧다. 왜냐하면 온난기단이 지표면으로부터 증발되는 수분의 공급원을 차단하기 때문이다.

정체전선

정체전선(stationary front)은 두 정체기단 사이의 경계를 따라 발생한다. 이런 조건하에서, 전선은 여러 날 동안 한 지역에 머물 수 있다. 온난 공기는 상승하고, 온난전선 내의 조건들과 유사한 조건들을 생성한다. 그 결과, 비, 이슬비, 안개가 발생한다.

중위도 저기압의 생존 주기

6.6절에서 배운 바와 같이, 저기압(cyclone)[2]은 시계 반대 방향으로 불어 들어오는 바람을 가지는 낮은 기압시스템이다. 북반구 중위도의 대부분 저기압들은 한대기단과 열대기단 사이의 전선을 따라서 발달한다. 폭풍은 보통 두 기단 사이에서 형성되는 정체전선을 따라서 바람이 반대 방향으로 불 때 시작된다(그림 6.22(a)). 그림에서 온난기단은 북쪽으로 이동하여 코리올리 효과에 의해 동으로 전향되었다.

2) 일반적으로 사이클론(cyclone)이란 용어는 폭풍시스템에 다양하게 적용되고 곳에 따라서 다양하게 사용되지만, 이 책에서는 과학적인 용어인 저기압이란 용어에만 사용하도록 한다.

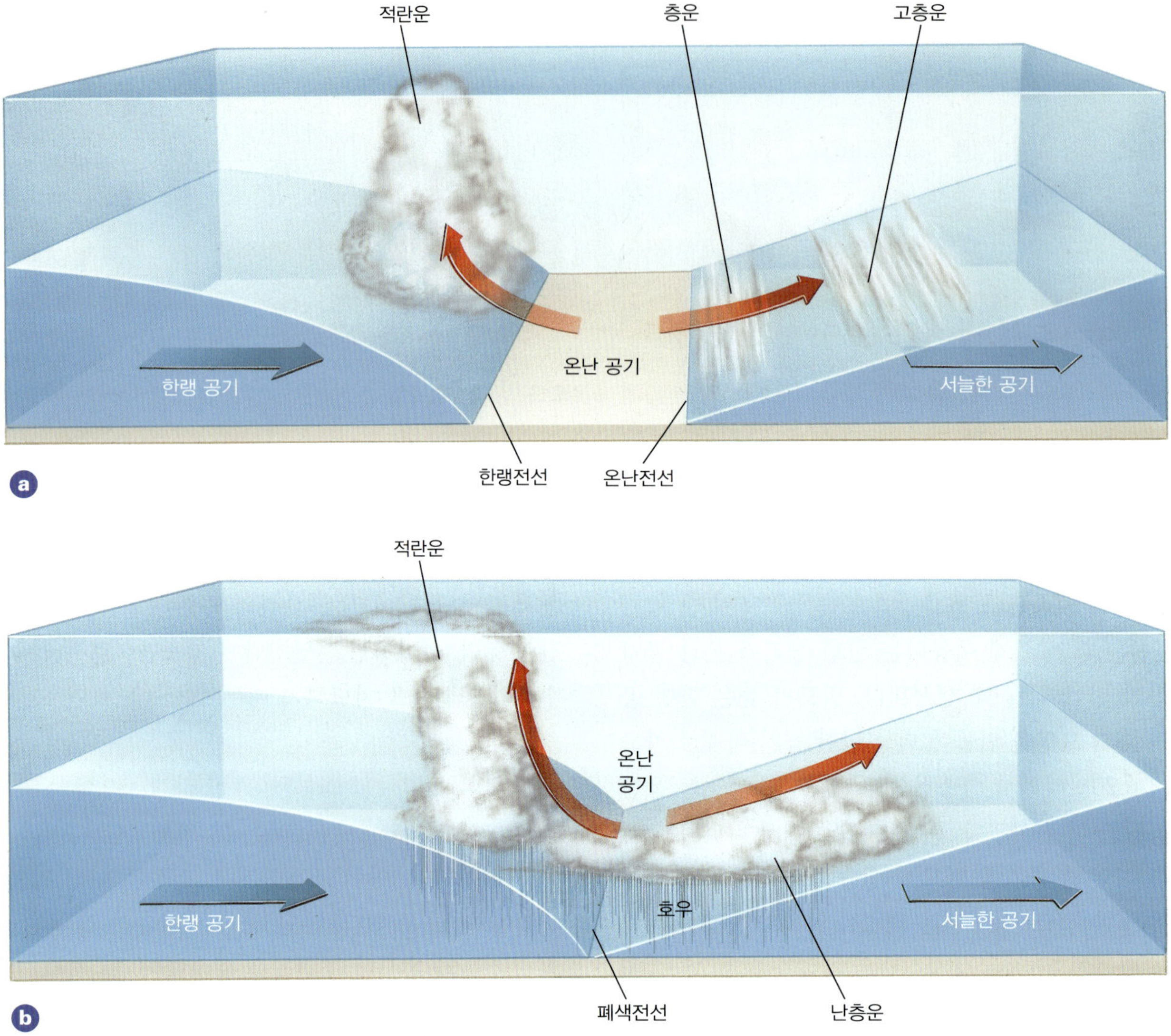

그림 6.21 폐색전선은 온난 공기가 갇혀 두 한랭기단 사이에서 치올려질 때 생성된다. 강수는 단시간 발생하는 넓은 험한 날씨대의 전선 경계를 따라서 모두 발생한다.

이와 동시에 남쪽으로 이동하는 한대기단은 서로 전향된다.

그림 6.22(b)에서 한랭한 한대 공기는 남쪽으로 계속 밀고 나가 한랭전선을 만들고, 지면에서부터 온난 공기를 치올린다. 그런 다음, 산맥과 같은 지형, 국지성 폭풍으로부터의 기류 또는 국지 온도 변화와 같은 일부 작은 교란이 일직선의 전선 경계를 변형시켜 전선 내에 파동 모양의 꼬임을 형성한다. 일단 꼬임이 생성되면, 양쪽 면에서 바람이 전향하여 일정한 각도로 전선을 강타한다. 따라서 온난전선이 동쪽에 생성되고 한랭전선은 서쪽에 생성된다.

그런 다음 상승하는 온난 공기는 꼬임 부근에 저기압 지역을 형성한다(그림 6.22(c)). 북반구에서 코리올리 효과는 6.6절에서 설명한 바와 같이 꼬임 주위에서 시계 반대 방향으로 순환하는 바람을 일으킨다. 서쪽에 위치하는 한랭전선은 남쪽으로 전진하고 동쪽에 있는 온난전선은 북쪽으로 나아간다. 이와 동시에 비 또는 눈이 상승하는 온난 공기로부터 떨어진다(그림 6.22(d)). 하루에서 사흘 정도 저기압 지역 내로 밀어닥치는 공기는 압력 차를 없애 폭풍이 사라지도록 한다.

일기도 상에서 나타나는 바람개비 모양의 많은 폭풍들은 이런 유형의 저기압이다. 북아메리카에서 제트류와 다른 상층 탁월편서풍은 일반적으로 **폭풍 경로(storm track)**와 동일한 경로를 따라서 서에서 동으로 저기압을 이동시킨다(그림 6.23).

6.8 날씨에 영향을 미치는 지표면 형태

산맥, 우림, 바다 부근, 대륙의 부등 가열과 냉각을 포함하는 지표면 특징이 어떤 지역의 날씨에 영향을 미치는 조건들을 만들게 된다.

산맥과 비 그늘 사막

6.3절에서 설명한 바와 같이, 공기는 산맥을 따라서 흐를 때 지형상승 과정으로 상승한다. 공기가 상승함에 따라서, 단열 냉각되고 수증기는 비 또는 눈을 만드는 구름으로 응결하게 된다. 이 조건들은 바람이 불어오는 쪽인 풍상 측과 산맥의 정상에서 풍부한 강수를 만든다. 공기가 정상을 지나 바람이 불어가는 쪽인 풍하 측으로 통과할 때, 공기는 침강한다(그림 6.24). 이 공기는 이미 많은 양의 수분을 잃은 상태다. 이와 더불어, 하강함에 따라서 공기는 단열 가열되어 수분을 흡수하고 산맥의 풍하 측에 비 그늘 사막을 형성한다. 예를 들면 미국 캘리포니아 주 데스밸리

폭풍 경로(storm track) 폭풍에 의해서 반복적으로 나타나는 경로이다.

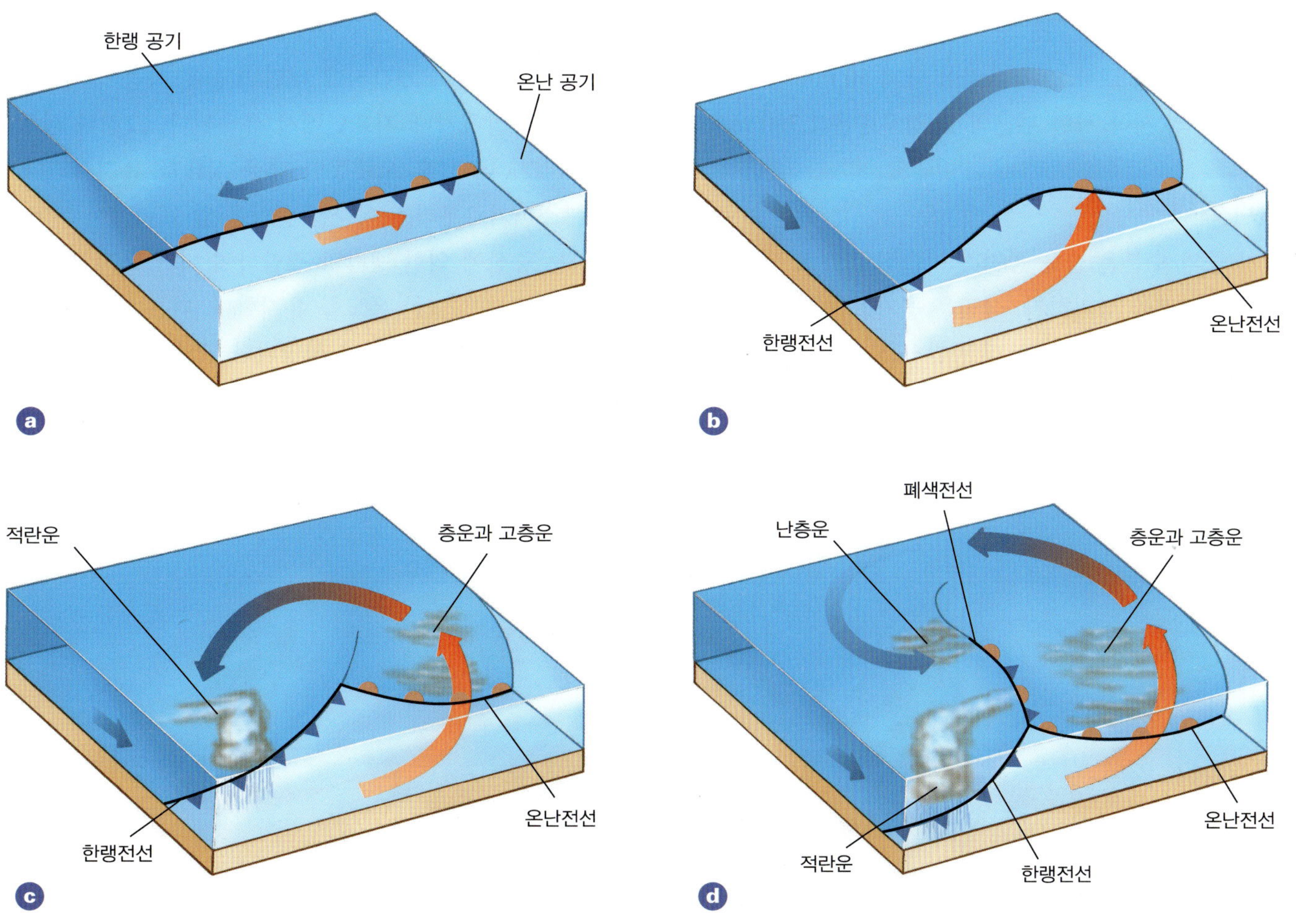

그림 6.22 중위도 저기압은 한대기단과 온난기단 사이의 전선을 따라서 발달한다. (a) 전선이 발달한다. (b) 지형적인 특징, 폭풍 부근 또는 국지 온도 변화와 같은 일부 작은 교란들이 전선 내에 꼬임을 형성한다. (c) 저기압 지역과 저기압성 순환이 꼬임 부근에서 발생한다. (d) 폐색전선이 형성된다.

그림 6.23 대부분 북아메리카 저기압은 폭풍 경로를 따라서 서에서 동으로 이동한다.

가 비 그늘사막으로서 연 강우량이 단지 50 mm인 반면 시에라네바다의 서쪽 사면 부근의 연 강우량은 1,780 mm다.

삼림과 날씨

대기 중의 수분은 습윤 공기가 이슬점 아래로 냉각될 때 응결한다는 것을 상기하자. 삼림은 공기를 냉각시킨다. 많은 양의 물이 잎 표면으로부터 증발하는 과정인 증산과 증발은 주변 공기를 냉각시킨다. 이와 더불어, 삼림은 뜨거운 태양으로부터 토양을 가리고, 나무뿌리와 짙은 수분을 유지시킨다. 광활한 개간지에 내린 빗물은 폭풍이 지나간 후 재빨리 증발하거나 지표면에서 유출된다. 그러나 삼림 토양은 비가 내린 후 오랫동안 습윤 상태를 유지시킨다. 토양 부스러기로부터 일어나는 증발은 잎 표면에서부터 이루어지는 증산에 의한 냉각과 결합하여 비가 오지 않는 시기 동안 비교적 서늘한 온도를 유지한다. 다른 되먹임 메커니즘에 의하면 다음과 같이 설명된다. 즉, 삼림이 공기를 냉각시킨다. 냉각된 공기는 강우를 조장한다. 강우는 삼림을 성장하도록 한다.

그림 6.24 비 그늘 사막은 산등성이를 따라 습윤한 공기가 상승하면서 풍상 측과 정상 근처에 대부분의 강수를 뿌리고 풍하 측으로 하강하는 건조한 바람이 있는 곳에서 생성된다.

오늘날 열대우림에서, 삼림을 베어 경작지 또는 목장으로 대체하면 국지 강우량은 약 50 % 이상 감소된다. 강우량이 감소하였을 때, 산불이 일어나면 질퍽질퍽한 지역과 나머지 원시림 사이의 경계를 황폐화시킨다. 많은 삼림들이 파괴되면, 가뭄, 불, 삼림 손실을 증가시키는 음의 되먹임 메커니즘을 구축하게 된다.

해륙풍

바다 또는 호수 부근에 살고 있는 사람들은 물에서 육지로 그리고 육지로부터 물로 부는 바람을 만날 수 있다. 해륙풍은 육지와 물의 부등 가열과 냉각에 의해서 유발된다. 육지면은 인접한 물 무리보다 더 빨리 가열되고 더 빨리 냉각된다는 것을 상기해 보자. 만약 육지와 바다가 여름 아침에 거의 온도가 같다면, 낮 동안 육지는 데워져 육지 위의 공기는 가열된다. 그런 다음 뜨거워진 공기는 육지 위에서 상승하고, 국지 저기압 지역을 만들게 된다. 더 한랭한 공기는 상승하는 공기를 대체하기 위해서 바다로부터 내륙으로 흐른다. 따라서 뜨거운 햇빛이 비치는 날은 일반적으로 바람이 바다에서 육지로 불게 된다. 이 상승하는 공기는 연을 띄우거나 글라이드를 올리는 데는 좋지만 보통 오후에는 뇌우를 발생시킨다.

밤에는 정반대 과정이 발생한다. 육지는 바다보다 더 빠르게 냉각되고, 하강하는 공기는 육지 상에 국지 고기압 지역을 만들게 된다. 그렇게 되면 바람은 정반대로 불게 되고 약한 바람이 해안가에서 바다 쪽을 향해 불게 된다.

몬순

몬순(monsoon)은 대륙과 인접한 해양의 부등 가열과 냉각에 의해 유발되는 계절적인 바람과 날씨시스템이다. 낮과 밤에 바람의 방향이 서로 바뀌는 해륙풍처럼, 몬순은 계절에 따라서 풍향이 바뀐다. 여름의 경우, 대륙은 해양보다 더 뜨거워진다. 뜨거운 공기는 대륙 위에서 상승하여 거대한 저기압 지역을 만들고 수분을 많이 함유한 해양 공기를 내륙으로 끌어들이게 된다. 습윤 공기가 상승하여 내륙 쪽으로 흐르게 되면, 구름이 생성되고 몬순 호우가 내리게 된다. 겨울의 경우, 과정이 정반대로 이루어진다. 대륙 온도는 해양 온도 아래로 냉각되고 대륙 위에서 하강함에 따라서 건조한 고기압 지역을 만든다. 이와 동시에 공기는 해양 위에서 상승하고 탁월풍이 대륙에서 해양으로 불게 된다. 지구 상에 거주하는 사람의 약 절반이 몬순에 의존된다. 왜냐하면 예측 가능하고, 여름에 집중되는 호우성 강우가 아프리카와 아시아의 벌판에 물을 공급하기 때문이다. 만약 몬순이 도달하는 것이 실패하다면, 농작물들은 성장하지 못하고 사람들은 굶주리게 될 것이다.

몬순(monsoon) 대륙과 인접한 해양의 부등 가열과 냉각에 의해서 유발되는 계절적인 바람과 날씨시스템이다. 대륙이 해양보다 더 따뜻한 여름의 경우, 바람은 해양에서 대륙으로 불고, 해양이 대륙보다 더 따뜻한 겨울의 경우, 바람은 대륙에서 해양으로 불게 된다.

6.9 뇌우

매년 1,600만 개로 추산되는 뇌우가 발생하고, 어떤 순간 약 2,000개의 뇌우가 지구 여러 지역에서 생성되고 있다. 번개의 단일 낙뢰는 수억 볼트의 에너지를 포함하여 수초 동안에 원자력 발전소가 발전하는 양만큼의 전력을 생산한다. 번개는 태양의 표면 온도보다 훨씬 더 뜨거운 25,000 ℃까지 주변 공기를 가열한다. 가열된 공기는 순식간에 팽창하여 여러분이 천둥으로 듣는 충격파를 발생시킨다.

뇌우는 격렬하지만 너무 작은 국지시스템이라 국가 일기도 상에 포함되지도 않는다. 보통 뇌우는 수 시간 내에 발생하여 소멸하고 약 10 km^2에서 수백 km^2까지 영향을 미친다. 햇빛이 비치는 날, 언덕 위에 서서 수 km 멀리에서 발생하는 강우스콜과 번개를 관찰할 수 있는 것은 흔한 일이 아니다. 뇌우는 온난하고, 습윤한 공기가 상승하고 탑 모양 적란운을 발달시키는 적운이 생성될 때 발달한다. 다음은 뇌우를 발생시키는 여러 가지 조건들이다.

1. **바람 수렴.** 플로리다 주 중앙부는 미국에서 뇌우가 가장 활발한 지역이다. 아열대 지방에 비추는 태양은 플

로리다 반도를 가열시킴에 따라서, 상승하는 공기가 동쪽과 서쪽 해안 모두에서 습윤한 공기를 끌어당기게 된다. 두 기단이 수렴함에 따라, 습윤한 공기가 급격하게 상승하여 뇌우를 일으키게 된다. 또한 뇌우는 습윤 기단이 수렴하는 다른 환경에서도 발생한다.

2. **대류.** 뇌우는 또한 오후 햇빛이 지면을 가열하여 습윤 공기의 상승 기류 세포들을 발생시키는 봄 또는 여름 동안 대륙 내부에서 생성된다.
3. **지형상승.** 언덕과 산맥 위로 흘러감에 따라서 습윤 공기는 상승하여 보통 산악 뇌우를 발생시킨다.
4. **전선뇌우.** 뇌우는 일반적으로 전선 경계, 특히 한랭전선을 따라서 발생한다.

번개

번개는 정전기의 증대가 공기의 절연 성질을 압도할 때 발생하는 전기의 강력한 방전이다(그림 6.25). 만약 여러분이 건조한 어느 날 양탄자 위를 가로질러 걷고 있다면, 여러분의 발과 양탄자 사이에서 일어난 마찰이 양탄자의 원자들에 있는 전자들을 나오게 한다. 전자들은 여러분의 몸 안으로 퍼지게 되고 그곳에서 집결하게 된다. 그런 다음 여러분이 금속 문손잡이를 잡게 되면, 많은 전자들로 구성되어 있는 불꽃이 여러분의 손가락에서 금속 문손잡이로 뛰어 나오게 된다.

그림 6.25 1978년 3월 오클라호마 주 노먼에서 밤에 발생한 뇌우의 다중 구름–지면 낙뢰들을 찍은 저속 촬영 사진이다.

1752년 미국 과학자인 벤저민 프랭클린(Benjamin Franklin, 1706~1790)은 번개가 전기 불꽃임을 증명하였다. 그는 적란운 내에서 전하가 분리되고 이것은 번개의 낙뢰가 구름으로부터 뛰어 나올 때까지 계속 이루어진다고 제안하였다. 프랭클린 이후 250년 이상이 지난 지금도, 대기물리학자들은 번개의 메커니즘에 대해 정확히 의견을 일치하지 못하고 있다. 하나의 가설에 따르면, 적란운 내의 강력한 바람과 이동하는 얼음결정들 사이의 마찰이 구름 내에 양전하와 음전하 모두를 발생시키고 두 종류의 전하가 물리적으로 분리된다(그림 6.26(a)). 양전하는 구름의 상층 부분에 축적되는 경향이 있고 음전하는 구름의 하층 부분에서 증대된다. 전하 축적이 충분하게 되면, 전위가 공기의 절연 성질들을 뛰어넘게 되어 불꽃이 구름에서 지면으로, 지면에서 구름으로 또는 한 구름에서 다른 구름으로 뛰어 나오게 된다.

또 다른 가설은 외부 우주로부터 구름에 충격을 가하는 우주선들이 구름 꼭대기에서 이온들을 만든다. 다른 이온들은 바람이 지표면 위로 불 때 지면에 형성된다. 전기 방전은 두 그룹의 전하 사이의 전위 차가 공기의 절연 성질을 능가할 때 발생한다(그림 6.26(b)).

아마도 어느 가설도 전적으로 정확하다고 할 수 없으며 메커니즘들이 일부 조합하여 번개를 일으킨다고 할 수 있을 것이다.

6.10 토네이도와 열대 저기압

토네이도와 열대 저기압은 모두 강력한 저기압 중심을 가진다. 강한 바람은 가파른 기압경도에 따르는 것으로 상승하는 공기의 중심 기주 안쪽으로 나선 모양을 그리게 된다.

토네이도

토네이도(tornado)는 적란운의 밑면에서부터 만들어지

ⓐ

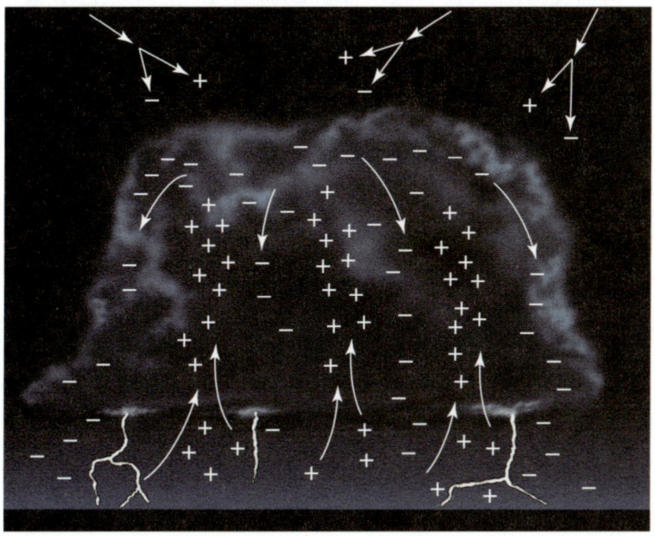

ⓑ

그림 6.26 번개의 기원에 관한 2가지 가설. (a) 강력한 바람과 얼음 입자 사이에 마찰이 일어나 전하가 분리되었다. (b) 위에서는 우주선, 아래에서는 지면과의 상호작용에 의해 대전 입자들이 만들어진다. 그런 다음 입자들은 대류의 흐름에 따라 흩어진다.

는 작고, 단시간 생존하는 깔때기 모양의 폭풍이다(그림 6.27(a)). 깔때기 밑면의 지름은 2 m에서 3 km까지 나타난다. 일부 토네이도는 대기 중에 떠 있지만, 다른 토네이도는 지면에 도달한다. 토네이도가 지면에 접촉한 후, 지상을 가로질러 수 m에서 수백 km까지 이동한다. 토네이도는 보통 시속 40~65 km로 이동하지만 시속 110 km로 이동하는 경우도 있다. 그러나 토네이도 내의 소용돌이치는 바람은 이동 속도보다 훨씬 더 빠르다. 토네이도 내부의 압력과 풍속에 대한 직접적인 측정은 매우 드물게 이루어졌다. 그러나 여러분들은 커다란 압력 차가 짧은 거리에서 발생한다는 것을 알고 있을 것이다. 기상학자들은 토네이도 내의 풍속이 시속 500 km 이상으로 도달할 수 있을 것으로 추정한다. 이들 바람은 좁은 저기압 지역 안으로 질주하고 그런 다음 소용돌이치면서 위로 올라간다. 수 초에서 수 시간이

토네이도(tornado) 적란운의 밑면에서부터 만들어지는 작고, 단시간 생존하는 깔때기 모양의 폭풍이다.

NOAA PHOTO LIBRARY, OAR/ERL/NATIONAL SEVERE STORMS LABORATORY

ⓐ

NOAA/HISTORIC NWS COLLECTION

ⓑ

그림 6.27 (a) 1995년 6월 2일 텍사스 주 디미트에 토네이도의 검은 깔때기 구름이 내려오는 모습 (b) 허리케인 앤드류에 동반된 토네이도들이 루이지애나 주 라플라스를 강타하여 2명이 사망하고 많은 주택들이 파괴되었다.

열대 저기압(tropical cyclone) 또는 **열대 폭풍**(tropical storm) 온난 해상에서 생성되는 강한 저기압으로 넓은 원형 폭풍이다.

허리케인(hurricane) 북아메리카와 카리브 지역에서 발생하는 열대 저기압으로 풍속은 시속 120 km 이상이다.

태풍(typhoon) 서태평양에서 발생하는 열대 저기압으로 풍속은 시속 120 km 이상이다.

폭풍해일(storm surge) 해안가로 부는 강한 바람과 폭풍의 저기압과 결합하여 비정상적인 높은 해수면을 발생시켜 해안 지역에 홍수를 유발한다.

표 6.2 토네이도와 열대 저기압의 비교

특징	범위	
	토네이도	열대 저기압
지름	2~3 km	400~800 km
경로 길이	수 m~수백 km	수백 km~수천 km
생존 시간	수 초~수 분	수 일~수 주
풍속	300~800 km/h	60~120 km/h(열대 폭풍) 120~300 km/h(허리케인)
이동 속도	40~110 km/h	20~30 km/h
기압 하강	20~200 hPa	20~60 hPa

지나면, 토네이도는 지면 위로 올라가고 소멸한다.

토네이도는 모든 폭풍 중에서 가장 강력하다. 1910년에 발생한 한 토네이도는 한 경마팀을 들어 올려 수 m 떨어진 곳에 내려놓았다. 그들은 운이 좋아 다치지는 않았다. 과거, 매년 토네이도로 인해 미국에서는 평균 120명이 사망하였고, 재산 피해는 수백만 $에 달하였다. 최근, 사망자 수는 감소하고 있다. 왜냐하면 효과적인 경보시스템으로 사람들을 대피소로 피난시켰기 때문이다. 그러나 재산 피해는 계속 증가하고 있다(그림 6.27(b)). 토네이도 바람은 지붕을 들어 올려 날려버리고 그런 다음 벽을 쓰러뜨린다. 흩날리는 파편들에 맞아 사람과 가축들이 죽는다. 그렇지만, 토네이도에 의한 전체 파괴량은 허리케인에 의한 것 보다는 크지 않다. 왜냐하면 토네이도의 경로는 좁고 생존 주기가 짧기 때문이다.

비록 토네이도가 세계 여러 곳에서 발생한다 하더라도, 전 세계 토네이도의 75 %는 로키 산맥의 동쪽에 위치한 대평원에 집중된다. 약 700~1,000개의 토네이도가 매년 미국에서 발생한다. 그것은 주로 봄 또는 초여름에 생성된다. 그때 캐나다에서부터 불어온 건조하고 한랭한 대륙성 한대 공기가 멕시코 만에서부터 불어온 온난하고 습윤한 해양성 열대 공기와 충돌한다. 앞서 설명한 바와 같이, 이 조건들은 보통 뇌우들을 발생시킨다. 기상학자들은 대부분 뇌우는 피해 없이 사라지지만 일부 뇌우가 왜 토네이도를 발생시키는지에 대해서 설명하지 못하고 있다. 그러나 하나의 사실은 확실하다. 즉, 토네이도는 두 기단 사이 온도와 수분 차가 크게 나고 기단 사이의 경계가 뚜렷할 때 발생한다.

열대 저기압

열대 저기압(tropical cyclone) 또는 **열대 폭풍**(tropical storm)은 토네이도보다 덜 강력하지만 크기가 더 크고 더 오랫동안 생존한다(표 6.2). 열대 저기압은 평균 지름이 600 km이고 수 일 또는 수 주일 동안 지속하는 원형 요란이다. 만약 풍속이 시속 120 km를 초과한다면, 열대 저기압은 북아메리카와 카리브 지역에서는 **허리케인**(hurricane), 서태평양 지역에서는 **태풍**(typhoon), 인도양 지역에서는 사이클론이라고 부른다(그림 6.28). 허리케인의 중심에서의 매우 낮은 저기압은 풍속을 시속 300 km 이상으로 강하게 만든다.

열대 저기압에 의해서 만들어지는 낮은 기압은 수 m에 달하는 해수면 상승을 유발할 수 있다. 열대 저기압이 해안가를 강타할 때, 보통 해안가로 부는 강한 바람은 낮은 기압에 의해서 발생하는 비정상적인 높은 해수면과 결합하여 **폭풍해일**(storm surge)을 발생시켜 해안 지역에 홍수를 유발한다. 2005년 허리케인 카트리나(Katrina)의 영향권에 있을 때, 폭풍해일 때문에 멕시코 만 연안의 해수면이 약 8.5 m 올라갔다.

그림 6.28 2005년 8월 28일 뉴올리언스 부근에 상륙하는 허리케인 카트리나를 찍은 인공위성 영상

열대 저기압은 오직 온난 해양에서 생성되고, 결코 한랭 해상 또는 육상에서는 생성되지 않는다. 따라서 온난 공기는 이런 형태의 폭풍 발달에 결정적이다. 작은 요란이 먼저 직선상의 전선에서 파동 모양의 꼬임을 만들 때, 중위도 저기압이 발달한다. 이와 비슷한 메커니즘이 열대 저기압을 생성시킨다. 늦은 여름, 태양은 열대 공기를 뜨겁게 한다. 상승하는 뜨거운 공기는 열대 상공에서 지구 전체를 감싸는 저기압대를 만든다. 이와 더불어, 많은 국지 저기압 요란들이 이 시점에서 열대 해양을 가로질러 이동한다. 만약 국지 요란이 전 지구 열대 저기압을 교차하게 된다면, 이것은 등압선을 일시적으로 증가(bulge)시킨다. 바람들은 이러한 일시적 증가에 의해 전향되는 코리올리 효과에 의해 안쪽으로 나선을 그리기 시작한다. 온난하고 습윤한 공기는 저기압으로부터 상승한다. 수증기는 상승하는 공기로부터 응결하고 숨은열이 공기를 더욱더 뜨겁게 하여 더 많은 공기가 상승하도록 한다. 저기압이 더욱더 강화됨에 따라서, 강한 지상풍이 상승하는 공기를 대체하기 위해 안쪽으로 불게 된다. 지상 공기 또한 상승하고 더 많은 응결이 이루어져 강수가 발생한다. 그러나 부수적인 응결은 더 많은 열을 방출하여 폭풍에 계속해서 에너지를 더하게 된다.

폭풍의 중심은 '눈'이라 부르는 연직 기류의 지역이다. 눈 부분보다 더 큰 바깥 부분에서, 공기는 안쪽으로 나선 모양으로 위로 올라간다. 눈의 안 부분에서의 공기는 하강한다. 따라서 눈 내의 수평 풍속은 거의 영까지 감소한다(그림 6.29). 허리케인 눈 안에 있다가 생존한 사람들은 눈에서는 섬뜩하도록 조용하였다고 언급하고 있다. 비는 멈추고, 태양이 흩어진 구름들 사이로 약하게 비추기까지 한다. 보통 눈의 지름은 단지 20 km이고, 눈이 통과한 후 허리케인은 다시 최대 강도로 맹위를 떨치게 된다.

따라서 허리케인은 고전적인 되먹임 메커니즘에 의해서 강화된다. 즉, 저기압 폭풍은 응결을 일으킨다. 응결은 열을 방출한다. 열은 계속 저기압을 강화시킨다. 폭풍 전체는 탁월풍에 의해 밀려 움직이고, 이들의 경로는 코리올리 효과에 의해 전향된다. 허리케인은 보통 육지에 도달한 후 또는 더 한랭한 해상을 지나는 경우 소멸한다. 왜냐하면 습윤하고 온난한 공기의 공급이 차단되기 때문이다. 단일 열대 저기압 내에서 응결되는 수증기는 미국 전체 발전소에서 6개월 동안 생산하는 에너지만큼이나 많은 숨은열 에

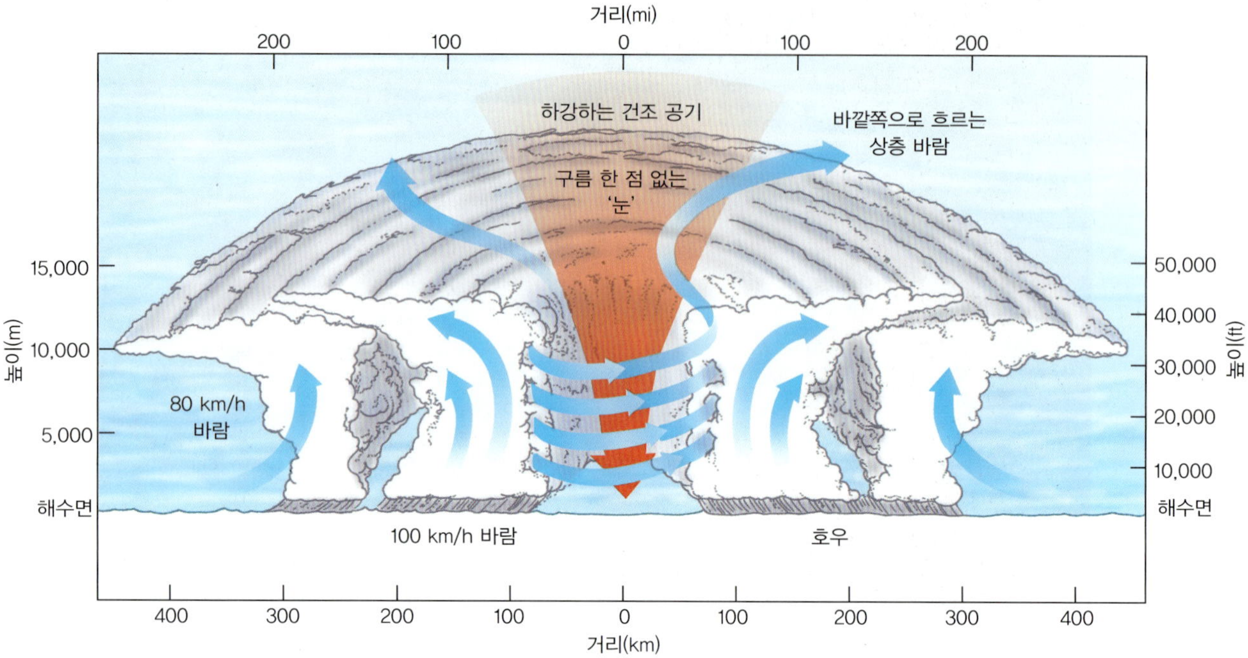

그림 6.29 지상 공기는 나선 모양으로 허리케인 중심 쪽으로 불어 들어가고, 높이 솟은 벽구름을 통해서 상승한 다음, 폭풍의 위에서 바깥쪽으로 흐르게 된다. 폭풍의 중심 부근에서 하강하는 공기는 허리케인의 눈 속에서 섬뜩할 만큼 고요함을 만든다.

너지를 방출한다.

허리케인은 개발자의 이름을 딴 사피어-심프슨 규모(Saffir-Simpson scale)에 따라 등급을 매긴다(표 6.3). 보통 날씨 예보에서 언급되는 이 규모는 허리케인 또는 다른 열대 폭풍의 피해 잠재성, 기압, 풍속, 강도가 증가하는 폭풍과 연관되는 폭풍해일의 높이에 대해서 등급을 매긴다.

6.11 허리케인 카트리나

재해의 범위

2005년 8월 23일 남대서양에서 발생한 허리케인 카트리나는 1등급 허리케인으로 마이애미 바로 북쪽에 상륙하여 플로리다 반도를 횡단하였고 멕시코 만에서 풍속 280 km/h의 5등급 폭풍으로 성장하였다. 허리케인 카트리나는 이 시

표 6.3 사피어-심프슨 허리케인 피해 가능성 규모

종류	등급	피해	기압(hPa)	바람(km/h)	폭풍해일(m)
저압부				$>$ 56	
열대 폭풍				63~117	
허리케인	1	미미함	980	119~152	1.2~1.5
허리케인	2	중간 정도	965~979	154~179	1.8~2.4
허리케인	3	심함	945~964	179~209	2.7~3.7
허리케인	4	극심함	920~944	211~249	4.0~5.5
허리케인	5	재앙적임	$<$ 920	$>$ 249	$>$ 5.5

표 6.4 미국 역사상 가장 사망자 수가 많고 가장 피해가 큰 폭풍 목록

가장 사망자 수가 많은 폭풍				
순위	허리케인	연도	등급	사망자 수(명)
1	텍사스 주 갤버스턴	1900	4	8,000 이상
2	플로리다	1928	4	2,500 이상
3	카트리나	2005	3~4	1,836 이상
4	루이지애나	1893	4	1,100 이상
5	사우스캐롤라이나와 조지아 주	1893	3	1,000 이상
6	사우스캐롤라이나와 조지아 주	1891	2	700
7	플로리다 키이즈	1935	5	408
8	루이지애나	1856	4	400
9	텍사스 주와 루이지애나 주 오드리	1957	4	390
10	플로리다, 앨라배마, 미시시피	1926	4	372

가장 피해가 큰 폭풍				
순위	허리케인	연도	등급	피해액(백만 $)
1	카트리나	2005	3~4	75.0
2	앤드류(플로리다, 루이지애나)	1992	5	43.7
3	찰리(플로리다)	2004	4	15.0
4	이반(플로리다, 앨라배마)	2004	3	14.2
5	휴고(사우스캐롤라이나)	1989	4	12.3
6	아그네스(플로리다, 미국 동북부)	1972	1	11.3
7	베시(플로리다, 루이지애나)	1965	3	10.8
8	프랜시스(플로리다)	2004	2	8.8
9	카밀(미시시피, 루이지애나, 버지니아)	1969	5	8.9
10	다이엔(미국 동북부)	1955	1	7.0

점에서 미시시피 삼각주에 두 번째 상륙하였고, 풍속 200 km/h 정도인 3~4등급 폭풍으로 약화되었다. 풍속이 약해졌음에도 불구하고, 카트리나는 미국 역사상 인명 피해가 큰 자연재해 중의 하나가 되었다. 루이지애나 주 뉴올리언스의 대부분이 홍수로 주택의 지붕 꼭대기까지 잠기게 되었다. 이와 더불어, 8.5 m의 폭풍해일이 뉴올리언스와 미시시피 해안선을 침수시켜 233,000 km^2 지역의 주택을 파괴하고 잠기게 하였다. 침수된 지역은 거의 영국 넓이에 해당한다. 약 130만 명의 이재민이 발생하였다. 공식적인 사망자 수는 1,836명이지만 아직도 700명이 행방불명이다. 직접적인 구조물 피해는 1,100억 $로 추정되고 있다. 물론 임금 손실과 인간 생활의 파괴와 같은 간접적인 비용 또한 수천 $를 상회할 것으로 추산하고 있다.

멕시코 만 허리케인의 간략한 역사

허리케인은 과거 수없이 많이 미국 남동부 지방을 황폐화시켰고 앞으로도 또다시 그렇게 할 것이다. 허리케인은 예방할 수 없다고 하지만, 허리케인에 의한 사망자와 피해액은 허리케인의 맹렬함과 대처하는 인간 반응을 포함하는 여러 가지 요인들의 조합으로 나타난다. 예를 들면 표 6.4로부터 여러분은 허리케인 카트리나에 앞서서는 미국에서 가장 사망자가 많은 허리케인이 1957년 이전에 발생했다

엘니뇨(El Niño) 약 3~7년 주기로 태평양상의 무역풍을 약화시키고 남아메리카 해안에 수온 상승을 유발하는 주기적인 날씨 패턴으로 안데스 산맥에 비정상적인 비와 폭설을 내린다.

는 사실을 볼 수 있을 것이다. 가장 피해액이 큰 허리케인은 모두 1955년 이후에 발생하였다. 카트리나를 제외하고, 사망자가 큰 10대 허리케인에 피해액이 큰 허리케인이 포함되는 경우는 없다. 피해액과 사망자 사이에 그렇게 상관관계가 적은 이유는 무엇인가?

과거 반세기 동안, 건축 피해는 3가지 주요한 이유로 높아지고 있다. (1) 1990년대 후반에서 2000년대 초반에 앞선 시대보다 더 많은 미국인이 대서양과 멕시코 만 연안 근처에 살고 있었다. (2) 인플레이션에 대비해 주택과 다른 건축물의 가격이 급등하였다. (3) 미국인들은 이전 그 어느 때보다 더 많은 것들을 소유하고 있어 결과적으로 소유물들의 달러 가치는 사상 최고였다.

건축물은 이동할 수 없지만, 적절한 경보가 발령된다면 사람들은 대피할 수 있다. 사망자 수는 과거 반세기에는 적었다. 왜냐하면 정확한 예보들이 사람들로 하여금 허리케인의 절박함을 경고하였기 때문이다. 미국에서 가장 사망자가 많았던 허리케인은 1900년 텍사스 주 갤버스턴을 강타한 것이다. 8,000명 이상이 사망한 것으로 추정하는데 정확한 인구 조사가 이뤄지지 않았기 때문이다. 열대 저기압은 가파른 경계를 가지고 있고, 경계 밖 수백 km까지도 솜털 같은 하얀 구름이 푸른 하늘 안에서 흐르게 된다. 오늘날, 인공위성이 허리케인을 추적하고 뉴스 리포터가 사람들에게 대피할 적절한 시간을 통보한다.

6.12 엘니뇨

허리케인은 미국 남동부 지방과 멕시코 만 연안 지방에서는 일반적이지만, 캘리포니아 주에서는 좀처럼 나타나지 않는다. 그런데 1997년 9월 하순 허리케인 노라(Nora)가 멕시코 바하칼리포르니아(Baja California)를 황폐화시키고 그런 다음 육지에 상륙하여 샌디에이고와 로스앤젤레스를 강타하였을 때 캘리포니아 사람들은 경악스러워 하였다. 219일 간의 가뭄 뒤 이어진 폭풍은 먼저 로스앤젤레스에 비를 내렸고, 그런 다음 동쪽으로 퍼져 나가 애리조나 주의 일부 지방에 홍수를 일으켜 1,000명의 이재민을 발생시켰다.

1997년 가을 내내, 전 세계 다른 지방에서도 비정상적인 날씨가 계속되었다. 인도네시아와 말레이시아의 경우, 늦은 여름 시작되는 몬순 비는 일반적으로 화전을 일구기 위해 우림에 낸 불을 끈다. 1997년 이 비는 두 달이나 늦게 내려 그 결과 불은 통제할 수 없는 상태가 되었고, 도시는 짙은 연기로 꽉 차 몇 m 앞도 내다보지 못할 정도로 시정이 좋지 않았다. 이러한 연기 때문에 정기 여객기가 추락하기도 하였다. 이웃한 오스트레일리아에서는 극심한 가뭄으로 물과 식량이 부족하여 목장에서는 소 떼를 전부 도살하는 일들이 벌어지고 있었다. 이에 비해, 플로리다 주와 미국 멕시코 만 연안 지방을 위협하던 허리케인은 아주 적게 발생하였다. 10년 동안 전혀 비가 내리지 않았던 칠레 북부 지방의 아타카마 사막이 홍수에 휩쓸리고, 안데스 산맥에는 기록적인 폭설이 내렸으며, 페루와 에콰도르에는 호우가 내려 홍수가 발생하였다.

이와 같은 기상 이변은 해류에 의해 남아메리카 서해안 해상에서 비정상적인 수온 상승을 유발하는 현상인 **엘니뇨(El Niño)**에 의한 것이다. 그러나 해류는 매년 흐르지 않고 약 3~7년 주기로 발생하여 정상 상태로 되돌아가기까지 약 1년간 효과가 지속된다. 1982~1983년 엘니뇨 현상이 발생하기 전까지 기상학자들은 이 현상에 대해 별로 관심을 갖지 않았지만, 현재 많은 사람들은 엘니뇨가 지구의 거의 3/4의 날씨 패턴에 영향을 미친다고 생각한다.

페루 사람들은 엘니뇨가 연안 해수의 수온을 상승시켜 고기 떼들이 사라진다는 사실을 알고 있었기 때문에 아주 오래전 엘니뇨에 대해서 알고 있었지만, 기상학자들은 1982~1983년 엘니뇨를 처음으로 기록하기 시작하였다. 어부들은 온난화 현상을 '엘니뇨'라고 불렀다. 왜냐하면 이 단어는 아기 예수를 의미하는데, 크리스마스 무렵에 발생하기 때문에 그렇게 붙여졌다.

엘니뇨의 효과들을 이해하기에 앞서 정상 상태인 비엘

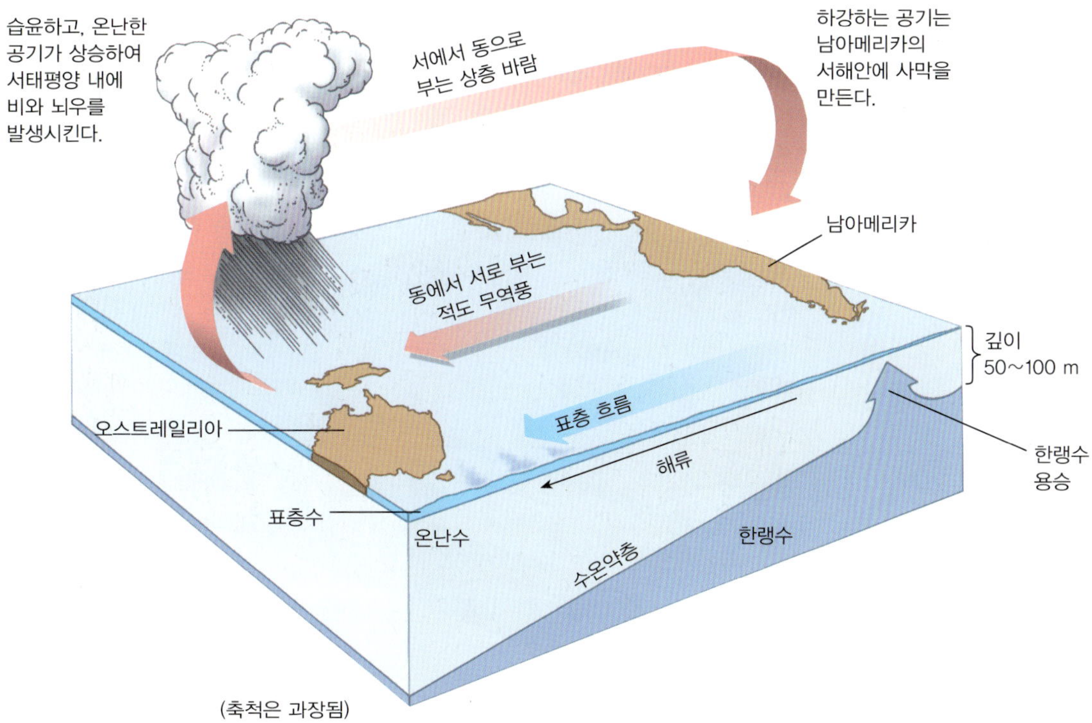

그림 6.30 정상적인 해인 경우, 무역풍은 서쪽으로 태평양을 가로질러 온난 표층수를 끌고 가서 인도네시아와 오스트레일리아 부근에 낮은 언덕 모양으로 쌓게 되어 이곳의 온난수가 비를 일으킨다. 표층 흐름은 남아메리카의 연안을 따라서 한랭하고, 영양분이 많은 심해수를 용승하게 한다.

니뇨(non-El Niño) 해의 남태평양 해류와 날씨에 대해 알아보자(그림 6.30). 정상적으로 가을과 겨울에는 강한 무역풍이 태평양을 가로질러 남아메리카로부터 서쪽으로 분다. 바람은 온난한 열대 표층수를 페루와 칠레로부터 멀리 끌고 가서 인도네시아와 오스트레일리아 부근 서태평양에 쌓아 올린다. 서태평양에서, 온난수는 수 km를 가로지르는 낮은 작은 언덕 모양을 형성한다. 해수는 10 ℃까지 더 상승하게 되고 페루와 칠레 부근 해양보다 해수면이 약 60 cm 더 높아진다.

바람에 의해 움직이는 표층수는 남아메리카 연안으로부터 멀리 흐르게 되고, 차갑고 영양분이 풍부한 해수가 깊은 곳에서부터 올라와 표층수를 대체하였다. 풍부한 영양분은 페루와 칠레의 연안을 따라서 수산업을 번창시켰다.

온난 해양의 수면으로부터 많은 수분이 증발한다. 정상적인 해인 경우, 증발한 수증기는 응결하여 오스트레일리아, 인도네시아, 남서 태평양의 다른 육지에 비를 가져온다. 이 지역들은 온난수의 작은 언덕 모양을 형성하는 지역에 인접하고 있다. 태평양의 동쪽 지역인 경우, 차가운 용승류가 페루와 북부 칠레의 연안 해상의 공기를 냉각시킨다. 이 서늘한 공기는 육지로 흐름에 따라서 더 따뜻해진다. 온난화는 상대습도를 낮추고 연안에 아타카마 사막을 만든다.

엘니뇨 해인 경우, 무역풍이 약해진다(그림 6.31). 그러나 그 이유에 대해서는 기상학자들이 잘 이해하지 못하고 있다. 그런 다음 인도네시아와 오스트레일리아 부근에 작은 언덕 모양으로 형성된 온난수는 동쪽으로 태평양을 가로질러 페루와 칠레로 흐르게 된다. 남아메리카 연안에 나타나는 유사한 온난수의 축적은 평소 건조한 연안 지역들에 비정상적인 비를 일으키고, 안데스 산맥에는 폭설을 내리게 한다. 이와 동시에 인도네시아, 오스트레일리아, 주변 지역 근처에 나타나는 더 차가운 해수는 가뭄을 일으킨다. 1997~1998년 엘니뇨를 발생시킨 온난수의 질량은 약 미국 규모였고 역사상 가장 강력한 엘니뇨 날씨 요란 중

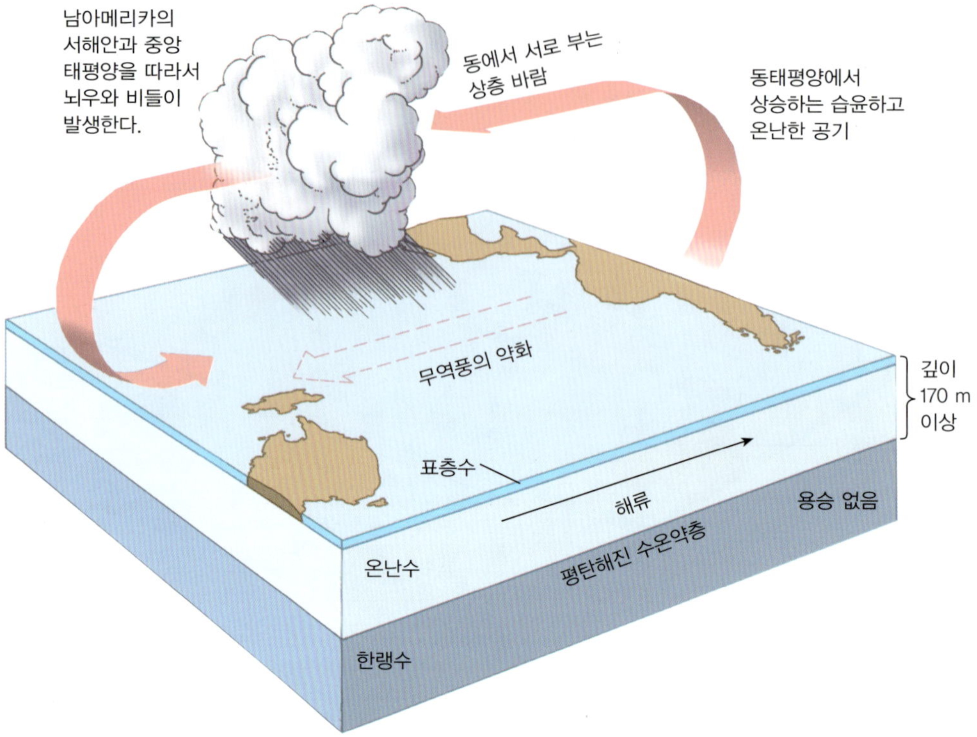

그림 6.31 엘니뇨 해인 경우, 무역풍은 약해지고 온난수가 남아메리카 쪽인 동쪽으로 흐르고 남아메리카 상공으로 이동하여 폭풍과 비를 일으키고 용승류를 사라지게 한다.

의 하나였다.

엘니뇨는 아주 멀리 떨어진 지역 강우 패턴에 영향을 주는 전구 효과다. 예를 들면 엘니뇨는 정상 경로로부터 제트류를 전향시킨다. 이에 따라서 제트류는 북아메리카 상공에서 한 줄기는 캐나다 상공 북쪽으로 흐르고, 다른 줄기는 남부 캘리포니아 주와 애리조나 주를 가로질러 흐른다. 결과적으로, 이 지역들에서는 정상적인 해보다 겨울 강수와 폭풍이 더 많아지게 된다. 반면 태평양 북서 지역, 대평원 북부 지역, 오하이오 강 계곡, 중앙 대서양 주들, 뉴잉글랜드 주에서는 폭풍의 발생 빈도가 낮아지고 겨울 기온도 더 따뜻해진다. 아프리카 남부 지역들은 가뭄에 시달리는 반면, 에콰도르, 페루, 칠레, 브라질 남부 지역, 아르헨티나 등은 평소보다 더 많은 비가 내리게 된다.

엘니뇨에 의해서 발생된 기상 이변 현상들은 엄청난 피해를 초래한다. 1982~1983년 엘니뇨 효과는 전 세계적으로 2,000명의 사망자와 130억 $ 이상의 피해를 가져왔다. 주로 폭풍과 홍수 피해로 인해 미국에서만 160명 이상의 사망자와 20억 $의 피해를 입었다. 아프리카 남부 지역의 경우, 1982~1983년 엘니뇨로 인한 질병과 기아로 10억 $의 경제적인 손실과 헤아릴 수 없는 사망자를 발생시켰다.

요약

6.1 공기 중의 수분

상대습도는 공기 중에 포함되어 있는 수증기량과 그때의 온도에서 공기가 포함할 수 있는 최대 수증기량(포화수증기량)의 비를 백분율로 산출한 것이다. 상대습도가 100 %에 도달하게 되면, 공기는 포화된다. 응결은 포화된 공기가 이슬점 이하로 냉각될 때 발생한다.

6.2 냉각과 응결

3가지 대기 과정들이 공기를 이슬점 이하로 냉각시켜 응결을 일으킨다. (1) 복사, (2) 차가운 표면과의 접촉, (3) 상승하는 공기의 단열 냉각. 복사와 접촉 냉각은 이슬, 서리, 여러 종류의 안개들을 생성한다. 그러나 일반적으로 구름과 강수는 공기가 상승할 때 발생하는 냉각의 결과로 형성된다.

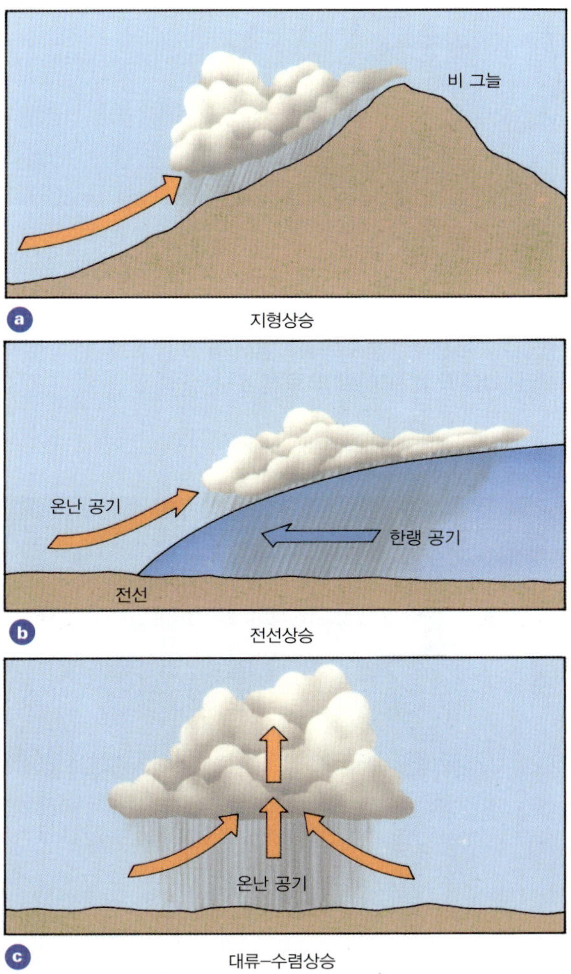

그림 6.5 공기를 상승시키고 냉각시키는 3가지 메커니즘. (a) 지형상승 (b) 전선상승 (c) 대류–수렴상승

6.3 상승하는 공기와 강수

공기를 상승시키는 3가지 메커니즘에는 지형상승, 전선상승, 대류–수렴 상승이 있다. 온난하고 습윤한 공기는 불안정한 공기라고 한다. 왜냐하면 공기가 빠르게 상승하여 탑 모양 구름을 형성하여 호우를 내리기 때문이다. 온난하고 건조한 공기는 안정 공기라고 한다. 왜냐하면 공기가 빠르게 상승하지 못하기 때문에 높은 고도까지 상승하지 못하고 구름과 강수를 형성하지 못하기 때문이다.

6.4 구름 모양

구름은 공기 내의 작은 물방울과 얼음결정들의 집합체다. 3가지 기본 구름 모양은 권운, 층운, 적운이다. 강수는 구름 내의 작은 물방울 또는 얼음결정들이 합쳐져 충분히 성장한 후 떨어진다.

6.5 안개

비록 대부분 안개들은 상층 구름을 일으키는 과정들과는 다른 과정들에 의해 만들어지지만, 안개는 지면 또는 지면에 매우 가깝게 형성되는 구름이다. 안개의 종류에는 이류안개, 복사안개, 증발안개, 활승안개 등이 있다.

6.6 기압과 바람

공기가 가열되면, 팽창하고 상승하여 기압이 낮아진다. 한랭한 공기는 아래쪽으로 힘을 받아 가라앉아 고기압을 형성한다. 지표면의 부등 가열은 기압 차를 발생시켜 바람을 일으킨다. 풍속은 기압경도에 의해 결정된다.

6.7 전선과 전선 날씨

전선은 상대적으로 더 온난한 기단과 더 한랭한 기단 사이의 경계에서 발생한다. 두 기단이 충돌하면, 더 온난한 공기는 전선을 따라서 상승하여 구름을 형성하고 보통 강수가 나타난다.

6.8 날씨에 영향을 미치는 지표면 형태

공기가 산등성이 위를 상승할 때 단열 냉각되어 보통 강수를 일

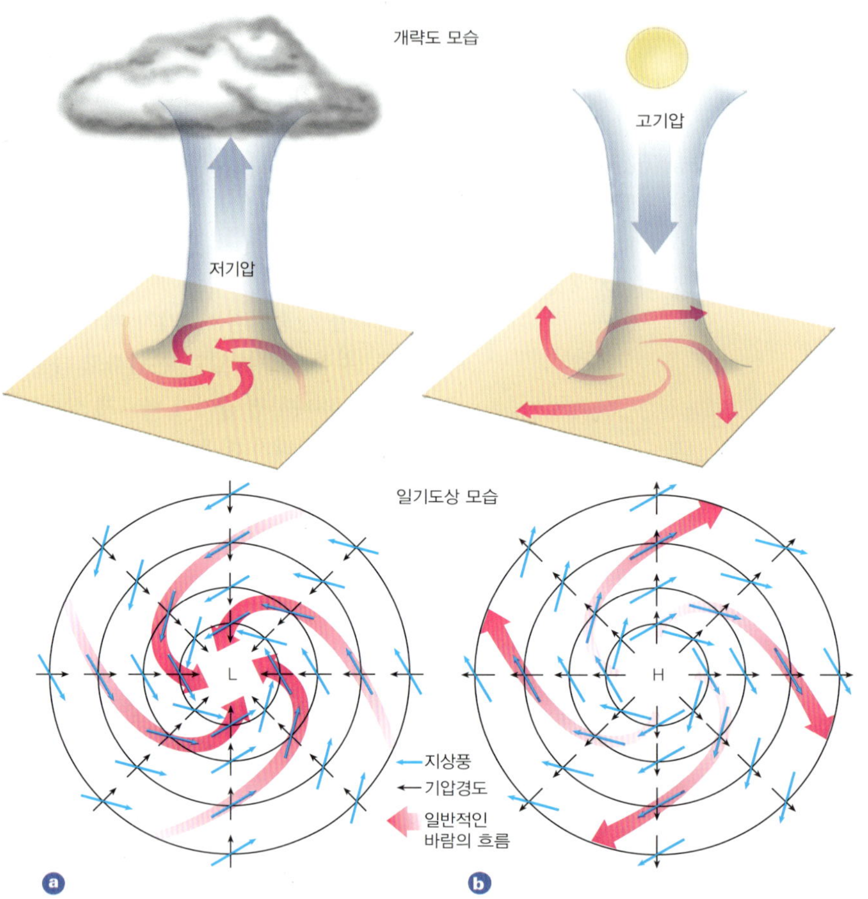

그림 6.16 (a) 북반구에서 저기압은 저기압 중심을 향해 나선형으로 시계 반대 방향으로 불어 들어가는 바람들을 구성한다. (b) 북반구의 고기압은 고기압 중심으로부터 나선형으로 시계 방향으로 불어 나오는 바람들을 구성한다.

으킨다. 해양 온도가 태양 복사의 일중과 계절 변화에 반응하여 천천히 변화하기 때문에 해풍과 몬순이 발생한다. 반면 육지 온도는 빠르게 변한다. 삼림인 경우, 되먹임 메커니즘이 작동된다. 즉, 삼림들은 공기를 냉각시키고, 한랭한 공기는 강우를 조장하고 강우는 삼림을 돋운다.

6.9 뇌우

뇌우는 적란운으로부터 발생하는 작고 단시간 지속되는 폭풍이다. 번개는 구름 내에서 대전 입자들이 분리될 때 발생한다.

6.10 토네이도와 열대 저기압

토네이도는 적란운의 밑 부분으로부터 비어져 나오는 작고, 단시간 지속되는 깔때기 모양의 폭풍이다. 열대 저기압(또는 열대 폭

그림 6.28 2005년 8월 28일 뉴올리언스 부근에 상륙하는 허리케인 카트리나를 찍은 인공위성 영상

풍)은 온난한 해양 상에서 생성되는 더 크고 더 장기간 지속되는 폭풍으로서 수증기가 응결하여 구름과 비를 생성할 때 방출되는 에너지에 의해 구동된다.

6.11 허리케인 카트리나

허리케인 카트리나로부터 발생된 사망자와 재산 피해는 폭풍의 강도와 삼각주의 침식과 인공 제방 붕괴를 포함한 인간적인 요인들에 의해 발생되었다.

6.12 엘니뇨

엘니뇨는 매 3~7년마다 해류의 움직임이 바뀜으로써 발생하는 날씨 패턴이다.

핵심용어

건조단열감률 dry adiabatic lapse rate (6.2)
고기압 anticyclone (6.6)
고층운 altostratus (6.4)
과냉각 supercooling (6.1)
과포화 supersaturation (6.1)
권운 cirrus (6.4)
기단 air mass (6.7)
기압경도 pressure gradient (6.6)
난층운 nimbostratus (6.4)
단열온도변화 adiabatic temperature change (6.2)
등압선 isobar (6.6)
몬순 monsoon (6.8)
바람 wind (6.6)
복사안개 radiation fog (6.5)
불안정 공기 unstable air (6.3)
비얼음 glaze (6.4)
상대습도 relative humidity (6.1)
서리 frost (6.2)
습도 humidity (6.1)
습윤단열감률 wet adiabatic lapse rate (6.2)
안정 공기 stable air (6.3)
엘니뇨 El Niño (6.12)
열대 저기압 tropical cyclone 또는 열대 폭풍 tropical storm (6.10)
온난전선 warm front (6.7)
우박 hail (6.4)
이류안개 advection fog (6.5)
이슬 dew (6.2)
이슬점 dew point (6.1)
저기압 cyclone (6.6)
적란운 cumulonimbus (6.4)
적운 cumulus (6.4)
전선 front (6.7)
전선상승 frontal wedging (6.3)
절대습도 absolute humidity (6.1)
정상감률 normal lapse rate (6.3)
정체전선 stationary front (6.7)
제트류 jet stream (6.6)
증발안개 evaporation fog (6.5)
지형상승 orographic lifting (6.3)
진눈깨비 sleet (6.4)
층운 stratus (6.4)
층적운 stratocumulus (6.4)
태풍 typhoon (6.10)
토네이도 tornado (6.10)
폐색전선 occluded front (6.7)
포화 saturation (6.1)
폭풍 경로 storm track (6.7)
폭풍해일 storm surge (6.10)
한랭전선 cold front (6.7)
허리케인 hurricane (6.10)
활승안개 upslope fog (6.5)

연습문제

1. 절대습도와 상대습도의 차이점을 설명하시오.
2. 공기를 이슬점까지 냉각시켜 응결을 발생시키는 3가지 대기 과정들을 설명하시오.
3. 공기 덩이가 상승할 수 있는 3가지 메커니즘을 설명하시오.
4. 3가지 기본 구름 모양에 대해서 설명하시오.
5. 안개 발생 메커니즘에 대해서 설명하시오.
6. 저기압과 고기압을 서로 비교하시오.
7. 온난전선과 한랭전선의 차이점에 대해서 설명하시오.
8. 지표면 특성이 날씨에 미치는 영향에 대해서 설명하시오.
9. 뇌우의 생성 원인에 대해서 설명하시오.
10. 토네이도가 발생하는 조건들에 대해서 설명하시오.
11. 열대 저기압과 중위도 저기압의 차이점에 대해서 설명하시오.
12. 엘니뇨가 발생할 때 나타날 수 있는 전 지구 효과들에 대해서 설명하시오.
13. 열의 출입이 없는 상태에서의 온도변화를 무엇이라 하는가?
14. 온난전선과 한랭전선에서 날씨가 나쁜 이유는 무엇인가?
15. 온난형 폐색전선과 한랭형 폐색전선의 차이점에 대해 설명하시오.
16. 날씨에 영향을 미치는 지표면 형태에 대해서 설명하시오.
17. 허리케인의 강도가 육지로 이동할 때 빠르게 약화되는 이유는 무엇인가?
18. 토네이도의 풍속이 빠른 이유는 무엇인가?

7장 기후

미국 테네시 주 스모키 산맥의 여름 모습

JACQUES DESCLOITRES, MODIS RAPID RESPONSE TEAM, NASA/GSFC

> **"우리가 기대하는 것은 기후지만,**
> **우리가 직접 겪는 것은 날씨다."**
>
> 마크 트웨인(Mark Twain, 1835~1910)[1)]

만약 여러분이 다음 일요일에 소풍을 계획하고 있다면, 여러분은 눈부신 햇살을 기대하겠지만, 이와 동시에 여러분은 비로 인해 계획이 망칠 수도 있다는 것도 이해해야 할 것이다. 다음 일요일의 기온과 강수는 매일 일어나는 날씨 변동에 따라 결정된다. 그러나 날씨는 단지 비교적 좁은 범위 내에서 변동한다. 여러분은 7월 4일 텍사스 주에 눈이 내리지 않는다는 것을 확실하게 알고 있을 것이고, 만약 여러분이 몬태나 주에 살고 있다면, 1월에 반바지와 티셔츠 차림으로 야외로 햇볕을 쬐러 나가지 않을 것이다.

오랜 세대와 세기를 거치면서, 기후는 안정되어 인간은 계획적인 삶을 살아가게 되었다. 미국 캔자스 주의 농부들은 밀은 경작하지만 결코 바나나는 재배하려 하지 않는다. 겨울 플로리다 주의 호텔 소유주는 북부 지방에서 추운 겨울을 피해 몰려오는 여행객을 맞을 준비를 한다. 결과적으로, 기후는 인간의 삶에서 야외 레크리에이션, 주택, 의복 등과 같은 여러 방면에서 강하게 영향을 미친다. 사람들은 따뜻하고 햇볕이 풍부한 지역으로 이주하는 경향이 있다. 미국 캘리포니아 주와 텍사스 주의 인구는 과거 세대에서 급격하게 증가한 반면, 노스다코다 주와 몬태나 주는 미약한 성장을 보이고 있다.

그렇지만 그러한 안정성은 지질시대에서 단지 비교적 짧은 기간 동안에서만 나타나고 있다. 공룡 뼈와 석탄 광상은 남극 대륙의 일부가 한때는 온난하고, 습윤한 소택지로 덮여 있었다는 것을 암시한다. 사막에서나 형성되는 모래 언덕들이 콜로라도 주의 비옥한 밀밭 아래에 묻혀 있었던 것이다. 어떤 지역의 기후 기록들을 연구할 때, 지질학자들은 지구 기후 변화에서 지구조 이동의 효과들을 떼어내야만 한다. 예를 들면 남극 대륙의 석탄 광상이 지구가 한때는 남극 근처에서 석탄을 생산하는 소택지가 성장할 만큼 충분히 온난하였다는 것을 말하는 것은 아니다. 그 대신, 다른 증거들이 남극 대륙이 한때는 지구조운동의 연구로 설명되는 것과 같이 적도에 근접하였다는 것을 지적한다. 그렇지만 지구조 판 이동의 효과들을 배제한다고 하더라도, 지구 기후는 지구 역사의 긴 세월 동안 극적으로, 때로는 갑자기 변화한 것은 명백하다. 이 장에서는 오늘날 지구 기후를 조사할 것이다. 기후는 앞서 논의한 위도(5장), 바람(5장과 6장), 해양과 해류(3장과 5장), 고도(4장), 알베도(5장)를 포함한 많은 메커니즘에 의해 규제를 받는다. 이어서 전 지구 바람시스템에 대해 상세하게 논의하고자 한다.

7.1 전 지구 바람과 기후

© ROBOPHOBIC/SHUTTERSTOCK

태양은 바람과 증발을 일으키는 결정적인 에너지원이다. 태양은 적도 또는 적도 근처에서 대부분 직각으로 비추고 지표면 부근의 공기를 따뜻하게 한다. 온난 공기는 적도 해상으로부터 수분을 모은다. 온난 습윤한 상승하는 공기는 적도 부근에 광대한 저기압대를 형성하여 수평적인 공기 흐름이 적게 나타나도록 한다. 상승하는 공기가 단열 냉각됨에 따라

1) 역자 주: 미국의 소설가로서 본명은 새뮤얼 클레멘스(Samuel Langhorne Clemens)다.

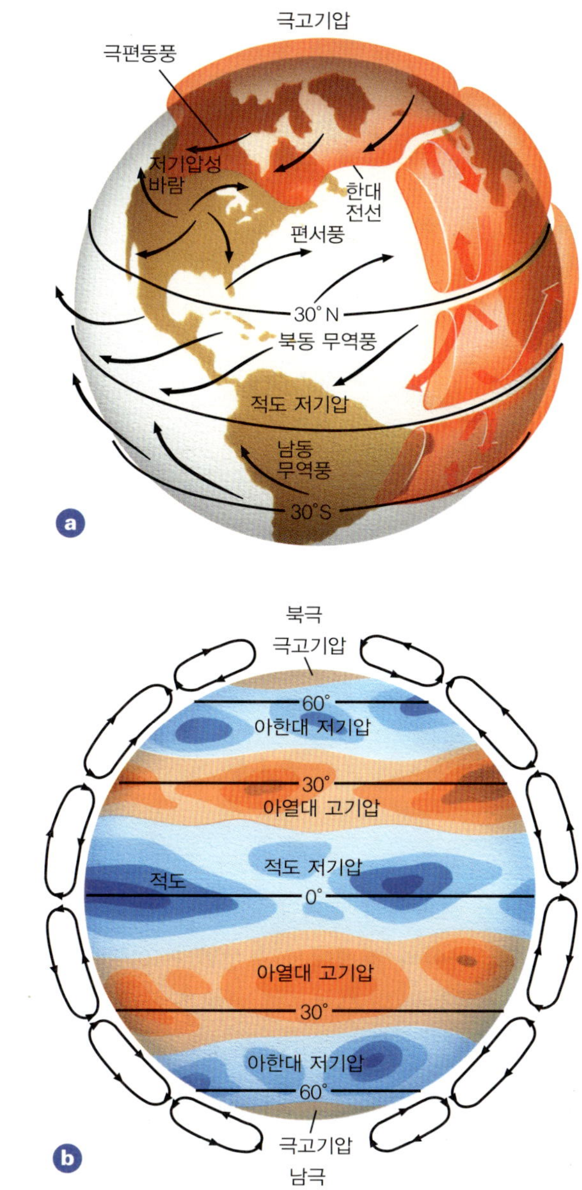

그림 7.1 3세포 모델로 예측하는 지구 바람 패턴. (a) 적도에서 상승하는 공기는 높은 고도에서 북쪽으로 움직여 북남위 약 30° 에서 하강하여 적도로 되돌아가면서 무역풍을 형성한다. 빨간색 화살표는 상층풍과 지상풍 모두를 표시한다. 검정색 화살표는 단지 지상풍을 나타낸다. (b) 고압대와 저압대는 구면상에 표시하였고 지상풍과 상층풍 패턴은 가장자리에 나타내었다.

수증기가 응결하여 비로 떨어진다. 그러므로 국지성 스콜과 뇌우들이 일반적이지만, 항풍은 드물다. 이 뜨겁고 고요한 지역은 범선 시대에는 심각한 장애물이었다. 선원들은 적도 지역을 **무풍대**(doldrums)라고 불렀고, 오래된 항해 문헌에는 광대한 바람이 없는 바다에서 범선이 움직이지 못하여 절망감과 고생담을 실은 이야기들로 가득 차 있다. 육상에서, 적도 저압대 부근에서 빈번하게 내린 비들이 우거진 열대 우림을 키운다.

적도에서 상승한 공기는 높은 고도에서 남북으로 갈라져 흐르게 된다. 그러나 높은 고도에서의 바람은 계속 남북으로 흐르지 않고 코리올리 효과에 의해 전향하게 된다. 따라서 그들의 극 쪽으로의 움직임은 방해를 받게 된다.

북반구와 남반구 모두에서, 이 공기는 북남위 약 30°에서 동쪽으로 흐르게 될 때까지 방향을 바꾸게 된다(그림 7.1). 그런 다음 공기는 차가워져서 지표면으로 침강하면 북남위 30°에서 아열대 고압대를 만들게 된다. 침강하는 공기는 단열 온난해지고, 수증기를 흡수하여 깨끗하고 푸른 하늘을 형성한다. 고기압 지역의 중심에서, 공기는 연직 방향으로 움직이고 수평 방향으로는 움직이지 않아 매우 드물게 지상풍이 분다. 지구를 둘러싸는 이 잔잔한 고기압대는 **말위도**(horse latitudes)로 불리고 있다. 바람이 정체되어 범선들이 오랫동안 움직이지 못하자 화물로 수송되던 말들이 갈증과 배고픔으로 죽게 되었기 때문에 이 지역은 그러한 이름이 붙여졌다. 고기압대 내에서 온난하고, 건조하고, 하강하는 공기는 북부 아프리카의 사하라 사막, 남부 아시아의 칼라하리 사막, 오스트레일리아 내륙 사막들을 포함한 전 세계의 많은 사막들을 형성한다.

말위도에서 하강하는 공기는 쪼개져 지상에서 적도 방향과 극 방향의 두 방향으로 흐른다. 적도 방향으로 이동하는 지상풍은 코리올리 효과에 의해 전향하여 북반구에서는 북동풍으로 불고 남반구에는 남동풍으로 분다. 뱃사람들은 이 바람을 의지하고 신뢰하여 **무역풍**(trade wind)이라고 불렀다. 또한 극 방향으로 이동하는 바람도 코리올

무풍대(doldrums) 적도 부근의 거대한 저기압대로 보통 국지성 스콜과 폭풍우가 발생하고 항풍은 드물다.

말위도(horse latitudes) 북남위 약 30°에 있는 바람이 없는 고기압대로 건조 조건이 우세하고 항풍은 드물다.

무역풍(trade wind) 북반구에서는 북위 5~30° 사이에서 북동풍으로 불고 남반구에는 남위 5~30° 사이에서 남동풍으로 부는 바람이다.

탁월편서풍(prevailing westerlies) 북반구에서는 북위 30~60° 사이에서 남서풍으로 불고 남반구에서는 남위 30~60° 사이에서 북서풍으로 부는 바람이다.

극편동풍(polar easterlies) 북반구에서 동에서 서로 부는 지속적인 한대 지상풍이다.

한대전선(polar front) 극편동풍과 탁월편서풍이 수렴하는 위도 약 60°에서 상승하는 온난한 공기에 의해 형성되는 저기압 경계다.

3세포 모델(three-cell model) 고기압과 저기압이 교대로 나타나는 기압대에 의해 경계를 이루는 각 반구 내의 3가지 대류 세포들을 설명하는 지구 바람 패턴의 모델이다.

아열대 제트류(subtropical jet stream) 무역풍과 편서풍 사이에서 흐르는 제트류

한대 제트류(polar jet stream) 한대전선을 따라서 흐르는 제트류

리 효과에 의해 전향하여 **탁월편서풍(prevailing westerlies)**을 형성한다. 탁월편서풍은 북반구에서는 남서풍으로 불고 남반구에서는 북서풍으로 분다(그림 7.1(a)).

극은 연중 내내 춥다. 한랭한 한대 공기는 가라앉아 또 다른 고기압대를 만든다. 가라앉는 공기는 지상에서 더 낮은 위도 방향으로 흐른다. 북반구에서 지상풍은 코리올리 효과에 의해 전향하여 **극편동풍(polar easterlies)**을 형성한다. 극편동풍과 탁월편서풍은 북위 약 60°에서 수렴한다. 온난한 공기는 수렴대에서 상승하여 **한대전선(polar front)**이라 불리는 저기압 경계 지대를 형성한다.

이들 전 지구 바람 패턴들은 각 반구에 존재하는 3가지 대류 세포들을 설명하는 **3세포 모델(three-cell model)**을 따른다. 이 세포들은 고기압과 저기압이 교대하는 곳에서 경계를 이루게 된다(그림 7.1(b)). 3세포 모델에서, 전 지구 바람들은 지표면 가열에 의한 대류 기류에 의해 발생되고, 풍향은 지구 자전(코리올리 효과)에 의해서 바뀐다.

전 지구 바람시스템에서 상승하고 하강하는 공기는 온도에 의존하기 때문에, 이 경계들은 계절에 따라서 북쪽과 남쪽으로 이동한다. 또한 지표면 지형과 국지 공기 이동에 의해 비틀어진다. 예를 들면 북반구의 저기압과 고기압은 6장에서 설명된 바와 같이 한대전선을 따라서 발달한다. 폭풍은 비와 햇살을 번갈아 가져와 농업에 유리한 조건을 만든다. 따라서 미국, 캐나다, 러시아의 최대 밀 곡창지대는 모두 북위 30~60° 사이에 있다.

6장에서 언급한 바와 같이, 제트류는 높은 고도에서 빠르게 움직이는 너비가 좁은 공기 밴드다. 제트류는 높은 고도에서의 공기가 코리올리 효과에 의해 전향됨에 따라 지구 기후 세포들 사이의 경계에서 형성된다. **아열대 제트류(subtropical jet stream)**는 무역풍과 편서풍 사이에서 흐르고, **한대 제트류(polar jet stream)**는 한대전선을 따라서 형성된다. TV에서 날씨 예보를 시청할 때, 기상 캐스터는 뱀 모양으로 북아메리카를 가로질러 나타나는 한대 제트류를 보여줄 것이다. 폭풍은 이 선을 따라 발생한다. 왜냐하면 한랭한 한대 공기와 아열대에서 기원한 온난 습윤 공기 사이에 경계를 만들기 때문이다. 폭풍은 대조적인 두 기단이 수렴하는 곳에서 발달한다(그림 7.2).

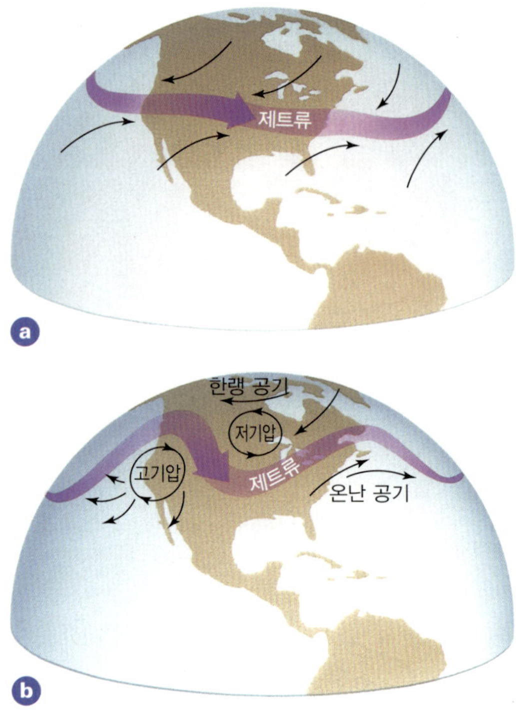

그림 7.2 한대전선과 한대제트류는 계절과 국지 조건에 따라 이동한다. 보통 폭풍은 제트류를 따라 발생한다.

7.2 지구의 기후대

지구의 주요 기후대는 주로 온도와 강수량에 따라 구분된다. 그러나 두 지역의 연 강수량이 동일하다 하더라도,

건계와 우계를 모두 갖는 지역은 일 년 내내 강우량이 고른 지역과는 기후가 다르다. 그러므로 기후대는 계절적인 차이에 기초한 온도와 강수량에 따라 구분된다.

전 세계를 통해서 기후학자들이 사용하는 **퀴펜 기후구분(Koeppen Climate Classification)**이 표 7.1에 설명되어 있다. 이 그룹의 하위 범주를 표 7.2에 나타내었고, 이 구분시스템에 기초한 기후대를 그림 7.3의 지도에 나타내었다.

기후대가 온도와 강수량에 따라 정의된다고 하더라도, 어떤 지역의 사진을 보면 보통 기후 유형을 가늠할 수 있다. 특정 식물 군집들은 특정 기후에서 성장하기 때문에 눈으로 봐도 구분할 수 있다. 예를 들면 선인장은 사막에서 성장하고, 나무들은 수분이 매우 풍부한 곳에서 성장한다. **생물군계(biome)**는 특정 기후에 의해 특성 지워진 지리적으로 넓은 지역에서 생존하는 생물들의 군집이다.

어떤 장소에서의 기후는 연도 및 계절별 온도와 강수량을 기록하는 기후도표(climograph)에 의해 요약된다. 그림 7.4는 미국 테네시 주 내슈빌에 관한 기후도표 모델이다.

지금부터 쾨펜 기후구분시스템의 주 기후대에 대해서 알아보자.

습윤열대기후(A): 겨울이 없는 경우

일 년 내내 강우량이 많은 열대기후

적도 부근 넓은 저기압대는 보통 연평균 강수량이 4,000 mm 이상으로 **열대우림(tropical rainforest)**을 형성한다(그림 7.5). 열대우림의 지배적인 식물은 키가 크고 줄기가 가는 나무들이다. 이 나무들은 단지 꼭대기 부근에만 가지를 뻗어 잎들이 지붕 모양으로 우거져 빽빽한 숲을 이룬다. 우거진 잎들은 대부분의 빛을 가로막아 햇빛의 0.1 % 미만만이 숲 밑바닥에 도달하기 때문에 숲 밑바닥에서 자라는 식물들은 비교적 적다. 열대 삼림 내의 땅은 젖어 있고 나무줄기도 촉촉하고 어느 곳이나 물기로 가득하다.

쾨펜 기후구분(Koeppen Climate Classification) 지구의 주 기후대를 설명하는 기후구분시스템으로 전 세계 기후학자들이 널리 사용하고 있다.

생물군계(biome) 특정 기후에 의해 특성 지워지는 지리적으로 넓은 지역에서 생존하는 식물들의 군집이다.

열대우림(tropical rainforest) 일 년 내내 강우량이 많은 열대기후에서 성장하는 삼림이다. 지배적인 식물은 키가 크고 줄기가 가는 나무들로서 단지 꼭대기 부근에만 가지를 뻗어 잎들이 지붕 모양으로 우거져 빽빽한 숲을 이루고 어느 곳이나 물기로 가득하다.

표 7.1 쾨펜 기후구분

기후형	이름	설명
A	열대습윤기후	월평균 기온이 18 ℃ 이상으로 따뜻하다. 낮과 밤 사이 기온차가 12월과 6월 평균 기온차보다 더 크다. 풍부한 군집을 부양할 만큼 수분이 충분하게 존재한다.
B	건조기후	만성적인 물 부족이 나타난다. 대부분의 월에서 강수량보다 증발양이 많다. 온도는 위도에 따라 변동한다. 일부 B 기후는 고온인 반면 다른 B 기후는 매우 춥다.
C	습윤중온기후	중위도에서 발생하는 기후로 겨울과 여름이 뚜렷하고 풍부한 식물 군집을 부양할 만큼 수분이 충분하다. 겨울은 따뜻하다. 눈은 내리지만 계속 쌓이지는 않는다. 가장 추운 달의 월평균 기온은 −3 ℃ 이상이다.
D	습윤저온기후	C 기후와 비슷하여 겨울과 여름이 뚜렷하지만, D 기후가 더 춥다. 겨울은 춥고 눈이 내려 계속 쌓인다. 가장 추운 달의 월평균 기온은 −3 ℃ 미만이다.
E	한대기후	겨울은 극도로 춥고 여름마저도 서늘하다. 가장 따뜻한 달의 월평균 기온은 10 ℃ 미만이다.
H	고산기후	전 세계 모든 위도에서 발견되고 해발 고도에 의해 결정된다. 기온은 고도에 따라서 변하고 그 범위는 약 −18 ℃에서 10 ℃까지이다. 강수량은 고도에 따라 감소한다. 풍상 측 강수량이 풍하 측보다 더 많다.

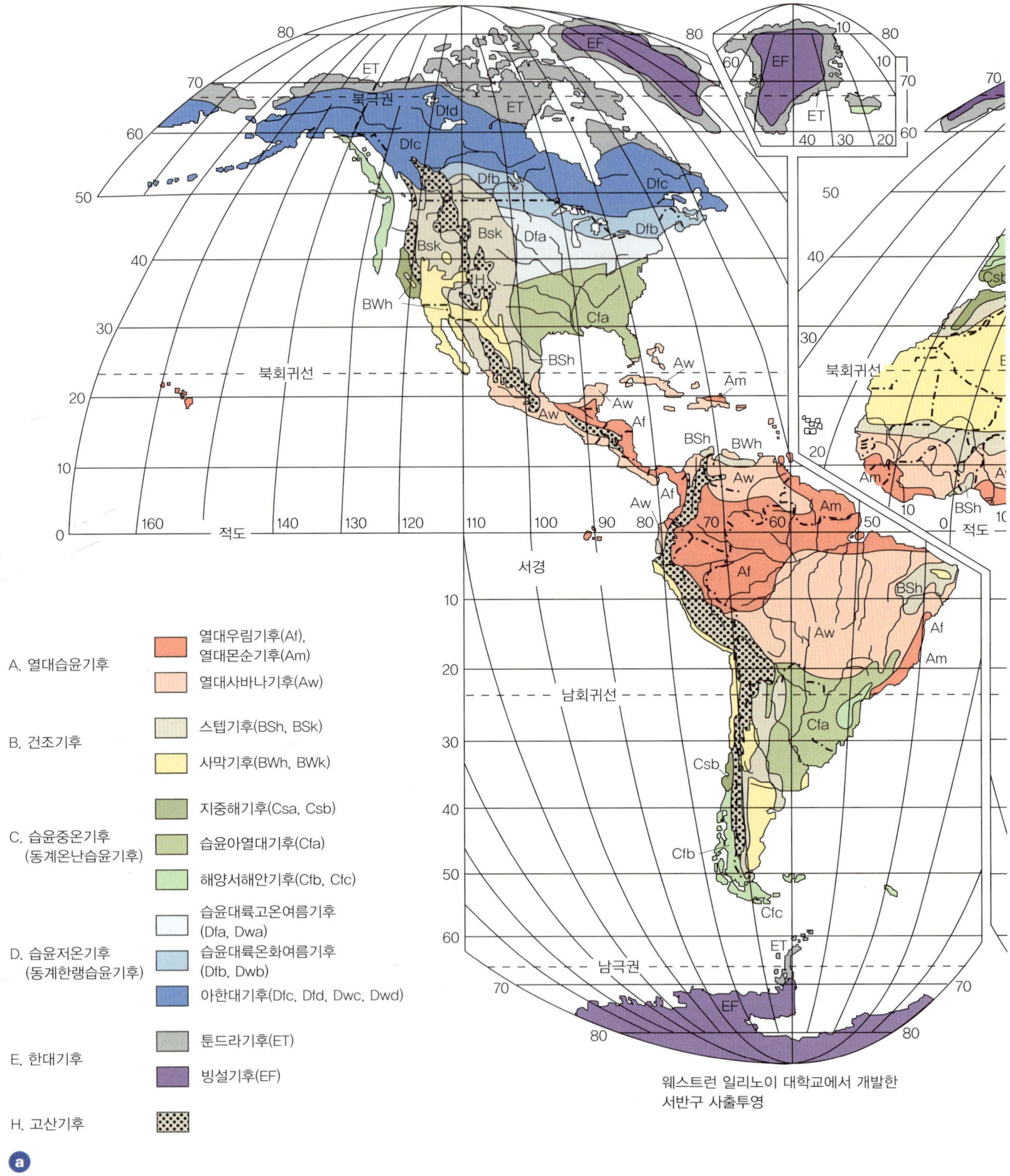

그림 7.3 (a) 전 지구 기후대. 개개 기후대는 독특한 생물 군계들을 부양한다.

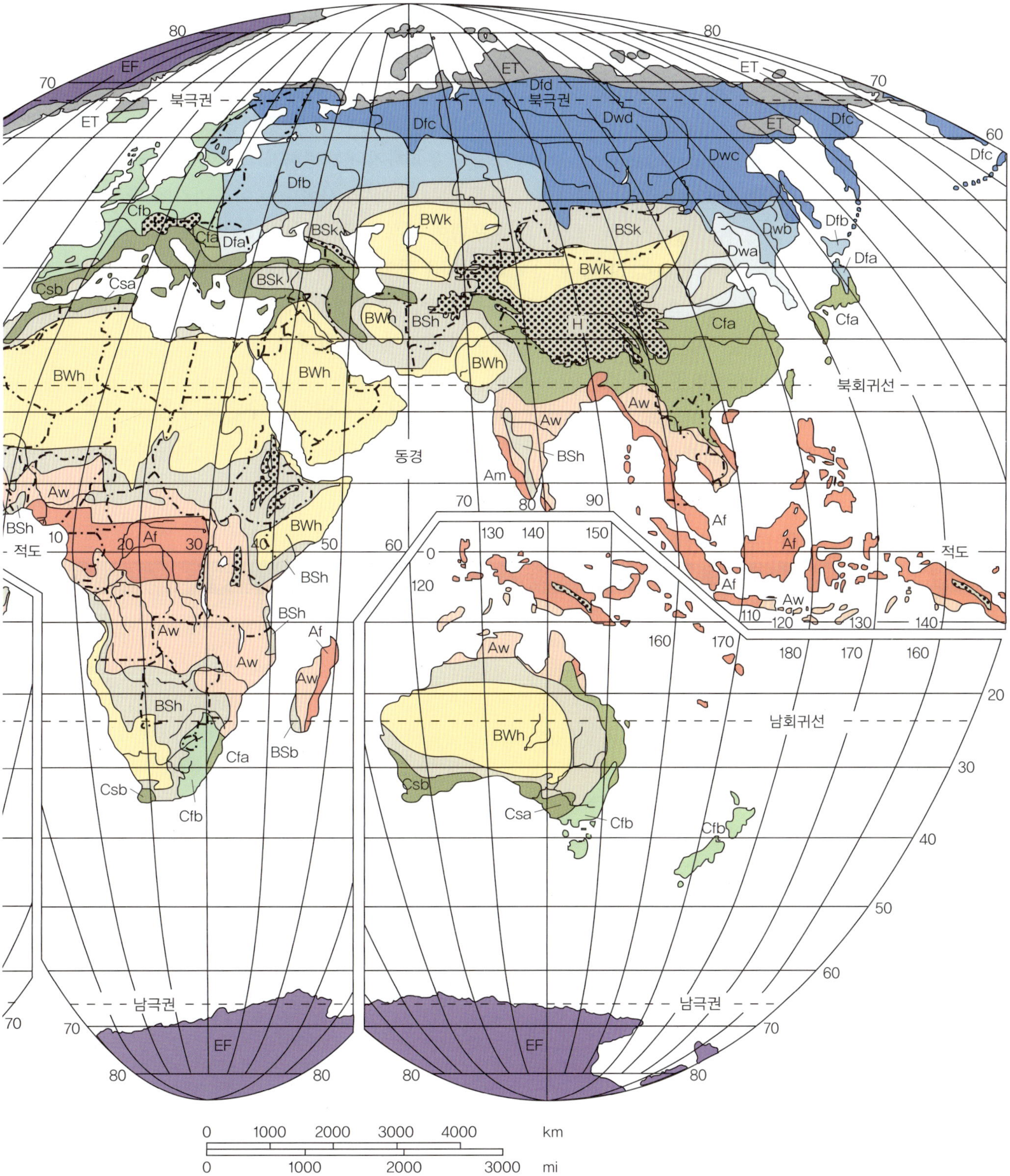

b

그림 7.3 (b) 전 지구 기후대. 개개 기후대는 독특한 생물 군계들을 부양한다.

열대몬순기후(tropical monsoon climate) 건기와 우기가 뚜렷한 열대기후로 우기에는 강우량이 많고 건기는 비교적 짧다.

열대사바나기후(tropical savanna climate) 건기와 우기가 뚜렷한 열대기후지만 연 강우량은 비교적 적다. 이 기후는 풀을 뜯어 먹는 동물들에게 유리한 넓은 지역상에 흩어져 있는 작은 나무와 관목들로 이루어진 초원에 의해 특성 지워진다.

습계와 건계가 뚜렷한 열대기후

열대몬순기후(tropical monsoon climate)(그림 7.6)나 **열대사바나기후**(tropical savanna climate)(그림 7.7)는 모두 계절에 따라 강우량의 차이가 크다. 그런데 몬순기후는 사바나기후보다 건계가 더 짧으며, 연 강수량이 더 많고, 월별 차이도 더 크다. 강수량은 열대우림을 유지할 만큼 풍부하고 열대몬순 생물군계 내에서도 충분하다. 또한 계절별 강수량은 농업에 이상적이다. 인도와 동남아시아의 최대 쌀농사 지역들은 열대몬순기후에 위치한다.

열대사바나는 작은 나무와 관목들이 드문드문 흩어져 있는 초원이다. 이러한 초원은 대륙의 내륙 상에 위치하여 넓은 지역으로 확장된다. 이 지역은 보통 숲을 유지하기에 강우량이 부족하거나 빈번하게 들불이 발생하여 숲 성장에 방해를 받는 곳이다. 사바나는 아프리카에 가장 광범위하게 분포하여 얼룩말, 누(wildebeest), 아프리카 영양인 가젤과 같은 풀을 뜯어먹는 동물 집단을 먹여 살린다. 풀은 계절성 강우에 싹을 틔워 자라고, 거대한 아프리카 동물 떼는 풀의 분포에 따라서 이동한다.

건조 기후(B): 증발량이 강수량보다 많은 경우

연 강수량이 250~350 mm까지 변동하는 건조 지대의

표 7.2 세계 기후대: 쾨펜 기후구분의 세부 기후형

기후형과 세부 기후형		설명	식생
A	열대습윤	겨울이 없음	
	• 열대우림	일 년 내내 강우량이 풍부함	우림
	• 열대몬순	습윤하고 건계가 짧음	우림
	• 열대사바나	여름에는 비가 많고 겨울에는 건조함	사바나
B	건조	건조; 강수량보다 증발량이 많음	
	• 열대스텝	반 건조	스텝 초원
	• 중위도스텝	한랭하고 건조함; 대륙 내륙 또는 비 그늘 지역	스텝 초원
	• 열대사막	매우 더움	사막
	• 중위도사막	서늘하고 건조함; 대륙 내륙 또는 비 그늘 지역	사막
C	습윤중온	중위도, 온화한 겨울	
	• 습윤아열대	온난습윤한 여름과 저기압성 폭풍이 발생하는 겨울	삼림
	• 지중해	건조한 여름과 저기압성 폭풍이 발생하는 겨울; 아열대	관목 식물과 오크 사바나
	• 해양서해안	선선한 여름과 따뜻한 겨울; 해양성, 편서풍, 저기압성 폭풍	삼림에서 온대우림까지 분포
D	습윤저온	중위도; 추운 겨울	
	• 습윤대륙고온여름	중위도 대륙성; 더운 여름, 추운 겨울	대초원과 삼림
	• 습윤대륙온화여름	위도가 높은 중위도 대륙성; 선선한 여름, 추운 겨울	대초원과 삼림
	• 아한대	고위도 대륙성	타이가 삼림
E	한대	여름조차 서늘	
	• 툰드라	고위도; 짧은 여름, 매우 춥고 긴 겨울	이끼, 풀, 꽃
	• 빙설	고위도; 짧은 여름, 매우 춥고 긴 겨울	식생 없음
H	고산	서늘함에서 한랭함까지; 산 또는 높은 지대; 높이에 따라 변화함	높이가 증가함에 따라서 변화함

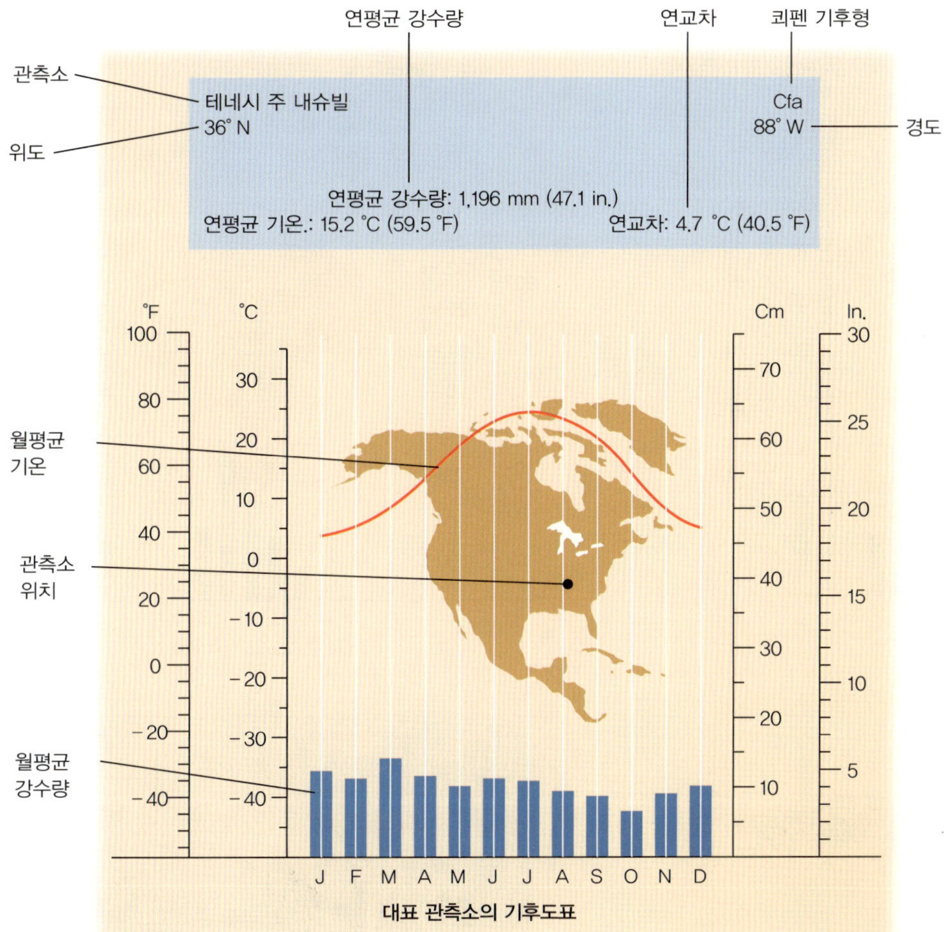

그림 7.4 기후도표 모델. 이 그래프는 미국 테네시 주 내슈빌의 월평균 기온(곡선)과 월평균 강수량(연직 막대)을 나타낸다.

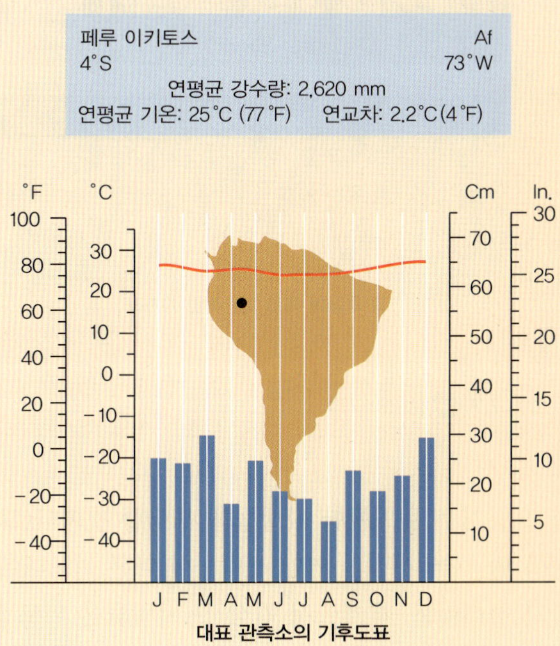

열대우림기후

위도: 0~15°

연교차: 23~28 °C
(겨울~여름)

연평균 강수량: 2,000~5,000 mm/yr

그림 7.5 열대우림기후

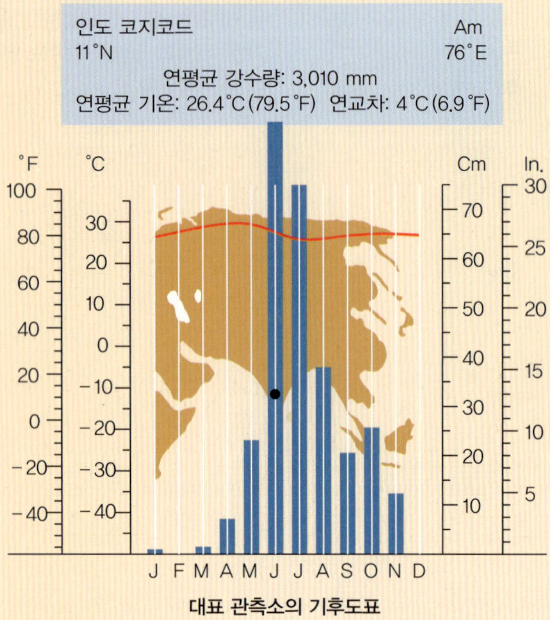

열대몬순기후

위도: 5~30°

연교차: 20~30°C
(겨울~여름)

연평균 강수량: 1,500~4,000 mm/yr

기후형에 대한 일반적인 통계값

그림 7.6 열대몬순기후

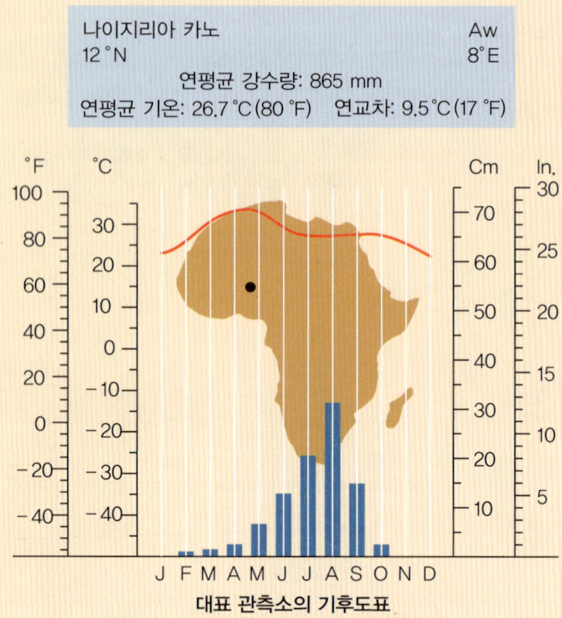

열대사바나기후

위도: 5~25°

연교차: 20~30°C
(겨울~여름)

연평균 강수량: 1,000~1,800 mm/yr

기후형에 대한 일반적인 통계값

그림 7.7 열대사바나기후

기후는 반 건조와 초원인 **스텝(steppe)**이 우세하다. 중앙아시아의 거대한 스텝 초원은 이들 범주에 속한다.

만약 연 강수량이 250 mm 미만이 된다면, 사막을 형성하고 단지 드문드문한 식생들을 부양할 것이다(그림 7.8). 비록 비 그늘 사막과 연안 사막들이 다른 위도대에 존재한다고 하더라도, 세계에서 가장 큰 사막들은 위도 30°의 고

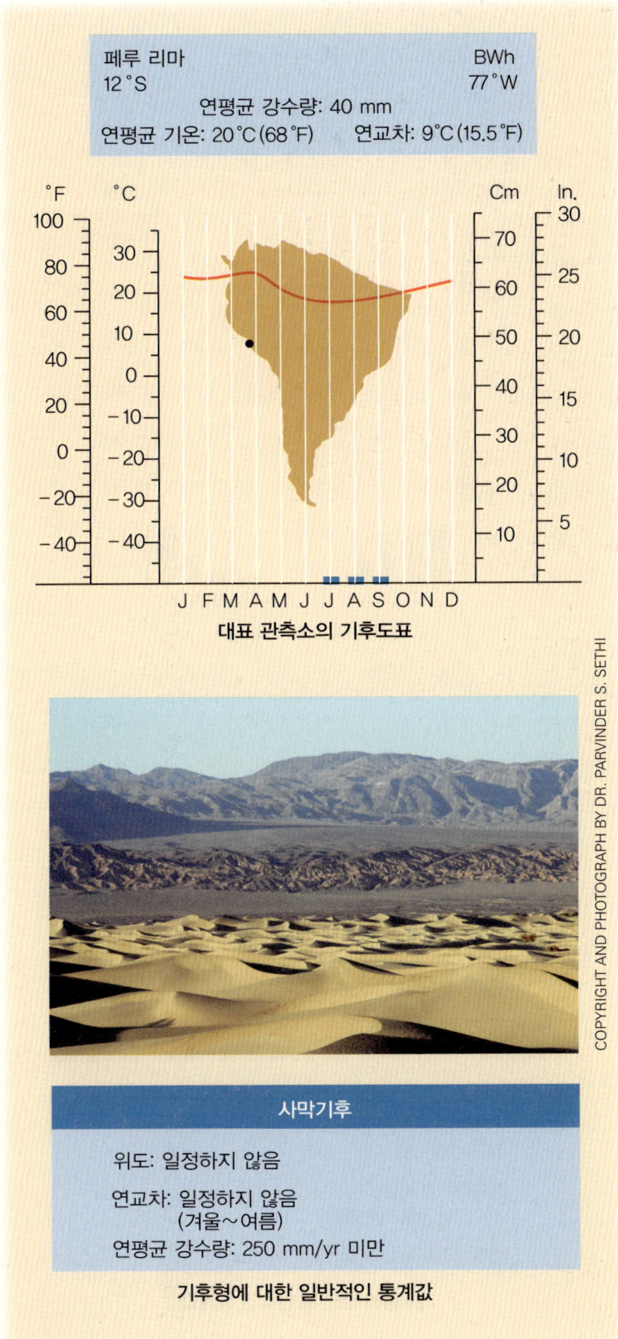

그림 7.8 사막기후

기압대를 따라서 위치한다. 따라서 일부 사막들은 타는 듯이 뜨거운 반면, 극지 사막들은 1년 중의 많은 기간 동안 혹한에 들어가 있다.

동계온난습윤중위도기후(C)

습윤아열대기후

미국 남동부지방은 습윤아열대기후(humid subtropical climate)의 특성을 가진다(그림 7.9). 여름에는 열대만큼 뜨겁고 습윤하고, 비와 뇌우 소나기가 일반적이다. 그러나 겨울에는 북극 공기가 남쪽으로 밀려 내려와 저기압성 폭풍을 형성한다. 비록 월평균 기온이 7 °C 미만으로 떨어지지는 않지만, 한랭전선들을 때때로 서리와 눈을 초래한다. 강수량은 여름에는 대류에 의한 뇌우와 겨울의 저기압성 폭풍 때문에 일 년 내내 비교적 일정하다. 이 기후대는 채소, 목화, 담배, 밀감과 같은 값어치 있는 농작물뿐만 아니라 침엽수와 활엽수 모두를 부양한다.

스텝(steppe) 넓은 반건조 지역의 풀로 뒤덮인 평원으로 유럽 동남부 지역, 중앙아시아, 중앙아메리카 일부 지역의 건조기후대에서 발견된다.

습윤아열대기후(humid subtropical climate) 고온 다습한 여름과 추운 겨울이 특징인 중위도 기후로서 일 년 내내 강우가 나타난다.

지중해기후(mediterranean climate) 일종의 온대 기후로 건조한 여름, 우기의 겨울이 특징인 중위도 기후다.

지중해기후

지중해기후(mediterranean climate)는 일종의 온대 기후로 건조한 여름, 우기의 겨울이 특징이다(그림 7.10). 지중해기후는 위도 30~40° 사이 중위도 대륙의 서안에서 발생한다. 여름에는 아열대 고기압이 더 높은 위도로 이동하여 90 % 이상 고온의 맑은 날씨가 계속되어 거의 사막과 같은 상태가 된다. 겨울에는 탁월편서풍이 해양으로부터 온난 습윤한 공기를 가져와 안개와 비를 유도한다. 따라서 연 강수량의 75 % 이상이 겨울에 발생한다. 중앙 캘리포니아 주의 특수 환경에서 자라는 미국삼나무는 지구 상에서 가장 넓게 분포하는 식물이지만, 지중해기후의 여름 고온과 가뭄은 일반적으로 큰 나무의 성장을 저해한다. 그 대신 키 작은 나무와 흩어져 있는 나무들이 지배적이다. 산불은 건조한 여름에 빈번하게 발생하고 밀집된 관목 숲으로 번져 확산된다. 1991년 건조한 가을, 특별히 지독한 산불이 캘리포니아 주 오클랜드와 버클리의 언덕들을 휩쓸어 3,354채의 주택을 파괴하여 15억 $의 경제적인 손실과 24명의 사

그림 7.9 습윤아열대기후

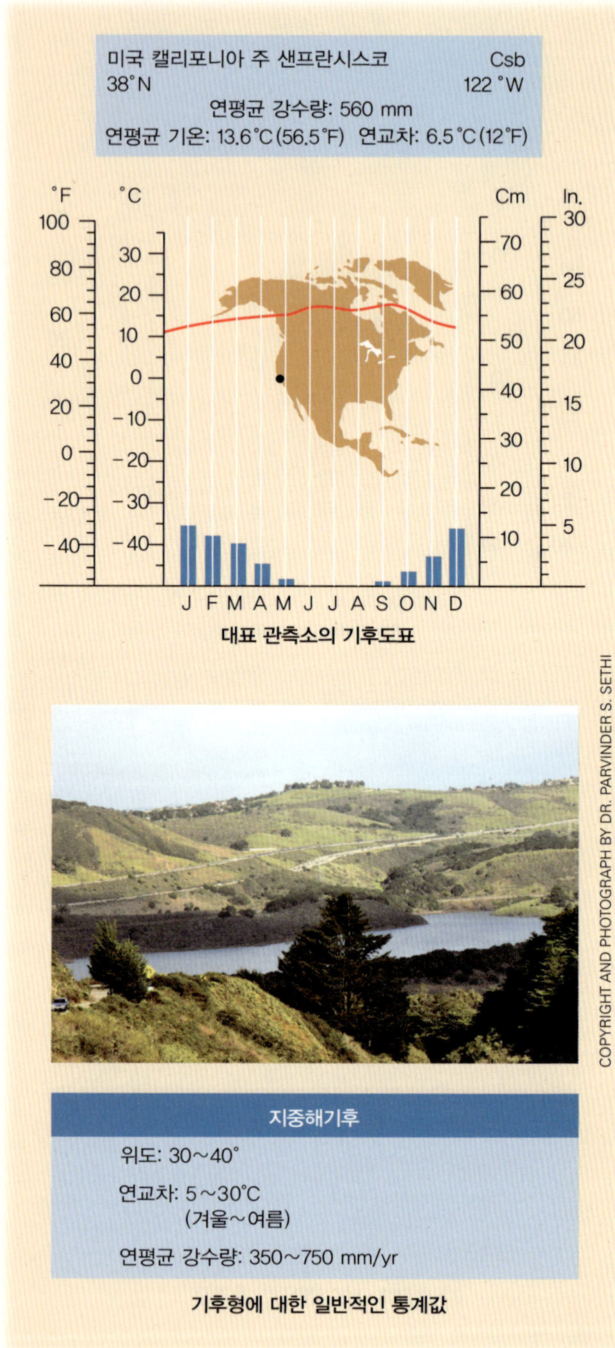

그림 7.10 지중해기후

망자를 발생시켰다.

산불로 식생이 파괴된 경우에는, 겨울철 우기에 접어들어 비가 오면 산사태가 종종 발생한다. 억수 같은 겨울비는 남부 캘리포니아 주에 빈번하게 광범위한 지역에 걸쳐 홍수와 산사태를 일으킨다.

해양서해안기후

해양서해안기후(marine west coast climate)대는 지중해

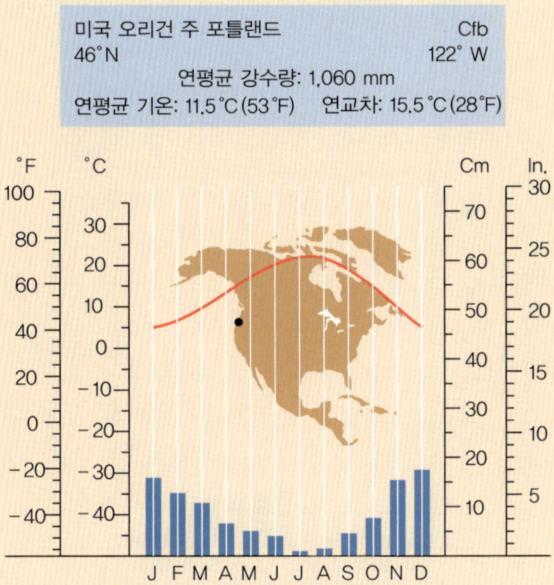

대표 관측소의 기후도표

습윤아열대기후

위도: 40~65°

연교차: 0~25°C
(겨울~여름)

연평균 강수량: 500~2,500 mm/yr

기후형에 대한 일반적인 통계값

그림 7.11 해양서해안기후

기후대와 65°까지 극 쪽까지 확장되어 경계를 이룬다(그림 7.11). 이 기후대는 일종의 온대 기후로 엄청난 강수량을 동반하는 해류의 영향을 많이 받는다. 따라서 여름은 선선하고 겨울은 따뜻하며 계절 사이의 온도차가 작다. 예를 들면 오리건 주 포틀랜드에서는 월평균 온도는 15.5 °C 내외다. 반면, 동일한 위도에 위치하는 대륙 도시인 위스콘신 주 오클레어(Eau Claire)의 기온은 연교차가 31.5 °C다. 워싱턴 주 시애틀과 다른 북서부 연안 도시에 때때로 여러 날 동안 비와 이슬비가 따로 따로 내린다. 겨울에 태평양으로부터 이동한 온난 습윤한 해양 공기가 해안가에 근접한 서늘한 해류 상으로 먼저 흐르고, 그런 다음 서늘한 육지면 위로 흐를 때 특히 심하다. 총강우량은 보통 500 mm에서 많게는 2,500 mm에 이른다. 가장 습윤한 기후는 해양 공기가 산에 막힌 곳에서 발생한다. **온대우림(temperate rainforest)**은 연 강우량이 1,000 mm 이상으로 일 년 내내 일정하다. 온대우림은 오리건 주에서부터 알래스카 주까지 북아메리카의 북서 해안을 따라서 일반적으로 분포한다.

해양서해안기후(marine west coast climate) 비교적 따뜻하지만 습윤한 겨울과 선선한 여름이 특징인 중위도 기후로서 계절 사이의 온도차가 작다.

온대우림(temperate rainforest) 연 강우량이 1,000 mm 이상으로 일 년 내내 일정한 해양서해안기후 내에서 성장하는 우림이다. 온대우림은 오리건 주에서 알래스카 주까지 북아메리카의 북서 해안을 따라서 일반적으로 분포한다.

습윤대륙기후(humid continental climate) 더운 여름과 추운 겨울, 일 년 내내 나타나는 강수에 의해 특성 지워지는 중위도 기후다.

아북극(subarctic) 습윤대륙기후대의 최북단으로 북극 바로 남쪽에 위치한다.

동계한랭습윤중위도기후(D)

중위도의 대륙 내륙은 더운 여름과 추운 겨울이 특징인 **습윤대륙기후(humid continental climate)**이다(그림 7.12). 따라서 북부 대평원에서의 온도는 겨울에는 −40 °C까지 떨어지고 여름에는 38 °C까지 급상승한다. 심지어 어떤 지역의 온도는 한대전선이 북쪽 또는 남쪽으로 이동함에 따라서 크게 변동할 수 있다. 예를 들면 미국의 북부 지방은 겨울에 극도로 추운 날이 지나면 며칠 후 비가 내린다. 만약 강우량이 충분하다면, 이 기후는 풍부한 침엽수 삼림을 부양하는 반면, 더 건조한 지역에서는 초원이 우세하다. 한때 수백만 마리의 아메리카들소들이 북아메리카의 초원을 돌아다녔고, 오늘날에는 수평선 가득 밀과 다른 곡물들이 자라고 있다. 이 기후대의 가장 북쪽 부분은 **아북극(subarctic)**

기후대로 극심한 겨울 추위에도 생존하는 침엽수 삼림인 **타이가(taiga)** 생물군계를 부양한다.

한대기후(E)

북극과 남극에서, 겨울은 혹독하고 길고, 기온은 짧은 여름 동안을 제외하고 어는점 아래에 있다. 기후는 한대기후(polar climate)로 분류된다. 나무들은 생존할 수 없어 이끼, 풀, 꽃, 일부 작은 덤불과 같은 저서식물들이 육지를 덮고 있다. 이 생물군계를 **툰드라(tundra)**라고 부른다(그림 7.13).

고산기후(H)

고산기후는 주변의 낮은 지대의 기후와는 뚜렷이 다르게 나타난다. 기온은 고도에 따라 낮아지기 때문에 고도 300 m에서 발생하는 기온 차는 위도가 북쪽으로 약 5° 이동할 때 발생하는 기온 차와 거의 비슷하다. 따라서 높은 산을 등반하는 경우, 비교적 짧은 거리에서 여러 기후 지역을 여행하는 것과 같은 효과를 얻을 수 있다.

7.3 도시 기후

어러분이 도심에서 외곽으로 자진거를 타고 나간나면, 여러분은 도시의 도로를 벗어나 외곽 지역의 초록색 평원 또

© DIGITALDEPTH/SHUTTERSTOCK

미국 미네소타 주 덜루스 Dfb
46°N 92°W
연평균 강수량: 760 mm
연평균 기온: 4°C(39°F) 연교차: 31°C(56°F)

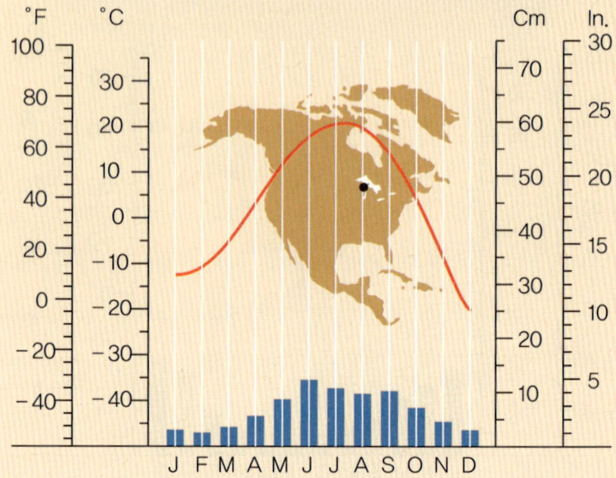

대표 관측소의 기후도표

COURTESY OF GRAHAM R. THOMPSON/JONATHAN TURK

동계한랭중위도기후

위도: 40~65°

연교차: −15~25°C (겨울~여름)

연평균 강수량: 500~1,500 mm/yr

기후형에 대한 일반적인 통계값

그림 7.12 동계한랭중위도기후

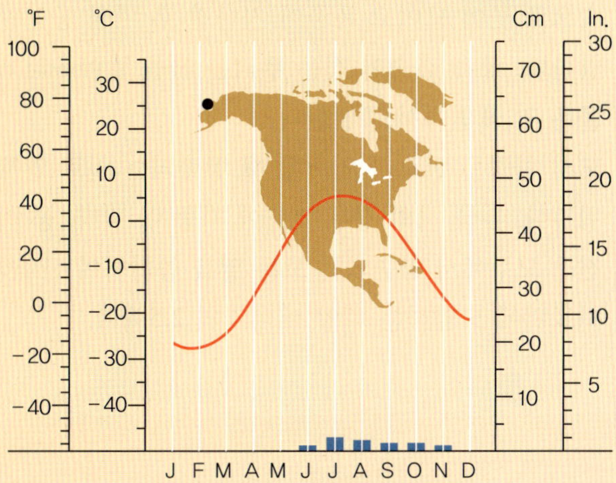

대표 관측소의 기후도표

북극툰드라기후

위도: 65~80°

연교차: −35~+10 °C
(겨울~여름)

연평균 강수량: 일반적으로 적음, 100~350 mm/yr

기후형에 대한 일반적인 통계값

그림 7.13 북극툰드라기후

표 7.3 도시화에 따른 기후요소들의 평균 변화

날씨 요소	시골 환경과의 비교
구름:	
구름양	5~10 % 이상 많음
안개, 겨울	100 % 이상 많음
안개, 여름	30 % 이상 많음
총강수량	5~10 % 이상 많음
상대습도:	
겨울	2 % 낮음
여름	8 % 낮음
복사:	
총량	15~20 % 낮음
직사광선	5~15 % 낮음
기온:	
연평균	0.5~1.0 °C 높음
겨울 평균 최저기온	1.0~3.0 °C 높음
풍속:	
연평균	20~30 % 약함
최대 돌풍	10~20 % 약함
무풍	5~20 % 많음

도시열섬효과(urban heat island effect) 도시 내가 주변 시골과 비교할 때 더 온도가 높게 나타나는 현상으로 도시 환경 내의 여러 가지 요인들로 인해 발생한다.

는 언덕들로 들어감에 따라서 점진적으로 더 서늘하고 더욱더 상쾌함을 느끼게 될 것이다. 이 느낌은 전적으로 생리적인 것이 아니다. 도시의 기후는 시골 지역을 둘러싸고 있는 기후와는 뚜렷이 다르다(표 7.3).

그림 7.14에서 보는 바와 같이, 워싱턴 D.C.의 겨울 평균 최저온도는 외곽 지역보다 3 ℃ 이상 높다. **도시열섬효과(urban heat island effect)**에 따른 이러한 온도차는 여러 가지 요인으로 발생된다.

- 석재, 콘크리트 건물, 아스팔트 도로 등은 태양 복사 에너지를 흡수하고 적외선 복사로 재방출한다.
- 도시는 지표수가 적기 때문에 더 덥고 그 결과 증발에 따른 냉각화가 적게 발생한다. 반대로 시골에는 토양 속으로 물이 모이고 폭풍이 지나간 후 며칠 동안만 증발한다. 땅속 깊숙이 뻗은 뿌리는 물을 빨아올리고 이 물은 잎 표면에서 증발한다.
- 도시 환경은 연료가 연소할 때 방출되는 열로 인해 더 워진다. 뉴욕 시의 경우 겨울에 자동차, 빌딩, 공장, 발전소 모두에서 방출되는 모든 열을 종합하여 산출하면 지표면에 도달하는 태양 에너지의 2.5배다.

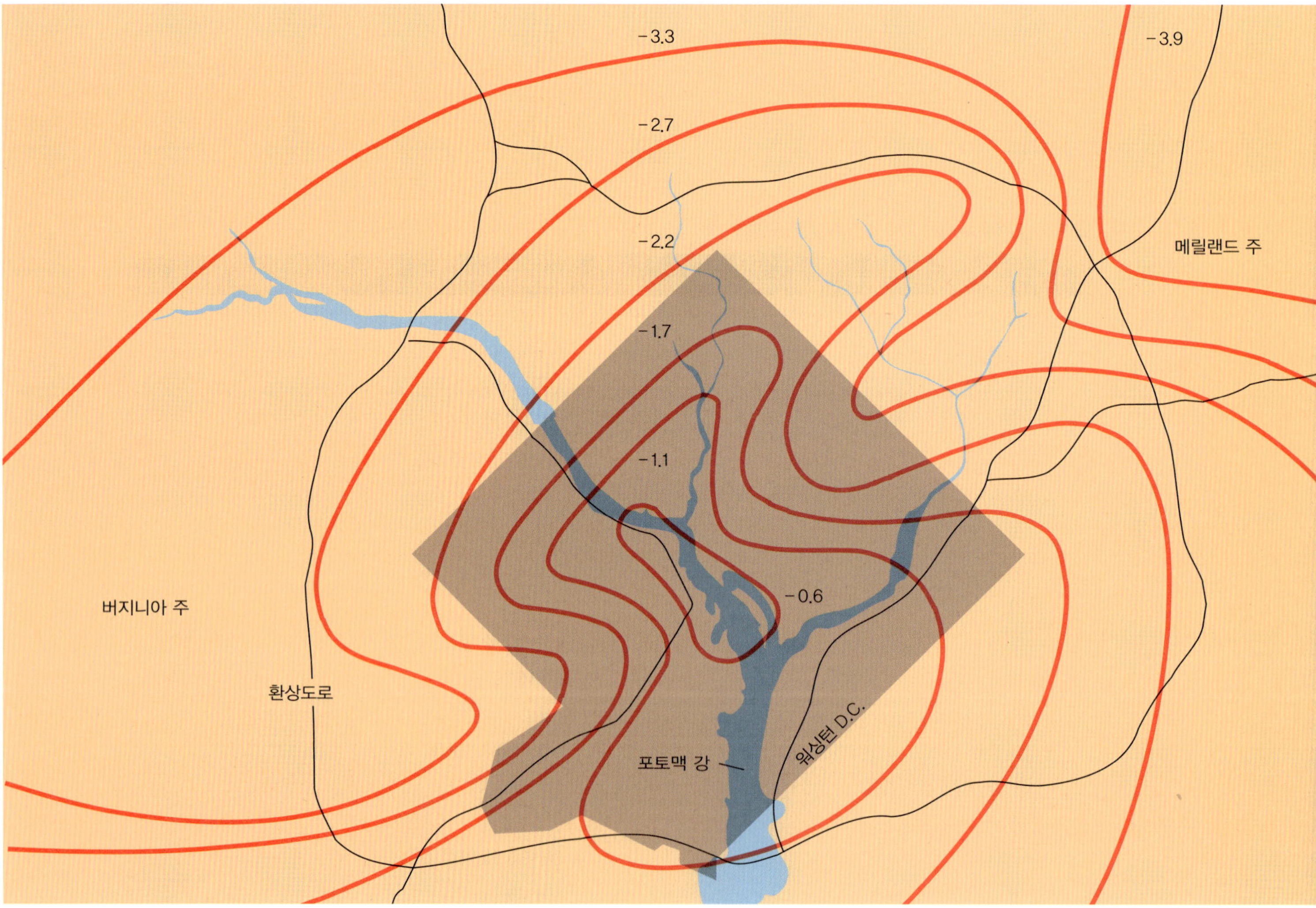

C. A. WOOLLUM, *WEATHERWISE* 20, 1964:264

그림 7.14 도시열섬효과. 미국 워싱턴 D.C. 시내와 주변의 겨울 동안 평균 최저온도 분포. 등온선은 ℃로 나타낸다.

- 높이 솟은 빌딩은 바람을 막아 온난 공기를 분산시키지 못한다.
- 대기 오염 물질들은 지표면으로부터 방출되는 장파 복사를 흡수하여 국지적으로 온실효과를 발생시킨다.

온난 공기가 도시 상공으로 상승함에 따라서, 국지적으로 저기압 지대가 발달하고, 강우량은 일반적으로 주변 지역보다 도시에서 더 많아진다(그림 7.15). 물은 오염된 도시 공기 내에 가득한 먼지 입자들에 응결한다. 날씨시스템은 마치 산악의 풍상 측에 해당하는 건물들과 충돌하여 오래 머물게 된다. 따라서 시골 경작지 상공을 빠르게 통과하는 전선은 도시 상공에 더 오래 머물러 더 많은 강수를 내리게 한다.

1600년경, 전 지구 인구의 1 % 미만만이 도시에 거주하였다. 1950년에 이르면, 전 세계 인구의 30 %가 도시에 살았고, 2000년에는 55 %까지 증가하였다. 그러므로 도시 기후 변화가 전 지구 기후에 영향을 미치지는 못한다 하더라도, 이것은 도시 내에 살고 있는 많은 사람들의 생활에 영향을 미친다.

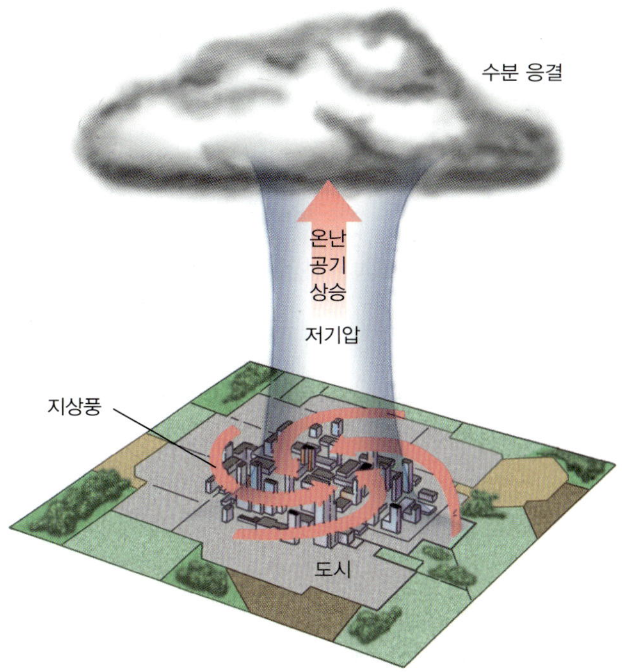

그림 7.15 도시 내에서 상승하는 온난 공기는 저기압 지대를 형성한다. 그 결과, 강수량이 주변 시골보다 더 많아진다.

요약

7.1 전 지구 바람과 기후

지구 바람 순환에 대한 3세포 모델은 고기압과 저기압이 교대로 나타나는 기압대에 의해서 경계를 이루게 된다. 따뜻한 공기는 적도 부근에서 상승하여 무풍대로 불리는 저기압대를 형성한다. 이 공기는 냉각될 때까지 상층에서 남북으로 흐르고 전 세계에서 가장 큰 사막이 존재하는 위도 30°에서 하강하여 말위도라 불리는 고기압대를 형성한다. 일부는 지상을 따라서 적도 쪽으로 흘러 되돌아가면서 무역풍을 형성하여 완전한 열대 세포를 만들게 된다.

북남위 30°에서 하강한 나머지 공기들은 지상

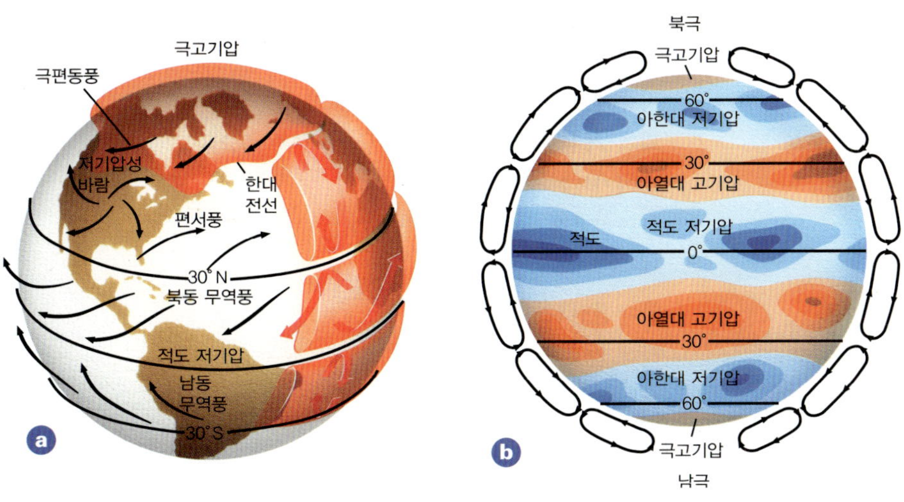

그림 7.1 3세포 모델로 예측하는 지구 바람 패턴. (a) 적도에서 상승하는 공기는 높은 고도에서 북쪽으로 움직여 북남위 약 30°에서 하강하여 적도로 되돌아가면서 무역풍을 형성한다. 빨간색 화살표는 상층풍과 지상풍 모두를 표시한다. 검정색 화살표는 단지 지상풍을 나타낸다. (b) 고압대와 저압대는 구면상에 표시하였고 지상풍과 상층풍 패턴은 가장자리에 나타내었다.

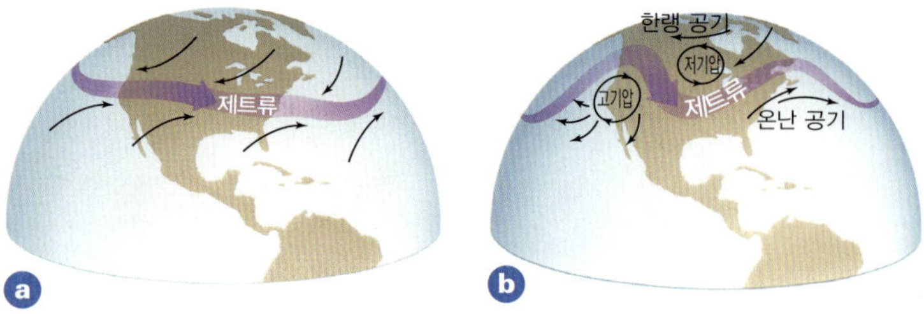

그림 7.2 한대전선과 한대제트류는 계절과 국지 조건에 따라 이동한다. 보통 폭풍은 제트류를 따라 발생한다.

을 따라서 극 쪽으로 흐르게 된다. 북반구인 경우, 이 공기는 전향하여 탁월편서풍을 형성하게 된다. 위도 60° 부근 저기압대에서 공기는 상승하여 상층으로 되돌아가 세포를 완성하게 된다. 고기압의 2번째 지역은 극에서 존재하고, 여기서 하강하는 공기가 바깥 쪽으로 흩어져 극편동풍을 형성하게 된다. 한대전선은 극편동풍과 탁월편서풍이 수렴하는 곳에서 생성된다. 제트류는 상층에서는 한대전선과 말위도에서의 세포들 사이의 경계를 따라서 흐른다.

7.2 지구의 기후대

기후대는 연평균 기온, 연평균 강수량, 월별 또는 계절별 요인들의 변동성에 따라서 구분된다. 세계 기후형에는 열대습윤기후, 건조기후, 습윤중온기후, 습윤저온기후, 한대기후, 고산기후들이 포함된다.

7.3 도시 기후

도시 지역들은 일반적으로 주변 시골보다 더 덥고 더 습윤하다.

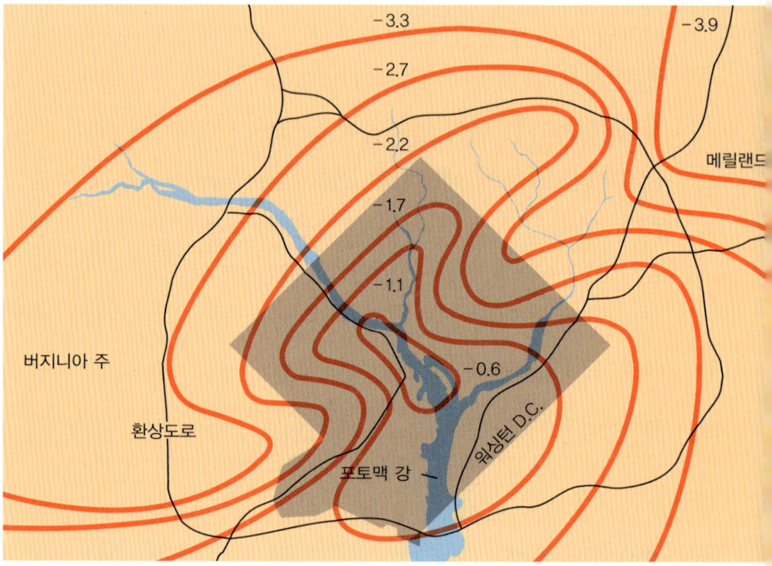

C. A. WOOLLUM, *WEATHERWISE* 20, 1964:264

그림 7.14 도시열섬효과. 미국 워싱턴 D.C. 시내와 주변의 겨울 동안 평균 최저온도 분포. 등온선은 ℃로 나타낸다.

핵심용어

3세포 모델 three-cell model (7.1)
극편동풍 polar easterlies (7.1)
도시열섬효과 urban heat island effect (7.3)
말위도 horse latitudes (7.1)
무역풍 trade wind (7.1)
무풍대 doldrums (7.1)
생물군계 biome (7.2)
스텝 steppe (7.2)
습윤대륙기후 humid continental climate (7.2)
습윤아열대기후 humid subtropical climate (7.2)
아북극 subarctic (7.2)
아열대 제트류 subtropical jet stream (7.1)
열대몬순기후 tropical monsoon climate (7.2)
열대사바나기후 tropical savanna climate (7.2)
열대우림 tropical rainforest (7.2)
온대우림 temperate rainforest (7.2)
지중해기후 mediterranean climate (7.2)
쾨펜 기후구분 Koeppen Climate Classification (7.2)
타이가 taiga (7.2)
탁월편서풍 prevailing westerlies (7.1)
툰드라 tundra (7.2)
한대전선 polar front (7.1)
한대 제트류 polar jet stream (7.1)
해양서해안기후 marine west coast climate (7.2)

연습문제

1. 어떤 지역에서 평균 기온을 조절하는 인자들에 대해서 논의하시오.
2. 해양이 어떻게 연안 기후에 영향을 미치는지 논의하시오.
3. 지구 바람 순환에 대한 3세포 모델을 설명하시오.
4. 무역풍을 설명하시오. 무역풍이 예측 가능한 이유는 무엇인가?
5. 무풍대 지역에서는 비교적 바람이 거의 불지 않고 비가 내린다. 그 이유는 무엇인가?
6. 한대전선과 제트류를 설명하시오. 어떻게 그들이 날씨에 영향을 미치는가?
7. 수평 해류와 연직 해류가 어떻게 온도에 영향을 미치는지 설명하시오.
8. 쾨펜 기후구분에서 주요 기후대에 대해서 논의하고, 각 기후대와 관련된 식물군집들을 설명하시오.
9. 도시 기후가 주변 시골 기후와 어떻게 다른지에 대해 설명하시오.
10. 북반구 아열대에 건조 지역이 존재하는 주요 이유는 무엇인가?
11. 남반구 중위도 지역에서는 사막과 스텝 지역이 드물게 나타난다. 그 이유는 무엇인가?
12. 한대 지역은 여름에 일조 시간이 길어짐에도 불구하고 여전히 춥다. 그 이유는 무엇인가?

2002년 1월 31일 라르센 B 빙붕 모습

2002년 3월 5일 라르센 B 빙붕 모습

8장 기후 변화

그림 8.1 라르센 B 빙붕은 남극반도의 동부 해안선 가장자리의 일부분이다. 2002년 1월 31일에서 3월 5일 사이, 미국 로드아일랜드 주의 넓이와 비슷한 3,250 km^{2}의 얼음이 빙붕으로부터 떨어져 나가 북쪽으로 흘러갔다.

"지구 온난화에 대한 경고들은 오랜 시간을 거치는 동안 매우 명백해지고 있다. 지구의 기후는 위기에 직면해 있다."

앨 고어(Al Gore, 1948~)[1)]

2000년 3월, 미국 코네티컷 주와 비슷한 넓이인 11,000 km^2 정도 되는 빙산이 남극 대륙의 로스 빙붕으로부터 떨어져 나가 북으로 표류하여 수온이 높은 곳에서 녹아 버렸다. 2개월 후, 거대한 얼음 덩어리가 론 빙붕 근처에서 깨어졌다. 9월, 로스 빙붕에서 코네티컷 주 넓이만한 빙붕이 두 번째로 붕괴되었다. 그런 다음 2002년 1월 로드아일랜드 주의 넓이에 해당하는 라르센 B 빙붕이 그림 8.1에서 보는 바와 같이 수백만 개의 작은 파편으로 부서졌다. 18,000년 전 마지막 빙하기의 전성기 이후, 로스 빙붕은 700 km 정도 후퇴하여 5,300만 km^3의 얼음을 사라지게 되었다. 그리고 최근 붕괴에 의한 결과에 따르면, 이런 과정이 이 시대에도 계속되고 있다.

오늘날 일어나고 있는 일에 대해 균형 잡힌 관점으로 보려면, 여러분은 먼저 역사적인 기후 변화를 연구해야만 한다. 지구 상 거의 모든 장소에서 나타나는 지질학적 기록은 과거 국지 기후가 현대 기후와는 달랐다는 증거를 보여준다. 지질학자들은 콜로라도 주 덴버 부근 대초원 아래에서 모래 언덕을 발견하였다. 이 반 건조 지역이 바로 얼마 전 사막이었다는 것을 암시하는 것이다. 뉴욕 주 롱아일랜드에서 나타나는 빙퇴석은 이 온대지역이 한때는 빙하로 덮여 있었다는 것을 말해 주고 있다. 코네티컷 주 가까운 곳에 발견되는 양치류 화석들은 빙하가 덮기 이전에 미국 북동부 지방이 온난하고 습윤하였다는 것을 암시한다.

국지 기후 변동의 많은 부분들은 지구 기후의 변화로부터 이루어졌다. 따라서 18,000년 전 지구는 오늘날보다 더 서늘하였고 빙하들은 더 낮은 위도와 고도까지 내려갔다. 3억 6,000만 년 전에서부터 3억 2,500만 년 전까지 고생대 미시시피기 동안, 지구는 오늘날보다 더 따뜻하였다. 식생들은 풍성하게 성장하였고 일부가 거대한 습지에 모여 석탄을 형성하였다.

과거 10,000년 동안, 지구 기후는 앞선 100,000년과 비교해 볼 때 온화하였고 안정하였다. 이 기간 동안, 인간은 사냥이나 채집을 하며 떠돌아다니는 무리에서 경작하는 농부로 발전하였고, 그런 다음 거대한 산업 도시 내에 복잡한 사회로 옮겨 가게 되었다. 오늘날, 전 세계 인구는 60억 명을 넘어섰고, 사람들은 지구의 식량 생산 능력에 대해 고민하게 되었다. 만약 기온이나 강우 패턴이 조금이라도 바뀌어 흉작으로 이어진다면 기아를 유발할 수 있을 것이다. 또한 저지대 연안에 형성된 도시와 농민들은 해수면 상승으로 침수될 수도 있다. 결과적으로, 기후 변화는 21세기 내에서 인류가 당면하게 될 가장 중요한 이슈들 중의 하나가 될 것이다.

8.1 지구 역사상 기후 변화

4장에서 지구의 원시 대기권은 높은 농도의 이산화탄소(CO_2)와 수증기(H_2O)를 함유하였다고 설명하였다. 이들 온실 기체 모두는 대기권 내의 적외선 복사를 흡수한다. 천문학자들은 지구 역사의 초기에는 태양이 오늘날보다 20~30 % 정도 희미하였다고 계산하였다. 그렇지만 해양은 얼지 않았다. 대기권 내의 이산화탄소와 수증기의 높은 농도는 약한 태양 복사 에너지에도 불구하고 지구 대기권과 지표면의 온도를 상승시켜 해양을 액체 상태로 유지하였다. 다행

1) 역자 주: 미국 정치가로서 제45대 미국 부통령을 역임하였고 2007년 IPCC와 공동으로 노벨 평화상을 수상하였다.

그림 8.2 지구 역사상 온도와 강수량 변화

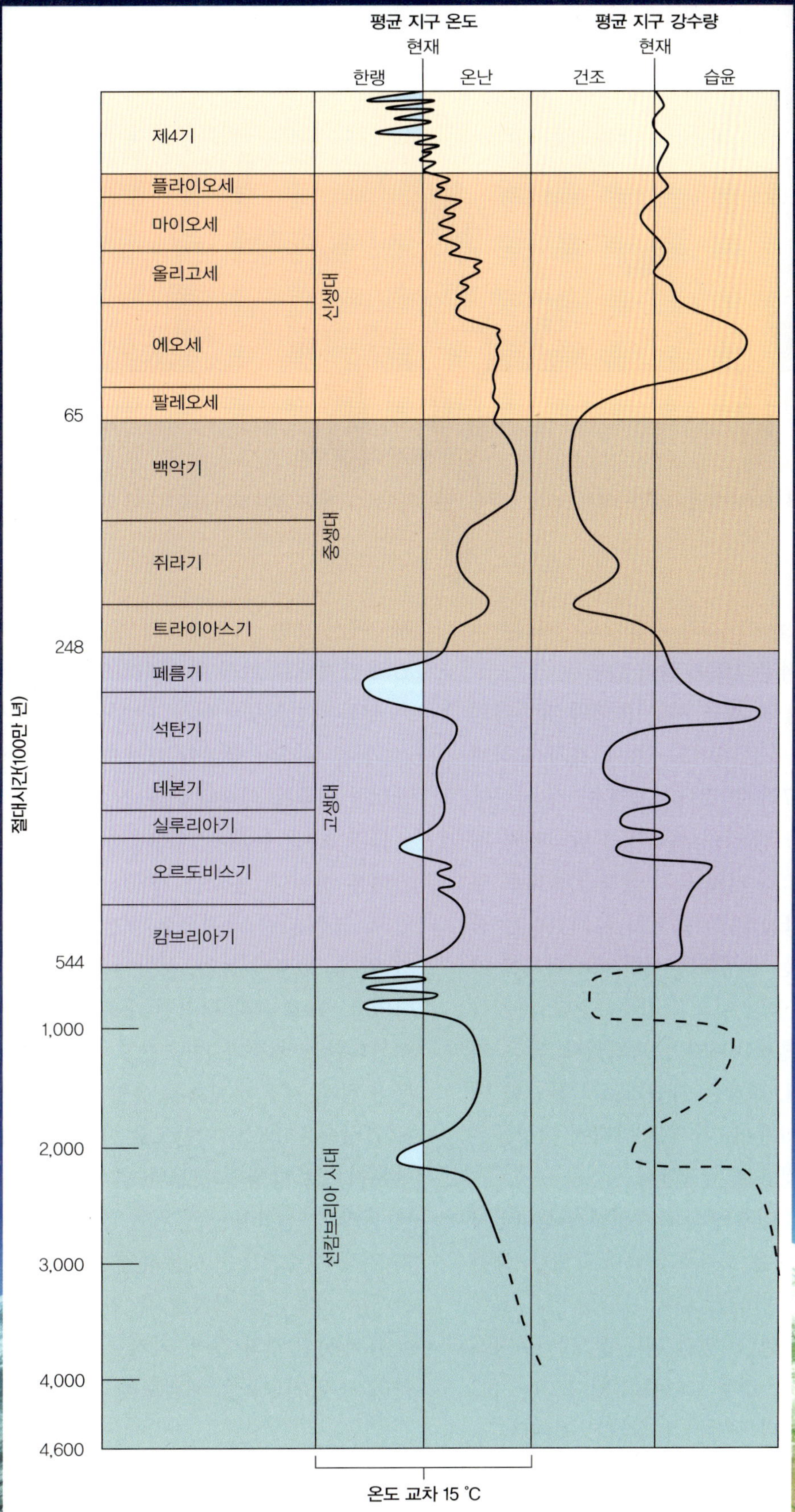

그림 출처: Redrawn from L. A. Frakes, *Climates throughout Geologic Time.* (New York: Elsevier Scientific Publishing, 1989).

REDRAWN FROM L. A. FRAKES, *CLIMATES THROUGHOUT GEOLOGIC TIME.* NEW YORK: ELSEVIER SCIENTIFIC PUBLISHING, 1989.

스노볼 지구(Snowball Earth) 7~6억 년 전 기간 동안 발생한 한랭기에서 지구 전체가 눈과 얼음으로 덮인 모습을 말한다.

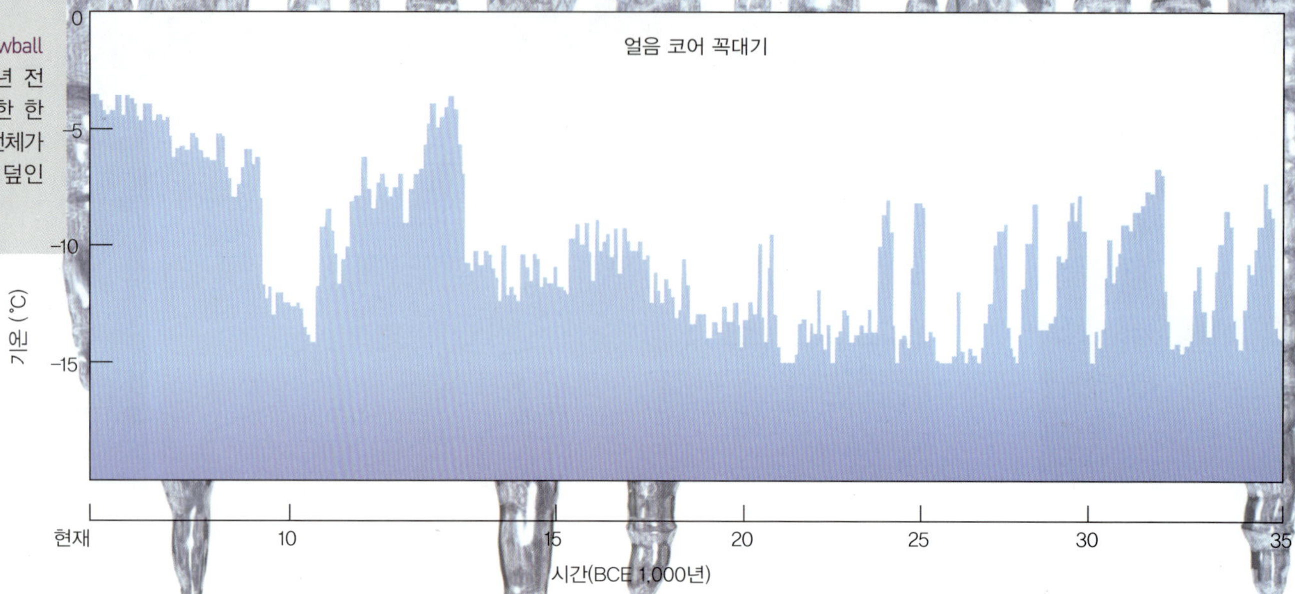

그림 8.3 과거 35,000년 동안 그린란드에서 일어난 기온의 변동. 자료는 그린란드 얼음 코어 프로젝트에 의해 수집되었다.

스럽게도, 대기권 내의 이산화탄소와 수증기의 농도는 태양이 뜨거워짐에 따라서 점진적으로 떨어졌다.

그림 8.2는 지구 역사 동안 평균 지구 온도와 강수량의 그래프다. 주목할 점은 지구는 적어도 5번에 걸쳐 심하게 얼어 있었다는 사실이다. 7억 년 전에서 6억 년 전 사이에서 발생한 한랭기는 너무 극심하여 북극에서 남극까지 해양이 얼어붙었다고 생각되고, 거의 육지 전체가 빙하로 덮여 '**스노볼 지구**(Snowball Earth)'를 유발하게 되었다는 증거를 보여준다. 이후 지구는 중생대를 시작으로 현재에 이르는 거의 2억 4,800만 년 동안 비교적 따뜻하였다. 마지막 200만 년에는 가장 최근 빙하시대가 목격되었다. 많은 기후학자들의 연구에 따르면, 현재는 간빙기로서 온난화 에피소드에 위치하고 있기 때문에, 가까운 미래에 빙상들은 지질학적으로 되돌아 갈 것으로 예견한다.

지구 역사 동안 부수적인 기후 변화도 수없이 발생하였지만, 그래프 상에서는 너무 짧은 주기로 나타나고 있다. 예를 들면 그린란드, 남극, 산악 빙하들로부터 채집한 얼음 코어 기록들은 110,000~10,000년 전 연간 지구 온도는 주기적이고 극적으로 변화하였다는 것을 보여주고 있다. 그림 8.3은 온도 자료의 한 부분을 더 자세하게 살펴본 것이다. 그래프에서 보면, 그린란드의 기온은 5~10년 내에서 5~10 °C의 간격으로 여러 번 변화하였다. 한랭 간격들 중에서 많은 것들은 1,000년 이상 지속되었다. 앞서 언급된 바와 같이, 인류 문명이 발달한 과거 10,000년 동안은 이례적으로 안정한 기후를 나타내었다.

그림 8.4는 1880~2008년까지 128년 동안 더 자세하게 살펴본 것이다. 온도는 1880~1970년까지 서서히 상승하였고, 그런 다음 극적으로 증가하였다는 점에 주목할 필요가 있다. 20세기 동안, 사람들은 막대한 양의 연료를 연소하였고, 이에 따라 대기권 내로 이산화탄소를 배출시켰다. 이산화탄소 배출과 지구 온도 사이의 상관관계는 인간 활동이 현재 지구 온난화를 유발시켰다는 것을 암시해 준다. 온도 상승은 0.8 °C 미만으로 이루어졌지만, 지구 역사 동안 반복적으로 발생한 것보다 더 많이 상승하였다. 과거 100년 동안, 기상학자들은 온도, 강수량, 풍속, 습도를 측정하기 위해 계측기들을 사용하였다. 그러나 어떻게 우리가 선사시대 기후들을 설명할 수 있을까? 그림 8.5는 그림 8.2에서 제시된 것과 같이, 과거 기후를 결정하는 데 사용되는 여러 가지 기술들을 재검토하고 있다.

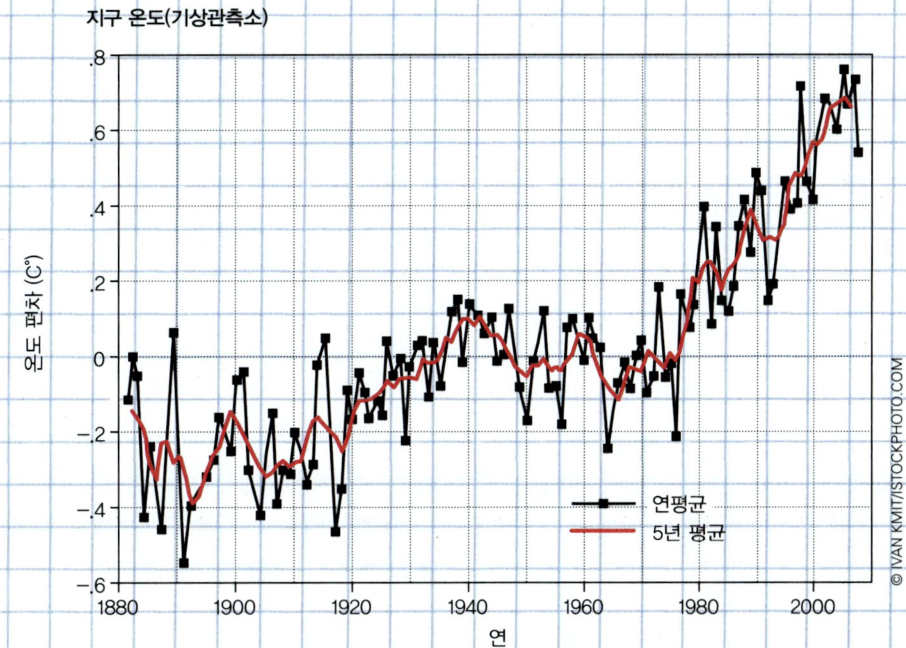

그림 8.4 1880~2008년까지 평균 지구 온도 변화. 0선은 1951년부터 1980년까지 구한 평균값으로 표시되고, 평균값으로부터 + 또는 – 값으로 편차를 표시한다.

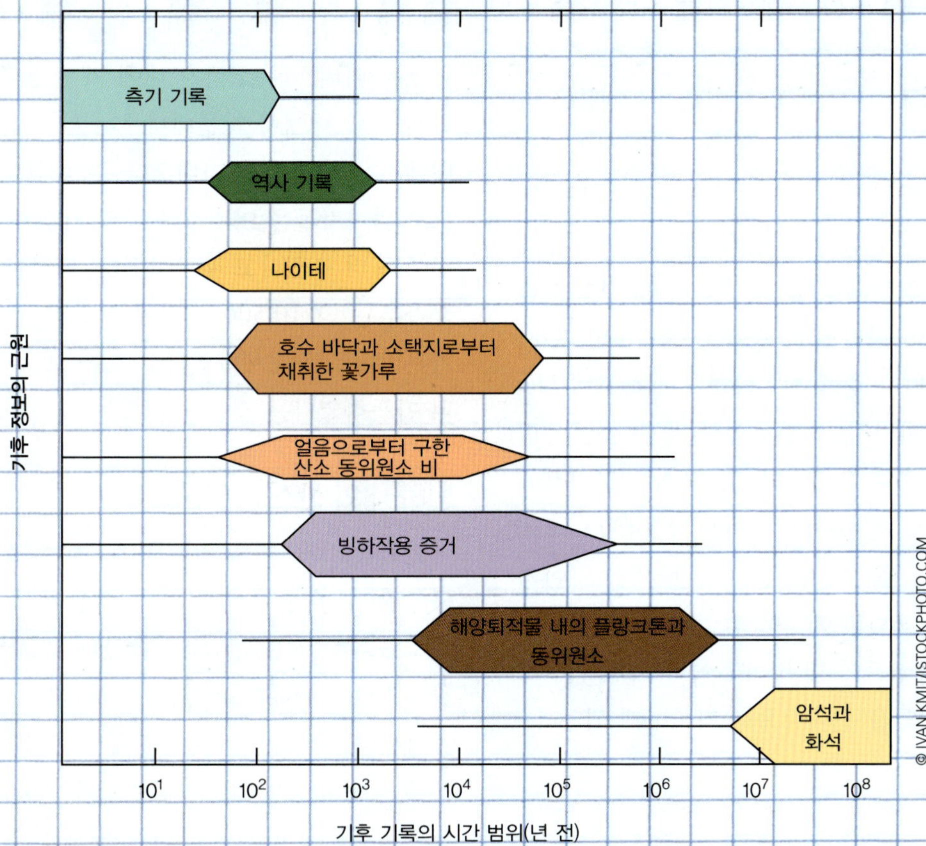

자료 출처: Adapted, with the permission of Cambridge University Press, from T. Webb III, J. Kutzbach, and F. A. Street-Perrott, in *Global Change*, Eds. T. F. Malone and J. D. Roederer (Cambridge, UK: Cambridge University Press, 1985), 212–218 .

그림 8.5 과학자들은 역사 기후와 고대 기후를 결정하는 데 여러 가지 방법과 개별 방법의 유용한 시간 범위를 사용한다.

소빙하기(Little Ice Age) 공통 기원 1450~1850년 기간 동안 북반구의 온도가 현재보다 더 낮았던 때로서 특히 유럽에서 뚜렷하게 나타났다.

나이테(tree ring) 계절 기후 내에서 성장하는 나무에 의해서 생성되는 연층으로, 봄철 급격한 성장 동안에는 밝은 색을 띤 층으로 나타나고, 가을철 성장이 멈추는 기간에는 어두운 층이 나타난다.

탄소-14 연대측정법(carbon-14 dating) 탄소 14에 대한 자원소인 질소 14의 비를 결정하여 연대를 측정하는 방사성 동위원소 연대측정법이다. 탄소 14의 반감기는 대략 5,730년이다.

8.2 기후 변화 측정하기

이 단원은 그림 8.4에서 보여준 125년 동안의 온난화 경향을 이해하고 설명하는 데 중점을 두고 있다.

역사 기록

역사학자들은 기후 변화들을 연대순으로 기록한 문자로 쓴 기록 또는 고고학 자료들을 찾는다. 공통 기원 985년, 바이킹 탐험가인 에리크 토르발드손(Erik Thorvaldsson, 950~ca. 1003)은 수백 명의 이주자들과 함께 그린란드 남서 지방을 항해하였다. 그들은 두 곳에 식민지를 건설하였다. 그곳에서 그들은 아이슬란드와 유럽으로 버터와 치즈를 수출하였고, 인구는 번성하였다. 일부 바이킹들은 더 멀리 서쪽으로 항해하여 북아메리카의 래브라도 연안에 식민지를 구축하였고, 북위 80° 부근에 위치한 엘즈미어 섬을 방문하였다. 이후 300~400년 내에 이 식민지들은 자취를 감추게 되었다. 전설에 따르면, 여름에도 두꺼운 바다얼음이 나타났고, 경작은 실패하였고, 사람들은 기아에 시달리다가 죽게 되었다라고 전하고 있다.

그린란드 식민지가 사라진 거의 동일한 시점에서, 유럽 빙하들은 저지대 계곡으로 흘러내려 갔다. **소빙하기(Little Ice Age)**로 불리는 지구 한랭화의 시기는 약 1450~1850년까지 지속되었다. 화가와 작가들은 15~19세기 사이의 빙하 전진을 묘사하는 그림과 기록을 남겼다. 다른 역사적인 증거와 고고학적 증거들이 발견되어 여러 시기와 장소에서 발생한 기후 변화들을 연대순으로 기록하게 되었다.

나이테

또한 나무의 성장 나이테도 기후 변동을 기록한다. 매년, 나무 성장은 **나이테(tree ring)**라고 하는 나무의 새로운 층으로 기록된다. 나무들은 온도가 낮고 건조한 해에는 천천히 성장한다. 그러므로 나이테는 성장이 순조롭지 못한 해보다 순조로운 해에 더 넓게 형성된다. 고기후학자들은 얼음, 영구동토 또는 빙력토 내에 보존되어 있는 옛날 통나무들로부터 나무들이 죽은 시기를 결정하는 데 **탄소-14 연대측정법(carbon-14 dating)**을 사용한다. 그런 다음 그들은 목재 내에 기록되어 있는 나이테를 세고 측정한다. 나이테 자료로부터 해석된 기후 변화는 역사 자료들과 잘 일치한다. 예를 들면 성장 나이테들은 소빙하기 동안 살았던 나무들 내에서는 좁았다.

식물 꽃가루

바람에 의해 광범위하게 퍼지는 식물 꽃가루는 부패를 막기 위해 단단하고, 밀랍 같은 물질로 코팅되어 있다. 그 결과, 꽃가루 알갱이들은 호수 바닥과 소택지 내의 퇴적물 속에 풍부하고 잘 보존된다. 예를 들면 11,000년 전 가문비나무는 미네소타 소택지 내에 가장 풍부한 나무 종이었다. 현대 삼림 내에서 가문비나무는 더 추운 캐나다 한랭 기후 내에서 우세하지만 미네소타 주에서는 덜 풍부하다. 그러므로 과학자들은 미네소타 주의 기후가 현재보다 11,000년 전에는 더 추웠다고 추론하였다. 퇴적물의 더 젊은 층 내의 꽃가루는 약 10,500년 전에 이루어진 것으로 소나무들이 가문비나무를 대체하였다는 것을 보여준다. 이것은 온도가 더 따뜻하였다는 것을 시사하는 것이다.

빙하 내의 산소 동위원소 비

산소는 3개의 동위원소를 가지나 주로 2개의 동위원소로 구성된다. 이 중에서 ^{16}O가 대부분이고 ^{18}O는 드물다. 동위원소 모두는 물(H_2O)과 결합한다. ^{16}O를 함유하는 물 분자들은 ^{18}O를 함유하고 있는 물 분자보다 더 가볍고 더 쉽게 증발한다. 그러나 높은 온도에서 증발하는 수증기는 더 낮은 온도에서 증발하는 수증기보다 ^{18}O을 더 많이 포함한다. 그러므로 따뜻한 물로부터 증발하는 수증기 내의 $^{18}O/^{16}O$ 비는 차가운 물로부터 증발하는 수증기보다 더 높다. 수증기의 일부는 응결하여 눈이 되고 빙하 내에 축적된다. 따라서 빙하 내의 $^{18}O/^{16}O$ 비는 물이 증발하였던 당시의 물 온도를 반영한다. 눈으로 떨어지는 대기권 내의 수증기의 대부분이 해수의 증발로부터 기원하였기 때문에, 과학자들은 평균 해수면 온도를 추정하기 위해 빙하 얼음으로부터 $^{18}O/^{16}O$ 비를 산출해 자료로 사용한다. 해수면과 대기권은 가까이서 접촉하기 때문에, 평균 해수면 온도는 평균 지구 대기 온도를 반영한다.

산소 동위원소 비(oxygen isotope ratio) 얼음 코어와 퇴적 코어 내에 함유되어 있는 산소 16에 대한 산소 18 양의 비로 과거 기후를 잘 반영한다.

지질학자들은 얼음이 110,000년 이상 오래된 그린란드와 남극 빙하 속으로 깊게 시추한 다음 조심스럽게 얼음 코어를 추출하였다. 어떤 깊이에서 얼음의 나이는 연간 발생한 얼음 퇴적층들의 개수를 세어 결정하거나 바람에 의해 날아와 빙하 속에 들어 있는 꽃가루를 탄소-14 연대측정법으로 분석하여 결정한다. 각 층의 **산소 동위원소 비**(oxygen isotope ratio)는 눈이 내렸던 시기에서의 기온을 반영한다. 그림 8.3에 제시된 온도 자료는 그린란드 얼음 코어에서부터 얻어진 것이다.

빙하 증거

빙력토, 빙퇴석, 빙하 찰흔과 같은 빙하에 의해 생긴 침식과 퇴적 특징들은 산악 빙하와 빙상의 성장과 퇴각의 증거이다. 이들은 또한 기후를 반영한다. 최근 빙하 전진에 대한 시간 측정은 여러 가지 방법들에 의해 결정된다. 하나의 효과적인 기술이 빙력토 내에 보존되어 있는 통나무들에 대한 탄소-14 연대측정법이다. 아쉽게도, 탄소-14 연대측정법은 50,000년 전에서부터 현재까지의 짧은 시간에만 적용할 수 있다.

해양 퇴적물 내의 플랑크톤과 동위원소

꽃가루 연구와 병행하여 과학자들은 심해 퇴적물 내의 화석들을 연구함으로써 기후를 추정한다. 해양의 지배적인 생명체는 해수면 근처에서 부유하는 미생물 플랑크톤이다. 꽃가루의 비가 기온에 따라 변하는 것과 같이, 플랑크톤 종의 비는 해수면 온도에 따라서 변한다. 따라서 퇴적물 코어 내에서 집단으로 발견되는 화석 플랑크톤은 해수면 온도를 반영한다.

껍데기, 외골격, 이빨, 뼈와 같이 동물과 식물들에 의해 형성되는 대부분 딱딱한 조직들은 산소를 함유한다. 많은 유기체들은 낮은 온도에서 $^{18}O/^{16}O$의 높은 비로 흡수하지만, 이 비는 온도가 증가함에

© FREDERICK KASELOW/ISTOCKPHOTO.COM

COURTESY OF GRAHAM R. THOMPSON/JONATHAN TURK

그림 8.6 양치류 화석은 어떤 지역이 양치류가 살았던 당시 온난 습윤하였다는 것을 시사한다.

따라서 감소한다. 예를 들면 아주 작은 해양 유기체인 유공충을 고려해 보자. 플라이스토세 한랭화와 빙하 성장 시기 동안, 유공충의 껍데기는 따뜻한 간빙기 기간 동안 형성된 껍질보다 평균 2 % 이상의 ^{18}O를 더 함유하고 있다. 따라서 빙하 얼음 내의 산소 동위원소 비들을 측정하여 고기후를 추정하는 과학자들과 같이, 화석 산호, 플랑크톤, 이빨, 다른 유기체들의 잔존물 내의 산소 동위원소를 측정하여 옛날 기후를 추정할 수 있다. 게다가 산소는 토양 광물들 속에 녹아들기 때문에, 토양과 해양저 퇴적물 내의 동위원소 비 또한 고기후를 반영한다.

암석과 화석 기록

화석들은 캄브리아기와 이후에 생성된 많은 퇴적암 내에서 풍부하다. 지질학자들은 고대 유기체들과 현대 유기체들과의 관계들을 화석으로 비교함으로써 고대 생태계 내의 기후를 추정할 수 있다(그림 8.6). 예를 들어 현대 산호초들은 단지 열대 해수에서 성장한다. 그러므로 화석 산호초들도 또한 열대에서 형성되었다고 추리할 수 있다. 산호는 퇴적되고 그림 8.6과 같은 양치류들은 습윤한 열대 환경 내에서 생성된다. 만약 여러분이 어느 지역에서 선인장을 보게 된다면, 그 지역은 한때 사막이었다는 것을 알 수 있다.

생명체가 풍부하지 않았던 멀고 먼 선캄브리아 시대로 되돌아간다면, 화석을 가지고 기후를 측정하는 것은 어렵다. 따라서 지질학자들은 암석 내에서 실마리를 찾는다. 빙퇴석은 빙하 부스러기로부터 형성된 퇴적암이기 때문에 한랭 기후를 시사한다. 암석화 된 모래 언덕은 사막 또는 연안을 따라서 생성된다.

물속에서 생성된 퇴적암들은 수온이 어는점 이상에서 끓는점 이하였다는 것을 알려준다. 탄산염 암석들은 해수 내에 녹아 있던 이산화탄소가 침전하여 만들어진 것이다. 지구화학자들은 이산화탄소가 용해되고 침전되는 화학 조건들을 알고 있기 때문에, 석회암과 다른 탄산염 암석들이 생성되었던 당시의 대기권과 해양 조성과 온도의 범위를 계산할 수 있다. 대부분 두꺼운 석회암들은 따뜻한 얕은 바다에서 생성된다.

지구가 생성되었을 당시 태양의 에너지는 오늘날의 70 % 정도로 추정되고 있다.

© STEPHEN MALLON/GETTY IMAGES

8.3 기후 변화의 천문학적 원인

기후가 변화하였다는 것을 알게 된 후, 과학자들은 기후가 어떻게 변화하였는지를 더욱더 이해하기 위한 연구를 시작하였다. 굉장히 복잡하지만, 지구 대기의 온도는 3가지 기본 과정들로 결정된다.

- **태양 열** 태양에서 방출되는 열은 변동이 심해, 완화시키는 요인들이 존재하지 않는 경우, 태양이 더 뜨거워지면, 지구는 더워진다. 태양이 식으면, 지구도 차가워진다.
- **알베도** 입사 태양 복사 에너지가 지표면에 흡수되면, 지구는 더 따뜻해진다. 만약 열이 지표면에서 반사되어 우주로 되돌아간다면, 지구는 더 차가워질 것이다. 그러므로 지표면의 반사도(또는 알베도)는 지구의 온도를 결정하는 결정적인 요인이다.
- **대기권의 열 보유력** 지표면에서 반사되어 우주로 되돌아가는 열은 대기권 내의 기체들에 의해 흡수된다. 이 과정을 '온실효과'라 한다. 여러 가지 기체들이 특이하게 열을 보유하기 때문에, 대기권 조성이 지구 대기권의 온도를 조절하는 세 번째 기본 요인이다.

2009년 6월 알래스카 포티지 빙하(Portage Glacier)의 모습. 빙하가 비탈 위로 퇴각함에 따라 지구의 알베도에 의해 만들어진 미묘한 평형을 깨뜨려, 매년 이 지역에서 이 특별한 암석면이 더 많이 보이고 있다.

이 3가지 요인은 지구 기후와 날씨 엔진을 구동시키는 데 유용한 열의 양을 결정한다. 그런 다음 대기권, 수권, 지권에 포함되는 여러 가지 문턱 효과와 되먹임 메커니즘은 기본 시스템을 교란시켜 기후를 만들어 낸다.

태양 복사의 변화

지구 궤도와 자전 패턴의 변동이 기후 교란을 일으키게 되고, 이에 반응하여 플라이스토세 빙하시대의 빙하 전진과 후퇴가 이루어졌다. 또한 다른 천문학적 요인들도 기후 변화를 일으킬 수 있다.

태양과 같은 크기의 별은 약 100억 년 동안 수소 핵융합에 의해 에너지를 생산한다. 이 기간 동안, 이들이 방출하는 에너지는 서서히 증가하였다. 지구가 최초로 형성되었을 때, 태양은 현재의 약 70 %에 해당되는 에너지를 생산하였다. 만약 햇빛이 온도에 영향을 미치는 유일한 요인이라면, 지구는 훨씬 더 차가워졌을 것이고 따라서 지구는 얼음으로 뒤덮였을 것이다. 그러나 이런 초기 지구에서 형성된 퇴적암들은 물이 존재를 암시하고 있다. 지구의 원시 대기권은 메테인을 풍부하게 함유하고 있었다. 메테인은 열을 가둬 초기 지구를 따뜻하게 한 유력한 온실 기체다. 태양이 뜨거워짐에 따라 메테인의 농도는 감소하였고, 대기권 조성은 변하였다. 비교적 좁은 범위 내에서, 온난화를 유발하는 과정들과 한랭화를 이끄는 과정들이 평형을 이루게 되었고, 지구의 온도 대부분은 물이 액체 상태로 풍부하게 존재할 수 있는 범위 내에 남아 있게 되었다.

과거 수억 년 이내에, 태양에서 방출되는 열은 1세기 동안 단지 1/5,000만 %가 변화하였고, 따라서 수천 년에서 심지어 수백만 년 동안 기후 변화에 측정할 만한 영향을 주지 못하였다.

불덩이 유성의 충돌

불덩이 유성이 약 65,000만 년 전 지구를 강타하였다는 증거들이 강력하게 제시되고 있다. 충돌은 암석들을 폭발시킬 만큼 강력하였고, 먼지들이 하늘로 유입되면서 햇빛을 가려 지구를 냉각시켰다. 현재 통용되는 하나의 가설에 따르면, 이 냉각화가 공룡의 전멸을 초래하였다는 것이다. 다른 유성 충돌들도 지구 역사를 통해 급격하고 격변적인 기후 변화를 일으켰다.

8.4 물과 기후

물은 지구의 4가지 권들 내에서 풍부하게 존재한다. 물은 지권의 암석과 토양 내에서 발생하고, 생명권의 생명체의 90 % 이상을 구성하고, 전체 수권을 필수적으로 구성하고, 수증기, 액상의 물방울, 눈과 얼음의 고체 결정으로서 대기권에 존재한다. 더욱이 물은 한 시스템에서 다른 시스템으로 자유롭게 이동한다. 그 결과, "물은 마치 우리 행성의 베니션 블라인드(Venetian blind)[2]처럼, 중앙난방시스템처럼 그리고 냉장고처럼 동시에 모두 작동한다."[3] 여러분은 이미 물과 기후 사이의 상관관계를 상충시키는 많은 복잡한 성분들에 대해서 논의하였다. 간단히 검토해 보면 다음과 같다.

- 수증기는 가장 풍부한 온실 기체다. 이것은 대기권과 지표면을 온난하게 한다.
- 구름은 햇빛을 반사하여 대기권과 지표면을 냉각한다. 그러나 구름은 또한 지표면으로부터 복사하는 열을 흡수한다. 따라서 대기권 내의 물은 온난화와 한랭화 모두를 일으킨다.
- 빙하와 설원은 높은 알베도(80~90 %)를 가진다. 그들은 햇빛을 반사하고 또한 지구 기후를 한랭하게 한다. 반대로, 지표수는 약 5 %로 낮은 알베도를 가진다. 그 결과, 지표수로부터 빙하로 또는 그 반대로 일어나는 어떤 변화가 지구 알베도와 온도에 극단적인 효과들을 초래할 수 있다.
- 물이 해수면으로부터 증발할 때, 태양 에너지는 반응의 결과로서 생긴 수증기의 숨은열로 저장된다. 수증기는 광대한 거리를 이동하며 이 열을 수송한다. 그런 다음 수증기가 응결하여 비 또는 눈으로 떨어질 때 방출된다.
- 이와 유사하게, 물이 얼어서 눈과 얼음을 생성할 때 열이 방출된다. 그러나 빙하가 한 번 생성되거나 지표면의 일부분이 눈으로 덮이게 되면, 얼음을 녹이기 위해 많은 열이 필요하게 된다.
- 흐르는 물은 암석들을 풍화시키고 대기권 내의 이산화탄소 농도를 변화시키는 화학반응을 일으킨다. 이산화탄소는 지표면을 온난하게 하는 온실 기체다.
- 해류는 열을 한대 지역으로 그리고 한대 지역으로부터 이동시킨다. 그러나 해류는 다른 지역에서보다 적도 지역으로부터 한대 지역 쪽으로 더 많이 흐르기 때문에, 열의 순 수송이 한대 지역 쪽으로 일어난다. 한대 온난화는 물이 온난 해류들로부터 증발한다는 사실에 의해 균형을 맞춘다. 이 수증기의 일부는 응결하여 눈으로 떨어지고 이로 인해 알베도를 증가시키고 한대 지역을 한랭화 한다.

기후 모델들은 이들 모든 요인들을 정량화 하는 시도를 하지만, 평형들을 분명하게 밝히는 데는 아직은 걸음마 단계에 있다. 이러한 이유로 기후 변화들을 예측하는 것은 어려운 일이다.

---

2) 역자 주: 햇빛을 가리기 위해 끈으로 여닫고 오르내리는 판자 발을 말한다.

3) Heike Langenberg, commentary introducing the special Insight section "Climate and Water", *Nature* 419(September 12, 2002), 187.

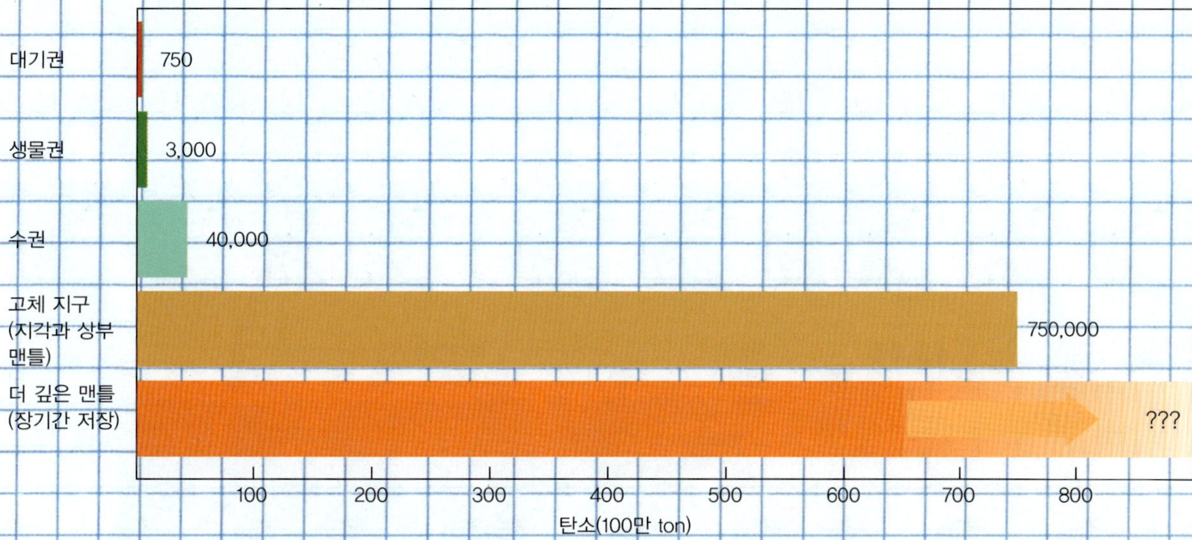

자료 출처: W. M. Post, T. H. Peng, W. R. Emanuel, A. W. King, V. H. Dale, and D. L. DeAngelis, "The Global Carbon Cycle", *American Scientist* 78 (1990), 310-326.

그림 8.7 대기권, 생물권, 수권, 고체 지구 내의 탄소 저장소. 숫자들은 100만 ton의 탄소를 표시한다.

탄소 순환(carbon circulation) 지구시스템을 구성하는 지권, 대기권, 수권, 생물권 사이에서 이루어지는 탄소의 생화학적인 순환이다. 이것은 지구의 화학적 진화와 열적 진화에 매우 중요한 역할을 한다.

8.5 자연 탄소 순환과 기후

탄소는 대기권, 수권, 생물권, 지권의 사이에서 순환하고 그림 8.7에서 보듯이 각각의 저장소에 저장된다.

대기권 내의 탄소

대기권 내에 가장 풍부한 기체들인 산소와 질소는 적외선 복사에 흡수되지 않기 때문에 온실 기체는 아니다. 탄소는 대기권 내에 대부분 이산화탄소(CO_2)로서 존재하고 메테인(CH_4)으로서는 아주 적게 존재한다.

전체 탄소의 0.1 %만이 지표면 부근 대기권 내에 존재하지만, 이 저장소는 대기권 온도를 조절하는 데 중요한 역할을 한다. 왜냐하면 이산화탄소와 메테인이 온실 기체이기 때문이다. 온실 기체는 적외선 복사를 흡수하고 하층 대기권을 가열한다. 만약 이 화합물들 중 어느 것이 대기권으로부터 사라진다면, 대기권은 냉각될 것이다. 반면 그것들이 대기권 내로 방출된다면, 대기권은 더 온난하게 될 것이다.

생물권 내의 탄소

탄소는 모든 유기체 조직을 위한 기본적인 요소다. 식물들은 대기권으로부터 이산화탄소를 흡수하여 주로 탄소와 수소로서 식물체의 일부를 구성한다. 이 과정은 육지와 바다 모두에서 발생한다. 수중에서의 탄소 고정은 대부분 미생물 플랑크톤에 의해서 수행된다. 그러므로 건강한 육상 생태계와 수생 생태계는 대기권으로부터 탄소를 제거하는 데 중대한 역할을 한다.

탄소의 대부분은 호흡작용, 불, 또는 부패와 같은 자연 과정들에 의해 대기권으로 또다시 방출된다. 그림 8.8에 자연에서 일어나는 **탄소 순환**(carbon circulation)을 나타내었다. 그러나 어떤 시간과 장소에서 유기 재질들은 완전히 분해되지 않고 석탄, 석유, 천연가스와 같은 화석연료로서 저장된다. 따라서 식물은 탄소를 생물권으로부터 상부 지각의 암석까지 전달한다.

수권 내의 탄소

이산화탄소는 해수 내에 녹는다. 이들 대부분은 중탄산염(HCO_3^-)과 탄산염($(CO_3)^{2-}$)을 형성하는 데 반응한다.

해양에 녹는 이산화탄소의 양은 대기권의 온도와 해양의 온도에 부분적으로 의존한다. 해수가 따뜻해지면, 여기에 녹아 있던 이산화탄소는 대기권으로 방출되어 온실 온난화를

탈주온실효과(runway greenhouse effect) 양의 되먹임이 연속적으로 이루어지는 온실효과를 말한다.

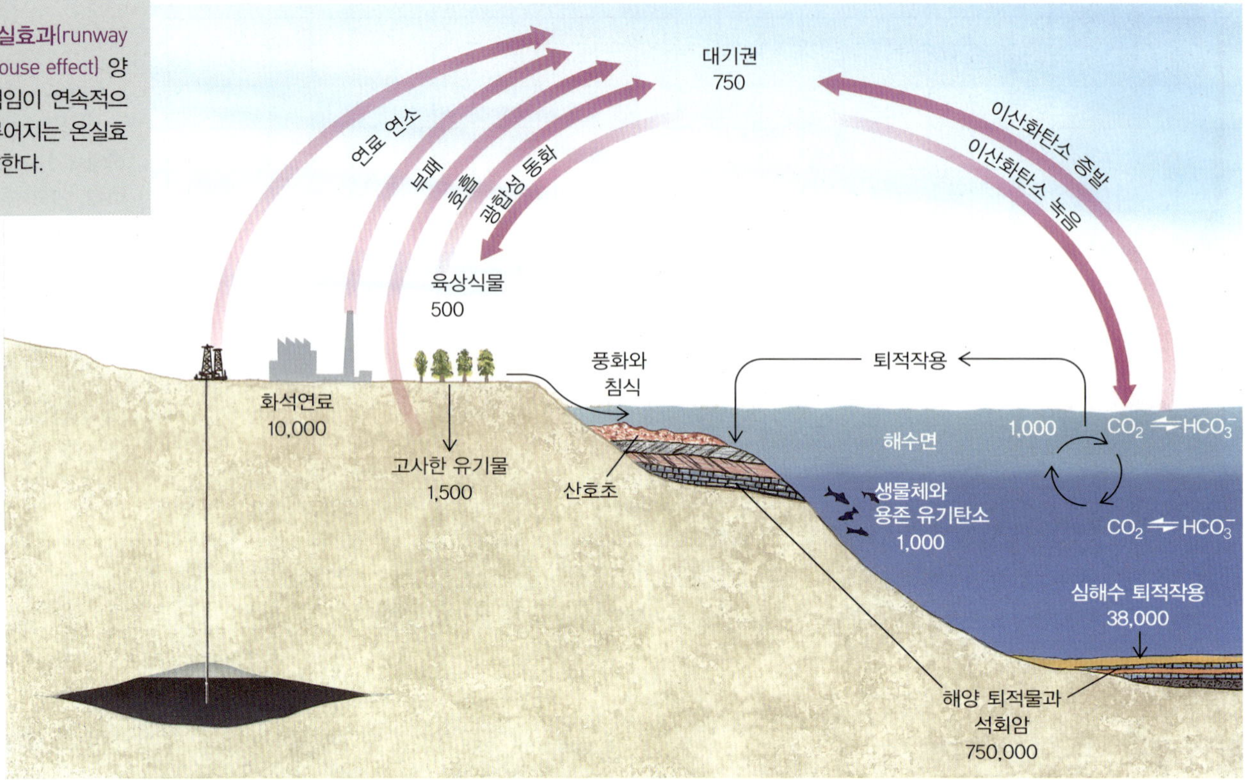

DATA TAKEN FROM U. SIEGENTHALER AND J. L. SARMIENTO, "ATMOSPHERIC CARBON DIOXIDE AND THE OCEAN," *NATURE* 365 (SEPTEMBER 9, 1993): 119.

그림 8.8 탄소 순환. 숫자들은 단위가 100만 ton 탄소로 표시되는 저장소의 크기를 나타낸다.

일으킨다. 이에 따라 온실 온난화는 더욱더 해양을 가열시켜 더 많은 이산화탄소가 해수로부터 탈출하도록 한다. 해수의 온도가 높아지면 높아질수록 해수는 더 많이 증발되고 수증기는 적외선 복사를 더 많이 흡수한다. 이러한 되먹임 메커니즘은 확실하게 기온을 높일 수 있다. 금성 대기의 온도가 높은 이유는 이러한 **탈주온실효과(runway greenhouse effect)** 때문이다.

지각과 상부 맨틀 내의 탄소

그림 8.7에서 보는 바와 같이, 대기권은 약 7,500억 ton의 탄소를 함유하고 있다. 이와 대조적으로, 지각과 상부 맨틀은 대기권보다 1,000배 이상 많은 탄소를 함유하고 있다. 수권과 생물권이 결합된 상부 지권은 거의 800조 ton의 탄소를 함유하고 있다. 따라서 만약 지권, 수권, 생물권 내의 탄소가 아주 적은 양으로 방출되더라도, 이산화탄소의 대기권 농도는 극적으로 변할 수 있어 기후에 지대한 효과를 주게 될 것이다.

탄산염 암석

해양 유기체는 해수로부터 칼슘과 탄산염 이온을 흡수하고 껍데기와 다른 딱딱한 부분 내에서 탄산칼슘($CaCO_3$)으로 변환시킨다. 이 과정은 해수로부터 탄소를 제거하고 더 많은 대기권 내의 이산화탄소를 해수로 끌어들인다. 따라서 껍데기가 생성되면 대기권으로부터 이산화탄소가 제거된다. 유기체의 껍데기와 골격은 점진적으로 모여 석회암을 형성한다.

해수면이 하강하거나 지구조과정으로 인해 해수면 위로 해양저의 일부분이 융기되면, 석회암과 규산염 암석은 대기권으로부터 부수적인 이산화탄소가 추출되는 과정에서 풍화된다.[4] 예외적으로 $CaCO_3 + H_2SO_4(aq) \rightarrow Ca(aq) + (SO_4) + H_2O + CO_2(g)$와 같은 산성비 반응에서는 이산화탄소가 대기권 내로 되돌아간다.

4) 순 반응은 $CaCO_3 + CO_2 + H_2O = Ca(HCO_3)_2$이다. 중탄산염 칼슘을 형성하는 반응은 석회암, 이산화탄소, 물을 더하면 된다.

화석연료 내의 탄소

탄소는 화석연료 내에 저장되고 이산화탄소는 화석연료가 연소될 때 방출된다. 땅에서 얻을 수 있는 화석연료들은 약 4조 ton의 탄소를 함유하고 있고, 이 양은 현재 대기권이 가지고 있는 양의 5배다. 이런 이유 때문에, 과학자들은 화석연료들이 연소되면 대기권 내의 이산화탄소 수준이 올라갈 것이라고 우려하고 있다.

해양저 퇴적물 내의 메테인

유기질 재질들이 해양저에 떨어져 진흙 속에 묻히게 될 때, 박테리아들이 이것을 분해시켜 일반적으로 천연가스의 주성분인 메테인을 방출한다. 약 500 m에서 1 km 사이의 깊이에서, 대륙붕에 존재하는 물로 포화된 진흙의 온도가 충분히 낮아지면 압력이 증가하여 메테인 기체를 **메테인 수화물** 또는 **메테인 하이드레이트**(methane hydrate)로 불리는 동결된 고체로 전환시키게 되는 적절한 조건을 만든다.

그런 다음 메테인 수화물은 대륙붕 내의 진흙 속에 모아졌다. 시추 시료와 지진 자료를 모두 연구한 후, 미국 지질조사국의 지구화학자인 케이스 크벤볼덴(Keith A. Kvenvolden)은 메테인 수화물에 모든 재래식 화석연료보다 2배 이상 많은 탄소가 매장되어 있다고 추정하였다. 이 양은 대기권이 함유하고 있는 탄소의 10배 이상이다.

현재, 천연가스를 생산하기 위해 메테인 수화물을 상업적으로 추출하는 것은 비현실적이다. 심해에서 시추하는 것은 경비가 많이 들고, 대륙붕 도처에 얇은 층으로 퍼져 있어 이것을 탐사를 하기 위해서는 경비가 엄청나게 들 것이기 때문이다. 그러나 과학자들은 메테인 수화물과 기후 사이의 연관성을 연구하고 있다. 섭입대에서의 지구조활동 또는 대륙사면에서의 사태는 수화물 광상으로부터 메테인을 방출할 수 있을 것이다. 해수의 온난화의 결과로서 대륙붕의 바닥 온도의 변화는 또한 얼어붙은 수화물로부터 메테인을 방출할 수 있을 것이다. 다음에는 증가된 대기권 내의 메테인은 지구 온난화를 유발할 수 있다. 얼음 코어에 대한 연구는 지구 대기권 내의 메테인 농도가 과거에 급격하게 변화하였다는 것을 보여 주었다. 이것은 아마도 해양 메테인 수화물이 급작스럽게 방출한 것이라고 추정하고 있다.

메테인 수화물 또는 **메테인 하이드레이트**(methane hydrate) 메테인 가스와 얼음으로 구성된 질척거리는 혼합물로서 부분적으로 동결된 상태로 산출된다.

팔레오세 말엽 무렵인 약 5,500년 전, 기후는 갑자기 따뜻해졌고 많은 수상 및 육상 종들이 멸종하였다. 하나의 모델에 따르면, 바다와 지표면 사이의 순환이 변하여 적도 해수가 저위도에 머물게 되었다. 적도 온도는 상승하여 해수를 증발시켰고 해수의 염도를 증가시켰다. 표층수가 차가운 심해수보다 더 밀도가 커지는 문턱 값에 도달하였을 때, 따뜻하고 염분이 높은 해수는 침강하였다. 따뜻하고 침강하는 해수는 메테인 수화물을 녹여 메테인을 방출시켰다. 수상 종들은 물속에서 메테인에 의해 피해를 입게 되었고 많은 육상 종들은 급격한 온실효과로 죽게 되었다.[5]

더 깊은 맨틀 내의 탄소

해양지각이 맨틀 아래로 섭입하는 동안 하강하는 판은 탄산염 암석과 퇴적물을 운반한다(그림 8.9). 이러한 물질들이 더 깊이 침강함에 따라서 탄산염광물은 뜨거워지고 이산화탄소를 방출한다. 이것은 화산 분출에 의해 지표로 되돌아간다. 일부 탄산염 암석은 섭입하는 동안 맨틀의 더 깊은 지역으로 운반된다. 탄소의 많은 양들이 탄소의 생성 동안 지구 내부에 가두어졌다. 이 탄소의 많은 양이 지구 초기 역사에서 우주 공간으로 탈출하였지만, 일부는 깊은 맨틀에 남아 있어 화산 분출 동안 맨틀에서 지표면으로 올라오게 된다. 깊은 맨틀과 지표면 사이의 탄소 교환이 현재 연구의 중요한 과제다.

8.6 지구조운동과 기후 변화

대륙의 위치

초대륙인 판게아의 지도는 2억 년 전 아프리카, 남아메

---

5) Gerald R. Dickens, Maria M. Castillo, and James C. G. Walker, "A Blast of Gas in the Latest Paleocene: Simulating First-order Effects of Massive Dissociation of Oceanic Methane Hydrate", *Geology* (March 1997), 259–262.

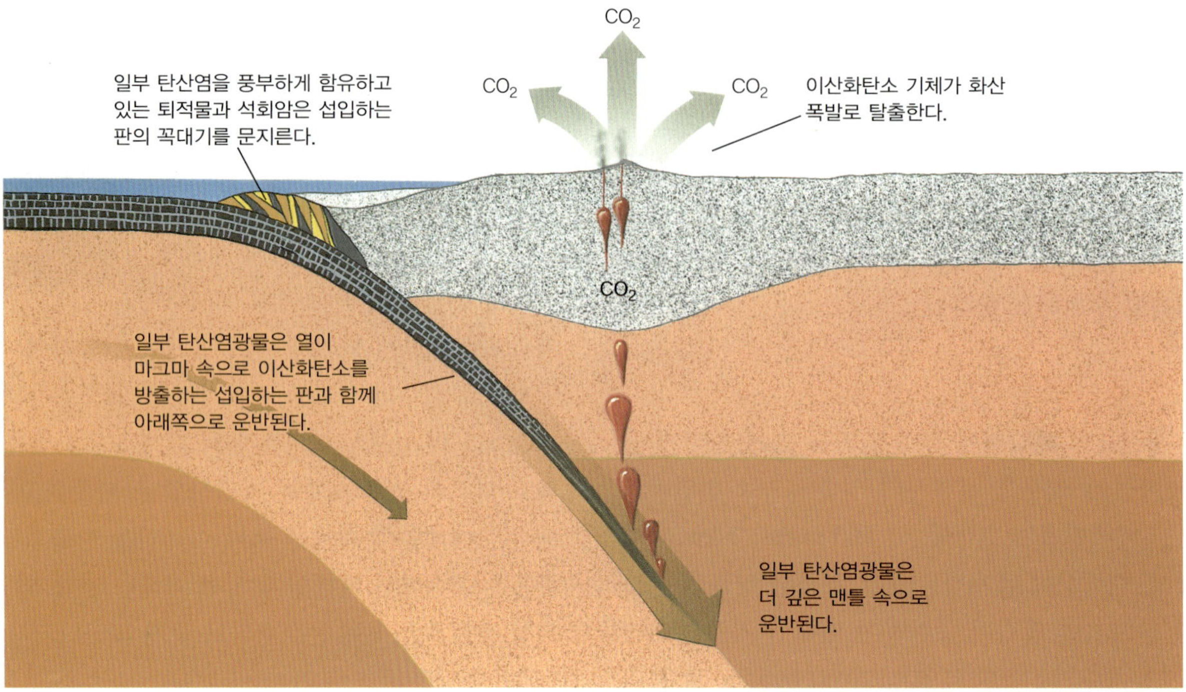

그림 8.9 섭입하는 해양판은 석회암과 다른 탄산염이 풍부한 퇴적물을 맨틀 속으로 운반한다. 일부 탄산염광물은 뜨거워져 이산화탄소를 생성하고, 화산 분출 동안 탈출한다. 일부 탄산염광물은 맨틀 속에 저장되기도 한다.

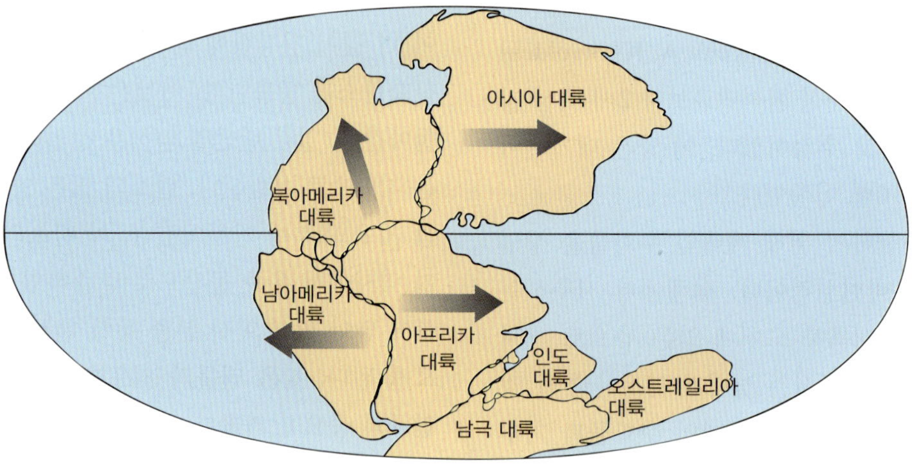

그림 8.10 200만 년 전, 아프리카, 남아메리카, 인도, 오스트레일리아가 모여 있었던 초대륙인 판게아는 모두가 남극에 가깝게 위치하고 있었다.

리카, 인도, 오스트레일리아는 모두 남극 부근에 모여 있었다는 것을 보여준다(그림 8.10). 기후는 적도 부근보다 고위도에서 더 한랭하기 때문에, 대륙의 위치는 대륙의 기후를 달라지게 한다.

이와 더불어, 대륙의 내륙 지역은 연안 지역보다 겨울은 더 춥고 여름은 더 덥다. 모든 대륙들이 초대륙으로 합쳐졌을 때, 대륙의 내륙은 거대하였고, 극지 기후는 광활한 해안선을 가진 많은 더 작은 대륙들의 기후와는 다르게 나타나야만 하였다.

또한 대륙의 위치는 바람과 해류에 영향을 주고 결국 기후에도 영향을 준다. 예를 들면 오늘날 북극해는 대서양과 태평양으로 연결되는 3개의 해협이 있지만 거의 육지로 둘러싸인 곳이다. 알래스카와 시베리아 사이의 베링 해협은 너비가 80 km고, 엘즈미어와 그린란드 사이의 케네디 해협은 단지 너비가 40 km이고, 3번째는 그린란드의 동해안을 따라서 전개되는 폭 넓은 해로다. 현재, 한류는 케네디 해협과 베링 해협을 통과하여 남쪽으로 내려오고, 북대서양 해류(North Atlantic Drift)는 노르웨이의 연안을 따라서 난류를 북쪽으로 운반한다. 만약 해협 중의 어떤 것이 더 확장되거나 폐쇄된다면, 지구 열전달에 영향을 미칠 것이다. 또한 심층 해류도 열을 수송하고 대륙 위치에 따라 영향을 받는다.

지구조 판들은 1년에 1~16 cm 정도 이동한다. 1년에 5 cm로 이동하는 판은 100만 년 동안 50 km를 움직인다. 따라서 대륙 운동은 지질학적으로 짧은 시간의 주기 내에서 기후에 영향을 미치는 해협을 열거나 막음으로써 지구 기후에 변화를 줄 수 있다. 여기서 말하는 지질학적으로 짧은 시간의 주기는 인류 문명의 진보와 비교해 보면 너무나도 오랜 세월이다. 양극 쪽으로 대륙이 모이는 것을 변경하거나 초대륙을 만들어 기후를 변형시키는 데는 더 오랜 시간이 필요하다.

산맥과 기후

과거 4,000만 년 동안 일어난 지구 한랭화는 히말라야 산맥과 북아메리카 코딜레라 산맥이 생성된 시기와 일치한다.[6] 이들은 대륙의 척추를 형성하는 산맥의 시스템이다. 산맥은 기류를 가로막아 지역 바람을 변경시킨다. 공기가 산맥 위로 올라가면서 냉각되고 눈으로 덮인 높은 정상 위를 통과한다. 그러나 이 지역 한랭화가 산맥 형성에 대한 에피소드에 의해 동반되는 지구 한랭화를 설명할 수 있는지에 대한 여부는 불분명하다.

히말라야 산맥과 북아메리카 코딜레라 산맥의 많은 부분은 해양 석회암으로 구성되어 있다. 8.5절에서 해양 석회암이 풍화를 받게 되면, 이산화탄소가 대기권으로부터 제거된다고 설명하였다. 해양저 암석이 위쪽으로 밀려 산맥을 생성할 때, 이산화탄소는 공기 중으로 노출된다. 그런 다음 빠르게 일어나는 풍화작용은 대기권 내의 이산화탄소를 신속히 제거하여 지구 한랭화를 야기할 것이다.

화산과 기후

화산은 햇빛을 반사하고 대기권을 냉각시키는 재와 황 화합물을 배출한다. 1991년 피나투보 화산 폭발이 일어난 2년 후, 지구는 0.4 ℃까지 냉각되었다. 1994년 재와 황이 제거되자 온도는 다시 상승하였다.

또한 화산은 적외선 복사를 흡수함으로써 대기권을 온난하게 하는 이산화탄소를 방출한다. 온난화 또는 한랭화가 되는 순 결과는 폭발의 크기, 맹렬함, 방출되는 고체 물질과 가스의 비율에 따라 달라진다. 일부 과학자들은 2억 5,000만 년 전 시베리아에서 발생한 거대한 화산 폭발이 페름기 멸종을 일으키거나 대기권의 냉각을 유발하였다고 믿고 있다. 백악기 중기 수퍼플룸(mid-Cretaceous superplume)으로 불리는 1억 2,000만 년 전 일어난 화산 폭발은 이산화탄소를 엄청나게 방출하여 대기권의 온도를 7~10 ℃까지 상승시켰다. 공룡은 거대한 소택지에서 번성하였고, 풍성해진 식생은 일부가 모여 부피가 큰 석탄 광상을 생성시켰다.

지구조, 해수면, 화산, 풍화작용이 기후를 규제하는 데 어떻게 상호작용 하는가

지구조, 해수면, 화산, 풍화작용 모두는 국지 기후와 지구 기후 모두에 영향을 미치는 지구시스템의 모든 부분과 밀접하게 연결된다. 지구조 판들이 천천히 퍼져 나갈 때, 중앙해령 시스템은 너비가 너무 좁아 비교적 적은 양의 해수가 이것을 대체하게 된다. 그 결과, 해수면은 하강한다. 해수면이 하강하면, 대륙붕 상에 있는 큰 해양 석회암 광상은 건조한 육지로 노출된다. 석회암을 풍화한다. 석회암의 풍화작용은 대기권으로부터 이산화탄소를 제거하여 지구 한

북대서양 해류(North Atlantic Drift) 만류의 연장으로서 북동쪽으로 향해 고위도로 흐르는 북대서양의 난류다.

백악기 중기 수퍼플룸(mid-Cretaceous superplume) 1억 2,000만 년 전 백악기 중기에 발생한 화산 분화에 의한 엄청난 양의 이산화탄소 방출을 말한다.

6) William F. Ruddiman and John Kutzbach, "Plateau Uplift and Climatic Change", *Scientific American* (March 1991), 66ff.

랭화를 유발한다. 이와 동시에, 해양저 확장이 느리게 일어나면, 섭입 또한 느리게 일어난다. 확장 중심과 섭입대 모두에서 화산활동이 느리게 발생하면, 비교적 적은 양의 이산화탄소가 방출된다. 화산 폭발로부터 이산화탄소가 적게 배출되고 풍화작용에 의해 대기권 내의 이산화탄소가 제거되면, 대기권 내의 이산화탄소 농도는 감소하고 지구 온도는 내려간다. 이와 더불어, 해수면이 하강하면 해양의 겉넓이는 감소하고, 높은 알베도를 가진 대륙의 겉넓이는 증가한다. 이것은 평균 지구 알베도의 증가로 이어지고 최종적으로 지구 한랭화를 촉진시킨다(그림 8.11). 이 조건들은 그림 8.2에서 나타난 석탄기 말엽의 한랭화를 초래하였다.

대조적으로 해령 확장이 급격히 일어나는 경우, 부피가 큰 중앙해령시스템은 해수면을 상승시킨다. 해양 석회암 지대가 잠기고, 풍화작용이 느리게 일어남에 따라 대기권으로부터 이산화탄소는 적게 제거된다. 화산활동은 빠른 판이동 기간 동안 자주 일어나, 많은 양의 이산화탄소들을 대기권으로 방출한다. 상승하는 해수면은 대륙 넓이를 감소시키기 때문에 평균 지구 알베도를 감소시킨다. 이 요인이 지구 온난화를 유발한다(그림 8.12). 그러나 확장이 급격히 일어나면 섭입 또한 급격히 일어나 조산작용을 가속화시키고, 이산화탄소를 소비하는 대륙 상의 풍화작용을 가속화시킨다. 또다시 기후시스템은 많은 상반되는 메커니즘에 의해서 이루어진다. 보통 이들 중에서 어느 것이 주도적이 될 것이라고 결정하는 것은 어렵다.

8.7 온실효과: 탄소 순환과 지구 온난화

여러분은 대기권 내의 탄소 양이 식물 성장률, 표층수와 심층수의 혼합, 해양 유기체의 성장률, 풍화작용, 지구조 판의 이동, 화산활동을 포함하고 있는 많은 자연적인 요인들에 의해 결정된다는 것을 배웠다. 과거 수백만 년 동안 인간은 탄소 순환의 중요한 부분이 되고 있다. 인간에 의한 벌목과 육지면의 도시화에 따라 약 20 %가 변화하여 대기권으로부터 식물의 이산화탄소 흡입이 감소되었다. 산업과 농업이 발달함에 따라 배출된 기체들이 나머지 80 %의 변화를 만들었다. 현대 산업에서는 이산화탄소, 메테인, 클로로플루오르카본(CFCs), 산화질소의 4가지 온실 기체를 방출한다.

화석연료 또는 생물연료가 연소될 때 이산화탄소가 방출된다. 이 방출은 연소 화학에서 본래 이루어지는 것이다. 연료 내의 탄소는 공기 중의 산소와 반응하여 이산화탄소를 만든다. 더군다나, 일단 이산화탄소가 방출되면 실질적으로 대기권으로부터 이 기체를 제거하는 것은 불가능하다. 만약 여러분이 오늘 도시에서 차를 운전한다면, 이때 방출된 이산화탄소는 수세기 동안 대기권 내에 남게 될 것이다. 또한 줄기와 잎을 태우는 통나무에서도 이산화탄소는 발생하고, 중장비로 삼림들을 벨 때 발생하는 삼림 부스러기들이 빠르게 부패하며 이산화탄소를 증가시킨다. 최근 대기권 내의 이산화탄소의 상승은 상당한 관심을 끌고 있다. 왜냐하면 이것은 산업화에 따른 온실 기체의 배출이 급격히 증가하고 있기 때문이다(그림 8.13).

이와 더불어, 현대 농업과 산업 분야에서 여러 가지 다른 온실 기체가 방출된다. 메테인은 일부 산업 공정에서 소량 방출된다. 소의 창자, 다른 동물, 흰개미, 논에서의 유기물 부패로부터 더 많은 양이 방출된다. 오늘날, 농업과 산업 분야에서 방출되는 양은 매년 대기권 내에 37×10^{12} g의 메테인을 더한다. 최근까지도, CFCs는 냉장고의 냉매제와 에어로졸 용기 내의 추진제로서 사용되었으나, 급격히 사라지고 있다. 왜냐하면 국제협약으로 CFCs 생산을 금지시켰기 때문이다. 여전히 다른 온실 기체인 N_2O는 공장과 질소 비료 사용, 일부 산업 화학합성, 높게 비행하는 제트 비행기로부터 방출된다.

과거 수십 년 동안, 소수의 과학자들과 일부 정치가와 저술가들은 기후 변화가 쉽게 발생하는 것이 아니라고 주장하였다. 그러나 오늘날 기후가 변화하고 있다는 자료들이 쇄도하고 있다. 기후변화에관한정부간협의체(IPCC)는 "기후시스템 내의 온난화는 명백하다"라고 결론지었다. IPCC의 핵심 멤버인 헨리 폴락(Henry Pollack)[7]은 "'unequivocal'

7) 역자 주: 현재 미시간 대학교 지구물리학 명예교수로 활동하고 있다.

그림 8.11 느린 섭입 = 좁은 중앙해령 = 더 한랭한 지구

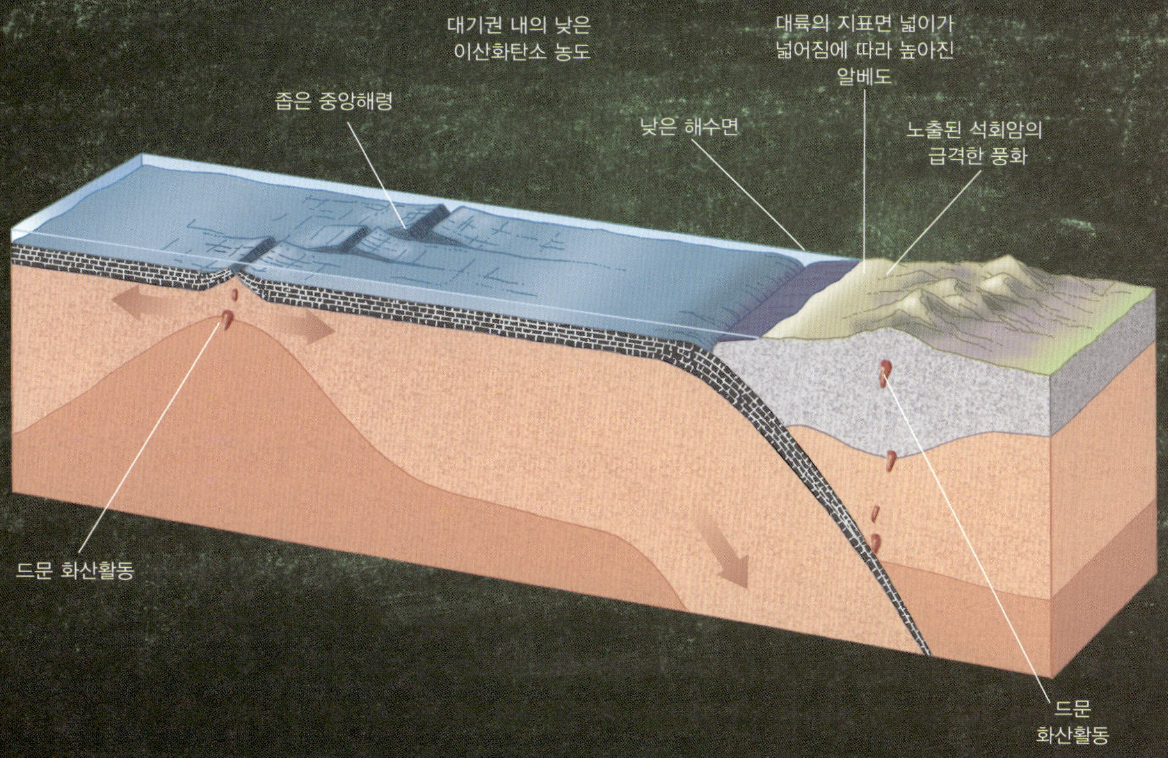

그림 8.12 빠른 섭입 = 넓은 중앙해령 = 더 온난한 지구

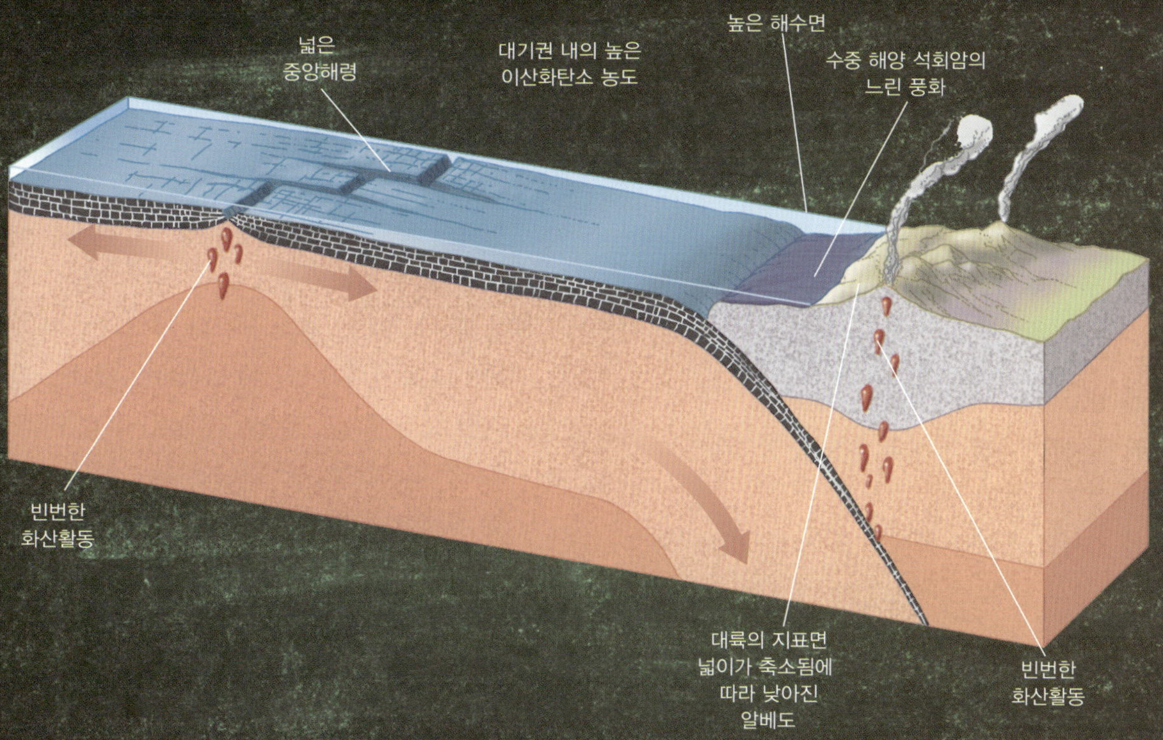

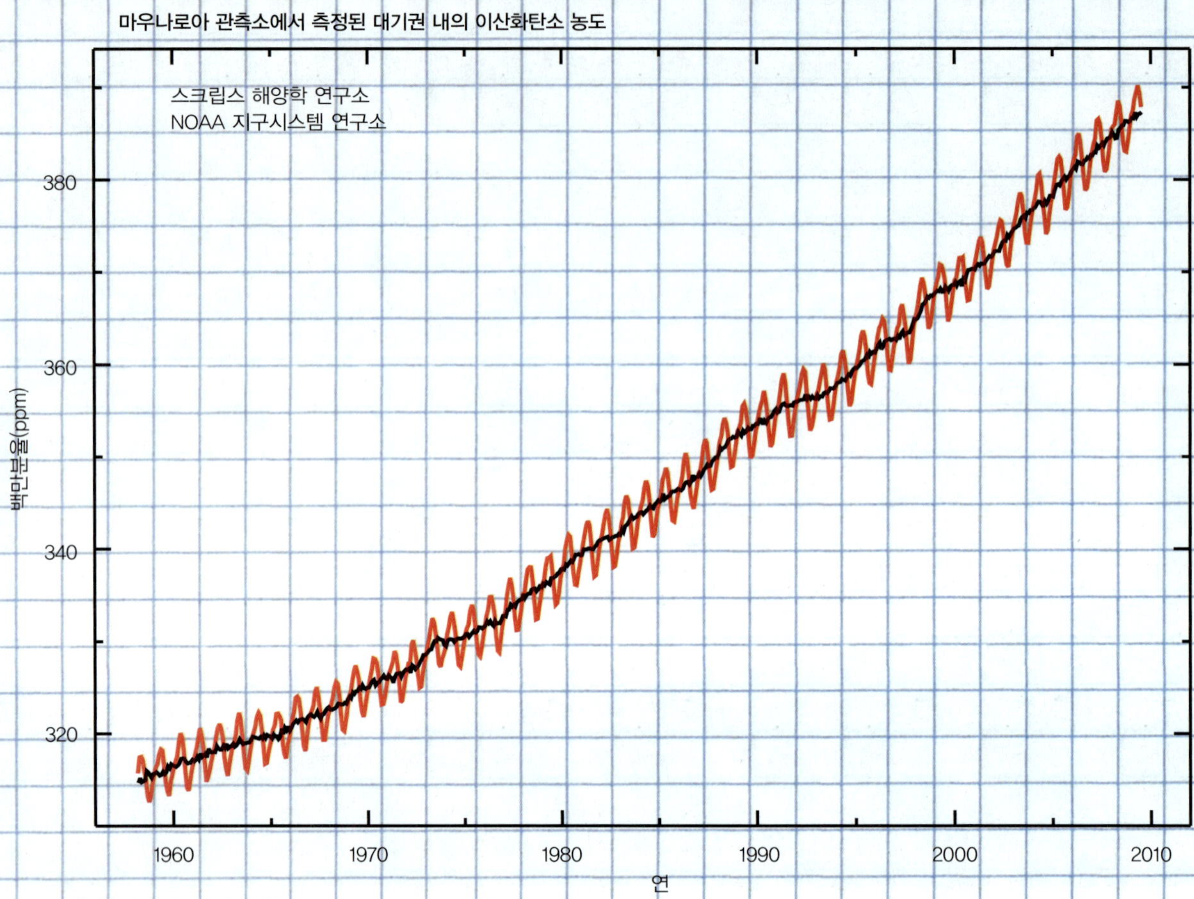

자료 출처: Dr. Pieter Tans. NOAA/ESRL(http://www.esrl.noaa.gov/gmd/ccgg/trends).

그림 8.13 대기권 내의 이산화탄소는 1958년 이후 약 20 % 증가하였다. 단기간 변동은 계절에 따른 식물에 의한 이산화탄소 흡수량의 차이에 의해서 발생된다.

이란 단어의 사용에 있어 해석의 여지를 남기지 않는다. '그럴 수 있겠지(maybe, maybe not)'는 이제는 아니다. 뚜렷한 기후 변화가 일어나고 있다"라고 썼다.

그 다음 의문은 "인간이 기후 변화를 일으키는 요인이라고 확신할 수 있는가?"이다.

먼저 자료를 요약해 보자.

- 인간 활동에서 온실 기체가 방출된다.
- 대기권 내의 온실 기체의 농도는 산업혁명의 이후부터 상승하고 있다.
- 온실 기체는 적외선 복사를 흡수하고 열을 가둔다.
- 대기권은 과거 50년 동안 거의 0.8 ℃까지 상승하였다.

역사상 가장 고온을 기록한 20번의 해 중에서, 19번이 1980년 이후에 발생하였다. 20세기에 가장 고온으로 기록된 해는 2005년이다.

산업화에 따른 온실 기체가 대기권 내의 농도 상승을 유발하여 최근 지구 온도를 상승시킨 데에는 어떤 관계가 있음이 분명하다. 하지만 또다시, 일부 정부와 산업 단체는 이에 동의하지 않고, 현재 온난화 경향은 대기권 내에서 이산화탄소가 증가하기 때문에 발생하는 것과는 관련이 없는 자연적인 사건이라고 진술하고 있다. 수십 년 동안 격론을 거듭한 결과, 오늘날 과학자들은 산업적인 배출이 지구 온난화를 일으킨다고 거침없이 결론을 내리고 있다. 1993~2003년 사이 과학 저널에 실린 심사를 거친 928편의 논문에서, 모든 저자와 연구 결과는 인위적인 온실 기체 배출이 지구의 온도를 보다 상승시킨다고 결론내리고 있다.

제조 상품들에 대한 요구가 증가하면 할수록 더욱더 산업화되어, 더 많은 양의 온실 기체가 대기권 내로 배출된다.

지구 온난화의 결과

농업

- 식량 경작지 이동
- 농작물 산출의 변화
- 필요 관개 용수량의 증가
- 더 온난한 지역 내의 해충, 농작물 병해, 잡초의 증가

생물 다양성

- 일부 식물과 동물 종의 절멸
- 서식지 상실
- 해양 생물의 붕괴

극단적인 날씨

- 열파와 가뭄의 연장
- 침수 증가
- 허리케인, 태풍, 토네이도, 폭풍의 강도 증가

수자원

- 물 공급의 변화
- 수질 악화
- 가뭄 증가
- 침수 증가

북극해 얼음과 빙하의 녹음

- 알베도 변화
- 해수면 상승
- 수온과 염도 변화
- 물 평형 변화
- 종 절멸

인구

- 사망자 수 증가
- 환경 피난민 증가
- 이주 증가

삼림

- 삼림 조성과 장소 변화
- 일부 삼림의 소멸
- 건조로 인한 화재 증가
- 야생생물 서식지와 종의 상실

해수면과 연안 지역

- 해수면 상승
- 내륙 저지대와 연안 도시의 침수
- 연안 어귀, 습지, 산호초의 침수
- 해변 침식
- 연안 어업의 붕괴
- 해수 침입으로 인한 연안 대수층 오염

인간 건강

- 열파와 질병으로 인한 사망자 수 증가
- 식량과 물 공급의 붕괴
- 열대 질병이 온대 지방으로 전파
- 호흡기 질병의 증가
- 연안 침수로 인한 수질 오염 증가

"빅딜이란 무엇인가? 만약 지구의 온도가 현재보다 몇 ℃ 더 상승하면 어떤 결과가 초래될 것인가?"

온실효과의 결과

많은 사람들은 "빅딜이란 무엇인가? 만약 지구의 온도가 현재보다 몇 ℃ 더 상승하면 어떤 결과가 초래될 것인가?" 라고 묻는다.

농업에서의 온실효과

더 온난한 지구 기후는 고위도에서 무상일수를 더 늘려서 농업에 이득을 준다는 의미도 있다. 실제로 북아메리카의 여러 지방에서, 성장 계절이 수십 년 전보다 현재 1주일 더 길어지고 있다. 부정적인 측면에서 보면, 온난화는 여러모로 식물에 영향을 미쳐 농작물 산출을 감소시킨다. 어떤 한 연구에서, 연구자들은 야간 온도가 매 1 ℃ 증가하면 쌀 산출량이 10 % 감소한다는 사실을 발견하였다. 과학자들은 야간 온도가 상승하면 식물의 호흡이 증가하여 쌀 낟알에 저장되는 유용한 에너지를 감소시킨다고 결론지었다. 다른 연구에서, 과학자들은 열 스트레스(heat stress)가 기생동물과 특정 병원균의 독성을 증가시켰고, 2003년 유럽 가뭄 동안 토양 수분의 손실이 삼림과 초원 성장률을 30 % 감소시켰다고 추정하였다. 농작물에 대한 효과는 일정하지 않았다. 겨울 밀 산출에서는 거의 영향을 받지 않았다. 왜냐하면 최대 성장 기간이 열파 이전에 발생하였기 때문이다. 어떤 극단적인 경우에는, 광범위한 관개에도 불구하고 이탈리아 콩 산출량은 36 %까지 감소하였다.

농업에서의 강수량과 토양 수분 효과

더 온난한 세계에서, 강수량과 증발은 증가할 것이다. 컴퓨터 모델들은 곳에 따라 효과가 다르게 나타날 것이라고 예측하였다. 1900~2000년 사이, 강우량은 파키스탄과 농작물이 최대로 성장하는 지역인 북아메리카와 러시아에서 증가하였다. 그러나 북아프리카, 인도, 동남아시아의 여러 지역들에서 동일한 기간 동안 강우량은 적어졌다. 결과적으로 가뭄이 발생하여 최근 수십 년 동안 기아를 유발하였다.

더 고온의 세계에서, 토양 수분은 더 많이 증발할 것이다. 북반구인 경우, 과학자들은 지구 온난화가 강우량을 증가시켜 토양에 수분을 더할 것이라고 예측한다. 이와 동시에, 온난화는 증발을 증가시켜 토양 수분을 제거할 것이다. 강우량이 증가할 것이라는 예측에도 불구하고, 대부분 컴퓨터 모델들은 토양 수분의 순 손실과 지하수의 고갈을 예측하고 있다. 가뭄과 토양 수분 고갈은 관개의 수요를 증가하도록 할 것이다. 그러나 관개시스템은 이미 지구 수자원에 부담을 주고 있기 때문에 세계의 많은 지역에서 물 부족과 정치적인 불안정을 일으키게 될 것이다. 이 모든 요인들의 결과로서, 더 높은 평균 지구 온도가 지구 식량 생산을 아마도 극적으로 감소하게 될 것이라고 대부분 과학자들은 예측한다.

세계의 많은 지역에서, 겨울 강수량은 높은 산들에 눈으로서 축적된다. 여름 동안 눈이 녹아 강에 물을 공급하고 강물은 농작물 관개에 사용된다. 더 온난한 세계에서, 더 많은 강수가 비로 내리고, 쌓인 눈은 늦여름보다 초봄에서 녹기 시작한다. 또한 빙하가 퇴각함으로써 장기간 저장되어 있던 물의 양이 줄어들게 된다. 이 모든 요인들의 결과로서, 여름 중반에서 후반에 이르기까지 강 수면은 기온이 낮은 지역보다 높은 지역에서 더 낮아진다. 따라서 사람들이 값비싼 댐을 건설하지 않는다면, 관개에 필요한 물이 부족할 것이다.

극단적인 날씨 사건

컴퓨터 모델들은 맹렬한 폭풍우, 홍수, 열파, 지속되는 가뭄, 강력한 폭풍들인 허리케인, 태풍, 토네이도와 같은 극

© ANNA LISA YODER/ISTOCKPHOTO.COM

단적인 날씨들이 더 온난하고, 더 습윤한 세계 내에서 더욱더 보편화 될 것이라고 예측한다. 미국의 경우, 하루에 50 mm 이상 내리는 것으로 정의되는 호우성 폭우의 개수가 1900~2000년까지 25 % 증가하였다. 전 세계적으로, 1950~1985년 사이의 평균 십 년보다 1990~2000년 사이의 십 년에서 재앙적인 홍수가 10배 더 발생하였다. 허리케인은 해수면 온도 상승에 의해 유발된다. 많은 기후 모델들은 카트리나와 같은 극단적인 열대 폭풍과 허리케인이 더 온난한 세계에서 더욱더 빈번하게 발생할 것이라고 예측한다. 따라서 여러분은 더 많은 홍수와 더 많은 가뭄을 맞이하는 역설에 직면하게 될 것이다. 더 온난한 세계에서 허리케인의 강도는 증가하게 될 것이다.

생물 다양성의 변화

2000년 세계야생생물보호기금(World Wildlife Fund; WWF)이 발표한 한 연구 결과에 따르면, 지구 온난화로 2100년에 이르면 세계 야생생물 서식지의 1/3이 변할 것이라고 한다. 북부 위도 지역 내에서, 서식지의 70 %가 심각하게 영향을 받게 될 것이다. 토양 수분이 감소됨에 따라서, 나무들은 죽게 되고 마른 번개들이 더욱더 빈번하게 발생하여 삼림들은 사바나와 같이 변할 것이다. 한랭한 온도 내에서 생존하는 식물과 동물들은 전부 죽게 될 것이다. 최근 여러 연구들은 많은 식물과 동물 병원균들이 차가운 곳보다 따뜻한 곳에서 더욱더 많이 생존한다는 것을 증명하였다. 한랭 지역이 온난화되어감에 따라서 북아메리카 북부 지방에 서식하는 소나무 딱정벌레들은 최근에 번성하고 있어 미국과 캐나다 서부 로키 산맥의 막대한 삼림들이 죽어가고 있다. 개구리가 전염성이 강한 병원균에 압도당하여 개체 수가 극적으로 감소하고 있다. 극단적인 경우에서, 더 온난한 온도에 적응하지 못하는 종들은 멸종하게 될 것이다. 예를 들면 북극해에서 바다얼음이 사라짐에 따라 북극곰은 사냥터와 이동 경로를 잃어 가고 있다. 그 결과, 북극곰은 생존을 위협 받고 있다. 다른 종들이 번성하리라는 것은 불 보듯 뻔하다. 생태시스템은 변화하게 될 것이지만, 육상 생태계가 오늘날 여러분이 경험하고 있는 것보다 훨씬 큰 요란에 적응해야 할 것이라는 것을 기억하는 것이 중요하다.

북극해 바다얼음과 빙하의 녹음

약 350만 년 전인 플라이오세 중반, 지구 평균 온도는 현재보다 약 2~3.3 ℃ 정도 더 높았다. 이 시기 동안, 북반구는 얼음이 없었고 남극 대륙은 오늘날 존재하는 것보다 확연히 얼음이 적었다. 과거 50년 동안, 지구의 온도는 0.8 ℃ 가량 상승하였고, 현재는 선사시대 온난기보다 단지 1.5~2.5 ℃ 정도 더 하강했을 뿐이다. 최근 수십 년 동안 지구 온도가 상승함에 따라서, 빙하와 바다얼음이 녹고 있다. 1979~2009년까지, 북극해는 봄 얼음 넓이의 약 7 %를 잃었다. 그러나 더 걱정스러운 것은 남아 있는 얼음도 30년 전보다 확연히 얇아져 온도가 약간만 증가하여도 빠르게 녹아내리고 있다는 사실이다. 남극 대륙에서의 얼음 손실은 빙하 흐름이 빨라짐에 따라 최근 10년 동안에 75 %까지 증가하였다. 그린란드 빙하의 연 손실은 1996년 90 km^3에서 2007년 150 km^3까지 상승하였다. 스탠퍼드 대학교 기후학자인 스티븐 슈나이더(Stephen H. Schneider, 1945~2010)는 녹은 물이 빙관 속으로 침투할 수 있는 "수 % 기회가 적용되기도 전에 그린란드 얼음 면적을 없앨 것이다"라고 진술하고 있다.[8] 그는 만약 북반구의 기온이 3 ℃까지 상승한다면 그린란드 빙관이 사라질 확률은 90 %에 이른다고 덧붙였다. 이 같은 추정은 350만 년 전 실제로 일어났던 사실과 부응한다는 점에 주목할 필요가 있다.

육상 빙하들이 녹을 때, 해수면은 상승하고 전 세계의 문

8) Stephen H. Schneider, "The Worst-Case Scenario", *Nature* 458 (April 30, 2009), 1104–1105.

파괴적인 폭풍이 증가하면서 캘리포니아 주 해안선을 따라 위치한 주택들이 위협받고 있다. 경비를 많이 투입하여 보강하여도 파도에 의한 침식으로부터 단기간만 보호할 수 있을 뿐이다.

명에 영향을 미치게 된다. 바다얼음이 녹는 것은 해수면 상승에 전혀 영향을 미치지 못한다. 또한 해수면의 변화와 얼음 넓이의 손실은 여러 가지 방법으로 지구 기후 평형에 영향을 미칠 것이다. 여기에 대해서는 8.8절에서 설명할 것이다.

해양의 산성화

대기권에 유입되는 이산화탄소의 약 1/3은 해양 내에서 녹는다. 한편, 이 완충 메커니즘은 대기권 내의 이산화탄소의 농도를 줄이다. 따라서 더 한랭한 지구를 유지시킨다. 또 다른 한편, 녹은 이산화탄소는 해양의 화학 성분을 변경시킨다. 이산화탄소가 해수 내에 녹으면, 이것은 해수와 반응하여 탄산(H_2CO_3)을 생성한다. 산업시대 이전부터, 해양은 더 산성을 띠게 되어 수소 이온 농도(pH)가 0.1 정도 낮아졌다. 해양이 더 산성을 띠게 되면, 해양 유기체들은 탄산칼슘으로 되어 있는 딱딱한 껍데기와 골격을 만드는 능력이 떨어진다. 예를 들면 오스트레일리아의 대보초를 따라서, 석회화율은 1990~2008년 사이에 14 %까지 감소하였다. 따라서 pH가 약간만 변화하여도 직접적으로 큰 생물학적 파괴를 유발한다. 결과적으로 해양 먹이 사슬에 유해한 영향을 미칠 수 있는 종들이 분포하는 데 직접적인 영향을 미친다.

해수면 변화

물은 따뜻해지면 약간 팽창한다. 1900~2000년까지, 평균 지구 해수면은 10~25 cm까지 상승하였다. 이 양은 매년 약 1dime(다임) 동전 두께로 상승하는 것과 같다. 해양학자들은 이 간소한 상승으로도 연안 하구, 습지, 산호초에 영향을 미치게 될 것이라고 제안한다. 그러나 해수면 상승은 극적으로 가속화되고 있다. 왜냐하면 남극 대륙과 그린란드의 한대 빙상들이 녹고 있기 때문이다. 2005년의 경우, 남극 대륙 얼음의 150 km^3 넓이가 녹아서 물이 해양으로 흘러갔다. 문제를 악화시키는 것은 그린란드로부터 얼음의 흐름이 과거 10년 동안 2배 이상으로 나타나는 것이다(그림 8.14).

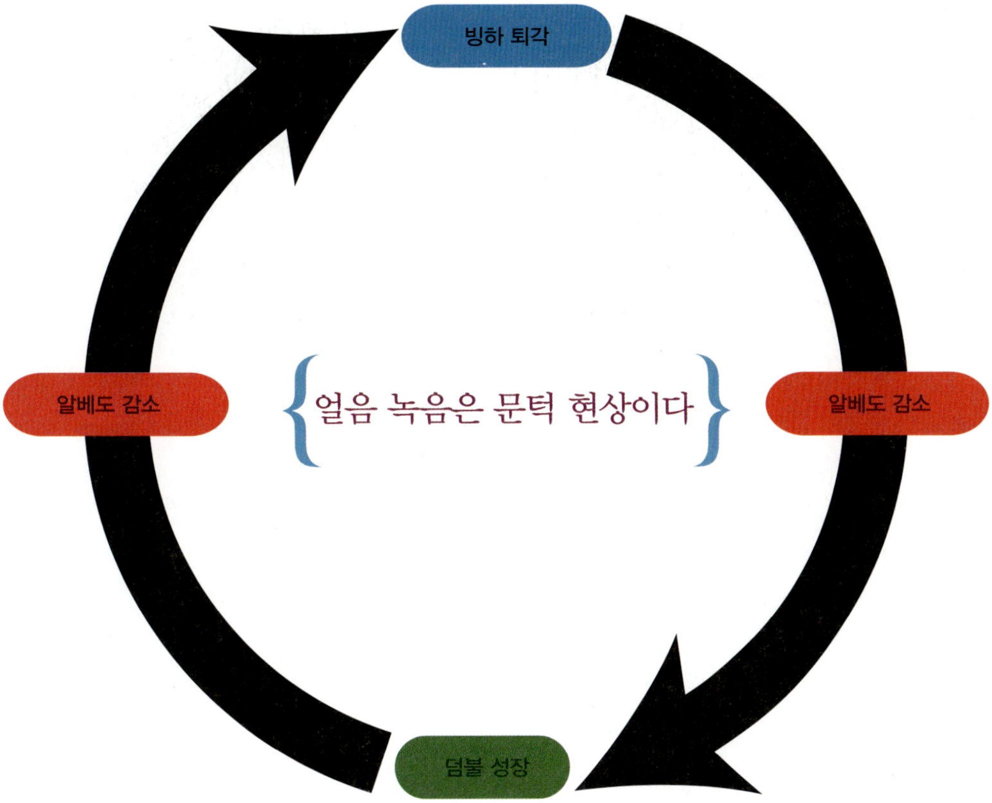

인간에 끼친 영향

인간들은 아프리카의 사바나와 열대우림 내의 급격한 기후 변화의 기간 동안 진화하였다. 사실 많은 고고학자들은 아프리카 생태계 내의 다른 종들보다 더 빠르게 더 효과적으로 기후 변화에 적응되었기 때문에 인류가 번성되었다고 주장한다. 수백만 년 전, 인류는 플라이스토세 빙하시대에서도 생존하였다. 인류는 똑똑하고 기략이 풍부한 종이다. 하지만 지구 온난화의 결과들은 심각할 수 있다. 더 온난한 세계에서, 말라리아와 같은 열대 질병들이 고위도로 확산되고 있다. 그러나 가장 큰 문제는 팽창하는 인구가 이미 지구시스템에 스트레스를 가하고 있다는 것이다. 높은 인구밀도, 토지 소유권, 정치적인 경계들 때문에, 사람들은 과거에는 가능하였지만 지금은 자유롭게 이주할 수 없다. 그 결과, 식량 생산 또는 물 이용도의 작은 변동들이 대량 기아, 물 부족, 정치 불안정을 유발할 수 있다. 이와 더불어, 상승하는 해수면은 연안 도시와 농작지에 홍수를 발생시켜 전 세계에 걸쳐 수조 $의 피해를 일으키고 있다. 앞에서 살펴본 바와 같이, 물 공급에 대해 이미 거대한 스트레스를 가하고 있다.

8.8 기후 변화 내의 문턱 효과와 되먹임 메커니즘

온실 기체들의 농도와 지구 온도가 선형적인 관계에 있다면, 한쪽이 변화하면 다른 쪽에 그에 상응하는 변화가 생겨날 것이다. 그러나 기후 변화는 선형적인 관계로 이루어지지 않는다.

예를 들어 얼음 녹음은 문턱 현상이다. 만약 빙하 위의 공기가 −1.5 ℃에서 −0.5 ℃로 올라가면, 얼음은 녹지 않고 온난화는 단지 미세한 환경 변화를 일으킨다. 그러나 공기가 어떤 온도에서 +0.5 ℃로 올라가면, 공기는 녹는점

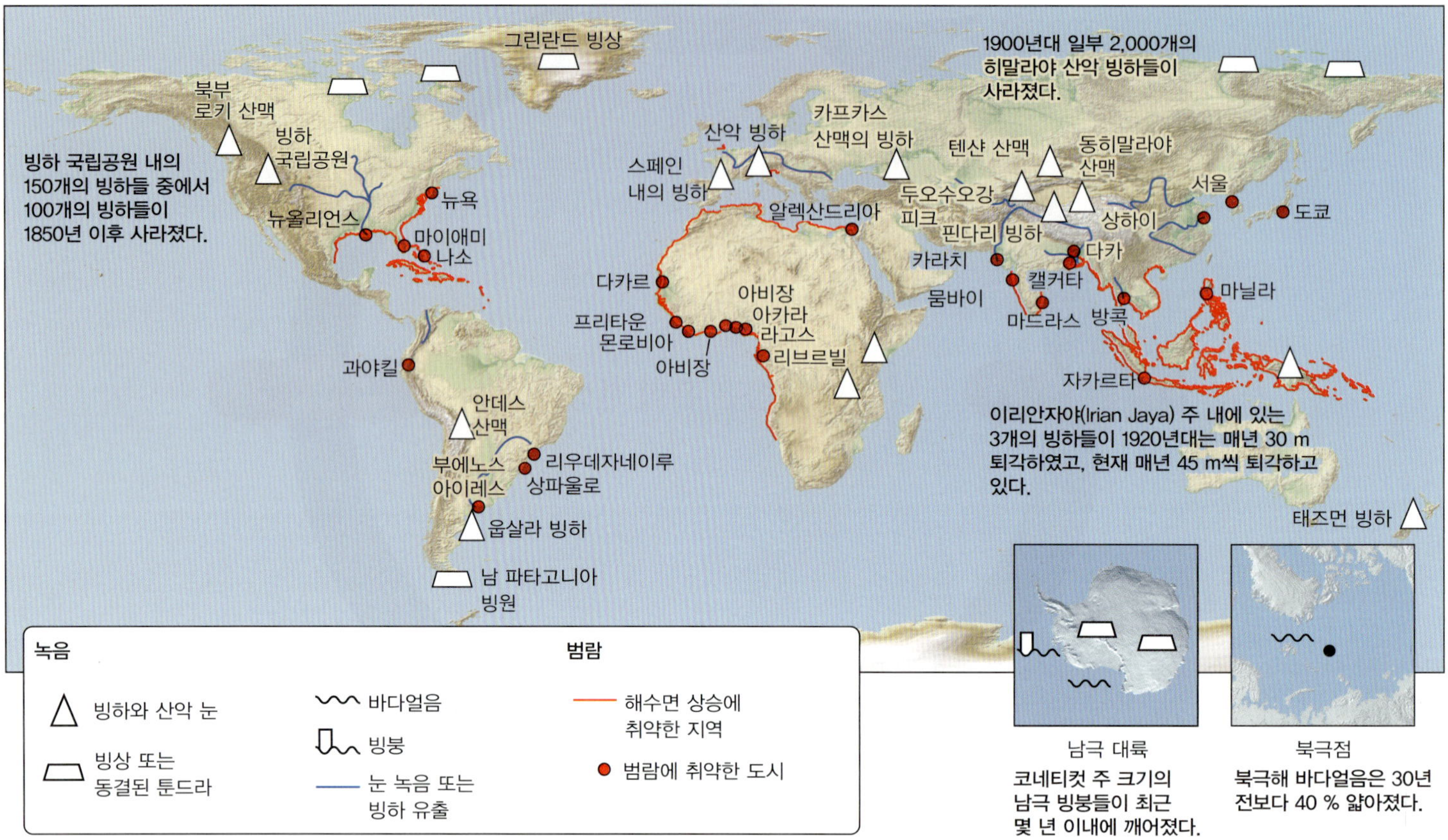

그림 8.14 빙하와 극관이 녹음으로써 발생하는 지구 변화

으로 정의되는 문턱 값 이상으로 따뜻하게 된다. 녹은 얼음은 해수면을 상승시키고 **다단 폭포 효과(cascading effect)**의 주축이 된다.

되먹임 메커니즘은 작은 초기 요란이 지구시스템의 다른 성분에 영향을 미칠 때 발생한다. 이것은 본래 효과를 증폭시키고 심지어 지구시스템을 교란시키고 더 큰 효과들을 유발한다. 이런 과정들이 이어진다. 다음에서 4가지 중요한 기후 되먹임 메커니즘들에 대해 설명하고자 한다.

알베도 효과

번득이는 설원과 빙하는 높은 알베도를 가지고 햇빛을 반사함으로써 지구를 냉각한다. 지구가 약간 온난하게 되면, 눈과 얼음 넓이는 감소하고 알베도도 감소한다. 그러나 알베도가 감소하게 되면, 대기권은 더 온난하게 되어 더 많은 눈을 녹게 하고 또다시 대기권을 온난하게 한다. 최근 연구에서 맞물리는 되먹임 메커니즘인 두 번째 메커니즘이 첫 번째 메커니즘을 더 악화시킨다는 것을 보여주고 있다. 더 온난한 온도는 덤불(bush)의 성장을 조장하게 된다. 이들은 보통 봄 눈 위에 비어져 나오는 것으로 태양열을 가두어 알베도를 억누른다. 따라서 위의 그림에서 보는 바와 같이, 눈은 더 빠르게 녹아 덤불이 성장하는 데 적절한 조건을 제공하고 더욱더 알베도를 감소시켜 대기권을 온난하게 한다.

이 이중 되먹임 메커니즘을 강화시키는 성질은 1960~1990년 사이에서 나타난 사실과 관련된다. 북극은 매 10년마다 거의 0.15 ℃ 정도 상승하였다. 그러나 1990~2004년 사이에서는 이러한 온난화가 10년당 0.3~0.4 ℃에 이르러 2배 이상 상승하였다.

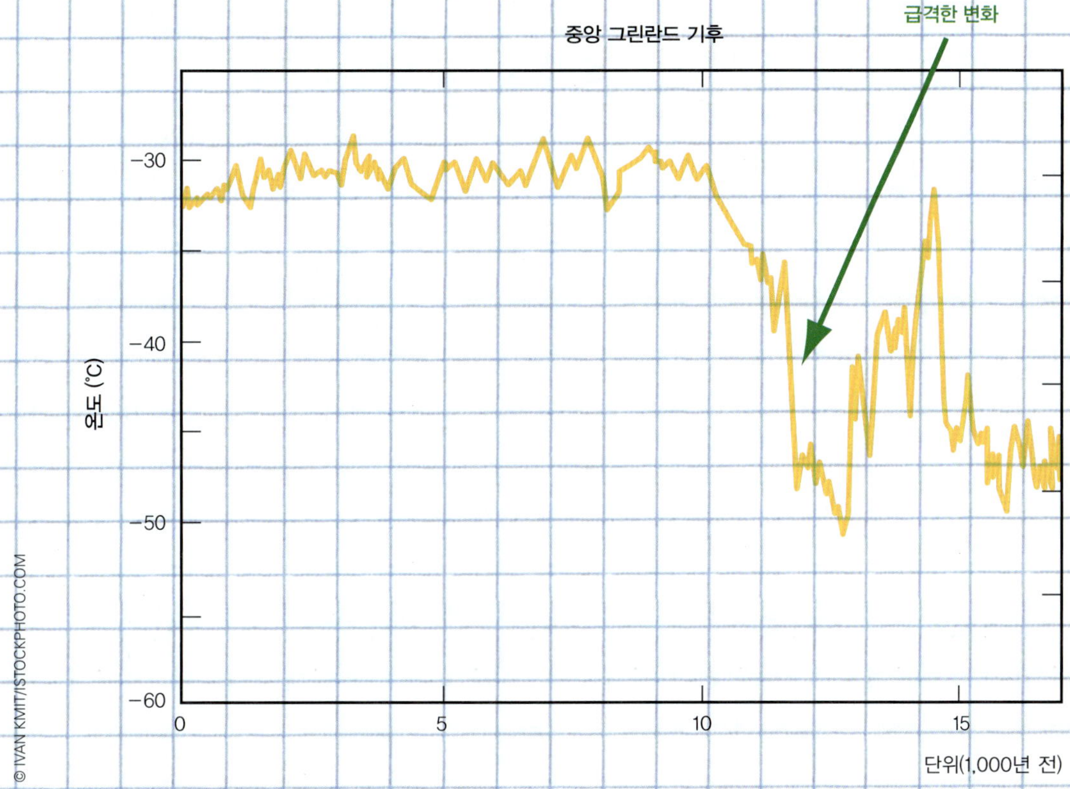

그림 8.15 급격한 기후 변동의 한 예인 영거 드라이아스 사건

다단 폭포 효과(cascading effect) 한 시스템에 영향을 미치는 작용에 기인하여 일어나는 사건들의 예상치 못한 연쇄 반응이다.

영거 드라이아스 사건(Younger Dryas Event) 12,000년 전 해빙기 동안 북대서양 지역에서 발생한 주요 한랭화 사건을 말한다.

식물 호흡과 광합성 율의 불균형

생태계 내에서 총광합성을 증가시키는 과정은 대기권으로부터 이산화탄소를 제거하여 식물 조직 내로 탄소를 흡수시킬 것이다. 반면, 광합성에서 호흡을 증가시키는 과정은 더 많은 이산화탄소를 대기권 내로 유입시켜 지구 온난화를 증가시킬 것이다. 더 온난한 세계에서, 삼림과 초지 토양 내의 호흡과 부패가 가속화되어 이산화탄소를 대기권 안으로 유입시킴으로써 세계를 더욱더 온난하게 만든다고 수많은 연구들이 증명하고 있다.

다른 연구에서, 과학자들은 2003년 유럽에 가뭄이 발생한 동안 호흡과 광합성은 모두 감소하였지만, 광합성이 호흡보다 더 많이 감소하여 대기권 속으로 탄소 배출의 순 증가를 유발하였다고 밝혔다.

해류의 변화

약 12,800년 전, 북대서양 상공의 기온이 10 ℃가 넘게 갑자기 떨어졌다. 이것은 **영거 드라이아스 사건**(Younger Dryas Event)이라 불리는 기후 변화로, 여러분은 그림 8.15의 그래프에서 이것을 살펴 볼 수 있다.

이 변화의 속력은 일부 문턱 효과 또는 되먹임 메커니즘이 대부분 해류 내의 변화와 관련되어 발생한다는 것을 함축한다. 대서양 내의 난류들은 북쪽으로 열을 운반하고, 따라서 그린란드 남부와 북유럽 지역을 가열하게 된다. 최대빙하기 이후 지구가 온난해짐에 따라서, 막대한 양의 얼음이 녹아 현재 5대호가 자리 잡고 있는 북아메리카의 거대한 아가시 호를 만들었다는 주장이 제기되었다. 초기 아가시 호는 남쪽으로 흘러 멕시코 만으로 들어갔다. 그러나 북아메리카 빙상이 과도하게 퇴각함에 따라서, 많은 양의 물

팔레오세-에오세 최고 온도(Paleocene-Eocene thermal maximum) 신생대 팔레오세에서 에오세 동안 발생한 급격한 지구 온난화와 연관되어 나타난 고온 기간으로 생태계에 심각한 변화를 초래하였고 탄소 순환에 주요 요동을 일으켰다.

이 갑자기 현재 세인트로렌스 강 계곡을 통과하여 북대서양으로 흘러들어 갔다. 어떤 한 연구에 따르면, 9,500 km^3의 물이 다단 폭포처럼 해양으로 흘러들어 갔다고 추정하고 있다. 많은 과학자들은 엄청난 양의 담수가 유입되어 영거 드라이아스 사건이 일어났다고 주장한다. 그러나 어떻게 이러한 담수 유입이 기록적인 온도 변동을 일으켰는지에 대한 의미 있는 논쟁이 있었다. 어떤 한 과학자에 따르면, 담수가 해수의 표층 밀도를 낮추었다는 것이다. 이 낮아진 밀도에 기인하여, 앞서 설명된 바와 같은 북동 대서양의 해수가 침강할 수 없게 되었다. 이러한 연직 이동의 붕괴는 수평 해류들을 와해시켰다. 다른 과학자들은 해류들은 주로 바람시스템에 의해서 발생되고, 해수 흐름 내의 변화는 바람 패턴들을 변경해야만 하고, 이에 따라 대서양 내의 해류들이 변경되어야 한다고 주장한다. 3번째 주장은 한랭 담수가 단순히 물리적인 장애물이었다는 것이다. 이것은 마치 강의 지류가 강시스템 내의 주 흐름을 변경시키는 것과 같은 것이다. 반면, 아마도 아가시 호가 비워진 것이 전부 온도 변화의 원인은 아니라는 것이었다. 이 주장은 두 번째 녹은 물이 중앙 북아메리카로부터 영거 드라이아스 사건 끝 무렵에 더해졌다는 관측에 의해 지원을 받고 있다. 이때는 지구 온도가 상승된 상태에 있어 녹은 물의 유입이 한랭화 경향을 일으키지 못하였다.

메커니즘이 불확실한 상태로 남아 있는 동안, 얼음 코어 자료는 영거 드라이아스 한랭화가 플라이스토세 동안 일어난 유일한 급격한 한랭화가 아니었다는 것을 말해 주고 있다. 사실 드라이아스 사건은 빙하기 동안 반복적으로 발생하였던 일련의 크고 급격한 기후 변동 중에서 가장 최근 발생한 유일한 사건이었고 전 세계의 다양한 장소에서 기록되었다. 따라서 문턱 효과와 되먹임 메커니즘에 따른 연속적인 사건이 최근 지질학적 과거 내의 기후를 급격하고 극단적으로 변화시키고 있다.

영구동토와 심해 메테인 광상

메테인 가스의 거대한 광상들이 영구동토 내와 해양 밑바닥 아래 퇴적물 내에 저장되어 있다. 메테인은 이산화탄소보다 대기권 내의 열을 가두는 능력이 20배나 더 크다. 상승하는 온도는 이 발생원 모두에서 메테인을 발생시킬 수 있기 때문에 급격하고 격변적인 되먹임 온난화를 일으키고 있다. 광대한 영구동토 지역에 탄소가 저장되어 있다. 이것은 수백만 년의 세월이 흐르는 동안 빙하의 전진과 후퇴가 반복되면서 축적되었다. 이 탄소의 일부는 이미 메테인으로 존재한다. 이들은 과거 미생물의 작용에 의해 동식물이 부패하면서 만들어졌다. 얼음이 녹고 탄소를 많이 함유한 물질이 미생물을 먹여 살려 크게 성장하도록 하면, 이들에 의한 추가적인 양들이 빠르게 방출될 수 있다. 이와 유사한 방법으로, 메테인은 또한 메테인 수화물로서 해양저 퇴적물 내에 가두어져 있다. 메테인 수화물 내에서, 메테인은 얼음의 분자 우리 내에 가두어진다. 만약 수온이 얼음을 녹일 만큼 충분히 상승하면, 메테인은 해수면에 거품으로 나타난다. 이 경우들 모두에서, 인간에 의한 이산화탄소 방출과 같은 초기 온난화는 메테인 방출을 일으키도록 하여 부수적이고 더욱더 급격한 온난화를 유발하게 된다. 많은 과학자들은 약 5,500만 년 전, **팔레오세-에오세 최고 온도**(Paleocene-Eocene thermal maximum)라 불리는 10만 년 주기의 고온화가 메테인을 함유하고 있는 해양저 광상의 방출에 의해 발생하였다고 가정한다. 이것이 지구 전체에 얼음이 없던 마지막 기간이었다.

미래에 어떤 일이 초래될지 아는 사람은 없지만, 여러분은 기후가 과거에 혹독하게 추웠던 스노볼 지구로부터 백악기 고온화까지 급진적으로 변화하였다는 것을 알고 있다. 오늘날, 대기 조성이 변경됨에 따라서, 과학자들은 인간들을 지탱시키는 기후시스템과 이에 따른 중요한 실험을 수행하고 있다. 물의 흐름과 같은 자연적인 순서에 인위적인 변화를 가함으로써, 우리가 취급하지 못한 여러 가지 방법으로 지구의 지형뿐만 아니라 자연적인 순환에도 변경을 가하고 있다. 더 나아가, 지구 기후 변화는 이미 지구, 지구의 생태계, 지구에 살고 있는 사람에게 영향을 미치고 있다. 우리는 사용하는 방법과 이와 연관된 결과들을 설명할 준비가 되어 있는가? 인간 활동이 지구의 자연 순환들에 어떻게 영향을 미칠 수 있다는 것을 이해함에 따라서, 아마도 우리는 생명체가 서식할 수 있는 행성을 유지하도록 지구의 환경과 함께 활동할 수 있을 것이다.

요약

8.1 지구 역사상 기후 변화

지구 역사상 지구 기후는 광범위한 빙하작용으로 인한 극단적인 한랭기에서부터 중생대를 시작으로 거의 현재까지 2억 4,800만 년에 걸쳐 나타난 온난기를 통하여 변화해 왔다. 문명이 발달한 과거 1만 년 동안에는 비정상적으로 안정된 기후를 보였지만, 지난 10만 년 동안 연평균 지구 온도는 빈번하고 극적으로 변화하였다.

8.2 기후 변화 측정하기

과거 기후들은 역사 기록, 나이테, 퇴적물 속의 꽃가루 덩어리, 빙하 얼음 속의 산소 동위원소 비, 빙하에 의해 만들어진 침식과 퇴적 모양, 해양 퇴적물 내에서 조사되는 플랑크톤 덩어리와 동위원소, 퇴적암 속의 화석들을 통해서 연구되고 있다. 이들 자료와 현재 자료를 비교하여 기후 변화를 측정하고 있다.

8.3 기후 변화의 천문학적 원인

굉장히 복잡하지만, 지구의 기온은 특히 초기 지구에 영향을 미쳤던 태양의 열, 알베도 대기권에 의한 열 보유력에 의해 결정된다. 지구가 최초로 형성되었을 때, 태양은 현재의 약 70 %에 해당되는 에너지를 생산하였다. 현재와 다른 최초의 대기 조성이 초기 지구를 온난하게 하였다. 대기권의 성분이 변함에 따라서, 기후도 변하게 되었다. 또한 유성 충돌은 큰 영향을 미쳤고, 지구 기후를 급격하고 격변적으로 변화시켰다.

8.4 물과 기후

여러 가지 형태로 존재하는 물은 온난화 또는 한랭화를 일으킨다. 수증기는 대기를 온난하게 하지만, 구름은 온난화 또는 한랭화를 일으킬 수 있다. 빙하와 눈송이들은 햇빛을 반사하여 한랭화를 일으킨다. 증발은 냉각 과정인 반면 응결은 열을 방출한다. 증발–응결 주기는 적도 지역으로부터 극 지역까지 열을 수송한다. 풍화는 대기권 내의 이산화탄소 농도를 변화시킨다. 해류는 열과 수분을 수송한다.

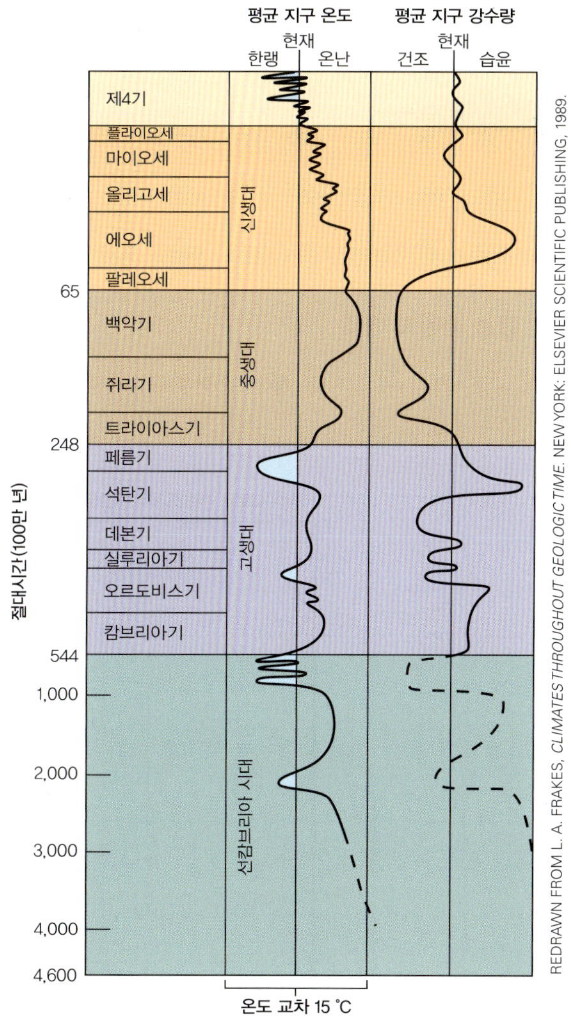

그림 출처: L. A. Frakes, *Climates throughout Geologic Time*. (New York: Elsevier Scientific Publishing, 1989).

그림 8.2 지구 역사상 온도와 강수량 변화

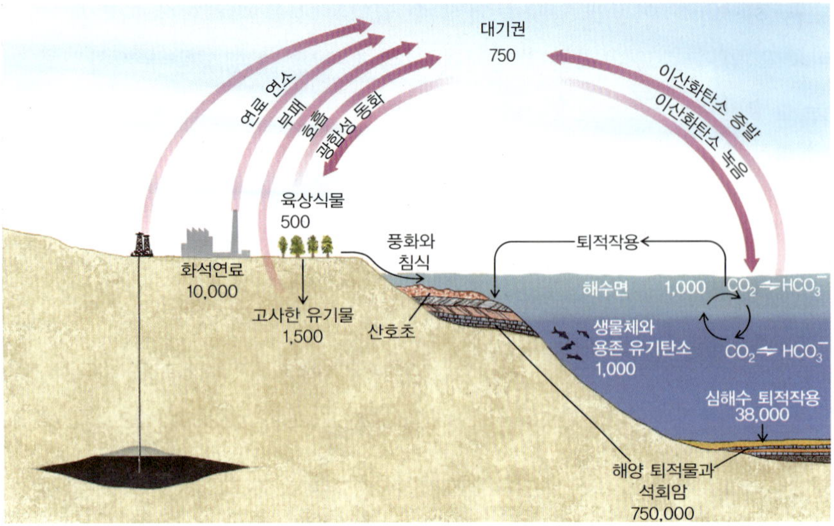

그림 출처: Data taken from U. Siegenthaler and J. L. Sarmiento, "Atmospheric Carbon Dioxide and the Ocean," *Nature* 365 (September 9, 1993): 119.

그림 8.8 탄소 순환. 숫자들은 단위가 100만 ton 탄소로 표시되는 저장소의 크기를 나타낸다.

8.5 자연 탄소 순환과 기후

탄소는 지구의 4가지 권 모두를 통해 순환한다. 이산화탄소는 대기를 온난하게 하는 온실 기체다. 탄소는 생물체 조직을 위한 기본 성분으로서 생물권 내에 존재한다. 이산화탄소는 해수에 녹아 중탄산염과 탄산염 이온들을 생성한다. 탄소는 지각과 맨틀 내에 여러 가지 형태로 존재한다. (1) 해양 생물체는 칼슘과 탄산염 이온을 흡수하여 고체 탄산칼슘(껍데기와 골격)으로 변환시킨다. 그 결과, 석회암과 해양 퇴적물 내에 많은 양의 탄소가 존재한다. (2) 화석연료는 대부분 탄소로서 구성된다. (3) 많은 양의 탄소는 해저에서 메테인 하이드레이트로 존재한다. (4) 또한 탄소는 하부 맨틀 내에 존재한다. 이들 중의 일부는 지구 생성 동안에 들어간 원시 탄소이고, 일부는 맨틀 속으로 섭입되는 판들에 의해 운반된 것이다.

8.6 지구조운동과 기후 변화

또한 자연 기후 변화는 대륙 내의 위치 변화, 조산운동, 화산 폭발에 의해 이루어진다. 대륙의 위치는 기후에 영향을 미치는 바람과 해류에 영향을 미친다. 산맥은 기류를 교란시

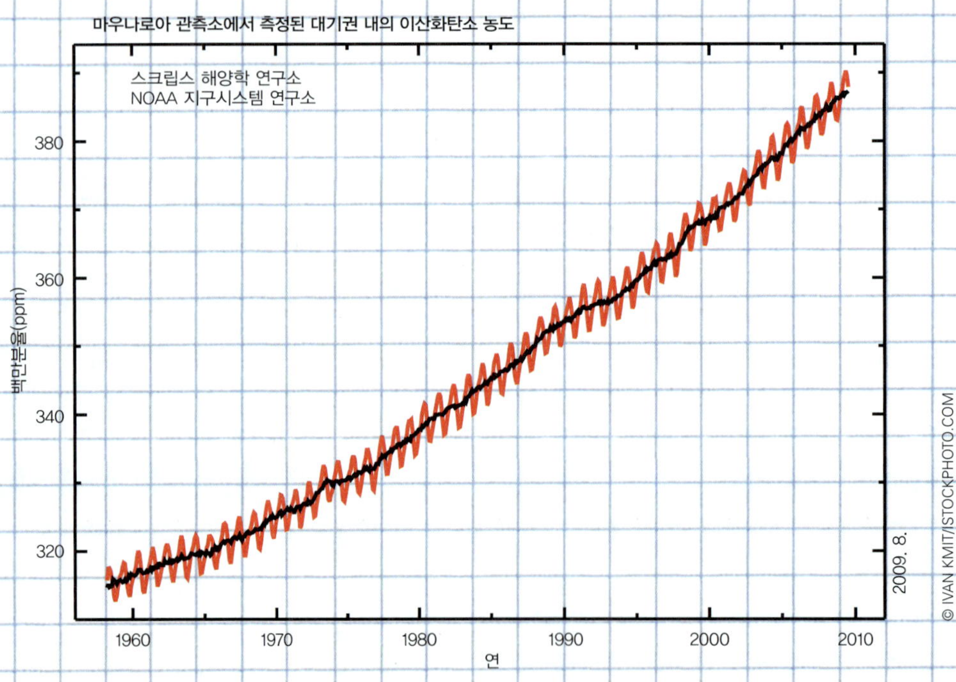

자료 출처: Dr. Pieter Tans. NOAA/ESRL(http://www.esrl.noaa.gov/gmd/ccgg/trends).

그림 8.13 대기권 내의 이산화탄소는 1958년 이후 약 20 % 증가하였다. 단기간 변동은 계절에 따른 식물에 의한 이산화탄소 흡수량의 차이에 의해서 발생된다.

켜 극지 바람을 변화시킨다. 거대한 여러 산맥에 산재하는 석회암은 풍화 과정에서 공기로부터 이산화탄소를 제거하여 지구 한랭화를 유발한다. 화산 폭발은 재와 황 화합물을 분출하여 햇빛을 반사함으로써 대기를 냉각시킬 뿐만 아니라 이산화탄소와 재를 대기권 내로 배출시켜 적외선 복사를 흡수함으로써 지구를 온난화시킨다. 이러한 요인들 모두는 특정한 지구 온도를 유지시키기 위해 상호작용한다.

8.7 온실효과: 탄소 순환과 지구 온난화

화석연료가 연소될 때 이산화탄소가 대기권으로 방출된다. 벌목, 산업공정, 농업 활동을 함에 따라 온실 기체가 대기권으로 배출된다. 대부분 과학자들은 인간에 의한 온실 기체의 유입이 과거 수세기 동안 기후를 변경시켰다는 데 동의한다. 지구 온난화는 고위도 지방에서 더 긴 생육 계절을 가져오도록 하였지만, 온난함은 농작물 산출의 감소를 가져오는 방향으로 영향을 미쳤다. 어느 한 연구에서는 쌀 산출량이 더 온난한 세계에서 감소하였고 광합성에 대한 증산 비는 증가하여 더 많은 이산화탄소가 대기권에 나타났다는 사실을 증명하였다. 지구 온난화는 강수량과 눈 녹음에 영향을 미쳐 급격한 날씨 변동을 일으키고, 생물 다양성에 영향을 주고, 북극 바다얼음과 빙하를 녹이고, 해양의 산성화를 유발하고, 해수면을 상승시킬 것이다.

8.8 기후 변화 내의 문턱 효과와 되먹임 메커니즘

기후 되먹임 메커니즘에는 눈 녹임과 알베도가 포함되고, 식물 증산과 광합성의 비율을 변화시킨다. 영거 드라이아스 사건은 담수 유입에 기인한 해류의 변화에 의해 발생되었던 급작스러운 한랭기간이었다. 서남극 빙상의 붕괴는 해수면을 상승시켰고 나아가 지구 온난화를 유발시켰다. 영구동토가 녹음으로써 저장되어 있던 메테인 가스가 방출되었다. 메테인 가스는 이산화탄소보다 약 20배 이상 열을 더 많이 저장한다. 메테인 가스가 방출되면 비극적인 되먹임 온난화를 만들 수 있다.

핵심용어

나이테 tree ring (8.2)
다단 폭포 효과 cascading effect (8.8)
메테인 수화물 또는 메테인 하이드레이트 methane hydrate (8.5)
백악기 중기 수퍼플룸 mid-Cretaceous superplume (8.6)
북대서양 해류 North Atlantic Drift (8.6)
산소 동위원소 비 oxygen isotope ratio (8.2)
소빙하기 Little Ice Age (8.2)
스노볼 지구 Snowball Earth (8.1)
영거 드라이아스 사건 Younger Dryas Event (8.8)
탄소 순환 carbon circulation (8.5)
탄소-14 연대측정법 carbon-14 dating (8.2)
탈주온실효과 runway greenhouse effect (8.5)
팔레오세-에오세 최고 온도 Paleocene-Eocene Thermal Maximum (8.8)

연습문제

1. 태양이 현재보다 약 30 % 더 적은 에너지를 방출하였음에도 불구하고 초기 지구는 온난하였다. 그 이유는 무엇인가?
2. 100,000년 전부터 10,000년 전까지와 10,000년 전부터 현재까지 모두에서 일어난 기후 변화에 대해 간단히 설명하시오. 여기서 사용된 자료들을 수집하는 일부 방법들을 열거하시오.
3. 화산 폭발이 어떻게 대기권의 한랭화 또는 온난화를 일으키는지에 대해 설명하시오.
4. 기후에 영향을 미치는 4가지 되먹임 메커니즘을 열거하고 설명하시오. 그들 각각이 어떻게 지권, 대기권, 생물권, 수권의 상호작용에 관여하는지에 대해 간략히 설명하시오.
5. 지구 온난화에 대해 논의하시오. 온도 변화가 강수에 어떤 영

향을 미치는가? 온도와 강수량의 변화가 농업, 생태계, 인간 사회에 어떤 영향을 미치는가?

6. 과학자들이 과거 기후를 복원하기 위해서 사용하는 자료들과 방법을 열거하고 설명하시오.
7. 기후 변화에 대한 천문학적 원인들에 대해서 설명하시오.
8. 탄소 순환과 기후와의 관련성에 대해서 설명하시오.
9. 온실효과와 지구 온난화와의 관계에 대해서 설명하시오.
10. 지구조운동과 기후 변화의 관련성에 대해서 설명하시오.
11. 기후 변화의 천문학적 요인에서 3개의 주기가 지구의 입사 태양 에너지에 어떤 영향을 주는지 설명하시오.
12. 영거 드라이아스 사건은 무엇이며 언제 발생하였는가?
13. 기후 변화 내의 되먹임 메커니즘에 대해서 설명하시오.
14. 소빙하기는 언제 발생하였는가?

9장 하늘의 움직임

허블우주망원경이 관측한 30 도라더스 성운의 별 탄생 지역. R136이라 불리는 이 대규모의 젊은 별 집단의 나이는 수백만 년에 지나지 않는다.

별자리(constellation) 지구에서 봤을 때 어떤 형태를 가지는 것처럼 보이는 별의 무리. 밤하늘에 있는 어떤 천체의 위치를 찾을 때 편리하도록 천문학자들이 이러한 별의 무리에 이름을 붙였다.

> "천문학에 대한 열정이 요란하지 않다고 해서 얕은 것은 아니다."
>
> 존 스타인벡(John Steinbeck, 1902~1968)[1]

9.1 천체의 움직임

누구나 해와 달이 동쪽에서 떠서 서쪽으로 진다는 사실을 안다. 중위도 지방의 사람들에게 여름은 낮이 길고 태양이 하늘 높이 뜨는 계절이다. 반대로 겨울은 낮이 짧고 한낮에도 태양이 그리 높지 않은 계절이다. 이러한 계절의 변화가 일 년을 주기로 찾아오는 것과 달리, 달의 위상은 한 달을 주기로 변한다. 보름에는 달의 모양이 완벽한 원이 되지만, 날이 지나면서 밝은 부분이 점점 줄어들고 얇은 초승달 모양으로 변해간다. 보름에서 2주 지나면 삭이 되어 달이 완전히 사라지지만, 며칠을 더 기다리면 가느다란 손톱 모양의 초승달을 다시 볼 수 있게 된다. 이러한 달의 위상 변화는 약 29.5일을 주기로 반복되고 있다.

만약 여러분이 19세기의 목동이라면, 선배 목동이 여러분에게 "북두칠성에서 물이 새지 않을 때"까지 가축을 잘 돌보라고 말했을지도 모른다. 이러한 표현은 밤하늘의 두 가지 특징을 담아내고 있는데, 첫째, 별들의 상대적인 위치는 변하지 않는다는 것이다. 사람들은 이러한 특성을 이용하여 서로 무리지어 있는 별들을 묶어 '북두칠성'과 같은 **별자리(constellation)** 이름을 부여하였다. 둘째, 북반구의 경우, 북극성을 중심으로 다른 모든 별들이 회전운동을 한다는 사실이다(그림 9.1). 이러한 운동은 그 당시 목동들에게 시계와 같은 역할을 했는데, 이는 국자 모양의 북두칠성이 북극성을 중심으로 회전하면서 물을 흘리는 때와 흘리지 않는 때가 하루를 주기로 반복되기 때문이다.

별자리는 계절에 따라 보이기도 하고 보이지 않기도 한다. 고대의 이집트인들은 하늘에서 가장 밝은 별인 시리우

YERKES OBSERVATORY

그림 9.1 장시간 노출로 촬영한 밤하늘. 거의 움직임이 없는 북극성 주위로 별들이 선회하는 것이 보인다.

1) 역자 주: 미국의 소설가로서 미국 경제구조의 모순으로 고통 받는 노동자들의 가난한 삶을 사실적으로 묘사하는 작품들을 발표하였다. 퓰리처상과 1962년 노벨문학상을 수상하였다.

스가 새벽의 지평선 근처에서 보이기 시작하면 곧 나일 강이 범람할 것이라는 걸 알았다. 따라서 그 당시 농부들은 시리우스가 처음 보이기 시작하면 곧 농토에 물을 댈 수 있다는 신호로 받아들이고 농작물을 심기 시작했다.

고대 천문학자들은 별처럼 보이지만 다른 별들에 비해 상대적으로 움직이는 천체들이 존재함을 알았고, 이들을 **행성(planet)**이라 불렀다. 일 년 중 대부분의 시간에 행성들은 다른 별들에 비해 동쪽으로 흘러가지만, 가끔 방향을 바꿔 서쪽으로 이동하는 것처럼 보일 때도 있다. 이와 같은 반대 방향으로의 움직임을 **역행운동(retrograde motion)**이라고 하는데, 이것에 대해서는 9.2절과 9.3절에서 자세히 다룰 것이다.

9.2 아리스토텔레스와 지구 중심 우주

고대 그리스 철학자이자 과학자인 아리스토텔레스(Aristotle, BCE 384~322)는 **지구 중심 모델(geocentric model)** 우주를 제안하였다. 이 모델에 따르면, 지구는 우주의 중심으로 고정되어 있어 움직이지 않으며, 투명한 수정으로 만들어진 여러 겹의 **천구(celestial sphere)**에 둘러싸여 있다. 태양, 달, 행성, 별들이 이 구면에 박혀 있으며, 여러분은 주어진 한 시점에서 구면의 일부 밖에 볼 수 없지만, 이 구면들이 지구를 중심으로 공전하기 때문에 천체들이 보였다 사라졌다 하는 것이라고 이 모델은 설명하였다.

아리스토텔레스는 2가지 관찰로부터 지구가 움직이지 않는다는 결론을 얻었다. 첫째, 지구의 움직임을 느끼는 사람은 아무도 없기 때문에 지구는 고정되어 있다는 것이다. 마차를 끄는 말이 달리기 시작하면 사람들은 마차 뒤쪽으로 넘어질 것 같은 느낌

행성(planet) 별 주위에서 고정된 궤도를 공전하는 천체

역행운동(retrograde motion) 지구에서 볼 때 행성이 일시적으로 뒤쪽(서쪽)으로 움직이는 것처럼 보이는 현상. 역행운동 후에 행성은 다시 원래의 방향인 동쪽으로 움직인다.

지구 중심 모델(geocentric model) 우주의 중심에 지구가 위치한다는 모델

천구(celestial sphere) 아리스토텔레스의 지구 중심 우주 모델에서 지구를 중심에 두고 여러 겹으로 둘러싼 가상의 투명 구. 아리스토텔레스는 태양, 달, 행성, 별들이 이러한 천구들에 박혀 있다고 생각했다.

그림 9.2 미국 몬태나 주 초원 지대에서 울타리를 통해 시차의 예를 보여주는 두 장의 사진. (a) 사진사가 울타리 근처에 위치하고 있어서, 멀리 떨어진 기둥들이 하나의 선으로 보인다. (b) 사진사가 울타리에서 멀어지면 기둥들이 움직인 것처럼 보이며, 멀리 있는 기둥들에서도 기둥 사이의 공간이 보인다. 사진사의 위치가 바뀐 것이지, 기둥의 위치가 실제로 변하는 것은 물론 아니다. 천문학에서도 이 같은 현상이 일어나는데, 지구가 태양 주위를 공전함에 따라 별들 사이의 상대적인 위치가 움직이는 것처럼 보일 수 있다.

시차(parallax) 관측자의 위치가 달라짐에 따라 생기는 관측 대상의 겉보기 움직임

을 받게 되나, 지구의 움직임 때문에 그 반대 방향으로 넘어질 것처럼 느끼는 사람은 아무도 없으니 말이다.

그의 두 번째 관찰은 **시차(parallax)**, 즉 관측자의 위치가 변함에 따라 관측하는 대상의 상대적인 위치가 변하는 현상에 기인하는 것이었다. 시차를 이해하기 위해 그림 9.2에 있는 울타리의 기둥을 고려해 보자. 관측자가 (a) 위치에서 울타리를 바라볼 경우 기둥들이 일렬로 서 있는 것처럼 보이지만, 옆으로 이동하여 (b) 위치에서 바라보면 사선 방향으로 늘어서 있는 것처럼 보인다. 이렇듯 기둥들의 상대적인 위치는 관측자의 위치에 따라 변하게 된다. 고대의 학자들은 만약 지구가 태양을 중심으로 움직이고 있다면 별들의 상대적인 위치도 같은 이유로 변해야 한다고 생각했는데, 이는 맞는 말이긴 하다(그림 9.3). 그들에게 별들의 시차는 전혀 관측되지 않았기 때문에 지구가 고정되어 있다고 결론지었던 것이다. 이런 실수는 그들의 추론이 잘못되어서가 아니라, 별들이 지구에서 너무나 멀리 떨어져 있어서 맨눈으로 감지하기에는 시차의 변화량이 너무나 작았기 때문이었다.

아리스토텔레스는 관측 사실에 철학적 개념을 결합하여 과학적 이론을 만들었다. 그는 조물주에 의해 만들어진 우주는 완벽하게 창조되었으며, 천구는 완벽하게 대칭인 모양을 가진다고 주장했다. 따라서 천구는 신들의 뜻을 가장 자연스럽게 반영한 것이며, 태양, 달, 행성, 별 역시 매우 완전한 구 모양을 하고 있다고 믿었다.

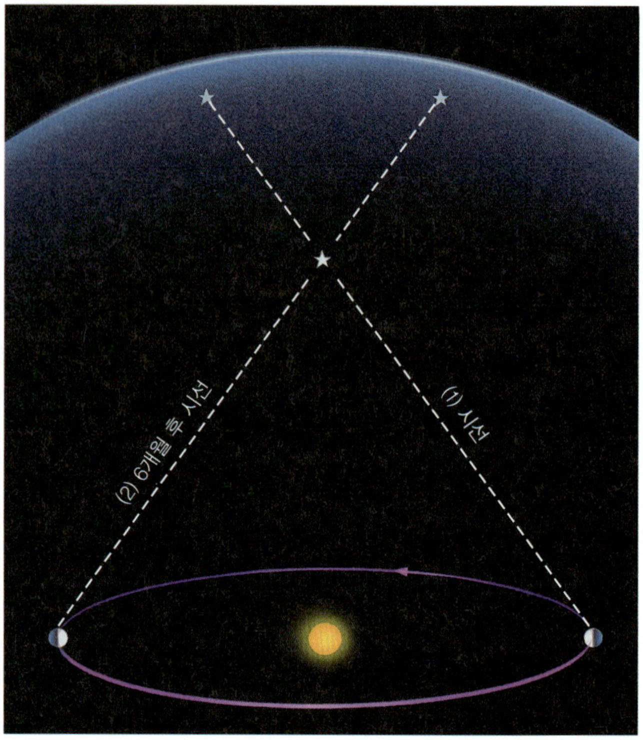

그림 9.3 지구가 태양 주위를 공전함에 따라 가까이 있는 별이 멀리 있는 별들에 비해 상대적으로 움직이는 것처럼 보인다. 이 그림은 극명한 예를 보이기 위해 과장되어 있으며, 가장 지구에서 가까운 별까지의 거리도 실제로는 지구 공전 궤도 반지름에 비해 훨씬 멀어서, 시차 각이 매우 작다.

아리스토텔레스의 이론이 비록 틀리기는 했어도 태양과 달, 별들의 움직임 자체는 설명할 수 있었다(그림 9.4). 하지만 행성의 역행운동은 설명할 수 없었다. 공통 기원 150

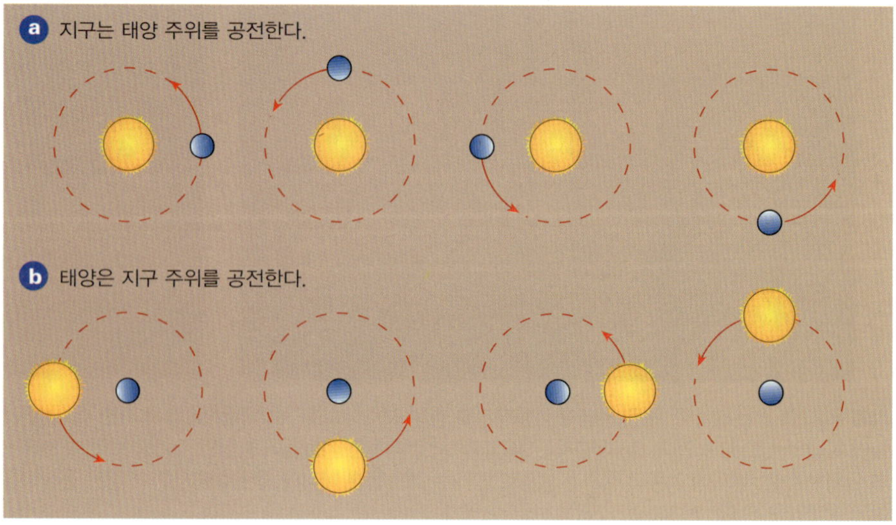

그림 9.4 (a)는 태양을 중심으로 하는 지구의 궤도운동이고, (b)는 지구를 중심으로 하는 태양의 궤도운동이다. 얇은 종이를 이 그림 위에 얹고, 아래로부터 비치는 (a) 그림의 태양과 지구 위치를 종이에 표시하자. 이 종이를 (b) 그림 위로 가져와서 적절히 수평 이동하여 태양과 지구의 위치를 맞춰보면, (a) 그림과 (b) 그림에 있는 태양과 지구의 상대적인 위치가 동일함을 알 수 있다. 결론: 만약 이 그림에 보이는 경계선이나 다른 별 같은 것들을 참조하지 않으면, 지구가 태양 주위를 공전하는 것과 태양이 지구 주위를 공전하는 것이 겉보기에는 차이가 없다.

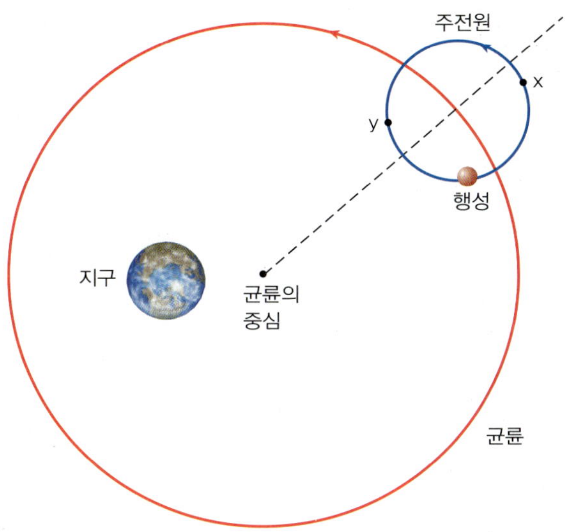

그림 9.5 프톨레마이오스가 행성의 역행운동을 설명하는 방법. 각각의 행성은 주전원(epicycle)이라 불리는 작은 궤도를 따라 공전하며 동시에 균륜(deferent)이라 불리는 더 큰 궤도를 따라 공전한다. 행성이 x 위치에 있을 때는 동으로 움직이는 것처럼 보이지만, y 위치에 있을 때는 반대로 서로 움직이는 것처럼 보인다. 프톨레마이오스는 행성이 타원 궤도를 가진다는 것을 몰랐으며, 이 때문에 생긴 오류를 보정하기 위해 지구의 위치를 균륜의 중심에서 약간 벗어나 있게 했다.

년경, 고대 그리스 천문학자인 클라우디우스 프톨레마이오스(Claudius Ptolemy, ca. 85~165)는 행성의 역행운동을 설명하기 위해 아리스토텔레스의 지구 중심 우주 모델을 수정하였다. 그의 수정된 모델에 따르면, 행성은 지구를 중심으로 하는 큰 원운동을 함과 동시에 작은 원 위에서 궤도운동을 하고 있다(그림 9.5). 그는 복잡한 수학적 계산을 통해 행성의 움직임을 성공적으로 기술할 수 있었고, 그 덕분에 그의 모델은 사람들에게 널리 받아들여졌다. 그러나 그 역시 고정된 지구를 중심으로 태양과 행성이 돌고 있다는 아리스토텔레스의 틀린 우주 모델로부터 크게 벗어나지 못했다.

9.3 르네상스와 태양 중심 태양계

아리스토텔레스와 프톨레마이오스의 사상은 약 1,400년 동안 거의 바뀌지 않은 채 유지되었다. 그러던 중, 1530~1650년에 이르는 약 120년의 기간 동안 몇몇 르네상스 학자들이 태양계 내의 움직임에 대한 인간의 이해를 바꾸게 되었고, 그 과정에서 과학적 사고에 혁명이 일어나게 되었다.

태양 중심 모델(heliocentric model) 우주의 중심에 태양이 위치한다는 모델

코페르니쿠스

1530년, 폴란드 천문학자이자 성직자인 니콜라스 코페르니쿠스(Nicolaus Copernicus, 1473~1543)는 태양계의 중심은 지구가 아니라 태양이며, 지구는 하늘의 다른 '방랑자'들과 마찬가지로 행성일 뿐이라고 주장하였다. 코페르니쿠스의 가설은 매우 간단한 법칙들에 의해 우주의 천체들이 움직이고 있을 것이라는 철학적 전제를 기반으로 하였다. 그는 프톨레마이오스의 모델이 지나치게 복잡하며, 태양계의 중심에 태양이 있다고 하는 **태양 중심 모델(heliocentric model)** 이 천체의 움직임을 더 잘 설명할 수 있다고 믿었다.

그림 9.6은 태양 중심 우주 모델이 어떻게 행성의 역행운동을 설명하는지 보여주고 있다. 처음에 지구는 1의 위치에 있고 화성이 1′의 위치에 있다고 하자. 지구 위의 관측자가 화성의 위치를 기록할 때는 더 멀리 있는 별들로부터의 상대적인 위치를 기록하게 되고(흰색 선), 화성은 밤하늘에서 1″의 위치에 보일 것이다. 약 2주 뒤에 지구와 화성이 각각 2와 2′의 위치로 이동하게 되면 화성은 2″에 투영될 것이다. 코페르니쿠스의 모델에 따르면 지구는 화성보다 태양에 더 가까이 위치하기 때문에 화성보다 더 빨리 움직인다. 따라서 지구는 3에서 4로 움직이는 동안 3′에서 4′로 움직인 화성을 따라잡게 된다. 이 과정에서 화성은 방향을 바꾸어 뒤로 움직이는 것처럼 보이게 되지만, 물론 이것은 별들이라고 하는 배경 막에 의한 착시현상에 불과하다. 화성이 5에서 6으로 이동하는 동안 화성의 움직임은 다시 방향을 바꾸게 되는데, 이것으로 한 주기의 역행운동이 마무리 된다. 실제로 화성은 뒤로 움직인 일이 전혀 없고, 지구가 화성을 따라 잡으면서 생긴 착시 효과에 불과한 것이다.

브라헤와 케플러

1500년대 후반에 들어, 덴마크 천문학자인 티코 브라헤(Tycho Brahe, 1546~1601)는 알려진 모든 태양계 천체들

관성(inertia) 물체가 움직임의 변화에 저항하려는 성질

의 위치와 움직임을 정밀히 기록했다. 그는 자신의 기록을 이용하여 가까운 미래에 어떤 행성이 어디에 위치할 것인지 예측할 수 있었지만, 그러한 움직임의 원리는 설명하지 못했다. 브라헤는 1601년의 어느 파티에서 술을 마시다 숨을 거두었고, 그의 제자였던 요하네스 케플러(Johannes Kepler, 1571~1630)가 브라헤가 생전에 기록했던 방대한 자료를 물려받게 되었다. 계산을 통해 케플러는 행성들이 원 궤도가 아니라 타원 궤도로 움직이고 있다는 사실을 알게 되었으며, 행성의 움직임을 표현하는 일련의 수학 공식을 도출하였다. 그러나 케플러 역시 왜 행성들이 직선으로 이동하지 않고 태양을 중심으로 궤도운동을 하는지에 대해서는 대답하지 못했다.

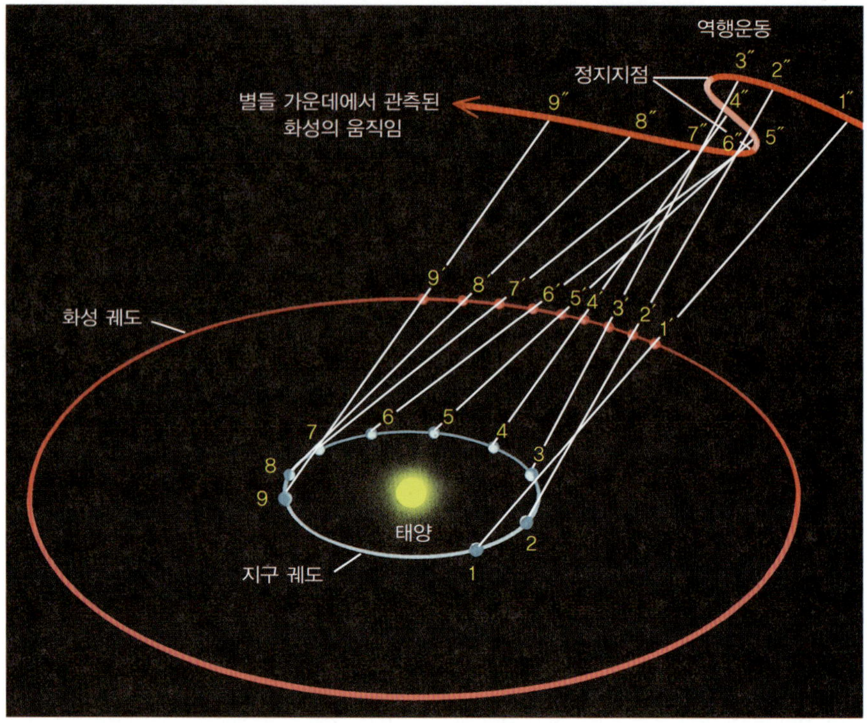

그림 9.6 태양 중심 모델에서 설명하는 행성의 역행운동. 지구와 행성의 상대적인 위치 변화를 통해 설명한다.

갈릴레오 갈릴레이

이탈리아 수학자이자 천문학자 겸 물리학자인 갈릴레오 갈릴레이(Galileo Galilei, 1564~1642)는 현대 과학의 아버지라 불릴 만큼 많은 과학적 업적을 이루었다. 그중 가장 주목할 만한 것은, 자연의 법칙은 관측과 실험, 그리고 수학적 분석을 통해 이해되어야 한다는 것을 깨달았다는 것이다. 이러한 발상은 아리스토텔레스 식의 교리에 갇혀 지내던 과학자들을 일깨워 주었다.

아리스토텔레스의 지구 중심 우주 모델은 다음과 같은 두 가지 관측 사실과 하나의 철학적 전제에서 시작한다. (1) 만약 지구가 움직인다면 사람들은 그 반대 방향으로 넘어져야 하지만, 그런 일은 일어나지 않고 있다. (2) 아리스토텔레스는 별들의 시차를 관측할 수 없었다. (3) 신은 우주를 대칭적이고 완벽하게 창조하였을 것이다. 갈릴레오는 실험과 관측을 통해 아리스토텔레스의 모델이 틀렸다는 것을 보였으며, 코페르니쿠스의 태양 중심 모델을 지지하게 되었다.

갈릴레오는 부드러운 대리석 바닥에서 구슬이 어떻게 움직이는지 연구했으며, 피사의 사탑에서 물체를 떨어뜨리는 실험을 했던 유명한 일화도 있다. 그는 많은 실험결과를 토대로 운동 법칙들을 만들었으며, 이 법칙들은 후에 아이작 뉴턴에 의해 확장되고 체계화되었다. 그 법칙들 중 하나는 "힘이 가해지지 않는 한, 정지해 있는 물체는 계속 정지해 있으며 움직이는 물체는 계속 움직인다"는 것이다. 이것은 뉴턴의 운동 제1법칙인 관성(inertia)의 법칙에 해당한다. 물체가 움직임의 변화에 저항하려는 성질을 관성이라 한다.

관성의 법칙에 따르면, 지구가 일정하게 움직이고 있으면 지표면에 있는 사람도 같은 일정한 움직임을 따르게 된다. 그러므로 그 사람은 지구와 함께 움직일 것이고, 아리스토텔레스가 추측했던 것처럼 뒤로 넘어져서 홀로 남게 되는 일은 없다. 사실, 그 사람은 지구가 움직인다는 사실을 알 수 없다.

갈릴레오는 1609년에 처음 망원경을 만들었으며, 곧 그

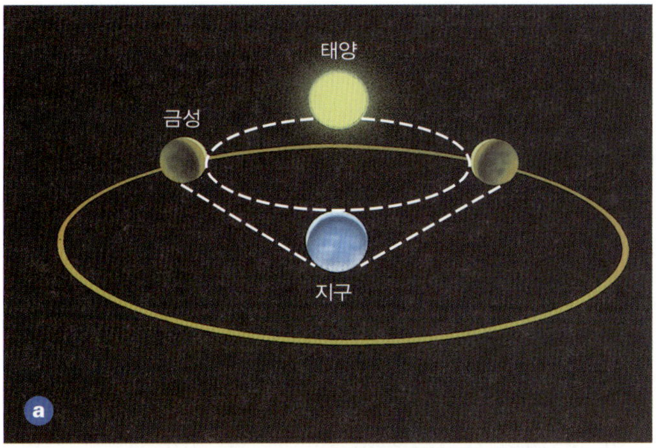

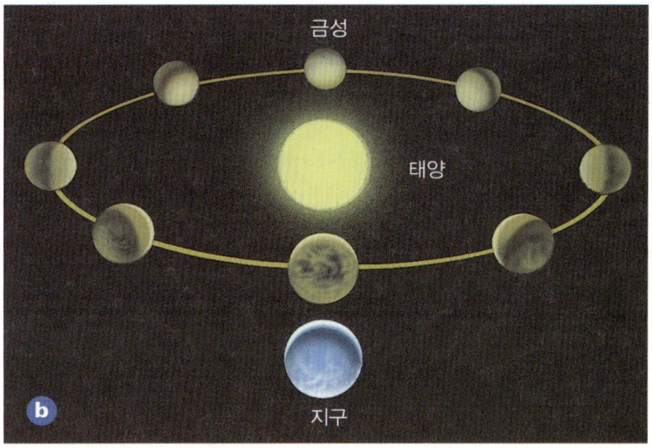

그림 9.7 (a) 프톨레마이오스의 이론에 따르면, 금성은 그림에서 점선으로 보이는 곳보다 태양으로부터 더 멀리 위치할 수 없으며, 따라서 금성은 늘 초승달 모양을 하고 있어야 한다. (b) 태양 중심 이론에 따르면, 금성은 달과 같이 모든 위상을 가질 수 있다. 갈릴레오는 망원경을 이용하여 금성의 위성 변화를 관측하였고, 행성들이 태양을 중심으로 돌고 있다는 결론을 내렸다.

것으로 밤하늘을 관측했다. 그는 은하수라 불리던, 하늘을 가로지르는 희미한 하얀 띠가 아리스토텔레스가 말했던 것처럼 빛의 구름이 아니라 어마어마하게 많은 별들의 모임이라는 사실을 알게 되었다. 그는 망원경을 달로 향하여 달 표면의 언덕과 산, 거대한 분화구, 넓고 평평한 지역들을 보았는데, 이 평평한 지역들이 바다라고 생각하고는 라틴어로 바다를 뜻하는 '마리아(maria)'라고 명명했다. 또한 태양을 관측할 때는 태양 표면에서 나타났다 없어지곤 하는 어두운 지역들, 즉 흑점을 기록하기도 했다.

이러한 관측들이 지구 중심 모델과 태양 중심 모델 사이의 논쟁과는 직접적인 관계가 없지만, 갈릴레오로 하여금 아리스토텔레스의 관점에 의구심을 갖게 했다는 면에서 중요하다. 은하수가 정말로 별들이 모여서 이루어진 것이라면, 아리스토텔레스가 그것을 이미 알았을 것이라는 생각이 그 당시 과학계의 대체적인 견해였다. 더군다나 갈릴레오가 태양과 달을 관측하여 얻은 결과는 천체들이 흠잡을 데 없이 완벽한 구형일 것이라는 아리스토텔레스의 견해에 상치하는 것이었다. 갈릴레오는 은하수, 태양, 달의 구조에 대해 아리스토텔레스가 내세운 이론이 틀렸다면 그가 이 천체들의 움직임을 설명하기 위해 제안했던 이론 역시 틀릴 것이라고 추론하였다.

갈릴레오는 목성 주위에서 공전하는 네 개의 달을 관측했다.[2] 지구 중심 모델에서는 모든 천체가 지구 주위를 공전해야 하는데, 목성의 달들은 분명히 지구가 아닌 목성 주위를 공전하고 있었다. 이러한 모순으로 인해 갈릴레오는 아리스토텔레스의 이론을 더 의심하게 되었다.

마침내 갈릴레오는 달과 같이 금성에도 위상 변화가 생기는 것을 관측하게 되었다. 이와 같은 행성의 주기적 위상 변화는 지구 중심 모델로는 쉽게 설명될 수 없으며, 프톨레마이오스의 수정된 모델로도 설명이 불가능한 것이었다(그림 9.7). 갈릴레오는 이와 같은 관측 결과를 바탕으로 태양이 태양계의 중심에 있으며 행성은 태양을 중심으로 궤도운동한다고 주장하게 되었다.

아이적 뉴턴과 우주의 접착제

갈릴레오는 태양계 천체들의 움직임을 성공적으로 설명했지만, 행성들이 직선으로 날아가지 않고 태양을 중심으로 궤도운동하는 사실에 대해서는 의아해 하지 않았다. 아리스토텔레스는 화살은 직선으로 날아가는데 반해, 천체들은 곡선으로 움직인다는 사실을 관측하였다. 그는 화살은 직선으로 움직이려는 성질이 있는데 반해, 천체들은 원운동을 하려는 성질이 있다고 추측했다. 그러나 르네상스 시

2) 역자 주: 현재 알려진 달은 63개이지만 그중 갈릴레오의 망원경으로 관측될 수 있을 만큼 큰 것은 네 개뿐이었다.

공전(revolution) 천체가 한 점을 중심으로 궤도운동하는 현상. 인공위성이나 달은 지구를 중심으로 공전하고, 지구는 태양을 중심으로 공전한다.

자전(rotation) 물체가 한 축을 중심으로 회전하는 현상. 팽이와 행성의 회전이 그 예다.

대에 와서는 이러한 답이 더 이상 받아들여지지 않았다.

영국의 물리학자인 아이작 뉴턴(Sir Isaac Newton, 1643~1727)은 갈릴레오 갈릴레이가 사망한 1643년에 태어났다. 그는 살아 있는 동안 물리학에 지대한 공헌을 했고 미적분을 개발했다. 그가 사과나무 아래에 앉아 있다가 사과가 머리 위로 떨어지는 것을 보고 중력을 발견했다는 유명한 일화도 있다. 뉴턴이 태어나기 오래 전부터 허공의 물체는 땅으로 떨어진다는 것이 알려져 있었으나, 중력이란 떨어지는 사과, 날아가는 화살, 공전하는 행성을 포함하는 모든 물체에 주어지는 보편적이 힘이란 것을 처음으로 인식한 사람은 바로 뉴턴이었다.

갈릴레오가 창안하고 뉴턴이 확장했던 운동 법칙들에 따르면, 외부에서 힘이 가해지지 않고 있는 물체는 원래 움직이고 있는 방향으로 계속 나아간다. 다른 방향으로 힘이 가해지지 않는 한 직선으로 굴러가야 하는 구슬처럼, 힘이 가해지지 않는다면 행성도 직선으로 움직여야 한다. 바로 태양과 행성 사이의 인력이 행성의 방향을 바꾸어 타원 궤도를 그리게 만드는 것이다. 중력은 우주의 접착제와 같은 역할을 하고 있으며, 모든 천체들의 움직임에 영향을 준다.

9.4 지구와 달의 움직임

1700년경, 천문학자들은 태양이 태양계의 중심에 있고 행성들은 그 주위를 타원 궤도로 움직인다는 것을 알고 있었다. 행성은 태양을 중심으로 **공전(revolution)**함과 동시에 **자전(rotation)**도 한다. 지구는 태양을 한 바퀴 공전하는 동안 약 365번의 자전을 하며, 한 번의 자전이 하루로 정의된다. 지구가 자전함에 따라 태양, 달, 별들은 하늘의 동쪽에서 서쪽으로 움직이는 것처럼 보이게 된다. 여러분은 5장에서 지구의 자전축이 기울어져 있고, 이 현상과 지구의 공전이 합쳐져서 계절을 만든다는 것을 살펴보았다.

9.1절에서 이미 설명했듯이, 별과 별자리는 계절에 따라 다르게 관측된다. 지구가 태양을 중심으로 공전하기 때문에 우리가 보게 되는 밤하늘이 계절에 따라 달라지는 것이다(그림 9.8). 겨울밤에 보이는 하늘이 6개월 뒤 여름밤에는 보이지 않는다.

행성들은 공전과 자전 외의 추가적인 운동을 한다는 것이 밝혀졌다. 지구는 자전을 함과 동시에 팽이의 회전축이 비틀거리는 것과 같은 세차운동을 한다(그림 9.9). 현재 지구

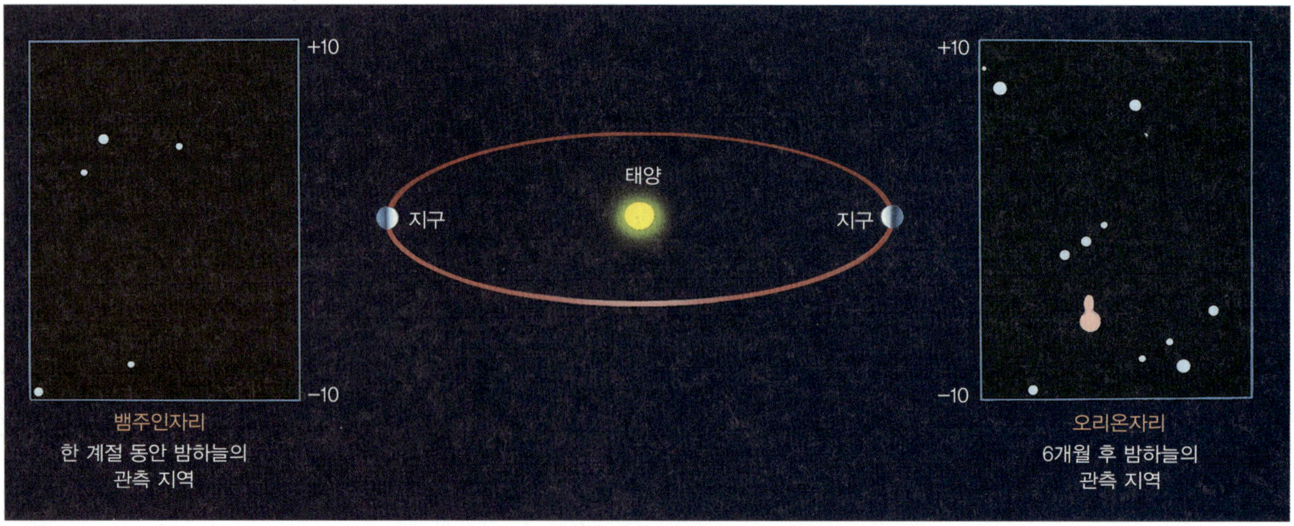

그림 9.8 지구가 태양 주위에서 궤도운동을 하면서 계속 위치를 바꾸므로 밤하늘도 계절에 따라 변하게 된다.

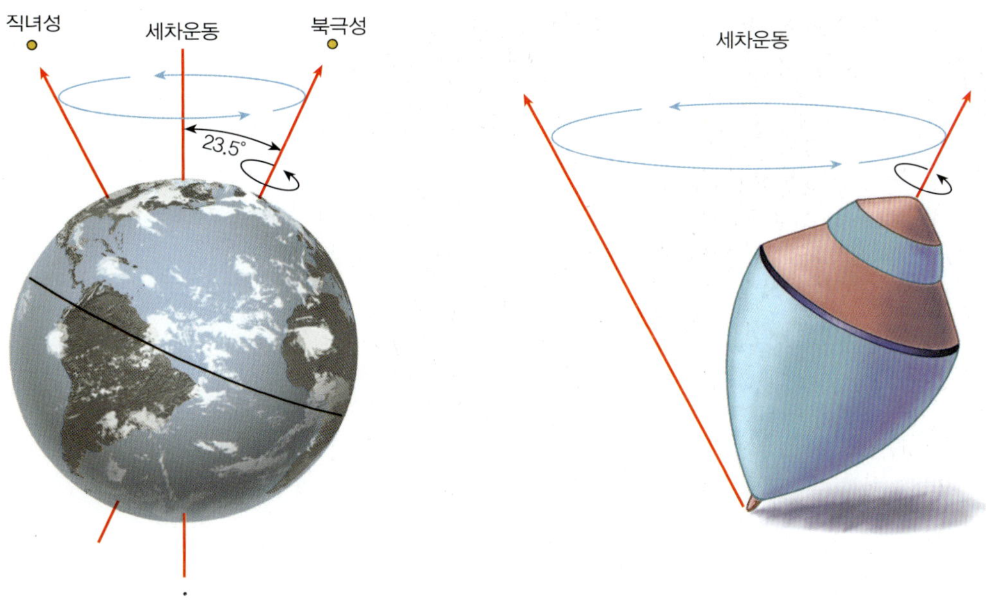

그림 9.9 지구의 자전축은 팽이와 같이 세차운동을 하는데, 그 주기는 26,000년이다.

의 자전축은 북극성인 폴라리스성을 향하고 있으나, 12,000년 후에는 이 축이 직녀성을 향할 것이며, 그때는 직녀성이 북극성이 될 것이다. 지구 세차운동의 주기는 26,000년이며, 지구의 자전축이 다시 폴라리스성을 향하게 되는 것은 공통 기원 28,000년경이 될 것이다. 지구의 세차운동은 플라이스토세 빙하시대에 빙하가 저위도 지방으로 내려왔다가 다시 고위도 지방으로 올라가는 것을 반복하게 하는 원인 중 하나였다.

게다가, 달의 중력은 지구가 공전 궤도에서 살짝 이탈하도록 지구를 잡아당기고 있다. 지구의 궤도를 그릴 때 우리는 부드러운 타원으로 그리곤 하지만, 사실 달 때문에 지구의 궤도는 뱀이 움직이는 것처럼 약간 구불거린다. 태양도 역시 우리 은하의 중심을 공전하고 있는데, 초속 220 km의 속도로 한 바퀴 도는 데에 약 2억 년이 걸린다. 한편, 우리 은하는 태양과 그 행성들을 품고 은하 사이를 움직이고 있다.

달의 움직임

달과 지구의 중력 상호작용은 두 천체가 서로의 주위를 궤도운동하게 만들기도 하지만, 서로의 표면과 내부에도 영향을 끼친다. 여러분은 앞서 달의 중력이 지구에 썰물과 밀물을 야기한다는 것을 배웠다. 지구가 달에 미치는 중력은 상당히 커서, 달이 딱딱한 바위 같은 물체임에도 불구하고 한 방향으로 약간 길쭉해지게 만든다. 지구가 이 길쭉해진 쪽을 더 잡아당기기 때문에, 이쪽이 항상 지구를 향하게 되었다. 그 결과 사람들은 항상 달의 같은 면만을 보게 되었으며, 그 뒤쪽은 우주 시대가 도래할 때까지 볼 수 없었다.

사람들은 달의 위상이 변하는 것을 모두 알고 있다. 달이 사라졌을 때를 **삭**(new moon)이라고 한다. 삭으로부터 4일 뒤에는 **초승달**(crescent moon)이 되고, 시간이 지나면서 점점 차올라 삭으로부터 7일 째 되는 날에 **상현달**(first quarter moon)이 된다. 그 며칠 후에는 어두운 부분이 가늘게만 남아 있는 **열하루 달**(waxing gibbous moon)이 되며, 삭으로부터 14~15일 후에 달은 완전히 원으로 보이는 **보름달**(full moon)이 된다(그림 9.10). 그 후로

삭(new moon) 태양 빛에 반사되는 달의 밝은 부분이 지구에서 보이지 않는 달의 위상. 달이 태양과 지구 사이에 놓일 때 일어난다.

초승달과 그믐달 (crescent moon) 달의 밝은 부분이 얇게 보이는 달의 위상들로, 초승달은 달이 삭을 지나 차오를 때, 그믐달은 하현을 지나 달이 기울 때에 해당한다.

상현달(first quater moon) 삭에서 보름달에 이르는 중간에 달의 반만 밝게 빛나는 달의 위상

열하루 달과 열이레 달 (gibbous moon) 반달보다 크고 보름달보다 작은 달의 위상. 열하루 달은 보름달로 차오르는 때, 열이레 달은 보름달을 지나 이울 때에 해당한다.

보름달(full moon) 달이 둥글게 보이고 전면이 밝게 빛나는 달의 위상. 달이 지구로부터 태양 반대편에 놓여 있을 때로, 태양 빛에 반사되는 달의 밝은 부분 전체가 지구에서 보인다.

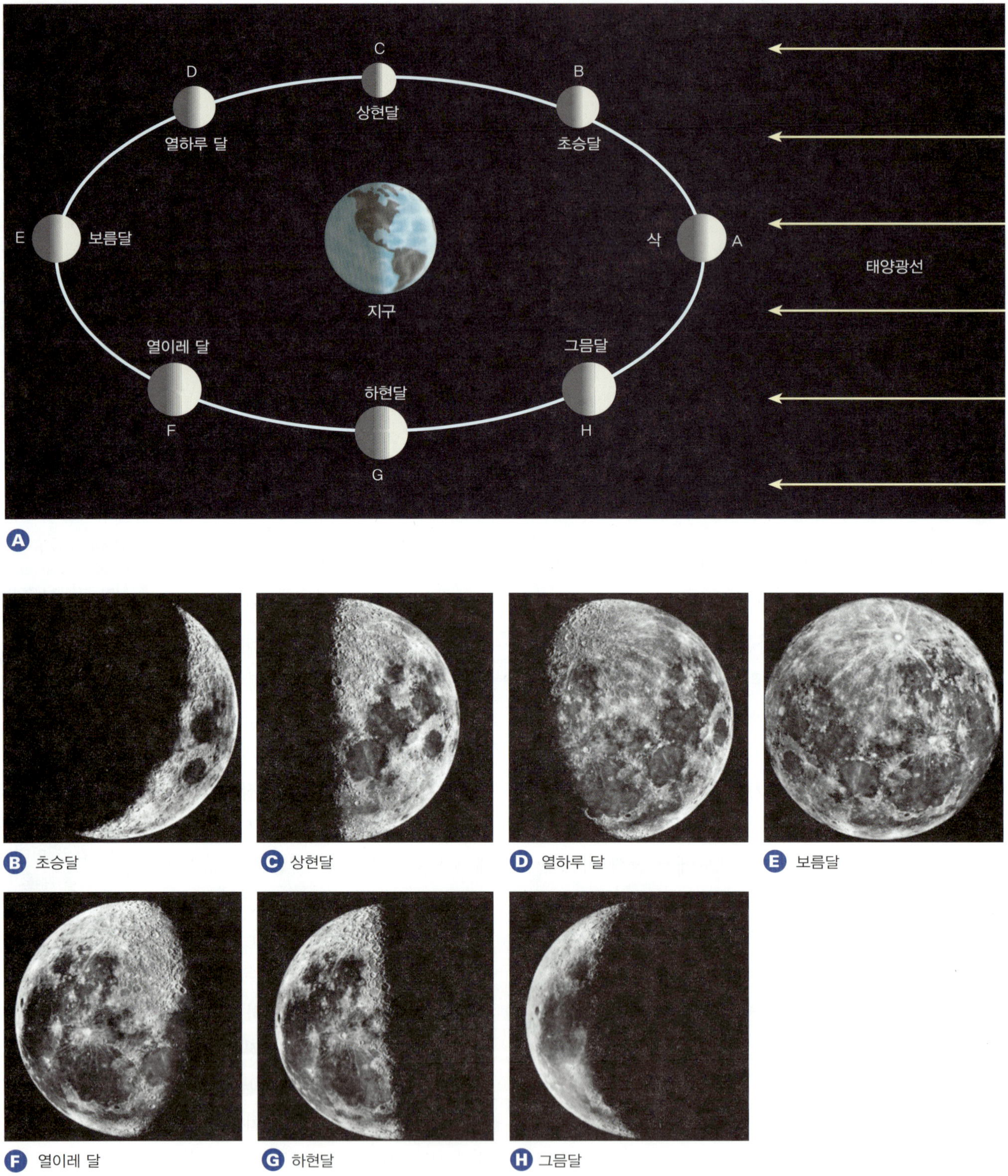

COURTESY OF THE OBSERVATORIES OF THE CARNEGIE INSTITUTION OF WASHINGTON.

그림 9.10 달은 약 29.5 지구 일에 걸쳐 한 주기의 위상 변화를 거친다. 위의 그림은 달이 한 달에 걸쳐 지구 주위를 공전하는 모습이고, 아래 그림들은 지구에서 촬영된 달의 여러 위상들이다.

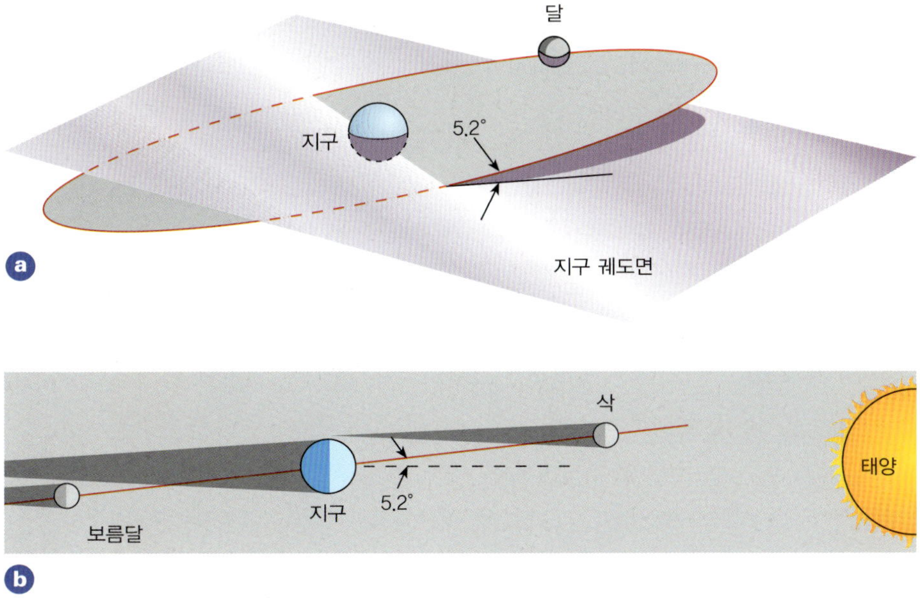

그림 9.11 (a) 지구는 한 평면에서 태양 주위를 공전하며, 달은 다른 평면에서 지구 주위를 공전한다. (b) 태양, 달, 지구를 옆에서 본 그림으로, 대부분의 경우에 달그림자는 지구를 빗나가며, 지구의 그림자는 달을 빗나간다는 것을 보여준다. 이들의 상대적인 크기와 위치는 이해를 돕기 위해 과장되어 있다.

하현달(third quater moon) 보름달에서 삭에 이르는 중간에 달의 반만 밝게 빛나는 달의 위상

일식(solar eclipse) 지구와 태양을 잇는 선 위에 달이 놓일 때 생기는 현상으로, 달그림자가 지구에 닿아서 지구에서 태양이 보이지 않는 때다.

코로나(corona) 태양의 바깥쪽 대기로, 평소에는 보이지 않으나 일식 중에는 태양을 가린 달 주위에 후광으로 보인다.

본영(umbra) 달의 그림자가 드리우는 지구 상의 좁고 긴 영역으로, 일식 중에 태양이 완전히 가려지는 지역이다.

는 달이 조금씩 이울기 시작하여, **열이레 달**(waning gibbous moon)과 **하현달**(third quarter moon), **그믐달**(waning crescent moon)을 거쳐 29.5일째 되는 날에 다시 삭으로 돌아간다.

달의 위상 변화를 이해하기에 앞서 달은 스스로 빛을 내지 못하고 태양 빛을 반사할 뿐이라는 것을 인식해야 한다. 태양을 향하는 달의 반쪽은 태양 빛에 노출되어 밝게 빛나며, 반대 쪽 반은 빛이 닿지 않아 어둡다. 달의 위상은 태양에 의해 빛나는 달의 표면이 지구에서 얼마나 보이느냐에 의해 결정되며, 이 빛나는 부분은 태양, 달, 지구의 상대적인 위치에 따라 달라진다. 지구의 공전 궤도는 타원이며, 태양은 이 궤도 평면에 놓여 있으면서 궤도의 중심 근처에 있다. 마찬가지로 달의 궤도 평면에 지구가 놓여 있는데, 달의 궤도면은 지구의 궤도면에 5.2° 기울어져 있다. 그 결과 달, 지구, 태양이 모두 같은 평면상에 놓이게 되는 경우는 좀처럼 드물며(그림 9.11), 달의 그림자가 지구에 닿거나 지구의 그림자가 달에 닿는 현상은 흔히 일어나지 않는다.

일식과 월식

달의 공전 궤도면은 지구의 공전 궤도면에서 5.2° 기울어져 있기 때문에, 달은 대개의 경우 지구의 공전 궤도면에서 벗어나 있다. 따라서 삭일 때의 달그림자는 지구에 닿지 않으며(그림 9.12(a)), 달의 위상이 보름일 때 지구의 그림자는 달에 닿지 않는 것이 일반적이다(그림 9.12(b)).

그러나 드문 경우에, 삭일 때의 달이 지구의 공전 궤도면에 위치할 수 있고, 이때 달은 태양과 지구를 잇는 선상에 놓이게 되어 달그림자가 지구에 닿게 되며, **일식**(solar eclipse)이 일어난다(그림 9.12(c)). 달이 태양 앞으로 미끄러져 들어오는 순간 오싹한 어둠이 내리게 되고, 지구는 순간 정지한 듯 고요해진다. 새들은 둥지로 돌아가고 지저귐을 멈춘다. 개기일식이 일어나면 태양 표면은 달에 의해 완전히 가려지나, 태양의 외부 대기인 **코로나**(corona)가 어두운 달 주위에 후광으로 나타나게 된다(그림 9.13). 이것은 너무 밝은 태양 표면 때문에 평소에는 잘 보이지 않는다. 태양, 달, 지구 사이의 상대적인 거리와 상대적인 크기 차이 때문에 달그림자는 지구 표면의 아주 일부분에만 닿는다(그림 9.14). 태양 표면이 달에 의해 완전히 가려지는 지구 상의 좁고 긴 띠 같은 영역을 **본영**(umbra)이라 부르는

반영(penumbra) 본영의 바깥쪽에 상대적으로 넓게 위치하는 영역으로, 일식 중에 태양이 일부만 가려지는 지역이다.

월식(lunar eclipse) 지구가 태양과 달 사이에서 똑바로 위치할 때 지구의 그림자가 달을 비추어 어둡게 하는 현상

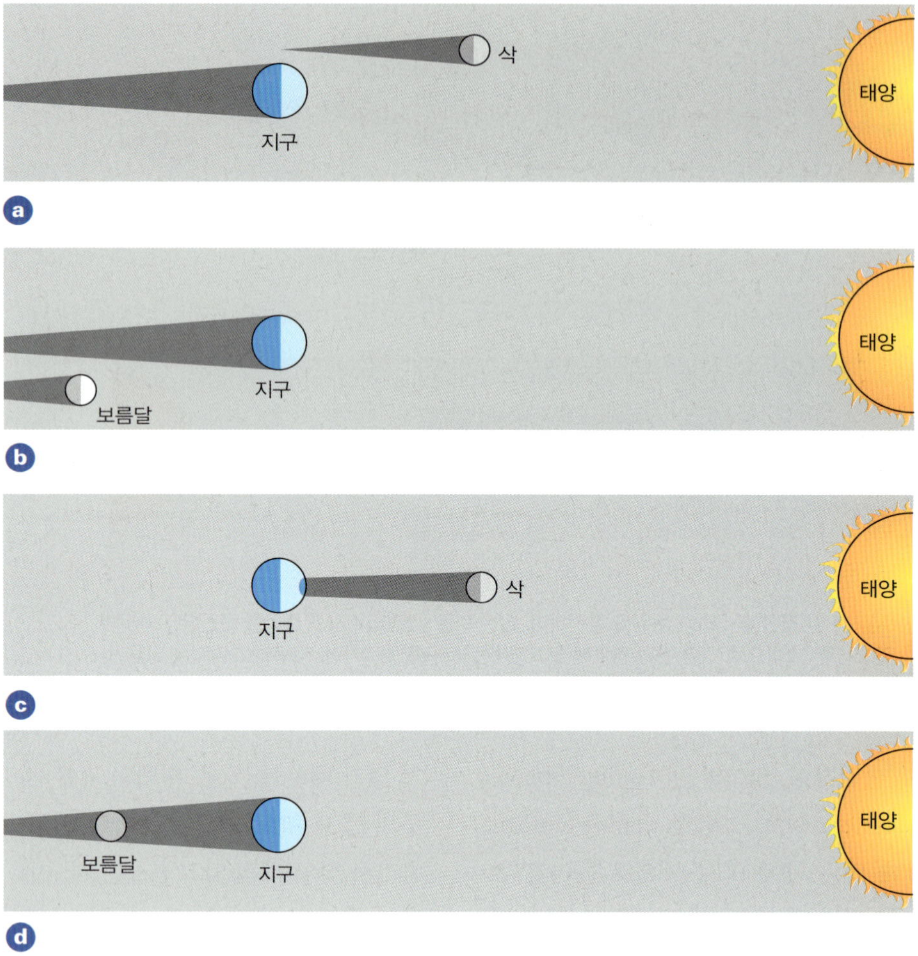

그림 9.12 일식과 월식. (a) 달이 삭의 위상을 가질 때 달그림자는 대개 지구를 빗나간다. (b) 보름달일 때 지구의 그림자는 대개 달을 빗나간다. (c) 달이 지구와 태양을 잇는 선상에 있을 때 일식이 일어나고, 달그림자가 지구를 가리게 된다. (d) 지구 그림자가 달을 가릴 때 월식이 일어난다.

STEPHEN J. EDBERG

그림 9.13 일식 현상을 겪고 있는 태양 주위에서 코로나가 밝은 후광으로 보이고 있다. 이 사진은 1991년 7월 11일 멕시코 바하 캘리포니아 라파스(La Paz)에서 개기일식 동안 촬영되었다.

데, 이 띠의 너비는 275 km를 넘지 않는다. 본영 바깥의 넓은 지역인 **반영(penumbra)**에서는 태양의 일부만이 가려진다. 이러한 부분일식 동안에 하늘의 밝기가 약간 어두워지긴 하지만 완전히 캄캄해지진 않는다. 이때 어두운 필터를 앞에 대고 태양을 보면 둥근 그림자가 태양 표면을 가로질러 가는 것이 보인다.

달이 보름일 때 지구의 공전 궤도면을 지나가게 되면 지구는 태양과 달을 잇는 선상에 놓이게 되며, 지구의 그림자가 달에 닿아 달이 어두워지는 **월식(lunar eclipse)** 현상이 일어난다(그림 9.12(d)). 일식보다 월식이 더 자주, 그리고 더 길게 일어나는데, 이는 지구의 크기가 달보다 커서 지구의 그림자가 달을 덮을 확률이 더 높기 때문이다. 월식은 몇 시간 동안 지속되기도 한다.

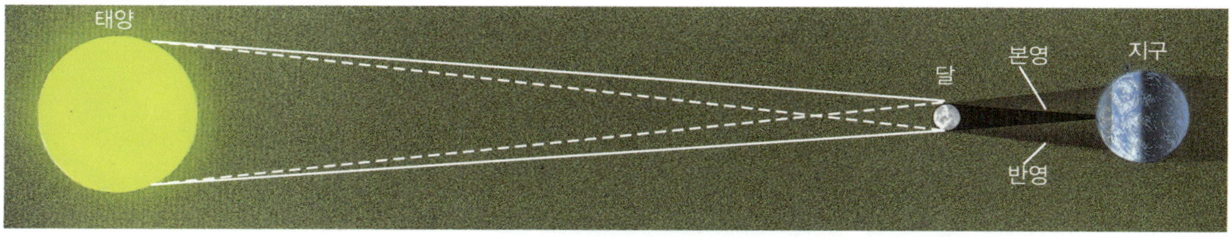

그림 9.14 달그림자가 지표면에 드리운 좁고 긴 지역인 본영에서만 개기일식을 볼 수 된다. 본영을 둘러싸는 보다 넓은 지역인 반영에서는 부분일식을 보게 된다. (천체들의 상대적인 크기와 위치는 이해를 돕기 위해 과장되어 있다.)

9.5 현대 천문학

태양, 달, 행성들의 상대적인 움직임을 이해한 이후, 천문학자들은 이러한 천체들의 본질과 성분에 대해 궁금해 했고, 더 나아가 별들과 우주에 있는 다른 천체들까지 탐사하기 시작했다. 멀리 떨어져 있는 천체들에 대한 정보는 어떻게 수집하는 것일까?

만약 여러분이 밤하늘을 직접 바라보고 있다면, 하늘로부터 얻는 정보는 몇 가지 이유로 인해 상당히 제한적이 된다. 우선, 여러분의 눈은 가시광선 밖에 보지 못하는데, 가시광선 대역은 전체 전자기 스펙트럼의 겨우 1억 분의 1에 해당한다. 즉, 우리의 눈은 극히 일부분의 파장대역만 볼 수 있는 것이다. 또한 눈이 수집할 수 있는 빛의 양은 매우 적어서, 아주 어둡거나 멀리 있는 천체는 전혀 감지할 수 없다. 눈은 **분해능**(resolution)도 좋지 않아서, 실제로는 두 개인 천체를 하나로 인식하기도 한다(그림 9.15). 끝으로, 우주에서 오는 빛은 지구 대기를 통과하는 과정에서 일그러지는 현상을 겪게 된다. 현대의 천문학자들은 이와 같은 어려움을 극복하기 위해 망원경과 그 밖의 관측기기를 사용한다.

광학 망원경

망원경은 넓은 영역에 들어오는 빛을 한 곳으로 모아서 관측할 수 있게 만드는 장치다. 모인 빛을 감지하는 장치는 여러분의 눈이 될 수도 있으며, 사진 건판이나 다른 더 복잡한 기기가 될 수도 있다. 희미한 빛으로부터 검출 가능한 상을 얻기 위해 망원경을 이용해 몇 시간 동안이나 빛을 모으기도 한다.

갈릴레오를 비롯한 예전의 천문학자들은 두 개의 렌즈를 활용하는 **굴절망원경**(refracting telescope)을 사용했다. 빛이 처음으로 통과하는 **대물렌즈**(objective lens)는 멀리서부터 오는 빛을 모으는 역할을 하며, 두 번째로 빛이 통과하는 **접안렌즈**(eyepiece lens)는 상을 확대하는 역할을 한

분해능(resolution) 개개의 물체를 분리해서 볼 수 있는 능력으로, 광학 망원경이 관측 대상을 얼마나 자세히 식별할 수 있는지를 알려준다.

굴절망원경(refracting telescope) 렌즈를 이용하는 망원경. 보통 두 개의 렌즈를 이용하는데, 하나는 거리가 먼 대상로부터 온 빛을 모으는 데, 다른 하나는 영상을 확대하는 데 쓰인다.

대물렌즈(objective lens) 굴절망원경에서 접안렌즈로부터 가장 멀리 위치한 렌즈로, 거리가 먼 대상으로부터 온 빛을 모은다.

접안렌즈(eyepiece lens) 굴절망원경에서 눈에 가장 가까이 있는 렌즈로, 모인 빛을 확대한다.

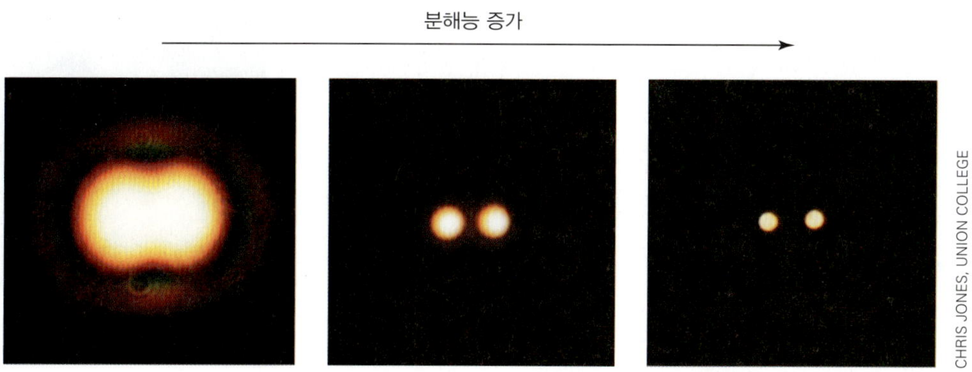

그림 9.15 분해능은 상의 미세한 부분이 식별될 수 있는 최소의 각도를 일컫는다. 왼쪽 사진은 이 세 장의 사진 중에 분해능이 가장 좋지 않은 경우이며, 하나의 물체만 있는 것으로 보인다. 오른쪽 사진으로 갈수록 분해능이 좋아지며, 이제 두 개의 물체로 뚜렷이 분리되어 보인다.

반사망원경(reflecting telescope) 거울을 이용하는 망원경. 한 개 이상의 거울이 빛을 모아 초점이 맺히게 하며, 또 다른 거울을 써서 빛을 반사시켜 접안렌즈로 가도록 한다.

빛공해(light pollution) 밤하늘을 밝히는 도시의 불빛으로, 먼 천체로부터 오는 빛과 섞여 망원경의 관측 성능을 떨어뜨린다.

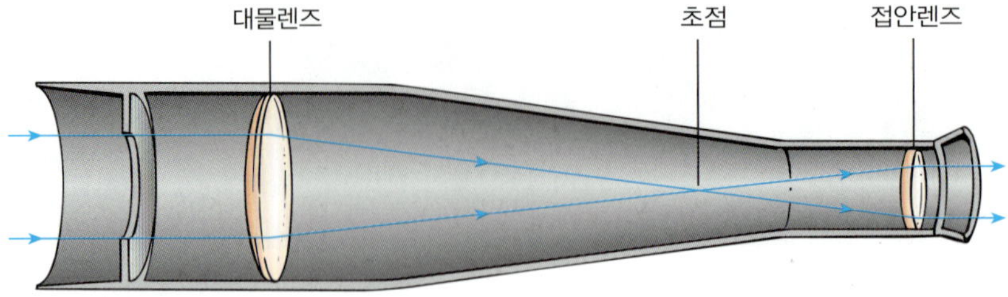

그림 9.16 굴절망원경에서 빛은 커다란 대물렌즈에서 모여 초점이 맺힌다. 대물렌즈에서 만들어진 상은 접안렌즈라고 하는 두 번째 렌즈에서 확대된다.

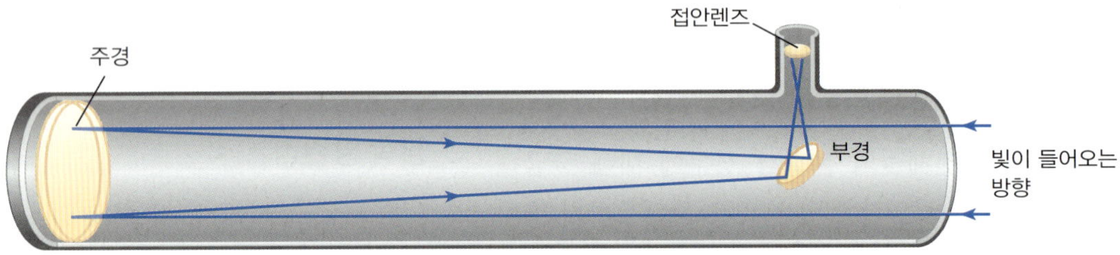

그림 9.17 뉴턴 식 반사 망원경. 오른쪽에서 입사하는 빛이, 굽어 있는 주경에 의해 모여 초점이 맺힌다. 그 후 빛은 부경에서 다시 반사되어 접안렌즈로 들어간다.

다. 대물렌즈의 굽은 표면을 지날 때 빛이 굴절되는데(그림 9.16), 이 굴절된 빛이 초점에 모여서 상이 만들어지고, 이 상은 접안렌즈에 의해 확대된다.

굴절망원경의 문제는 빛이 파장마다 굴절되는 정도가 다르다는 점이다. 즉, 파란빛의 영상이 잘 맺히도록 초점을 맞추면, 빨간빛의 영상은 뿌옇게 보이게 되는 것이다. 이런 이유로 현대의 망원경들은 대부분 **반사망원경(reflecting telescope)**이다. 반사망원경은 굽어 있는 커다란 거울을 이용하여 빛을 모아, 이를 접안렌즈로 보낸다(그림 9.17). 현대식 망원경들은 접안렌즈 위치에 카메라나 전자장비가 설치되어 있다.

도시가 크게 확장됨에 따라 도시에서 나온 빛들이 밤하늘을 밝히고 있으며, 먼 천체로부터 오는 빛들과 경쟁하고 있다. 이러한 도시의 불빛을 **빛공해(light pollution)**라고 부르며, 이는 망원경이 볼 수 있는 거리와 선명도를 떨어뜨린다.

지난 수십 년 동안, 천문학자들은 지상과 우주에 보다 강력한 망원경을 건설해 왔다. 1990년, 허블우주망원경(Hubble Space Telescope; HST)이 지구 궤도의 우주 공간으로 쏘아 올려졌다(그림 9.18). 진공인 우주에서 허블망원경은 빛공해나 대기의 방해를 받지 않는다. 허블망원경이 관측한 고분해능의 영상들은 많은 천체들에 대한 사람들의 이해를 바꾸어 놓았다(그림 9.19). 허블망원경에 설치된 기기들은 가시광선뿐만 아니라 다른 파장들도 감지할 수 있다.

허블우주망원경을 지구 궤도에 올려 우주를 관측하는 데에는 막대한 비용이 들어가지만, 현대 기술의 급속한 발전에 따라 이 같이 강력한 망원경을 지상에도 설치할 수 있게 되었다. 구경이 6 m가 넘는 큰 거울은 자체 무게에 의해 휘

NASA/JOHNSON SPACE CENTER

그림 9.18 지구 궤도에 있는 허블우주망원경으로 태양계, 우리 은하, 은하간 공간 등에서 수많은 새로운 것들을 발견하게 되었다.

어지기 때문에, 최근에 구축되는 대형 망원경들은 여러 개의 작은 거울이 배열되어 있는 형태를 띤다. 여러 개의 거울들을 컴퓨터가 동시에 조정하여 마치 하나의 큰 거울처럼 거동시킨다(그림 9.20).

NASA, ESA, HUBBLE HERITAGE TEAM (STSCI/AURA), & A. ALOISI (STSCI/ESA)

그림 9.19 NGC 1569라 불리는 이 은하는 홀로 떨어져 있으며 별을 폭발적으로 많이 만들어 내고 있는데, 이 천체가 전에 알려져 있던 것 보다 1.5배 더 멀리 떨어져 있다는 것을 허블우주망원경이 밝혀냄으로써 이 은하에 대한 의문점을 푸는 데 크게 기여하였다.

CALIFORNIA ASSOCIATION FOR RESEARCH IN ASTRONOMY

그림 9.20 구경이 10 m에 달하는 켁망원경(Keck Telescope)의 주경은, 컴퓨터에 의해 각각 조정되는 36개의 독립적인 6각형 거울로 이루어져 있다. 주경의 건설 장면을 보여주는 이 사진에는 아직 거울이 18개만 설치되어 있다. 주경의 전체 크기에 비해 작업자가 얼마나 작게 보이는지 확인할 수 있다.

다른 파장을 감지하는 망원경

가시광선은 전자기 스펙트럼의 매우 작은 부분에 불과하다. 별에서 나오는 전자기 복사의 파장은, 별 내부에서 일어나는 핵융합 반응의 종류, 별의 화학적 구성 성분, 온도 등에 따라 달라진다.

최근 들어 천문학자들은 낮은 에너지를 가진 전파 및 적외선에서부터, 높은 에너지를 가진 감마선 및 X선에 이르기까지 다양한 파장에서 관측을 수행했고, 별들과 다른 천체들에 대한 이해를 증진시켰다. 많은 경우, 이러한 연구들에서 쓰인 망원경들은 여러분이 흔히 보는 광학 망원경과 다르게 생겼으며, 관측하는 파장의 특징에 맞게 설계되었다.

방출 스펙트럼과 흡수 스펙트럼

빛이 프리즘을 통과하면 **스펙트럼**(spectrum)으로 나뉘게 된다(그림 9.21). 무지개도 스펙트럼인데, 흰색의 태양빛이 여러 색으로 분해된 것이다. 여러 파장이 하나의 대역으로 묶여서 하나의 색깔이 된다.

뜨거운 별 내부에서 빠져나온 빛이 상대적으로 온도가 낮은 별의 외부 대기를 지나면서, 그곳에 있는 원소에 의해 일부 파장이 선택적으로 흡수된다. 따라서 별빛의 스펙트럼을 보면 일부에 어두운 선들이 나타나며, 이를 **흡수 스펙트럼**(absorption spectrum)이라 한다. 이러한 이유로 별의 흡수 스펙트럼을 관측하면 별의 화학 성분을 알 수 있는데, 이같이 매우 효과적인 방법을 통해 천문학자들은 화학자들이 지구 상의 물질에서 헬륨을 발견한 것보다 27년이나 더 일찍 태양에서 헬륨을 발견했다. 원자가 만들어 내는 스펙트럼의 모양은 원자의 온도와 압력에 따라 변하기 때문에, 스펙트럼을 통해 별 표면의 온도와 압력을 구할 수 있다.

원소가 빛을 흡수하면 결국 언젠가는 다시 그 빛을 내 놓게 된다. 이러한 **방출 스펙트럼**(emission spectrum)은 관측

스펙트럼(spectrum) 가시광선 또는 다른 파장의 전자기 복사를 파장별로 분해하여 배열한 것

흡수 스펙트럼(absorption spectrum) 빛이 어떤 물질을 통과하면서 일부 파장들이 흡수되어 만들어진 스펙트럼. 흡수된 파장들은 스펙트럼에서 어두운 선으로 나타난다.

방출 스펙트럼(emission spectrum) 물질에 의해 흡수된 빛이 재방출되어 만들어진 스펙트럼

도플러 효과(Doppler effect) 파동을 만들어 내는 물체가 관측자에게 다가오거나 관측자로부터 멀어질 때 생기는 광파나 음파의 진동수 변화

적색편이(red shift) 우리에게서 멀어지고 있는 은하 등의 천체가 낸 빛의 파장이 도플러 효과로 인해 더 긴(붉은) 파장으로 이동하는 현상

청색편이(blue shift) 우리에게 다가오고 있는 은하 등의 천체가 낸 빛의 파장이 도플러 효과로 인해 더 짧은(푸른) 파장으로 이동하는 현상

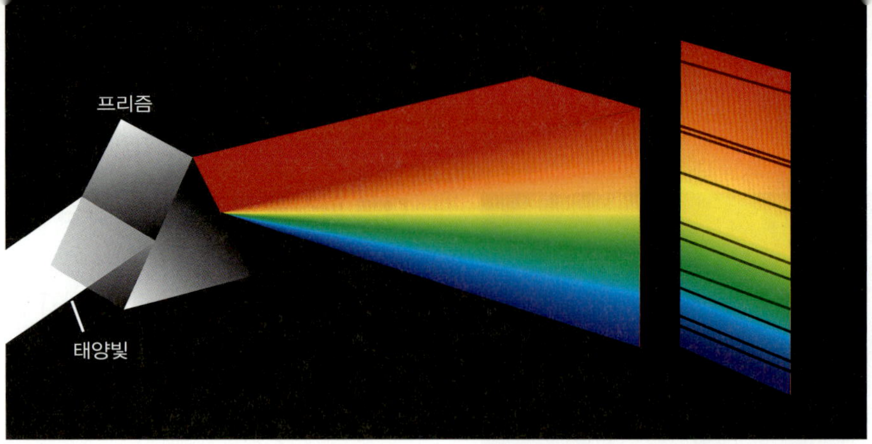

그림 9.21 프리즘을 통과한 태양빛은 분해되어 연속하는 색의 스펙트럼으로 나타난다. 각각의 색은 각기 다른 파장을 나타낸다.

하기가 쉽지 않은데, 이는 별 표면의 배경 밝기가 너무 크기 때문이다. 하지만 일부 별들의 가장자리나 우주 공간에 있는 커다란 먼지와 기체 구름에서는 방출 스펙트럼을 관측할 수 있기도 하다.

도플러 측정

옆으로 지나가는 기차의 기적 소리를 들어보면, 기차가 다가올 때는 보통 때보다 음높이가 높지만 멀어질 때는 음높이가 낮아진다. 이러한 파장의 변화는 오스트리아 물리학자인 요한 크리스티안 도플러(Johann Christian Doppler, 1803~1853)가 1842년 음파와 광파 모두에 대해 처음 설명하였으며, 이를 **도플러 효과**(Doppler effect)라 부른다.

가만히 있는 물체에서 발생하는 파는 구형으로 퍼져 나간다(그림 9.22(a)). 하지만 움직이는 물체에서 발생하는 파는 물체가 움직이는 방향으로는 많이 모이게 되는데, 이는 움직이는 물체가 자신이 발생시킨 파들을 따라 잡으려 하기 때문이다(그림 9.22(b)). 만약 물체가 여러분을 향해 다가오고 있다면, 여러분이 단위 시간당 받는 파의 수는 물체가 움직이지 않을 때보다 많아질 것이며(더 높은 진동수), 반대로 물체가 멀어질 때에는 여러분이 받는 시간당 파의 수는 적어질 것이다(더 낮은 진동수).

같은 원리로, 광파의 진동수도 빛을 내는 물체와 관측자 사이의 상대적인 움직임에 따라 달라진다. 즉, 도플러 효과로 인해, 지구에서 멀어지는 천체에서 오는 빛은 그 빛이 떠났을 때보다 진동수가 더 낮아진 채로 여러분에게 도착한다. 더 낮은 진동수의 빛은 스펙트럼에서 더 붉은 쪽에 해당하기 때문에, 진동수가 낮아지는 도플러 이동을 **적색편이**(red shift)라고 한다. 반대로 지구를 향해 움직이는 물체의 스펙트럼은 진동수가 높은 쪽으로 이동하게 되며, 이를 **청색편이**(blue shift)이라 한다. 이 같은 원리를 이용하여 천문학자들은 매우 멀리 있는 별이나 은하의 상대적인 움직임을 측정할 수 있는 것이다.

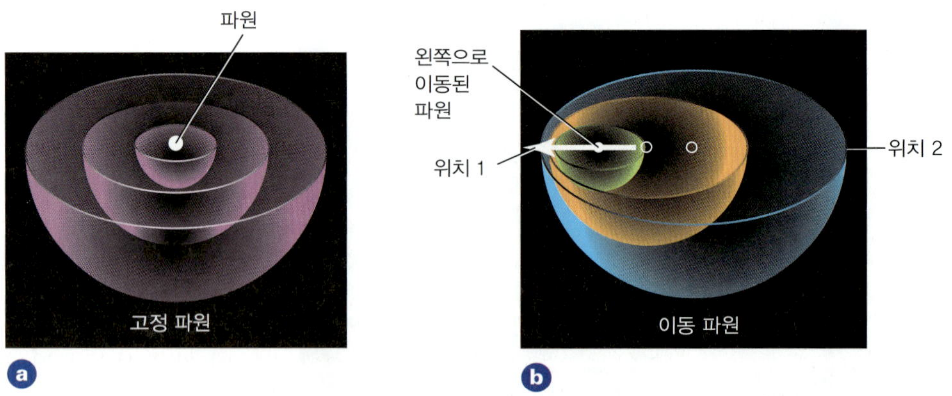

그림 9.22 도플러 효과. (a) 정지해 있는 물체에서 파동이 발생할 경우, 파동의 진동수는 물체에 의해 영향 받지 않기 때문에 관측자가 어느 방향에 있던 상관없이 같은 진동수를 관측하게 된다. (b) 도플러 효과란 움직이는 물체가 발생시킨 파동에 생기는 진동수 변화다. 물체가 관측자를 향해 움직이면, 관측자는(위치 1) 파동들이 압축되어 서로 더 가까워져 보이게 되고, 따라서 정지해 있는 파원으로부터 감지하게 되는 것보다 더 높은 진동수를 관측하게 된다. 물체가 관측자에게서 멀어지게 움직이면, 관측자는(위치 2) 파동들의 간격이 늘어나서 서로 더 멀어져 보이게 되고, 따라서 정지해 있는 파원으로부터 감지하게 되는 것보다 더 낮은 진동수를 관측하게 된다.

요약

9.1 천체의 움직임

별자리는 지구에서 봤을 때 어떤 형태를 가지는 것처럼 보이는 별의 무리이며, 밤하늘에 있는 천체의 위치를 찾을 때 기준이 되는 역할을 한다. 행성은 거의 항상 별들에 비해 동쪽으로 움직이나, 가끔은 방향을 바꾸어 서쪽으로 움직이는 것처럼 보인다. 이렇게 거꾸로 가는 것처럼 보이는 현상을 역행운동이라 한다.

9.2 아리스토텔레스와 지구 중심 우주

아리스토텔레스는 지구 중심 우주 모델을 주장했는데, 이 모델에서는 지구가 여러 겹의 천구에 의해 둘러싸여 있고, 태양, 달, 행성, 별들이 이 천구들에 박혀 있다. 프톨레마이오스는 이 모델에 수정을 가하여 행성의 역행운동을 설명하려 했다. 이 수정된 모델에서 각각의 행성은 작은 원 위에서 움직이며, 이 작은 원들은 다시 더 큰 원 위에서 움직였다.

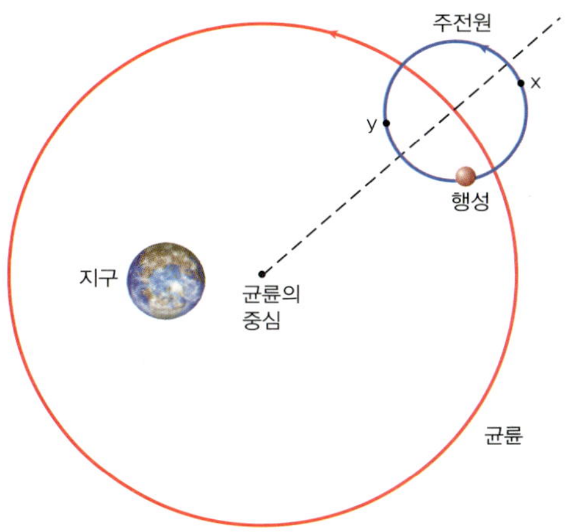

그림 9.5 프톨레마이오스가 행성의 역행운동을 설명하는 방법. 각각의 행성은 주전원(epicycle)이라 불리는 작은 궤도를 따라 공전하며 동시에 균륜(deferent)이라 불리는 더 큰 궤도를 따라 공전한다. 행성이 x 위치에 있을 때는 동으로 움직이는 것처럼 보이지만, y 위치에 있을 때는 반대로 서로 움직이는 것처럼 보인다. 프톨레마이오스는 행성이 타원 궤도를 가진다는 것을 몰랐으며, 이 때문에 생긴 오류를 보정하기 위해 지구의 위치를 균륜의 중심에서 약간 벗어나 있게 했다.

9.3 르네상스와 태양 중심 태양계

코페르니쿠스는 우주가 가능한 가장 간단한 원리에 의해 작동하고 있을 것이라는 믿음을 갖고, 행성의 역행운동을 설명하기 위

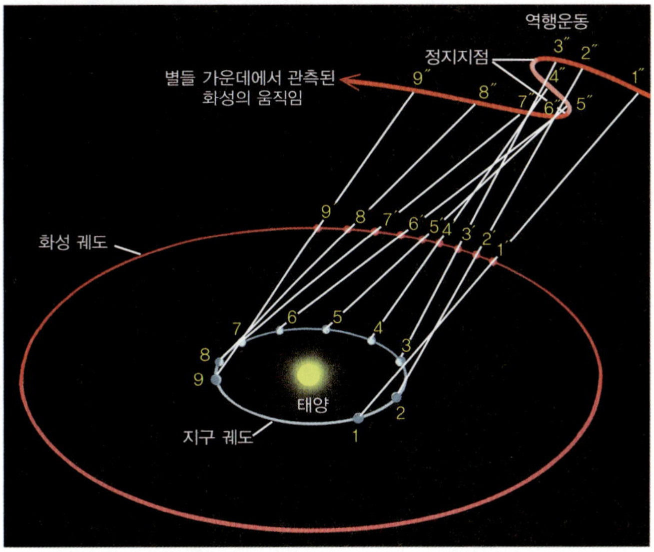

그림 9.6 태양 중심 모델에서 설명하는 행성의 역행운동. 지구와 행성의 상대적인 위치 변화를 통해 설명한다.

해서는 태양 중심의 태양계 모델이 가장 적합하다는 것을 보였다. 케플러는 행성의 궤도가 타원임을 보였으며, 갈릴레오는 관측과 실험을 통해 지구 중심 모델이 틀렸고 행성들은 태양 주위를 공전한다는 것을 보였다. 뉴턴은 행성이 우주 공간으로 날아가는 대신 타원운동을 하고 있는 것은 중력이 행성들을 잡아당기고 있기 때문이라는 것을 증명했다.

9.4 지구와 달의 움직임

달의 위상 변화는 달의 공전운동에 의해 야기된다. 월식은 태양과 달을 잇는 선 위에 지구가 놓일 때 일어나며, 일식은 태양과 지구를 잇는 선 위에 달이 놓일 때 일어난다.

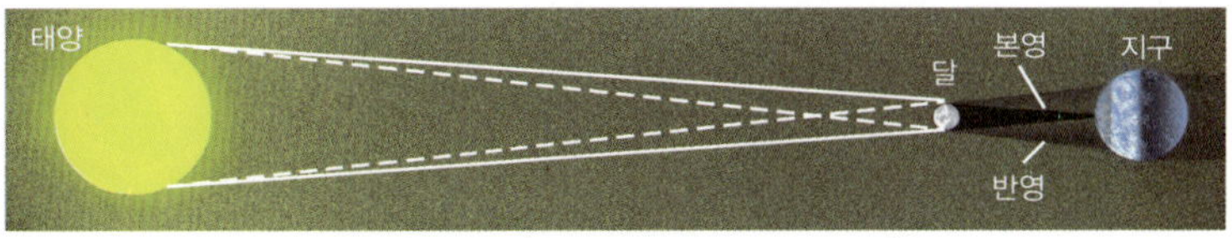

그림 9.14 달그림자가 지표면에 드리운 좁고 긴 지역인 본영에서만 개기일식을 볼 수 된다. 본영을 둘러싸는 보다 넓은 지역인 반영에서는 부분일식을 보게 된다. (천체들의 상대적인 크기와 위치는 이해를 돕기 위해 과장되어 있다.)

9.5 현대 천문학

우주에 있는 천체들을 연구하는 데는 광학 망원경뿐만 아니라 눈

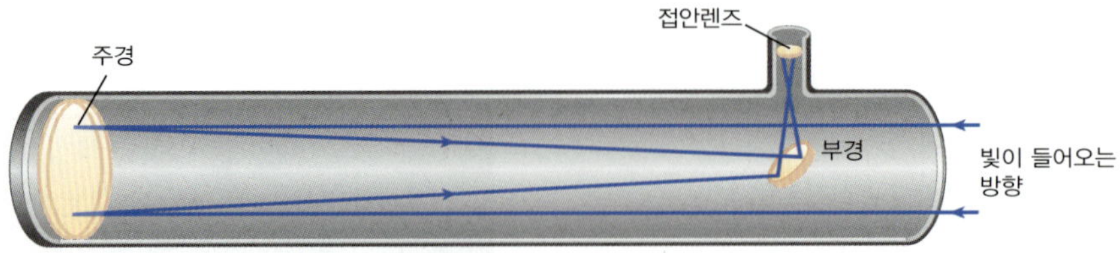

그림 9.17 뉴턴 식 반사 망원경. 오른쪽에서 입사하는 빛이, 휘어져 있는 주경에 의해 모여 초점이 맺힌다. 그 후 빛은 부경에서 다시 반사되어 접안렌즈로 들어간다.

에는 보이지 않는 파장을 감지할 수 있는 망원경들도 이용된다. 방출 스펙트럼과 흡수 스펙트럼은 별이나 기타 천체들의 화학 조성과 온도 등에 대한 정보를 준다. 도플러 효과로 인해, 지구로부터 멀어지고 있는 천체에서 오는 빛의 진동수는 그 빛이 방출되었을 때의 진동수보다 낮게 관측되며, 반대로 지구로 다가오고 있는 천체에서 오는 빛의 진동수는 그 빛이 방출되었을 때의 진동수보다 높게 관측된다. 지구 대기권 밖 우주 공간에 놓여 있는 관측기기들은 지구 대기의 간섭을 받지 않으므로 천체들을 더욱 정밀하게 관측할 수 있다.

핵심용어

공전 revolution (9.4)
관성 inertia (9.3)
굴절망원경 refracting telescope (9.5)
대물렌즈 objective lens (9.5)
도플러 효과 Doppler effect (9.5)
반사망원경 reflecting telescope (9.5)
반영 penumbra (9.4)
방출 스펙트럼 emission spectrum (9.5)
별자리 constellation (9.1)
보름달 full moon (9.4)
본영 umbra (9.4)
분해능 resolution (9.5)
빛공해 light pollution (9.5)
삭 new moon (9.4)
상현달 first quater moon (9.4)
스펙트럼 spectrum (9.5)
시차 parallax (9.2)
역행운동 retrograde motion (9.1)
열하루 달과 열이레 달 gibbous moon (9.4)
월식 lunar eclipse (9.4)
일식 solar eclipse (9.4)
자전 rotation (9.4)
적색편이 red shift (9.5)
접안렌즈 eyepiece lens (9.5)
지구 중심 모델 geocentric model (9.2)
천구 celestial sphere (9.2)
청색편이 blue shift (9.5)
초승달과 그믐달 crescent moon (9.4)
코로나 corona (9.4)
태양 중심 모델 heliocentric model (9.3)
하현달 third quater moon (9.4)
행성 planet (9.1)
흡수 스펙트럼 absorption spectrum (9.5)

연습문제

1. 아리스토텔레스가 관측했던 것들에 대해 설명하고, 또 그가 지구 중심 태양계 모델을 주장하게 된 추론 과정을 설명하시오.

2. 아리스토텔레스를 비롯한 고대의 천문학자들이 별들의 시차를 관측할 수 없었던 이유를 설명하시오.

3. 행성의 역행운동이란 무엇인가? 프톨레마이오스와 코페르니쿠스는 이 현상을 어떻게 설명하였는가?

4. 갈릴레오는 아리스토텔레스의 지구 중심 모델을 받아들이지 않았는데, 그가 물리학을 공부한 것이 여기에 어떤 기여를 했는지 설명하시오.

5. 갈릴레오가 망원경을 이용하여 은하수, 태양, 달을 관측했던 것이 어떻게 그로 하여금 아리스토텔레스의 지구 중심 모델에 의심을 품게 만들었는지 설명하시오.

6. 지구가 태양을 중심으로 공전하고 있다고 갈릴레오로 하여금 믿게 만든 증거는 무엇이었는가?

7. 중력에 대한 뉴턴의 연구는 천문학적으로 어떤 의미를 갖는가?

8. 달의 위상이 보름달, 삭, 열하루 달(열이레 달), 초승달(그믐달)에 해당할 때, 지구와 태양에 대한 달의 상대적인 위치가 어떠한지 설명하시오.

9. 행성의 자전과 공전이 어떻게 다른지 설명하시오.

10. 일식 현상이 일어날 때 태양, 지구, 달의 상대적인 위치를 그림으로 그리시오. 월식 현상이 일어날 때 태양, 지구, 달의 상대적인 위치를 그림으로 그리시오. 이러한 상대적인 위치들이 일식과 월식을 야기하는 이유를 설명하시오.

11. 광학 망원경의 원리를 설명하시오. 굴절망원경은 반사망원경과 어떻게 다른지 설명하시오.

12. 우주 망원경이 지상 망원경에 비해 상대적으로 가지는 장점과 단점에 대해 논의하시오.

13. 흡수 스펙트럼과 방출 스펙트럼의 차이를 설명하시오.

14. 도플러 효과를 설명하시오.

10장 행성과 위성

카시니(Cassini) 탐사선은 2004년 10월 초에 토성으로부터 약 630만 km 떨어진 거리를 지나면서 토성과 토성 고리의 가장 세밀한 모습을 보여주는 천연색 사진을 찍었다.

NASA/JPL/SPACE SCIENCE INSTITUTE

탈출속도(escape velocity) 어떤 물체가 행성이나 우주 공간의 다른 물체의 중력장으로부터 탈출하는 데 필요한 속도

태양풍(solar wind) 태양에서 높은 속도로 분출되는 전자와 양이온들의 흐름

지구형 행성(terrestrial planet) 태양에 가장 가까운 지구와 비슷한 네 개의 행성들로 수성, 금성, 지구, 화성이 있으며 주로 휘발성의 금속과 규산염으로 이루어져 있다.

목성형 행성(Jovian planet) 태양계 외부에 위치한 행성들로 목성, 토성, 천왕성, 해왕성이 있고, 모두 질량이 크며 암석이나 금속으로 이루어진 상대적으로 작은 핵을 지니고 있으며 액체와 기체로 이루어진 대기가 이를 둘러싸고 있다.

수성(Mercury) 태양에서 가장 가까운 행성

> "천문학은 영혼의 고개를 들어 올려
> 또 다른 세상으로 우리를 인도한다."
>
> 플라톤(Plato, BCE 427~347)[1)]

10.1 태양계: 개관

태양계는 약 46억 년 전 온도와 밀도가 낮은 먼지와 가스 구름이 천천히 회전하면서 생겨났다. 이 구름은 우주의 구성 성분과 비슷하여 약 92 %의 수소와 7.8 %의 헬륨 그리고 0.2 %의 기타 원소로 이루어져 있었다.[2)]

중심부에 있는 구름의 일부만이 중력 수축에 의해 태양을 형성하게 되었는데, 이때 중심부는 압력이 높아짐에 따라 일부 수소 핵이 헬륨 핵으로 핵융합 함으로써 에너지를 발생하게 되었다. 이러한 수소 핵융합 반응은 아직까지도 태양의 주된 에너지원이며, 이에 대해서는 11장에서 다루게 된다. 태양을 만들고 남은 구름 속의 물질들은 원반 형태의 회전하는 성운(nebula)을 형성하게 되는데, 여기에서 성운은 항성 간 먼지들로 이루어진 구름을 뜻한다. 행성들은 바로 이 원반 속의 물질들이 개개의 구형체로 뭉쳐지면서 만들어졌다. 우주에서 나타나는 되먹임 현상이 행성의 진화 과정에도 나타난다. 로켓이나 분자들과 같은 물질이 행성의 중력으로부터 벗어나기 위해서는 **탈출속도**(escape velocity) 이상의 속도를 얻어야 한다. 탈출속도는 행성의 질량, 또는 행성의 중력이 증가함에 따라 함께 증가한다.

우선 태양과 가장 가까운 행성인 수성과 훨씬 멀리 떨어진 목성의 진화를 비교해 보도록 하자. 형성 당시 행성들은 주로 가스로 이루어졌다. 행성 대기 속에 있는 기체 입자들은 꾸준히 움직이는데, 대기의 온도가 높을수록 입자들의 평균 속도는 빨라진다. 수성은 목성보다 태양에 훨씬 가까이 위치하고 있기 때문에 훨씬 뜨거웠고, 수성의 대기 속에 있는 기체 입자들은 훨씬 빠르게 움직였다. 따라서 입자들은 행성의 중력을 벗어나 우주 공간으로 쉽게 탈출할 수 있었다. 기체 입자들이 탈출하면서 행성의 질량은 점차 줄어들게 되었고, 탈출속도가 줄어듦에 따라 입자들은 훨씬 쉽게 행성을 벗어날 수 있었다.

태양으로부터 전자와 양전하를 띤 이온들이 엄청난 속도로 뿜어져 나오는데, 이러한 **태양풍**(solar wind)에 의해 원시 행성으로부터 훨씬 많은 기체 입자들이 불려나가게 되었다. 이러한 현상들에 의해 태양계 안쪽에 위치한 내행성(수성, 금성, 지구, 화성)들은 대부분의 가스를 잃고 주로 휘발성이 없는 금속이나 규산염으로 이루어지게 되었다. 이러한 네 행성들을 **지구형 행성**(terrestrial planet)이라고 한다. 반면 태양계의 바깥쪽에 위치한 **목성형 행성**(Jovian planet)(목성, 토성, 천왕성, 해왕성)들은 태양으로부터 멀리 떨어져 있었기 때문에 온도가 낮았고, 따라서 많은 양의 수소, 헬륨, 그 외의 가벼운 원소들을 가지고 있을 수 있었다. 실제로 목성형 행성들은 지구형 행성들로부터 탈출한 물질들을 흡수함으로써 훨씬 커질 수 있었다. 질량이 커짐에 따라 탈출속도 역시 증가하게 되고, 기체 입자가 탈출하기 훨씬 어렵게 되었다. 오늘날 목성형 행성들은 상대적으로 작은 암석 또는 금속으로 이루어진 핵과 그 주위를 감싸고 있는 액체 또는 기체 상태의 두터운 대기로 이루어져 있다.

---

1) 역자 주: 고대 그리스 철학자로서 형이상학의 설립자다.

2) 여기서 구성 성분은 원소 개수의 비율로 나타내며, 질량의 비로 나타낼 때는 그 값이 확연히 달라진다.

표 10.1 8개 주요 행성의 비교

행성	태양으로부터의 거리 (100만 km 단위)	반지름 (지구 반지름에 대한 상대적인 크기)	질량 (지구 질량에 대한 상대적인 크기)	밀도 (물의 밀도에 대한 상대적인 값)	행성의 구성 성분	대기의 밀도 (지구 대기 밀도에 대한 상대적인 값)	위성의 개수
지구형 행성							
수성	58	0.38	0.06	5.4	금속성의 핵과 암석	$1/10^9$	0
금성	108	0.95	0.82	5.2		90	0
지구	150	1	1	5.5		1	1
화성	229	0.53	0.11	3.9		0.01	2
목성형 행성							
목성	778	11.2	318	1.3	고체 상태의 핵과 액체 상태의 금속성 맨틀, 그리고 액화수소로 이루어진 표층	밀도가 높고 요란이 심하다.	62[3]
토성	1,420	9.4	94	0.7			62
천왕성	2,860	4.0	15	1.3	고체 상태의 핵과 수소와 헬륨으로 이루어진 바깥층	목성과 비슷하지만 목성에 기체로 존재하는 일부 물질들은 외부 행성에서는 얼어 있는 상태로 존재한다.	27
해왕성	4,490	3.9	17	1.7			13

표 10.1은 8개 주요 행성들의 특성을 나타낸다. 구성 성분이 서로 다르기 때문에 지구형 행성은 목성형 행성보다 훨씬 밀도가 높다. 하지만 목성형 행성은 지구나 지구형 행성보다 크기와 질량이 훨씬 크다.

10.2 지구형 행성

원시 행성이 형성될 당시 원시 태양계에는 수많은 소행성, 유성체, 혜성, 작은 돌덩어리, 기체 입자 그리고 얼음 덩어리로 가득 차 있었다. 이러한 물질이 행성과 부딪히면서 행성 표면에 수많은 크레이터를 만들었다. 이러한 크레이터는 지각운동이나 풍화와 침식과 같은 지질 현상들에 의해 지워질 수 있는데, 만약 이러한 현상들이 없다면 크레이터는 몇십만 년 동안 남아 있을 수 있다. 따라서 단순히 크레이터의 수만 세어도 과학자들은 행성의 진화에 대해 많은 것을 알 수 있게 된다. 이러한 지식을 염두에 두고 4가지 지구형 행성의 지질과 대기를 상호 비교해 보도록 한다.

3) 역자 주: 2011년 현재 목성 주위에서 65개의 위성이 관측되었다.

지구형 행성의 대기와 기후

수성

태양에 가장 가까이 있기 때문에 가장 뜨거웠던 **수성(Mercury)**은 기본적으로 모든 원시 대기를 잃어버렸다. 오늘날의 수성은 암석으로 이루어진 구체로 반지름은 지구 반지름의 4/10보다도 작은 약 2,400 km다. 수성에서의 일년은 지구에서의 88일에 해당할 정도로, 수성은 다른 행성들보다 훨씬 빨리 태양 주위를 돈다. 수성은 천천히 자전하는데, 이로 인해 수성에서의 2년은 지구에서의 3일에 불과하다. 수성은 태양에 워낙 가까이 위치하고 있고 하루의 길이가 길기 때문에, 태양이 비추는 면은 납을 녹일 정도인 427 °C까지 올라간다. 반대로 태양이 비추지 않는 면은 메테인이 얼게 되는 영하 175 °C까지 떨어진다. 만약 대기가 존재한다면 바람을 통해 태양을 바라보는 뜨거운 지역의

태양계

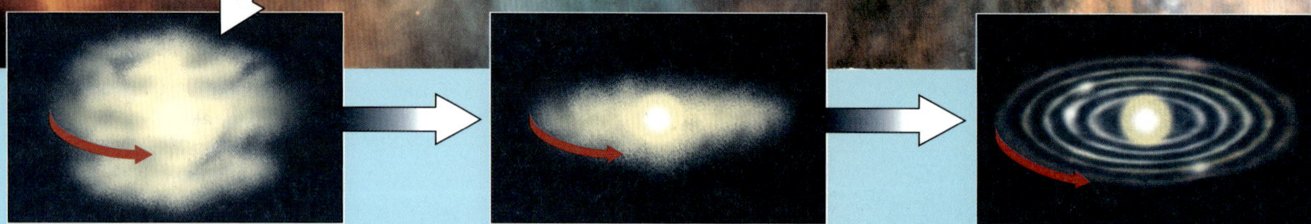

이 거대한 구름의 일부가 회전하고 중력의 영향으로 수축하기 시작하였다.

구름은 회전하고 수축을 계속하는 동안 얇은 원반처럼 평평해진다. 물질이 중심부로 모이면서 원시 태양이 만들어졌다.

태양이 수축하고 밀도가 증가하면서 원반의 중심부에서 떨어져 있는 물질들은 행성을 형성하게 되었다.

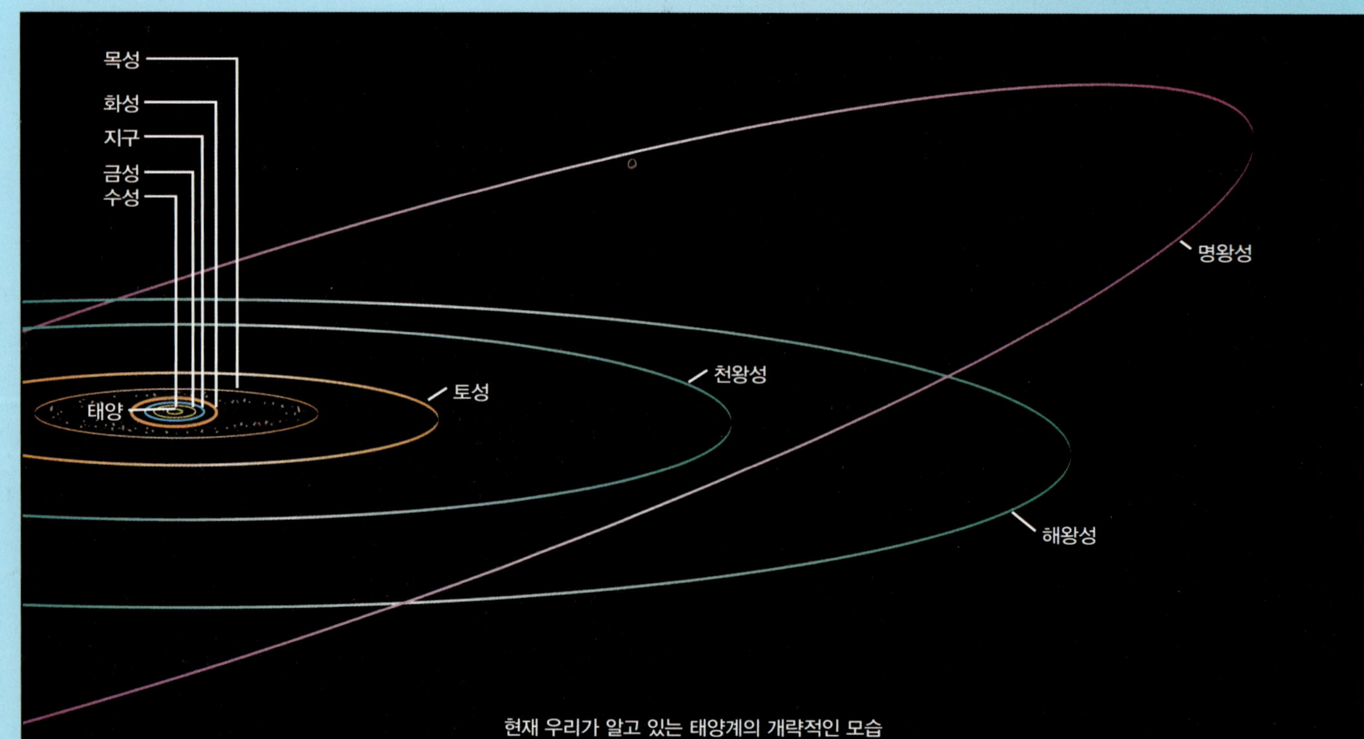

현재 우리가 알고 있는 태양계의 개략적인 모습

일정한 비율로 그려진 행성들의 크기 비교. 지구형 행성은 이 척도에서 너무 작아 하단에 확대하여 다시 그렸다. 목성형 행성(오른쪽)은 주로 기체와 액체로 이루어져 있고 암석과 금속으로 이루어진 작은 핵을 가지고 있다. 반면 지구형 행성(아래쪽)은 주로 암석과 금속으로 이루어져 있다.

일정한 비율로 그려진 행성과 태양의 크기 비교. 지구를 도는 달의 궤도는 태양보다 훨씬 작다. 지구는 지구형 행성에서 가장 무겁지만 목성 질량의 300분의 1에 불과하다. 토성의 고리는 지구에서 달까지의 거리와 비슷하다.

금성(Venus) 태양으로부터 두 번째에 위치한 행성으로 크기와 밀도 측면에서 지구와 비슷하다.

화성(Mars) 태양으로부터 네 번째에 위치한 행성

스피릿(Spirit) 2004년 화성에 착륙한 두 기의 이동식 탐사체 중 하나

오퍼튜니티(Opportunity) 2004년 화성에 착륙한 두 기의 이동식 탐사체 중 하나

열이 어둡고 찬 지역으로 이동할 수 있겠지만 수성에는 대기가 없기 때문에 온도의 차이가 많이 난다.

1991년, 레이더 관측을 통해 행성의 극 지역에 반사도가 높은 지역이 존재한다는 것을 보여주는 영상을 얻었다. 영상은 이 지역이 얼음으로 이루어졌다는 것을 말해 주었다. 수성의 자전축은 태양 공전 면과 거의 수직을 이루고 있기 때문에 수성의 극지방에서는 태양이 결코 뜨거나 지지 않고 지평선 근처에 머물러 있게 된다. 태양의 고도가 낮기 때문에 유성과의 충돌로 형성된 크레이터 안쪽 지역은 그림자가 오랫동안 드리워지게 된다. 열을 운반하는 대기도 없기 때문에 그림자가 드리워진 지역은 몇십억 년 동안 영하의 온도를 유지해 올 수 있었다.

금성

1장에서 언급된 바와 같이, **금성**(Venus)은 크기, 밀도, 태양으로부터의 거리 면에서 지구와 매우 흡사하다. 그렇기 때문에 두 행성은 형성 초기에 매우 비슷한 대기를 가지고 있었을 것이다. 하지만 금성은 지구보다 태양에 가깝기 때문에 초기에는 훨씬 뜨거웠을 것이다. 온도가 높았기 때문에 물이 액체 상태로 있을 수 없거나 액체 상태에 있었더라도 빠르게 증발되었을 것이라고 추측된다. 이산화탄소가 녹아들 수 있는 바다가 없기 때문에 대부분의 이산화탄소는 대기에 남아 있게 되었다. 수증기와 이산화탄소는 탈주온실효과를 만들게 되었고 금성의 표면 온도는 매우 뜨겁게 되었다. 수증기의 분자 질량은 이산화탄소의 반도 되지 않기 때문에 훨씬 가볍다. 이로 인해 높은 표면 온도는 수증기를 우주 공간으로 방출하게 되고 대부분의 수증기는 태양풍에 의해 태양계의 바깥 지역으로 밀려 나게 되었다. 오늘날 금성의 대기는 지구 대기에 비해 90배나 높은 밀도를 가지고 있기 때문에, 금성의 대기압은 지구 해수면으로부터 1,000 m 깊이에서 잰 압력과 같다. 금성의 대기는 97 % 이상이 이산화탄소이고 나머지는 질소, 헬륨, 네온, 이산화황과 기타 기체 입자들로 이루어져 있다. 표면은 부식이 강한 황산 에어로졸로 이루어진 구름으로 항상 덮여 있다. 온실효과에 의해 금성의 표면 온도는 수성보다 높기 때문에 생명을 형성하는 데 필요한 복잡한 유기 분자들은 모두 파괴된다.

지구

지구에서는 맨틀로부터 나오는 기체가 원시 지구의 대기를 변화시켰다. 지권, 수권, 생명권 사이의 복잡한 상호작용은 생명체가 진화하면서 지구의 대기를 오늘날 생명체에 적합하도록 변화시켰다. 이러한 복잡한 과정은 4장에서 이미 다루었다.

화성

태양으로부터 네 번째에 위치하고 있는 **화성**(Mars)은 표면 온도가 낮고 매우 건조하다. 표면 온도는 얼음이 녹을 정도의 온도에는 이르지 못하고 평균 영하 56 ℃에 이른다. 극지방에서는 온도가 영하 120 ℃에 이르기 때문에 이산화탄소는 얼어서 드라이아이스가 된다. 화성의 대기는 매우 엷어서 지구 상공 43 km 고도, 즉 지구 대기의 거의 바깥에서와 같다. 화성의 극관과 표토에는 물로 만들어진 얼음이 있지만 현재 화성에는 액체 상태의 물은 존재하지 않는다.

하지만 화성에는 한때 훨씬 따뜻한 기후가 있었고 표면에서 물도 흘렀다는 증거들이 많이 있다. 무인 탐사선 마리너(Mariner)와 바이킹(Viking) 호에서 보내온 사진 속에는 크레이터의 벽에 침식된 흔적이 있었으며 메마른 강바닥과 호수 바닥도 관찰되었다. 발레스 마리네리스(Valles Marineris)는 굉장히 큰 협곡으로 미국 남서부에 있는 그랜드캐니언보다 약 10배 정도 더 길고, 너비도 6배 정도 더 넓다(그림 10.1). 화성 협곡 입구에 있는 엄청난 크기의 선상지는 아마도 최대 시속 270 km로 홍수가 범람했음을 말해 준다.

2004년 1월 미국항공우주국(NASA)은 화성 표면에 **스피릿**(Spirit)과 **오퍼튜니티**(Opportunity)라 불리는 두 기의 이동식 탐사 로봇을 착륙시켰다. 6개의 바퀴와 운전 장치

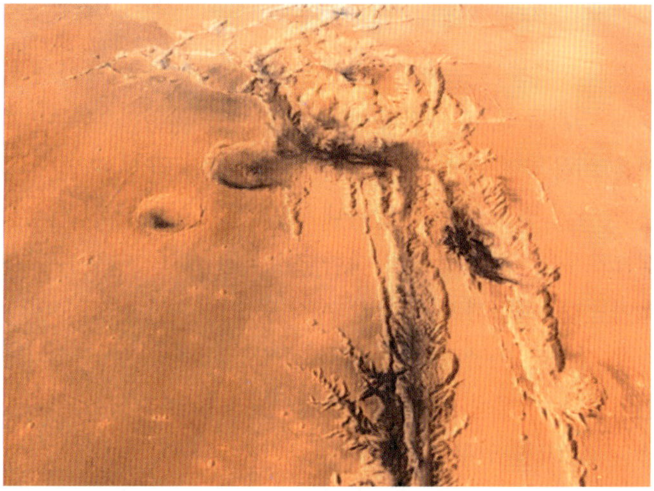

NASA/JPL

그림 10.1 발레스 마리네리스는 화성에 있는 거대한 협곡으로 물에 의해 침식작용을 받았고[4] 미국 남서부에 있는 그랜드캐니언보다 몇 배나 크다.

가 달려 있는 각각의 로봇에는 지구로부터 지시를 받고 자료들을 전송시킬 수 있는 통신 장치와 태양 에너지를 받을 수 있는 태양 전지판이 있다. 카메라나 돋보기, 그 외 여러 가지 정밀 실험 장치를 이용하여 과학적인 연구가 수행되었다. 시추 장비를 이용하여 그동안 노출되지 않았던 암석 속을 살피거나 암석의 화학 성분을 분석하고, 두 개의 원격 탐사 장치를 이용하여 미네랄을 발견하거나, 자석으로 만들어진 장치를 이용하여 자성이 있는 먼지 입자들을 모았다. 두 탐사 로봇의 주된 임무 중의 하나는 지난 과거에 화성에 물이 존재했음을 말해 주는 증거를 찾는 일이었다.

스피릿 탐사 로봇은 건조한 크레이터에 착륙해서 물의 증거를 찾지는 못했다. 그러나 오퍼튜니티 탐사 로봇은 착륙했던 메리디아니 플래넘(Meridiani Planum) 지역 근처에서 퇴적층을 발견했다(그림 10.2). 화학 분석과 미네랄 분석을 통해 철의 함량이 풍부한 많은 양의 미네랄이 발견되었는데, 이러한 미네랄은 주로 물이 있는 상황에서 만들어진다. 또한 오퍼튜니티 탐사 로봇은 물이 풍부한 용액으로부터 침전된 것이 확실한 황산염도 발견하였다. 몇 주 후 오퍼튜니티 탐사 로봇에서 찍은 사진에는 오랫동안 메말라 있던 호수나 바다 바닥에 남아 있는 물결 자국이 관측되었다.

4) 역자 주: 형성 그 자체는 지각운동에 의한 것으로 보는 견해가 많다.

NASA/JPL-CALTECH/CORNELL

그림 10.2 2006년 3월 8일 이동식 탐사 로봇 오퍼튜니티에서 찍은 사층리 구조를 보여주는 사진이다. 이는 지구에서 흔히 볼 수 있는 퇴적암 구조와 비슷하다.

한편 스피릿 탐사 로봇은 용암으로 덮인 구세프(Gusev) 평원을 지나 크레이터의 가장자리에서 메리디아니 플래넘에서 발견된 것처럼 수분이 많지는 않았지만 어느 정도의 물이 존재했음을 말해 주는 침전된 황산염을 발견했다. 과거 화성에 확실히 물이 존재하기는 했지만 호수나 바다는 온도가 낮았거나 짧은 시간 동안에만 존재했고 또는 얼음으로 덮여 있었을 것이다. 이와 같이 결론내릴 수 있는 주된 이유는 석회암과 같은 탄산염 암석이 이산화탄소가 풍부한 따뜻한 바다에서 침전을 통해 만들어지기 때문이다. 과거 화성의 대기에는 이산화탄소가 존재했을 수도 있지만 현재 탄산염은 발견되지 않는다.

현재 과학자들은 화성에서 물이 상대적으로 짧은 시간 동안만 국지적으로 존재했었다고 믿는다. 따라서 기후는 추웠다가 상대적으로 따뜻해지고 다시 추워졌다. 오늘날 화성에는 많은 양의 물이 표토나 극관에 얼어 있다. 이미 위에서 언급된 협곡이나 선상지 사진들에서 실제로 관찰되는 것처럼 최근 몇백만 년까지 만해도 액체 상태의 물이 화성 표면에 흘렀다. 이러한 변화는 행성의 기후가 빠르고 민감하게 변할 수 있음을 다시금 말해 준다.

지구형 행성의 지질과 지각운동

수성

1974년 봄, 마리너 10호 탐사체가 수성을 몇백 km 지나치고 나서야 수성의 표면에 대해 조금씩 알려지게 되었다. 탐사체로부터 지구로 보내온 영상은 수성의 표면이 크레이터로 뒤덮여 있어 지구의 달과 매우 흡사하다는 것을 보여주었다(그림 10.3).

앞서 설명하였듯이 태양계가 형성되던 초기에는 유성체와의 수많은 충돌에 의해 행성과 달의 표면에 크레이터가 만들어졌다. 하지만 지구에서는 지각운동과 침식작용에 의해 초기에 만들어졌던 크레이터들은 사라졌다. 반면 태양과 아주 가까이 있는 수성에서는 물과 대기가 모두 증발해서 행성을 벗어났기 때문에, 바람, 비, 강에 의한 침식작용이 행성의 표면에서 이루어질 수 없었다. 이로 인해 40억 년 된 수성의 크레이터들은 마치 어제 만들어진 듯이 그 모습이 거의 변하지 않았다.

행성이 만들어지던 초기에는 마그마를 만들 수 있을 만큼 행성 내부가 뜨거웠기 때문에 용암이 흘러 나와 평평한 지역을 만들었다. 그렇지만 수성은 워낙 작았기 때문에 행성이 형성되고 얼마 지나지 않아 식었고 화산활동도 곧 멈추었다. 그런데 재미있게도 수성에는 자기장이 존재한다. 지구의 핵에는 액체 상태의 금속이 흐르기 때문에 자기장이 만들어진다. 반면 수성에는 지각운동이나 행성 내부가 뜨겁다는 증거가 행성 표면에 나타나지 않기 때문에, 수성에 어떻게 자기장이 만들어지는지는 천문학자들이 아직 설명하지 못하고 있다.

NASA

그림 10.3 수성의 표면은 크레이터로 덮여 있다. 수성에는 침식작용이나 지질활동이 없기 때문에 이러한 크레이터들은 오랫동안 아주 잘 보존될 수 있었다. 사진은 좌우의 길이가 약 580 km 크기인 지역을 보여준다.

금성

천문학자들은 우주선으로부터 쏜 레이더를 이용하여 금성의 대기를 뚫고 사진과 비슷한 영상을 얻었다. 우주탐사선을 이용하여 측정된 중력의 변화로부터 금성 표면에 있는 암석의 밀도 변화를 알아내기도 한다. 이러한 밀도의 측정으로부터 구성 광물에 대한 정보나 행성의 내부 구조를 알아낸다. 지금까지 얻어진 가장 중요한 자료는 1989년 5월에 발사된 마젤란 우주선(Magellan spacecraft)으로부터 얻어졌다. 마젤란 우주선은 미국연방정부의 지원이 끝나던 1994년 10월 임무의 99 %를 끝마치고 금성 대기의 밀도와 구성 성분에 대한 좀 더 자세한 정보를 얻기 위해 대기 속으로 뛰어드는 마지막 임무를 수행하였다. 태양계의 형성 초기에는 엄청나게 많은 유성체가 모든 행성들과 충돌했다. 그런데 마젤란 탐사선으로부터 얻어진 섬세한 영상은 금성의 표면에 유성 충돌로 형성된 크레이터가 얼마 없음을 보여줬다. 이러한 관측 자료는 금성의 표면이 유성체와의 대충돌 이후 다시 만들어졌음을 말해 준다. 좀 더 자세한 분석 결과, 대부분의 금성 지형은 약 5~3억 년 전에 형성되었음이 밝혀졌다.

마젤란 임무를 수행하던 제임스 헤드(James W. Head) 연구원은 약 5~3억 년 전 일어난 대격변의 화산활동으로 인해 화산들이 만들어졌고 대부분의 금성 표면을 현무암으로 덮어버렸다고 주장한다(그림 10.4). 이 모델에 따르면 상승하는 맨틀의 기둥이 마그마를 형성하였고, 이 마그마가 짧은 시간 동안 금성의 표면을 뒤덮으면서 격변적인 화산 폭발도 함께 일어났다. 그는 "금성의 지각과 암석권은 완전히 전복되었다. 이러한 사실은 일련의 격변적인 지각활동이 행성의 지질 기록에 남아 있을 수 있다는 것을 확실히 말해 준다. 이는 과거 지구에도 비슷한 격변 활동이 있었을 가능성을 말해 준다"라고 말했다. 반면 표면을 재구성하는 이러한 과정이 훨씬 느리게 진행되었다고 보는 가설도 있다.

NASA/JPL

그림 10.4 금성의 화산인 마트 화산(Maat Mons)은 위의 사진에서 앞으로 보이는 많은 용암들을 만들어냈다. 한 가설에 따르면 5~3억 년 전 여러 번의 화산 분출이 있었는데 이러한 대격변에 의해 금성의 표면이 변하였다. 마젤란 탐사선으로부터 이루어진 레이더 관측으로부터 위의 영상이 얻어졌다. 구소련 탐사선에서 얻은 컬러 사진을 바탕으로 인위적으로 색상을 입혔다.

금성의 지각활동은 현재 남아 있는 크레이터의 수로 보건대 활발한 화산활동이 있었던 5~3억 년 전에 대부분 끝났을 것으로 추측된다. 행성의 내부가 식어감에 따라 화산활동이 완전히 끝났을 것이라는 증거 자료도 있다. 이렇게 내부가 식은 이유는 화산활동 중 방사성 원소들이 표면으로 떠올라 맨틀의 열원이 사라졌기 때문일 것이다. 그렇지만 금성에서 화산활동이 아직도 활발하고 지면을 갈아엎는 또 다른 활동이 미래에 다시 찾아올 것이라는 증거 자료도 있다.

지구에 있는 대부분의 화산들은 판구조의 경계면에서 형성되거나 맨틀 플룸에서 형성된다. 이 때문에 행성지질학자들은 화산들을 이용하여 판구조운동이 일어나는 증거를 금성에서 찾아내려 했다. 우주선의 레이더 영상을 보면 금성의 표면은 60 % 정도가 평지로 이루어져 있고, 이곳에 두 개의 커다란 산맥과 여러 개의 작은 산맥들이 솟아 있다(그림 10.5). 가장 큰 산은 에베레스트 산보다 2 km나 높은 11 km다. 지각의 커다란 열극이나 깊은 계곡도 레이더 영상에 나타난다. 만일 지구와 같이 수평 방향의 판구조운동이 일

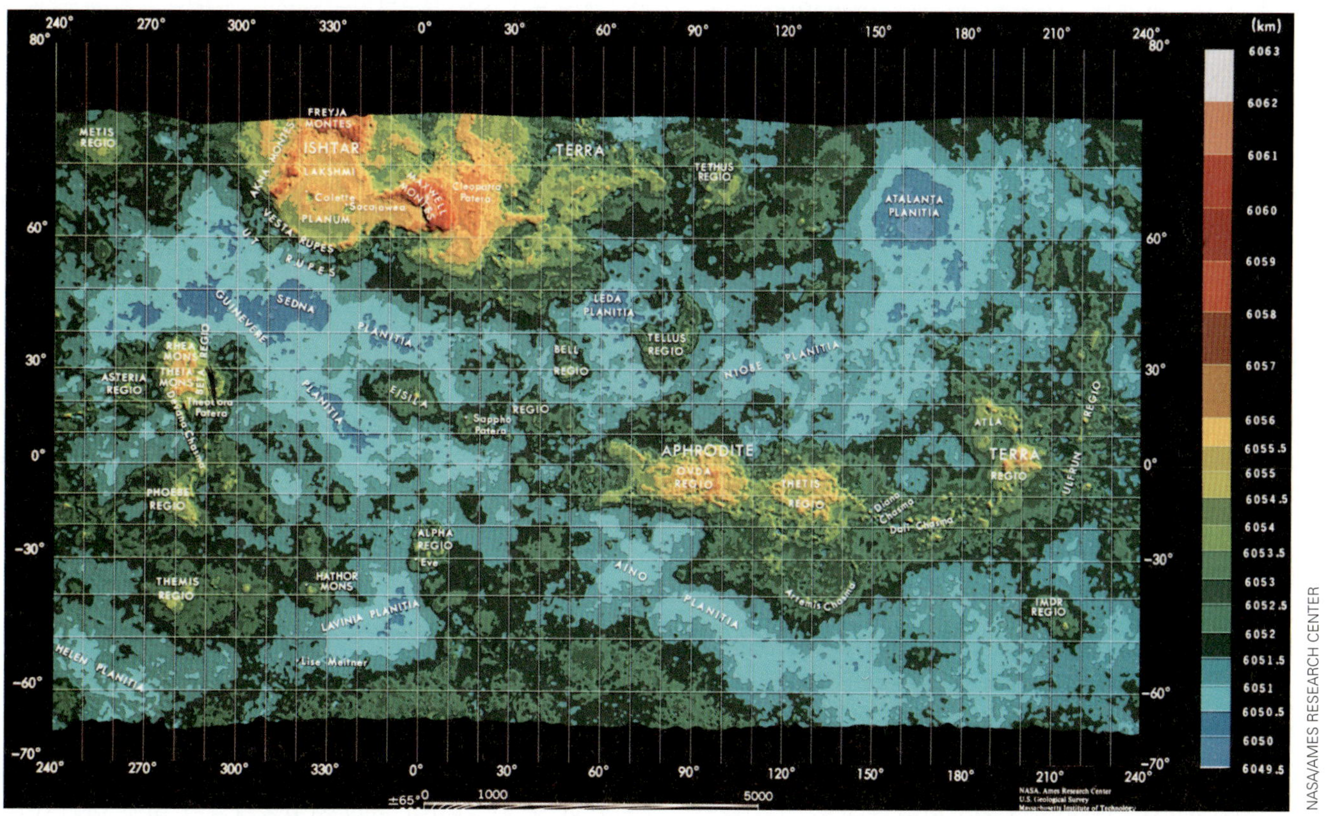

NASA/AMES RESEARCH CENTER

그림 10.5 과학자들은 금성 탐사선 파이어니어(Pioneer) 호에서 얻은 레이더 영상을 바탕으로 위에 보이는 금성의 지도를 만들어냈다. 저지대는 파란색으로 표현되었고 고지대는 노란색과 적갈색으로 표현되었다. 임의의 색깔이 사용되었다.

덩어리 형태 지각활동(blob tectonics) 주로 맨틀과 지각의 상승과 하강에 의한 지질활동으로 금성에서 주로 나타나는 것으로 생각된다. 이는 수평 방향의 판구조운동과 연관된 지구의 지질활동과 반대다.

어나서 이러한 지형을 만들었다면 금성에도 해령이나 섭입이 있어야 하지만, 레이더 영상에는 해령이나 변환단층과 같이 암석권이 퍼지는 증거가 나타나지 않는다. 하지만 지질학자들은 10,000 km 정도 길게 이어진 참호 비슷한 구조를 찾기도 했고 이것이 섭입 지역이라고 생각하기도 한다.

일단 금성에는 섭입 지역이 있는 것으로 추정되지만, 금성의 지각활동이 주로 맨틀 플룸에 의해 이루어졌다는 것이 현재 가장 많이 받아들여지는 모델이다. 어떤 지역에서는 암석이 하와이 열도와 마찬가지로 화산활동에 의해 녹아서 분출되어 만들어졌다. 다른 지역에서는 금성의 뜨거운 맨틀 플룸이 지각을 들어 올려 비화산성 산맥을 만들었다. 금성에서는 맨틀과 지각이 떠오르고 가라앉는 운동이 지배적이기 때문에 어떤 지질학자들은 금성의 지각활동을 이야기할 때 덩어리 형태 지각활동(blob tectonics)이라는 표현을 쓰기도 했다. 이와 반대로 지구에서는 지각활동이 판구조의 수평적인 움직임으로 대부분 나타난다.

맨틀 플룸으로 인해 지구의 암석권이 솟아오르고 해령도 만들어졌을 것이라고 생각된다. 그렇다면 금성에서는 왜 맨틀 플룸에서 해령이 만들어지지 않았을까? 아마도 금성의 표면 온도가 워낙 높기 때문에 지표의 암석은 지구에서보다 연약한 상태일 것이다. 따라서 암석들이 암석권의 판구조로 깨어지기보다는 유연하게 흐를 것이다. 반면 금성이 훨씬 두꺼운 암석권을 가지고 있기 때문에 부서지거나 수평운동을 하지 않고 수직운동만 할 가능성도 있다.

지구

지구는 많은 양의 내부 열을 비축하고 있을 만큼 충분히 크다. 이러한 열에 의해 맨틀에서 대류운동이 생기고 지각운동이 일어난다. 지각운동은 지표면을 지속적으로 바꿔놓고 있으며, 부분적으로 여러분이 살아나갈 수 있는 대기를 만들기도 한다. 이는 앞에서 자세히 설명하였다.

NASA/JPL

그림 10.6 사진의 왼쪽에 나타난 화성의 표면은 크레이터들로 덮인 평원을 보여주는데 이는 지질학적으로 매우 오래된 표면이다. 반면에 오른쪽 하단에 있는 산맥 지역은 훨씬 더 최근에 있었던 지질활동의 증거를 보여준다.

화성

화성의 표면에는 많은 크레이터가 있는 오래된 평원도 있고 지각활동에 의해 변형된 젊은 지역도 있다(그림 10.6). 금성이나 달에서와 마찬가지로 평원은 용암 분출로 이루어졌다. 타르시스 융기 지역(Tharsis Bulge)은 가장 큰 평원으로 그곳에는 태양계에서 가장 큰 화산인 올림포스 화산(Olympus Mons)이 있다(그림 10.7). 올림포스 화산은 높이가 25 km 정도로 에베레스트 산보다 약 3배 높고 너비가 500 km에 이른다. 이 화산의 화구는 뉴욕의 맨해튼 섬이 그 속에 쉽게 들어찰 정도로 아주 크다.

한 가지 가설에 따르면 화성의 지질학적 특징은 금성과 비슷하며 덩어리 형태 지각활동이 주로 이루어진다. 이러한 가설을 지지하는 증거로 하와이 주에 있는 지구에서 가장 큰 화산인 마우나케아(Mauna Kea)가 판구조 위에 만들어졌기 때문에 더 이상 커질 수 없다는 사실이 이용된다. 화산이 좀 더 커지기 전에 열점으로부터 멀리 떨어지게 됐다는 것이다. 반대로 화성에서는 수평 방향의 지각운동이

NASA/JPL

그림 10.7 올림포스 화산은 화성에서 가장 큰 화산이기도 하지만 태양계에서도 가장 크다.

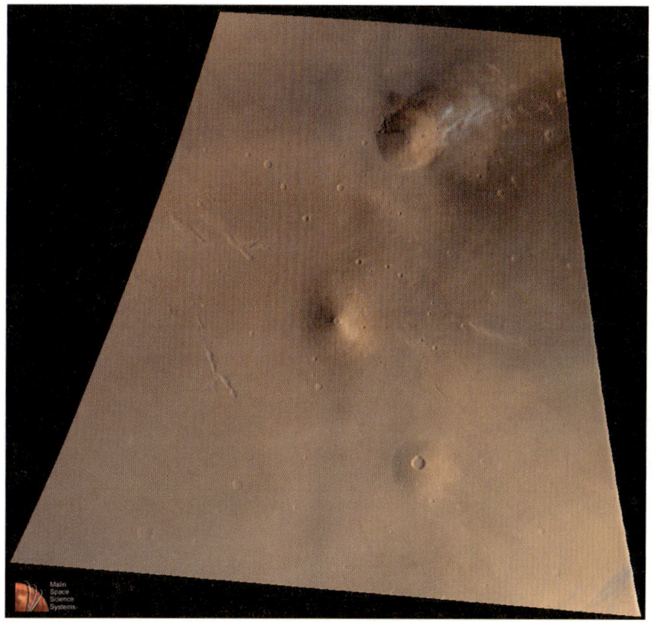

NASA/JPL/MALIN SPACE SCIENCE SYSTEMS

그림 10.9 엘리시움 화산(Elysium Mons)은 화성의 엘리시움 융기 지역(Elysium rise)에 있는 3개의 거대 화산 중의 하나다. 이 화산은 주위 평원으로부터 약 12.5 km 위로 솟아있다.

아예 없거나 아주 느린 속도로 이루어지기 때문에 올림포스 산은 오랫동안 열점 위에 머무를 수 있었으며 훨씬 더 커질 수 있었다.

금성과 비슷한 지각활동이 화성에서도 이루어졌다는 또 다른 증거는 타르시스 융기 지역 근처의 지각에 거대한 금이 평행하게 나 있다는 것이다(그림 10.8). 만약 융기부가 지각운동의 판 가장자리에 있다면 금은 접히거나 갈라지게 된다. 하지만 이러한 현상은 보이지 않기 때문에 솟아오르는 맨틀 플룸이 타르시스 융기 지역과 그 안에 있는 화산들을 만들었을 것이라고 과학자들은 추측한다. 평행으로 이어진 이 틈은 지각이 솟아오를 때 늘어져서 만들어졌을 것이다.

또 다른 가설은 지구와 같은 수평 방향의 지각운동이 화성에서도 일어난다는 것이다. 그 증거로 연구자들은 주향이동단층을 찾아냈다. 이 가설을 뒷받침하는 증거로 과학자들은 타르시스 융기 지역이나 그 부근에 있는 화산들의 선형적인 분포가 지구의 섭입 지역에 있는 선형의 화산 분포와 비슷하다는 것을 지적한다.

2005년에 발표된 관측에 따르면, 용암이 분출된 지역에는 운석 충돌에 의한 크레이터가 거의 없었다. 이는 최근 수백만 년 전까지 만해도 용암의 분출이 있었다는 것이고(그림 10.9), 최근까지 화성은 상대적으로 뜨거웠고 활동적이었음을 말해 준다.

그림 10.8 화성의 타르시스 융기 지역 근처에 있는 지역으로 거대한 금이 접히거나 갈라져 있지 않고 평행하게 있다. 과학자들은 융기 지역과 금이 간 지역은 융기하는 맨틀 플룸에 의해 형성되었다고 생각한다. 하지만 접히거나 갈라짐이 없다는 것은 수평 방향의 지각운동이 이 지역에서는 활발하게 일어나지 않다는 증거가 된다. 오른쪽에는 두 개의 거대한 화산이 보인다.

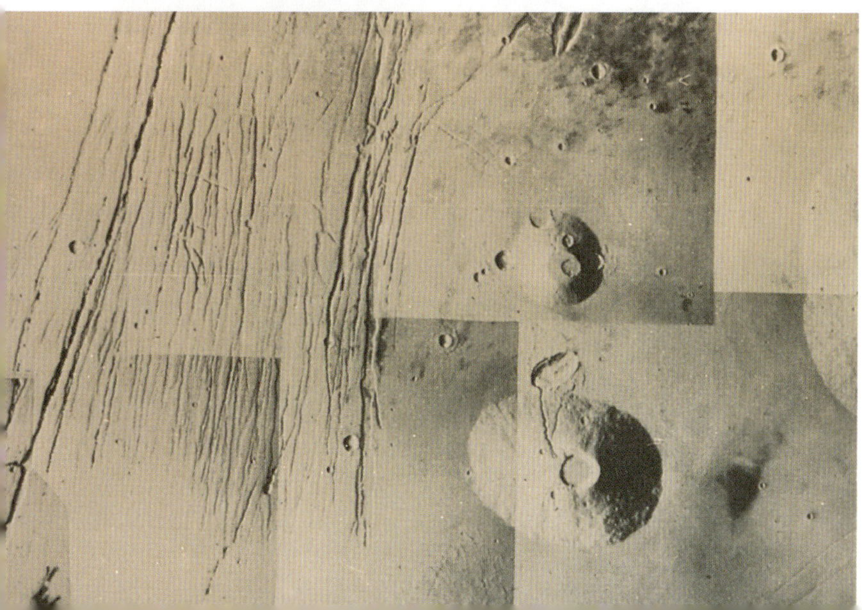

NASA/JPL

마리아(maria) 화산암으로 덮인 달의 메마르고 평평하며 광활한 불모지로 초기에는 바다라고 생각되었다.

10.3 달: 우리와 가장 가까운 천체

대부분의 행성은 그 주변을 공전하는 위성, 즉 달을 가지고 있다. 지구의 달은 우리와 가까이 있기 때문에 여러분의 눈으로도 표면의 형태를 관찰할 수 있다. 1600년대 초기에 갈릴레오는 망원경으로 달을 연구하였는데, 달에 있는 산맥이나 크레이터, 그리고 평원을 지도에 그렸다. 갈릴레오는 평원이 바다라고 생각했기 때문에 바다를 의미하는 **마리아**(maria)로 불렀다(9장 참조). 이제 이러한 지역은 화산암으로 이루어진 건조하고 메마르며 광활하고 평평한 지역으로 알려지지만, 마리아라는 말은 아직도 사용되고 있다(그림 10.10). 대부분의 달 표면에는 수성처럼 많은 크레이터가 있다(그림 10.11).

구소련의 탐사선이 1959년 최초로 달의 근접 사진을 찍었다. 10년 뒤 미국의 유인 우주선 아폴로(Apollo) 호가 달에 착륙하였으며 아폴로 탐사 계획에서는 총 여섯 차례에 걸쳐 달에 착륙을 했다(그림 10.12). 아폴로 탐사 계획은 달에 관련된 많은 질문에 대한 답을 찾기 위해 계획되었다. 달은 어떻게 형성되었는가? 달의 지질학적인 역사는 어떠한가? 달은 한때 지구처럼 뜨겁고 녹아 있는 상태였나? 만약 그렇다면 달은 아직도 액체 상태의 핵을 가지고 있고 지

NASA

그림 10.10 달로부터 18,000 km 떨어져 있는 아폴로 우주선에서 찍은 달의 사진. 이 정도의 거리에서도 크레이터로 덮인 지역과 용암의 흐름으로 평평해진 마리아가 보인다.

NASA

그림 10.11 대부분의 달 표면은 많은 크레이터들로 덮여 있다. 작은 크레이터가 큰 크레이터 속에 있을 때 큰 크레이터가 먼저 형성되었을 것이라고 과학자들은 추측하고 있다.

NASA

그림 10.12 유인 우주선 아폴로 호는 여섯 차례에 걸쳐 달에 착륙하였으며, 이를 통해 달의 형성과 구조, 역사에 관한 많은 과학적인 질문에 대한 답을 찾을 수 있었다.

질학적으로 활동적인가?

달의 기원

달의 기원에 관해 현재까지 가장 널리 받아들여지는 가설에 따르면, 지구가 형성된 지 얼마 지나지 않아 화성 정도나 그 보다 큰 천체가 지구에 충돌하면서 달이 만들어졌다. 지구의 맨틀은 이 충돌에 큰 영향을 받게 되었고, 두 천체의 맨틀에 있던 규산염이 풍부한 암석이 기화되어 지구 주변에 구름을 형성하게 되었다. 기화되었던 암석은 그 후 응축되고 뭉쳐져서 달을 형성하게 되었다(그림 10.13(a)).

아폴로 프로그램을 통해 우리가 알게 된 가장 중요한 사실은 달 표면의 대부분이 화성암으로 이루어졌다는 것이다. 마리아는 대부분 현무암이 흘러서 만들어진 것이다. 고원지대의 암석은 지구에서는 찾기 힘든, 장석이 다량 포함된 화성암인 사장암으로 주로 이루어졌다. 또한 마리아와 고원지대의 암석은 모두 운석과 충돌할 때 깨졌다가 용암과 만나 다시 결합되었다. 화성암은 용암으로부터 형성되기 때문에 달의 일부가 한때 뜨겁고 액체 상태였음이 확실해 보인다.

달은 어떻게 녹을 정도까지 뜨거워졌을까? 초기에 지구를 뜨겁게 한 에너지는 중력에 의해 입자들이 뭉쳐지면서 생긴 충돌로 인해 만들어진 에너지였다. 이후 방사성 원소의 붕괴와 수많은 운석 충돌에 의해 지구가 좀 더 뜨거워졌다. 그렇지만 달의 경우는 어떨까? 방사능 연대측정에 따르면 달에서 가장 오래된 화성암은 방사성 붕괴로 인해 암석이 대부분 녹기 전에 형성되었다. 이는 곧 중력에 의해 입자들이 뭉쳐지거나 운석에 의한 충돌이 초기에 달을 녹였던 주된 요인이라는 것을 말해 준다.

달의 역사

달은 지구가 형성된 직후인 약 45~44.5억 년 전 형성되었다. 달이 빠르게 형성되면서 많은 열을 방출하였는데, 달이 점차 커지면서 마그마로 이루어진 수백 km 깊이의 바다를 이루었다. 운석 충돌에 의해 달의 겉껍질은 계속 녹아 있었다. 결국 운석 충돌의 횟수가 줄어들면서 달의 표면은 식게 되었다. 달의 고산 지역에 있는 화성암은 약 44억 년 정도 되는데 이는 고산 지역이 이때 즈음에 고체화되었다는 것을 말해 준다.

약 42~39억 년 전에 운석 무리가 달과 다시 충돌했는데, 어떤 것은 미국 로드아일랜드 주만 하였다(그림 10.13(b)). 이러는 동안 방사성 붕괴가 달의 내부에 열을 제공하였다. 이로 인해 약 38억 년 전에 달의 내부는 대부분 녹아 있었고 달의 표면으로 용암이 방출되었다. 용암이 원형의 운석 크레이터를 채우면서 마리아가 형성되었다(그림 10.13(c)). 이러한 화산활동은 대략 7억 년 정도 더 지속되었다. 이때까지 달과 지구는 비슷한 역사를 가지고 있었지만 달이 훨씬 작기 때문에 곧 식게 되었고, 지난 31억 년 동안 지질학적인 활동이 없었다.

아폴로 우주선의 우주인들은 달의 표면에 지진계를 설치하였다. 초기 데이터 분석 자료에 따르면 달의 지진으로 발생된 에너지는 지구에서 발생되는 것에 비해 10억 분의 1에서 1조 분의 1에 불과한 것으로 나타났다. 그러나 25년이 지난 2005년 과학자들은 그 당시 분석에 사용된 컴퓨터의 메모리는 불과 64 kb(킬로바이트)에 불과했고 이는 데이터를 저장하고 분석하는 데 충분하지 못했다는 것을 알게 되었다. 미국 텍사스대학교의 요시오 나카무라(Yosio Nakamura)는 자료들을 재분석하여 달의 깊은 곳에서 일어나는 많은 지진들을 찾아냈다. 이는 달의 핵이 뜨겁고 녹아 있을 가능성이 있음을 말해 준다.

1998년 3월 루나 프로스펙터(Lunar Prospector) 탐사선에서 전송된 자료를 분석한 결과, 달의 극 지역에 있는 운석 구덩이의 그림자 지역에 물이 존재한다는 것이 밝혀졌다. 2009년 NASA의 관측 장비는 달의 극 지역에 비록 상대적으로 적은 양이지만 물 분자가 존재한다는 것을 확인했다. 이러한 발견은 수성에 얼어 있는 물이 존재한다는 이전의 주장을 보완해준다. 달에 존재하는 물은 달에 건설될 식민지에 사용될 수도 있고, 먼 행성의 탐사를 위해 만들어질 기지에서 수소 연료를 합성하는 데 사용될 수도 있을 것이다.[5)]

5) "달에 존재하는 물"은 바다나 물웅덩이가 아니라는 것에 주의해야 한다. 여기서 말하는 물은 달 표면 몇 mm 깊이에 있는 암석과 먼지의 분자들과 상호작용하는 물 분자나 하이드록시기(hydroxyl) 분자를 말한다.

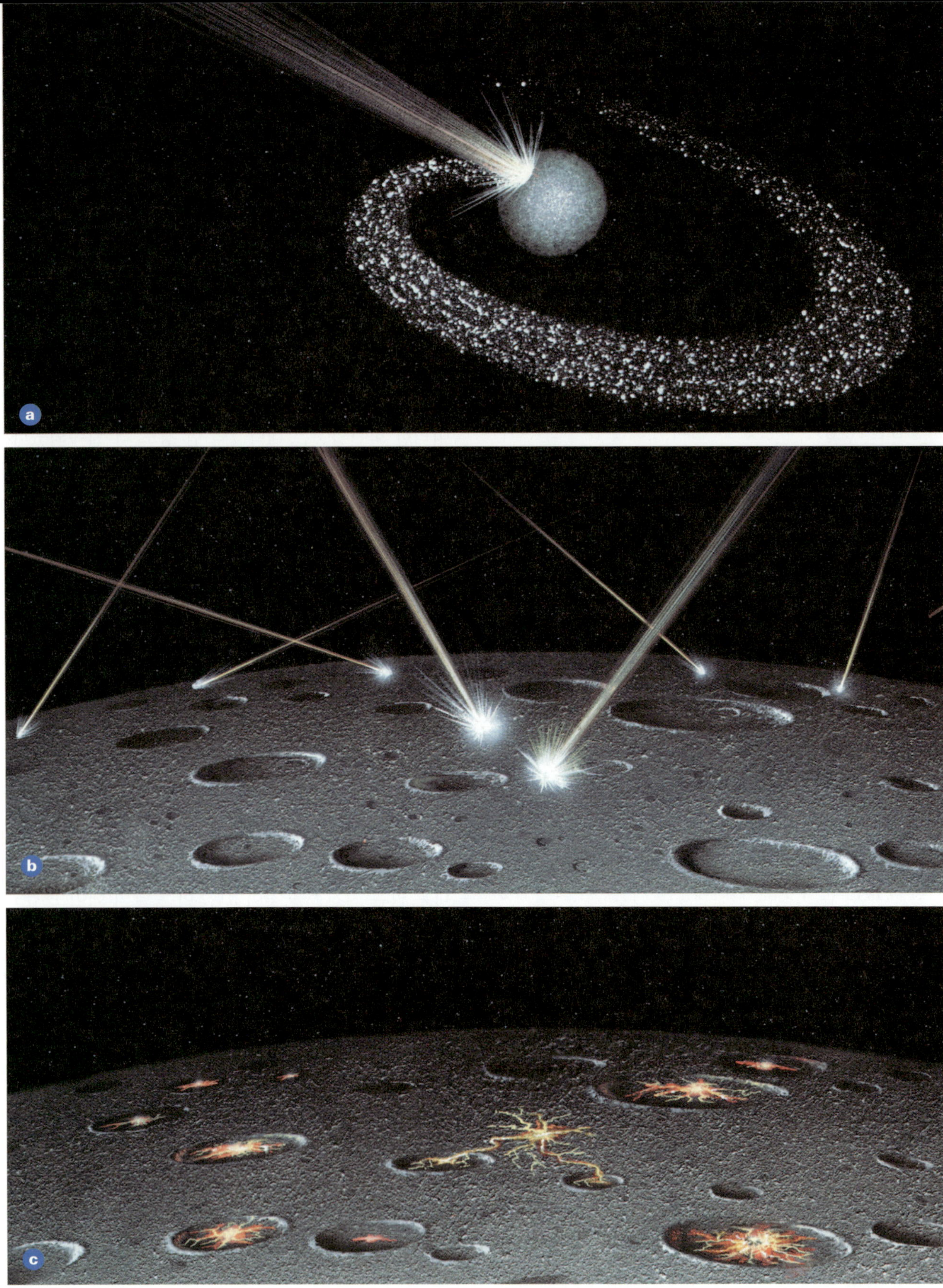

그림 10.13 (a) 가장 널리 받아들여지는 가설에 따르면 달은 약 45억 년 전에 화성 정도의 크기를 가진 물체가 지구와 부딪치면서 형성되었다. 이 충돌에 의해 기화된 암석들은 지구 주위의 궤도를 도는 구름을 형성하게 되었다. (b) 처음 6억 년 동안 유성체의 엄청난 충돌로 인해 달의 표면에는 크레이터가 만들어지게 되었다. (c) 어둡고 평평한 마리아는 약 38억 년 전, 용암이 분출하여 표면으로 일부 흘러내리면서 형성되었다. 현재 화산활동은 모두 끝이 났다.

10.4 목성형 행성: 크기, 구성 성분, 대기

목성

목성(Jupiter)은 반지름이 71,000 km에 이르는 태양계에서 가장 큰 행성이다. 구성 성분은 대부분 수소와 헬륨으로 태양과 비슷하다. 하지만 목성은 핵융합을 일으키는 데 필요한 온도를 유지할 정도로 무겁지 않기 때문에 별이 되지 못했다.

목성은 우주인이 서 있거나 걸을 수 있는 딱딱한 표면을 이룰 만한 암석이 없다. 대신 목성의 표면은 액상의 차가운 수소 분자(H_2)나 헬륨 원자(He)로 이루어진 깊이 12,000 km에 이르는 대양과도 같다. 수소와 헬륨으로 이루어진 바다 밑에는 30,000 °C에 이르고, 압력도 지구 해수면 기압의 1억 배에 이르는 층이 존재한다(그림 10.14). 이러한 극한의 상황에서 수소 분자는 원자로 쪼개진다. 거대한 압력으로 인해 원자들은 서로 가까이 붙어 있게 되는데, 금속 원자 사이로 전자들이 자유롭게 움직이는 것처럼 꽉 들어찬 핵 주변을 전자들은 자유롭게 날아다니게 된다. 이로 인해 수소는 전기를 통하게 되는데 이를 **액체 금속 수소(liquid metallic hydrogen)**라고 한다. 전도성이 있는 이 유체가 움직임으로써 지구 자기장보다 10배 정도 강한 자기장을 형성하게 된다.

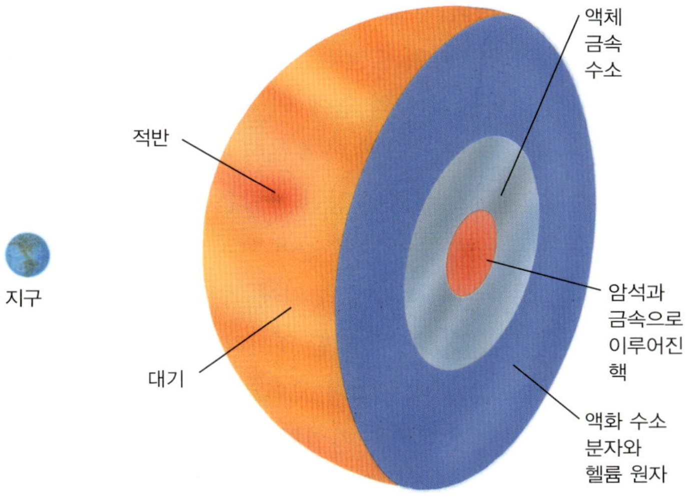

그림 10.14 목성은 크게 4개의 층으로 나눠진다. 요란이 심한 대기권, 주로 액화 수소 분자와 이보다는 적은 양의 헬륨 원자로 이루어진 바다, 액체 금속 수소로 이루어진 층, 그리고 암석과 금속으로 이루어진 핵이 있다. 같은 척도로 지구의 모습이 왼쪽에 그려져 있다.

금속 수소 층 밑에는 지구보다 10~20배 무거운 목성의 핵이 있다. 아마도 핵은 금속이나 암석으로 이루어져 있고, 그 주위에는 탄소, 질소, 산소와 같은 가벼운 원소들로 둘러싸여 있을 것으로 추측된다.

1989년 10월에 발사된 갈릴레오 우주선은 1995년 12월 목성에 도착했다. 거대 가스 행성 주위를 공전하기 시작하면서 갈릴레오 우주선은 탐사체를 떨어뜨렸는데, 이 탐사체는 목성의 바깥 대기 속을 낙하산을 타고 내려가면서 가열되어 증발되기 전까지 데이터를 모았다. 예상대로 목성의 대기는 대부분 수소와 헬륨으로 이루어져 있고 소량의 암모니아, 물, 메테인이 존재하는 것으로 나타났다.

300년 전에 유럽에 있던 두 천문학자는 목성의 표면에서 **대적반(Great Red Spot)**을 최초로 관측했다. 시간이 흐름에 따라 크기, 형태, 색깔이 바뀌었지만 대적반은 아직까지 남아 있다(그림 10.15). 만약 지구의 껍데기를 오렌지 껍질 벗기듯이 벗겨서 목성 위에 납작하게 편다면 대적반 안에 꽉 들어찰 것이다. 관측에 의하면 대적반은 허리케인과 같은 거대한 폭풍이다. 지구에서 허리케인은 일주일이면 소멸되지만 목성에 있는 이 폭풍은 몇 세기가 지나도록 남아 있다. 뿐만 아니라, 평행한 띠 형태로 행성을 감싸며 돌고 있는 바람시스템도 몇 세기 동안 남아 있다(그림 10.16).

갈릴레오 우주선에서 발사되었던 탐사체의 중요한 임무 중 하나는 눈으로 보이는 바깥 대기층 밑에서 대기의 압력, 온도, 풍속을 측정하는 것이었다. 압력이 0.4 bar인 바깥 대기층에서 탐사체는 시속 360 km의 풍속과 영하 140 °C의 온도를 측정하였다. 130 km 깊이에서 탐사체는 시속 650

목성(Jupiter) 태양으로부터 다섯 번째에 위치한 행성으로 태양계에서 가장 크다.

액체 금속 수소(liquid metallic hydrogen) 극한 온도와 압력하에서 만들어진 수소의 한 형태. 이 경우 원자들 사이의 거리가 매우 좁아져 전자들은 밀집되어 있는 원자핵 주변을 자유롭게 날아다니며 이로 인해 수소는 전기를 통하게 된다.

대적반(Great Red Spot) 허리케인과 비슷하지만 이보다도 큰 폭풍으로 몇백 년 동안 목성의 표면에 존재해 왔다.

NASA

그림 10.15 목성의 대적반에 비해 오른쪽 하단에 같은 척도로 겹쳐 그려진 지구는 너무도 작아 보인다. 컴퓨터로 생동적인 색감을 사용하여 강조하였다.

km의 풍속, 22 bar의 압력, 약 150 ℃의 온도를 측정하였다.

탐사체는 바람에 치이고 엄청난 압력에 찌그러지고 기계 작동 한계를 뛰어넘어 가열되면서 전파 수송을 중단하게 됐다. 과학자들의 계산에 의하면 탐사체가 목성 대기 깊숙이 떨어진 지 약 40분 후 온도는 650 ℃로 상승했고 압력은 260 bar로 상승했으며 탐사체의 알루미늄 껍데기는 녹아버렸다. 탐사체가 계속해서 떨어지면서 압력과 온도는 타이타늄으로 만들어진 본체가 녹아버릴 때까지 증가했다. 금속의 방울들이 번쩍이며 증발되면서 곧 탐사체는 사라졌다.

지구에서 바람은 태양의 열에 의해 만들어진다. 그렇지만 목성은 지구가 받는 양의 약 4 %에 해당하는 태양 에너지를 받는다. 게다가 목성의 강한 바람은 태양의 빛과 열이 닿는 깊이 이상으로 깊게 파고 들어간다. 이러한 이유로 과학자들은 목성의 날씨는 태양의 열에 의한 것이라기보다는 목성 내부에서 나오는 열에 의한 것이라고 추정한다. 이 열은 목성이 처음 형성되었을 때 모아졌다. 이 열이 점차 증가함에 따라 하층의 대기를 가열하게 되고 대류에 의해 상층의 대기로 열을 전달한다. 행성 내부의 열은 몇백 또는

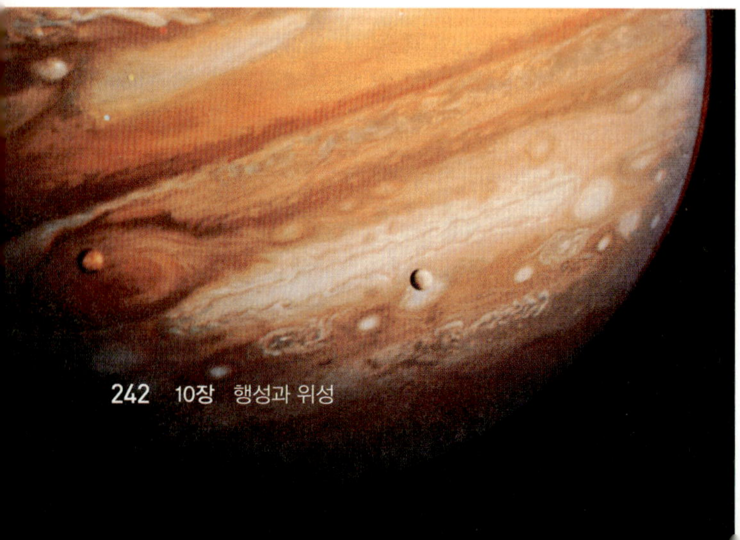

NASA/JPL

그림 10.16 이 사진은 보이저 우주선에서 찍은 것으로 목성의 울긋불긋하고 소용돌이치는 복잡한 구름들의 모습을 보여준다. 왼쪽 대적반 앞에 위치한 구체는 이오이고, 오른쪽 흰색의 타원형 구름 앞에 있는 것이 유로파다.

몇천 년에 걸쳐 변하기 때문에 목성의 날씨계는 안정하다.

토성

태양계에서 두 번째로 큰 행성인 **토성**(Saturn)은 목성과 비슷하다. 토성의 밀도는 태양계의 행성 중에서 가장 낮기 때문에 토성 전체를 담을 수 있는 욕조가 있으면 물 위에 뜰 정도다. 이러한 낮은 밀도는 토성의 대부분이 목성과 마찬가지로 수소와 헬륨으로 이루어져 있고, 암석과 금속으로 이루어진 상대적으로 작은 핵이 있음을 말해 준다. 실제로 토성과 목성은 많은 점에서 서로 비슷하다. 예를 들어 토성의 대기는 목성의 대기와 비슷하다. 두터운 구름과 대규모의 폭풍시스템은 행성 전체를 뒤덮고 있다.

천왕성과 해왕성

천왕성(Uranus)과 **해왕성**(Neptune)은 너무 멀고 어두워서 고대의 천문학자들은 이들의 존재를 알지 못했다. 1977년에 발사된 보이저 2호 우주선은 1979년 목성을, 1981년에는 토성을 지나쳐 갔다. 우주선은 1986년 천왕성을, 1989년에 해왕성에 도달했다. 지구로부터 해왕성까지의 여정은 71억 km에 이르렀고 12년이나 걸렸다. 우주선은 해왕성 구름 위 4,800 km 거리를 지나갔고, 이는 예상 경로에서 불과 33 km 떨어진 것이었다. 보이저에서 보내온 전파 신호의 강도는 $1/10^{16}$ W였다. 전파 신호를 해석하기 위해 4대륙에 있는 38개의 라디오 안테나를 사용하여 충분한 양의 라디오파 신호를 얻었다.

천왕성과 해왕성은 주로 수소와 헬륨 그리고 소량의 탄소, 질소, 산소의 혼합물로 이루어진 두터운 대기로 뒤덮여 있다. 대기의 밑에는 수소 분자로 이루어진 바깥층이 있다. 하지만 두 행성 모두 충분히 무겁지 않기 때문에 액체 금속 수소는 존재하지 않는다. 이들 행성의 내부는 메테인, 암모니아, 물로 이루어져 있고, 핵은 아마도 암석과 금속의 혼합물로 이루어져 있을 것이다. 태양계 가장 바깥에 위치한 천왕성과 해왕성은 상대적으로 큰 고체 상태의 핵을 가지고 있기 때문에 목성과 토성에 비해 밀도가 높다.

우주탐사선과 허블우주망원경은 천왕성과 해왕성에서 빠르게 변화하는 날씨를 발견했다. 해왕성에서 바람은 적어도 시속 1,100 km의 속도로 대기 속을 휘저어 놓고, 구름은 상승과 하강을 반복한다. 해왕성에서 일어나는 저기압성 순환을 대흑반(Great Dark Spot)이라 하는데 이는 목성의 대적반과 비슷하다. 한 가지 상반되는 가설에 따르면 핵 주위의 거대한 압력에 의해 메테인은 탄소와 수소로 분리되고 탄소가 결정화되면서 다이아몬드가 만들어진다. 다이아몬드가 만들어지면서 생긴 열은 대류에 의해 행성의 표면에 도달하고, 이로 인해 바람이 만들어지게 된다.

토성(Saturn) 태양으로부터 여섯 번째에 위치하고 있으며 두 번째로 큰 행성. 확연히 드러나는 고리 원반이 특징이다.

천왕성(Uranus) 태양으로부터 일곱 번째에 위치한 행성으로 해왕성과 크기, 구성 성분, 대기의 측면에서 비슷하다.

해왕성(Neptune) 태양으로부터 여덟 번째에 위치한 행성으로 천왕성과 크기, 구성 성분, 대기의 측면에서 비슷하다.

천왕성의 자기장은 자전축으로부터 58° 기울어져 있다는 것이 보이저 2호의 관측을 통해 밝혀졌다. 모든 행성의 자기장은 자전축과 대략적으로 일치해야 한다는 현재의 설명으로는 이러한 현상을 이해하기 어렵다. 처음에 과학자들은 보이저 2호가 자기장 역전 중에 천왕성을 통과했을 것이라고 생각했다. 하지만 나중에 보이저 2호는 해왕성의 자기장 역시 자전축으로부터 50° 기울어져 있는 것을 기록했다. 두 행성이 동시에 자기장 역전에 있는 것을 발견할 확률은 매우 낮기 때문에 다른 설명을 필요로 한다. 그렇지만 지금까지 타당한 가설은 만들어지지 못했다.

10.5 목성형 행성의 위성

목성의 위성

1610년 갈릴레오는 목성 주위를 도는 4개의 밝은 점을 발견했다. 갈릴레오는 이들이 거대한 행성 주위를 도는 위성일 것이라고 추론했다. 1999년 천문학자들은 목성 주위에 있는 16개의 행성을 발견했고 2009년에는 약 62개의 위성이 알려졌는데, 이 중 적어도 52개는 상대적으로 작고 불규칙한 궤도를 돈다. 갈릴레오가 발견한 네 개의 위성(이오, 유이오(Io) 갈릴레오 위성 중 목성에 가장 가까우며, 태양계에서 가장 활발한 화산활동을 하는 천체다.

유로파(Europa) 갈릴레오 위성 중 목성에서 두 번째로 가까운 위성이다. 위성의 내부는 대부분 암석으로 이루어져 있고 표면은 대부분 물로 덮여 있어 지구와 흡사하다. 다만 표면의 물은 얼어서 행성 전체에 걸쳐 거대한 얼음 껍데기를 형성하고 있다.

로파, 가니메데, 칼리스토)은 갈릴레오의 위성(Galilean moons)으로 불리는데, 이들은 가장 크고 그동안 폭넓게 연구가 되었다.

이오

목성에서 가장 가까운 궤도를 도는 이오(Io)는 지구의 달과 비슷한 크기이고 약간 더 밀도가 높다. 이오는 형성 당시의 열을 가지고 있거나 방사성 붕괴로 인한 열을 가지고 있을 정도로 크지 않기 때문에 많은 천문학자들은 달처럼 차갑고 비활동적이고 크레이터가 많을 것이라고 예상했다. 하지만 보이저 우주선에서 지구로 보내온 영상에는 위성 표면으로부터 200 km 높이까지 치솟는 엄청난 양의 가스와 암석의 분출을 보여주었다. 이는 지구 밖에서 최초로 발견된 활동적인 화산활동이었다(그림 10.17). 이후 갈릴레오 탐사선에서 보내온 영상은 100여 개의 화산이 동시에 분출하는 것을 보여주었다. 이는 이오가 태양계에서 화산활동이 가장 활발한 천체임을 말해 준다.

지구에서 바다의 조석간만은 달의 중력장에 의해 만들어진다는 것을 상기해 보자. 동시에 지구의 중력장이 달에 있는 암석을 변형시킨다. 따라서 지구의 중력장은 달에서 심발지진을 일으킨다. 목성은 지구보다 300배 더 무겁기 때문에 그만큼 목성이 이오에 작용하는 중력 또한 크다. 이에 더해 가까이 있는 3개의 위성, 즉 유로파, 가니메데, 칼리스토 또한 이오에 상당한 중력의 영향을 줄 정도로 큰 반면 목성이 작용하는 방향과 반대로 작용하게 된다. 이러한 두 요소의 조합, 즉 주기적으로 반복되고 반대 방향으로 작용하는 힘은 암석을 엄청나게 변형시키고 마찰에 의해 열을 발생시키기 때문에 이오에서는 거의 지속적으로 화산활동이 일어나게 된다.

천문학자들은 이오와 다른 목성의 위성 역시 태양계의 다른 천체와 마찬가지로 운석과의 충돌이 많았다고 생각한다. 하지만 이오에서는 용암의 분출이 자주 일어났기 때문에 과거의 모든 지형은 지워져 버려 매끈하고 운석 충돌 크레이터가 거의 없는 표면을 갖게 되었다.

유로파

목성으로부터 두 번째 가까이 있는 유로파(Europa)는 행성 내부의 대부분이 암석으로 이루어졌고, 표면도 대부분 물로 이루어져 있기 때문에 지구와 비슷하다. 가장 큰 차이점은 유로파에서는 물이 모두 얼어서 행성 전반에 걸쳐 거대한 얼음 껍데기를 형성한다는 것이다. 지구에서 북극의 얼음이 만들어 내는 것처럼 깨지고 쭈그러진 무질서한 지형이 갈릴레오 탐사선에 의해 찍혔다(그림 10.18).

그림 10.19는 오래되고 쭈그러진 표면 위에 있는 매끄러운 지역을 보여준다. 관측 자료에 의하면 이 매끄러운 지역

그림 10.17 보이저 1호에서 포착한 이오의 화산 분출 사진(수평선 상에 보인다). 이 분출로 고체 분출물들이 약 200 km 고도까지 솟아올랐다.

NASA

그림 10.18 유로파의 지면은 뒤죽박죽 상태로, 이는 마치 지구에서 북극의 빙하가 봄의 해빙기에 부서지는 것과 비슷하다. 이 지역에서 얼음으로 이루어진 지각은 약 수 km 정도의 두께를 가지고 있으며, 지하에 있는 물 위에 떠 있을 것으로 과학자들은 추측하고 있다.

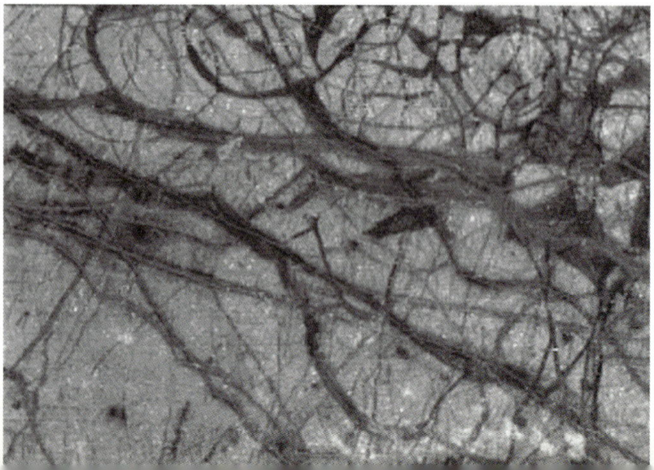

NASA/JPL

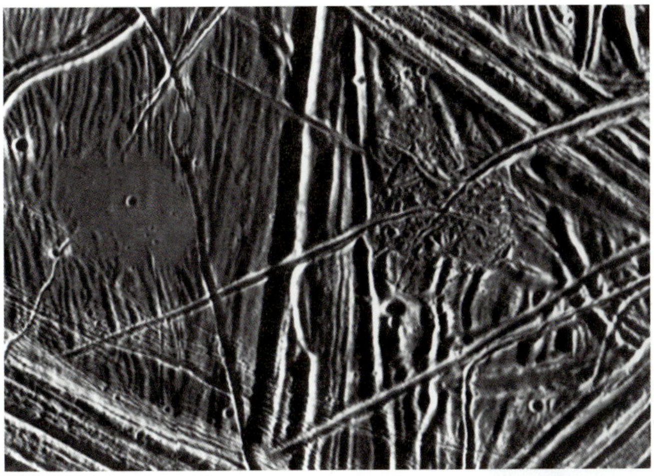

NASA/JPL

그림 10.19 위 사진의 왼쪽 중앙에 보이는 원형의 매끄러운 지역은 지하에 있던 물이 유로파의 표면으로 흘러나와 얼어서 형성된 것으로, 지각에 있던 오래된 주름들과 깨어진 표면들을 덮어 버리게 된다.

은 액체 상태의 물이 표면으로 분출되어 새로 만들어진 얼음임을 보여준다. 따라서 액체 상태의 물로 이루어진 웅덩이나 바다, 또는 액체와 고체 상태의 현탁액이 지표에 있는 얼음 밑에 있을 것이다. 천문학자들은 지각의 두께가 대부분 지역에서 10 km가 될 것으로 추정한다. 계산에 의하면 지표면 밑에 있는 바다는 이오의 화산활동처럼 비록 조석력이 약하기는 하지만 조석력에 의해 따뜻해졌을 것으로 예상된다. 과학자들은 지표면 밑 바다가 화학적으로나 물리적으로 생명활동에 적합할 것으로 추정한다. 실제로 이곳에 생명이 있을 것이라는 증거는 없지만 그 가능성 자체는 매우 흥미롭다.

가니메데와 칼리스토

갈릴레오 탐사선은 **가니메데(Ganymede)**의 자기장을 측정했는데, 이는 이 위성의 핵 속에서 금속이 대류하고 있음을 말해 준다. 또 다른 측정에 의하면 핵은 규산염의 맨틀로 덮여 있고, 이는 다시 물 또는 얼음으로 이루어진 지각으로 덮여 있다(그림 10.20). 표면에 있는 얼음의 온도는 워낙 낮아서 부서지기 쉽고 마치 암석과도 같다. 사진 상에 가니메데는 두 종류의 지표면을 갖는다. 한 지역은 크레이터가 밀집되어 있고, 다른 지역에는 크레이터가 거의 없지만 선형의 많은 홈들이 있다. 크레이터가 많은 지역은 과거 운석 충돌이 빈번했을 때 형성됐다. 홈이 많은 지역은 아마도 지각이 깨져서 물이 따뜻한 내부에서 흘러나와 얼어서 형성되었을 것이다. 이러한 현상은 지구형 행성이나 달의 표면에서 용암이 흘러나오는 것과 매우 흡사하다. 옆으로 이동하는 홈과 등성이는 지구에서와 같은 판구조운동이 있다는 것을 말해 준다(그림 10.21).

가니메데(Ganymede) 목성의 위성으로 금속으로 이루어진 핵에는 대류 활동이 있으며 지각은 물과 얼음으로 이루어져 있으나 암석처럼 깨지기 쉽다.

칼리스토(Callisto) 갈릴레오 위성 중 가장 바깥에 위치한 목성의 위성으로 표면에 크레이터가 많은 것이 특징이다.

갈릴레오 위성 중 가장 바깥에 위치한 **칼리스토(Callisto)**는 많은 크레이터가 있어 그 지표면이 매우 오래 되었다는 것을 말해 준다. 칼리스토에 있는 크레이터는 가니메데나 달에서와는 다르게 생겼다. 아마도 칼리스토의 크레이터는 표면 위로 느리게 흐르는 얼음에 의해 변형되었을 것이다. 칼리스토의 지표면 밑에 바다가 존재할 수도 있다는 최근의 관측이 있지만 가니메데와 마찬가지로 아직까지는 확실하지 않다.

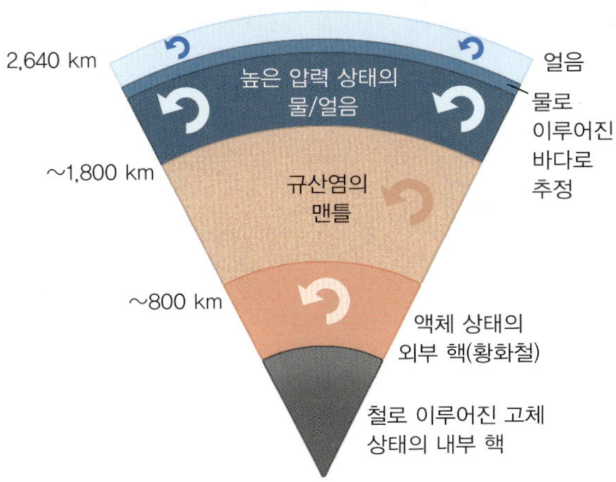

D. J. STEVENSON, "WHEN GALILEO MET GANYMEDE," *NATURE* 384 (DECEMBER 12, 1996): 511–512.

그림 10.20 가니메데는 전도성이 있는 대류 핵에 규산염으로 이루어진 맨틀, 그리고 얼음과 물로 이루어진 표면층이 있다는 것이 최근에 얻어진 데이터를 바탕으로 제시되었다.

토성의 위성

토성에는 적어도 62개의 위성이 돌고 있다. 그중 2개의 위성이 2009년에 발견되었고 여러분이 이 책을 읽고 있을 때는 좀 더 많은 위성이 발견되었을지도 모른다. 토성의 위성

타이탄(Titan) 토성의 가장 큰 위성으로 태양계 내에서 상당한 양의 대기를 가지고 있는 유일한 위성이다.

NASA/JPL

그림 10.21 가니메데를 가까이 찍은 이 사진에는 너비 1 km 이내의 많은 홈들로 이루어진 젊은 지형이 보인다. 한 가지 가능성 있는 설명에 따르면 이 홈들은 최근의 지각활동에 의해 만들어졌다.

중 가장 큰 **타이탄**(Titan)은 수성보다도 크다. 타이탄은 태양계에서 유일하게 충분한 대기를 지닌 위성이기 때문에 특별하다. 이러한 대기가 유지될 수 있었던 것은 타이탄이 상대적으로 무겁고 온도가 매우 낮기 때문이다. 주요 구성 물질은 메테인이 섞여 있는 질소이고 적은 양의 가스가 포함되어 있다. 타이탄 지표면의 평균 온도는 영하 178 ℃고 대기압은 지구 대기압보다 1.5배 크다. 이러한 조건은 메테인이 고체, 액체, 기체로 존재할 수 있는 온도와 압력에 가깝다.

카시니 우주선은 7년 동안의 여정 후 2004년 12월 타이탄에 도착했고 호이헨스(Huygens)라고 불리는 탐사체를 분리시켰다. 이 탐사체는 낙하산을 타고 바깥 구름층을 뚫고 들어가 지표면에 착륙했다. 지구와 놀랍게도 비슷한 사진 속 풍경에는 가파른 언덕과 강바닥으로 보이는 지면들, 침식된 언덕 경사면, 바다의 경계선 그리고 모래 사주가 관측되었다. 우리가 가진 증거에 의하면 이러한 지형들은 바람과 지질활동, 그리고 유체에 의해 형성되었다(그림 10.22). 타이탄의 온도는 워낙 낮기 때문에 물은 얼음 상태로만 존재하지만, 타이탄 대기의 온도와 압력 상태에 따라 메테인은 액체, 수증기, 고체 상태로 있을 수 있다. 따라서 과거에는 메테인으로 만들어진 비가 구름에서 떨어졌고 메테인으로 이루어진 강이 타이탄의 지표면을 흘렀다. 액체 상태의 메테인은 오늘날에도 위성 표면에 남아 있을 수 있다. 이러한 현상은 물이 액체, 기체, 고체 상태로 남아 있을 수 있고 이러한 세 상태 사이를 자주 오가는 지구의 환경과 흡사하다.

가장 간단한 유기 화합물인 메테인은 질소나 타이탄에 있는 다른 물질과 반응하여 훨씬 복잡한 유기 분자를 만든다. 이러한 유기 화합물은 낮은 온도에서 분해되지 않기 때문에, 위성의 표면은 타르처럼 끈적이는 유기 물질로 덮여 있을 가능성이 있다. 초기 지구에서도 이 같은 층이 만들어지고 이 속에서 화학작용을 거쳐 생명체가 만들어졌을 수 있다. 하지만 타이탄은 매우 춥기 때

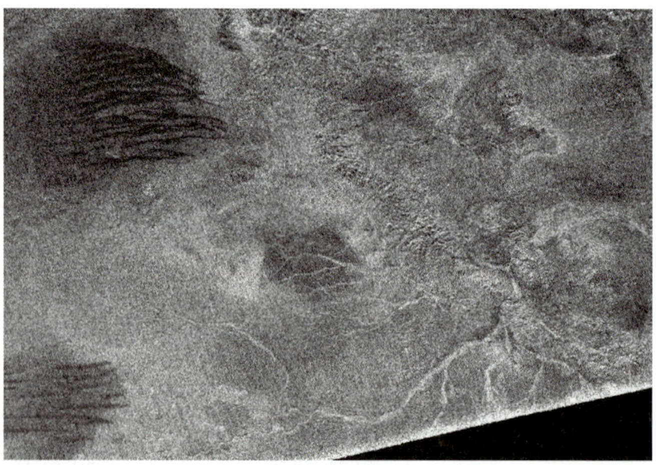

NASA/JPL

그림 10.22 2005년 2월에 얻은 타이탄의 레이더 영상으로 사진 오른쪽 하단에 아주 잘 발달된 하천의 배수 구역을 보여주고 있고, 모래 언덕으로 보이는 물체도 이 사진에 보인다. 이전에 얻어진 사진들에서도 지질활동에 의해 만들어졌을 가능성이 있는 특징들이 타이탄에서 관측되었다. 타이탄은 화산활동, 지질활동, 침식작용, 운석충돌에 의해 변화되는 젊고 역동적인 표면을 가지고 있는 것으로 보인다.

문에 아마도 생명이 만들어지지는 않았을 것이다.

천왕성과 해왕성의 위성

천왕성에는 27개의 위성이 돌고 있는 것으로 알려졌다. 많은 위성들은 작고 불규칙한 형태를 띠고 있는데, 이는 작은 행성이나 위성의 충돌로 생긴 조각들일 가능성을 말해 준다.

해왕성은 적어도 13개의 위성을 가지고 있다. 가장 큰 위성은 **트리톤**(Triton)으로 75 %의 암석과 25 %의 얼음으로 이루어져 있다. 많은 행성이나 위성처럼, 트리톤의 표면에도 크레이터, 산, 크레이터가 없는 평평한 지역이 있다. 달의 마리아 지역은 용암으로 채워져 있지만, 트리톤에서는 얼음이나 얼어 있는 메테인으로 채워져 있다.

10.6 행성의 고리

모든 목성형 행성에는 1개 또는 그 이상의 원반 고리가 존재하지만 그중 가장 멋진 것은 지구에서 소형 망원경으로도 보이는 토성의 고리일 것이다. 우주탐사선에서 보내온 사진들에는 7개의 주 원반 고리가 보이고 각 고리는 수천 개의 작은 고리(ringlet)들로 이루어졌다(그림 10.23과 10.24). 토성 원반의 두께는 불과 10~25 m 정도로 미식축구 경기장보다 짧다. 하지만 원반은 매우 넓게 퍼져 있어서 가장 안쪽에 위치한 원반 고리는 토성의 표면으로부터 불과 7,000 km 떨어져 있고, 가장 바깥에 위치한 고리의 가장자리는 토성으로부터 432,000 km, 즉 지구와 달 사이의 거리보다 멀리 떨어져 있다. 고리 원반의 너비는 안쪽부터 바깥쪽까지 425,000 km에 다다른다. 만약 콤팩트디스크(CD)의 두께가 토성 고리 원반의 두께를 나타낸다면 지름은 30 km가 되어야 한다.

트리톤(Triton) 해왕성의 가장 큰 위성으로 얼음이나 얼어 있는 메테인이 크레이터를 덮고 있는 것이 특징이다.

토성의 원반 고리는 먼지, 암석, 얼음으로 구성되어 있다. 가장 바깥에 있는 고리 입자들의 지름은 약 0.1 mm(점토 입자의 크기) 정도지만, 안쪽에 위치한 원반 고리에는 헛간만한 덩어리들이 날아다닌다. 고리를 구성하는 개개 조각들은 독립적으로 토성 주변을 돌고 있다.

서로 뭉쳐 위성이 되지 못한 조각들이 토성의 고리를 구성하고 있을 수 있다. 반대로 위성이 만들어지기는 했지만 토성의 중력장에 의해 쪼개져 버린 파편일 수도 있다. 위성과 행성 사이의 거리가 충분히 가까워지면 조석력이 위성을 하나로 묶어 놓는 중력보다 강해져서 위성이 부서지게

NASA/JPL

그림 10.23 토성의 사진에 나타난 멋진 고리 원반

NASA/JPL

그림 10.24 보이저 1호에서 색감을 올려 찍은 사진으로 토성의 고리들과 작은 고리들을 가까이서 보여준다.

명왕성(Pluto) 한때 태양으로부터 아홉 번째 떨어진 태양계의 행성으로 생각되었지만 2006년에 왜소행성으로 재분류되었다.

카이퍼 벨트 물체(Kuiper Belt Objects) 주로 얼음으로 이루어진 작은 천체들로 명왕성과 비슷하고, 태양계의 외곽 지역에 원반 형태를 이루며 궤도운동을 한다.

왜소행성(dwarf planet) 명왕성이나 에리스와 같은 천체들로 태양의 주변을 공전하지만 어떤 행성의 위성은 아니며 충분히 질량이 커서 구형을 이룰 수 있는 천체다. 하지만 자신의 궤도나 그 궤도 주변에 있는 다른 천체들을 쓸어버리기에는 질량이 그다지 크지 않다.

된다. 따라서 위성은 행성 가까이에 있을 수 없다. 위성들이 끼치는 중력의 힘에 의해 토성의 고리 입자들이 미세한 소용돌이나 꽈배기 형태를 만드는 것이 카시니 탐사선에서 보내온 영상에 찍혔다.

10.7 명왕성과 왜소행성

태양계에 있는 천체 중 **명왕성(Pluto)**은 최근 많은 논란이 되었다. NASA의 뉴호라이즌스 우주선(New Horizons spacecraft)이 2015년 명왕성에 도달할 예정이지만, 그동안 명왕성을 방문한 탐사선이 없었고, 가장 높은 해상도의 사진조차 다른 행성들을 찍은 사진에 비해 질이 낮다(그림 10.25). 2006년까지 사람들은 명왕성이 태양계의 아홉 번째 행성이라고 생각해 왔다. 하지만 2006년에 있었던 국제천문연맹(International Astronomical Union; IAU)에서 투표를 통해 명왕성은 행성 명단에서 제외됐다.

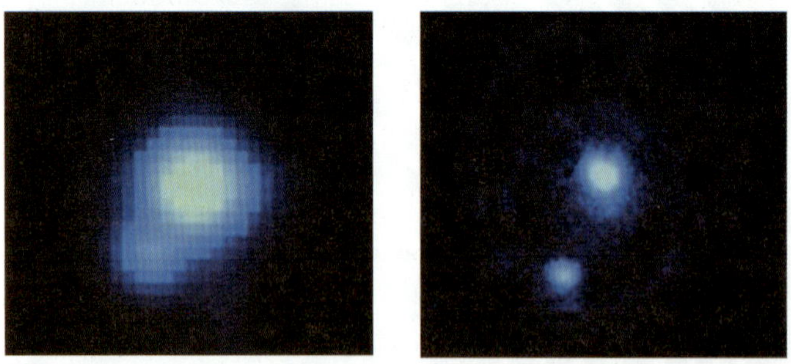

SPACE TELESCOPE SCIENCE INSTITUTE

a 지상 망원경

b 허블우주망원경

그림 10.25 (a) 지상에서 관측된 명왕성과 명왕성의 위성인 카론의 사진 (b) 허블우주망원경으로 관측된 사진

명왕성은 이와 비슷한 천체들과 함께 새로운 그룹인 왜소행성으로 분류되었는데, 이에 대한 설명은 이 단원의 끝에 다시 하기로 한다.

명왕성은 닉스(Nix), 히드라(Hydra), 카론(Charon)이라는 3개의 위성을 가지고 있다. 닉스와 히드라는 매우 작지만 카론의 지름은 명왕성의 절반에 이른다. 명왕성과 카론의 궤도를 측정하여 천문학자들은 이들의 밀도를 구하였는데, 이를 통해 명왕성과 카론은 각각 약 35 %의 얼음과 65 %의 암석으로 이루어졌다는 것을 알 수 있게 되었다.

적외선 관측에 따르면 명왕성의 표면 온도는 영하 약 220 ℃에 이른다. 분광 분석에 따르면 명왕성의 밝은 표면에는 메테인 얼음이 포함되어 있다. 명왕성의 대기는 매우 옅고 주로 일산화탄소, 질소 그리고 어느 정도의 메테인으로 이루어져 있다.

명왕성의 궤도는 매우 긴 타원형인데, 이로 인해 명왕성은 해왕성보다 태양에 더 가까워질 때도 있다. 명왕성은 카이퍼 벨트를 구성하고 있는 무수히 많은 얼음 천체들과 관련되어 있을 수 있다. 이들 **카이퍼 벨트 물체(Kuiper Belt Objects; KBOs)**는 태양계가 형성되고 남은 미행성체이다. 에리스(Eris)는 카이퍼 벨트 물체 중 하나로 명왕성보다 약 5 % 크다. 적어도 이제까지 또 다른 3개의 카이퍼 벨트 물체들이 명왕성의 반 정도 크기이며, 자체의 위성을 지니고 있는 것으로 알려져 있다. 이 천체들은 충분히 강한 중력의 힘으로 스스로를 구 형태로 유지할 수 있지만, 국제천문연맹의 규정 중 하나를 만족시키지 못해 행성으로 분류되지 못했다. 규정에 의하면 이 천체들은 충분히 크고 무겁지 못해서 궤도 주변에 있는 모든 천체들 혹은 대부분의 천체들을 중력의 힘으로 쓸어내지 못하고 궤도의 우위를 차지하지 못한다. 국제천문연맹에서 이들은 새로운 물체들의 원형인 **왜소행성(dwarf planet)**으로 분류되었다.

10.8 소행성, 혜성, 유성체

소행성

천문학자들은 화성과 목성 사이의 궤도를 도는 수만 개의 물체로 이루어진 넓은 폭의 대역을 발견하였는데, 이 물체들을 **소행성(asteroid)**이라고 부른다. 소행성 중 가장 큰 세레스(Ceres)는 지름이 930 km나 된다. 또 다른 3개의 소행성은 세레스의 반 정도 크기고 나머지 소행성들은 이들보다 훨씬 작다. 소행성들의 궤도는 행성과는 다르게 오래 지속되지는 않는다. 소행성이 행성 옆을 지나게 되면 소행성의 궤도는 행성의 중력에 의해 끌리게 되고, 태양 주위를 도는 새로운 궤도로 변형된다. 그렇기 때문에 소행성의 궤도는 자주 그리고 급박하게 바뀔 수 있다. 많은 소행성의 궤도가 지구 근처를 지나고 있고 어떤 경우에는 지구의 궤도를 지나기도 한다. 소행성이 행성에 너무 가까이 접근하게 되면 행성의 표면에 충돌하게 된다. 과거 소행성과 지구의 충돌은 이전에 설명된 바와 같이 생명 집단의 대멸종을 가져왔을 수 있다. 통계적인 분석에 따르면 앞으로 천 년 이내에 지름 10 km 이상의 소행성과 충돌할 가능성은 1 %다. 이러한 충돌은 십억 인구를 없앨 수 있으며 인류의 멸망을 초래할 수도 있다.

소행성 마틸드(Mathilde)에는 평균 반지름보다 큰 크레이터들이 있다는 것이 일련의 사진들을 통해 알려졌다. 어떻게 하면 이러한 충돌에도 깨지지 않고 버텨낼 수 있었을까? 한 가지 가설에 따르면 마틸드는 지구처럼 단단한 암석 덩어리가 아니고 깨진 돌멩이나 자갈들이 뭉쳐진 덩어리다. 따라서 엄청난 충돌에 의한 힘은 부서지기 쉬운 본체로 전달되기 보다는 깨어진 돌멩이들을 흩어지게 만든다. 이와 반대로 에로스(Eros)에서 관측된 크레이터나 홈, 그리고 표면 암석들은 이 가까운 소행성이 단단한 천체임을 말해 준다.

혜성

빛나는 물체가 때때로 하늘에 나타나고 태양을 중심으로 찌그러진 타원 궤도를 따라 천천히 움직이다가 이내 우주 공간으로 사라진다(그림 10.26). 이러한 물체들을 '긴 머리'라는 뜻의 그리스어를 따서 **혜성(comet)**이라고 부른다. 불처럼 타는 듯이 보임에도 불구하고 혜성은 차가우며 이들이 내는 빛은 태양에 의한 반사광이다.

혜성은 태양계의 바깥 지역에서 오며, 대부분의 시간 동안은 명왕성의 궤도 바깥쪽 차가운 우주 공간에서 보낸다. 혜성은 대부분 물과 얼음으로 이루어져 있고 메테인, 암모니아, 이산화탄소, 그 밖의 합성물질로 이루어진 얼음결정들이 섞여 있다. 규산염과 금속으로 이루어진 먼지입자들은 훨씬 적은 양이 포함되어 있는데 이보다 가벼운 얼음들과 섞여 있다.

혜성이 태양으로부터 100만 km 떨어져 있으면, 꼬리가 없고 구형의 모습을 띤다. 혜성이 태양에 접근하여 가열되기 시작하면 혜성 표면의 일부가 기화되기 시작한다. 혜성 머리 부분에 있는 가벼운 입자들의 일부는 태양풍에 의해 날려가고 긴 꼬리가 형성된다. 이때 혜성은 밀도가 높고 딱딱한 **핵(nucleus)**

소행성(asteroid) 주로 화성과 목성 사이의 지역에서 태양 주변을 공전하는 작은 천체들이다.

혜성(comet) 행성 사이를 오가며 궤도운동하는 천체들로 느슨하게 결합된 암석과 얼음으로 구성되어 있다. 태양에 접근하게 되면 밝은 머리 부분과 길게 뻗어있는 흐릿한 꼬리 부분을 보이게 된다. 불처럼 타는 듯이 보이지만 실제로 혜성은 차가운 천체이며 '화염'처럼 보이는 것은 반사된 빛 때문이다.

핵(nucleus) 혜성의 중심부로 밀도가 높은 고체 상태의 지역

그림 10.26 헤일-밥(Hale-Bopp) 혜성은 최근 수십 년 사이 지구에서 관측된 가장 밝은 혜성으로 1997년 3월과 4월에 가장 밝게 관측되었다.

코마(coma) 혜성의 핵을 둘러싸고 있는 밝은 지역

꼬리(tail) 혜성에서 길게 뻗어 있는 부분으로 태양풍이 혜성의 머리 부분에 있는 가벼운 입자들을 날려 보내면서 형성되기 때문에 언제나 태양의 반대 방향을 향하게 된다. 태양으로부터 빛이 반사되기 때문에 불타는 화살처럼 보인다.

과 이를 둘러싼 밝은 **코마**(coma), 그리고 긴 **꼬리**(tail)로 구성된다(그림 10.27). 어떤 혜성의 꼬리는 대략 지구와 태양 사이의 거리인 1억 4,000만 km보다도 길게 뻗는다. 혜성이 태양 주변을 통과할 때 꼬리는 태양풍에 의해 지속적으로 불려나가기 때문에 언제나 꼬리는 태양 반대 방향으로 뻗게 된다. 지상의 관점으로 볼 때 혜성의 꼬리는 저온의 좋은 실험실 진공 상태에 해당되지만 천구 상의 관점에서 볼 때는 뜨겁고 밀도가 높아 불붙은 화살처럼 보인다.

1910년 핼리 혜성이 지구에 워낙 가깝게 지나갔기 때문에 기념비적인 사건이 되었다. 1986년 핼리 혜성이 태양계 안쪽으로 다시 돌아왔을 때, 6개의 탐사선과 여러 지상 망원경을 통한 연구가 수행되었다. 핼리 혜성의 핵은 땅콩 모양이고 가로×세로×높이가 대략 16×8×8 km 정도로 그 형태와 모양은 미국 뉴욕 시 맨해튼 섬과 비슷하다. 핼리 혜성이 지나갔을 때 밀도가 상대적으로 높은 저온의 코마는 반지름이 약 4,500 km였다.

2005년 천문학자들은 딥임팩트(Deep Impact)라 불리는 무게가 372 kg이 나가는 금속의 탐사선을 템펠 1(Tempel 1) 혜성으로 쏘았고, 탐사선의 모선에서 충돌을 기록하는 거대한 실험을 진행하였다. 탐사선의 충돌로 2번의 폭발이 빠르게 이루어졌는데, 처음 폭발은 충돌로 인해 표면 온도가 수천 도로 가열되었을 때였다. 두 번째 폭발은 몇백만 분의 1초 뒤에 나타났는데, 이는 탐사선이 핵 속으로 깊이

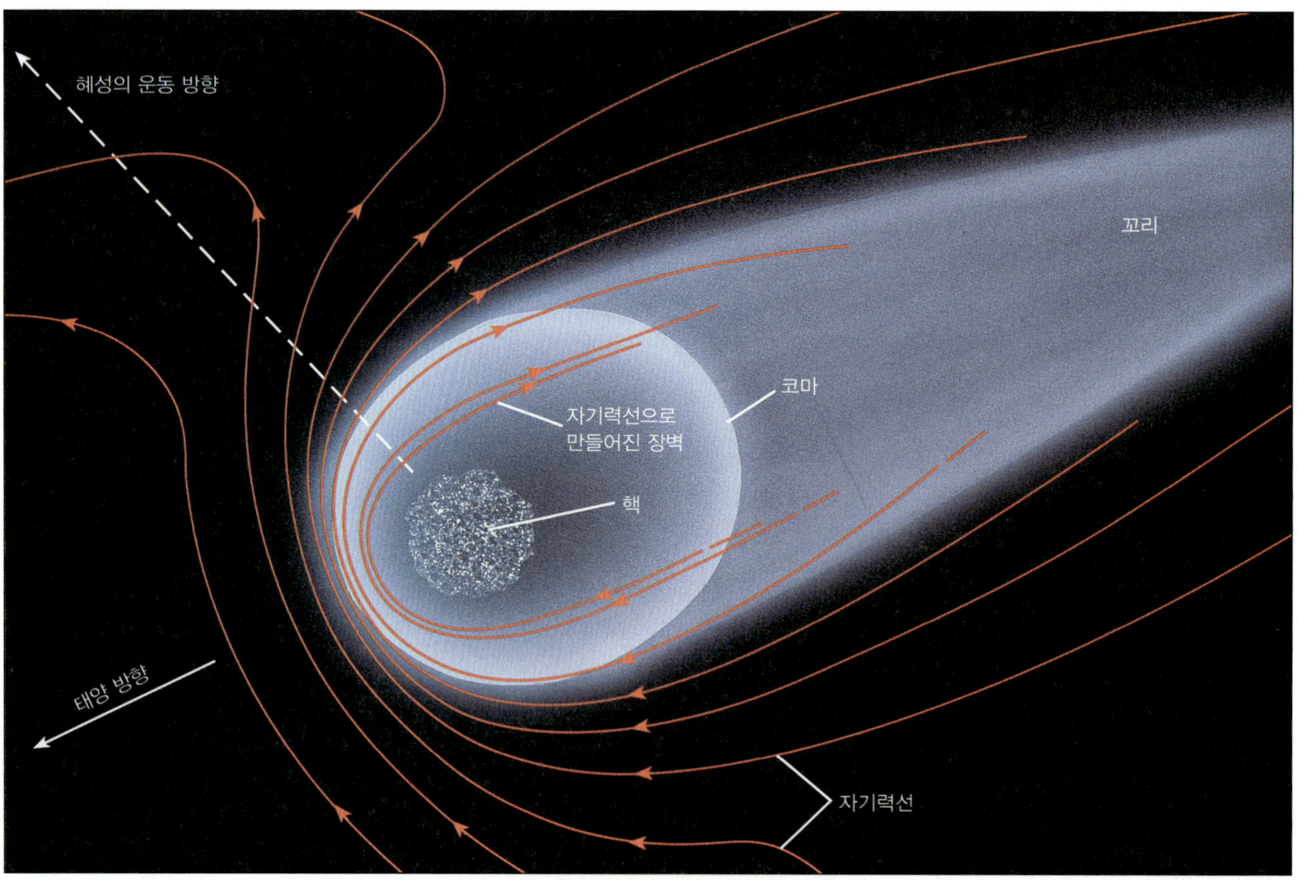

그림 10.27 세부 모습을 보여주기 위해 수천 배로 확대된 혜성의 핵 주변의 모습. 혜성이 태양풍과 상호작용을 하면, 위에서 보는 것처럼 자기장을 형성하게 된다. 핵으로부터 뿜어져 나오는 가스에서 형성된 이온들은 자기력선에 갇히고, 이로 인해 특유의 꼬리 모양을 형성하게 된다.

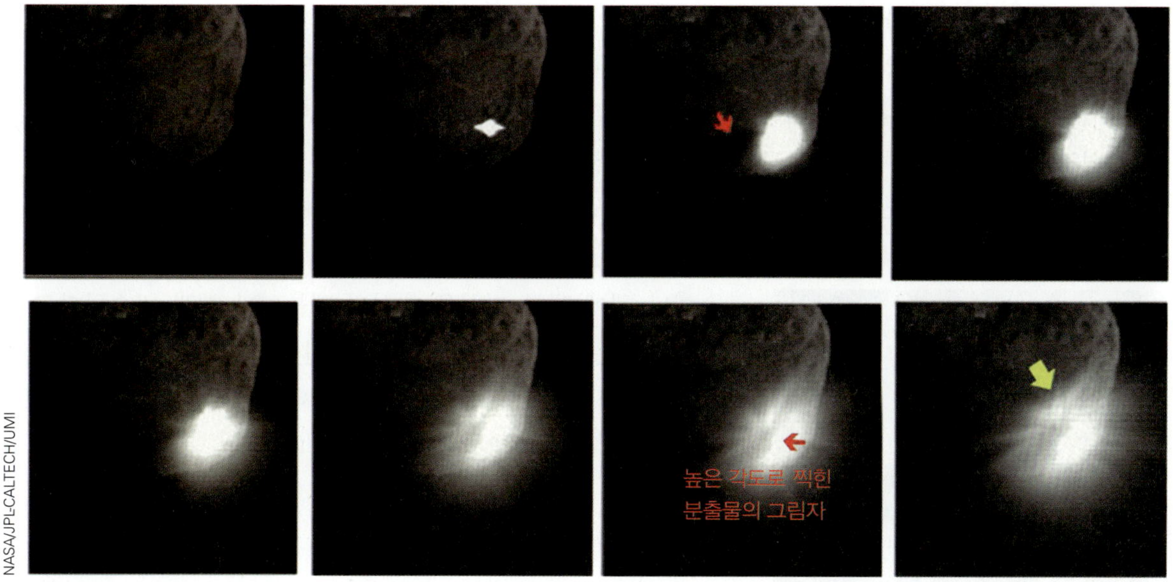

그림 10.28 위의 8개의 사진은 탐사체 딥임펙트가 2005년 7월 3일 템펠 1 혜성에 충돌하면서 분출물이 기둥을 형성하는 모습을 보여준다. 분출물에 의해 만들어진 그림자가 세 번째와 일곱 번째 사진에서 빨간색 화살표로 표시되어 있다. 여덟 번째 사진의 노란색 화살표는 탐사체 경로의 윗방향에 놓여 있는 회피 지역[6]을 나타낸다. 위 8장의 사진은 0.84초 간격으로 찍혔다.

유성체(meteoroid) 행성 사이를 떠도는 작은 천체들로 대부분 소행성이나 혜성에서 갈라져 나온 조각들이다. 태양계 안쪽 지역에서 불규칙한 궤도를 따라 움직인다.

유성(meteor) 지구로 떨어지는 유성체로 지구 대기로 진입하면 기화되어 빛을 발한다. 별똥별이라 부르기도 한다.

운석(meteorite) 완전히 기화되지 않고 지표면에 떨어진 유성을 말한다.

석질운석(stony meteorite) 암석과 금속의 질량비가 지구의 맨틀과 핵의 질량비와 비슷한 운석을 말한다. 이 때문에 석질운석은 태양계 형성 초기의 구성 성분을 그대로 간직하고 있으며 과거로 이어지는 통로로 여겨진다. 대부분의 운석은 석질운석이다.

침투해서 휘발성 물질들로 이루어진 층을 방출시켰을 때 나타났다(그림 10.28). 충돌 직전에 찍은 사진에는 가스의 분출과 용해 그리고 자연적인 충돌에 의해 만들어진 표면의 풍경들이 보였는데, 이는 복잡한 지질의 역사를 대변해 주는 증거들이다. 충돌로 인해 만들어진 분출물의 분석 결과, 템펠 1 혜성은 주로 해변의 모래보다는 화장품 파우더와 같은 미세한 먼지로 이루어졌음이 밝혀졌다. 충돌 이후 크고 단단한 덩어리들이 보이지 않았기 때문에 고체 상태의 얼음 지각이 없었음을 알게 되었다. 탐사선은 혜성의 표면 바로 아래에서 생명체의 기초가 될 수 있는 유기 화합물을 발견하였다.

유성체

10만여 개의 소행성이 궤도를 바꿔가며 태양계에서 질주하게 되면 수많은 소행성들이 충돌하고 깨지면서 좀 더 작은 조각이나 먼지 조각을 만들게 된다. 태양계 내부를 궤도 운동하는 소행성이나 혜성의 조각을 **유성체(meteoroid)**라 한다. 만약 유성체가 지구의 중력장에 너무 가깝게 들어오면 지구에 떨어지게 되는데, 이때 지구 대기와의 마찰로 인해 가열되어 빛을 내게 된다. 이러한 현상은 눈에 하늘을 가로지르는 불같은 광선으로 보이게 되는데 이를 **유성(meteor)** 또는 별똥별[7]이라고 부른다. 대부분의 유성은 지구 대기에 진입할 때 모래알보다 조금 큰 정도의 크기로 낙하하는 동안 완전히 기화된다. 그렇지만 이보다 큰 유성들은 지구의 표면까지 도달할 수 있는데, 이렇게 지표면에 떨어진 물체를 **운석(meteorite)**이라고 한다(그림 10.29).

대부분의 운석은 90 % 이상 규산염광물과 10 %의 철과 니켈로 이루어진 **석질운석(stony meteorite)**이다. 이러한 90 : 10 비율의 암석과 금속 질량비는 지구의 맨틀과 핵의 질량비와 비슷하다. 이러한 이유로 지질학자들은 운석들이 태

6) 역자 주: 빗겨서 충돌할 때 나타나는 특징으로 상대적으로 분출물질이 적게 보이는 지역을 말한다.

7) 역자 주: 영어권에서는 shooting star라 한다.

콘드률(chondrule) 운석 속에 포함되어 있는 지름이 약 1 mm 정도 되는 작은 알갱이들로 가끔 아미노산이나 그 밖의 유기 분자들을 포함하고 있다.

양계 초기의 구성 성분을 그대로 나타내고 있으며 과거 태양계를 바라볼 수 있는 통로라고 생각한다. 대부분의 석질운석은 지름이 1 mm 정도의 작은 입자인 **콘드률(chondrule)**을 포함하고 있다. 콘드률은 단백질의 구성 성분인 아미노산과 같은 유기 분자들을 포함하고 있다.

어떤 운석들은 철질의 운석으로 지구의 핵을 구성하는 원소인 철이나 니켈로 대부분 구성되어 있고, 그 외의 운석들은 석 · 철질운석으로 대략 비슷한 양의 규산염광물과 철, 니켈로 이루어져 있다. 우리가 알고 있는 지구의 맨틀이나 핵에 대한 지식은 행성의 맨틀이나 핵과 비슷하다고 생각되는 운석을 연구함으로써 얻어지게 된다. 아폴로 임무를 통해 달에서 가져온 암석을 제외하고 운석은 우주 공간으로부터 가져온 유일한 표본이다.[8]

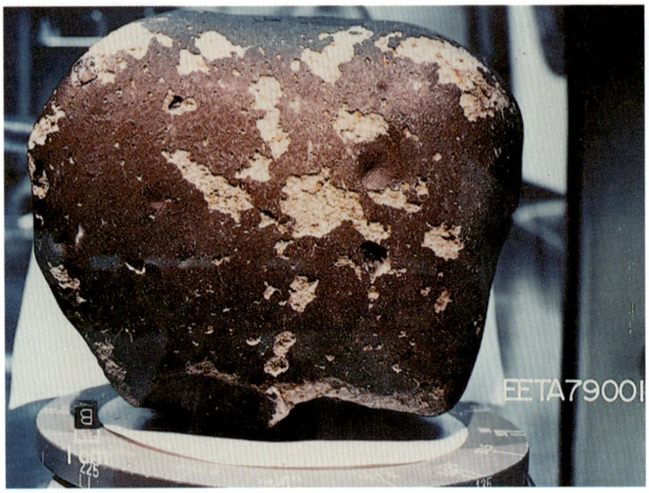

NASA

그림 10.29 과학자들은 이 운석이 소행성인 베스타(Vesta)에서 떨어져 나온 조각이라고 추정하고 있다.

8) 역자 주: 미국항공우주국(NASA)의 스타더스트(Stardust)는 빌트 2(Wild 2) 혜성의 코마로부터 먼지 표본을 채취하여 2006년 지구로 귀환하는 임무를 수행하였다.

요약

10.1 태양계: 개관

표 10.1은 8개 행성의 주요 특징을 보여준다. 구성 성분이 서로 다르기 때문에 지구형 행성은 목성형 행성보다 훨씬 밀도가 높다. 그렇지만 목성형 행성은 지구나 지구와 비슷한 행성보다는 훨씬 크고 무겁다.

표 10.1 8개 주요 행성의 비교

행성	태양으로부터의 거리 (100만 km 단위)	반지름 (지구 반지름에 대한 상대적인 크기)	질량 (지구 질량에 대한 상대적인 크기)	밀도 (물의 밀도에 대한 상대적인 값)	행성의 구성 성분	대기의 밀도 (지구 대기 밀도에 대한 상대적인 값)	위성의 개수
지구형 행성							
수성	58	0.38	0.06	5.4	금속성의 핵과 암석	$1/10^9$	0
금성	108	0.95	0.82	5.2		90	0
지구	150	1	1	5.5		1	1
화성	229	0.53	0.11	3.9		0.01	2
목성형 행성							
목성	778	11.2	318	1.3	고체 상태의 핵과 액체 상태의 금속성 맨틀, 그리고 액화수소로 이루어진 표층	밀도가 높고 요란이 심하다.	62
토성	1,420	9.4	94	0.7			62
천왕성	2,860	4.0	15	1.3	고체 상태의 핵과 수소와 헬륨으로 이루어진 바깥층	목성과 비슷하지만 목성에 기체로 존재하는 일부 물질들은 외부 행성에서는 얼어 있는 상태로 존재한다.	27
해왕성	4,490	3.9	17	1.7			13

10.2 지구형 행성

태양에서 가장 가까이 있는 행성은 수성이다. 수성은 대기가 거의 없으며 자전축을 중심으로 천천히 자전하기 때문에 온도 변화가 심하다. 태양계 형성 초기에 있었던 유성체와의 충돌로 인해 수성의 표면은 크레이터로 덮여 있다. 금성은 탈주온실효과로 인해 밀도가 높고 뜨거운 대기를 가지고 있다. 최근에 있던 지각활동의 흔적이 금성의 표면에 남아 있는데, 아마도 덩어리 형태 지각활동으로 인한 연직 상승 운동의 결과일 것이다. 화성은 차고 건조한 행성으로 엷은 대기를 지니고 있다. 하지만 화성의 표면은 지각활동의 흔적을 보이고 있으며, 과거 물에 의한 침식작용의 흔적도 보인다. 이동식 탐사체인 스피릿과 오퍼튜니티는 과거 화성에도 한때 물이 존재했다는 명백한 증거를 제시하였다.

10.3 달: 우리와 가장 가까운 천체

지구의 달은 아마도 화성 정도 크기의 물체가 지구에 부딪히면서 깨진 조각들에서 만들어졌을 것이다. 이 조각들이 뭉치면서 방출되는 에너지와 방사성 붕괴 그리고 운석과의 충돌로 달은 가열되었다. 과거에 화산활동이 있었다는 증거가 있지만 현재 달은 차갑고 활동이 없다. 2009년 미국항공우주국(NASA)에서는 달의 극 지역에 물 분자가 상대적으로 적은 양이지만 존재한다는 것을 확인하였다.

10.4 목성형 행성: 크기, 구성 성분, 대기

목성과 토성, 천왕성, 해왕성은 모두 크고 밀도가 낮은 행성들이다. 목성과 토성은 밀도가 높은 대기를 지니고 있고, 액체 상태의 수소로 이루어진 표면, 액체 금속 수소로 이루어진 내부 그리고 암석과 금속으로 이루어진 핵을 가지고 있다. 천왕성과 해왕성은 목성과 토성보다는 높은 비율의 암석과 얼음을 가지고 있다. 천왕성과 해왕성의 자기력선의 축은 자전축과 일치하지 않는데, 이러한 현상을 설명하는 만족스러운 가설이 아직까지 나타나지 않고 있다.

10.5 목성형 행성의 위성

이오는 중력에 의해 가열되어 활발한 화산활동을 보여주고, 유로파는 얼음으로 덮여 있으며, 가니메데와 칼리스토는 암석과 얼음으로 이루어진 구형의 천체로 이들이 목성에서 가장 큰 위성들이다. 토성의 가장 큰 위성인 타이탄은 질소와 메테인이 풍부한 대기를 지니고 있다. 타이탄의 표면을 찍은 사진들은 지표면을 흐르는 유체와 바람 그리고 지각활동에 의해 지상의 풍경이 변화되었다는 증거들을 보여준다. 해왕성의 가장 큰 위성인 트리톤은 약 75 %의 암석과 25 %의 얼음으로 이루어져 있다.

10.6 행성의 고리

목성형 행성은 모두 1개 이상의 원반 고리를 가지고 있다. 그렇지만 토성은 장관의 원반 고리를 가지고 있어 지구에서 소형 망원경으로도 관찰할 수 있다. 토성의 원반 고리는 무수히 많은 작은 먼지와 돌덩이 그리고 얼음 조각으로 이루어져 있다. 이러한 조각들은 위성이 쪼개져서 생겼을 수도 있고, 위성으로 뭉쳐지지 못한 암석과 얼음 조각일 수도 있다.

10.7 명왕성과 왜소행성

명왕성은 밀도가 낮고 얼음과 암석으로 이루어진 작은 천체로서 카이퍼 벨트 천체들과 연관되어 있을 수 있다. 카이퍼 벨트 천체는 얼음으로 만들어진 수많은 천체들로 태양계가 형성된 후 남아 있는 미행성체다.

10.8 소행성, 혜성, 유성체

소행성은 행성과 비슷하지만 화성과 목성의 궤도 사이에서 태양을 공전하는 작은 천체들이다. 혜성은 납작한 타원 궤도를 따라 태양을 공전하는 천체다. 혜성은 주로 물과 얼음 그리고 고체 상태의 휘발성 물질들로 이루어져 있고, 적은 양의 먼지, 규산염광물 그리고 금속들이 포함되어 있다. 혜성이 태양계 안쪽 지역으로 이동하게 되면 핵, 코마, 꼬리가 나타나게 된다. 얼음과 암석으로 이루어진 작고 밀도가 높은 핵은 가스와 수증기 그리고 먼지로 이루어진 코마로 덮여 있다. 꼬리는 태양풍에 의해 멀리 밀려 나가는 입자들로 구성된 부분이다. 유성체는 태양계 안쪽 지역을 지나다니는 조각들로 지구에 떨어진 것을 운석이라고 한다. 대부분의 운석은 암석으로 이루어져 있고, 어떤 것은 유기 분자들을 포함하기도 한다. 약 10 %에 해당하는 운석은 금속으로 이루어져 있다.

핵심용어

가니메데 Ganymede (10.5)
금성 Venus (10.2)
꼬리 tail (10.8)
대적반 Great Red Spot (10.4)
덩어리 형태 지각활동 blob tectonics (10.2)
마리아 maria (10.3)
명왕성 Pluto (10.7)
목성 Jupiter (10.4)
목성형 행성 Jovian planet (10.1)
석질운석 stony meteorite (10.8)
소행성 asteroid (10.8)
수성 Mercury (10.2)
스피릿 Spirit (10.2)
액체 금속 수소 liquid metallic hydrogen (10.4)
오퍼튜니티 Opportunity (10.2)
왜소행성 dwarf planet (10.7)
운석 meteorite (10.8)
유로파 Europa (10.5)
유성 meteor (10.8)
유성체 meteoroid (10.8)
이오 Io (10.5)
지구형 행성 terrestrial planet (10.1)
천왕성 Uranus (10.4)
카이퍼 벨트 물체 Kuiper Belt Objects (10.7)
칼리스토 Callisto (10.5)
코마 coma (10.8)
콘드률 chondrule (10.8)
타이탄 Titan (10.5)
탈출속도 escape velocity (10.1)
태양풍 solar wind (10.1)
토성 Saturn (10.4)
트리톤 Triton (10.5)
해왕성 Neptune (10.4)
핵 nucleus (10.8)
혜성 comet (10.8)
화성 Mars (10.2)

연습문제

1. 태양에서부터 멀어지는 순서대로 8개의 행성을 나열하고, 지구형 행성과 목성형 행성으로 구분하시오.
2. 수성에 대해 간단히 설명하시오. 특히 수성의 대기와 표면 온도, 표면의 특징 그리고 자전축을 중심으로 한 자전 속도를 설명하시오.
3. 수성, 금성, 달, 지구, 화성의 대기를 서로 비교하고 대조하시오.
4. 금성은 용광로처럼 뜨겁고, 지구는 온도가 적절하여 생명체가 진화했으며, 화성은 얼어 있다. 이들 세 행성의 대기와 기후가 어떻게 진화해 왔는지 논의하시오. (이 질문에 답하기 위해서 1장에 있는 내용을 참조할 것).
5. 스피릿과 오퍼튜니티 탐사체에서 얻어진 정보로부터 화성의 기후 변화에 대한 청사진을 어떻게 구성할 수 있었는지 논의하시오.
6. 화성의 대기가 한때 지금과는 확연히 달랐음을 말해 주는 증거들에 대해 논의하시오.
7. 수성에 비해 금성에는 운석 충돌 크레이터가 적게 보이는 이유가 무엇인가?
8. 금성에서 일어나는 지각운동이 지구의 지각운동과 어떻게 다른지 설명하시오.
9. 명왕성이 왜소행성으로 재분류된 이유는 무엇인가?
10. 목성형 행성이 가지는 고리의 특성에 대해서 설명하시오.
11. 유성체는 무엇이고 그들의 대부분은 어디에서 기원하는가?
12. 유성체, 유성, 운석의 차이점은 무엇인가?
13. 운석의 3가지 종류는 무엇인가?
14. 혜성은 무엇이고 어디에서 기원하는가?

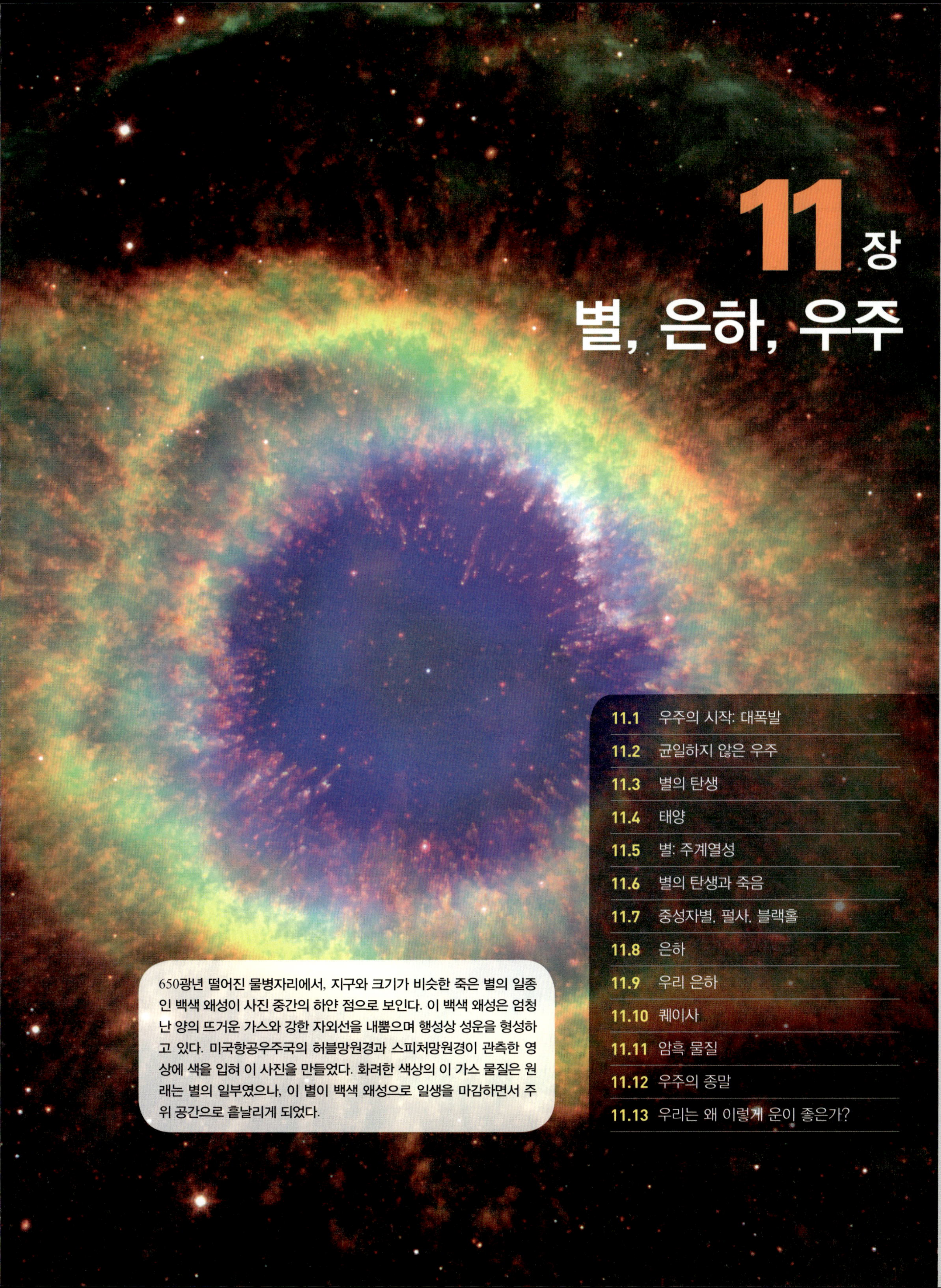

11장 별, 은하, 우주

650광년 떨어진 물병자리에서, 지구와 크기가 비슷한 죽은 별의 일종인 백색 왜성이 사진 중간의 하얀 점으로 보인다. 이 백색 왜성은 엄청난 양의 뜨거운 가스와 강한 자외선을 내뿜으며 행성상 성운을 형성하고 있다. 미국항공우주국의 허블망원경과 스피처망원경이 관측한 영상에 색을 입혀 이 사진을 만들었다. 화려한 색상의 이 가스 물질은 원래는 별의 일부였으나, 이 별이 백색 왜성으로 일생을 마감하면서 주위 공간으로 흩날리게 되었다.

NASA/JPL-CALTECH/ESA

대폭발(big bang) 200~100억 년 이전에 일어난, 무한히 큰 밀도를 가진 하나의 점에서 폭발적으로 우주의 물질이 뿌려지며 우주가 시작된 사건

> "천문학은 아마 우연한 발견이 일어나기 가장 어려운 과학일 것이다. 천문학에서 인간의 이해력은 가장 크게 발현되며, 이를 통해 인간의 존재가 얼마나 미약한지를 깨닫게 된다."
>
> 게오르크 리히텐베르크(Georg C. Lichtenberg, 1742~1799)[1)]

지구는 우리 은하 안의 약 천억 개의 별들 중 하나인 태양을 도는 하나의 행성일 뿐이다. 우리 은하 역시, 우주 안의 수십억 개의 은하 중 하나에 불과하다. 태양계에서 우리 은하로, 또 그보다 큰 은하 사이의 공간으로 인식을 넓히다 보면, 상상할 수 없이 먼 거리로 나아가야 하며 마침내 지구가 만들어진 시기보다도 수십억 년 앞선 과거에 발생한, 우주 탄생을 만든 강력한 에너지원을 찾아 과거로 거슬러 올라가게 된다.

11.1 우주의 시작: 대폭발

지구의 기원과 진화 과정을 살피면서 인간은 먼지와 가스 덩어리들이 뭉쳐 태양계를 형성한 약 46억 년 전의 시간을 이해하게 되었다. 하지만 이제 은하와 그보다 넓은 공간까지 이해하려면 이러한 먼지와 가스 덩어리들이 어떻게 형성되었는지도 알아야 한다. 이러한 질문에 답을 하다 보면 결국 여러분은 "어떻게, 또 언제 우주는 만들어졌는가?"하고 묻게 된다.

여러분이 우주의 기원을 묻기 이전에 갖는 더 근본적인 의문은 우주에 시작이 있을까 하는 것이다. 우주는 늘 존재했으며 시작점이란 것이 아예 존재하지 않을 가능성도 있다. 그렇지 않다면 우주는 시작이 있고 그 이후에 계속 진화해 왔을 것이다.

1929년 미국 천문학자인 에드윈 허블(Edwin Hubble, 1889~1953)은 은하들은 서로 멀어지고 있다는 사실을 발견하였다. 이런 은하들의 운동을 시간을 거꾸로 돌려보는 사고를 통하여, 그는 하나의 점에서 동시에 은하들이 시작했을 것이라 추측하였다. 이후 과학자들은 질량이 무한한 하나의 점에서 우주가 탄생하였다는 계산 결과를 내기 시작하였다. 이 시작점의 크기란 너무 작아서 여러분이 익숙한 그 무엇과도 비교하기가 막막할 정도다. 현재 이론에 따르면, 이 점은 폭발하였을 것이라 여겨진다. 하지만 이는 일반적인 폭발이 아니고, 수소 폭탄이나 초신성 폭발과도 비교하기가 어렵다. **대폭발(big bang)**이라 불리는 이 폭발은 순간적으로 우주 전체를 만들어 내게 되었다. 물질, 에너지 그리고 빈 공간이 이 하나의 사건으로 모두 탄생하였다. 시간과 공간의 출발점이 된 것이다.

천문학자들은 은하들이 서로 멀어지는 속도와 서로의 거리를 통해 대폭발의 시기를 계산한다. 즉, 한 점에 모두 물질이 뭉쳐 있는 시간을 계산하는 것인데, 2003년에는 여러 이론과 관측을 통해 현재 우주의 나이는 137억 년이라 결론지었다.

과학자들은 우주의 기원에 관해 얘기할 때 우주의 나이가 10억 분의 1조 분의 1조 분의 1초일 때를 고려한다. 어떻게 이렇게 오래 전의 일을 확신을 두고 논할 수 있을까? 현대적 입자 가속기에서 과학자들은 소립자를 엄청난 속도로 서로 충돌시키는 실험을 하고 있다. 이 결과를 바탕으로 비슷한 환경이었던 우주의 기원에 관하여 논의한다. 허블의 위대한 발견 이후 약 80년 동안 실험과 관측, 이론적인 계산은 대폭발에 관해 많은 혼돈, 역설, 풀리지 않는 수수께끼를 만들었다. 그러나 대폭발의 증거가 워낙 강력하고 설득력 있어 거의 모든 천문학자들은 대폭발 이론의 본질적인 대전제만큼은 받아들이고 있다.

---

1) 역자 주: 독일 과학자로서 실험물리학 분야를 연구하였다.

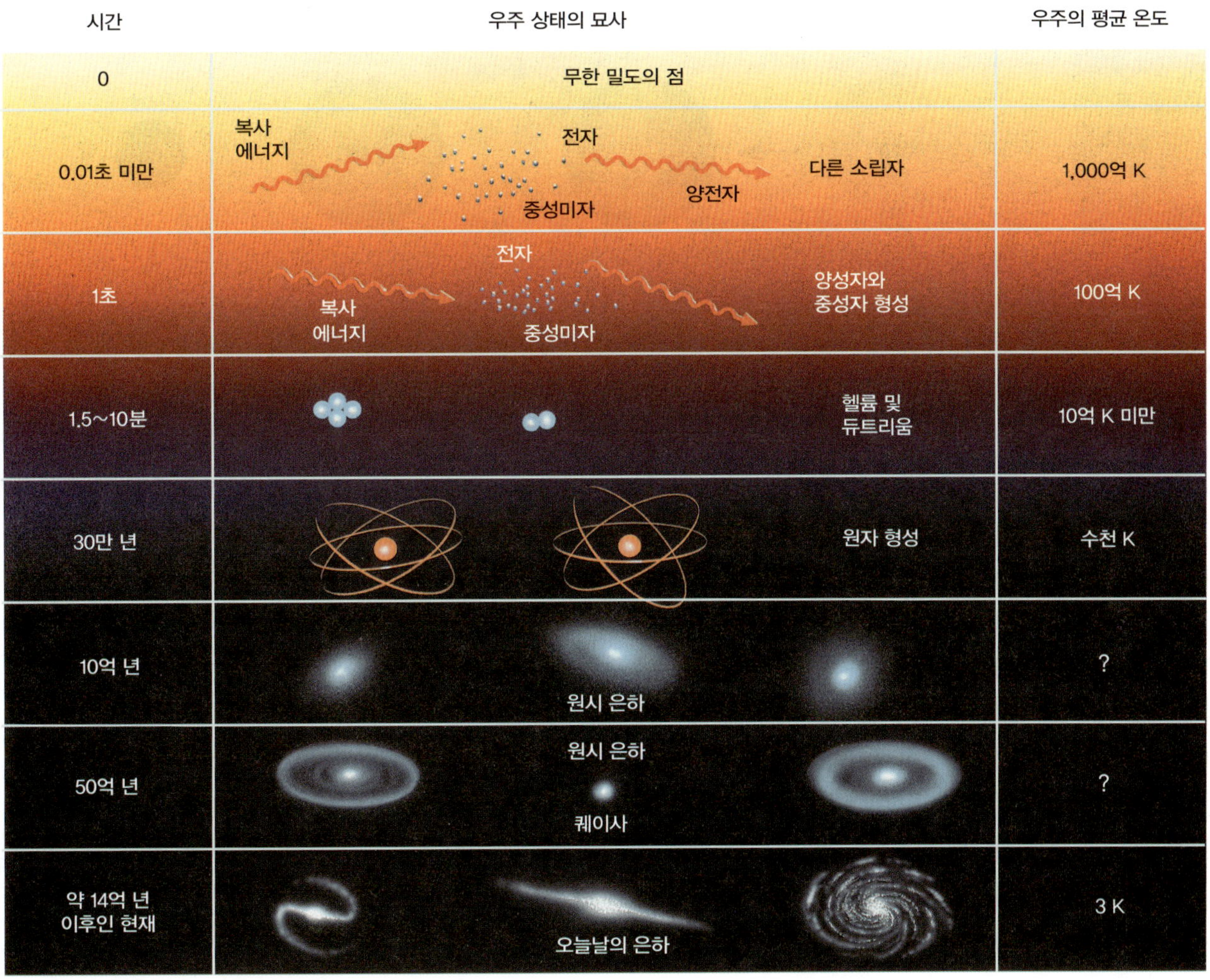

그림 11.1 우주 진화 과정의 간단한 개요

대폭발 이론을 뒷받침 하는 세 가지의 증거와 논리가 있다. 첫째는 이미 논의한 우주의 팽창이다. 나머지 둘은 원시 핵 합성에 의한 헬륨의 생성과 우주배경복사의 발견인데, 이는 우주의 나이가 30만 년일 때를 돌아보아야 한다.

우선 우주의 나이가 10억 분의 1조 분의 1조 분의 1초일 때로 돌아가 보자. 이 시기에 우주의 크기는 포도 알 정도이며 온도는 약 1,000억 K[2]이었다. 하지만 이 원시 우주는 대폭발을 야기한 힘으로 빠르게 팽창하고 있었다. 우주가 팽창하면서 점차 냉각이 일어났다. 1초가 지난 후 우주는 태양 중심부 온도의 1,000배인 약 100억 K로 낮아졌다(그림 11.1). 이러한 고온에서는 원자가 존재하지 못한다. 대신 우주는 복사 에너지 및 전자, 양성자, 중성자 그리고 질량이 거의 없는 중성미자 등으로 가득 차 있었다.

이제 수분의 시간이 흐르는 동안, 양성자와 중성자에게 놀라운 일이 발생하였다. 양성자가 양의 전하를 띠고 있기 때문에, 먼 거리(소립자 관점에서)에서도 자석의 북극끼리 미는 것처럼 양성자는 서로를 밀어낸다. 하지만 엄청난 고온에서는 서로 높은 속도로 부딪히며 이러한 전기적 척력을 극복하게 된다. 아주 가까운 거리에서 핵력이라는 힘에 의해 두 개의 양성자는 서로 붙어서 결합하게 된다. 이 결합을 핵융합이라 부른다. 이러한 초고온에서 양성자는 중

2) 천문학자들은 주로 K(켈빈)을 온도 단위로 사용하는데, 이는 열역학적 성질을 논의할 때 유용하다(0 ℃=273 K). 아주 높은 온도에서는 섭씨와 켈빈의 차이는 무시할 수 있다.

원시 핵융합(primordial nucleosynthesis) 우주 일생의 최초 8.5분 간 핵융합을 통하여 헬륨 핵이 형성된 현상

우주배경복사(cosmic background radiation) 우주 나이 30만 년에 출발하여 우리에게 도달한 저에너지 극초단파 복사로, 현재 우리 우주 전체에 퍼져 있다.

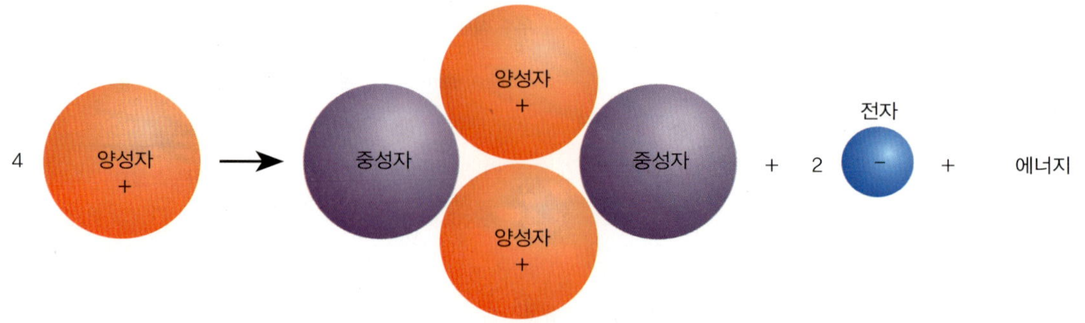

그림 11.2 일련의 반응에서 네 개의 수소 핵이 뭉쳐 헬륨을 형성한다. 두 개의 전자가 이탈하고 엄청난 양의 에너지가 빠져나온다.

성자와도 결합을 한다.

수소의 핵은 하나의 양성자로만 이루어져 있다. 적당한 온도에서 네 개의 양성자(수소의 핵)가 핵융합 하여 다음으로 무거운 원소인 헬륨 핵을 생성한다(그림 11.2). 이 핵융합은 별이나 수소 폭탄에서 일어나는 반응과 동일하다.

우주의 나이가 1분 30초가 되기 전에는 너무 고온이라 헬륨 핵은 생성되자마자 다시 분열하였다. 10분 정도 지나게 되면, 우주의 온도가 낮아져 더 이상 핵융합이 일어나지 않는다. 이렇게 헬륨 핵이 생성되는 과정을 **원시 핵융합(primordial nucleosynthesis)**이라 하고, 이는 약 8분 30초 동안 진행되었다. 원시 핵융합을 통해, 우주 전체 원소의 약 6 %가 헬륨, 약 94 %가 수소로 남게 되었다. 원시 핵융합 과정에서 매우 미량의 리튬(헬륨 다음으로 무거운 원자)및 베릴륨이 만들어졌지만, 그 이상 무거운 원소는 만들어지지 않았다. 탄소도, 질소도, 산소도 생성되지 않았으며 따라서 생명도 없었고, 규소나 금속도 없어 행성도 없었다. 우주는 갓난아이와도 같았다.

과학자들이 우주 원시 환경을 상정하여 계산한 수소 대 헬륨 비율은 현재의 관측값과 거의 동일하다. 이러한 일치는 대폭발 이론에 대한 두 번째 증거가 된다. 이후 우주는 끊임없이 팽창하여 약 30만 년 후에는 수천 K까지 온도가 떨어졌다. 이 임계온도에서 전자는 수소 핵과 헬륨 핵과 결합하였다. 즉, 이렇게 원자가 탄생하면서 드디어 어느 정도 제 모습을 갖춘 우주로 발전하였다.

원자가 생성되기 이전의 우주는 원소의 플라즈마로 가득 차 빛을 흡수, 산란시키고 있었다. 따라서 빛은 어느 방향으로도 멀리 진행할 수 없었다. 우주는 안개와 같이 불투명하였다. 하지만 전자가 핵과 결합하여 수소와 헬륨 원자를 생성하면서 환경이 급격히 바뀌었다. 원자는 특정한 파장의 빛만 흡수하기 때문에, 나머지 파장의 빛은 모두 방해받지 않고 퍼져 나가게 되었다.

1960년대 프린스턴 대학교의 천체물리학자 로버트 디키(Robert Henry Dicke, 1917～1997)는 원자가 형성되면서 자유롭게 직선을 그리며 빠져나간 원시의 빛을 관측할 수 있으리라 예측하였다. 그는 우주의 끊임없는 팽창으로 인해 현재 우주의 온도는 약 2.7 K가 될 것이라 계산하였다. 1964년, 벨연구소의 아노 펜지어스(Arno Allan Penzias, 1933～)와 로버트 윌슨(Robert Woodrow Wilson, 1936～)은 하늘 전체에 고르게 분포하고 있고 온도가 약 2.7 K인 미약한 배경복사를 관측하였다. 실험 결과가 디키의 예측에 정확히 들어맞았던 것이다.

언제, 어디에서건 밖으로 나가 하늘을 향해 손바닥을 펼쳐보라. 매초, 여러분의 손바닥 위에 약한 에너지를 띤 1,000조 개의 광자가 쏟아질 것이다. 이 광자들은 극초단파에 해당하고, 에너지가 너무 미약하여 여러분은 이를 느낄 수는 없다. 하지만 이 광자들은 우주의 나이가 고작 30만 년일 때 출발하여 우주 공간을 달려 여기까지 온 것이다. 요즘은 이 **우주배경복사(cosmic background radiation)**를 대폭발의 메아리라고 부른다. 우주배경복사의 이론적 예측과 관측 결과는 대폭발 이론을 설득력 있게 뒷받침하는 세 번째 증거다.

11.2 균일하지 않은 우주

펜지어스와 윌슨은 우주배경복사가 전 하늘에서 균일하게 관측됨을 발견하였다. 이 결과는 우주가 아주 어렸을 때는 매우 균일한 상태였음을 의미한다. 하지만 현재의 우주는 균일하지 않다. 물질은 별에 집중되어 있고, 별은 모여 은하를 이루며, 은하는 수만 개 이상이 모여 은하단을 이룬다. 게다가 은하단이 모여 초은하단을 형성하기도 한다. 은하단과 은하단 사이 대부분의 우주 공간은 은하가 없는 빈 공간이다(그림 11.3).

그렇다면 어떻게 균일한 우주에서 물질이 모여 별, 은하, 은하단을 형성했을까? 이를 설명하는 한 가설에 따르면, 우주가 포도 알만 했던 시기에 현재 원자 구조를 설명하는 양자역학적 원리가 우주를 지배하였다고 한다. 이 원리에 따르면 초기 우주에서는 에너지, 시간, 공간이 파동의 형태로 존재하였다. 이 파동에는 음파처럼 밀도가 높고 낮은 영역이 번갈아 반복되었다. 이 모델이 정확하다면, 이러한 에너지 밀도의 변화가 우주배경복사에 온도의 변화로 나타날 것이다.

1980년대 물리학자들은 이러한 온도 차이가 0.0001 K 정도로 너무 작아 펜지어스와 윌슨이 사용한 망원경으로는 검출이 불가능할 것이라 계산하였다. 이 정도의 온도차를 측정하기 위해서는 훨씬 더 정밀한 전파 망원경을 만들어야 한다. 대기가 극초단파에 미치는 간섭의 영향 때문에, 인공위성에 안테나를 장착하였다.

1989년, 천문학자들은 우주배경복사에서 0.0001 K의 온도차를 감지할 수 있는 코비(COsmic Background Explorer; COBE) 위성을 발사하였다. 코비의 우주 탐사가 진행되면서, 점차 온도의 차이가 드러나게 되었다. 3년 동안 배경복사 온도를 탐사한 결과, 코비는 우주배경복사에 영역별로

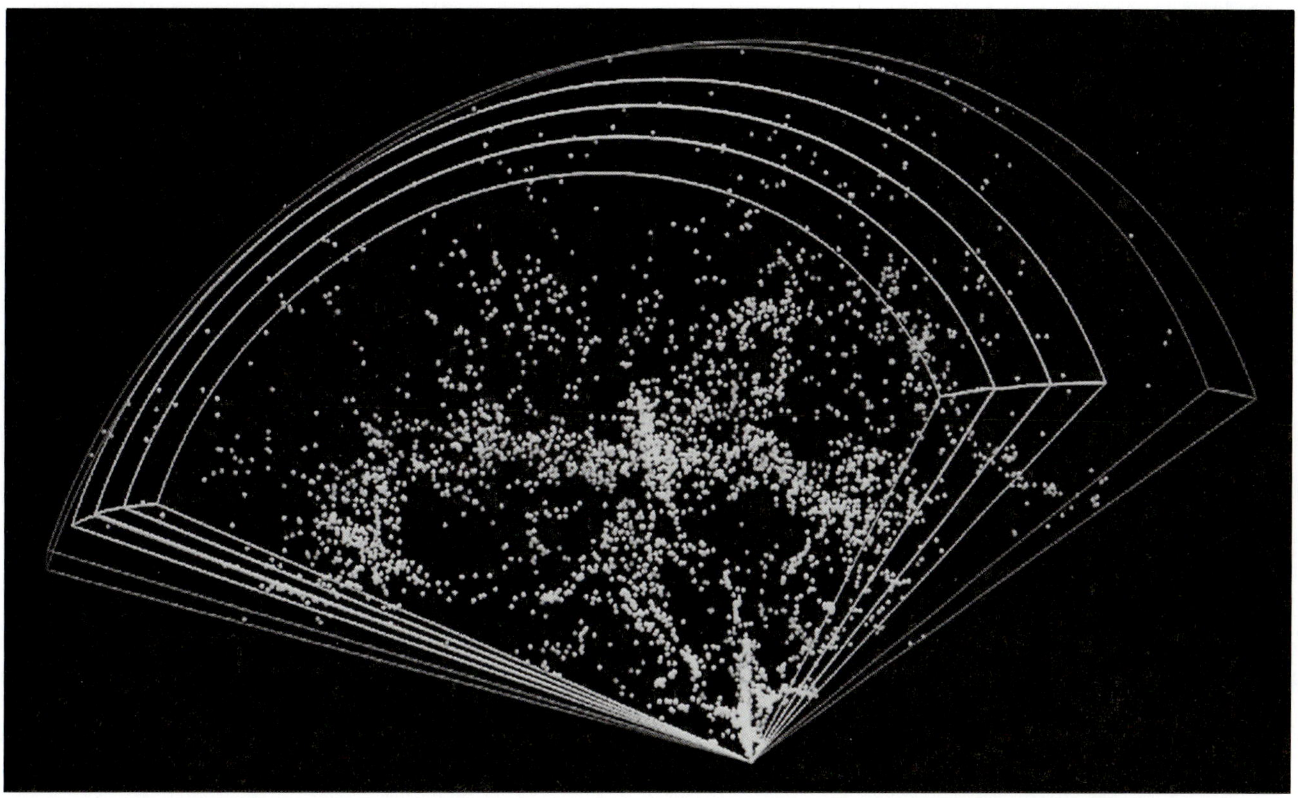

HARVARD SMITHSONIAN CENTER FOR ASTROPHYSICS

그림 11.3 컴퓨터로 그린 일부 우주 영역의 3차원 지도. 물질이 불균일하게 분포해 있다(하버드 스미스소니언 천체물리학 센터).

1세대 에너지(first generation energy) 원자, 소립자, 대폭발 에너지의 원시 바다에서 빠져나온 우주배경복사

2세대 에너지(second generation energy) 별, 은하, 퀘이사 및 물질이 응집하여 만든 천체에서 빠져나온 빛

성운(nebula) 성간 가스와 먼지로 이루어진 구름

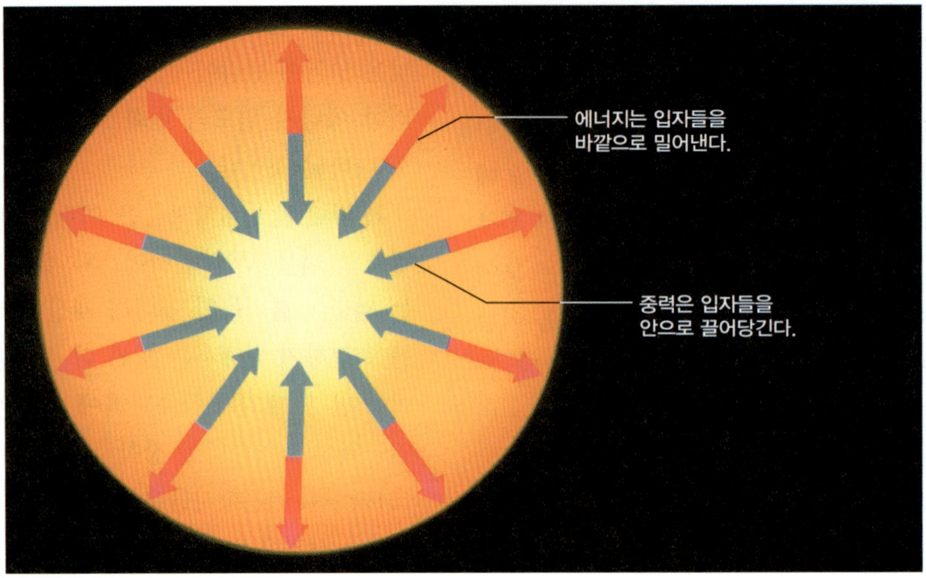

그림 11.4 서로 반대 방향인 두 힘이 별의 지름과 밀도를 결정한다. 중력은 (별 내부의) 입자들을 안으로 잡아당기고, 핵융합으로 생성된 에너지는 입자들을 바깥으로 밀어낸다.

미세한 변동이 존재한다는 사실을 발견하였다. 이 자료는 곧 펜지어스와 윌슨에 의하면 균일하다고 여겨졌던 원시 우주가 사실은 균일하지 않았다는 사실을 의미한다. 물질과 에너지는 원시 우주에서 아마 최초의 10억 분의 1초쯤에 이미 불균일하게 여기저기 뭉쳐 있었을 것이다. 코비 프로젝트 연구자이자 2006년도 노벨물리학상 수상자인 조지 스무트(George F. Smoot, 1945~)는 이러한 온도 변이를 "원시 폭발이 시공간의 직물 위에 남긴 작은 물결"이라고 불렀다.

11.3 별의 탄생

우주배경복사는 원자, 소립자, 대폭발 에너지의 원시 바다에서 빠져나왔다. 이 빛을 **1세대 에너지**(first generation energy)라 한다. 달도 없이 청명한 밤하늘을 올려다보면, 암흑 속에서 빛나는 별들을 보게 된다. 성능이 좋은 망원경이 있다면, 더 깊은 공간 속의 멀리 있는 은하, 아니면 퀘이사라 불리는 천체마저 볼 수 있다. 이 천체에서 나온 빛을 천문학자들은 **2세대 에너지**(second generation energy)라 부른다. 그 이유는 물질이 응집하여 만든 천체들인 별, 은하, 혹은 퀘이사에서 빛이 발생하기 때문이다. 우리 우주를 이해하기 위해서는, 어떻게 미약한 변이만 존재하던 초기 우주에서 물질이 뭉쳐, 스스로 빛과 에너지를 발산하는 천체가 만들어졌는지 먼저 이해해야 한다.

시간이 흐르면 밀도가 높은 영역은 점차 중력에 의해 주위의 물질을 끌어들여 수소와 헬륨으로 구성된 커다란 구름 덩어리를 형성하는데, 이를 **성운**(nebula)이라고 한다. 하나의 구름 안에서 물질은 수십억 개의 작은 구름들로 쪼개진다. 중력과 냉각으로 개개의 구름이 더 수축하게 되면 물질의 상호 충돌이 잦아져 어느 순간 구름은 고온, 고밀도의 환경에 놓이게 된다. 따라서 각 구름의 중심은 엄청난 고온, 고밀도에 놓인다. 이러한 고온 환경에서 전자는 원자에서 벗겨져 나가, 양전하를 띤 핵과 음전하를 띤 전자의 플라즈마가 형성된다. 처음 구름의 크기가 크면, 핵융합이 일어날 만큼 핵들이 빠른 속도로 서로 충돌한다. 핵융합이 시작되면, 성운에서 별이 탄생하는 것이다.

핵융합은 에너지가 큰 광자와 엄청난 양의 열을 발산한다. 바늘 끝만큼의 수소가 완전히 핵융합을 한다면, 수천 ton의 석탄을 연소하는 것과 같은 양의 에너지를 만들어 낸다. 광자와 뜨거워진 입자는 중력에 거슬러 바깥쪽으로 나가려 한다. 그리하여 별 내부에는 두 개의 상반되는 힘이 존재하게 된다. 중력은 입자를 안으로 잡아당기지만, 동시

ANDREA DUPREE, HARVARD SMITHSONIAN CENTER FOR ASTROPHYSICS/RONALD GILLILAND, NASA

a

NASA/JPL-CALTECH/STSCI

b

그림 11.5 (a) 그리스 신화의 사냥꾼 이름을 따 오리온자리가 명명되었다. 가운데를 가로지는 세 개의 별은 혁대를 의미하고, 혁대에서 비스듬히 아래로 놓인 별들은 칼을 의미한다. 혁대 부근에 빛나는 성운이 있다. (b) 미국항공우주국의 스피처망원경과 허블망원경이 칼을 구성하는 점 중 가장 밝은 점인 오리온 대성운을 찍었다. 이 별들의 요람에서 젊은 별들이 진화하고 있다.

에 핵융합 에너지는 입자를 바깥으로 밀어낸다(그림 11.4). 질량이 주어졌을 때, 이 두 힘의 균형이 별의 크기와 밀도를 결정한다. 평형 상태에 다다르면, 고밀도의 중심부는 저밀도의 껍질에 둘러싸이게 된다.

별은 수백만 년, 수십억 년, 혹은 수백억 년 동안 존재하기 때문에, 여러분은 어느 별의 탄생과 죽음을 아우르는 일생을 전부 관측할 수 없다. 하지만 서로 다른 젊은 별, 중년의 별, 노년의 별을 동시에 관측할 수 있기에, 이를 조합하여 별의 진화를 논할 수 있다. 비유를 들자면, 어느 외계인이 지구에 찾아와 인간의 일생을 관찰한다고 하자. 한 사람의 일생을 관찰하려면 많은 시간이 들겠지만, 대신 아기, 어린이, 중년, 노년의 여러 사람을 관찰하고는 인간의 인생에 대해 추론할 수 있을 것이다.

오리온자리의 혁대 부근에 있는 성운(오리온 대성운)은 탄생하는 별들의 요람이다(그림 11.5). 성운의 일부 지역의 별들은 나이가 최소 1,200만 년이다. 별의 연령은 남서쪽 지역으로 갈수록 점차 줄어들어 오리온의 칼 부분에 이르면 나이가 채 100만 년이 되지 않는다. 이러한 점진적인 연령 차이는 별 탄생 영역이 성운의 한쪽에서 다른 쪽으로 점차 움직여 나갔음을 의미한다.

천문학자들은 최초의 별이 어떻게 거대한 성운에서 만들어지는지 아직 확실하게 이해하지는 못하고 있다. 하지만 최초의 별은 주위로 에너지를 발산하여, 성운의 가스를 덥힌다. 뜨거워진 가스는 팽창하면서 밀려 압력과 밀도가 증가한다. 별 진화 정도를 통해, 천문학자들은 최초의 별은 매우 무겁고 짧은 인생을 살았다고 예측하였다. 이 별들은 연

핵(core) 수소 핵융합이 일어나는 태양의 중심 부분

복사층(radiative zone) 핵을 감싸고, 복사 에너지가 흡수와 방출 과정을 거쳐 바깥으로 전달되는 지역

대류층(convective zone) 별의 표면 안쪽 지역으로, 주로 대류에 의해 에너지가 전달되는 영역

광구(photosphere) 태양 대기라고도 불리며 지구에서 관측되는 태양 표면

료를 빨리 소진하여 폭발하였다. 뜨거운 가스가 주위를 감싼 성운 속으로 몰리면서 압력과 밀도를 더 높이는 충격파가 형성되었다. 가스의 압력과 밀도가 임계점을 넘어서면, 분자 간의 중력이 입자를 한 데 모을 정도로 강해진다. 이렇게 되면 다시 물질이 한 점으로 모일 수 있다. 허블망원경의 최근 관측에서 이런 영역들이 밝고 어두움이 공존하는 높은 기둥 형태로 관측되었다(그림 11.6). 이 지역에서는 나이가 30~800만 년 정도인 수백 개의 별들이 구름의 가장자리에서 형성되고 있다.

이제 우리의 태양에 대하여 살펴 본 후 다시 별의 일생을 탐구하고자 한다.

11.4 태양

누구도 태양을 방문한 적이 없고, 앞으로도 그러할 것이다. 태양의 외부에서 맹렬히 불타는 가스를 채취하러 태양 대기로 우주선을 보낸 적도 없다. 태양 내부로 진입을 하려도 그 전에 우주선은 완전히 증발하여 태양의 중심부는 영원히 여러분에게 보이지 않을 것이다. 따라서 태양에 대한 정보는 간접적인 증거에만 의존하게 되지만, 과학적 추론이 워낙 효과적이어서 인간의 생명줄인 이 천체에 대해 거의 완벽하고 정확한 이해를 하고 있다.

과학자들은 행성이 공전하는 성질을 이용해 태양의 중력과 질량을 계산하였는데, 질량이 2×10^{30} kg이다. 상상하기도 어려운 수이지만, 태양질량은 다른 모든 별의 평균 질량 정도에 해당한다. 태양의 지름은 140만 km로 지구 지름의 109배이다.

앞서 9장에서 살펴본 바와 같이, 천문학자들은 방출 및 흡수 스펙트럼을 사용하여 천체가 어떤 원소로 구성되었는지를 알아낼 수 있다. 이 방법으로, 태양을 구성하는 원자의 92 %가 수소, 7.8 %가 헬륨임을 알아내었다. 다른 원소는 고작 0.2 %의 비율로 존재한다. 그림 11.7에 태양의 구조를 묘사하였다.

태양의 내부 구조

1800년대 후반, 태양이 방출한 에너지의 양이 너무 막대하여, 이는 일반적인 연료를 태운 것은 아니라는 사실이 밝혀졌다. 하지만 태양이 거대한 불덩어리가 아니라면, 과연 무엇일까? 1905년, 독일 물리학자인 알베르트 아인슈타인(Albert Einstein, 1879~1955)은 상대성 이론을 발표하였고, 이후 과학자들은 핵반응의 신비를 탐구하기 시작하였다. 일련의 연구 끝에 태양은 수소 핵융합이 에너지원임이 밝혀졌다. 매초 태양은 400만 ton의 수소를 에너지로 전환하여 바깥으로 방출한다. 하지만 태양질량이 워낙 커서, 수 년 또는 수백 년 동안 태양질량에 생긴 변화는 감지하기가 힘들다.

태양의 **핵**(core)에 대한 이해는 수소 핵융합 과정과 중력에 대한 계산에서 출발한다. 연구 결과, 과학자들은 태양의 핵은 1,500만 K 이상으로 초고온이고, 밀도는 물의 150배인 초고밀도 상태라고 확신한다. 태양의 핵은 지름이 14만 km로, 앞으로 50억 년은 더 수소를 태우는 핵융합을 할 수 있다. 핵에서 수소가 소진되면, 태양의 상태는 급격히 변하게 되는데, 이 과정은 11.5절 및 11.6절에서 설명할 것이다.

태양 핵에서 만들어지는 에너지의 대부분은 고에너지 광자의 형태로 방출된다. 광자가 핵에서 방출되는 것과 거의 동시에, **복사층**(radiative zone)이라는 핵 주위 영역에서 원자는 광자를 흡수한다. 원자는 또 광자를 흡수하자마자 방출하지만, 밀도가 높아 이 광자는 다시 다른 원자에 흡수된다. 이 과정을 반복하다가 광자는 **대류층**(convective zone)에 다다른다. 대류층은 바깥이 안쪽보다 훨씬 차가워, 큰 덩어리의 뜨거운 가스가 상승한 후 냉각하여 다시 하강한다. 이 과정에서 열은 바깥으로 전달되어 더 바깥층인, 지구에서도 보이는 **광구**(photosphere)라는 영역에 도달한다.

광자가 핵에서 광구로 직접 빛의 속도로 이동한다면, 4

J. HESTER AND P. SCOWEN (ASU) AND NASA

그림 11.6 허블망원경이 포착한 오리온자리의 혁대 부근에 있는 별들의 요람을 찍은 사진이다. 기둥 형태의 구조는 길이가 3광년 정도로 차가운 가스와 먼지로 구성되어 있다. 근처의 별이 발산하는 에너지와 폭발하는 별들이 만든 충격파가 가스를 기둥 형태로 뭉쳐 별을 형성하기 시작했다.

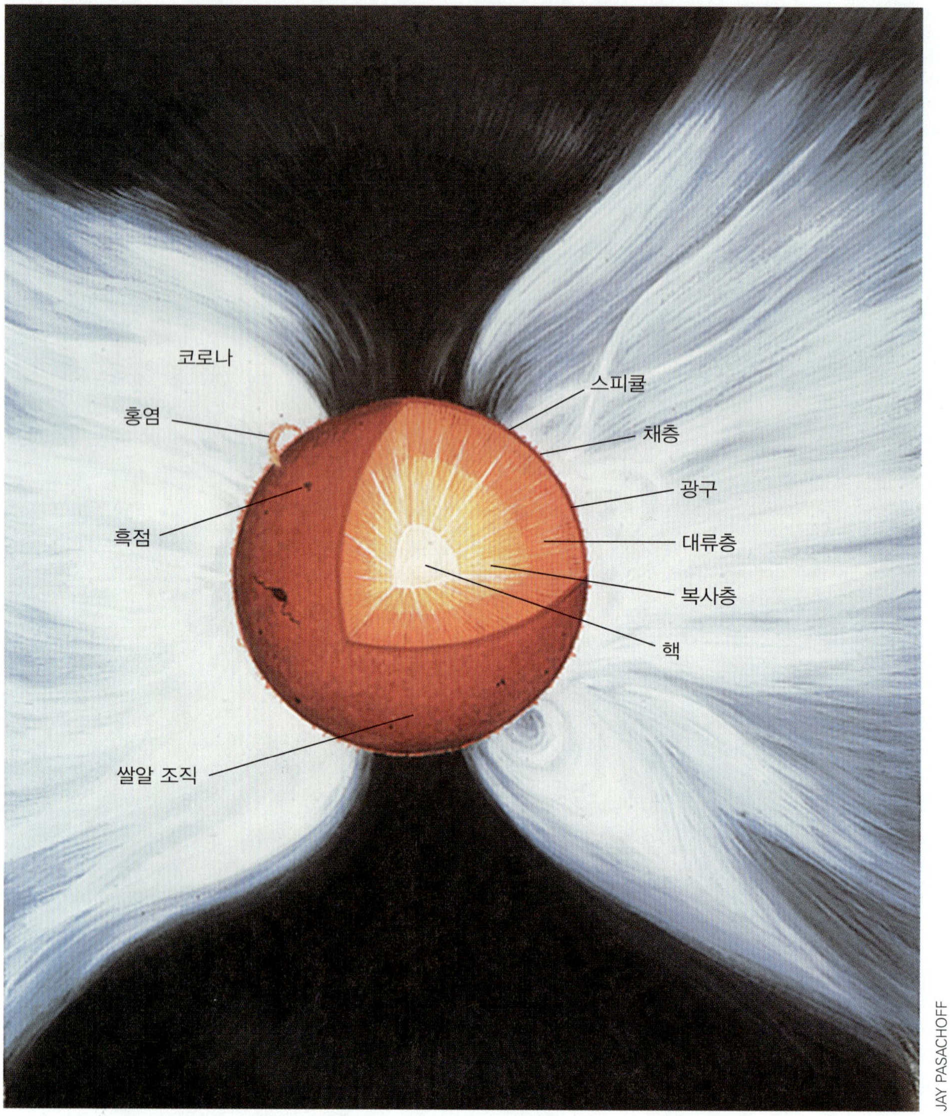

그림 11.7 태양의 구조. 핵융합은 태양의 핵에서 발생한다. 에너지는 먼저 복사 과정을 통해, 이후 대류 과정을 통해 빠져나간다. 광구는 지구에서 관측되는 얇은 층이다. 그림 11.8~11.10에 표면의 더 자세한 그림이 실려 있다.

초 만에 이동이 이루어질 것이다. 하지만 빛의 흡수, 방출, 대류 과정에 많은 시간이 소요되어 전체 이동 시간은 약 100만 년에 이른다.

광구

태양 전체가 가스 덩어리이지만, 특별히 광구는 태양의 대기라 불리는데, 핵에 비해 차갑고 엷게 퍼져 있기 때문이다. 광구는 400 km 밖에 되지 않는 얇은 층이다. 광구 가운데의 압력은 지구 해면기압의 1/100 정도이며 평균 온도는 지구 핵 온도와 비슷한 5,700 K이다. 즉, 핵은 광구를 덮히고, 지구에 다다르는 햇빛은 이 빛나는 수소와 헬륨의 대기에서 오는 것이다.

광구는 쌀알 구조를 보이는데, 각 쌀알의 규모는 약 1,000 km로 미국 텍사스 주만큼 크다. 열을 바깥으로 전달하는 대류가 이 구조를 형성한다. 가까이서 관측한다면, 끓는 물의 물방울처럼 쌀알이 생겼다 사라지는 모습을 볼 수 있을

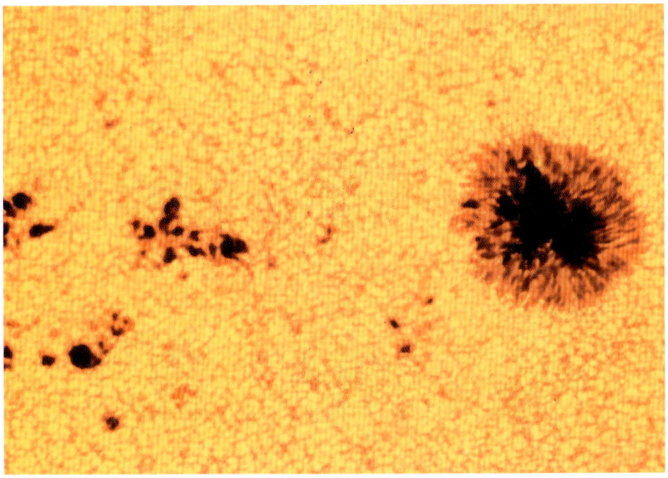

NATIONAL SOLAR OBSERVATORY/NATIONAL OPTICAL ASTRONOMY OBSERVATORY

그림 11.8 쌀알 조직과 흑점이 보이는 태양의 확대 사진. 크고 어두운 지점이 흑점이다. 밝은 노란색 점은 고온으로 치솟는 가스 덩어리로 지름이 1,000 km에 이른다. 이 점들 사이 더 어둡고 붉은 영역은 저온의 가라앉는 가스에 해당한다.

것이다. 그림 11.8에 보이는 밝고 노란 점들은 뜨거워 치밀어 오르는 가스로 만들어지고, 반면 어둡고 붉은 영역은 차가워 가라앉는 가스로 만들어진다.

크고 어두운 **흑점(sunspot)**도 주기적으로 태양 표면에 나타난다. 흑점은 때로는 작은 크기에 며칠 동안 지속되기도 하고, 때로는 지름 크기가 15만 km로 몇 달 동안 지속되기도 한다. 흑점은 주위 영역보다 약 1,000 K 가량 차갑기 때문에 빛의 방출량이 약 1/2 정도이고, 그래서 더 어둡게 보인다. 열은 뜨거운 곳에서 차가운 곳으로 흐르기 때문에 이렇게 차가운 영역은 시간이 지나면 뜨거워져 사라지게 된다. 하지만 어떤 흑점은 오랜 기간 지속되기도 한다.

천문학자들은 태양의 자기장이 광구의 영역이 섞이는 것을 제한하여 흑점이 가열되는 것을 방해한다고 생각한다. 흑점에 연관된 자기장은 빛나는 가스를 시속 900 km 이상의 속도로 가속시켜 태양 대기에 충격파를 전달하면서 홍염을 만든다. 홍염은 전기를 띤 입자를 방출하여 전파 통신을 두절시키거나 지구에 오로라를 형성하기도 한다.

태양의 외층

광구는 깔끔한 구면에 둘러싸여 있지 않다. 난류로서 엷은 가스층인 **채층(chromosphere)**이 2,000~3,000 km의 두께로 광구 위에 놓여 있다. 채층은 달이 일식 때 태양 광구를 가리면 맨눈으로 관측이 가능하다. 이때 가려진 태양의 가장자리에 얇은 적색의 줄무늬 형태로 나타난다. 채층에서 가스 제트 형태로 분사되는 **스피큘(spicule)**은 불타는 화염과 같이 보인다. 스피큘은 평균 700 km의 굵기, 7,000 km의 높이로 형성되어 5~15분 가량 지속된다.

흑점(sunspot) 태양 표면에서 자기장에 의해 형성되며 주위보다 온도가 낮고 어두워 보이는 지역

채층(chromosphere) 광구 상부에서 난류로서 형성된 엷은 가스층

스피큘(spicule) 태양 가장자리에서 채층 위쪽으로 발사되는 가스 제트

코로나는 채층 바깥으로 입자들이 더 엷게 퍼진 지역이다. 평소에는 보이지 않지만, 9장에 언급된 바와 같이, 개기일식 중에 태양 주위의 아름다운 헤일로로 관측된다(그림 11.9). 밀도는 지구 대기의 10억 분의 1 정도다. 물리학 실험실에서나 겨우 만들어 내는 진공 상태에 가깝다.

코로나는 200만 K 정도의 엄청난 고온이다. 5,700 K의 광구가 어떻게 코로나를 200만 K로 가열할 수 있을까? 한

KAZUO SHIOTA

그림 11.9 일식 중에 태양의 광구가 달에 가린 모습. 달 표면 바깥으로 뻗치는 붉은 띠는 채층의 일부이고, 크고 하얗게 보이는 영역은 코로나다.

홍염(prominence) 코로나에서 발생한 적색 화염 형태의 가스 제트

겉보기 밝기(apparent brightness or apparent luminosity) 지구에서 별을 관측했을 때 느끼는 밝기

절대 밝기(absolute brightness or absolute luminosity) 지구에서 일정한 거리에 놓여 있다고 가정했을 때 느끼는 별의 밝기

광년(light-year) 빛이 1년 동안 이동한 거리로 약 9.5×10^{12} km이다.

파섹(parsec) 천문학에서 사용되는 거리 단위로 3.26광년에 해당한다.

가설에 따르면, 뒤틀린 자기장이 코로나의 입자를 가속시킨다. 입자들이 빠른 속도로 움직이면 온도가 상승한다.

코로나에서 발견되는 현상 중에 **홍염**(prominence)이 있다. 홍염은 적색 화염 형태의 가스 제트로 코로나에서 발생하여 크게는 100만 km의 공간에 뻗친다(그림 11.10). 어떤 홍염은 태양 자기장에 사로잡혀 몇 주에서 몇 달까지 지속되기도 한다.

코로나의 고열에 의해 원자에 묶여 있던 전자가 벗겨져, 수소와 헬륨은 핵 형태로 전자들 속에 놓이게 된다. 이들 핵과 전자는 너무 고속으로 움직이므로, 일부는 빈 공간으로 날아가 태양계 전체로 뻗어 나가는 태양풍을 만들어 낸다.

11.5 별: 주계열성

지구 관점에서는 하늘에서 태양이 가장 크고 밝은 물체다. 하지만 이는 단지 태양이 가장 가까이 놓인 별이기 때문이다. 천문학자들이 별에 대해 자세히 연구하기 시작할 때, 우선 밝기에 따라 별을 분류하였다. 별의 **겉보기 밝기**(apparent brightness 또는 apparent luminosity)는 지구에서 관측되는 밝기다. 별은 실제로 밝거나, 아니면 가까이 있어서 더 밝아 보일 수 있다. 자동차 전조등을 예로 들면, 자동차가 가까워질수록 더 밝아 보인다. 왜냐하면 전조등의 광도는 그대로이지만 자동차까지의 거리가 변화했기 때문이다. **절대 밝기**(absolute brightness 또는 absolute luminosity)란 별이 일정한 거리에 놓여 있을 때의 밝기에 해당한다. 천문학자들은 10 pc, 혹은 32.6광년 거리를 기준으로 잡는다. **1광년**(light-year)이란 빛이 1년 동안 이동한 거리로 약 9.5×10^{12} km다. **1파섹**(parsec)은 3.26광년에 해당하는 거리다. 관습적으로 천문학자들은 별의 광도를 태양광도 단위로 나타낸다. 따라서 태양은 광도가 1이고, 태양보다 밝은 별은 광도가 1 이상, 더 어두운 별은 광도가 1 이하다.

그림 11.10 홍염이 광구 위로 505,000 km 정도 솟아오르고 있다.

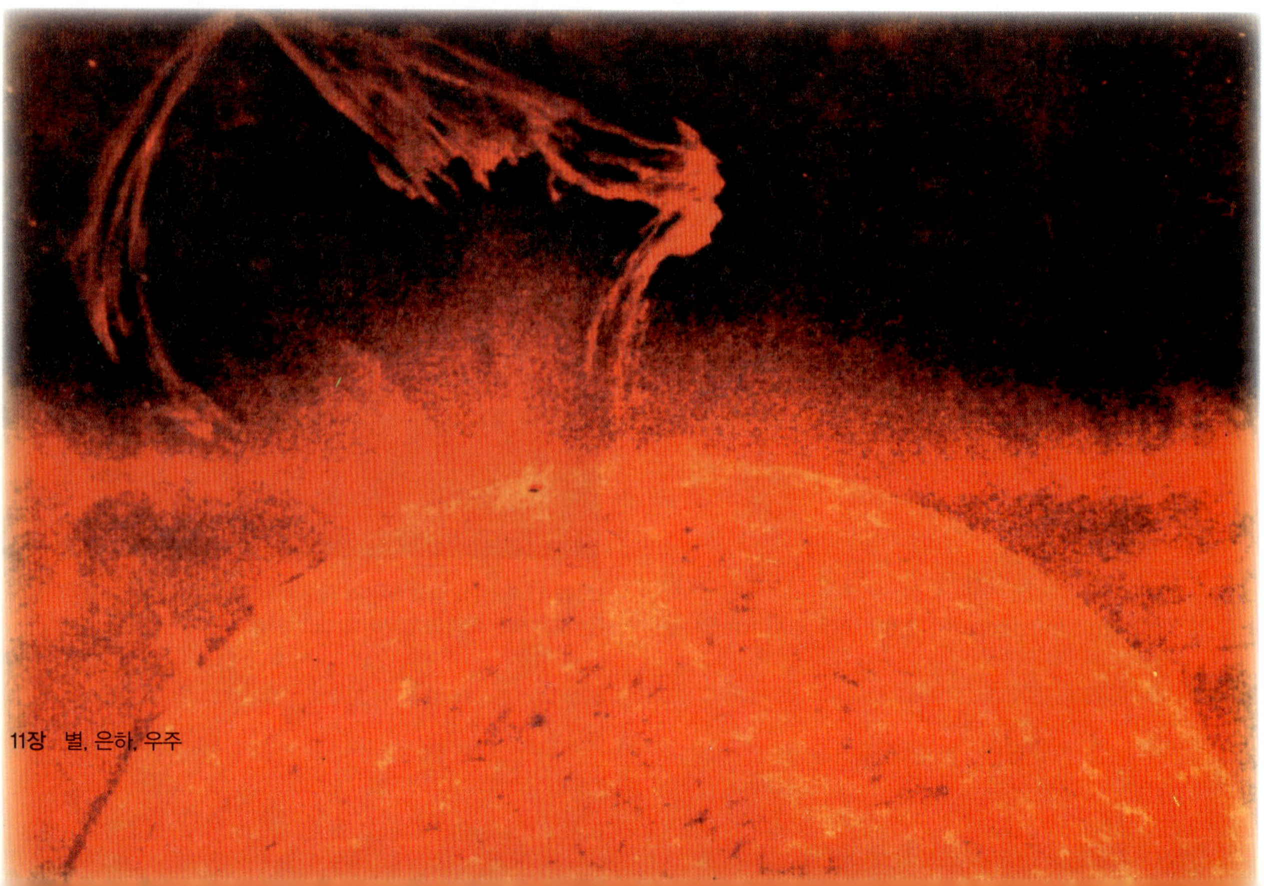

NATIONAL SOLAR OBSERVATORY/NATIONAL OPTICAL ASTRONOMY OBSERVATORY

두 번째 가시적인 성질은 별의 색깔이다. 별마다 색이 다른데 어떤 별은 빨갛고, 어떤 별은 노랗거나 파랗다. 별의 색깔은 별의 온도를 나타낸다. 상대적으로 파란별이 가장 뜨겁고, 노란별이 미지근하며, 빨간별은 차갑다. 이것은 용접 토치의 불꽃에서도 같은 관계를 볼 수 있다. 불꽃의 가운데는 가장 뜨거워 파랗게 빛나고, 가장자리 차가운 부분은 빨갛게 빛난다.

1911~1913년 사이에, 덴마크 천문학자인 엔야 헤르츠스프룽(Ejnar Hertzsprung, 1873~1967)과 미국 천문학자인 헨리 러셀(Henry Norris Russell, 1877~1957)은 별의 광도와 색으로 가늠한 별의 온도를 도표에 표시해 보았다. 그림 11.11이 **헤르츠스프룽–러셀 도표**(Hertzsprung-Russell diagram), 또는 **H–R도**(H-R diagram)를 나타낸다. H–R도에서 세로축을 따라 위쪽이 광도가 증가하는 방향, 가로축을 따라 왼쪽이 온도가 증가하는 방향이다. 그래서 뜨겁고, 크고, 밝은 별들은 왼쪽 상단에 위치하고, 차갑고, 작고 어두운 별들은 오른쪽 하단에 위치하게 된다.

재미있는 사실은 약 90 %의 별이 왼쪽 상단(밝고 뜨거운 별)에서 오른쪽 하단(어둡고 차가운 별)으로 이어지는 완만한 곡선에 분포한다는 것이다. 이 띠를 **주계열성**(main sequence)이라 부른다. 즉, 주계열성에서는 온도가 높을수록 광도가 크다. 태양은 대략 주계열의 중간 지점에 위치한다.

모든 주계열성은 주로 수소와 헬륨으로 이루어져 있고 수소 핵융합으로 에너지를 낸다. 온도와 광도에 차이가 나

헤르츠스프룽–러셀 도표(Hertzsprung-Russell diagram) 별의 온도에 대해 광도를 표시한 도표

주계열성(main sequence) H–R도를 가로지르는 띠로서 여기에 위치한 별들은 수소 핵융합으로 빛이 난다.

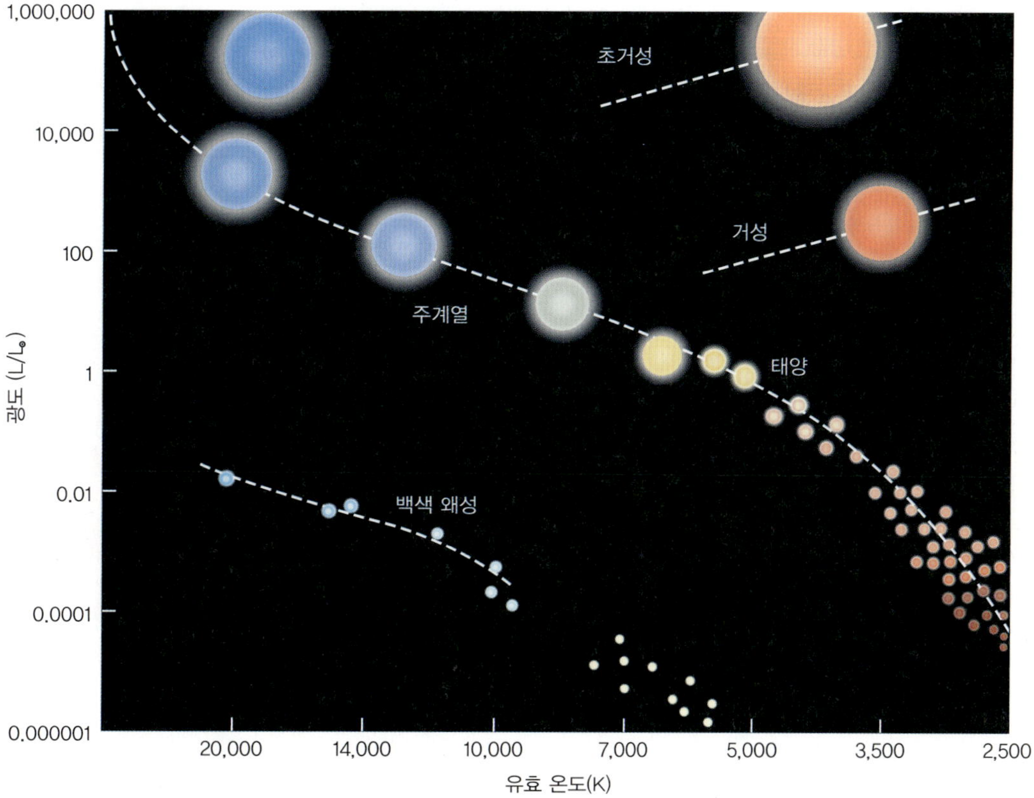

그림 11.11 헤르츠스프룽–러셀 도표(H–R도). 약 90 %의 별이 왼쪽 상단에서 오른쪽 하단으로 이어지는 완만한 곡선으로 나타나는 주계열 별이다. 태양은 약 6,000 K의 온도로 노랗게 빛나는 평균 크기의 별이다.

는 주된 이유는 별의 질량에 있다. 무거운 별은 중력이 가벼운 별보다 크기 때문에, 수소 핵이 더 단단히 밀집하여 있고 더 빠르게 움직인다. 따라서 핵융합은 무거운 별에서 더 빠르고 격렬하게 일어나, 뜨겁고 밝은 별(H−R도의 왼쪽 상단)로 발현한다. 오른쪽 하단에 위치한 가벼운 별은 차갑고 어둡다. 태양은 주계열에서 중간쯤의 노란색 띠 부분에 위치한다.

주계열에 위치하지 않은 별들을 설명하자면, 별의 일생에 관한 논의가 필요하다.

11.6 별의 탄생과 죽음

태양과 같은 질량의 별

태양과 같이 성숙한 주계열성에서는 수소 핵은 융합하여 헬륨 핵이 되지만 헬륨 핵은 더 큰 원소로 융합하지 않는다. 일반적으로 핵융합이 일어나려면 두 개의 핵이 아주 빠르게 충돌하여 핵들 사이의 반발력을 넘어서야 한다. 수소 핵에는 양성자가 하나이지만, 헬륨 핵에는 양성자가 둘이 있다. 따라서 두 헬륨 핵 사이의 반발력은 수소 핵 사이의 반발력보다 훨씬 크다. 이렇게 강한 반발력은 더욱더 빠른 속도의 충돌이 있어야 넘어설 수 있다. 이는 더욱 고온의 환경에서 가능하므로, 헬륨의 융합은 수소의 융합이 일어나는 온도보다 훨씬 높은 온도가 생성되는 별에서만 일어난다.

태양과 비슷한 질량을 지닌 별의 일생을 그림 11.12에 표시하였다. 태양이 성숙한 주계열 별 단계에 놓여 있다. 약 50억 년 동안 빛났고, 앞으로 50억 년 동안 더 오늘날과 비슷한 밝기로 빛날 것이다(그림 11.12(a)). 이 과정을 통틀어 태양

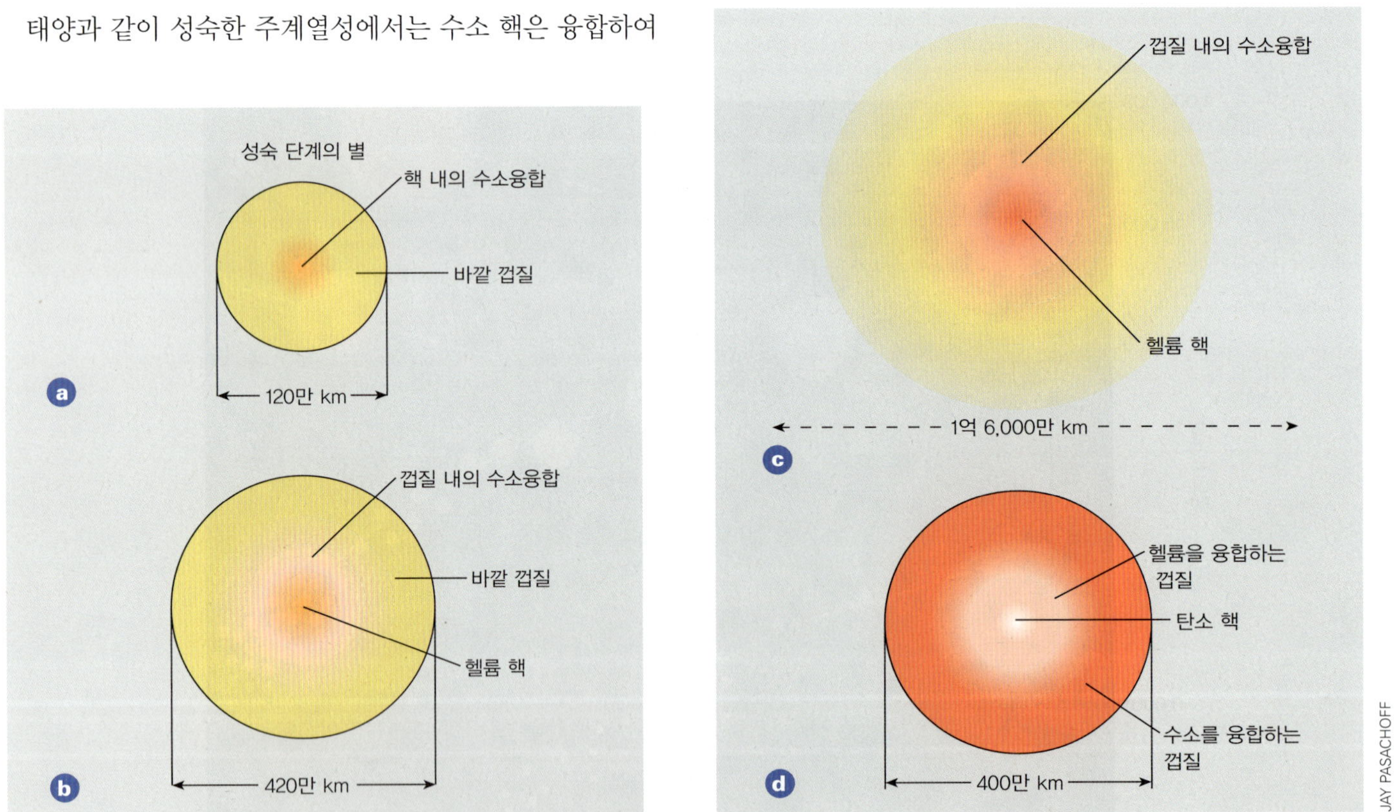

그림 11.12 별의 진화. (a) 별이 성숙하였을 때, 태양 크기의 별에서 나오는 에너지는 핵에서의 수소 핵융합에 기인한다. (b) 핵에서 수소가 소진하면, 별은 처음에는 수축하였다가, 바깥 껍질에서 수소가 다시 타면서 팽창한다. (c) 적색 거성 단계에서, 중심부의 중력에 의한 수축과 바깥 껍질에서의 수소 핵융합은 별이 성숙했던 시기의 수백 배의 에너지를 발생시킨다. (d) 핵 주위에서 헬륨이 탈 즈음(원서에서는 핵에서 헬륨이 탈 때라고 하였지만, 이때는 별이 팽창하고, 이 과정이 끝나고 핵 주위의 헬륨이 탈 때 수축한다) 별은 다시 수축한다. 이 네 가지 과정이 일어날 때의 별이 크기 차이는 120만 km에서 1억 6,000만 km로 너무 커서 정확히 나타내지 않았다. 또한 핵의 크기도 과장되어 있음을 유념하라.

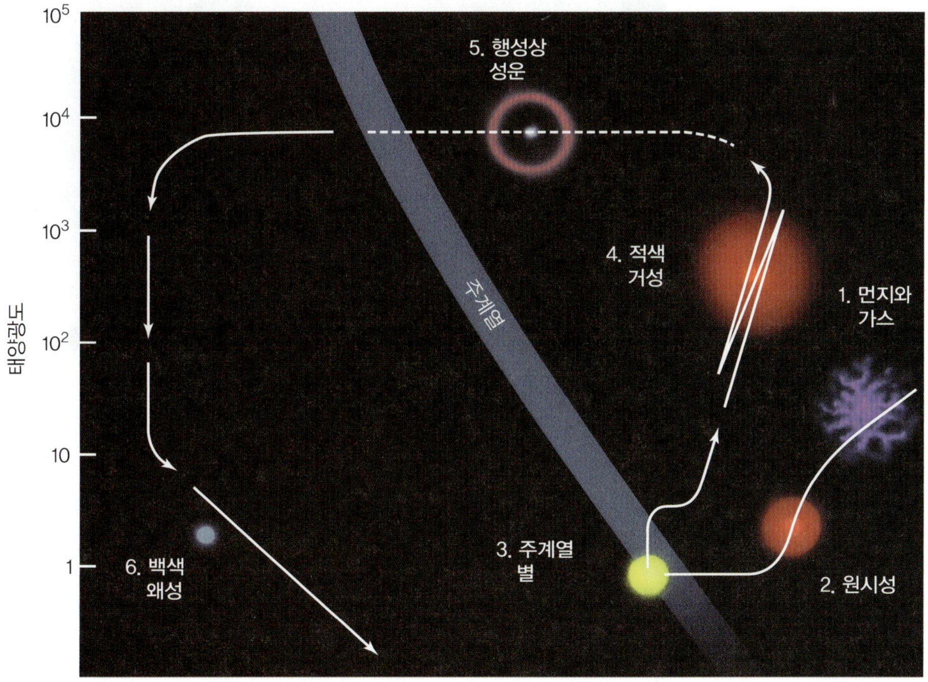

그림 11.13 태양과 같은 질량의 별은 일생 동안 6가지 주요한 진화 단계를 거친다. (1) 원시 성운이 수축한 후, (2) 중력 수축에 의해 원시별이 빛을 낸다. (3) 핵에서 수소 핵융합이 일어나며 주계열이 된다. (4) 핵에서 수소 핵융합이 끝나면서 주계열을 벗어나 적색 거성 단계에 들어선다. (5) 마지막으로 폭발하여 행성상 성운을 형성한 후, (6) 남은 핵은 백색 왜성이 되어 빛을 낸다.

적색 거성(red giant) 별 일생 중에서 핵이 헬륨이 되어 핵융합이 일어나지 않지만, 뜨거운 껍질에서 수소 핵융합이 급격히 일어나 별이 팽창하는 단계. 핵이 더 뜨겁긴 하지만 팽창한 껍질이 차가워 적색의 빛을 낸다.

은 수소 핵융합으로 에너지를 방출하며 주계열에 머무른다.

약 100억 년이 지난 후, 태양과 같은 별은 많은 수소를 가지고 있지만 중심부 수소는 헬륨으로 융합하였다(그림 11.12(b)). 이때 급격한 변화가 일어난다. 핵의 수소가 소진되어 핵융합 에너지는 감소하고, 핵은 냉각된다. 냉각이 진행됨에 따라, 바깥을 향하던 압력과 에너지가 줄어든다. 그러면 중력에 의해 핵이 수축한다. 이 중력 수축은 다시 핵을 가열하여 더 뜨거워진다. 핵융합 비율이 감소할 때 온도가 상승한다는 것은 모순인 듯 보이지만, 실제 일어나는 일이다.

핵이 뜨거워지면 상승한 온도로 핵을 둘러싼 껍질에서 수소 핵융합이 발생한다. 이제 별은 중력 수축과 껍질의 핵융합에 힘입어 가열된다. 그 결과, 별은 성숙한 시기에 방출하던 에너지의 수백 배에 달하는 에너지를 방출한다. 이 강력한 에너지로 별의 바깥이 팽창하면서 별의 밝기가 증가한다. 별은 이제 **적색 거성(red giant)**이 된 것이다(그림 11.12(c)). 적색 거성은 보통 별의 수백 배 크기가 된다. 핵이 더 뜨겁긴 하지만 표면이 너무 커서 열이 쉽게 빠져나가 표면은 식게 된다. 차가워진 표면은 적색의 빛을 낸다. 적색 빛은 가시광선 영역에서 낮은 에너지를 가진다. 에너지 생성과 별의 크기에 일어나는 이 급격한 변화로 별은 주계열에서 이탈한다(그림 11.13). 따라서 적색 거성은 같은 질량의 주계열성보다 밝고 차갑다.

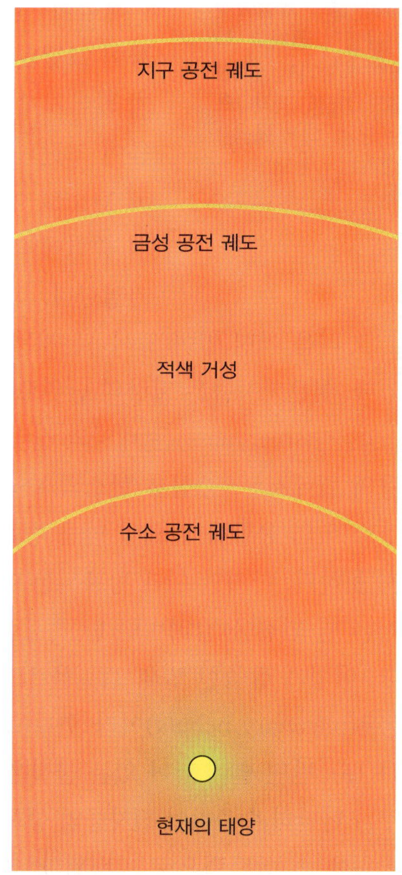

JAY PASACHOFF

그림 11.14 태양은 적색 거성이 되면 지구를 삼킬 것이다.

지금부터 50억 년이 지나면 핵에 있던 수소는 고갈되어 우리 태양은 적색 거성이 되어 팽창할 것이다. 커진 태양은 수성, 금성, 지구를 삼켜버릴 것이다(그림 11.14). 이때는 아마 목성의 대기는 열로 날아가 목성의 암석 표면이 드러

태양질량(solar mass) 별의 질량을 나타내는 표준 단위로서 1태양질량은 태양의 질량과 같다.

행성상 성운(planetary nebula) 태양 크기의 별이 폭발하여 가스 껍질을 공간으로 퍼뜨려 만들어진 성운

백색 왜성(white dwarf) 별의 진화 과정에서 핵융합이 끝나고 핵융합 과정에서 남겨진 열만 천천히 빠져나오는 단계. 백색 왜성은 매우 크기가 작다.

날지도 모른다.

적색 거성의 핵은 온도가 1억 K가 될 때까지 수축을 계속한다. 이 온도에서는 헬륨이 핵융합을 시작한다. 헬륨의 융합이 시작되면 복사 에너지는 다시 핵을 밀어내어 핵이 팽창한다. 그러면 별은 식고, 바깥층은 수축하여 두 번째 안정된 단계에 이른다.

헬륨이 탄소로 융합함에 따라 헬륨이 그랬던 것처럼 핵에 점점 탄소가 많아지게 된다(그림 11.12(d)). 헬륨이 고갈되면, 핵융합은 다시 멈추고 탄소로 이루어진 핵이 수축한다. 이 중력에 의한 수축은 다시금 핵을 가열한다.

그 다음 어떤 일이 일어나는지는 별의 초기 질량에 달려 있다. 천문학자들은 질량의 단위로 태양질량을 사용한다. 1 **태양질량(solar mass)**은 태양의 질량이다. 태양과 비슷한 질량의 별에서는, 중심부 탄소의 수축이 탄소 핵의 융합을 일으킬 만큼 강력하지 못하다. 하지만 이때 방출되는 에너지는 별 껍질을 날려버릴 만큼 강력하다. 이렇게 탈출한 별의 껍질을 **행성상 성운(planetary nebula)**이라 한다(그림 11.15). 반면 별에 남아 있는 물질은 너무나 단단히 수축하여 전자들의 상호 반발력에 의한 압력으로 지탱된다. 태양질량의 별은 지름이 지구 지름과 비슷해지는 시점까지 수축한다. 이렇게 작아진 별은 더 이상 스스로 에너지를 만들지는 못하고, 그저 이전 과정을 거치며 남겨진 열을 방출한다. 이 별을 **백색 왜성(white dwarf)**이라 부른다(그림 11.16(a)). 이 별은 수백억 년 동안 천천히 식지만, 지름이 변하지는 않는다. 더 이상의 핵융합도 일어나지 않는다. 중력은 전자 반발력을 넘어설 만큼 강하지 않기 때문에 더 이상의 수축이 일어나지 않는 것이다.

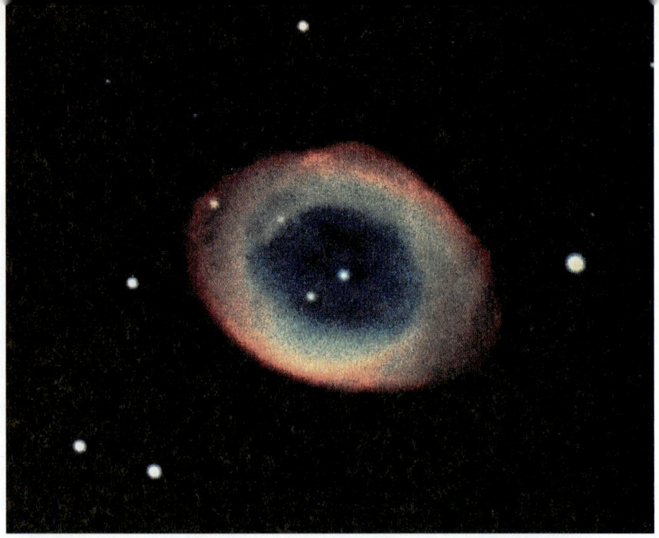

그림 11.15 사진의 반지 성운은 죽어가는 별이 폭발하여 분출된 가스와 먼지의 구다.

무거운 별

어떤 별은 이렇게 점잖은 죽음을 맞이하지 못한다(그림

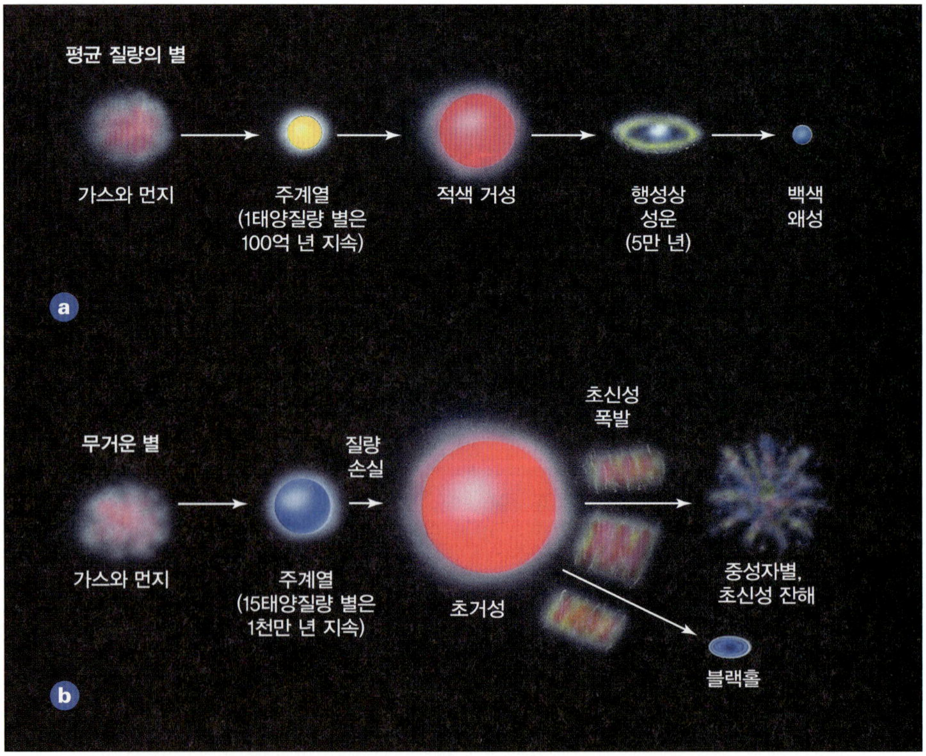

그림 11.16 (a) 태양질량과 같은 질량의 별은 일생을 거쳐 백색 왜성으로 생을 마감한다. (b) 더 무거운 별은 다른 진화 경로를 거쳐, 질량에 따라 중성자별이나 블랙홀로 일생을 마친다.

11.16(b)). 1.44태양질량보다 더 무거운 별에서는 백색 왜성이 형성되지 않는다. 대신 헬륨 핵융합이 끝나면, 중력 수축에 의한 고열로 탄소 핵융합이 발생한다. 핵융합 과정은 계속 갱신되며 점점 더 무거운 원소를 계단식으로 진행되는 과정을 통해 만들어 내다가 철을 만들고 멈춘다. 철은 그보다 가벼운 다른 원소들과는 다른 점이 있다. 수소와 헬륨 핵이 합성을 하면 에너지가 방출된다. 이와는 반대로 철은 에너지를 흡수하여 별을 냉각시킨다. 철에 의한 냉각이 발생하면 별을 안에서 지탱하던 열적 압력이 줄어들어 중력에 의해 별은 수축된다. 이 수축은 많은 양의 열을 만들어 낸다. 몇 초로써 별의 일생으로 따지면 어마어마하게 짧은 시간 안에 별의 온도는 1조 K로 치솟아 별은 **초신성**(supernova)으로 폭발한다. 잠깐이지만, 초신성은 보통 별의 수십억 배에서 최대 은하 전체에 맞먹는 밝기로 빛난다. 지구에서 육안으로 관측하면, 하늘에 갑자기 밝은 별이 나타났다가 몇 개월이 흐르면 사라지는 것으로 보인다. 이후 일어나는 사건에 대해서는 11.7절에서 논하기로 한다.

초신성(supernova) 많은 양의 에너지를 내뿜으며 폭발하는 별

종족 II형 별(population II star) 종족 I형 별보다 중원소 함량이 낮고 나이가 많은 별

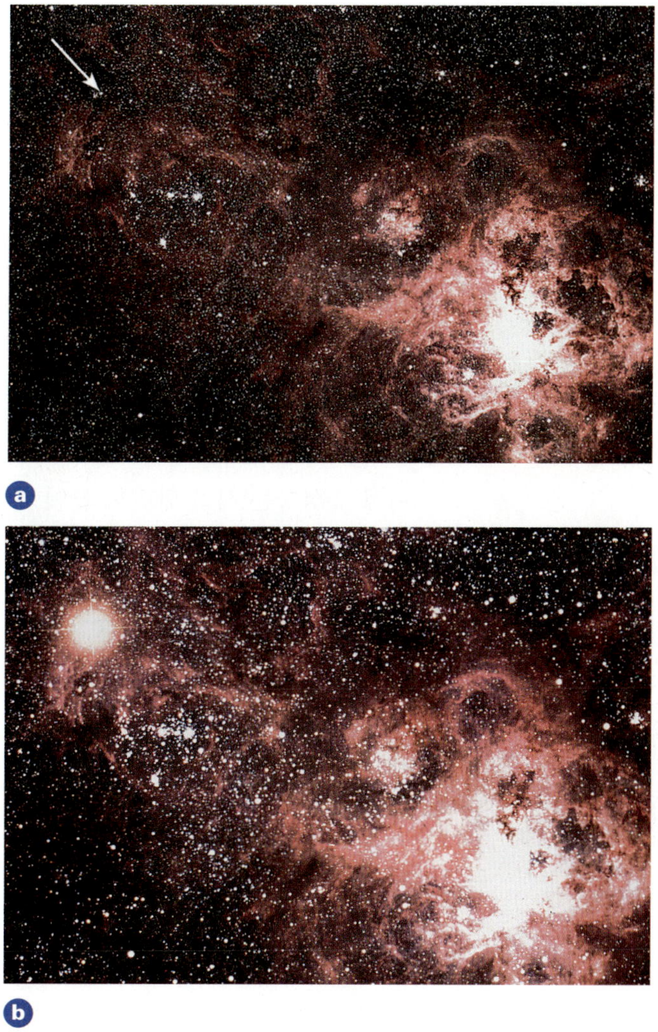

그림 11.17 1987년의 초신성 폭발로 상대적으로 미약했던 밝기의 별. (a)에서 화살표로 표시된 별은 이 부근에서 가장 밝은 물체가 되었다(b).

1987년 2월 24일, 캐나다 천문학자인 이안 셸턴(Ian Keith Shelton, 1957~)은 초신성과는 무관한 연구를 하고 있었다. 사진 건판 중 하나를 현상하자, 이전에는 희미한 별이 있던 자리에 밝은 별이 생긴 것을 발견하였다(그림 11.17). 그는 밖으로 나가 하늘을 올려 보았는데, 맨눈으로 그 별을 볼 수 있었다. 망원경이 발명되기 5년 전인 1604년의 비슷한 발견 이래, 맨눈으로 초신성이 관측된 첫 사건이었다.

초신성 폭발은 워낙 격렬하여 별의 대기로 돌진하는 충격파는 균열하는 원자의 핵과 소립자들을 모든 방향으로 쏘아 올린다. 많은 핵자가 서로 충분한 에너지로 충돌하고 분열하기도 한다. 이 과정에서 철보다 무거운 원소가 만들어진다. 이렇게 별의 진화에 대한 연구를 통해 과학자들은 무거운 원소의 기원에 대해 깨닫게 되었다.

1세대 별 및 2세대 별

우주 나이가 30만년일 때 처음 만들어진 원소는 수소와 헬륨이다. 처음에는 모든 별이 수소와 산소로만 만들어졌다. 이후에 태어난 별들 중 나이가 많고, 비교적 1세대에 만들어진 별을 **종족 II형 별**(population II star)이라 한다.[3] 종족 II형 별은 여전히 관측되고 있다.

종족 II형 별의 핵에서 수소는 헬륨으로 융합하면서 우

3) 역자 주: 중원소가 전혀 없이 수소와 산소로만 만들어진 별은 현대천문학에서 종족 III형이라 하고, 종족 II형 별은 미약한 양일지언정(태양의 중원소 함량비의 약 1/10 이하) 중원소를 함유하고 있는 별을 의미한다. 중원소가 없는 종족 III형 및 종족 II형을 묶어 1세대, 중원소 함유량이 태양과 엇비슷한 종족 I형을 2세대라고 부르는 것이 타당하다.

종족 I형 별(population I star) 나이가 많은 별에서 분출된 물질로 만들어진 상대적으로 나이가 적은 별로서, 중원소가 미약한 양이 있고 대부분 수소와 헬륨으로 구성되어 있다. 태양도 종족 I형 별이다.

중성자별(neutron star) 무거운 별의 초신성 폭발 후 남은 물질이 단단히 뭉쳐진 중성자 집단의 형태로 형성하는 작고 초고밀도인 별

주의 수소 대 헬륨 비율이 변화한다. 별의 진화가 계속되면서 헬륨은 탄소로, 탄소는 더 무거운 원소로 융합하며 최종적으로 철이 만들어진다. 철보다 무거운 원소는 종족 II형 별의 초신성 폭발 과정 중에 생성된다.

이미 논의된 바와 같이, 별의 죽음은 가스와 먼지의 분출을 동반하여 새로운 성운이 형성된다. 종국에는 이 성운이 다시 뭉쳐 2세대의 별인 **종족 I형 별**(population I star)이 만들어진다. 종족 I형 별은 수소, 헬륨, 종족 II형 별과 초신성 폭발에서 남은 미량의 중원소가 섞여 탄생한다. 태양도 많은 원소를 함유한 성운에서 탄생한 종족 I형 별이다.

그러므로 우리 태양계는 일생을 마친 별의 잔해에서 탄생한 셈이다. 살아 있는 유기체와 지구와 같은 행성을 지닌 행성계는 종족 II형 별 주위에는 생성될 수 없는데, 이는 비슷한 환경을 만들 만큼 원소가 충분하지 않기 때문이다. 이와 같이 별의 일생에 대한 연구는 지구와 생명체를 만드는 원소의 기원에 대한 이해로 이어진다.

11.7 중성자별, 펄사, 블랙홀

중성자별과 펄사

초신성이 폭발하면 대부분의 물질이 주위 성운으로 돌진하지만, 일정량의 물질은 남아서 작은 구로 뭉쳐진다. 1930년대에, 과학자들은 이 구에서 진행되는 일을 설명할 가설을 만들었다. 질량이 2~3태양질량이면, 중력이 너무 강하여 별은 더 이상 백색 왜성처럼 버티지 못하게 된다. 전자와 양성자는 함께 짓눌려 중성자로 변한다.

$$\text{전자} + \text{양성자} = \text{중성자}$$

이제 중성자는 서로 단단히 붙어 더 이상의 수축이 일어나지 않는다. 이렇게 중성자가 뭉쳐진 공을 **중성자별**(neutron star)이라 부른다. 중성자별의 밀도는 10^{13} kg/cm^3 정도의 초고밀도다(그림 11.18). 지구의 모든 질량을 축구장에 몰아넣은 정도의 밀도와 같다.

중성자별은 그 존재에 대한 예측이 있은 후 30년이 지나고 1967년에 이르러서야 처음으로 우연히 발견되었다. 당시 대학원생이었던 조셀린 버넬(Jocelyn Bell Burnell, 1943~)은 먼 은하에서 오는 전파를 연구하고 있었다. 하늘의

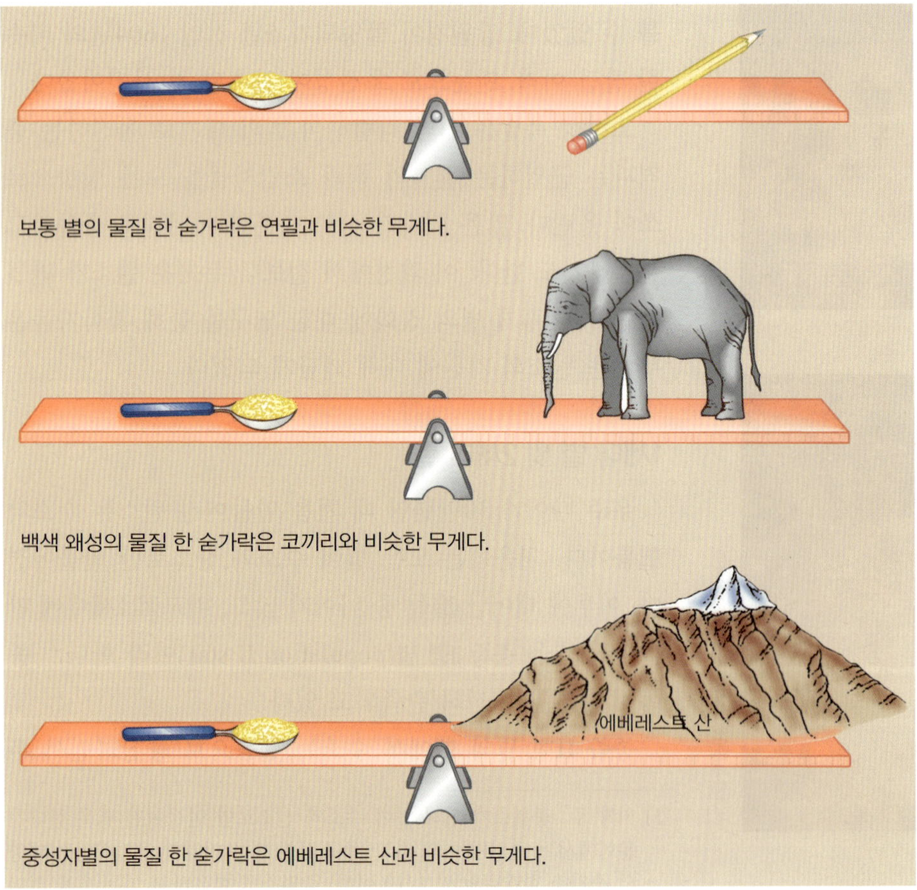

그림 11.18 보통 별은 비교적 밀도가 낮다. 백색 왜성은 그보다 밀도가 높고, 중성자별은 백색 왜성보다 밀도가 높다.

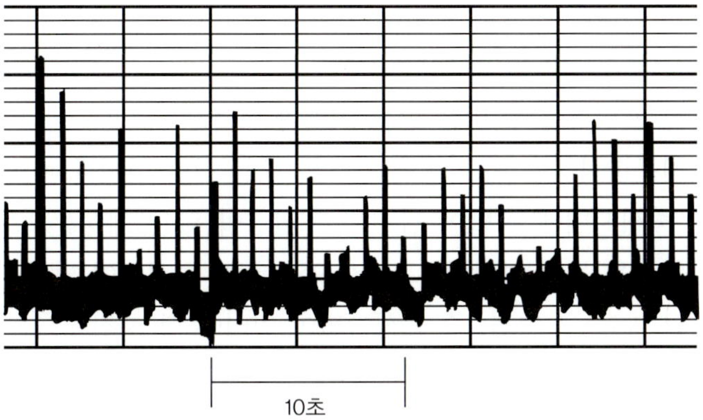

그림 11.19 펄사 신호는 스파이크 형태로 라디오 망원경에 기록된다.

특정 부근에서, 1.33초마다 강해졌다 약해지는 전파 신호를 검출하였다(그림 11.19). 지구 바깥 공간에서 많은 전파 신호가 유입되지만, 버넬이 잡은 신호는 고저가 뚜렷하고, 주기적이며, 주기가 1초가량 밖에 되지 않는다는 특이성을 가지고 있었다. 이런 신호를 만약 라디오 스피커에 주입한다면, 일정한 간격으로 1.33초마다 "딸깍, 딸깍, 딸깍"하는 소리를 낼 것이다.

펄사(pulsar) 맥동하는 전파 신호를 내는 중성자별

이 발견 직후, 천문학자들은 외계 지성체가 보내는 신호일 가능성을 고려하며 이를 LGM(little green man)이라 불렀다. 하지만 버넬이 하늘의 다른 영역에서도 비슷한 '맥동' 신호를 발견하자, 우주의 서로 다른 두 지역에서 비슷한 신호를 보낼 가능성이 희박하다는 이유로 외계 생명체의 가능성이 배제되었다. 신호의 기원이 외계 생명체가 아님을 알게 된 후, 이 천체를 **펄사(pulsar)**라 명하였다. 하지만 이름을 붙인다고 현상이 설명되지는 않는다.

펄사임을 확인하는 첫 단계는 크기를 알아내는 것이다. 어떤 물체가 있으면 모든 지점이 지구에서 동일한 거리에 놓여 있지는 않다(그림 11.20). 만약 큰 구의 표면 전체에서

그림 11.20 (a) 큰 구에서 개개의 신호들이 오랜 시간에 걸쳐 차례로 지구에 도달한다. (b) 작은 구에서 날카로운 신호가 형성되어 지구에 도달한다.

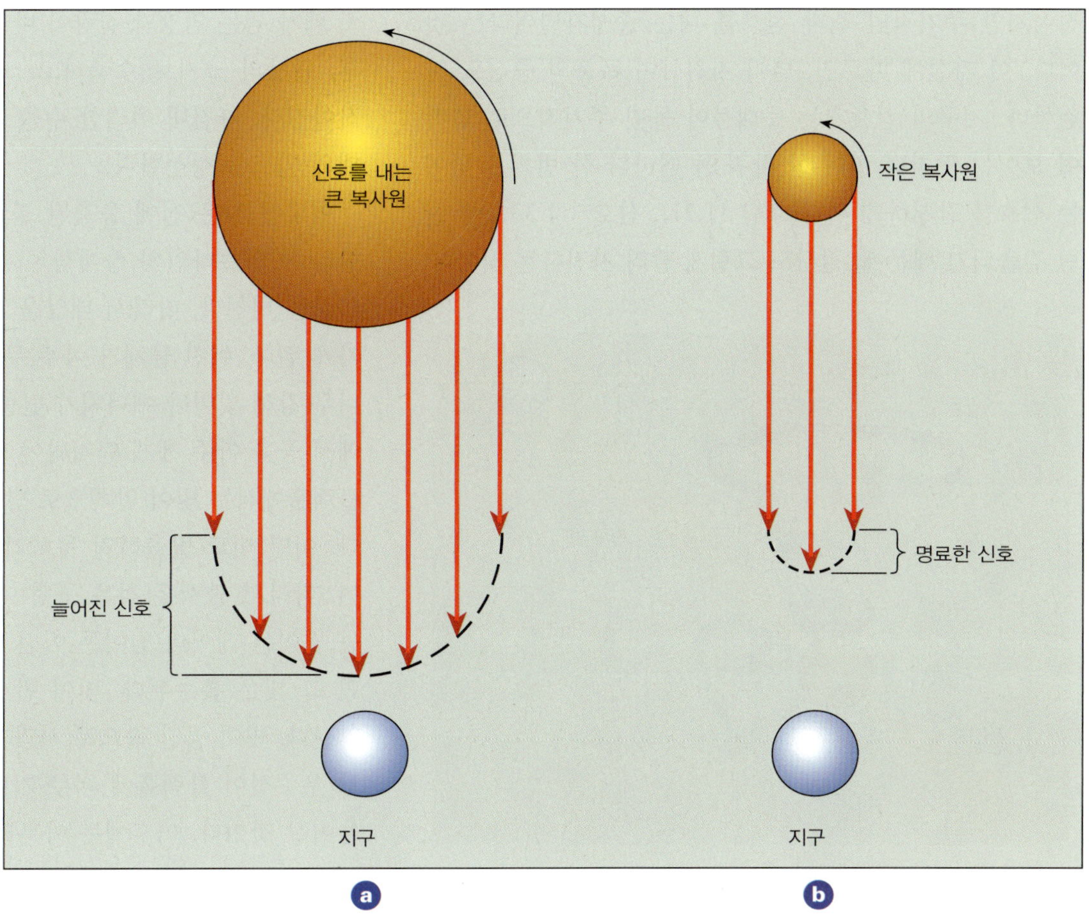

블랙홀(black hole) 질량이 아주 큰 별이 초신성 폭발 후 생성되어 빛도 빠져나가지 못할 정도의 고밀도로 압축된 극소의 공간 영역

에너지가 순간적으로 발산되면, 어떤 광자는 지구에 가까운 거리에서 여행을 시작하여, 다른 광자보다 빨리 지구에 도달한다. 지구에서 전파 간섭 신호를 듣는 사람은 모든 신호가 도달하는 데 시간이 걸려 "딸깍"하는 명료한 소리가 아니라 "따 알 깍"하며 조금 늘어진 소리를 들을 것이다. 반면, 작은 크기의 물체에서 발산된 신호는 훨씬 명료하게 들릴 것이다. 펄사의 신호는 명료하고, 따라서 펄사는 30 km 미만의 작은 지름에서 방대한 양의 에너지를 내는 특이한 복사원이다. 펄사 이전에 가장 작은 별의 기록은 지름이 16,000 km인 백색 왜성이었다. 과학자들은 오랫동안 찾아 헤매던 중성자별이 바로 버넬이 발견한 펄사일 것이라 생각하였다.

천문학자들은 중성자별의 표면에서 전자기 폭풍에 의해 전파 신호가 방출된다는 가설을 제시하였다. 펄사는 간헐적이지만 주기적인 전파 신호를 내는 중성자별이라는 것이다. 이 가설에 따르면, 별이 자전하며 폭풍의 중심도 자전한다. 지구의 검출기는 등대불이 돌면 주기적으로 깜빡여 보이는 것처럼 별이 한 바퀴 돌 때마다 한 번의 딸깍이는 신호를 감지하게 된다(그림 11.21). 신호가 1.33초에 한 번 검출되기 때문에, 펄사도 그렇게 빨리 자전하는 것이다.

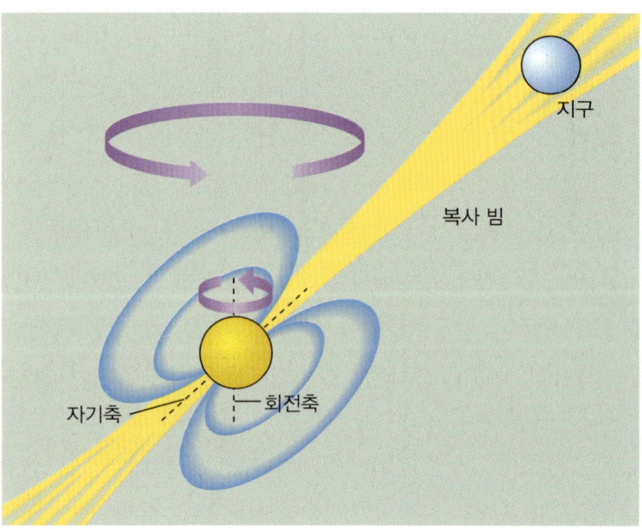

그림 11.21 펄사의 복사 빔이 지구를 훑고 지나갈 때만 신호가 검출된다.

백색 왜성은 이렇게 빨리 자전하기에는 너무 크기가 커서 펄사의 후보가 될 수 없다. 하지만 중성자별은 이런 고속의 자전을 수행할 수 있을 만큼 크기가 작다.

천문학자들은 이 가설을 검증할 예를 찾아 나섰다. 이들은 중세시대에 폭발이 감지된 초신성이 있는 게성운으로 망원경을 돌려 보았다. 그러자 950년 전 초신성이 발견되었던 바로 그 지점, 즉 중성자별이 있어야 할 지점에서 펄사 신호가 검출되었다.

블랙홀

태양의 5배 질량을 지닌 별이 폭발하면, 초신성 폭발 이후 남겨지는 중심부의 질량은 2~3태양질량이다. 이렇게 무거운 구가 수축을 하면, 중성자 사이의 반발력조차 중력을 이겨내지 못한다. 이때 별은 중성자별보다도 훨씬 작은 크기로 줄어들어 **블랙홀**(black hole)이 된다. 일상적인 경험으로는 가늠하기조차 힘든 현상이다. 1조 kg의 1조 배의 1조 배가 넘는 엄청난 질량이 바늘 끝 정도 공간으로 수축한 후, 원자의 크기로 수축하고, 그리고 수축을 계속하여 더 작아진다. 마침내 이러한 수축 과정은 극소의 공간에 무한대의 밀도를 형성한다.

이렇게 작은 점에 응축된 질량은 막대한 중력장을 형성한다. 아인슈타인의 상대성 이론에 따르면, 중력은 광자에 영향을 미친다. 따라서 태양을 지나면서 별빛은 휘어져 나가게 된다. 어떤 물체가 아주 무겁고 고밀도라면, 중력장이 너무 강해 빛이나 에너지가 탈출을 하지 못하게 된다. 지구에서 공을 아주 세게 던져봐야 다시 땅에 떨어지는 것처럼, 블랙홀에서는 빛이 안쪽으로 당겨지며 탈출하지 못하게 된다. 어떤 빛도 탈출하지 못하기 때문에, 눈에 보이지 않으며, 따라서 블랙홀(검은 구멍)이란 이름이 붙여졌다. 손전등 빛이든 레이더 빔이든 어떤 빛이든 간에 블랙홀에 비추면 그 빛은 흡수된다. 빛이 반사되어 다시 눈에 들어오지 않는다. 빛이 공간 속으로 사라지는 것과도 같다. 마찬가지로 우주선이 블랙홀에 너무 가까이 다가가면 안으로 빨려 들어갈 것이다. 이후에는 아무리 강한 엔진을 장착한 우주선이라도 빠져나올 수 없는데, 어떤 물체도 빛보다 빨리 움

직일 수 없기 때문이다.

이런 이유로, 하늘에서 블랙홀을 찾는 것은 중성자별을 찾는 것보다도 어렵다. 보이지도 않고, 빛을 방출하지도 않고 반사하지도 않는 물체를 어떻게 찾을 수 있을까? 다시 말해, 공간 속의 구멍을 어떻게 찾는단 말인가? 이론적으로는 블랙홀을 보는 것이 불가능하지만, 천문학자들은 블랙홀의 중력장의 영향은 관측할 수 있다. 많은 별들이 쌍성 또는 작은 성단으로 존재한다. 두 별이 서로 가까이 있을 때, 두 별은 서로의 주위를 돌게 된다. 그중 한 별이 블랙홀이 되어도, 두 별은 서로의 주위를 돌지만, 하나는 보이고 하나는 보이지 않는다. 보이는 별이 보이지 않는 짝을 두고 도는 것으로 보일 것이다. 천문학자들은 이렇게 다른 별들과는 다른 방법으로 궤도를 그리는 별들을 연구하였다. 어떤 경우에 보이지 않는 짝의 질량은 3태양질량 이상으로 추정된다. 3태양질량의 보통 별은 눈에 보이는 것이 정상이므로, 눈에 보이지 않는 짝은 블랙홀일 가능성이 있다. 하지만 눈에 보이지 않는 짝을 두고 궤도를 그리는 별을 보았다고 해서 블랙홀이 존재한다고 단정할 수는 없다.

블랙홀 주위를 도는 별이 있다면, 그 별의 상당량의 가스가 블랙홀로 빨려 들어가 영원히 사라지게 될 것이다(그림 11.22). 운석이 지구에 떨어질 때 가속하는 것처럼, 물질이 블랙홀로 빨려 들어가며 가속을 하게 된다. 이때 블랙홀의 중력장이 워낙 강하여 입자들이 서로 강하게 충돌하며 X선을 낸다. 운석이 지구 대기권에서 뜨겁고 하얗게 빛나게 되는 것처럼, 블랙홀로 떨어지는 물질은 이보다 더 강력하게, 즉 X선을 내며 떨어지는 것이다. 이 X선은 지구에서 관측될 수 있다. 그런데 빛이 빠져나오지 못하는 블랙홀에서 어떻게 X선을 탈출할 수 있을까? 정답은 X선이 블랙홀 가장자리 바깥에서 형성되기 때문이다. 따라서 블랙홀로 빨려 들어가는 물질은 아무런 신호도 빠져나올 수 없는 곳으로 가기 전 마지막 신호를 보내는 셈이다.

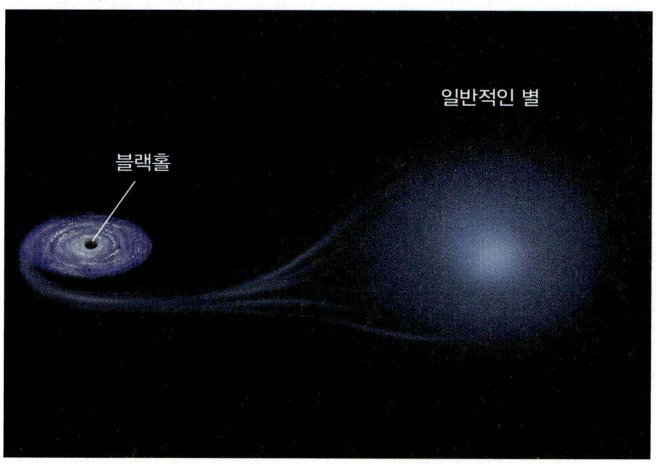

그림 11.22 블랙홀과 일반적인 별이 서로의 주위를 돌 때, 별의 가스는 언젠가 블랙홀로 빨려 들어가게 된다.

그러므로 별이 보이지 않는 짝을 두고 궤도를 그리는 곳에 X선 망원경으로 관측을 하는 것이 중요한 실험으로 대두되었다. X선이 지구 대기를 투과하지 못하기 때문에, X선 망원경은 대기권 바깥의 인공위성에 실어야 한다. 1980년대, 위성 궤도를 도는 X선 망원경으로 어느 별의 보이지 않는 짝의 위치에서 X선을 관측하였다. 지금은 최신의 지상 망원경과 허블망원경의 관측으로 대부분의 천문학자들은 블랙홀의 존재를 확신하고 있다.

감마선 폭발

눈이 가시광선보다 천만 배는 더 강한 빛을 볼 수 있다면, 우주는 지금보다 훨씬 더 기묘하고 격렬한 환경에 있는 것으로 보일 것이다. 평균적으로 하루에 한 번, 태양보다 높은 광도로 짧은 펄스 형태의 **감마선 폭발**(gamma ray burst)이라는 고주파 복사가 하늘에서 뿜어져 나온다. 감마선 폭발은 수 밀리초에서 2초 가량의 짧은 시간 동안 지속된다. 2002년에 천문학자들은 지속 시간이 긴 감마선 폭발은 매우 무거운 별이 죽음의 고통 속에서 방출하는 빛임을 밝혔다. 하지만 지속 시간이 짧은 감마선 폭발의 원인은 아직 분명하지 않다. 축구 경기장 가장자리에 서서 관중석에서 반짝대는 카메라 불빛을 찾는다고 상상해 보라. 2004년에 미국항공우주국의 과학자들은 X선 망원경, 자외선/가

감마선 폭발(gamma ray burst) 우주 공간에서 발생하는 고에너지의 복사 폭발. 지속 시간이 긴 폭발은 질량이 큰 별이 죽을 때 발생하고, 짧은 폭발은 중성자별이 블랙홀에 흡수되거나 두 중성자별이 충돌하여 하나의 블랙홀로 변할 때 발생한다.

은하(galaxy) 수십억 개의 별이 큰 공간 안에 상호 중력으로 묶여 있는 천체

타원 은하(elliptical galaxy) 나선 팔이 없이 타원체 모양을 한 은하로 아주 크거나 아주 작다.

나선 은하(spiral galaxy) 가운데 구의 중심 혹은 핵에서 바깥으로 뻗어 있는 나선 팔을 가진 은하

막대 나선 은하(barred spiral galaxy) 핵 주위에서 별, 가스, 먼지가 막대 형태로 뻗어나간 은하

시광선 망원경, 폭발 알림 망원경이 장착되어 찰나에 벌어지는 사건을 넓은 진동수 영역에서 관측할 수 있는 스위프트(SWIFT) 우주 관측기를 쏘아 올렸다.[4] 이를 통하여 과학자들은 짧은 감마선 폭발은 중성자별이 블랙홀에 흡수되거나(그림 11.23), 두 중성자별이 충돌하여 하나의 블랙홀로 변할 때 일어남을 밝혔다.

11.8 은하

1700년대 후반, 프랑스 천문학자인 샤를 메시에(Charles Messier, 1730~1817)는 혜성을 연구하고 있었다. 그는 분명히 별과는 다른 뿌연 형태의 천체를 100여 개 이상 기록하였다. 1850년대에 성능이 좋은 망원경으로 관측을 하니 이들 중 바람개비 형태의 나선 구조를 가진 천체가 많았다. 분명 혜성도 아닌 이 천체들은 무엇이며 또 얼마나 멀리 떨어져 있을까? 이에 대한 해답은 1924년에 이르러 미국 천문학자인 에드윈 허블에 의해 이들 천체가 우리 은하 안의 가장 먼 별보다도 더 멀리 떨어져 있다는 사실이 밝혀짐으로써 알려지게 되었다. 이 먼 거리에서 관측되려면 이들은 별보다 큰 광도를 가져야 한다. 허블은 이 천체는 수십억 개의 별이 큰 공간 안에 중력으로 묶여 있는, **은하(galaxy)**라고 결론지었다. 오늘날 우리는 우주의 기본 구조를 이들 은하와 은하단이 이루고 있다는 사실을 알고 있다.

나선 팔이 없이 타원체 모양을 한 은하를 **타원 은하(elliptical galaxy)**라 부른다. 우리 주위 영역의 은하들 중 약 1/3이 타원 은하다. 큰 타원 은하는 10^{13}태양질량에 크기는 우리 은하보다 더 크다. 하지만 대부분의 타원 은하는 작고 몇백만 태양질량을 갖는다. 최근의 관측 결과는 우리 주위의 은하와는 다른 이러한 난쟁이 타원 은하가 가장 흔한 종류일 것이라 암시하고 있다.

우리 주위 영역의 은하 중 약 2/3는 **나선 은하(spiral galaxy)**다. 나선을 이루는 별들은 얇은 원반 구조 위에 놓여 있고, 나선 팔은 가운데 구의 중심(핵)에서 바깥으로 뻗어 있다(그림 11.24). 바깥 쪽 팔 위의 별들은 바람개비처럼 핵 주위를 돈다. 일반적인 나선 은하에는 약 천억 개의 별이 있다. 나선 은하 중 반 정도가 **막대 나선 은하(barred spiral galaxy)**로서, 핵 주위에서 별, 가스, 먼지의 막대가 뻗어나간 형태를 보인다(그림 11.25). 은하 중 몇 % 정도는 렌즈 형태이거나 형태가 불분명한 불규칙 은하다.

여러분은 통상 은하는 별들로 이루어져 눈에 보이는 천체라 생각한다. 처녀자리 H121 은하(Galaxy Virgo H121)는 중성 수소가 가득한 구름이 소용돌이치며 다른 빛나는 은하보다 무겁지만, 별도 없고 가시광선 영역의 빛도 내지 않아 전파 영역에서만 관측된다. 처녀자리 H121 은하와 같은 암흑 은하(dark galaxy)는 밀도가 너무 낮아 중력이 낮

4) 역자 주: 폭발 알림 망원경은 감마선 폭발이 발견된 위치를 SWIFT 위성에 장착된 망원경뿐만 아니라 지상에 즉시 알려 지상의 망원경도 그 위치에 초점을 맞추고 비교적 오랜 시간 정밀한 관측을 하도록 도와준다. 일종의 망보기시스템이다.

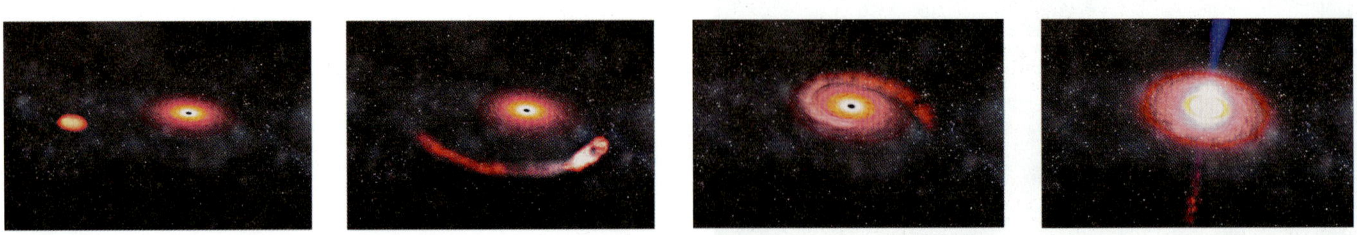

그림 11.23 지속 시간이 짧은 감마선 폭발은 중성자별이 무거운 블랙홀에 빨려 들어갈 때 형성된다. (자료 출처: "In a Flash NASA Helps Solve 35-year-old Cosmic Mystery", National Aeronautics and Space Administration, October 5, 2005, online at http://www.nasa.gov/mission_pages/bursts/short_burst_oct5.html)

허블의 법칙(Hubble's law) 은하의 후퇴 속도는 지구에서의 거리에 비례한다는 법칙. 따라서 가장 멀리 있는 은하는 가장 큰 속도로 멀어진다.

그림 11.24 나선 은하 NGC 2997의 고밀도 핵이 수십억 개의 별로 이루어진 나선 팔에 둘러싸여 있다.

고, 따라서 별의 생성이 일어나지 않았다고 생각하고 있다.

은하의 운동

앞서 설명된 9장 내용을 상기해 보면, 측정되는 천체의 방출한 빛의 진동수를 이용하여 멀리 떨어진 천체의 상대 속도를 결정한다. 허블이 외부 은하에 대해 연구한 지 5년이 지난 1929년, 허블은 거의 모든 외부 은하에서 방출된 빛의 진동수가 스펙트럼의 붉은 쪽으로 치우쳤음을 발견하였다. 허블은 이 적색편이 현상이 은하가 우리에게서, 또 은하끼리 서로 멀어지고 있다는 사실, 즉 우주가 팽창한다는 사실을 의미한다고 결론지었다. 게다가 멀리 떨어진 은하일수록 더 큰 속도로 멀어지고, 가까이 있는 은하는 작은 속도로 멀어진다는 사실도 발견하였다. 이 관계는 **허블의 법칙**(Hubble's law)이라 알려져 있다(그림 11.26). 허블의 법칙을 이용하면, 지구에서 은하까지의 거리는 은하의 적색편이를 측정하여 계산할 수 있다.

그림 11.25 막대 나선 은하 NGC 1365에서 핵을 가로지르는 뚜렷한 막대가 보인다.

우리 은하(Milky Way) 태양 및 태양계가 위치한 막대 나선 은하로서 은하수라고 부른다.

은하 헤일로(galactic halo) 은하수와 같은 나선 은하를 감싼 공 형태의 먼지와 가스의 구름

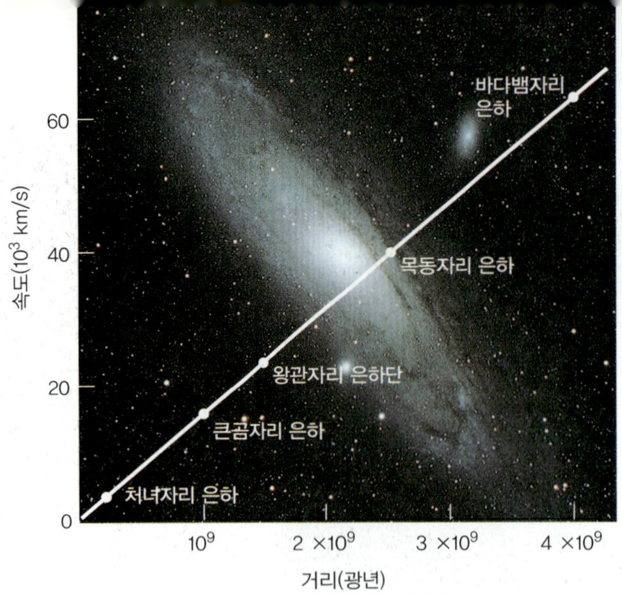

그림 11.26 허블의 법칙에 따르면, 은하의 후퇴 속도는 지구에서의 거리에 비례한다.

11.9 우리 은하

태양은 막대 나선 은하의 하나인 **우리 은하**(Milky Way) 안에 놓여 있다(그림 11.27). 우리 은하의 원반부는 2,000 광년의 두께에, 최신 관측에 따르면 지름이 20만 광년에 이른다. 우리 은하에는 약 4천억 개의 별이 존재한다. 우리 은하는 많은 난쟁이 은하들을 집어삼켜 이들이 현재 바깥 나선 팔 주위를 돌고 있다. 원반부가 CD나 DVD의 형태처럼 얇기 때문에 지구에서는 원반의 수직 방향에서는 비교적 소수의 별만 관측된다. 따라서 하늘의 대부분은 듬성듬성 떨어진 별 사이의 어두운 공간으로 이루어져 있다. 하지만 원반 면을 따라 하늘을 보면, 한쪽에서 다른 쪽 지평선까지 빽빽이 늘어선 별들의 띠를 보게 된다(그림 11.28). 이 띠는 은하수로 불리는데, 천문학자들은 우리 은하 전체를 은하수라 부른다. 원반 부는 중심부를 약 2억 년에 한 번꼴로 공전한다. 지구의 나이가 46억 년이므로 지구는 약 23번의 공전을 한 셈이다.[5)]

구 형태로서 먼지와 가스의 구름으로 구성된 **은하 헤일로**(galactic halo)가 우리 은하 원반을 감싸고 있다. 헤일로

5) 역자 주: 이는 태양계 위치에 국한되고, 실제 원반부의 공전은 더 복잡하여 은하 중심에서 떨어진 거리에 따라 공전 횟수에 차이가 난다.

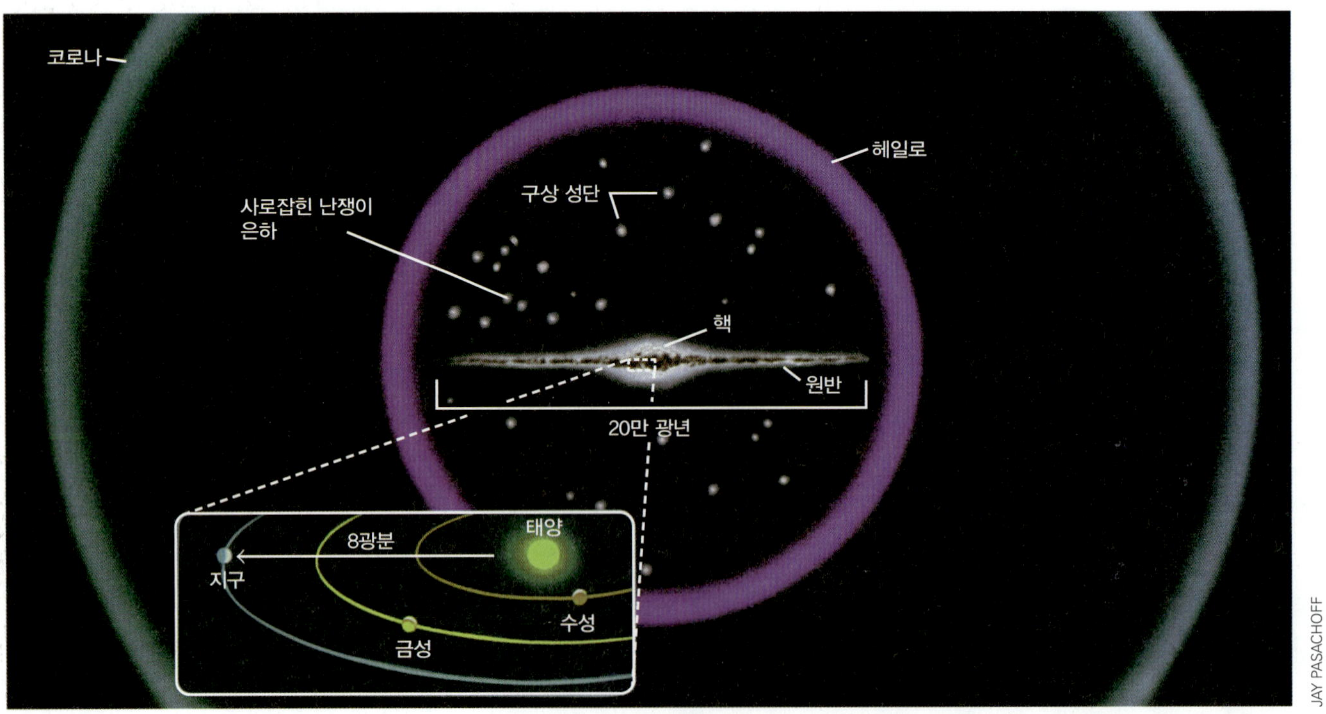

그림 11.27 지름 20만 광년, 두께 2,000광년의 원반부를 지닌 우리 은하의 개략도. 지구에서 태양까지의 거리는 고작 8광분이다.

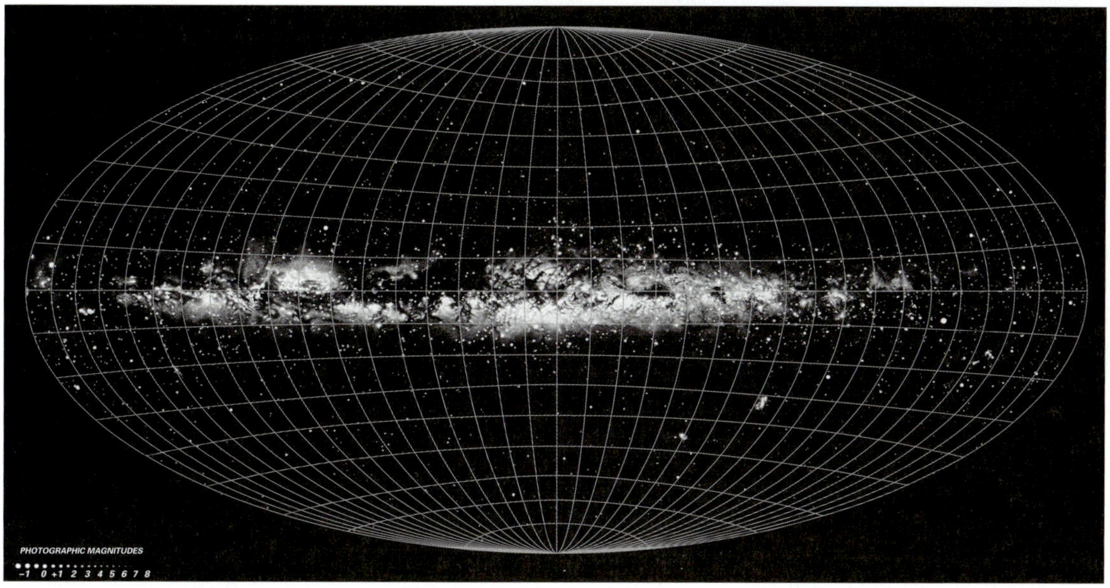

그림 11.28 은하수(우리 은하)는 빛나는 띠로 보인다. 실제로는 은하 원반 면의 수십억 개의 별이 빛을 내어 보이는 현상이다.

구상 성단(globular cluster) 늙은 별이 중력으로 한 지역에 모여 있는 천체로, 우리 은하와 같은 나선 은하의 헤일로 지역에 존재한다.

는 아주 희미한 형태이지만 아주 크고 우리 은하 총질량의 90 %를 담고 있다. 어둡고 비교적 늙은 별이 헤일로에 존재한다. 1만 개에서 100만 개의 이런 별들이 집단을 이루고 있기도 하다. 각 집단을 **구상 성단**(globular cluster)이라고 한다. 은하 헤일로와 구상 성단은 여러 원시 은하가 뭉쳐서 우리 은하를 만들고 남은 천체일 가능성이 있다. 헤일로의 구형 형태는 은하수 전체가 처음에는 구형이었다는 것을 암시한다.

우리 은하의 핵

다른 나선 은하들의 사진에는 원반보다 훨씬 더 밝게 빛나는 은하의 핵이 나타난다. 은하 핵의 별의 밀도는 원반 바깥 부분의 밀도의 1백만 배 정도로 추정된다. 그중 한 별을 방문한다면, 이곳에서는 사방으로 별이 너무 많아 어두운 밤이 존재하지 않을 것이다. 게다가 이웃 별의 중력도 그만큼 강하여 행성이 이 별에서 저 별로 떠돌 수 있으므로, 안정된 행성계는 존재하기 어렵다.

가시광선이 성간 성운을 통과하기는 어렵기 때문에, 은하 핵의 내부를 보는 것은 불가능하다. 자욱한 안개를 꿰뚫고 바다 위의 배를 보는 것과 비슷하다. 하지만 선원들이 안개를 꿰뚫어 보기 위해 레이더를 사용하는 것처럼, 천문학자들은 성간 성운을 투과하는 전파, 적외선, X선 방출을 이용하여 은하의 중심을 연구한다. 이러한 연구 덕분에 우리 은하 핵의 영상을 얻게 되었다.

먼지와 가스로 이루어진 어떤 구름 하나가 은하수의 핵 주위를 돌고 있다. 적외선으로 관측하여 본 이 구름은 너무 뜨거워 태양보다 1천만~8천만 배의 에너지를 방출하는 것으로 여겨진다. 이 구름은 반지처럼 가운데 구멍이 있는 도넛 모양이다. 은하 나이 관점에서 비교적 최근인 1만~10만 년 전에 강한 폭발이 일어나 구름의 중심부를 날려 버리고 이 구멍을 만들었다. X선과 감마선 관측을 통해 지금은 중심을 향해 1천 년에 1태양질량 꼴로 물질이 안으로 모여드는 모습을 볼 수 있다(그림 11.29).

은하 중심부 가까이 있는 별들의 궤도를 측정하여, 천문학자들은 은하 중심의 중력장을 재고 이로써 중심의 질량을 추정한다. 계산에 따르면 우리 은하의 심장부에 태양보다 360만 배 무거운 천체가 놓여 있다. 이는 블랙홀임이 확실하다. 설득력 있는 가정에 따르면, 우리 은하 형성 역사의 초기에 거대한 별이나 여러 개의 큰 별들이 중심부에서 형성되었다. 이 별들은 너무 무거워 주계열 상태에서 금방 벗

방출 성운(emission nebula) 빛을 방출함으로써 빛나는 고온의 성운

흡수 성운(absorption nebula) 빛을 흡수함으로써 어둡게 보이는 저온의 성운

퀘이사(quasar) 지름이 1광년이 채 되지 않지만 엄청난 양의 에너지를 전파 영역에서 방출하는 천체

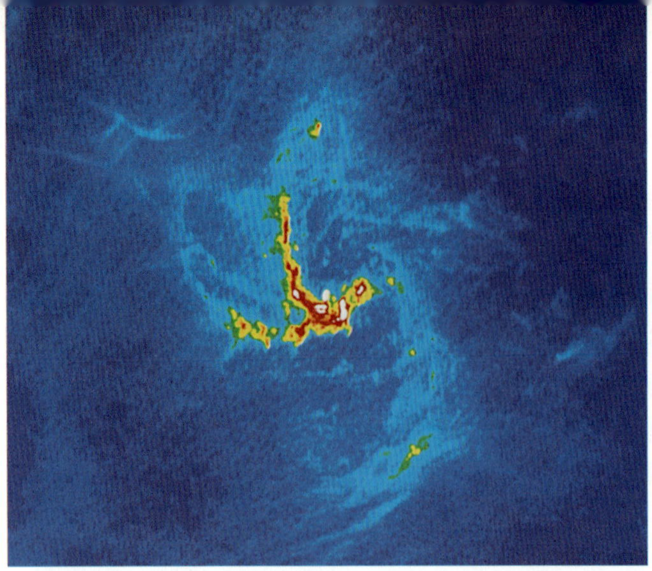

그림 11.29 영상 중심의 밝은 지역은 우리 은하 중심의 작지만 강력한 전파원을 나타낸다. 중심을 향해 떨어지는 가스가 빨간색, 주황색, 파란색의 띠 모양을 보인다.

어나 붕괴하여 은하수 중심의 블랙홀이 되었다고 여겨진다.

은하 내 성운

크기가 큰 성운이 우리 은하 안에 많이 존재한다. 성능이 좋은 망원경에 멋진 모습으로 관측되는 이 성운들은, 실상 밀도가 높아봐야 해발 고도 0에서의 지구 대기 밀도의 10^{-13}배 정도고, 밀도가 낮은 성운의 경우 10^{-18}배에 지나지 않는다! 성운은 주로 수소와 헬륨으로 이루어져 있고, 미량의 중원소를 포함한다.

11.3절에서 설명하였듯이, 큰 성운계가 오리온자리에 놓여 있다. 전체 규모는 북에서 남으로 100광년 정도고, 매우 엷게 퍼져 있으나 총질량은 20만 태양질량에 이른다. 그림 11.30은 오리온자리 혁대 중 가장 오른쪽 별 근처에 놓인 말머리 성운의 영상이다. 말머리를 둘러싼 밝은 영역은 **방출 성운(emission nebula)**으로서, 너무 뜨거워 그 안의 원자와 분자들이 네온등처럼 빛나고 있다. 그림 11.30의 말머리 모양의 어두운 영역은 적색 방출 성운 중 하나의 중앙부에 놓여 있다. 이 어두운 영역을 **흡수 성운(absorption nebula)**이라 부르며, 이 안의 먼지와 가스는 13 K(−260 ℃)의 차가운 온도를 지녀 말머리 뒷부분의 방출 성운의 빛을 흡수하고 있다. 이렇게 낮은 온도에서는 대부분의 원소가 결합하여 분자로 존재한다. 가장 가벼운 원소인 수소와 헬륨이 성운의 전체 질량의 99 %를 차지하고 있지만, 흡수 성운에는 자연계의 거의 모든 원소가 존재한다. 천문학자들은 100가지의 서로 다른 분자를 오리온자리 흡수 성운에서 찾아내었다. 대부분 수소, 물, 일산화탄소, 암모니아 같은 간단한 분자이지만 몇몇 훨씬 큰 유기물 분자도 있다. 이 성운은 별이 탄생하는 별의 요람이다.

11.10 퀘이사

1960년대, 천문학자들은 별처럼 보이지만 강력한 에너지를 방출하는 전파 복사원을 연구하고 있었다. 보통 별은 대부분 가시광선과 자외선 영역에서 빛을 방출하기 때문에, 이들의 정체는 수수께끼였다. 이후 이어진 10여 년의 연구에서, 천문학자들은 적색편이가 매우 크다는 사실만 제외하고는 이들의 스펙트럼이 수소 스펙트럼과 일치한다는 사실을 발견하였다. 이 천체를 지금은 **퀘이사(quasar)**라 부른다(그림 11.31).

큰 적색편이는 곧 천체가 지구에서 빠른 속도로 멀어짐을 뜻하기 때문에, 허블의 법칙을 따른다면 퀘이사는 지구에서 매우 멀리 떨어져 있음을 알 수 있다. 이렇게 먼 거리에서 보이려면, 퀘이사는 많게는 전체 은하의 10～100배의 에너지를 방출해야 한다!

퀘이사의 폭발적인 에너지 방출은 참으로 기묘하다. 펄사의 논의에서 에너지 방출 신호의 명료한 정도로서 펄사의 크기를 유추했음을 상기하라. 비슷한 방법을 사용하면 퀘이사의 지름이 수 광년 정도임을 알 수 있다. 이에 비해, 지구에서 가장 가까운 별까지의 거리가 4광년이다. 그러므로 퀘이사는 은하보다 훨씬 작으면서 은하보다 훨씬 많은 에너지를 방출하는 것이다. 게다가 넓은 파장역에서 에너지가 방출된다. 대부분의 퀘이사가 지구에서 아주 멀리 떨어져 있다. 10억 태양질량을 지닌 블랙홀이 퀘이사 중심부에서 가스와 먼지를 빨아들이며 에너지를 방출한다는 가설이 천문학자들에게 인정받고 있다.

그림 11.30 사진 좌측 중심에 보이는, 오리온자리의 혁대 별 근처에 놓인 말머리성운의 모습. 밝고 희게 빛나는 점들은 다른 별들이다. 붉게 빛나는 영역이 방출 성운이고, 말머리 모양의 어두운 부분은 방출 성운 앞에 놓인 흡수 성운이다.

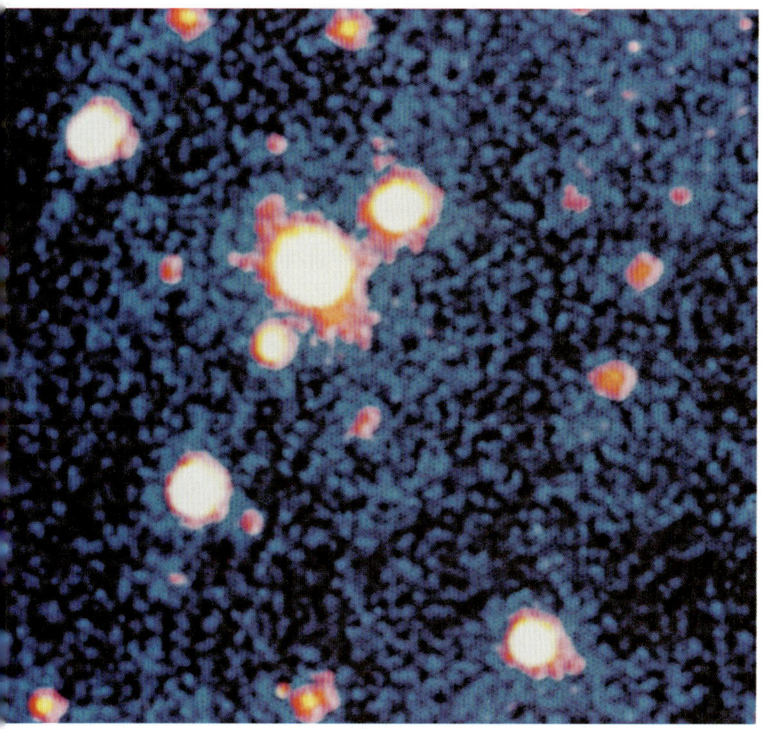

그림 11.31 영상 중심부의 가장 밝은 물체는 퀘이사 3C 275.1이다. 핵 주위를 타원체의 가스가 둘러싸고 있다. 지구에서 떨어진 거리는 약 20억 광년이다. 이보다 작은 크기의 천체들은 보통의 은하다.

시간을 거슬러 올라간다면

많은 퀘이사가 지구에서 80~120억 광년 떨어져 있다. 천체까지의 거리가 100억 광년이면, 현재 관측되는 빛은 100억 년 전에 출발한 셈이다. 그러므로 여러분은 현재가 아닌 아주 오래 전 발생한 일을 관측하고 있는 것이다. 이 천체가 90억 년 전에 폭발하여 사라졌다고 하여도, 앞으로 10억 년 동안 여러분은 이 사실을 알 방법이 없다! 즉, 가까운 천체를 보면 가까운 과거를 보는 것이지만, 더 멀리 있는 천체를 보면 더 먼 과거를 보는 것이다. 망원경의 성능을 계속 높이는 이유 중 하나는 더 멀리 있는 천체를 관측하여 더 먼 과거를 보고자 함이다.

가장 늙은 퀘이사는 우주가 어릴 때 태어났을 것이다. 그런데 퀘이사는 죽어가는 별이 초신성 폭발을 일으켜야 만들어 내는 중원소를 함유하고 있다. 따라서 퀘이사는 2세대 천체로서, 그 이전에 생성된 별이 진화하여 폭발로 생을 마감한 이후에야 생성된 것이다. 이는 우주 탄생 후 20억 년이 채 되지 않은 시점에 이미 별이 태어나서 한 일생을 마쳤음을 의미한다.

닫힌 우주(closed Universe) 중력이 너무 강해 서로 멀어지던 모든 은하가 점점 느려지다가 이후 반대로 움직여, 마침내 무한대의 밀도를 가지는 점으로 수축하는 우주

열린 우주(open Universe) 서로 멀어지는 은하들의 운동을 멈출 만큼 중력이 강하지 못해 영원히 은하들이 서로 멀어지는 우주

가속하는 우주(accelerating Universe) 정체불명의 힘(척력)이 중력보다 커서 우주의 팽창 속도가 점점 빨라지는 우주

암흑 물질(dark matter) 우리 우주의 약 23 %를 차지하고 있지만 눈에 보이지 않는 수수께끼의 물질

암흑 에너지(dark energy) 현재 우주를 가속 팽창시키는 척력을 주는 정체불명의 에너지

11.11 암흑 물질

은하수는 거대한 바람개비처럼 천천히 돌아가고 있다. 케플러와 뉴턴이 17세기에 개발한 운동 법칙을 적용하여, 천문학자들은 회전 속도를 이용하여 우리 은하의 질량을 측정하고자 하였다. 하지만 이 계산 결과는 매우 비정상적이었다. 은하수 내 우리에게 알려진 모든 물질을 다 더한 것보다 훨씬 많은 질량을 가진 것으로 계산되었기 때문이다.

이와는 독립적으로, 은하들의 불균일한 분포에 대한 연구로 원시 우주의 질량과 중력을 계산할 수 있다(11.2절). 이에 따르면, 우주 전체 질량의 4 %만이 여러분이 볼 수 있는 물질이 차지하고 있다! 나머지 23 %는 암흑 물질, 그 외 73 % 가량은 암흑 에너지가 차지하고, 둘 다 빛을 내지 않아 우리가 볼 수 있는 방법이 없다. 암흑 물질이란 무엇일까? 많은 천문학자들이 암흑 물질은 스스로 빛나지 못하는, 그래서 보이지 않는 행성 부류의 천체나 블랙홀일 것이라 생각한 때가 있었다. 하지만 2003년에 이르러, 우주배경복사탐사선(Wilkinson Microwave Anisotropy Probe; WMAP) 위성의 관측 결과로 과학자들은 이보다 훨씬 더 희한한 시나리오를 받아들이게 되는데, 이를 다음 절에서 설명하고자 한다.

11.12 우주의 종말

대폭발의 순간에서부터 우주는 서로 반대되는 두 힘에 지배되어 왔다. 물질은 대폭발의 결과로 서로 멀어지지만, 동시에 물질은 서로 중력으로 잡아당긴다. 중력이 강한 경우, 모든 은하는 결국 멈추어 선 후 다시 모여들어 무한히 밀도가 높은 점을 만들 것이다. 이를 **닫힌 우주**(closed Universe)라 한다(그림 11.32(a)). 어떤 과학자들은 닫힌 우주는 이러한 수축 이후 다시 팽창하여 새로운 우주를 형성한다고 이야기한다. 즉, 팽창과 수축이 반복될 수 있다는 것이다. 대신 일반적인 이론은 닫힌 우주는 수축이 일어나면 거대한 블랙홀로 마무리 지어진다는 예측을 한다.

또 다른 가능성은 중력이 충분하지 않아 팽창을 멈출 수 없어 모든 은하가 영원히 서로 멀어진다는 것이다. 개개의 은하 안에서 별은 핵연료를 소진하여 더 이상 에너지를 낼 수 없게 된다. 이렇게 별은 차갑게 식어 어두워지며 은하는 계속 팽창하여 차가운 빈 공간으로 흩어진다. 이를 **열린 우주**(open Universe)라 부른다(그림 11.32(b)).

1990년대 중반에 천문학자들은 우주의 감속 현상을 측정하고자 하였다. 우주가 어느 정도로 감속하는지를 알게 되면 우주가 닫혀 있는지 열려 있는지 알아낼 수 있기 때문이다. 거리가 먼 초신성의 속도(적색편이)를 연구하여 감속하는 정도를 측정하였다. 결과는 완전히 예상 밖이었다. 우주의 팽창은 감속이 아니라, 반대로 가속을 하고 있다는 사실이다! **가속하는 우주**(accelerating Universe)의 개념은 매우 당혹스럽다. 물체가 가속하려면 힘이 가해져야 한다. 우리 우주의 경우, 힘은 중력에 반해 서로 밀어내는 척력이어야 은하들이 서로 가속하며 멀어지게 된다.

2003년 WMAP의 관측 결과는 우주 전체의 질량 중 암흑 물질이 23 %를 차지함을 밝혔다. **암흑 물질**(dark matter)은 아직 눈으로 보지는 못하지만 물질 간 중력, 즉 인력으로 작용하고 있다. 남은 73 %를 **암흑 에너지**(dark energy)가 차지하고 있는데, 정체를 정확히 이해하지 못하고 있지만, 암흑 에너지로 인해 우주가 가속 팽창을 하고 있다. 상기한 바와 같이, 오직 4 %만이 별을 빛나게 하고, 강이 흐르게 하며, 여러분이 봄날 잔디밭을 거닐 수 있게 하는 '보통의' 물질이다.

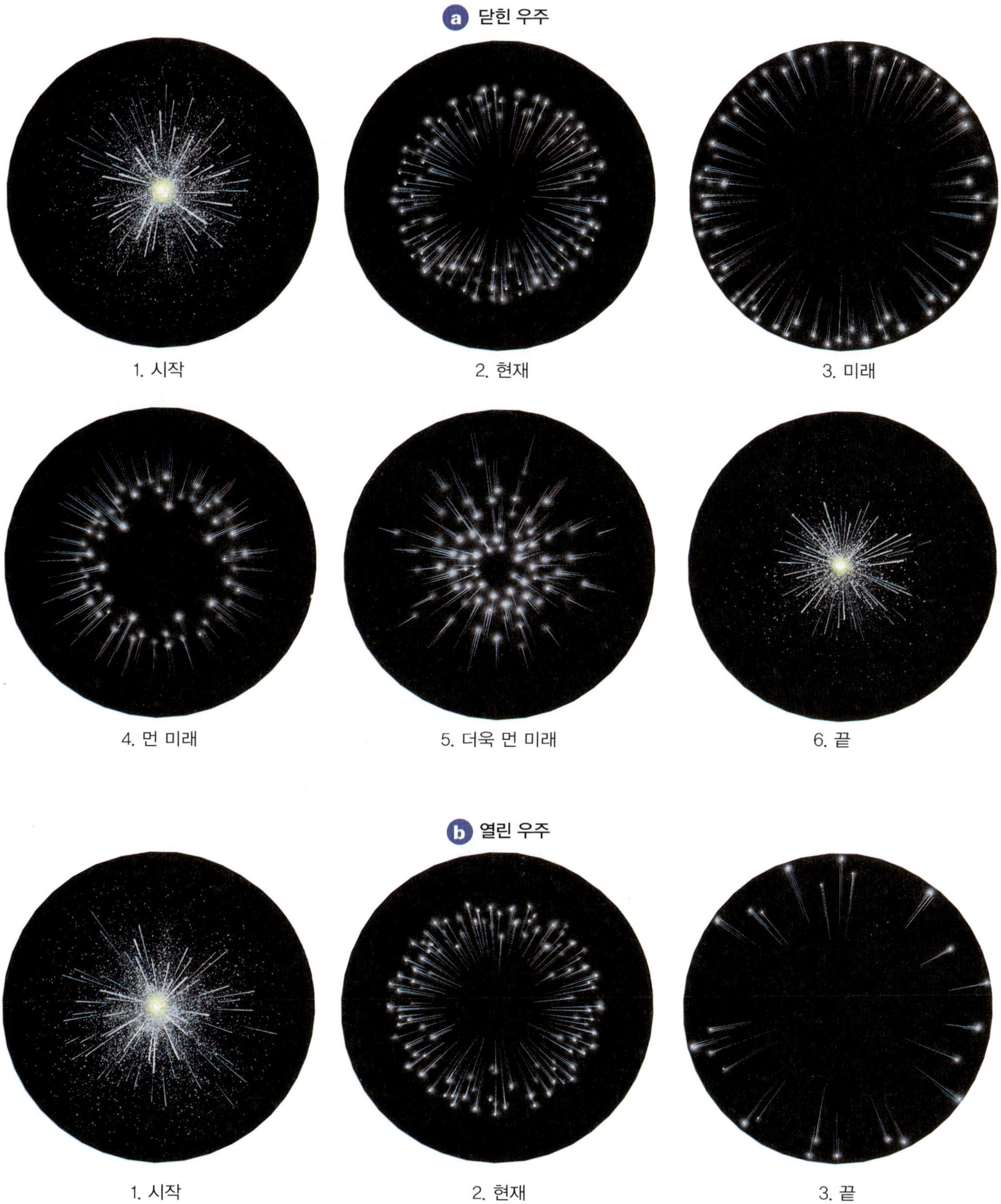

그림 11.32 두 가지 우주 모델의 개략도. (a) 닫힌 우주, (b) 열린 우주. 최근의 관측 결과는 우주는 열려 있을 뿐 아니라 가속 팽창하고 있음을 보인다.[6)]

---

6) 역자 주: 본 교재에서 언급되지 않은 평탄한 우주 역시 수축하지 않는다. 단, 평탄한 우주는 열린 우주와 닫힌 우주를 가르는 밀도 조건에서 아슬아슬하게 가운데 경계에 위치한다.

11.13 우리는 왜 이렇게 운이 좋은가?

행성과 그 위의 생명체는 중원소로 구성되어 있다. 하지만 이미 언급한 대로, 종족 III형 별은 가장 가벼운 수소와 헬륨으로만 구성되어 있다. 따라서 생명체가 발현하려면 종족 III형 별이나 종족 II형 별이 진화하여 적정량의 탄소와 그보다 무거운 중원소를 만들어야 한다. 그 후, 별들이 초신성 폭발을 하여 철보다 무거운 중원소까지 만들어 낸 것이다.

게다가 생명은 종족 I형 별이 적당한 속도로 핵융합을 해야만 행성계에서 적당한 기간 동안 적당한 온도하에 생명이 자랄 수 있는 환경을 갖춘 행성이 자라나게 된다. 즉, 너무 빨라도, 반대로 너무 느려도 곤란하다. 이런 조건은 대폭발 사건이 매우 정밀하게 조정된 조건에서 시작해야만 가능하다.

우주에서 생명이 발현하려면 다음 조건을 충족시켜야 한다.

- 우주의 초기 온도와 팽창률이 실제 발생한 정도에 비교해서 남지도, 모자라지도 않아 수소와 헬륨 비가 우리 우주의 관측값과 일치해야 한다. 그렇지 않았다면, 별의 진화는 현재의 환경을 만들어 내지 못해 우리가 아는 생명체는 자라날 수 없었을 것이다.
- 중성자 대 양성자의 비율이 우주 초기에 비슷했다면, 수소의 대부분이 헬륨으로 변했을 것이다. 이 경우, 별의 진화 양상도 완전히 달라져 우리가 아는 생명체는 자라날 수 없었을 것이다.
- 핵력이 지금보다 더 강하거나 약했다면, 원시 핵 합성과 별의 진화 양상이 완전히 달라져 우리가 아는 생명체는 자라날 수 없었을 것이다.
- 전자 질량이 지금보다 더 크거나 작았다면, 다양한 화학적 반응이 불가능했을 것이고, 우리가 아는 생명체는 자라날 수 없었을 것이다.

우주의 여러 상수가 꼭 지금 우리 우주에서 관측된 값이어야 하고, 그래서 지금처럼 태양과 지구가 태어나야 할 근본적인 이유는 없다. 초록색의 숲, 푸른 바다 그리고 우리가 사랑하고 기쁨을 함께 나눌 수 있는 다른 지성체가 가득한 이 아름다운 행성에 인간이 살아갈 수 있는 것도 근본적인 이유가 있어서 가능한 것이 아니다. 어떻게 우리는 이렇게나 운이 좋은 것일까?

이에 대한 해답은 어느 누구도 가지고 있지 않고, 아마 앞으로도 그럴 것이다. 과학이 아닌 다른 방법에서 답을 찾아야 할지 모를 일이다. 많은 과학자들이 우리 우주를 단일한 우주로 여기지 않고, 수없이 많이 태어난 여러 우주 중 하나로 여기고 있다. 이 경우 우주의 여러 상수 값은 개개의 우주마다 다르고, 그중에 하나의 조건을 가진 우주가 바로 우리 우주인 것으로 해석한다. 물론 이들 우주 중에는 별이나 행성이 태어나지 못하는 조건을 가진 우주도 많다.

요약

11.1 우주의 시작: 대폭발

대폭발 이론에 따르면 우주는 대격변의 폭발로부터 시작되었고 이로부터 시공간이 생겨나게 되었다.

11.2 균일하지 않은 우주

우주의 초기에 있었던 양자역학적인 상호작용에 의해 우주는 균일하지 않게 되었다.

11.3 별의 탄생

별과 별 사이에는 가스와 먼지로 이루어진 성운들이 있으며, 이 성운들이 수축하면서 별들이 만들어지게 된다. 가스가 수축되고 온도가 높아지면 핵융합이 일어나게 된다.

11.4 태양

태양 중심핵의 온도는 약 1,500만 K이며 밀도는 물의 밀도보다

150배 높다. 수소 핵융합은 중심핵에서 일어난다. 광구는 우리 눈에 보이는 태양의 표면이며, 온도는 약 5,700 K이고, 압력은 지구 해수면에서의 대기압에 비해 약 100배 작다.

11.5 별: 주계열성

별은 실제로 밝기 때문에 밝아 보일 수도 있고 가깝기 때문에 밝아 보일 수 있다. 절대 밝기 또는 광도는 별이 32.6광년 떨어져 있을 때 어느 정도 밝아 보이는 가를 말해 준다. 헤르츠스프룽-러셀 도표는 온도의 함수로 별의 절대 광도를 나타낸 그래프이다. 대부분의 별들은 주계열 대역에 포함되어 있다.

11.6 별의 탄생과 죽음

별들이 나이가 들어 중심핵의 수소를 모두 소비하게 되면 수소 핵융합 반응은 멈추고 중심핵은 중력에 의해 수축하고 온도는 상승하게 된다. 이렇게 되면 핵융합은 핵의 외부 껍질에서 일어나게 되고 별은 팽창하여 적색 거성이 된다. 평균 질량의 별들은 헬륨의 핵융합이 끝나게 되면 행성상 성운을 만들며 별의 핵은 수축하여 백색 왜성이 된다. 이보다 무거운 별의 경우에는 충분히 뜨거워 핵융합을 통해 훨씬 무거운 원소를 만들게 된다. 철로 가득 찬 핵이 폭발하게 되면 초신성이 된다.

11.7 중성자별, 펄사, 블랙홀

초신성 폭발 후 남은 중심 부분은 중성자별이 될 수 있다. 만약 중성자별이 전파 영역에서 펄스를 방출한다면 펄사라고 불린다. 만약 죽어가는 별의 질량이 충분히 크면 수축하여 블랙홀이 된다.

11.8 은하

은하와 은하단은 우주의 기본적인 구조를 형성한다. 보통 은하는 타원 은하, 나선 은하, 막대 나선 은하이지만 다른 형태도 존재한다. 허블의 법칙에 따르면 지구로부터 멀리 떨어져 있는 은하일수록 훨씬 빠른 속도로 멀어져 가고 가까울수록 천천히 멀어져 간다.

11.9 우리 은하

우리 은하는 막대 나선 은하로 태양은 우리 은하 내에 위치하고 있다. 우리 은하에는 주 원반에 있는 별들뿐만 아니라 우리 은하에 붙잡힌 왜소 은하, 가스와 먼지를 포함한 항성 간 성운, 원반을 둘러싼 은하 헤일로와 구상 성단들이 있다.

11.10 퀘이사

퀘이사는 매우 멀리 떨어져 있고 한 은하에서 방출하는 에너지의 100배에 달하는 에너지를 방출하지만 크기는 은하보다도 작다. 퀘이사의 중심부에는 블랙홀이 있을 수 있다.

11.11 암흑 물질

최대 96 %의 우주는 보이지 않으며 암흑 물질 및 암흑 에너지로 구성되어 있다.

11.12 우주의 종말

열린 우주인지 닫힌 우주인지를 결정하는 과정에서 천문학자들은 우주가 가속 팽창하고 있다는 것을 알게 되었다.

11.13 우리는 왜 이렇게 운이 좋은가?

기본적인 물리상수들이 아주 좁은 범위에 있을 때에만 생명체가 만들어질 수 있다.

핵심용어

1세대 에너지 first generation energy (11.3)
2세대 에너지 second generation energy (11.3)
가속하는 우주 accelerating Universe (11.12)
감마선 폭발 gamma ray burst (11.7)
겉보기 밝기 apparent brightness or apparent luminosity (11.5)
광구 photosphere (11.4)
광년 light-year (11.5)
구상 성단 globular cluster (11.9)
나선 은하 spiral galaxy (11.8)
닫힌 우주 closed Universe (11.12)
대류층 convective zone (11.4)
대폭발 big bang (11.1)

막대 나선 은하barred spiral galaxy (11.8)
방출 성운emission nebula (11.9)
백색 왜성white dwarf (11.6)
복사층radiative zone (11.4)
블랙홀black hole (11.7)
성운nebula (11.3)
스피큘spicule (11.4)
암흑 물질dark matter (11.11)
암흑 에너지dark energy (11.12)
열린 우주open Universe (11.12)
우리 은하Milky Way (11.9)
우주배경복사cosmic background radiation (11.1)
원시 핵융합primordial nucleosynthesis (11.1)
은하galaxy (11.8)
은하 헤일로galactic halo (11.9)
적색 거성red giant (11.6)
절대 밝기absolute brightness or absolute luminosity (11.5)
종족 I형 별population I star (11.6)
종족 II형 별population II star (11.6)
주계열성main sequence (11.5)
중성자별neutron star (11.7)
채층chromosphere (11.4)
초신성supernova (11.6)
퀘이사quasar (11.10)
타원 은하elliptical galaxy (11.8)
태양질량solar mass (11.6)
파섹parsec (11.5)
펄사pulsar (11.7)
핵core (11.4)
행성상 성운planetary nebula (11.6)
허블의 법칙Hubble's law (11.8)
헤르츠스프룽-러셀 도표Hertzsprung-Russell diagram (11.5)
홍염prominence (11.4)
흑점sunspot (11.4)
흡수 성운absorption nebula (11.9)

연습문제

1. 대폭발 이론을 뒷받침하는 3가지 주된 증거물에 대해 간략하게 설명하시오.
2. 우주가 $1/10^{33}$초일 때의 상황을 기술하시오.
3. 우주의 진화 과정에 대해서 간략히 서술하시오.
4. 태양의 내부 구조에 대해서 설명하시오.
5. 태양계란 무엇이고 얼마나 오래전에 생성되었는가?
6. H-R 도표가 어떻게 별의 일생을 이해하는 데 사용될 수 있는지 간단히 설명하시오.
7. 지금부터 50억 년 후의 우리 태양을 예측해 보시오.
8. 별의 탄생과 죽음에 대해서 서술하시오.
9. 중성자별, 펄사, 블랙홀에 대해서 설명하시오.
10. 허블의 법칙을 이용하여 은하의 운동에 대해서 설명하시오.
11. 태양계 내에 위치하는 은하의 이름은 무엇이고 이것은 어느 은하 종류에 해당하는가?
12. 우리 은하의 대략적인 크기는 얼마인가?
13. 우주 내에는 얼마나 많은 은하들이 존재하는가?
14. 우리 은하에 가장 근접한 은하는 무엇이고 그것은 얼마나 떨어져 있는가?
15. 퀘이사란 무엇인가?

찾아보기

[인 명]

지구시스템 과학 Ⅱ

2012년 3월 5일 1판 1쇄 인쇄
2012년 3월 10일 1판 1쇄 발행

지은이 • **THOMPSON · TURK**

옮긴이 • **윤일희 · 박경애 · 김철희**
김성수 · 안덕근 · 안경진

발행인 • **조승식**

발행처 • (주) 도서출판 **북스힐**
서울시 강북구 수유2동 240-225

등 록 • 제22-457호

TEL (02) 994-0071~2

FAX (02) 994-0073

E-MAIL www.bookshill.com

잘못된 책은 교환해 드립니다.
값 20,000원

ISBN 978-89-5526-814-0
ISBN 978-89-5526-812-6(전2권)